Johann Samuel Schröter

Lithologisches Real- und Verballexikon

Siebenter Band

Johann Samuel Schröter

Lithologisches Real- und Verballexikon
Siebenter Band

ISBN/EAN: 9783743363656

Hergestellt in Europa, USA, Kanada, Australien, Japan

Cover: Foto ©berggeist007 / pixelio.de

Manufactured and distributed by brebook publishing software (www.brebook.com)

Johann Samuel Schröter

Lithologisches Real- und Verballexikon

Lithologisches Real- und Verballexikon,

in welchem nicht nur die

Synonymien

der deutschen, lateinischen, französischen und holländischen Sprachen angeführt und erläutert, sondern auch alle

Steine und Versteinerungen

ausführlich beschrieben werden,

von

Johann Samuel Schröter,

Ersten Diaconus an der Stadt- und Hauptpfarrkirche zu Weimar, Aufseher über das Herzogliche Naturalien- und Kunstkabinet, der Römisch Kayserlichen Academie der Naturforscher, der Churfürstlich Sächsischen physikalisch-öconomischen Bienengesellschaft in der Oberlausitz, der Churfürstlich Maynzischen Academie der Wissenschaften in Erfurt, und der Gesellschaft naturforschender Freunde in Berlin, Mitglied.

Siebender Band.

Frankfurt am Mayn,

bei Varrentrapp Sohn und Wenner.

1785.

Siberischer Momo-
toncost, s. Momo-
toncost.

SIDERITES, heißt beym
Plinius ein Stein, der dem Eisen gleichen soll. Verschiedene
bedauken, es sey eine Art von
Diamant, mit dessen Farbe
man doch eigentlich die Farbe
des Eisens gar nicht vergleichen kann. s. Diamant. Andere verstehen darunter die
Sternsteine. s. Sternsteine.

SIDEROPOECILOS, heißt
beym Plinius der vorige von
ihm Siderites genannte Stein,
wenn er bunte Flecken hat. Einen buntgefleckten Diamant
hat gewiß noch kein Mensch gesehen, folglich ist es sehr wahrscheinlich, daß Plinius unter
dem Siderites nicht den Diamant meynen kann.

Siegsteine, werden die
Astroiten genennet. Stobäus
a) sagt: Et quidem Astroiten
imprimis victoriae obtinendae
gratia gestandum esse condende-
runt, unde etiam quasi κα?-
ʰοχψ Germanice dicitur, Siegstein. Man glaubte also, daß
derjenige, der einen solchen Stein
bey sich trüge, des Sieges im
Streite gewiß sey. In der
Onomatologie b) wird besonders diejenige Astroitenaattung
der Siegstein genennet, die beym
Linné Madrepora astroites heißt.
s. Astroiten und *Madrepora
astroires*. Daß indessen weder
diese noch jene Art des Astroiten
Sieg geben kann, das bedarf
in unsern erleuchteten Tagen
keiner Anzeige, viel weniger einer Widerlegung.

Siegessteine, s. Siegsteine.

Sigstein, so schreibt
Scheuchzer c) das Wort. s.
Siegstein.

Silberglanz, heißt das
Katzensilber, weil es eine sil-
berhal-

---

a) Opuscula p. 129.
b) Onmotol. hist. nat. P. III. p. 375.
c) Sciagraphia lithologica p. 69.

berhaltige Farbe, und oft auch den Glanz des Silbers hat. s. **Katzensilber** und **Glimmer**.

Silberglimmer, heißt eben dieses Katzensilber, weil es Glanz und Farbe des Silbers hat, und doch nur Glimmer ist. s. Katzensilber und Glimmer.

Silberhaltige Versteinerungen. Was man bisher von silberhaltigen Versteinerungen gesagt hat, das habe ich im vierten Bande S. 218. angeführt, und darüber meine Gedanken eröfnet. Ich setze ein Beyspiel hinzu, welches mir indessen noch einigem Zweifel unterworfen ist. Von dem sogenannten Silberberge in Rußland besitze ich angeflogenes schneeflockenförmiges Silber in Eisenstein. Der Eisenstein hat ganz die Gestalt des eisenhaltigen Holzes, so wie wir es z. B. von Schmalkalden erhalten. Das Silber setzt ganz durch den Eisenstein hindurch, und es ist eine der reichsten Silberstufen, die man sich nur gedenken kann. Wäre also die Mutter würklich Holz, wie es dem Anschein nach fast nicht anders seyn kann, so hätten wir hier ein sehr schätzbares und entscheidendes Beyspiel von silberhaltigen Versteinerungen, an dem versteinten silberhaltigen oder vielmehr silberreichen Holze aus Rußland.

Silberlasur, heißt der Lasurstein, wenn er silberhaltige, oder vielmehr silberfarbene Flecken hat. Selten ist der Lasurstein ganz rein, er hat zuweilen andersfarbige Flecken, die zuweilen dem Golde, zuweilen dem Silber gleichen. Allein jene sind kein Gold, und diese kein Silber. Indessen wollen wir es nicht ganz leugnen, daß im Lasur zuweilen, aber vielleicht selten genug, ein Körnchen Silber vorkommen kann; aus diesem Lasur aber Gattung zu machen, und ihm eigenen Namen zu geben, ist gleichwohl nicht erlaubt. Die gewöhnlichen weissen Flecken im Lasur sind ein weisser Kies, und denen, die den Lasurstein bearbeiten, gerade keine angenehme Erscheinung. s. Lasurstein.

Silbermund, ist in der Conchyliologie ein Name, den verschiedene Conchylien führen, d) und den noch ungleich mehrere führen müsten, wenn man alle Schnecken mit einer versilberten Mundöffnung hieher rechnen wollte. Da ich hier nur von Conchylien in Rücksicht auf Foßilien rede, so gehören hieher vorzüglich zwey Gattungen.

Die erste ist die sogenannte Schlangenhaut, oder der Cameelleopard, e) den Müller den grünen Silbermund nennet, Turbo cochlus L. welchen Lister Hist. Conchyl. tab. 584. fig. 40. Valentyn Abhandl. tab. 6. fig. 53. 54. 56. Klein Method. tab. 2. fig. 55. Seba Thesaur. Tom. III. tab. 74. f. 30. Knorr Vergnügung Th. I. tab. 3. fig. 5. Regenfuß Th.

---

d) s. Schröter Einleitung in die Conchylienkenntniß, im Register zum ersten und zweyten Bande.

e) Schröter am angeführten Orte Th. II. S. 12. 13.

Th. I. tab. 1. fig. 12. Chemnitz Conchylienk. Th. V. tab. 182. f., 1805. 1806. u. Schröter Einleitung in die Conchylienk. Th. I. tab. 3. fig. 17. abbilden. Es ist eine eyförmig gebaute Mondschnecke, mit gewölbten und gestreckten Windungen; die Länge herab laufen Streifen, die zwar das blose Auge siehet, die aber so fein sind, daß gleichwohl die Schnecke glatt erscheint. Ueber den Rücken hinweg, fast am Fuß der zweyten Windung, siehet man eine erhabene ziemlich breite Queerstreife, oder vielmehr einen Wulst, welcher ganz glatt ist, ausser daß sich vorzüglich an grössern Beyspielen in der Gegend der Mündung einige Erhabenheiten blicken lassen, die man aber eigentlich keine Knoten nennen kann. Die runde auf das schönste versilberte Mundöffnung ist durch den Wulst des Rückens in etwas unterbrochen, so wie sich auch die Spindel unten in Form einer Nase etwas ausdehnet, und sogar ein wenig zurück biegt. Das Farbenkleid ist das schönste, das man sich gedenken kann. Auf grünen, oft grünbraun und weiß marmorirten Grunde siehet man schmälere oder breitere, häufigere oder sparsamere, weisse, braun geflecte Bänder, und diese schöne Conchylie ist gar nicht gemein. Ich habe diese kurze Beschreibung um deßwillen vorausgeschickt, weil der Herr Prof.

Gmelin f) ausdrücklich versichert, daß der grüne Silbermund bey Diefenhofen in der Schweiz versteint gefunden werde.

Die andere ist der eigentliche Silbermund, den Müller den geribbten Silbermund nennt, Turbo argyrostomus L. g) welchen folgende Schriftsteller abbilden: Rumph amb. Raritätenk. tab. 19. h. 2. Gualtieri Ind. Testar. tab. 64. fig. D. Argenville Conchyl. tab. 6. fig. F. Seba thesaur. Tom. III. tab. 74. fig. 6. Knorr Vergnüg. Th. III tab. 15. fig. 5. Regenfuß Th. I. tab. 11. fig. 50. Chemnitz Conchylienk. Th. V. tab. 177. fig. 1758. bis 1761. 1763 bis 1765. Nach Linne hat dieser geribbte Silbermund eine genabelte einigermasen eyförmig gebaute Schale, welche gestreift ist, aber einige Streifen des Rückens sind vorzüglich erhöht und mit Queerstreifen versehen. Die erste seiner sechs Windungen ist grösser als alle die folgenden, rund gewölbt, setzet aber in der Gegend der zweyten, und eben so der folgenden Windungen bald mehr bald weniger ab. Alle Windungen haben starke Queerstreifen, unter denen einige für andern vorzüglich stark sind. Alle diese Ribben, und die dazwischen liegenden Furchen sind fein gestreift, und an manchen Beyspielen sogar wie mit Hohlziegeln besetzt. Die Mündungslefze ist wegen

A 2 der

---

f) Linnäisches Natursystem des Mineralr. Th. IV. S. 75. Num. β
g) Schröter Einleitung Th. II. S. 18. f.

der Ribben und Furchen geriefelt, oder vielmehr ausgezackt, und eben solche Streifen gehen in die ganze Mündung oder in den Schlund hinein, die aber so wenig vertieft sind, daß sie der Glätte der schönen, silbernen, perlmutterartigen Mündung gar keinen Eintrag thun. Die Spindellefze tritt unten merklich aus, und die Mündung verlängert sich hier. Unten am Nabel liegen zwey besonders breite Ribben, die zuweilen den Nabel ganz überdecken, zuweilen aber, und zwar in den mehresten Fällen, denselben halb offen lassen. Fast alle erscheinen braun gefleckt, oder geflammt, oder marmorirt, die Grundfarbe aber ist weißlich, oder spielet sanft in das Gelbe, hin und wieder hat sich auch die grüne Farbe, sonderlich an der zweyten und folgenden Windungen mit eingemischt, und an vielen ist die Endspitze roth, so wie die Mündungslefze nicht selten grün eingefaßt ist. — Auch dieser Mondschnecke gedenket der Hr. Professor Gmelin h) unter den Versteinerungen, und versichert, daß man sie bey Pfullingen im Würtenbergischen finde. Indessen sagt er uns von dieser und der vorigen Versteinerung weiter nichts zu ihrer nähern Bestimmung.

Silbertalk, Mica talcosa L. s. Talk, weisser.

Silberweiß, heißt das Katzensilber, weil es eine weiße Silberfarbe hat. s. Katzensilber und Glimmer.

SILEX, heißt im Lateinischen der Kiesel, oft auch der Hornstein. s. Kiesel, auch Hornstein. Ueber die Ableitung des Wortes Silex haben die Schriftsteller nicht einerley Meynung. i) Bomare und die Verfasser des Universallexikons geben vor, es komme von dem Hebräischen Wort Selag her, welches in jener Sprache eben das bedeute, was das Wort Silex bey uns anzeigt. Allein, wenn das auch wahr wäre, wissen wir denn nun, warum Silex den Kiesel bedeute? Der Herr Rath Baumer behauptet, Silex komme von der Figur her, den diese Steine haben, (a figura sua nomen traxit.) Da aber die Figur der Kiesel so gar sehr verschieden ist, so läßt sich hierüber ebenfalls nichts bestimmen; zumal da der Gebrauch dieses Worts bey Schriftstellern so gar sehr verschieden ist. Einige Schriftsteller der ältern Zeit, z. B. Charleton, brauchen das Wort Silex gar nicht, die mehresten aber, z. B. Boodt k) und Kentmann, l) brauchen dieses Wort sowohl von den Flußkieseln, als auch von dem Hornstein. Unter den neuern Schriftstellern hat besonders Linne

---

h) Linnäisches Natursystem des Mineralr. Th. IV. S. 76. Num. 7.
i) s. meine vollständige Einleitung in die Kenntniß der Steine Th. I. S. 402.
k) Gemmarum et lapidum historia Lib. II. Cap. 288. P. 515. s.
l) Nomenclatura rerum fossilium p. 44. b. ff.

Linne m) dies Wort zu einem eignen Geschlechtsnamen gemacht, von welchem er folgende Geschlechtskennzeichen festsetzt: Lapis e calce coadunata. Fragmenta indeterminata: hinc contexa, inde concava. Particulae coadunatae. Wenn er aber noch die Anmerkung hinzusetzt: Silex nascitur in montium cretaceorum rimis, uti Quarzum in rimis saxorum, ideoque fere Quarsosus, cujus terra fuerat Calx; so siehet man wohl, daß er hier mehr den Horn- und Feuerstein, als den eigentlich sogenannten Kiesel vor Augen gehabt habe. Die Gattungen dieses Geschlechtes theilet Linne in vagos und rupestres ein, und rechnet folgende Gattungen hieher.

1) Silex cretaceus, Flinta, den Horn- oder Feuerstein. s. Feuerstein und Hornstein.
2) Silex pyromachus, der Quarzkiesel, oder halbdurchscheinende Kiesel. s. Quarzkiesel.
3) Silex marmoreus, der Marmorkiesel. s. Marmorkiesel.
4) Silex haemachates, der egyptische Kiesel, der egyptische Stein. s. egyptischer Kiesel, auch *Silex haemachates*.
5) Silex sardus, den Stephanstein, oder weissen rothpunktirten Carneol. s. Stephanstein.
6) Silex opalus, den Opal, dahin Linne verschiedene Untergattungen bringt, als a) den gemeinen Opal, b) den Opal des Nonnius, c) die Katzenaugen, d) das Weltauge; wozu noch Herr Prof. Gmelin den Pechstein, oder Pechopal, rechnet. s. Opal, Opal des Nonnius, Katzenauge, Weltauge und Pechstein.
7) Silex onyx, den Onyx. s. Onyx.
8) Silex chalcedonius, den Chalcedon. s. Chalcedon.
9) Silex carneolus, den Carneol oder Sarder. s. Carneol oder Sarder.
10) Silex achates, den Achat. s. Achat. Das sind die Silices vagi; nun folgen nach Linne die Silices rupestres.
11) Silex petrosilex, den Fels- oder Hornkiesel. s. Felskiesel.
12) Silex virescens, den grünen Kalkstein, Grünstein. s. Grünstein, vorzüglich aber *Silex virescens*.
13) Silex Jaspis, den Jaspis. s. Jaspis.
14) Silex rubicator, den Rötheljaspis. s. Röthekjaspis.
15) Silex lamellatus, den blättrichten Kiesel. s. Kiesel, blättrichter.
16) Silex polyzonius, den Bandjaspis. s. Bandjaspis und Jaspis.

Auch der Herr Oberbergrath Ger=

m) Syst. nat. ed. XII. Tom. III. p. 6.

Gerhardt n) hat das Wort Silex zu einem Geschlechtsnamen gemacht. Da ich bey dem Wort Kiesel, wo ich des Wallerius und andrer Eintheilungen bekannt machte, den Herrn Gerhardt übersehen habe, so will ich dessen Eintheilung hier nachholen. Bey ihm ist *Silex*, oder Kiesel, ein glasachtiger halbdurchsichtiger Stein, der aus unsichtbaren Theilen bestehet, und wenn er zerschlagen wird, in muschelförmige Stükken zerspringt: Petra vitrescibilis particulis indistinctis, in fragmenta conchoiden dissiliens. Er hat folgende Gattungen.

1) Kiesel, dessen Theile ein ganz unbestimmtes Gewebe haben. Dichter Kiesel. Silex textura indistincta, amorpha. Silex continuus.

  a) Fast ganz durchsichtig. Quarzkiesel. Halbdurchscheinender Kiesel.

  b) Dunkel und hornartig. Feuerstein. Flintenstein. Pyromachus.

  c) Neblicht wie Wasser mit Milch vermischt. Chalcedon. Chalcedonius.

  d) Roth und durchsichtig. Carneol. Carneolus.

  e) Grün. Chrysopras. Chrysoprasus.

  f) Bunter von verschiedenen melirten Farben. Achat. Actates.

  g) Felskiesel. Hornstein. Petrosilex. Corneus.

2) Kiesel, welcher aus fest miteinander verwachsenen verschieden gefärbten Lagen besteht. Onyx. Silex stratis diversicoloribus arctissime sibi unitis. Onyx.

3) Kiesel, welcher durch die Brechung und Zurückprallung der Lichtstrahlen die Farbe ändert. Opal. Silex refractione et reflexione colorem varians. Opalus.

Man sieht hieraus, daß Herr Gerhardt das Wort Silex fast ganz im Sinn des Linne braucht; indessen hat er doch auch den Jaspis von Silex getrennt, den Linne dahin rechnete, und so noch mit verschiedenen andern Steinarten, die man leicht finden wird, wenn man diese Eintheilung mit der Linnäischen vergleichen will, verfahren.

SILEX ACHATES, heißt beym Linne der Achat, weil er seiner Natur nach unter den Kiesel, vorzüglich im Linnäischen Verstand, gehört. s. Achat.

SILEX ACHATES CARNEOLUS, heißt beym Scopoli der Carneol. Er nimmt also das Wort Achat nicht als Gattungs- sondern als Geschlechtsname, wie mehrere Schriftsteller thun. s. Achat und Carneol.

SILEX ACHATES CHALCEDONIUS, heißt bey dem Herrn Scopoli der Chalcedon. s. Chalcedon.

SILEX ACHATES CORNEUS, heißt bey eben demselben

---

n) Beyträge zur Chymie und Geschichte des Mineralr. Th. I. S. 136.

ben der Horn- oder Feuerstein. Wir sehen aus dieser Benennung, daß Herr Scopoli das Wort Achat noch weitläuftiger als andre Schriftsteller nehme, die unter diesen Namen nur die edlen Hornsteine, aber nicht zugleich den Horn- und Feuerstein verstehen. s. Hornstein, Feuerstein.

SILEX ACHATES ONYX, nennet Hr. Scopoli den Onyx. s. Onyx.

SILEX ACHATES OPALUS, nennet eben derselbe den Opal. s. Opal.

SILEX AEGYPTIACUS,
SILEX AEGYPTIORUM, } heißt der egyptische Kiesel. s. egyptischer Kiesel, und *Silex baemachares*.

SILEX AEQUABILIS, Silex opacus, gregarius aequabilis, parum squamosus mollior, fr. Caillou opaque quarzeux, deutsch quarzartiger Kiesel, nennet Wallerius o) eine Kieselart, von der uns in der deutschen Uebersetzung folgende abgekürzte Nachricht gegeben wird. Ist durchscheinend von etwas splittrichen Bruche, nicht sonderlich hart, und wird zerstreut in der Dammerde gefunden. Dieser dichte und durchscheinende Kiesel hat allezeit eine matte Farbe, ist beynahe halbhart, nimmt keine gute Politur an, und ist auf dem Bruche eben, doch etwas splittrich. Er springt in unvollkommene muschliche Bruchstücke, und ist auf Aeckern und Sandhügeln häufiger als am Meeresufer anzutreffen. Er ist a) röthlich, b) grünlich, c) schwärzlich grau, d) blaulich schwarz, und e) buntsteckig in Upland, Roslagen, Finland, Hälleckis und ändern Orten gefunden worden. Er scheinet aus einer Kiesel- und Thonerde entstanden zu seyn.

SILEX ANHALDINUS TRIANGULARIS, ist eine Kieselart, dessen die Acta Hafnienf. Ao. 1676. p. 177. und aus ihnen Scheuchzer in der Sciagraphia lithol. p. 69. gedenken. Da ich die erstern nicht besitze, Scheuchzer aber bloß den Namen anzeigt, so muß ich es hier bey einer blosen Anzeige bewenden lassen, und kann es nicht entscheiden, ob von einer eigentlichen Kieselart die Rede, oder ob sonst eine Steinart gemeynet sey, die eine dreyseitige Gestalt angenommen hatte.

SILEX CARNEOLUS, heißt beym Linne der Carneol oder Sarder. s. Carneol und Sarder.

SILEX CHALCEDONIUS, heißt beym Linne der Chalcedon. s. Chalcedon.

SILEX CINEREUS, heißt beym Linne in den westgothischen Reisen sein *Silex marmoreus* in dem System. Er sagt davon: p) Silex cinereus, ein Stein, welcher auf dem Felde als Geschiebe gefunden wird, war auswendig weiß, wie ein Feuerstein, aber ohne eine solche bröckliche Schale; wenn man ihn zerschlug, war er inwendig

---

o) Syst. mineral. Tom. I. p. 272. deutsche Uebers. Th. I. S. 256.
p) Westgothländische Reisen, Uebers. S. 85. Urspr. S. 73.

hellgrau und halbdurchſichtig; er zerſprang in convexe concave Stücke, wie der Feuerſtein, war aber auf dem Anbruche flächer und eckiger, beynahe wie ein Quarz; er gab helle Funken gegen den Stahl, und ſchien zum Geſchlechte des Silex zu gehören, ob er gleich nicht aus der Kreide, wo nicht aus der groben Art derſelben (Dicke, Creta terreſtris alba) erzeugt zu ſeyn ſchien. Indeſſen iſt es auch noch nicht entſchieden, daß der Kieſel, oder daß aller Kieſel aus der Kreide nothwendig entſtehen müſſe, oder entſtanden ſey. ſ. darüber Hornſtein und Kieſel, vom Silex cinereus aber inſonderheit Marmorkieſel.

SILEX CIRCULARIS, heißt in dem Muſeo Braker p. 14. der Helicit, wegen der Cirkelfiguren, den dieſe Verſteinerung hat, wenn ſie durch Kunſt oder Zufall ihre Oberdecke verloren hat. Wahrſcheinlich war das Brackenhoferiſche Exemplar nicht kieſelartig ſondern es hatte vielleicht nur die Farbe eines gemeinen Kieſels. ſ. Heliciten.

SILEX COMMUNIS, wird vom Cronſtedt der Horn- oder Feuerſtein genennt. Er ſagt: q) Gemeiner Kieſel, Silex communis, Feuerſtein, Pyromachus, hat eigentlich mit dem Achate einerley Beſtandtheile, weil aber die Farbe ſo ſonderlich nicht iſt, wird er eben nicht hochgeſchätzt. ſ. Hornſtein und Feuerſtein.

SILEX CONCRETUS, heißt der Pouddingſtein, weil der eigentliche Wurſtſtein aus zuſammengewaſchenen Kieſeln beſtehet. ſ. Poudding.

SILEX CONTINUUS, iſt beym Gerhardt eine eigne Claſſe, oder wie er ſich ausdrückt, Gattung vom Kieſel. r) Er nennet ſie Kieſel, deſſen Theile ein ganz unbeſtimmtes Gewebe machen, dichter Kieſel, Silex textura indiſtincta amorpha, Silex continuus, und rechnet dahin den Quarzkieſel, den Horn- oder Feuerſtein, den Chalcedon, den Carneol, den Chryſopras, den Achat, und den Felskieſel.

SILEX CORNEUS, heißt der Horn- oder Feuerſtein. ſ. Hornſtein, Feuerſtein.

SILEX CORNEUS, intrinſice aequalis, duriſſimus, heißt beym Wallerius eben derſelbe Horn- oder Feuerſtein. ſ. Hornſtein und Feuerſtein.

SILEX CRASSIOR, heißt beym Wallerius und Bomare s) der undurchſichtige grobe Kieſel. Bomare ſagt: Dieſe Art Kieſelſtein iſt gänzlich undurchſichtig. Seine Farbe fällt insgemein in das Weiſſe. Inwendig ſcheinen ſie aus mehr oder weniger groben Quarz- oder Sandkörnern zuſammengeſetzt zu ſeyn, ob ſie ſchon in der That nicht körnig ſind. Sie ſind aber weder ſo dicht noch ſo hart als andre Kieſel, oder als der Quarz. Man findet ſie in Sand-

---

q) Verſuch einer neuen Mineral. Brünnichs Ausg. S. 74. §. 67.
r) Gerhard Beytraͤge zur Chymie. Th. I. S. 126.
s) Wallerius Mineral. S. 107. Bomare Mineral. Th. I. S. 190.

Sandgruben, oder abgerissen und auf der Oberfläche der Erde zerstreut, besonders in Weingebürgen. Es giebt weiße, gelbe, blaßrothe, braune, grünliche, bläuliche, schwärzliche und andre, welche blumicht oder bunt gestreift sind. Sie sind nicht mit andern Steinen vermengt. Wallerius setzt hinzu: Alle diese (Abänderungen von Farbe) findet man wohl in Sandhügeln, obgleich nicht alle auf einer Stelle; deswegen aber darf niemand glauben, daß alle rundliche und glatte Steine, welche man in Sandhügeln findet, und überhaupt gemeiniglich Kiesel nennet, hier angeführt werden müssen. Denn man findet auch einen grosen Haufen rundlicher Fels= und Feldsteine eben auch in Sandhügeln, welche darinnen doch leichtlich von den Kieseln unterschieden werden, daß sie von zwey oder dreyerley Art andrer Steine zusammengesetzt sind. Dieser Kiesel aber ist ausser einiger Zusammensetzung mit andern Steinen." Man siehet hieraus, daß diese beyden Schriftsteller von den gemeinen Kieseln reden, die man sonst auch Bach= und Flußkiesel nennet. Beyde haben nur die vorzüglichsten Farben dieser Kiesel angegeben, die fast bis in das Unendliche gehen. s. Kiesel.

SILEX CRETACEUS, heißt beym Herrn von Linne der Horn= oder Feuerstein, weil er sich nicht nur in den Kreidenbergen häufig zeigt, sondern weil auch der Ritter mit andern dafür hielt, daß er aus der Kreide erzeugt würde. s. Silex, auch Horn= und Feuerstein.

SILEX DIAPHANUS ALBESCENS, heißt beym Cartheuser der Carneol, wahrscheinlich darum, weil seine fleischrothe Farbe gemeiniglich in das Weiße übergehet. s. Carneol.

SILEX FIGURATUS, fr. Caillou figuré, deutsch figurirter Kiesel, heisen beym Wallerius r) diejenigen Kiesel, welche entweder eine besondre Bildung, oder eine eigne Zeichnung haben, wodurch sie einem vegetabilischen oder animalischen Körper, oder einem Werke der Kunst gleichen. Quales sunt, fährt Wallerius fort, silices frustula lignea referentes ad mare *Caspium*; silices anhaldini triquetri, de quibus loquitur *Borrichius* in Act. Hafn. Vol. IV. p. 177. Silices numismales, (s. *Silex circularis*) sphaerici &c. qui suis locis veniunt describendi. Wallerius gestehet dadurch ein, daß Kiesel, die eine besondre Form haben, eigentlich keine besondre Gattung der Kiesel bestimmen, und wer siehet die Wahrheit davon nicht ein? Man hat daher auch in der Uebersetzung von diesem Mineralsystem diesen Artikel weggelassen. Wahr ist es, die äussere Form der gemeinen Kiesel, und zum Theil auch der Hornsteine, ist gar sehr verschieden; und Liebhaber von Naturspielen könnten sich

---

r) *Systema mineral*. Tom. I. p. 278.

in Gegenden, wo häufige Fluß-
Kiesel liegen, leicht davon eine
ansehnliche Sammlung machen.
Indeß ist es bekannt, daß in
unsern Tagen dergleichen Naturspiele nicht mehr gelten;
man muß aber mit diesen Kieseln, welche einige Aehnlichkeit
mit manchen Körpern des Thier-
oder des Pflanzenreichs haben,
die wahren kieselartigen Versteinerungen nicht verwechseln, davon ich im andern Bande dieses Lexikons S. 191. einige
Beyspiele angeführt habe, dazu
ich noch verschiedene, die mir
nach der Zeit bekannt geworden
sind, thun könnte, wenn es hier
der Ort wäre, davon zu reden.

SILEX FLORULENTUS,
Mercatus hat in seiner Metallotheca Vaticana p. 275. einen
Kieselstein abbilden lassen, dem
er wegen seiner Blumengestalt
diesen Namen gab. Er gehöret also zu den figurirten Kieseln, von denen ich kurz vorher
geredet habe.

SILEX GRANULARIS W.
s. Kiesel, sandichte, im dritten
Bande S. 204. Dort habe ich
dasjenige gesagt, was Vogel
und von Justi davon sagten.
Jetzt thue ich hinzu, was Wallerius u) davon sagt: Silex
opacus, gregarius, vilu et attactu
rudis, granularis mollior. Silex
granularis, franz. Caillou opaque et grossier *Bom*. Caillou
opaque granuleux, grober Kiesel, körniger Kiesel. Er findet

sich zerstreut auf der Oberfläche
der Erde, ist durchscheinend,
rauh anzufühlen, ohne Glanz,
körnig und wenig hart. Der
körnige Kiesel nimmt keine rechte Politur an; gemeiniglich
springt er in scheibenförmige
Stücke, am Stahle schlägt er
nur an seinen scharfen Ecken
auf dem frischen Bruche Feuer,
läßt sich auch feilen. Er findet
sich unter verschiedenen Arten
des Sandes, selten an Seeküsten. Man findet ihn weiß,
grau, gelblich, braun, grün
und röthlich in Upland bey Up-
sal, an den Küsten von Norwegen, und an andern Orten.

SILEX GREGARIUS, hei-
sen beym Wallerius x) diejenigen Kieselarten, die man nur
als Geschiebe findet. In der
Mineralogie hatte Wallerius
einen ziemlich unbestimmten
Begriff davon gegeben. Er
sagt: A. Grobe Felskiese, welche insonderheit heisen Felskiese, *Petrosilex. Silex gregarius.*
Ist von einer groben und dik-
ken Farbe, und besteht aus groben Theilen, läßt sich auch nicht
zu einigem vollkömmlichen Glanz
poliren. Er rechnet dahin 1)
den Felsstein. Horngestein.
Petrosilex opacus, intrinsice compactus mollior. Petrosilex opacus. Pierre de roche opaque.
2) den Felsachat. Unreifen
Achat. Petrosilex semipellucidus, intrinsice compactus, mollior. Petrosilex semipellucidus.
Acha-

---

u) Systema mineral. Tom. I. p. 272. Uebers. Th. I. S. 256.
x) Mineral. S. 126. Systema mineral. Tom. I. p. 270. Uebers.
Th. I. S. 254., welcher ich auch hier, wie in den mehresten Fällen, folge.

Achates immaturus. Agate de roche. 3) den fandartigen Porphyr. Petrosilex opacus, arenaceus, durissimus. Petrosilex arenaceus. Porphyre sabloneux.

In dem System hat sich Hr. Wallerius darüber etwas bestimmter erklärt. Er rechnet die *Silices gregario* unter die Hornsteinarten, giebt ihnen den Namen silices, nach der Uebersetzung, Feuersteine, und sagt: Man findet diese Steine nie anders als in Geschieben und los, theils unter dem Sande und Grußsand, auf der Oberfläche der Erde, theils in andern Stein- und Erdarten, vorzüglich in Kreidegebürgen, in eckigen Stücken eingewachsen. Sie sind durchscheinend, auswendig mit einer rauhen verschiedentlich gefärbten Rinde überzogen, auf dem Bruche meistens muschlig und schimmernd; nicht sonderlich schwer, wie 2,500 oder 2,600 : 1,000. Er hat hier folgende Arten, die ich nur abgekürzt anführe. 1) Körniger Kiesel. Silex granulatis. 2) Quarzartiger Kiesel. Silex aequabilis. 3) Dichter Kiesel. Silex corneus. 4) Feuerstein. Silex igniarius. 5) Aegyptenstein. Silex aegyptiacus. 6) Halbdurchsichtiger Feuerstein. Silex semipellucidus. 7) Fasricher Kiesel. Silex striatus.

SILEX HAEMACHATES, so heißt beym Linne der egyptische Kiesel. s. egyptischer Kiesel im zweyten Bande S. 56. Da ich damals Hrn. Prof. Gmelins y) Nachrichten von dieser Kieselart nicht auszeichnen konnte, so will ich es hier nachholen. Egyptischer Kiesel, egyptischer Stein, Caillou d'Egypte, oder Pierre d'Egypte in Frankreich, Silex haemachates L. Er findet sich in Arabien und Egypten am Nil, und hat eine dicke schalichte, zuweilen grünliche Rinde von Eisenocher, keine Spur von Durchsichtigkeit, einen glatten Bruch, und eine gelblichte oder bunte, braune, gelbe und graue Farbe mit schwärzlichten Adern, Flecken und Zeichnungen von Bäumchen. Er hält immer ziemlich viel Eisen, ist so hart als Achat, und nimmt eine schöne Politur an; oft trägt er noch Spuren seines ehemaligen weichen Zustandes auf seiner Oberfläche, und hat Eindrücke von kleinern Steinen, von Sand, oder auch von Strohhalmen; zuweilen ist er inwendig hohl, und diese innere Höhlung ist mit kleinen Quarzkrystallen bekleidet. Er findet sich gemeiniglich in runden käseförmigen Klumpen, und zerspringt, wenn man ihn zerschlägt, in muschlichte Stücke. Er gehört unter die kostbaren Steine, und wird in Täfelchen, wie der Achat geschliffen, und zu Schnupftabaksdosen und andern feinern Waaren verarbeitet.

SILEX JASPIS, heißt beym Linne der Jaspis. s. Jaspis.

SILEX IGNIARIUS, heißt der gemeine Horn- oder Feuerstein, weil er nicht nur mit dem Stahl

---

y) Linnéisches Naturs. des Mineralr. Th. I. S. 540.

Stahl Feuer giebt, sondern weil man sich auch desselben bedienet, Feuer damit zu mancherley Gebrauch aufzuschlagen. s. Horn= und Feuerstein.

SILEX LAMELLATUS, s. Kiesel, blättrichter.

SILEX MARGACEUS RUPESTRIS, heißt beym Herrn von Linné der Jaspis. Der deutsche Name Felsstein mit lebhaften Farben, sagt fast eben dies. s. Jaspis.

SILEX MARMOREUS, heißt beym Linné der Marmorkiesel. s. Marmorkiesel.

SILEX MARMOREUS RUPESTRIS, heißt beym Linné der Felskies, Petrosilex. s. Felskies. Einige brauchen auch das Wort vom Jaspachat. s. Jaspachat.

SILEX ONYX, heißt beym Herrn von Linné der Onyx. s. Onyx.

SILEX OPACUS, heißt beym Carthenser der Horn= oder Feuerstein, wegen seiner gänzlichen Undurchsichtigkeit. s. Hornstein und Feuerstein.

SILEX OPACUS, FRACTURA NITENS, CRETACEUS, DURUS, heißt beym Wallerius der Feuerstein. s. Feuerstein.

SILEX OPACUS, GREGARIUS, AEQUABILIS, PARUM SQUAMOSUS MOLLIOR, s. Silex aequabilis.

SILEX OPACUS, GREGARIUS, TEXTURA ET FACIE CORNEA, LEVIS MOLLIOR. Diese Beschreibung giebt Wallerius z) einer Kieselart, der er auch den Namen Silex cornens giebt. Mit diesem letztern Namen belegt man sonst den gemeinen Horn= oder Feuerstein, allein in diesem Verstande nimmt hier Wallerius das Wort nicht, sondern er verstehet darunter eine Steinart, die sich mehr den gemeinen Fluß= und Bachkieseln nähert, und vielleicht auch dahin gehört. Er giebt dieser Steinart die französischen Namen, Caillou compacte, Caillou de Corne, die deutschen, dichter Kieselstein, flintenartiger Kieselstein, und sagt davon nach der Uebersetzung folgendes. Er ist hart, nähert sich aber dem halbharten, durchscheinend, auf dem Bruche dicht, äusserlich glatt, und von hornartigen Ansehen. In dünnen Scheiben ist dieser Kiesel fast halbdurchsichtig. Er nimmt einige Politur an, und ist mehrentheils mit einer rauhen Rinde bedeckt, die mit Säuern zuweilen braußt. Man findet ihn fast einzig und allein an Seeküsten. a) Weiß, fast an allen Seeküsten und Flüssen. Er führt den Namen Flußkiesel, und ist zum Glasmachen sehr geschickt. b) Grau, hat fast eine Hornfarbe. Bey Rostock findet er sich auswendig weiß, und braußt etwas mit Scheidewasser. Bey Königsberg trift man einen an, der ebenfalls mit Säuern braußt, und auswendig grau ist. c) Gelblich; ist gemeiniglich auswendig mit einer weissen Rinde bedeckt, die mit Säuern braußt. Spanien, Baruth. d) Röthlich. Schonen.

---

z) Syst. mineral. Tom. I. p. 272.   Uebers. Th. I. S. 257.

nen. e) Braun, und f) heißt beym Linne der Quarz-
schwärzlich. Norwegen. Beyde kiesel. s. Quarzkiesel.
sind gemeiniglich ohne Rinde.

SILEX OPACUS, GREGA-
RIUS, VISU ET ATTACTU
RUDIS, GRANULARIS MOL-
LIOR *Wall.* s. Silex granularis.

SILEX OPACUS INTRIN-
SICE INAEQUABILIS MOL-
LIOR, heißt der gemeine Fluß-
kiesel. s. Kiesel und Flußkiesel.

SILEX OPACUS PYRIMA-
CHUS, nennet Worm die vorher angeführten Flußkiesel, und
unterscheidet sie dadurch deutlich genug von den eigentlichen
Horn- oder Feuersteinen.

SILEX OPACUS, VARI-
GATUS, DIVERSIS NITENS
COLORIBUS, QUASI PICTUS,
DURUS. So nennet Walle-
rius den egyptischen Kiesel. s.
Egyptischer Kiesel, und *Silex
haemachates.*

SILEX OPALUS, nennet
Linne den Opal. Er nimmt
aber das Wort Opal in etwas
weitern Verstande, als andre
Schriftsteller, weil er darunter
zugleich den Opal des Nonnius, das Katzenauge und das
Weltauge verstehet. s. diese
Namen. Herr Prof. Gmelin
rechnet noch den Pechstein, oder
Pechopal hieher. s. Pechstein.

SILEX PETROSILEX, s.
Felskiesel.

SILEX POLYZONIAS, heißt
beym Linne der Bandjaspis.
s. Bandjaspis und Jaspis.

SILEX PSEUDO-ACHA-
TES, heißt beym Linne in dem
Museo Tessiniano der Felskiesel.
s. Felskiesel.

SILEX PYROMACHUS,

SILEX REFRACTIONE ET
REFLEXIONE COLOREM VA-
RIANS, heißt beym Gerhard
der Opal, weil er seine Farben
ändert, nachdem man ihm eine
verschiedene Richtung giebt. s.
Opal.

SILEX RHENIFORMIS,
heißt ein Kiesel, der eine nie-
renförmige Bildung hat.
Scheuchzer hat diesen Stein
in dem Specimine lithographiae
helveticae fig. 61. abbilden lassen. Er ist im Grunde ein blo-
ßes Steinspiel, welches gerade
keine Abbildung verdiente, wenn
auch gleich Scheuchzer desselben unter den Merkwürdigkeiten der Schweiz hätte gedenken
wollen.

SILEX RUBICATOR *L.* s.
Rötheljaspis.

SILEX RUPESTRIS COR-
TICE LACTEO SUBDIAPHA-
NUS, nennet Linne den Felskiesel. s. Felskiesel. Da sich
indessen in den neuern Zeiten
gezeigt hat, daß der Chalcedon
ebenfalls mit einer milchweißen
Rinde umgeben ist, aus welcher, wie bekannt, die Weltau-
gen gewonnen werden, so ist
diese Beschreibung des Ritters
allerdings einiger Zweydeutigkeit unterworfen. Denn obgleich beyde Steinarten, der
Chalcedon und der Felskiesel,
nach Linne dadurch unterschieden werden, daß der Chalcedon unter die Silices vagos, der
Felskiesel aber unter die Silices
rupestres gehöret, d. i. daß man
den Chalcedon in Geschieben,
den Felskiesel aber in Flötzen
und

und Gängen findet, so ist doch ein solches Unterscheidungszeichen eigentlich nur für diejenigen unterrichtend, welche die verschiedenen Steinarten in ihren eigenen Geburtslagen aufsuchen können.

SILEX RUPESTRIS NUDUS, OPACUS, CINEREUS, heißt beym Linne der Jaspis. s. Jaspis.

SILEX RUPESTRIS NUDUS OPACUS RUBER SOLIDUS, heißt beym Linne der Rötheljaspis. s. Rötheljaspis.

SILEX RUPESTRIS NUDUS OPACUS RUFUS LAMELLATUS, heißt beym Linne der blättrichte Kiesel. s. Kiesel, blättrichter.

SILEX RUPESTRIS NUDUS OPACUS VIRESCENS, s. Grünstein, vorzüglich aber *Silex virescens*.

SILEX RUPESTRIS STRATIS DIVERSICOLORIBUS, heißt beym Linne der Bandjaspis. s. Bandjaspis und Jaspis.

SILEX RUPESTRIS SUPERFICIE NODOSA TUNICATA, heißt beym Linne im Mus. Tessin. der Achat. s. Achat, und vorher *Silex rupestris cortice noduloso subdiaphanus*.

SILEX SARDUS, heißt beym Linne der Stephansstein. s. Stephansstein.

SILEX SEMIPELLUCIDUS *W*. Silex semipellucidus, intrinsice aequabilis mollior *W*. franz. Caillou demi-transparent *Bom*. halbdurchscheinender Kiesel, halbdurchsichtiger Feuerstein, ist beym Wallerius a) eine Kiesel- oder vielmehr Feuersteinart, welche halbdurchsichtig, im Bruche eben und dicht, und fast halbhart ist. Diese Art ist selten, mit einer weissen oder grauen Rinde überzogen, aber nicht hart genug, um an Stahl so leicht Feuer zu schlagen. Er wird weiß, grau, weingelb, gelblichroth, bläulich und bunt gefunden, ist aber im Grunde nichts anders als eine Abänderung des Feuersteins.

SILEX SEMIPELLUCIDUS INTRINSICE AEQUABILI, MOLLIOR *W*. s. Silex semipellucidus.

SILEX SEMIPELLUCIDUS INTRINSICE FERE AEQUABILIS MOLLIOR. So bestimmte sich Wallerius in der Mineralogie am angeführten Orte über den halbdurchscheinenden Kiesel, ließ aber im Mineralsystem das fere weg, weil es auch füglich wegfallen konnte. s. *Silex semipellucidus*.

SILEX STRIATUS *W*. fr. Caillou strié, strahlichter Flintenstein, fasriger Kiesel. Dieser Kiesel, den Wallerius b) anführt, hat England zum Vaterlande, und eine weißlich graue Farbe, einen fasrigen Bruch, ist übrigens nicht überall von gleicher Härte, und liegt bey dünnen Schichten in Kreidengebürgen. Er scheinet seines besondern Gewebes wegen mehr eine Versteinerung, als ein ursprünglicher Kiesel zu seyn.

Walle-

---

a) Mineralogie S. 109. Syst. mineral. Tom. I. p. 277. Uebersetzung Th. I. S. 260.
b) Syst. mineral. Tom. I. p. 278. Uebersetzung S. 260.

Wallerius macht darüber folgende Anmerkung. Intrinseca structura gypso striato ex asse similis, sed ad chalybem nonnullis in locis fortius, in aliis debilius scientillans. Hanc silicis speciem nonnulli ut *petrificatum* considerari debere negant, nos vero ad petrificata referendam opinamur; hic vero inter Silicis species enumerare necessarium duximus, ob peculiarem intrinsecam structuram, qua ab omni alio petrificato siliceo differt. Diese Steinart oder Versteinerung kenne ich nicht, wünschte aber, daß sich Wallerius darüber möchte näher erklärt, und sie wenigstens mit Körpern des animalischen oder vegetabilischen Reichs verglichen haben.

SILEX SUBDIAPHANUS ACHATES, nennet Gerhard den Achat, den er als Gattung nimmt, doch rechnet er darunter den egyptischen Kiesel. s. Achat, Egyptischer Kiesel und *Silex bnemachates*.

SILEX SUBDIAPHANUS FASCIIS AUT STRATIS, UT PLURIMUM CIRCULARIBUS ORNATUS, nennet Cartheuser den Onyx. s. Onyx.

SILEX SUBDIAPHANUS LACTEUS, SITU MUTATO COLORES MUTANS, nennet Cartheuser den Opal. s. Opal.

SILEX SUBDIAPHANUS NEBULOSO GRISEUS, nennet Cartheuser den Chalcedon. s. Chalcedon.

SILEX SUBDIAPHANUS NEBULOSO GRISEUS, LACTEUS, VIRIDE COERULESCENTE ALBO &c. MIXTUS, nennet eben derselbe darum den Chalcedon, weil er sehr oft von verschiedenen Farben erscheinet, obgleich seine Farbe gemeiniglich neblicht weiß ist. s. Chalcedon.

SILEX SUBDIAPHANUS ONYX, nennet Cartheuser den Onyx. s. Onyx.

SILEX SUBDIAPHANUS RUBER, nennet Cartheuser den Carneol. s. Carneol.

SILEX SUBDIAPHANUS ZONIS, MACULIS, CIRCULIS FIGURIS VARIE COLORATIS DISTINCTUS, nennet Cartheuser den Achat, um der verschiedenen Veränderungen willen, in welchen sich seine Farben zeigen. s. Achat.

SILEX VAGUS, heißen beym Linne diejenigen Kieselarten, die nicht in Gebirgen in Flözen oder Gängen, sondern in Geschieben oder einzeln in abgerissenen Stücken erscheinen. Er setzet sie den Silicibus rupestribus entgegen. Die Gattungen aber, die er hieher zählet, habe ich vorher bey dem Worte *Silex* angeführt.

SILEX VAGUS CORTICE CRETACEO FRAGMENTIS OPACIS LAEVIBUS, nennet Linne den Horn= oder Feuerstein. s. Hornstein, Feuerstein.

SILEX VAGUS CORTICE GLABRO, FRAGMENTIS DIAPHANIS GLABERRIMIS, heißt beym Linne der Horn= oder Feuerstein. s. Hornstein und Feuerstein.

SILEX VAGUS CORTICE MARMOREO DURO FRAGMENTIS SUBDIAPHANIS CANESCENTIBUS, heißt beym Linne

Linne der Marmorkiesel. s.
Marmorkiesel.

SILEX VAGUS CORTICE OCHRACEO, OPACUS CONCENTRICO VARIEGATUS, heißt beym Linne der egyptische Kiesel. s. Egyptischer Kiesel und *Silex haematites*.

SILEX VAGUS CORTICE OCHRACEO, SUBDIAPHANUS INTRICATO VARIEGATUS, heißt beym Linne der Sarder. s. Sarder.

SILEX VAGUS DIAPHANUS UNICOLOR RUBER, heißt beym Linne der Carneol. s. Carneol.

SILEX VAGUS LACTEUS OPACUS, OPALINI TENAX, FRACTURA INAEQUALI, heißt beym Herrn von Born der Cachelong. s. Cachelong.

SILEX VAGUS, REFLECTIONE ET REFRACTIONE VARIANS, heißt beym Linne der Opal, unter dem er aber mehrere Steinarten begreift. s. *Silex opalus*.

SILEX VAGUS STRATIS DIVERSICOLORIBUS, heißt beym Linne der Onyx. s. Onyx.

SILEX VAGUS, SUBDIAPHANUS CORNEI COLORIS CONCENTRICE VARIUS, heißt beym Linne der Chalcedon, der aber nicht allemal concentrice varius ist. s. Chalcedon.

SILEX VIRESCENS *Linn.* Silex rupestris nudus opacus virescens *L.* grüner Kalkstein, Grünstein, grüner Elskies. s. Grünstein. Da ich aber damals die Gedanken des Hrn. Prof. Gmelin c) über diese Steinart nicht mittheilen konnte, so will ich sie hier nachholen. Er bricht, sagt er, bey Sahlberg, und in der Kupfergrube bey Edelfors in Schweden, auch in der Dorotheenzeche in Christophsthal in Würtenberg, und scheint eine bloße Spielart des Hornsteins zu seyn. Eine bläulichte Steinart, die hieher zu gehören scheint, findet man gangweise in Sandstein bey Glaugau im Schönburgischen. Er ist ganz undurchsichtig, und immer ohne Rinde; seine gewöhnliche Farbe ist die Grünliche, vielleicht aber gehört der bläuliche Hornstein, den man bey Pfunderberg in Tyrol findet, auch hieher. Er ist gleichsam in der Mitte zwischen Jaspis und undurchsichtigen Quarz, in seinem Gewebe blättricht, wie dieser, und in den Stücken, in welche er zerspringt, muschlicht wie jener.

SILEX TEXTURA INDISTINCTA AMORPHA, Silex continuus *Gerh.* dichter Kiesel, Kiesel, dessen Theile ein ganz unbestimmtes Gewebe machen. s. *Silex continuus*.

SILICES, heißen die Kieselarten. s. Kiesel, vorzüglich aber das Wort s x, wo man sich von dem verschiedenen Gebrauch dieses Worts bey Schriftstelle n überzeugen kann.

SILICES ACHATINI, nennet Wallerius den Achat. s. Achat.

SILI-

---

c) Linnäisches Naturspst. des Mineralr. Th. I. S. 582.

SILICES GREGARII, nennet Wallerius d) unter den Kieselsteinarten die dunklen oder gröbern Kieselsteine, denen er auch den Namen Silices überhaupt, und der Uebersetzer der Flintensteine giebt. Er sagt von ihnen: Sie sind grob, von dunkler Farbe, und lassen sich zu keinem Glanze poliren. Ihre eigenthümliche Schwere zum Wasser ist zwischen 2,540 und 2,650::1000. Herr Denso macht indessen die gegründete Anmerkung, daß sie sich auch spiegelglatt und hell schleifen lassen, und unter der Hand eines guten Künstlers nehmen sie in der That die schönste Politur an, und geben andern edlern Kieselarten nichts nach. Die nähere Eintheilung dieser Kiesel, die Wallerius hieher rechnet, habe ich im dritten Bande S. 194. angeführt.

SILICES QUIBUS VARIAE FIGURAE NATURA IMPRESSAE. Unter diesem Namen führet Kircher in dem Mundo subterraneo Lib. VIII. Cap. 30. eine Anzahl Kiesel, oder wenigstens solcher Steinarten an, die er für Kiesel hielt, auf denen man mancherley Figuren erblickte, oder welche mancherley oft zufällige Bildungen angenommen hatten. Man wiederhole hier die Anmerkung, die ich vorher bey dem Worte *Silex figuratus* gemacht habe.

SILICES RUPESTRES, machen beym Linne eine eigne Classe derjenigen Steinarten aus, die er unter Silex zählet, und zwar diejenigen, die man nicht in Geschieben, oder einzeln auf den Feldern zerstreut, sondern in Gebürgen antrift, wo sie ein Ganzes ausmachen. Die Gattungen, die Linne hieher rechnet, habe ich vorher bey dem Worte *Silex* angeführt.

SILICES VAGI, s. *Silex vagus*.

SILICULI AMYGDALIFORMES, heissen die Mandelsteine, die gleichwohl nicht allemal von einer kieselartigen Natur sind. s. Mandelsteine.

SILIQUASTRUM, ein Kraut, hat sich versteint gefunden. s. den dritten Band, S. 230. den Namen Siliquastrum, wo verschiedene Schriftsteller vorkommen, die desselben gedenken. Es findet sich vorzüglich in England.

Durch das Wort *Siliquastrum* drückt aber Luid auch gewisse Fischzähne aus, die nemlich lang und schmal, rhomboidalisch oben flach sind. Diese machen bey dem Herrn Walch e) die fünfte Classe seiner Fischzähne aus, worunter er die vierecktigen Fischbackenzähne, oder diejenigen begreift, die einigermasen einem gleichseitigen sowohl als ungleichseitigen Viereck mit abgestumpften Spitzen ähnlich sind. Sie sind, sagt er, insgesammt flach, haben meist wie die andern Fischzähne eine glänzende Oberfläche

---

d) Mineralogie S. 107.
e) Naturgesch. der Versteiner. Th. II. Abschn. II. S. 215.

von verschiedener und von der untern weissen oder braungelblichen Substanz unterschiedene Farbe. Sie sind oft sehr gros und über einen Zoll lang. Sie heisen Siliquastra, weil sie einer Bohnenschale in etwas ähnlich sind, werden auch Ichthyperia genennt, welchen Namen ihnen Hill gegeben, so wie jener vom Luid kommt. s. Gloßopeters.

SIMIAE FIGURAE LAPIS, ist in dem Museo Calceolarii ein Stein, auf dem sich ein Affenbild zeigt. Ein bloses Steinspiel, bey dem, wie bey den mehresten Steinspielen, die Einbildung wahrscheinlich das beste thun muste.

SINAITICUM MARMOR, sind Dendriten vom Berge Sinai, die unsre Vorfahren unter einem eignen Namen anführten, weil sie ihnen vorzügliche Schönheiten beylegten. s. Dendriten.

Sinople, eisenhaltiger Jaspis, Sinopel, rother Kneiß oder Gneiß, lat. Sinople Jaspis martialis *Cronstedt*. Jaspis opaca, particulis distinctis, rudis facie granulari *Wall*. franz. Sinople, ist eine eisenhaltige Jaspisart von rother Farbe und körnigen Theilen, die 10 bis 12 Pfund Eisen im Centner giebt f) Cronstedt giebt gar funfzehn Pfund an, und wenn das wäre, so könnte man ihn sicher als Miner betrachten, wohin ihn auch der Herr Prof. Gmelin gesetzt hat. Indessen hat ihn doch auch Cronstedt und Wallerius unter die Jaspisarten aufgenommen, und er verdient daher auch bey mir einer besondern Anzeige. Ich glaube gleichwohl nicht, daß ein jeder eisenhaltiger Jaspis den Namen der Sinople verdienet, sonst müste man einen, ohnlängst in dem Fürstlich Solmischen entdeckten Jaspis, der zum Theil gewiß 10 bis 15 Pfund im Centner Eisen hat, hieher rechnen. Da ich indessen diese Steinart, die man Sinopel oder Sinople nennet, nicht besitze, und nicht kenne, so muß ich mich blos an die angeführten Schriftsteller halten, um meinen Lesern davon einen vollständigen Begriff geben zu können.

Erst die Nachricht des Herrn Prof. Gmelin, der, wie ich schon gesagt habe, diese Steinart unter die Eisenminern zählt. Sinople, eisenhaltiger Jaspis. Bey Chemnitz in Niederungarn, in mehrern Gruben, bey Schmölnitz in Oberungarn, in Böhmen, bey Altenberg in Sachsen, im Backofen, bey Muschellandsberg in Zweybrücken, und im Königsberge, bey Wolfstein in der Churpfalz, bey der Langbanshütte in Wer-

---

f) Meine Quellen bey dieser Abhandlung sind: Cronstedt Mineralogie, Werners Ausg. Th. I. S. 145. f. Wallerius Syst. mineral. Tom. I. t. 318. Uebers. Th. I. S. 287. Baumer Naturgesch. des Mineralr. Th. II. S. 161. Gmelin Linnäisches Naturgsch. des Mineralr. Th. III. S. 294. Schröter vollständige Einleitung Th. I. S. 387. f. Scopoli Dissertationes ad Scientiam naturalem pertinentes P. I. p. 39. s.

Wermeland in Schweden, und bey Spanwick in Norwegen. In Ungarn macht er mächtige Gänge aus, ist öfters mit Kies, Bleyglanz und Blende eingesprengt, und wird mit Nutzen auf Gold bearbeitet; manchmalen ist er mit weisser Kalkerde (in der Johanniskluft,) oder mit grünem Jaspis (in der Theresiengrube,) oder mit weissem Quarze (Schnürzinopel, in dem Pacherstollen bey Schemniz) innigst vermischt, welche Streifen und Bänder von verschiedener Farbe darinnen machen. Er ist leichtflüssig, und schmelzt im Feuer zu einer schwarzen Schlacke; er enthält zwölf bis funfzehn Pfund Eisen im Centner, welches der Magnet nach dem Rösten leicht anzieht; sonst verhält er sich wie ein Jaspis, hat auch gemeiniglich seine Härte; doch ist der goldhaltige aus dem Pacherstollen öfters so mürbe, daß er zerfällt, und zwischen den Fingern zerrieben werden kann. Der böhmische ist gelb; sonst ist er immer bald höher, bald dunkler roth; zuweilen (im Pacherstollen bey Schemniz, und im Ohorn ohnweit Schmölniz) auf der Oberfläche knotig. Im Bruche ist er:

 a) Erdartig; der mürbe, abfärbende, goldhaltende aus dem Pacherstollen.

 b) Grobkörnig; in der Theresiengrube, und in der Johanniskluft bey Schemniz.

 c) Feinkörnig, oder stahldicht mit mattem Bruche. Fast wie Röthel, oder Serpentinstein, bey Altenberg, Schmolniz, auch am Calvarienberge und in der Matthiasgrube bey Schemniz.

 d) Schlackenartig, mit glänzendem Bruche; in Böhmen, in Wermeland und in Norwegen.

Herr Werner sagt: Sinople ist eine ungarische provinzionelle Benennung, die man einem dunkelrothen, das Mittel zwischen cochenill= und mordoreeroth haltenden, schimmernden gemeinen Jaspis gegeben hat, welcher zu Schemniz in Niederungarn, auf dem Theresia= und Spitaler Hauptgange bricht, und mit die Hauptgangart desselben ausmacht. Herr Scopoli hat ihn untersucht, und giebt Thon= und Kieselerde als seine Hauptbestandtheile an, denen überdies noch etwas Eisenerde beygemischt ist. Alle übrige metallischen Theile, die man durch Versuche aus diesem Steine erhält, schreibt er den bey dem Sinopel jederzeit und oft sehr zart beygemengten verschiedentlichen Erztheilchen zu.

Herr Baumer sagt nur wenig von dieser Steinart. Der Sinople, Jaspis martialis, sagt er, ist theils grob= theils feinkörnig, und von verschiedener, z. B. gelber, röthlicher, rother, hochrother, brauner und leberbrauner Farbe. Er wird in Sachsen, Böhmen, Ungarn, Schweden und Norwegen gefunden. Bruchstücke davon sind auch in unsern Griesslagen und sandigen Aeckern unter den Kieselsteinen vorhanden.

Die ausführlichste Nachricht davon giebt Herr Scopoli am angeführten Orte, in seinem Tentamine mineralogico III. de Sinopi hungarica: Sinopl dicta, sie ist aber blos chymisch, und untersucht die Bestandtheile, und den Gehalt dieser Steinart. Er glaubt, S. 39., daß das Wort Sinopl oder Zinopl von der Erde abzuleiten sey, welche die Alten Sinopem nannten, weil sie aus Sinope gebracht wurde, führet einige neuere Schriftsteller an, die dieser Steinart gedenken, zu denen man freylich ungleich mehrere setzen könnte, führet S. 42. die Gegenden an, wo diese Steinart bricht, sagt uns, daß er die bleichrothe Art zu seinen Versuchen erwählt habe, zeiget sein Verfahren, und nun von S. 46. 1) das Verhalten der Sinople gegen verschiedene Erden; 2) gegen die Salze; 3) gegen die verschiedenen Säuern, und dergleichen. S. 78. erzählt er uns den metallischen Gehalt derselben, und diese Stelle will ich ganz hersetzen.

Corpora metallica, quae Sinopis hungarica continet sunt:

1) Zincum calciforme, sulphure terra martiali, nec non alia partim vitrescibili, partim vero alcalina, intime mixtum. — — Pseudogalaena.

2) Terra martialis, sulphure mineralisata. — — Pyrites.

3) Eadem calciformis.

4) Terra cupri sulphure mineralisata. — — Minera cupri flava.

5) Terra plumbaria Sulphure mineralisata. — — Galena.

6) Argentum nudum.

7) Idem Sulphure larvatum.

8) Aurum nudum.

Der Eisenerde schreibt er die Farbe dieser Steinart zu, und behauptet, S. 79., daß man sie allerdings unter die Eisenminern aufnehmen könnte, denn er fand in seiner untersuchten Sinople von 4 bis 10 1/2 Pfund Eisen im Centner. Daß aber Thon und Kiesel die eigentlichen wahren Bestandtheile derselben ausmachen, beweißt er S. 82. folgendergestalt. Argillam ostendunt: 1) Crystalli aluminosae ex ejus solutione in acido Vitriolico natae. 2) Induratio ejusdem in igne. 3) Habitus ad Sal commune, Sal minerabile, Nitrum, Boracem, Salia alcalina fixa, et Vitri frittas. 4) Structura montium Schemnizensium maxima parte ex Argilla et Terra Silicea. — Siliceam seu vitrescibilem Terram, eidem Lapidi inesse demonstrant soliditas, politura, habitus ad Terras et Salia saepe idem ac alterius Jaspidis rubicundi.

Aus allem diesem aber, was ich angeführt habe, wird deutlich, daß die Sinople mit mehrerem Grunde unter die Minern als unter die Steine gehört, zumal da an einigen Arten die wahre Steinhärte mangelt, einige aber sogar die Hauptgangart mancher Gänge ausmachen. Man sollte daher dieselbe auch nicht als eine Jaspisart betrachten.

Daß

Daß die Sinople in verschiedenen Abänderungen erscheine, das haben wir vorher aus Hrn. Gmelin gehört. Jetzt thue ich noch die Eintheilungen des Cronstedt und Wallerius hinzu.

Cronstedt nimmt das Wort Sinople weiter und enger. Denn er sagt: Man hat: Eisenhaltigen Jaspis, Jaspis martialis, Sinople.

A) Grobkörniger. *a*) Roth und röthlichbraun, Sinople. Die ungrischen Goldbergwerke.

B) Stahldichte oder feinkörnig. *a*) Röthlichbraun. Altenberg in Sachsen. Er sieht wie Röthel aus, und hat fette Klüffte wie der cöllnische Thon, der Serpentinstein u. a. m.

C) Schlackendichte, mit glänzenden Bruch. *a*) Leberbraun, und *β*) Hochroth. Longbanshütte in Wermeland. Sponwicken in Norwegen. *γ*) Gelb. Böhmen. Hieraus kann man 12 bis 15 procent Eisen bringen; er wird auch geröst vom Magnet angezogen.

Wallerius sagt von der Sinople: Particulis constat crassioribus interdum quasi arenaceis, minus dura, aequali cum petrosilice duritie, ad chalybem non, vel aegre scintillans, debilioribus coloribus nunquam non ad albedinem accedentibus, polituram non suscipit: martialis, calcinata a magnete trahitur, fusa dat scorias nigras.

  a) Sinopel particulis majoribus. Colore rubro vel rubro fusco, intrinsice granulari facie. Hungaria, Peru,

  b) Sinopel particulis subtilioribus. Particulis subtilissimis, densus et fere solidus apparet; *rubricae* haud dissimilis. Altenberg in Saxonia.

In Ansehung der Ableitung des Worts Sinople gehet Wallerius in so fern vom Scopoli ab, daß er glaubt, es komme von dem griechischen Worte Sinopis her, womit man einen jeden rothen Eisenocher belegt habe. Die Oerter, wo diese Steinart bricht, sind in der Abhandlung selbst angegeben.

Sinter, s. Tropfstein.

SINTER CALCAREUM, kalkartiger Sinter. So ist der gewöhnliche Tropfstein. s. Tropfstein.

Sintergewächse. Darunter verstehet der Herr von Justi g) diejenigen Tropfsteine, welche allerley zufällige Gestalten annehmen. Er hat sie unter die Drusen gesetzt, gestehet aber ein, daß sie eigentlich nicht unter die Drusen gehören; sie machen, wie er sagt, gleichwohl in unordentlichen Figuren, die bald starke bald ungemein zarte Aeste und Zweige vorstellen, oder wie zusammengebackene versteinte Holzreiser aussehen, wie dergleichen sowohl bey Göttingen als bey Königslutter

---

g) Grundriß des gesammten Mineralr. S. 192. §. 359.

lutter viel gefunden werden. Sie ſind alle alcaliſcher Eigenſchaft, und brauſen mit ſauern Geiſtern ſtark auf. In den nah bey Weimar bey dem Dorfe Ehringsdorf liegenden Topfſteinbrüchen kommen dergleichen Sintergewächſe von unzähligen Geſtalten, und oft wunderbare Abänderungen vor davon wir bey dem Wort Tropfſtein mit mehrerm reden wollen. Aber auch der gypsartige Sinter erſcheinet in verſchiedenen Figuren, welches der Herr von Juſti nicht hätte verſchweigen ſollen, zumal da hier einige Geſtalten ſehr den Druſen gleichen.

Sinterquarz, ſ. Quarzſinter.

SIPHONES, oder Sipho, heißt in der Conchyliologie ein gewiſſer Canal, den die vielkammerichten Schnecken haben, durch welchen ein fleiſchigter Theil des Thiers bis an die Endſpitze gehet, und vermöge deſſen das Thier ſein Gehäuſſe regieren, ſich ſelbſt aber in und an demſelben gehörig befeſtigen kann. Wir kennen freylich von natürlichen vielkammerichen Schnecken, wenn wir das kleine Guth aus verſchiedenen Muſchelſanden ausnehmen, nur ſehr wenige, nemlich den ſchweren Nautilus, und das Ammonshorn des Rumphs; an beyden ſehen wir den Sipho deutlich; mehrere aber kennen wir im Steinreiche, nemlich die Nautiliten, die Ammoniten, die Orthoceratiten, die Lituiten, die Belemniten, und die Heliciten. Bey den letztern hat man den Sipho zwar noch nicht entdeckt, allein die Analogie und die Sache ſelbſt lehren es, daß ſie einen Sipho haben müſſen, der leicht dem Auge verborgen ſeyn kann, da die Windungen der Heliciten ſo gar enge ſind. An den Alveolen der Belemniten hat man in der neuern Zeit den Nervengang oder den Sipho auch entdeckt; eine Sache, die zwar der Herr Geheime Hofrath Schmiedel in Anſpach, aber, wie mich dünkt, ohne nur irgend einen wahrſcheinlichen Grund zu haben, bezweifelt, die ich aber durch Beyſpiele aus meiner Sammlung unwiderſprechlich darthun kann. Bey den Orthoceratiten und den Lituiten liegt die Sache am Tage, und kann aus Zeichnungen und aus Beyſpielen erwieſen werden. Bey den Ammoniten hat man die Sache mit dem Sipho zwar ſchon lange, aber immer nur noch als Wahrſcheinlichkeit gewußt, nun aber, deucht mir, iſt die Sache auch gänzlich entſchieden, da man Beyſpiele aufweiſen kann, an denen ſich der Sipho ſo deutlich zeigt. Von den Nautiliten hat man es längſt gewußt, deren Sipho mehrentheils knotigt iſt, und ich kann ſelbſt in meiner Sammlung verſchiedene Beyſpiele mit entblößten Sipho vorlegen. Die Sache ſelbſt zeige ich hier nur kurz an, weil ich bey der Beſchreibung der genannten Verſteinerungen zugleich von den Siphonen derſelben geredet habe. Da ich indeſſen in dem vierten Bande meiner vollſtändigen Einleitung alle dieſe Verſteinerungen, die Nautiliten,
die

Ammoniten, die Lituiten, die Belemniten mit ihren Alveolen, die Orthoceratiten und die Heliciten ausführlich beschrieben, und die neuern Entdeckungen und Erfahrungen hinzugethan habe, so wünschte ich, daß meine Leser zugleich jene Arbeit bey dieser Gelegenheit vergleichen möchten.

SIPHUNCULI MARINI, werden von verschiedenen Schriftstellern verschiedene Körper genennt, die doch, wenn sie dem Namen entsprechen sollen, hohle Körper seyn müssen. Der Gedanke, den einige geäusert haben, daß es Fischzähne wären, fällt daher von sich selbst weg. Mehr Wahrscheinlichkeit hätte die Meynung von den corallinischen Tubuliten, weil dies hohle Körper sind; allein dann zeigen die mehrsten Beyspiele, auf die man sich beziehet, daß man einen schaligten Körper vor sich habe. Die gemeinste Meynung gehet dahin, daß man darunter die Dentaliten verstehet; doch gebrauchten schon die ältern Schriftsteller dies Wort weitläuftiger. Luid z. E. redet in seinem Lithophylacio Britannico n. 1201. von einem Siphunculo scabro, tortili, auriculari fere digiti crassitie, und das kann doch wohl kein Dental seyn. Eben so weitläuftig nimmt Herr Wallerius h) das Wort, bey dem die Siphunculi marini dessen *Canalitae* sind, unter denen er nicht nur alle gerade oder etwas gekrümmte Meerröhren, die man sonst einfache Tubuliten nennt, sondern auch gewundene Wurmgehäusse verstehet. Er sagt: Sunt cochleae non turbinatae, forma tubulari, vel conica, perviae, diversa crassitie et magnitudine, similes canali cavo vel cornubus aut dentibus cavis, interdum geniculatae, inflexae vel contortae.

SIPHUNCULI MARIS, s. Siphunculi marini.

SISSITES, heißt das versteinte Holz vom Buchsbaum. Plinius verstund darunter einen Edelstein, und schrieb das Wort Cissites. s. diesen Art. Da es ein Stein seyn sollte, in dessen Innerm sich etwas befindet, so glaubt Klein beym Scheuchzer in der Sciagraphia lithologica p. 70. es sey ein Adlerstein.

SLAKJES VERSTEENDE, heisen im Holländischen die versteinten Schnecken, sonderlich die kleinern, denen man gerade keine eignen bestimmten Namen geben kann.

SLANGEN STEENEN, heisen im Holländischen die Schlangensteine. s. Schlangensteine.

SLANGEN TONGEN, Schlangenzungen, heisen die versteinten Fischzähne, sonderlich diejenigen, die man Glossopetern nennt. s. Glossopetern.

Smaragd, Schmaragd, lat. Smaragdus, Schmaragdus, Limoniates, oder wie andre schreiben, Limoniades *Plin.* Prasinus oder Prasinus *Nonnull.*

---

h) Systema mineral. Tom. II. p. 459.

Gemma Neroniana, Gemma Domitiana, Smaragdus. Gemma *Cronſt.* Gemma viridis *Woltersd.* Gemma vera colore viridi *Cartb.* Gemma pellucidissima duritie quinta, colore viridi in igne permanente *Wall.* Borax gemma nobilis Smaragdus *L.* Borax lapidolus prismaticus pellucidus, viridis *L. franz.* Emeraude *Dav.* Emeraude d'Orient *Delisl.* holl. Emeraut of Smaragd, wird derjenige Edelſtein genennet, welcher eine dichte und lebhafte vollkommen grasgrüne Farbe hat.

Die Ableitung des Worts Smaragd giebt man verſchieden an. *i)* Hill meldet, daß es einige von dem Wort Zamarut ableiteten, weil dieſer Stein bey den Arabern alſo genennet werde. Er aber iſt geneigt, was auch Herrn Brückmann und mehrern wahrſcheinlich iſt, daß man es von dem griechiſchen Wort Σμαρασσειν ableiten müſſe, welches glänzen oder ſchimmern bedeute, weil der Smaragd würklich ein Stein iſt, welcher wegen der Lebhaftigkeit und Schönheit ſeines Glanzes von jeher in einem groſſen Anſehen ſtund. Daher auch Ovidius ſagt:

In Solio Phoebus claris lucente Smaragdis.

Zur nähern und richtigern Kenntniß dieſes Edelſteins gehören zuförderſt die äuſſern Kennzeichen, die uns Hr. Werner *k)* folgendergeſtalt an-

giebt. Die Farbe dieſes Steins iſt ein aus dem Dunklen bis ins Blaſſe abwechſelndes vollkommenes Grasgrün. Er wird derb in ſechsſeitig ſäulenförmigen Cryſtallen, die bald vollkommen, bald nur an den Seitenkanten, bald an den Endkanten, bald an allen Kanten, und auch wohl zugleich an den Enden abgeſtumpft, oder auch wohl an den Endkanten zugeſchärft ſind, gefunden. Die Oberfläche der Cryſtallen iſt glatt und glänzend. Inwendig iſt dieſer Stein ebenfalls glänzend, und überhaupt von gemeinem Glanz. Im Bruche iſt er dichte, und zwar muſchlig, das ſich zuweilen dem Unebenen nähert. Die Bruchſtücke ſind unbeſtimmt eckig. Er wird durchſichtig, oft aber auch nur halbdurchſichtig, auch wohl gar nur durchſcheinend gefunden. Er iſt hart, und übertrift darinnen den Bergcryſtall, fühlt ſich kalt an, und iſt nicht ſonderlich ſchwer.

Ich verbinde hiermit die allgemeine Beſchreibung des Hrn. Prof. Gmelin. *l)* Man findet ihn, ſagt er, in Egypten, Cypern, Macedonien und den übrigen Morgenländern, vornemlich in Ceylon und Pegu, in Peru und Braſilien, beſonders in den Thälern Manta und Tunka oder Tomana; ſeltener in Italien, in der Schweiz, in Ungarn, Deutſchland, Bretagne und England; bald los, bald

---

i) Schröter vollſtändige Einleit. Th. I. S. 114. Hills Anmerk. zum Theophraſt. deutſch S. 126.
k) In ſeiner Ausgabe des Cronſtedt Th. I. S. 102.
l) Linnäiſches Naturſyſt. des Mineralr. Th. II. S. 119. f.

bald in andern Steinen, vornemlich in weissem Quarz, fest, bald einzeln, bald in ganzen Drusen beysammen, zuweilen von ansehnlicher Grösse; doch muß man sich hüten, grünen Flußspath dafür anzusehen, wie z. B. ein solches sehr grosses Stück grünen Flußspathes in dem Kloster Reichenau auf dem Costanzer See für Smaragd aufbewahret und gezeigt wird. Die schönste Druse von ächten Smaragd, die aus mehr als hundert grosen und kleinen Smaragden bestehet, ist an einem Calvarienberge in Maria Loretto bey Ancona im Königreich Neapel zu sehen. Auch in dem Orenburgischen Gebiete im rußischen Reiche fand ihn Pallas von einer sehr beträchtlichen Grösse. Er hat wie die übrigen Edelsteine ein blättrichtes Gewebe und eine ziemliche Härte; doch wird er nicht nur vom Diamant, Rubin, Saphir und Topas geritzt, sondern auch von der Feile angegriffen; und mancher Smaragd ist sogar weicher als der Beryll, selbst seine Schwere ist geringer, als bey den meisten vorhergehenden Edelsteinen, und verhält sich zur eignen Schwere des Wassers, wie 2700, 2790, 2890 höchstens 3095 : 1000. Er hat immer eine grüne Farbe, die bald reiner, bald unreiner, oder wie mit Goldtüpfelchen besäet, bald dunkler, wie bey dem brasilianischen, bald heller, wie bey den morgenländischen und peruvianischen ist.

Von seiner Farbe habe ich schon bemerkt, daß sie eigentlich der Farbe des Grases gleiche, ob sie gleich dunkler und heller erscheinen kann. Wallerius m) behauptet von der Farbe des Smaragdes, daß sie im Feuer beständig sey, und man kann dies einigermasen einräumen. Denn es ist aus Erfahrungen bekannt, daß, wo man auch durch ein starkes anhaltendes Feuer ihm seine Farbe wo nicht gänzlich nehmen, doch wenigstens verändern kann. Herr Brückmann n) versichert indeß, aus Herrn Geoffroy Materia medica, daß man ihm im Feuer seiner Farbe gänzlich berauben könne. Indeß ist es doch merkwürdig, und es haben es Wallerius, von Bomare, Brückmann, Gmelin und mehrere Schriftsteller angemerket, daß er, ins Feuer gelegt und geglüet, blau wird; einige setzen auch hinzu, daß er dann wie ein Schwefel brenne; er behält auch diese blaue Farbe, so lange er warm bleibt, sobald er aber erkaltet, nimmt er seine ursprüngliche grüne Farbe wieder an, es sey denn, daß man ihn einem zu heftigen Feuer allzulang ausgesetzt hätte. (Gmelin o) sagt, die Farbe sey, wenn auch das Glühen zwey Stunden dauert, unveränderlich; aber in dem Brennpunkte eines Tschirnhausischen Brenn-

B 5

---

m) Mineralogie S. 156.
n) Abhandlung von den Edelsteinen, neue Ausg. S. 104.
o) Gmelin l. c. S. 120.

Brennglases bekommt er auf der Stelle eine weisse glänzende Farbe, und entfernt man ihn dann von dem Brennpunkte, so zieht sich eine weisse Wolke darüber; bringt man ihn von neuem darein, so nimmt er, wenn man ihn nach einiger Zeit wieder herauszieht, eine Aschfarbe an; läßt man ihn noch länger in der Hitze, so bekommt er die Farbe eines Türkis. Diese Farbe verändert sich ferner, wenn man noch länger damit anhält, in ein sehr helles und durchsichtiges Himmelblau, und läßt man ihn noch eine halbe Stunde lang im Brennpunkte, so bekommt er auf der Seite, welche gegen die Sonne gerichtet war, eine dunkle und schwärzlichte Türkisfarbe, auf der andern aber eine bleichere. Zuweilen bekommt er davon nur einen schwarzen Flecken mit einem weissen Ringe.

Ueber den Ursprung dieser Farbe sind die Naturforscher nicht ganz einig. p) Einige nennen vorzüglich das Eisen, und das beweißt der Hr. Prof. Gmelin daher, weil er sich sehr gut nachmachen läßt, wenn man in der gewöhnlichen Glashütte Eisen mit etwas Laugensalz zusetzt. Herr Brückmann sagt, daß die mehresten Naturforscher Kupfer und Eisen annehmen, daß aber vorzüglich Eisen und Eisenkies zu ihrer Farbe vieles beytrage, schliesset er daher, weil er einen sehr schönen grossen Smaragd gesehen habe, welcher durch und durch mit Kiespunkten eingesprengt war, welche aussahen, als wenn sie polirtes Gold wären. Herrn Sage scheint es wahrscheinlich, sagt Brückmann, daß er seine Farbe von Kobald habe, doch bringt er deßhalben keine Beweise bey.

Der Smaragd hat nicht nur eine grüne Farbe, sondern Theophrast q) behauptet auch, daß er das Wasser grün färbe. Auch der Smaragd, sagt Theophrast, hat seine besondern Eigenschaften, denn er theilet dem Wasser seine Farbe mit. Ein Stein von mittelmäßiger Grösse scheint dies nur bey einer kleinen Menge Wassers zu thun, ein grosser aber verändert dem Scheine nach alles Wasser. Ein schlechter Smaragd thut dies nur an dem Wasser, was ihn zunächst umgiebt. Verschiedene Schriftsteller haben dieses sehr unrichtig verstanden, indem sie glaubten, daß ein guter Smaragd die Farbe des Wassers würklich in eine grüne verwandele. Das war Theophrasts Meynung nicht, die auch der Erfahrung widerspricht. Er verstehet es blos von der Strahlenwerfung des Steins, und sagt ausdrücklich, daß das Wasser dem Scheine nach verändert werde, daß folglich das Wasser so lange grün scheine, als der Smaragd in demselben liegt.

Die Härte der Smaragde geben die Schriftsteller verschieden

---

p) Gmelin l. c. S. 122. Brückmann l. c. S. 108. Erste Fortsetzung S. 62.
q) Von den Steinen, Baumgärtners Ausg. S. 134.

den an. Plinius r) mag wohl die Sache übertrieben haben, wenn er dem Scythischen und egyptischen Smaragd eine solche Härte beylegt, daß man ihnen gar nicht beykommen könne: (ut nequeat vulnerari) denn wir haben vorher gehört, daß er nicht nur von härtern Edelsteinen, sondern sogar von der Feile angegriffen wird. Auch Herr Richter s) treibt die Sache zu hoch, wenn er dem orientalischen Smaragd eine Diamantenhärte beylegt. Herr Wallerius legt ihm, wie wir oben aus seiner Benennung hörten, die fünfte Härte unter den Edelsteinen, und folglich die vierte nach dem Diamant zu. Hill t) sagt, daß er die Härte des Saphirs habe. Herr von Justi u) sagt, daß die Smaragde unter sich eine verschiedene Härte hätten, und daß ihnen darum ein verschiedener Preiß zukomme. Jetzt ist aber die Rede von den ächten Smaragden. Herr Baumer meldet, x) daß ihn das Dispensatorium Wirtenbergense für den zerbrechlichsten unter allen Edelsteinen erklärt habe, welches er aber mit Grunde bezweifelt. Brückmann y) legt ihm die vierte Härte nach dem Diamant bey, folgt also darinnen dem Wallerius, und sagt, daß dies die angenommene Meynung der neuern Zeit sey. Cronstedt z) setzt ihn so weit herunter, wenn er ihn unter allen Edelsteinen für den weichsten hält. Werner widerspricht ihm hierinnen mit Grunde, und vermuthet, Cronstedt möchte einen grünen Fluß für einen wahren Smaragd angesehen haben, zumal da er ihm eine leuchtende Kraft beylegt, welche der wahre Smaragd nicht habe.

Ueber die Figur der Smaragde erklären sich die Schriftsteller verschieden. Wir wollen sie, so wie sie uns in die Hände kommen, auftreten lassen, es wird sich aber bald zeigen, daß sie von Smaragden verschiedener Gegenden reden, und daß dieser Edelstein in Rücksicht auf seine Figur überhaupt sehr unbeständig sey.

Was Herr Werner in seinen äussern Kennzeichen vorher von der Figur der Smaragde sagte, das will ich jetzo nicht wiederholen. Laet a) sagt, die americanischen Smaragde würden beynahe in einer säulenartigen Gestalt erzeugt, mit sechswinklichten Seiten, die aber sehr selten gleich wären. Wallerius b) legt dem Smaragd eine vielseitige Figur bey, welche entweder

---

r) Hist. nat. Lib XXXVII. Cap. 5. S. 273. nach Müllers Ausg.
s) Lehrbuch einer Naturhistorie, 1775. S. 73.
t) Anmerkungen zum Theophrast S. 138.
u) Grundriß des Mineralr. S. 202.
x) Histor. natural. lapid. pretios. p. 24.
y) Abhandlung von den Edelsteinen S. 104.
z) Cronstedt Mineral. Werners Ausg. Th. I. S. 103.
a) De gemmis et lapid. Lib. I. Cap. 8. p. 39.
b) Mineralogie S. 156.

weder columnarisch, cubisch, oder prismatisch und vieleckigt von ungleichen Seiten, und stumpfen Ecken sey. Baumer c) sagt, daß er die Figur eines sechseckigten abgestumpften, oder sich nicht in Spitzen endigenden Kegels habe, ja in den Flüssen werde er sogar in kieselartiger Gestalt gefunden. Hill d) versichert von den orientalischen Smaragden, daß sie keine bestimmte Figur hätten, gewöhnlicher Weise aber fielen sie sphärisch, oder elliptisch aus. Bomare e) giebt ihn bald für cylindrisch oder würfelförmig, bald für prismatisch oder viereckigt aus, erzählt uns auch, daß Henkel einen prismatischen vierseitigen Smaragd mit einer platten Spitze gesehen habe. Herr Prof. Gmelin f) sagt: Seine gewöhnliche Gestalt ist eine sechseckige Säule, die entweder abgestumpft ist, oder eine dreyseitige oder fünfeckige abgestumpfte Pyramide trägt. Zuweilen hat die Säule nur vier, zuweilen auch acht bis zwölf Seitenflächen, welche gestreift und meistens ungleich sind; bey der brasilianischen sind die Ecken der Säulen öfters ganz zugerundet, oder haben gleichsam Leisten. Man findet den Smaragd aber auch in rundlichten, länglichten und glatten Stücken, welche keine bestimmte Gestalt haben. Die ausführlichsten Nachrichten hat Herr Brückmann g) Die crystallinische Gestalt der Smaragde, sagt er, ist säulenförmig, prismatisch, sehr oft der Länge nach gestreift, größtentheils vier- fünf- und sechsseitig, und endiget sich in dreyseitige und fünfseitige stumpfe Spitzen. Die Seiten des Prisma sind fast jederzeit sehr ungleich, so daß die eine breit, die andre schmal ist. Herr Henkel berichtet, daß er orientalische Smaragde gesehen habe, welche den schneckenstieger Topasen an Lage und Gestalt vollkommen geglichen haben, welches Herr Brückmann bestätiget, der uns zugleich versichert, daß wenn der rohe Smaragd mehr cubisch erscheint, dieses nur zu geschehen pflege, wenn sein Cylinder durch äußere Gewalt verkürzt, und abgebrochen ist. Die Smaragde finden sich häufiger crystallsförmig, als die Rubinen und Saphire, jedoch werden sie auch besonders in Orient als Kiesel gefunden. In der academischen Naturaliensammlung zu Pisa befindet sich ein groser säulenförmiger Smaragd, welcher eine vollkommene Schörlfigur hat; und in dem Collegio Ambrosiano zu Mayland eine über eine Spanne lange Druse von grünen ächten Smaragden in Gestalt ziemlich grosser Schörlsäulen, nebst kleinen vieleckig-

---

c) Naturgesch. des Mineralr. Th. I. S. 233.
d) Anmerk. zum Theophast S. 137.
e) Mineralogie Th. I. S. 257.
f) Linnäisches Naturinst. des Mineralr. Th. II. S. 121.
g) Abhandl. von den Edelsteinen, neue Ausg. S. 105. Beyträge erste Fortsetzung S. 60. zweyte Fortsetzung S. 57.

eckigten braunen Schörlcrystallen, in und auf Quarz. Herr Tobr. Bergmann erwehnt eines Smaragds, dessen Säule zwölfseitig ist, keine Pyramiden hat, und dessen anderes Ende in Quarz eingeschlossen war. Herr Brückmann fährt fort: Es ist mir sehr wahrscheinlich, daß die Natur die sechs- und zwölfseitigen Smaragde zum Theil ohne Pyramiden bildet; denn verschiedene habe ich gesehen, besitze auch einige selbst, deren Endflächen da, wo die Pyramiden sitzen sollten, keinen Bruch verriethen, sondern so glatt und eben waren, wie die Flächen der übrigen Säulen, und als wenn sie die Hand des Steinschleifers polirt hätte. Die berühmten und von vielen Reisenden angeführten Smaragde zu Loretto sind aus Brasilien, über einen Zoll im Durchmesser, und sechsseitige Säulen ohne Pyramiden.

Von der Grösse des Smaragds scheinet es entschieden zu seyn, daß er zuweilen in einer gar seltenen und beträchtlichen Grösse erscheinet, obgleich das, was Theophrast h) erzählt, und Plinius i) wiederholt, selbst nach dem Geständniß des Herrn Hill k) eine Erdichtung ist. Sie erzählen nemlich, daß die Jahrbücher der egyptischen Könige berichten, ein König von Babylon habe ihnen einen Smaragd geschenkt, der vier Ellenbogen in der Länge, und drey in der Breite ausgetragen habe; so wie sich auch in ihrem Tempel des Jupiters ein Obelisk befunden, der aus vier Smaragden bestanden hätte; dieser Obelisk soll 40 Ellenbogen lang, an einigen Orten 4, an andern aber 2 breit gewesen seyn. Wäre freylich der Smaragd von 28 3/4 Pfund, den das Kloster Reichenau aufbewahret, ein ächter Smaragd, und könnte man dies von jener grossen Schüssel aus Genua darthun, so wären dies ohne Zweifel die grösten Beyspiele von Smaragden, die man kennt. Aber der aus dem Kloster Reichenau ist ein bloser Fluß, und wie einige behaupten, gar ein Glasfluß, und die Schüssel aus Genua ein grüner Jaspis; daher man auch in dem Kloster Reichenau den sonst so berühmten Smaragd den Fremden nicht mehr zeigen soll. l) Was man mit Zuverläßigkeit sagen kann, ist, was Herr Brückmann m) sagt, daß die grösten, die er gesehen habe, die Grösse eines Taubeneys gehabt hätten, und daß man sie überhaupt selten, ohne Federn und Risse antreffe.

Man legt dem Smaragd eine leuchtende Kraft bey. Dieß behaup-

---

h) Von den Steinen S. 135. f.
i) Hist. nat. Lib. 37. Cap. 5. nach Müller S. 274.
k) In seinen Anmerkungen zum Theophrast S. 139.
l) Brückmann von den Edelsteinen, erste Fortsetzung S. 61. Schröters vollständige Einleit. Th. I. S. 118.
m) Abhandl. von den Edelst. neue Ausg. S. 106.

behauptet unter andern Pott, n) Gerhardt, o) Brückmann, p) Wallerius, q) Volckmann r) und Cronstedt. s) Werner hingegen leugnet es in einer Anmerkung zum Cronstedt, und sagt geradezu, der Smaragd phosphorescire nicht, giebt auch Herrn von Cronstedt Schuld, daß er vielleicht ein Stück grünen Fluß für Smaragd angesehen habe, welches man doch von einem Cronstedt kaum vermuthen sollte. Wie gesagt, viele Schriftsteller behaupten die leuchtende Kraft des Smaragdes, sie erklären sich darüber aber nicht auf eine Art. Gemeiniglich sagt man, daß er, wenn er geglüet werde, eine blaue Farbe annehme, die er auch behalte, so lange er heiß ist, und eben so lange leuchte er im Finstern. Wallerius sagt sogar, er leuchte stark. Volckmann erzählt aus Vater eine andre Methode, ihn zur Phosphorescens zu bringen, wenn man ihn nemlich pulverisirt, mit Wasser zu einem dünnen Brey vermischt, und auf ein eisernes oder anderes metallnes Blech streichet, hernach über einem Kohlenfeuer bis zum Glüen wieder trocken werden läßt, so leuchte er dann in einem finstern Orte wie eine glüende Kohle.

Gesetzt aber, hier sey ein Versehen vorgegangen, und der wahre Smaragd leuchte würklich nicht, so hat er doch, wenigstens haben sie einige Smaragde gewiß, eine magnetische Kraft. Man hält den Herrn Wilson t) für den Erfinder dieser Erscheinung, der dem Herrn Aepinus davon Nachricht gab, der seine Versuche im XII. Bande der novorum commentari. Acad. Scient. Petropol. bekannt machte, so wie es hernach Wilson selbst in dem II. Bande der philosoph. Transactionen Art. 67. S. 43. that. Man findet auch eine Nachricht davon in dem XI. Bande des neuen Hamburgischen Magazins, St. 66. S. 565. Herr Brückmann u) erzählt uns die Sache folgendergestalt: Der Smaragd wird von dem Magnet stark angezogen, wenn er nach Hrn. Brugmanns Angabe auf Quecksilber, auf Papier, in Wasser u. s. w. gelegt wird. Der stark gefärbte und polirte Smaragd bekam sogar bey der Untersuchung auf Wasser von einem darüber gehaltenen starken Magnet Pole, doch wurde der Smaragd in seiner natürlichen Gestalt nur schwach

---

n) Erste Fortsetzung der Lithogeognosie S. 38.
o) Beyträge zur Chymie Th. I. S. 102.
p) Abhandl. von den Edelsteinen S. 104. 105.
q) Mineral. S. 156. Syst. Miner. Tom. I. p. 353.
r) Silesia subterran. P. I. p. 26. 27.
s) Versuch einer neuen Mineral. Werners Ausg. Th. I. S. 103.
t) Meine vollständige Einleit. Th. I. S. 118. f.
u) Abhandlung von den Edelsteinen, zweyte Fortf. S. 60.

schwach angezogen. Auch die Plättchen, in welche er bey einem heftigen Feuersgrad zerspringt, gaben eine sehr starke Vermehrung der magnetischen Kraft zu erkennen; denn sie wurden, wenn man sie auf Quecksilber legte, so stark angezogen, daß man bestimmte Pole an ihnen bemerken konnte. Die grüne Farbe war, wie natürlich erfolgen muste, bey dieser Behandlung nicht verändert worden.

Opalisirende Smaragde werden in dem Davilaischen Verzeichnisse angeführt. Herr Brückmann x) aber macht darüber diese Anmerkung: Dieses sind eigentlich Steine voller Risse oder Federn, als woher die abwechselnden Farben wie bey dem Bergcrystall und andern Steinen mehr entstehen.

Von dem Verhalten im Feuer, und unter den chymischen Bearbeitungen, geben uns folgende Schriftsteller nachfolgende Nachrichten. Gmelin y) sagt folgendes: Der Smaragd wird in keinem Grade des Feuers flüchtig; aber durch das Feuer verliert er am Gewichte und Festigkeit. Er kommt, wenn man gewisse Kunstgriffe beobachtet, ohne Zusatz in Fluß, und erhebt sich, wenn dieses im Brennpunkte eines guten Brennglases geschiehet, in Bläschen, und wirft in dem Augenblicke der Erhitzung einen leuchtenden Schein von sich; nimmt man ihn fliessend aus dem Feuer, so ist er so zerbrechlich, daß man mit dem Nagel einige rauhe und harte Theilchen abkratzen kann; wirft man ihn glüend in Oehl, so entzündet er das Oehl, und wird ungemein mürbe, wirft man ihn aber glüend in Wasser, so springt er in viele theils schwarze, theils grünlichte Stücke. Reibt man ihn fein, und bringt ihn mit Borax vermischt ins Feuer, so schmelzt er zu einem klaren ungefärbten Glase." Der Herr Prof. Leske z) sagt uns darüber folgendes: Der Smaragd verliert unter dem Glüen wenig oder gar nichts von seinem Gewichte, wird aber nach Achard undurchsichtig, und einem Chrysopras ähnlich; schmelzt mit zwey Theilen Alkali, ingleichen mit Borax, sowohl wenn dieser allein, als nebst verschiedenen Erden genommen wird, mit Flußspatherde, oder vitriolisirten Weinstein zu einem Glase von gelber, grüner oder weiser Farbe; giebt aber weniger durchsichtige, immer mehr oder weniger glasige Massen von verschiedenen Farben, wenn er mit Weinsteinsalz, Harnsalz, Glaubersalz, Salpeter, Kieselerde, absorbirenden Erden, Flußspath, Mennich oder Eisenkalk eingesetzt wird. Vitriolsäure, Salpetersäure und Salzsäure, ziehen in der Hitze Eisen- und Kalkerde aus dem Smaragd.

Ein

---

x) Ebend. erste Fortf. S. 60. Davila Cat. raison. Th. II. p. 265. u. 671.
y) Linnäisches Natursystem des Mineralr. Th. II. S. 130. f.
z) In seiner Ausgabe des Wallerius Th. I. S. 243.

Ein halb Quentchen dieses Steins enthält 6 1/2 Gran Kieselerde, 2 1/2 Gran Kalkerde, 18 Gran Alaunerde, und 2 1/2 Gran Eisenerde. Was uns endlich Herr Brückmann a) aus Achard, Bergmann und Gerhardt über diesen Gegenstand gesammlet hat, bestehet in folgendem. Hr. Achards Versuche lehren, daß ein 3 Gr. wiegender orientalischer Smaragd, nachdem er 14 Stunden in einem Schmelztiegel unter der Muffel geglüet worden, Gewicht, Farbe und Politur behalten hatte, doch die Durchsichtigkeit gänzlich verloren, so daß er wie ein Chrysopras aussahe. Herrn Torb. Bergmanns Versuche über die Bestandtheile der Edelsteine ergeben, daß der grasgrüne morgenländische Smaragd 60/100 Alaunerde, und 24/100 Kieselerde enthalte. Herrn Gerhardts Versuche lehren: Im Thontiegel; ein Smaragd von 8 Karath 8 3/4 Gran (vielleicht hier ein Druckfehler, denn eigentlich wäre das Gewicht 10 Karath 3/4 Gran) schmolz nicht, verlor aber einen halben Gran am Gewicht, und seine Durchsichtigkeit ganz; die Farbe verwandelte sich in eine chrysoprasgrüne. Im Kreidentiegel; der Stein wog 11 Gran, und hatte im Tiegel eine Vertiefung gemacht, ohne weiteres Zeichen einer Schmelzung. Im Kohlentiegel; er wog 1 Karath 11 3/4 Gran, (eigentlich 3

Karath 3 3/4 Gran) schmolz nicht, aber verlor seine Durchsichtigkeit, und einen halben Gran am Gewicht; die Farbe war ebenfalls chrysoprasartig, oder etwas schmutzig.

Die Smaragde verschiedener Gegenden werde ich hernach unter ihren eignen Namen beschreiben. Auch davon werde ich gerade nicht viel zu sagen haben, was die Alten von dem Smaragd gesagt und gehalten haben. b) Nur das kann ich nicht übergehen, daß Plinius c) fast nicht Worte genug finden kann, die Schönheit dieses Steins hinlänglich zu schildern. Keine Farbe, spricht er, kann reizender seyn, als diese. Wir betrachten die grüne Farbe der Kräuter und der Zweige begierig; allein den Smaragd mit weit grösserm Entzücken, weil seine grüne Farbe alles Grün übertrifft. Er behauptet daher auch bald hernach, daß dieser Stein den Steinschneidern sehr angenehm wäre, weil er ihnen das Gesicht stärke.

Wir haben mehrere grüne Steine, mit dem Smaragd aber kann man sie, besonders um seiner schönen dem Gras so sehr gleichenden Farbe, nicht leicht verwechseln. Der grüne Jaspis ist allezeit undurchsichtig. Der Smaragdpras ist hellgrün, und spielet in das Gelbe. Der Chrysopras ist grünlich, und der Stein ist undurchsichtig. Der Beryll ist mehr blau als grün. Der Heliotrop ist zwar

---

a) Abhandl. von den Edelst. zweyte Fortf. S. 61.
b) s. nach Brückmann Abhandl. von den Edelst. S. 102.
c) Hist. natural. Lib. 37. Cap. 5. nach Müller S. 272.

zwar auch dunkelgrün, aber dabey undurchsichtig. Der Chrysolith und Praser sind grüngelb, und wenn der Lethere ja eine dunklere Farbe hat, so ist doch der Stein ganz undurchsichtig. Der Malachit ist pappelgrün, und der Goldberyll ist seegrün.

Wenn ich von dem Ursprunge der Smaragde rede, so übergebe ich jetzo alles, was man von der Smaragdmutter zu reden pflegt, und verspare es auf den Artikel Smaragdmutter. Daß man sie theils einzeln, theils aber auch in verschiedenen Steinarten, vorzüglich aber in Quarze finde, das ist aus denen von ihnen bereits gegebenen Nachrichten bekannt. Ich will hier nur das Einzige hinzuthun, daß Theophrast d) dafür hält, der Smaragd entstehe aus dem Jaspis. So sagt er: „Der wahre Smaragd ist, wie wir bereits gesagt haben, sehr selten, denn er scheinet aus dem Jaspis zu entstehen. Man sagt, es sey in Cypern ein Stein gefunden worden, der halb Smaragd, und halb Jaspis war, und also durch das Wasser noch nicht verändert worden ist." Hill, e) der seinen Schriftsteller so viel entschuldiget, als er nur kann, thut es auch hier. Er sagt: Der Jaspis ist oft die Mutter des Prasius, so wie es dieser letztere vom Smaragd ist; man nennet ihn daher die Wurzel, oder die Mutter des Smaragds, denn man findet diesen Edelstein zuweilen an ihn gewachsen, und in dem Prasius selbst giebt es Theile, die von dem ächten Smaragd schwer zu unterscheiden sind. — Es ist schwer auseinander zu setzen, welches eigentlich der Stein sey, von dem unser Verfasser hier redet; vielleicht könnte es ein Stein seyn, den man sehr unschicklich unter die Smaragde gesetzt hat; vielleicht ein Prasius, der etwas durchsichtiger als gewöhnlich, und an einen Jaspis angewachsen wäre, wie man dies sehr oft antrifft, und ein Gleiches an den Krystallen und an andern Substanzen wahrnimmt; ja vielleicht mag es gar ein an seinen Enden etwas feinerer, und nicht so gemeiner Jaspis gewesen seyn, denn damals war ein grüner und durchsichtiger Jaspis nicht so selten. Plinius sagt: Viret et saepe translucet Jaspis. Lib. 37. Cap. 29. Es ist auch möglich, daß ein wahrer Smaragd daran befindlich war. Das letztere macht Theophrasts Erzählung wahrscheinlich, nur die Folge war falsch, daß der Smaragd aus dem Jaspis entstehe. Von dem Ursprunge der Farben des Smaragds habe ich schon oben gehandelt.

Was die Eintheilungen der Smaragde anlangt, so nahm Plinius, und überhaupt die Alten, zwölf Arten der Smaragde an,

---

d) Von den Steinen Baumgärtners Ausgabe S. 155.
e) Ebendaselbst S. 156.

an, f) die sie also erzählen: 1) Der scytische. 2) Der bactrianische. 3) Der egyptische. 4) Der cyprische. 5) Der aethiopische. 6) Der herminische. 7) Der persische. 8) Der attische. 9) Der medische. 10) Der carthaginensische, oder wie andere wollen, der chalcedonische. 11) Der arabische. 12) Der lacedemonische. Indessen hielt man nur, wie aus dem Plinius g) deutlich ist, die drey ersten für wahre Smaragde, weil man die übrigen bey den Kupferminern fand. Sonderlich hielt man den scythischen so hoch, daß sogar Plinius von ihm sagt, er sey eben so weit von den übrigen Smaragden unterschieden, als der Smaragd von den andern Edelsteinen. Sonst giebt uns Plinius am angeführten Orte, in Rücksicht auf die Durchsichtigkeit des Smaragdes, folgenden Unterschied: Sunt aliqui *obscuri*, quos vocant caecos: alii *densi*, nec e liquido translucidi: quidam varia nubecula *improbati*.

Wallerius h) und mit ihm mehrere Mineralogen nehmen nur 2 Gattungen des Smaragds an. 1) Lichtgrauen Smaragd. Smaragdus colore viridi diluto. Smaragdus orientalis. Das ist der Smaragd aus Orient, bey dem es scheinet, als wenn sich die grüne Farbe in etwas Gelbem endige. 2) Dunkelgrüner Smaragd. Smaragdus colore viridi cyaneo. Smaragdus occidentalis. Dieser ist dunkelgrün, und scheinet sich seine Farbe in einiges Blau zu endigen; er wird in Occident gefunden.

In seinem grössern Werke, oder in dem Mineralsystem, hat Wallerius i) fünf Arten angenommen, wovon aber die drey letztern wohl schwerlich Smaragde seyn möchten. Es heißt in der Uebersetzung: a) Orientalischer Smaragd. Seine Farbe ist grasgrün, und zieht sich ins Blaue, und gegen das Licht gehalten, sieht er schwarz aus. b) Occidentalischer Smaragd. Er zieht sich aus dem Grasgrünen ins Spangrüne, und ist leichter als der orientalische. c) Aquamarin. Ist blaßgrün. d) Beryll. Seine berggrüne Farbe zieht sich mehr ins Blaue. Dabey merket der Herausgeber, der Herr Prof. Leske an: daß der Aquamarin und der Beryll sehr verwandte Spielarten sind, die beyde zu dem Topas gehören, mit dem sie in allen Kennzeichen, die Farbe ausgenommen, übereinkommen. e) Peridot. Ist Zeisiggrün, (aus Brasilien) gehört wahrscheinlich zum grünen Turmalin oder Chrysolith, und krystallisirt sechsseitig säulenförmig.

Delisle k) hat folgende Abarten.

---

f) Hill Anmerk. zum Theophrast. S. 140. f. Brückmann Abhandlung von den Edelsteinen S. 103. Schröter vollständ. Einleitung Th. I. S. 121.
g) Hist. nat. Lib. 37. Cap. 5. nach Müller S. 273.
h) Mineralogie S. 157. Gomare Mineral. Th. I. S. 258.
i) Syst. mineral. Tom. I. p. 154 deutsch Th. I. S. 242. f.
k) Versuch einer Crystallographie durch Weigel p. 249.

arten. 1) Morgenländischer Smaragd. Emeraude d'Orient. Er hat eine säulenförmige Gestalt mit Endspitzen. 2) Peruvianischer Smaragd. Emeraude de Perou. Er hat eine abgestutzte säulenförmige Gestalt. 3) Brasilianischer Smaragd, oder Peridot. Emeraude, Peridot du Bresil. Er hat eine Basaltgestalt. 4) Doppelt pyramidalischer, oder zehnseitiger Smaragd. Emeraude decahedre. Er hat zwey mit ihren Grundflächen zusammenhängende abgestutzte vierseitige Endspitzen.

Endlich will ich noch Herrn Brückmanns 1) gedoppelte Eintheilung mittheilen, davon die eine sich auf die Gegenden, wo er liegt, die andre auf seine verschiedenen Farben gehet.

Vom erstern sagt Hr. Brückmann: Zu unsern Zeiten können wir mit Recht die Smaragde in morgenländische, amerikanische und europäische eintheilen. Erstere kommen aus Ceylon, Pegu, Egypten, nicht weit von der Stadt Asuan, die jedoch sehr rar sind, und andere Gegenden mehr. Die amerikanischen aus Brasilien und Peru, aus dem Thale Tunka oder Tomana, und ehemals aus dem Thale Manta, die aber nunmehr erschöpft seyn sollen. Die europäischen sind nicht nur selten, sondern auch von schlechter Art und Farbe, und finden sich in England, Italien, Deutschland, Ungarn, Bretagne, und sonder Zweifel an andern Orten mehr.

In Rücksicht auf die Farbe, wo sie von der hellen bis zur dunklen hinaufsteigen, giebt Hr. Brückmann dem Ritter Wallerius recht, daß er sie in zwey Arten abtheilet. Der helle und lichtgrüne Smaragd, sagt er, ist der feurigste und schönste, und wird gemeiniglich der orientalische genannt. Er hat deshalb einen lebhaftern und vorzüglichern Glanz, weil sich sein Grün, oder seine Grundfarbe, wie es Herr Wallerius giebt, in das Gelbliche zu endigen scheinet. Der dunkelgrüne Smaragd siehet, eigentlich zu reden, grasgrün aus, und wird, wiewohl fälschlich, der occidentalische genannt, ob er gleich, wie ersterer, auch in Orient und Amerika gefunden wird. Er ist nicht so feurig, wie der lichtgrüne, weil sein Grün so sehr gesättiget ist, oder wie Herr Wallerius sich ausdrückt, in das Bläuliche sich zu endigen scheinet.

Von den Smaragden, die man syrische, egyptische, arabische, attische, peruvianische, brasilianische, Smaragde von Carthagena, und europäische nennet, werde ich hernach unter den angezeigten Namen besonders reden, und ebendaselbst der Bastartsmaragde gedenken. Jetzo rede ich nur noch von dem Werthe, von dem Nutzen und von der Bearbeitung derselben.

Was den Werth der Smaragde anlangt, so hatte er freylich in den ältern Zeiten einen

C 2 weit

---

1) Abhandlung von den Edelsteinen S. 105. 107.

weit gröſſern Werth, als er in unſern Tagen hat. Plinius m) legt ihm unter den Edelſteinen tertiam auctoritatem, oder den dritten Rang bey, da er den erſten dem Diamant, und den andern den Perlen eingeſtanden hatte. Das kam aber von ſeiner groſſen Seltenheit her, die Theophraſt n) ausdrücklich bezeugt. Da man aber nach der Zeit dieſen Edelſtein häufiger entdeckte, ſo fiel auch ſein Werth. Brückmann o) erzählt ſogar, daß ſie bey den Amerikanern anfänglich gar nichts gegolten hätten, bis ſie von den Europäern eines beſſern wären belehrt worden. Indeſſen haben dieſe Steine auch in unſern Tagen, wenn ſie ſchön und rein ſind, noch ihren Werth. Gmelin und Brückmann p) ſagen, daß man einen Smaragd von 3 oder 4 Karath um 50 bis 60 Thaler kaufen könne. Dute q) erhöhet ihren Werth etwas mehr, wenn er ſagt: Kleine helle und reine Smaragde verkauft man zuſammen, den Karath zu einem Louisd'or. Ein ſchöner Smaragd anderthalb Karath ſchwer iſt fünf Louisd'ors werth; einer von zwey Karath 10 Louisd'ors. Sind ſie aber ſchwerer, ſo ſteigt ihr Preiß nicht mehr nach dem Verhältniß ihrer Gröſſe, weil die groſſen Smaragde ſehr ſelten rein und ohne Fehler ſind. Boetius von Boodt ſetzt den Werth eines vollkommenen Smaragds, er mag ſo groß ſeyn als er will, dem vierten Theil vom Preis eines eben ſo ſchweren Diamants gleich. Nach Savary's Tabelle hierüber kann man ſich, wie Dute glaubt, keineswegs mit Nutzen richten; er ſchätzt darinnen einen Smaragd von acht Karath auf zwanzig Louisd'ors; allein wäre ein ſolcher vollkommen rein, ſo würde er wohl funfzig werth ſeyn.

Vom Nutzen der Smaragde ſagen die Schriftſteller mancherley, aber wenig wahres. Dem Theophraſt r) kann man allenfalls beyfallen, wenn er von dem Smaragd ſagt, daß er die Augen ſtärke, da man dieſe Tugend überhaupt der grünen Farbe beylegt. Wenn aber Boodt s) ſagt, daß er gegen Gifft, Bauchfluß und Hundebiß gut ſey, daß er die Epilepſie vertreibe, die Geburth befördere oder verhindere, nach dem man ihn da oder dorthin legt, Hämorrhagie, Dyſſenterie und dergleichen hebe, das Gedächtniß ſtärke, und was dergleichen Zeugs mehr iſt, wer wird das glauben?

Was die Bearbeitung des Smaragds anlangt, ſo bezeugen

---

m) Am angeführten Orts der Naturgeſchichte.
n) Von den Steinen, Baumgärtners Ausgabe S. 135. 155.
o) Magnalia Dei in locis ſubterran. P. II. p. 1072.
p) Gmelin Linneiſches Naturſyſt. des Mineralr. Th. II. S. 122. Brückmann von den Edelſteinen S. 108.
q) Von den Edelſteinen S. 55.
r) Von den Steinen S. 135.
s) De lapidibus et gemmis Lib. 2. Cap. 53. p. m. 298.

gen Gmelin t) und Bruckmann, u) daß man ihn mit Smirgel auf einer bleyernen Scheibe schleife, und mit Trippel auf einer zinnernen polire, und giebt ihm dann eine gelbe oder grünliche Goldfolie; vormals brauchte man in dergleichen Absicht ein glänzendes seidenes Zeug, oder Burbaumblätter. Wenn Büsching in der Geschichte und Grundsätzen der Steinschneidekunst S. 9. behauptet, daß der Smaragd schwer zu bearbeiten, und in ihn schwer zu schneiden sey, so sagt Herr Bruckmann, daß dieses der Erfahrung widerspreche. Denn weil er unter den feinen Edelsteinen zu den weichsten gehört, so folget von selbst, daß er weniger schwer, als die härtern zu bearbeiten sey. Die sehr guten Smaragde erfordern keine Folie, sondern wenn sie wie die Diamanten auf schwarz gesetzt werden, erhalten sie das lebhafteste und angenehmste Feuer. Es ist folglich ein Beweiß der besten Smaragdart, wenn sie die grüne Folie nicht erfordert. Wenn der Smaragd einige Jahre lang in Ringen getragen wird, so verliert er leicht die Politur, und bekommt Risse; diesem Fehler aber kann man durch ein neues Schleifen abhelfen.

Von der Kunst, Smaragde nachzumachen, sagt uns unter andern Herr Gmelin am angeführten Orte, daß es geschehe, wenn man auf vier Loth Krystallglas zehn Loth Kupferschlacke, oder auf acht Loth Mennig acht und vierzig Gran Kupfer nimmt, und schmelzt. Eine andre Methode habe ich oben aus Herrn Gmelin angeführt, da ich von der Farbe dieses Edelsteins handelte.

Was die Oerter anlangt, wo man die Smaragde findet, so kann man das, was man hier zuverläßig nennen kann, aus der Nachricht des Herrn Gmelin, die ich gleich zu Anfang dieser Abhandlung mitgetheilt habe, wiederholen. Ich merke nur aus Herrn Werner x) an, daß wir jetzo die Smaragde aus Peru erhalten; daß die brasilianischen sogenannten Smaragde nichts anders als grüne Schörle sind, und daß der Irrthum, daß Smaragde aus Ostindien kämen, Tavernier schon längst widerlegt habe. Hier sind Taverniers y) eigne Worte, mit welchen ich diese Abhandlung schliesse. „Es ist ein alter Irrthum vieler Leute, daß der Smaragd im Orient ursprünglich zu Hause sey, und sogar noch heutzutage pflegen die meisten Juwelenhändler einen Smaragd von hoher Farbe, der ins Schwarze fällt, einen orientalischen zu nennen, und hierinnen betrügen sie sich. Ich gestehe zwar, daß ich bisher die Orte noch nicht entdecken konnte, wo man diese Art von Steinen findet; aber ich bin versichert, daß sie

---

t) Linnäisches Natursyst. des Mineralr. Th. II. S. 122.
u) Von den Edelsteinen, erste Fortsetzung S. 62.
x) In seiner Ausgabe des Cronstedt Th. I. S. 103.
y) Aus Tute Abhandlung von den Edelsteinen S. 51. f.

sie weder das feste Land, noch die Inseln des Orients jemals hervorgebracht habe. Und noch hat mir Niemand einen Ort in Asien anzugeben gewußt, wo sie sich fänden, so genau ich mich auch auf allen meinen Reisen darnach erkundiget habe. Es ist wahr, man hat seit der Entdeckung von Amerika oft dergleichen über das Südmeer von Peru nach den philippinischen Inseln gebracht, von da man sie hernach nach Europa verschickt hat; allein das ist kein hinlänglicher Grund, sie orientalische zu nennen, oder zu behaupten, daß sie ursprünglich aus Orient kommen."

Smaragd, arabischer. Unter den Oertern und Gegenden, wo sich Smaragde finden, nennen die ältern Schriftsteller, Theophrast und Plinius, auch Arabien. Herr Niebuhr versichert in seiner Reisebeschreibung, daß sich in Arabien keine Smaragde finden; doch aber beweiset dieses nicht, daß sich solche nicht vor und zu den Zeiten des Theophrasts und Plinius daselbst könnten gefunden haben. Wahr ist es indessen, daß die wenigsten Steine, welche von diesen Schriftstellern unter den Smaragden sind beschrieben worden, wahre Smaragde seyn können. z)

Smaragd, attischer. Von den attischen Smaragden, welche sich um Thoricos finden, sagt Plinius, daß sie an der Sonne bleyfarbig scheinen sollen. a)

Smaragd, Bastartsmaragd. So könnte man alle Steinarten nennen, die eine gräne dem Smaragd ähnliche Farbe haben, aber eigentlich keine Smaragde sind. Man könnte sonderlich die sogenannten Flüsse hieher zählen; ich will aber lieber einiger andrer Steinarten gedenken, die der Farbe nach einige Ansprüche auf den Smaragd machen können.

Der Herr von Bomare b) gedenket gewisser Bastartsmaragde, (émeraudes bâtardes) von denen er sagt, daß sie weich, ohne Feuer und Werth seyn sollen. Diejenigen, deren Farbe in das Braune und Gelbe falle, nenne man *Peridots*, und diese zeigten nicht selten die Würkung des Turmalins, wenn sie geschliffen wären. Der Herr Leibarzt Brückmann c) getraut sich nicht mit Gewißheit zu sagen, welche Steinart Herr Bomare unter diesem Peridot verstehe. Er hat brasilianische Smaragde von dergleichen unreinen Farbe gesehen, welche die Eigenschaft des Turmalins, aber auch die Härte des Smaragds hatten, daher Herr Brückmann muthmaset, Bomare habe die Härte nicht untersucht, und die Peridots möchten doch wohl unreine und mißfarbige brasilianische Smaragde gewesen seyn.

Man findet einiges ächte Smaragde, welche eine vollkommene

---

z) Brückmann von den Edelsteinen, zweyte Fortf. S. 56. f.
a) Brückmann von den Edelsteinen, neue Ausg. S. 104.
b) Dictionnaire de l'hist. natur. Yverdon 1768. Tom. IV. p. 232.

kommene Schörlfigur haben. Nachdem Herr Brückmann d) hievon 2 Beyspiele angeführt hatte, das eine aus der akademischen Naturaliensammlung zu Pisa, in Quarz, und eine über eine Spanne lange Druse von grünen ächten Smaragden in Gestalt ziemlich grosser Schörlsäulen, nebst kleinen vieleckigten braunen Schörlkrystallen, in und auf Quarz, in dem *Collegio Ambrosiano* zu Mayland; so jezet er folgendes hinzu. „In verschiedenen Laven, sowohl des Vesuvs als auch im Vicentinischen, finden sich sehr schöne smaragdfarbige Schörlkrystallen, gröstentheils sechsseitig, mit einer Pyramidalspitze, die zum Theil härter sind, wie die gemeinen Schörl. Herr Ferber sagt ausdrücklich, sie sind würklich kieselartig, oder natürliche harte Gläser, oder sogenannte Fritten, und werden von den Italiänern zu den Gemmen, oder Edelsteinen gerechnet. Sie werden nicht nur als Smaragde, sondern auch als Chrysolithen, Hyacinthen, Topase u. s. w. gefunden. e) Es ist sehr wahrscheinlich, daß viele Edelsteine, die wir bey den Alten beschrieben finden, solche Schörlkrystalle mögen gewesen seyn; ja wenn wir es im Grunde betrachten, so sind alle Smaragde und die übrigen mehresten Edelsteine mehr oder weniger harte und mehr oder weniger durchsichtige Schörlkrystalle. Noch meldet Herr Ferber, daß man an vielen Orten in Bayern grosse Geschiebe aus hochgrasgrünen in dünnen geschliffenen Scheiben durchsichtigen Quarz, oder vielleicht Smaragdmutter, mit kleinen eingesprengten Granaten finde, woraus schöne Dosen und dergleichen verarbeitet würden." s. Smaragdmutter.

An einem andern Orte gedenket Herr Brückmann f) einer seltenen smaragdfarbigen Steinart, wahrscheinlich vom Vorgebürge der guten Hofnung. Sie ist smaragdartig, durchscheinend, feuerschlagend, quarzartig und blättricht. Die Blätter sind glänzend und concentrisch, etwas schielerlich und splittricht, und wie Pyramiden ineinander geschoben. Auf diesen liegen auf der Oberfläche platte, kurze, gereifte Krystallsäulen an, und übereinander, doch unordentlich, und sind mit dem übrigen Gestein innigst verbunden. Die grösten dieser Säulen halten ohngefähr 1/2 Zoll in die Länge, und 1/4 Zoll in der Breite, sehen, so weit sie aus dem Stein hervorstehen, vierseitig aus, und haben an ihren Enden schräge Seiten, die eine Pyramide zu bilden scheinen; doch lassen sich so wenig die Seiten der Säule als der Pyramide bestimmen, weil alle zu tief in der Mutter liegen. An einigen Krystallen sehen die Enden zackigt aus. Herr Brückmann hält diese Steinart für eine wahre Smaragdart. Da aber doch die Sache noch nicht ent=

---

d) Erste Fortsetzung der Abhandl. von den Edelst. S. 60. f.
e) Ferber Briefe aus Wälschland S. 166. 173.
f) Von den Edelsteinen, zweyte Fortsetzung S. 57. f.

entschieden ist, so habe ich sie lieber hier anführen, als gänzlich übergehen wollen.

In einer Anmerkung sagt Hr. Brückmann, daß diese Steinart würklich auf dem Cap gefunden werde, davon er verschiedene Beyspiele gesehen habe. Ein Stück war etwas hohl, und schien, daß es von einer inwendig krystallisirten Niere abgeschlagen war. Die Krystalle waren schön smaragdfarbig, und auf der Oberfläche glänzend. An allen Stücken sahe man einen weissen dünne aufliegenden Thon, welcher sich jederzeit dabey finden soll. Das gröste Stück, das Herr Brückmann sahe, mochte ohngefähr eine Viertelelle im Durchschnitt haben, und 4 bis 5 Pfund schwer seyn. An diesem Stücke waren die Krystalle zum Theil etwas gebogen, und der Länge nach ein wenig gereift, und lagen wie Späne durch= und übereinander. Zugleich hatte selbiges zwey kufichte Erhabenheiten, welche sämmtlich mit den grünen Krystallen belegt waren. Alle Stücke dieser Steinart waren unterwärts ein trüber weißgrauer oder weißgrüner Quarz; dieser gieng nach und nach in die blättrichte Steinart über, deren grüne Farbe, je mehr sie sich den Krystallen näherte, der Smaragdfarbe ähnlicher wurde; doch übertreffen die Krystallen selbst jederzeit an Schönheit der Farbe das Muttergestein. Von allen diesen Steinen, die Herr Brückmann theils gesehen hat, theils selbst besitzt, lies sich kein Krystall absondern, aus welchem man auch nur einen Ringstein von mittelmäsiger Grösse schneiden könnte. Diese Steinart bleibt also vorerst eine blose Seltenheit der Naturhistorie, bis man solche entdeckt, deren grössere Krystalle sich wie andre Edelsteine bearbeiten lassen.

Smaragd, brasilianischer, Emeraude, ou Peridot du Bresil. Diesen hat Delisle g) ausführlich beschrieben, woraus der Herr Leibarzt Brückmann h) folgenden schönen Auszug macht. „Der brasilianische basaltförmige, oft schwärzliche, bräunliche, oder schmutzige Smaragd oder Peridot ist beym Herrn Delisle die dritte Abänderung (des Smaragds.) Er hat eine länglichte mehrentheils gereifte Säule, mit 6, 8, 9, 10 und 12 ungleich breiten Flächen, welche sich in zwey dreyseitige stumpfe Pyramiden endigen, deren Flächen, so wie der Säulen, ungleich und veränderlich sind. Sehr oft machen die Flächen der Säule eine Erhebung oder Bauch, auch öfters Einschnitte, oder der Länge nach Kerben. Einige sind blos gereift und walzenförmig, so daß sich deren Flächen nicht wohl bestimmen lassen. Von Laet und Davila haben sie solchergestalt genau beschrieben, und letzterer führt (Art. 673.) ein Stück an, wo die Smaragdkrystalle in einen weissen

---

g) Crystallographie, Herrn Weigels Uebers. S. 251. f.
h) Erste Fortsetzung der Abhandl. von den Edelst. S. 58. f.

weissen durchsichtigen Quarz eingeschlossen sind. Zugleich siehet man auf dem Quarz einen blosen Abdruck eines solchen Smaragdkrystalls. Sowohl dieses als andre ähnliche Stücke überzeugen uns, daß sehr oft die Edelsteinkrystalle schon vorher müssen erzeugt worden seyn, und daß erstlich nachher der Quarz, Bergkrystall oder eine andre Steinart sich um solche angelegt habe. — Herr Delisle hält dafür, dieser brasilianische Smaragd sey ein wahrer durchsichtiger Basalt, wie der Turmalin, jedoch sey seine elektrische und phosphorescirende Eigenschaft schwächer, wie jenes seine. Wie Herr Brückmann glaubt, so kann man noch nicht mit Gewißheit sagen, ob der wahre ceylonische Turmalin eine Basaltart sey? weil dessen krystallinische Figur noch nicht bekannt ist. Wahrscheinlich bleibt es indessen, daß auch der ceylonische eine Schörlart sey. i) Dann und wann finden sich doch auch diese brasilianischen Smaragde oder Turmaline ganz klar und rein, wie die übrigen Smaragde. Sie mögen roh oder geschliffen seyn, so kann man sie durch das blose Ansehen, wenn man sie gegen das Licht hält, erkennen, denn der Länge nach sind sie jederzeit undurchsichtig, wenn sie auch sonst von allen Seiten durchsichtig sind. Einige dieser Art in Herrn Brückmanns Sammlung äussern eine eben so starke elektrische Kraft, wie die ceylonischen Turmaline, sie sind rein und durchsichtig, doch haben sie nicht den Glanz des schönsten Smaragds. Einer dieser Krystalle bestehet aus etlichen der Länge nach aneinander liegenden Säulen.

Die Säule eines andern Smaragds des königlichen Kabinets hat sechs Flächen von ungleicher Breite, drey sind breit, und drey schmal. Die eine der Breiten ist glatt, die zwey andern gereift. Von drey schmalen Flächen hat die eine drey stärkere Furchen, und zwey sind nur leicht gereift. Das eine Ende der Säule ist unvollkommen, das andre endiget sich in eine stumpfe fünfseitige Pyramide, deren zwey Flächen Dreyecke, und die drey andern ungleiche Vierecke (Trapetia) sind. Nach Herrn Brückmanns Erfahrungen sind die Verschiedenheiten bey diesen Krystallarten so mancherley, daß, wenn man Säule und Pyramide genau betrachtet, die Abweichungen in Betracht der Flächen, Ecken und Furchen gar sehr verschieden sind."

Noch will ich die Beschreibung des Gesner, k) und aus Delisle des Laet, den ich nicht besitze, mittheilen. S. 5. b. hat Gesner unter Fig. 2. einen solchen Smaragd abgebildet, und die kurze Beschreibung beygesetzt: Smaragdus Brasilicus, cylindri specie. Weitläuftiger beschreibt er ihn S. 16. b. wo er sagt: Smaragdus Bresilicus, cylindri

---

i) Dahin ihn auch Werner in seiner Ausgabe des Cronstedt Th. 1. S. 170. jetzt, der ihn electrischen Stangenschörl nennt.
k) De figuris Lapidum p. 5. und 16.

lindri specie, striatus, vitro similis, porracei coloris, perspicuus. Darüber nun macht Laet diese Anmerkung: Horum color saturate virens, quasi fuligine quadam videtur infectus, ingrato aspectu. *Gesnerus* porraceum colorem tribuit, sed perperam. Forma, ut ante dictum ut plurimum sunt cylindrica, tribus lateribus fere aequalibus: non raro tamen singula latera convexitatem quandam in medio produnt, tanquam natura plura latera fuisset molita: saepe etiam latera nonnihil subsident, velut sulco per medium ducto: reperiuntur et plurium laterum, nulli plani. Latera autem omnia oblongis lineis perducta sunt veluti arte et runcina factis.

Smaragd, carthagenischer, oder Smaragd von Carthagena, Emeraude decahedre. Delisle l) nennet ihn doppeltpyramidalischen, oder zehnseitigen Smaragd. Zwey mit ihren Grundflächen zusammenhängende abgestutzte, vierseitige Endspitzen. Cryst. Tab. N. 83. Tab. VI. Fig. 16. 17. Sage, m) aus dem eben Delisle diese Abart genommen hat, sagt von ihm folgendes: Die Krystalle des zehnseitigen Smaragds bestehen aus zwey vierseitigen Pyramiden, die auf einer Grundfläche stehen; ihre Spitzen sind abgestumpft, und endigen sich in eine rechtwinklichte Fläche, oder in ein länglicht Viereck. Diese Smaragde kommen aus Carthagena; sie sind unter dem Namen Morillon oder Negercarten (*Negres-carzes*) bekannt.

Smaragd, europäischer, hat davon seinen Namen, daß er in denen zu Europa gehörigen Ländern gefunden wird. Dergleichen Smaragde sind nicht nur selten, sondern auch von schlechter Art und Farbe. Man findet sie in England, Italien, Deutschland, Ungarn, Bretagne, und sonder Zweifel an andern Orten mehr. n) s. hernach Smaragd, unächter.

Smaragd, lichtgrüner, s. peruvianischer.

Smaragd, peruvianischer, Emeraude du Perou, ist eine Smaragdart, die aus einer sechsseitigen an beyden Enden abgestutzten Säule bestehet. Delisle, o) der auf der Cryst. Taf. Num. 22. und Tab. II. Fig. 1. ihre Abbildung vorlegt, wendet zuförderst auf denselben folgende Beschreibung aus der Encyclopädie an. „Die Smaragdkrystallen haben, wie die Bergkrystalle, die Gestalt einer Säule von sechs Flächen; aber anstatt der Endspitzen haben sie eine sechseckige Endfläche. Laet sagt von diesen Smaragden: Die amerikanischen Smaragde wachsen beynahe in einer säulenförmigen Gestalt, mehrentheils von sechs, wiewohl selten gleichen Seiten, in einer harten weißgrauen Mutter, die undurchsichtig, auch im Bruche nicht durch-

---

l) In der Crystallographie, Weigels Uebers. S. 253. f.
m) Mineralogie, Leskens Uebersetzung S. 137.
n) Brückmann von den Edelsteinen S. 105.
o) Crystallographie, Weigels Uebersetzung S. 249. f.

ter.hftig ist, und dem Chalcedon nahe zu kommen scheint, obgleich viele meynen, daß sie nicht alle in einem solchen Gesteine wachsen. In dem Verzeichniß des Herrn Davila kommen folgende Beyspiele vor.

Art. 673. 3. Acht peruvianische Smaragdzacken. Es sind sechseckige an beyden Enden abgestutzte und platte Säulen. Die gröste von diesen Säulen hat bis 6 Linien im Durchmesser, und eine ist mit Kieskrystallen besetzt.

Art. 674. Ein peruvianischer Smaragdzacke — von 15 Linien im Durchmesser gegen eine Höhe von mehr als einen Zoll; an einer Seite sitzen zwey kleine Krystallen von eben derselben Art.

Art. 676. Ein andrer Zacke von eben derselben Gestalt, ohngefähr drey Zoll lang, der in einer Mutter von Bergkrystall eingeklemmt ist, und nur drey von seinen Flächen zeigt.

Art. 677. und 678. Peruvianische Smaragdstufen, oder Krystalle von der vorher beschriebenen Gestalt, in Drusen mit sehr kleinen Bergkrystallen, Quarz, Kalchspath, Bergpech u. dgl.

Herr Delisle führte diese verschiedenen Artikel nur darum an, um zu zeigen, wie sehr diese Säulen in dem Verhältnisse ihrer Durchmesser verschieden sind; man findet sie noch wohl grösser, aber die sind selten rein und durchsichtig, sie sind oft durch fremdartige Körper, und besonders durch den Kupferkies verunreiniget. Die Bergart, worinnen sie brechen, ist gemeiniglich der Quarz; indessen scheinet es nach dem 676ten Artikel, als wenn der Quarz und Bergkrystall später als der Smaragd entstanden wäre, weil er darinnen eingewickelt ist. Die Grube, wo diese Smaragde brechen, liegt in dem Thale Tunia oder Tamana, ziemlich nahe bey Neucarthagena, zwischen den Gebürgen von Granada und Popayan, woher sie nach Carthagena gebracht werden. Man findet auch welche auf der ganzen Küste von Peru, vom Cap St. Helena in der Provinz Manta, bis an die Bay Buenaveneura. Mehrere Flüsse dieser Küste führen den Namen Ry de Esmeraldas, Ry pueblo de Esmeraldas, weil in ihren Wässern welche von diesen Steinen fortgerollt werden.

Herr Delisle ist ungewiß, ob man den in dem Verzeichniß des Herrn Davila Art. 675. beschriebenen Smaragdzacken als eine Abart dieser oder der brasilianischen Art ansehen darf, der sechs Zoll im Umfange hatte, und zu einer viel grössern Säule, von zwölf Seiten ungleicher Breite, gehört zu haben schien, von welchen zwey sehr kleine einen hineingehenden Winkel machten. Er hatte die helle Farbe der vorhergehenden, aber seine Gestalt war von der gewöhnlichen Gestalt der brasilischen Smaragde wenig verschieden.

Smaragd, unächter, falscher

mutter. Es ist dieser Schörl=
spath das Spathum basaltinum
des Linne, und der Basaltes spa=
thosus des Wallerius.

Noch lese ich bey Hrn. Bruck=
mann y) folgende Stelle: Noch
meldet Herr Ferber, daß man
an vielen Orten in Bayern gro=
ße Geschiebe aus hochgrasgrünen
in dünnen geschliffenen Scheiben
durchsichtigen Quarz, oder viel=
leicht Smaragdmutter, mit klei=
nen eingesprengten Granaten
finde, woraus schöne Dosen
und dergleichen verarbeitet wür=
den. Dieses ist eigentlich die
grüne quarzartige Steinart,
welche die Franzosen Prime
d'Emeraude, andere, wiewohl
falsch, Smaragdmutter nen=
nen. Die italiänischen Stein=
schleifer pflegen auch wohl diese
Steinart für den Plasma di Sme=
raldo zu verkaufen. Doch sind
nicht jederzeit die von Herrn
Ferber angezeigten Granaten
darinnen enthalten.

Endlich lese ich beym Herrn
von Justi z) folgendes: Der
Smaragdites hat farbigte Punk=
te und Streifen, und wird für
die Mutter des Smaragds ge=
halten; eben wie der Smaragd=
Prasen, der nur halbdurchsich=
tig mit gelblichen Flecken und
Streifen ist.

Smaragdpras, Sma=
ragdpraser, Smaragdprasen,
lat. Smaragdoprasius, fr. Sma=
ragdoprase, ein Stein, dessen
Namen wir in den alten Schrift=
stellern gar nicht finden, von
dem die neuere und neusten
Schriftsteller nicht völlig ein=
stimmige Nachricht geben. So
viel ist gewiß, und es lehrt es
der Name, daß er einiges mit
dem Smaragd, vielleicht die
Farbe, und einiges mit dem
Praser, nemlich Natur und Be=
schaffenheit der Steinart, ge=
mein habe. Doch wir wollen
die verschiedenen Nachrichten
der Schriftsteller selbst sammeln.

Daß Wallerius a) den Chry=
sopras und den Smaragdpras
für einerley, beyde für Abände=
rungen des Prasers oder Pra=
seins, den er unter den Achat
setzt, hält, ist aus der unten
angezeigten Stelle klar, darum
aber eben nicht richtig. Eigent=
lich gehört der Praser unter die
Quarze, der Chrysopras, Sma=
ragd= und Goldpras aber unter
die Kiesel, und diese könnte man
dann für Abänderungen unter
sich, alle drey aber für Abände=
rungen des Achates, wenn man
ihn so weitläuftig, wie Walle=
rius thut, nimmt, ausgeben.
Nach seiner Angabe ist der Chry=
sopras, oder der Smaragdpras,
von gras= oder lauchgrüner
Farbe. prasius viridis flavescens.

So viel ist entschieden, und
es bezeugen es auch die Schrift=
steller, unter denen ich nur die
Herrn Bruckmann b) und
Gmelin c) nenne, daß der
Smaragdpraser eben dieselbe
Stein= und Erzeugungsart des
Prasers

---

y) Beyträge zu seiner Abhandl. von Edelsteinen, erste Forts. S. 61.
z) Grundriß des gesammten Mineralr. S. 201. §. 379.
a) Syst. mineral. T. I. p. 292. n. 18. Uebersetzung Th. I. S. 364.
b) Abhandlung von den Edelsteinen, neue Ausgabe S. 188.
c) Linnäisches Natursyst. des Mineralr. Th. I. S. 115.

Prasers und des Goldprasers habe, daß er auch mit jenen alle Eigenschaften gemein habe, daß er sich auch mit jenen an einem Orte erzeuge, und daß ihn blos seine Farbe von diesen leicht unterscheide, weil er in die Farbe des Grases oder Smaragds fällt. So deutlich aber auch der Unterschied dieser Steine durch die Farbe ist, so wenig wird dieser Unterschied von den mehresten Juwelirern geachtet.

Eine Anmerkung des Herrn Brückmanns, d) ob sie gleich eigentlich antiquarischen Inhalts ist, kann uns gleichwohl hier in einer etwas verworrenen Materie einiges Licht geben. Herr Winkelmann erwehnet in seinen Anmerkungen über die Geschichte der Kunst des Alterthums Th. I, S. 18. einer kleinen egyptischen Figur aus einem Steine, den man in Rom *Plasma di Smeraldo* nennet, und soll dieser Stein die Mutter oder die äussere Rinde des Smaragds seyn. Aus diesem seltenen Steine siehet man auch in dem Pallaste Corsini einige Tischblätter zusammengesetzt. Ueberhaupt sind die Italiäner nicht einig, was sie *Plasma di Smeraldo* nennen. Bald erhält man von ihnen einen grünlichen Alabaster, bald eine grüne Quarzart, oder den *Prime d'Emeraude* der Franzosen. Es ist also wohl schwer zu bestimmen, was Herr Winkelmann unter seinem *Plasma di Smeraldo* verstehe. Ebenfalls siehet man dann und wann theils ungeschnittene, theils geschnittene Gemmen oder Steine, welche aus einer dickern Lage des Smaragdprasers, und aus einer dünnern oder feinern weissen oder aschgrauen chalcedonartigen Lage bestehen. Siehet man auf die graue Lage des Steins, so siehet er grau aus, und kaum entdeckt man, daß etwas Grünes durchscheinet. Hält man aber den Stein gegen das Licht, so ist er halb durchsichtig, und zeigt, nach dem er mehr oder weniger rein und schön ist, die Smaragdfarbe. Auch dieser Stein wird von den Italiänern *Plasma di Smeraldo* genannt, und ist eigentlich der Smaragdpras, welcher mit einer dünnen Lage des grauen oder weissen Chalcedons oder Onyx verbunden oder zusammengewachsen ist.

Viele der neuern Schriftsteller gedenken des Smaragdpras gar nicht, wahrscheinlich weil sie ihn für den Chrysopras von einer dunklern grünen Farbe halten, wie denn auch würklich der Chrysopras von der hellsten grünen Farbe, die fast weiß ist, bis in die dunklere des Grases übergehet, ohne daß man daraus lauter eigne Steine, und wenns auch nur Spielarten wären, machen dürfte. Selbst die ältern Schriftsteller gedenken seiner sparsam.

Boodt e) zählt den Smaragdpras unter die Smaragde, erklärt ihn aber für einen unächten Smaragd, und nimmt von ihm zwey Gattungen an. Den ersten

---

d) Erste Fortf. seiner Abhandl. von den Edelst. S. 132. 133.
e) Hiftor. gemmar. et lapid. Lib. 2. Cap. 60. p. 205.

ersten nennt er den böhmischen, und giebt von ihm vor, daß er zwar durchsichtig, aber sehr dunkel sey; dergestalt, daß es scheine, als wenn man durch eine dunkle Wolke hindurch sehen müsse. Den andern nennet er den amerikanischen, welcher halbdurchsichtig seyn soll, fast wie ein Vitriol.

Wenn Woodward vorgiebt, daß die Juwelirer in England den Praser Smaragdpraser nennen, so widerspricht ihm Hill f) und sagt dann folgendes: „Es ist wahr, dieser erstgenannte wird, so wie der Chrysoprasus, für eine Art des Prasers gehalten; diese Steine aber sind weit schöner, als der Prasus, der Chrysoprasus ist weit härter, und hat mehr Feuer, als dieser; seine Farbe ist eine vollkommene Zusammenmischung aus Grün und Gelb. Der Smaragdo Prasus aber ist grasgrün mit etwas Gelb getränkt." In dem folgenden giebt Hill zu, daß es schwer sey, den Praser, den Chrysopras und den Smaragdpras zu unterscheiden, doch sey der Unterschied unter ihnen richtig genug.

Nach Brückmanns g) Zeugniß halten einige dafür, daß der *Chlorites* des *Plinius* h) unser Smaragdpras sey. Da aber Plinius von ihm weiter nichts sagt, als daß er krautfärbig sey, in dem Magen der Bachstelzen liege, und in Eisen eingefaßt für heilsam gehalten werde: *Chlorites herbacei coloris est, quam dicunt Magi in motacillae avis ventre, congenitam ei: ferroque includi jubent, ad quaedam prodigiosa moris sui:* so kann daraus schwerlich ein sicherer Schluß gemacht, und ein hinlänglicher Beweiß geführt werden.

Verschiedene, als Boodt, in welchen Irrthum ich ehedem in meiner vollständigen Einleitung gefallen bin, zählen den Smaragdopras unter den Smaragd. Baumer i) setzt ihn unter die Chrysolithen; Hr. Brückmann in der ältern Ausgabe seiner Abhandlung von den Edelsteinen hält selbst dafür, daß er zu dem Praser und Chrysolith gesetzt werden müsse; auch Wallerius setzte ihn unter den Praser, oder er hielt vielmehr den Praser und den Smaragdpras für einerley Stein. Allein er scheinet an den quarzartigen Edelsteinen, folglich an den Smaragd, an den Praser und an den Chrysolith keinen Anspruch zu haben; sondern er gehöret zu den kieselartigen Steinen, nemlich zu dem Chrysopras, von dem ihn nur das Auge des Kenners unterscheiden kann, folglich zu den edlen Kieseln, welches auch Herr Brückmann in seinen neuern Schriften eingestehet. Doch thut er zugleich in einer derselben k) den Ausspruch, daß er nicht unrecht

von

---

f) Anmerkungen zum Theophrast, Baumgärtners Ausg. S. 209.
g) Von den Edelsteinen, erste Ausg. S. 63. zwoyte Ausg. S. 139.
h) Hist. nar. Lib. 37 Cap. 10. S. 284. der Müllerischen Ausgabe.
i) Naturgeschichte des Mineralr. Th. I. S. 234.
k) In der neuen Ausg. seiner Abhandl. von den Edelst. S. 118.

von einigen der Mittelstein zwischen dem Smaragd und Praser genennet werde.

Der Smaragdpraß wird eben so wie der Chrysopraß zu Kosemitz in Schlesien gefunden, er aber und der Goldpraser bleiben die seltensten, und werden, sonderlich wenn sie rein sind, sehr geschätzt.

SMARAGDO-PRASE, heißt im Französischen der so eben beschriebene Smaragdpras.

SMARAGDO-PRASIUS, heißt derselbe im Lateinischen.

SMARAGDUS, heißt im Lateinischen der Smaragd. s. Smaragd.

SMARAGDUS caeruleo viride colore, heißt beym Wallerius der Beryll. s. Beryll.

SMARAGDUS caeruleo viridescente colore, heißt bey eben diesem Schriftsteller der Aquamarin. Es erhellet daraus, daß der Ritter beyde Steinarten trennt, die andre für einen und eben denselben Stein halten. Er setzt aber 1) folgende Anmerkung hinzu: ab aliis aqua marina et beryllus ut non distincti, lapides considerantur et jam ad topazios referuntur, jam ad chrysolithos, jam ut peculiarem speciem constituentes. Ab aqua marina solum colore discrepat, qui in beryllo magis eminenter caeruleus et viridis seu caeruleo viridis apparet, uterque vero proprietatibus smaragdi gaudent. s. Aquamarin und Beryll.

SMARAGDUS dilute viridi colore, heißt der abendländische Smaragd. s. Smaragd.

SMARAGDUS dodeca hedricus, heißt beym Gassendus der orientalische Smaragd, weil er eine säulenförmige Gestalt mit Endspitzen haben soll. s. Smaragd.

SMARAGDUS gemma, heißt, der mehrgedachte Smaragd.

SMARAGDUS obscure viridi colore, heißt beym Wallerius der orientalische Smaragd.

SMARAGDUS occidentalis, heißt der Smaragd, der aus Occident kommt.

SMARAGDUS orientalis, heißt der Smaragd, der aus Orient kommt, orientalischer Smaragd, doch wollen die mehresten Mineralogen und Edelsteinbeschreiber keine orientalischen Smaragde kennen, sondern sie behaupten, daß alle Smaragde occidentalisch sind. Doch Henkel m) will einen wahren orientalischen Smaragd gesehen haben. s. Smaragd.

SMARAGDUS viridi flavescens, heißt beym Wallerius der Peridot. s. Peridot.

SMECTIN, wie es von Bomare im Dictionnaire schreibt, oder

SMECTIS, wie es die mehresten Schriftsteller schreiben, hat

---

l) System. mineral. Tom. I. p. 254.
m) Acta Phys. Med. N. C. Vol. 4. obs. 82. conf. Delisle Crystallographie, Weigels Uebers. S. 249. Num. 2.

hat besonders in der Verbindung, wie die Folge lehren wird, verschiedene Bedeutungen. Eigentlich bedeutet es den Seifenstein, der selbst beym Linné talcum *lineari* heißt, es wird aber von Schriftstellern auch von dem Topfstein, Lapis ollaris, oder nach Linné *talcum* ollaris, von dem Nierenstein, von dem Schörl und dergl. gebraucht. s. die folgenden Namen.

SMECTIS *crystallisatus, crystallis oblongis irregularibus,* heißt beym Cartheuser der Schörl. s. Schörl.

SMECTIS *durus niger,* heißt beym Cartheuser der Hornfelsstein. s. Hornfelsstein.

SMECTIS *micaceus durus ex griseo viridescens,* heißt beym Cartheuser der Topfstein. s. Topfstein.

SMECTIS *opacus durius culus variegatus,* heißt beym Woltersdorf der Topfstein. s. Topfstein.

SMECTIS *opacus duriusculus virescenti maculatus,* heißt beym Woltersdorf der Serpentinstein. Er ist zwar gewöhnlich, aber nicht allemal grün gefleckt. s. Serpentinstein.

SMECTIS *opacus mollis albicans,* heißt beym Woltersdorf der Seifenstein. s. Seifenstein.

SMECTIS *subdiaphanus durus viridis,* heißt beym Woltersdorf der Nierenstein. s. Nierenstein.

SMECTIS *subtilis duriusculus viridis, fragmentis subfissilibus,* heißt beym Cartheuser der Nierenstein. s. Nierenstein.

SMECTITE, heißt im Französischen der Schmeer- oder Speckstein. s. Speckstein.

SMECTITES im Lateinischen, eben derselbe. Doch wird es auch von einigen Schriftstellern, wie wir gleich zeigen werden, auch vom Topfstein, Lapis ollaris, Talcum ollaris Linn. gebraucht.

SMECTITES *micaceus durus ex griseo virescens,* heißt beym Cartheuser der Topfstein, der aus gröbern Körnern zusammengesetzt ist, der grobkörnige Topfstein. s. Topfstein. n)

SMECTITES *micaceus mollis, griseus,* heißt beym Cartheuser der zarte Topfstein, oder der sogenannte Stein von Como. s. Topfstein.

SMECTITES *opacus duriusculus colore vario et variegato,* heißt eben dieser Stein von Como beym Woltersdorf. s. Topfstein.

SMECTITES *serpentinus,* heißt beym Bomare der Serpentinstein. s. Serpentinstein.

SMECTITES *subdiaphanus, duriusculus colore vario,* heißt beym Woltersdorf der Speckstein. s. Speckstein.

SMECTITES *subdiaphanus viridis,* heißt bey eben diesem

---

n) Ueber diesen und einige der folgenden Namen siehe Bomare Mineralogie Th. I. S. 127. f. nach.

diesem Woltersdorf der Nierenstein. s. Nierenstein.

SMECTITES *subtilis griseus*, heißt beym Cartheuser der feste Topfstein, oder der Schlangenstein. s. Topfstein.

SMECTITES *subtilis, mollis, fragmentis compactus*, heißt beym Cartheuser der Speckstein. s. Speckstein.

SMIRIS, oder
SMYRIS, heißt der Schmirgel. s. Schmirgel.

SNUYT-PEN, VERSTEEND, Chenille *petrifiée*, das versteinte Schnabelbein, nach Linne ein Murex, und vielleicht *Murex aluco*, nach Martini eine Straubschnecke, wird in den holländischen Naturalienverzeichnissen, nemlich in dem *Museo Leersiano* S. 211. und in dem *Museo Chaisiano* S. 94. unter den Versteinerungen angeführt. Da indessen der Name Schnabelbein nicht von allen Schriftstellern in gleichem Verstande genommen wird, so wollen wir gerade nicht behaupten, daß die gedachte Versteinerung der Murex aluco des Herrn von Linne sey. Indessen diejenige Abänderung von Murex aluco, welche das dornichte Schnabelbein, der Rabenschnabel, franz. *Chenille bariolée*, holländ. *gedoornde Snuit Pen*, genennet wird, und welches Lister Hist. Conchyl. tab. 1017. fig. 79. Rumph amboin. Raritätenk. tab. 30. fig. N. Gualtieri Ind. Testar. tab. 57 fig. A. Argenville Conchyliol. tab. 11.

fig. H. Seba Thesaur. Tom. III. tab. 50. fig. 37. 39. tab. 51. fig. 22. 23. 25. Knorr Vergnüg. Th. III. tab. 16. fig. 5. Martini Conchyl. Th. IV. tab. 156. fig. 1478. abbilden, kommt zuweilen unter den ausgegrabenen calcinirten Conchylien vor. Die Schale dieser Conchylie ist in die Queere fein gestreift, und hat auf jeder Windung eine einzige Reihe scharfer dorniger Knoten. Die Mündungslefze ist weniger abgerundet, inwendig enger, und ein weit stärkerer Knoten oder Klammer liegt am Bauche in der Gegend der Nase, als beym eigentlichen Murex aluco des Linne, den die Conchylienkenner unter dem Namen der Bastart-Pabstkrone, oder der rauhen krummen geschnäbelten Trommelschraube, kennen. Sie ist braun und weiß gesprengt, ihre Schale ist vorzüglich dünne; sie kommt aus Ostindien, und ist gar nicht gemein. o)

Ich sagte, dieses dornichte Schnabelbein komme zuweilen unter den gegrabenen calcinirten Conchylien vor, und ich setze jetzo hinzu, daß ich ein schönes Beyspiel davon aus Turin in meiner eignen Sammlung aufhebe, welches noch so gut erhalten war, daß ich es unter meine natürlichen Conchylien legen konnte. Es ist diejenige Abänderung, welche der angezogenen Martinischen Figur so ziemlich entspricht. Nur ist mein gegrabenes Beyspiel etwas mehr gestreckt,

---

o) Schröter Einleit. in die Conchylienkenntniß nach Linne Th. I. S. 537.

gestreckt, die Knoten sind schwächer, die senkrechten Ribben kenntlicher, der Bau weniger bauchich und aufgeblasen, und die Mundöfnung etwas enger. Ueber jede Windung läuft ein breites braunes Band auf weissen mit hellern Braun vermischten Grunde. Alles hat eine gute Politur und einen schönen Glanz angenommen, nachdem ich alle Unreinigkeiten sorgfältig weggearbeitet hatte; nur die letztern Windungen, welches man auch an natürlichen Conchylien oft findet, haben etwas gelitten, und ihre Farbe verloren. Hier gilt also, was Linne vom Strombus spinosus sagt, im eigentlichsten Verstande: mirum colores perennare in fossili testa?

SNIPPEKOP, Schnepfenkopf. So nennet der Holländer sowohl Murex haustellum L. als auch Murex brandaris Linn. Doch nennet er den letztern gemeiniglich mit dem Zunamen gezakte Snippekop, den gezackten Schnepfekopf. In dem Museo Charisiano S. 95. wird eines verstenden Snippekops gedacht, ich muthmase, es sey Murex brandaris L. ja ich muthmase ferner, daß dieser Schnepfenkopf nicht sowohl versteint als vielmehr blos calcinirt sey, und daß er wie das vorhergehende Schnabelbein unter die gegrabenen calcinirten Conchylien gehöre. Denn daß man diesen unter den calcinirten Conchylien finde, erhellet aus Knorr Sammlung von den Merkw. der Natur Th. II. tab. C. III. fig. 8. und aus ihm aus Gmelin Linnäischen Naturhyst. des Mineralr. Th. IV. tab. 18. fig. 217.

SOLEARIA, nennet Luid in seinem Lithophyllacio Britannico die gegrabenen oder versteinten Schulterblätter, die er in Majorem und Mediam eintheilet. p) Das erste Num. 1526. heißt bey ihm: Solearia major punta, seu scapulare quoddam, os latiusculum, pedisplantam ad extremum referens; das andre aber Num. 1527.: Solearia media fascicularis, seu fasciculum frumentarium referens. s. Schulterblätter im VI. Bande S. 288.

SOLENITAE, heißen die gleichfolgenden Soleniten.

Soleniten, versteinte Scheidenmuscheln, Rinnenmuscheln, Messerschalen oder Messerhefte, lat. Solenitae, Solenti, Solenes bivalves petref. s. fossiles, Conchitae valvis aequalibus fistulosis, Solenorum Wall. franz. Solenites ou Manches de couteaux, holländ. versteende Scheeden, heißen die nach der Breite sehr verlängerten Muscheln, die auf beyden Seiten klaffen.

Ehe ich auf diese im Steinreiche so seltene Muschel komme, will ich erst die allgemeine meisterhafte Beschreibung mittheilen, die der Herr Pastor Chemnitz q) von den natürlichen Muscheln dieses Geschlechtes

---

p) s. Scheuchzer Sciagraphia litholog. p. 70.
q) Conchylienkabinet Th. VI. S. 37.

tes ertheilet, weil wir sie dadurch werden näher kennen lernen. „Die Solenes bestehen, sagt er, aus zwo gleichen nach der Breite sehr verlängerten Schalen, welche an beyden Seiten klaffen, oder offen stehen. Es sind nach dem Lister Conchae tenues longissimae, utrinque naturaliter hiantes, und nach dem Favart d'Herbigny Conchae bivalves ad instar digiti, fistulae, vaginae vel cultri manubrii prolongatae, in extremitatibus patentes. Sie heisen, schreibt er, Solenes, vom griechischen Worte Σωλην, qui signifie canal ou tuyau, parce qu'elles sont creusées en manière de petits canaux. Diction. Vol. 2. p. 305. Beym Martini sind es Conchae hiatulae cylindroideae, dente adunco, ad marginem extremitatis posito; welcher letztere Umstand doch nicht allemal zutrifft. Denn bey einigen Gattungen dieses Geschlechtes stehet der Hauptzahn nicht am Ende, sondern näher bey der Mitte, ja oft völlig im Centro der Schale. Ihr Hauptkennzeichen ist ohnstreitig dieses: Die Schalen der Gattungen dieses Geschlechts klaffen auf beyden Seiten. Sie haben gemeiniglich nur einen einigen etwas gekrümmten, fast hakenförmigen Zahn, der sich genau an den krummgebogenen Zahn der andern Schale anleget und anschliesset. Doch giebt es auch einige, die zween Zähne, und ausserdem noch Neben = und Seitenzähne haben, welche aber in die gegenseitige Schale nicht eingreifen. Bey vielen dieses Geschlechtes zeigt sich auch beym Schlosse ein breiter Wulst oder Callus."

Nach den Arten, die Linné unter seine Solenes rechnet, muß man die Solenen nothwendig in zwey Classen bringen. Einige haben eine grosse Aehnlichkeit mit manchen Tellinen, z. B. Solen radiatus, und diese würde man im Steinreiche, wo man nur so gar selten nach dem Schlosse urtheilen kann, und eben so selten beyde Schalen beysammen finden, um Klaffen und Nichtklaffen unterscheiden zu können, wahrscheinlich unter die Telliniten legen. Mir wenigstens aber ist unter den versteinten und grabenen Conchylien noch kein Beyspiel bekannt geworden, das man ungezweifelt unter die Soleniten rechnen könnte. Was man im Steinreiche bis hieher entdeckt hat, das sind solche Beyspiele, die eine sehr grose Aehnlichkeit mit einer Messerscheide haben, die sehr oft 3, 4, 5 Zoll breit, und ohngefähr einen Zoll lang sind. Diese macht ihre Gestalt kenntlich genug, und es sind die drey Arten des Linné, Solen vagina, siliqua und ensis. Diese wird man aus folgenden Zeichnungen näher kennen lernen, und dabey zugleich sehen, daß einige ganz gerade, andre aber ein wenig gekrümmt sind: Lister Hist. Conchyl. tab. 409. fig. 255. tab. 410. fig 256. tab. 411. fig. 257. tab. 412. 413. tab. 156. fig. 5. Lister Hist. animal. tab. 5. fig. 37. Bonanni

nanni Recreat. Claſſ. II. fig. 57. Bonanni Muſ. Kircher. Cl⸗ſſ. II. fig. 56. Rumph amboin. Raritätenk. tab. 45 fig. M. Gualtieri Ind. Teſtar. tab. 95. fig. C. D. E. Argenville Conchyl. tab 24. fig. K. L. M. M. Argenville Zoomorphoſe tab. 6. fig. G. H. Klein Method. tab. 11. fig. 65. Leſſer Teſtaceoth. fig. 120. Eytenmeiſter apparatus tab. 11. fig. 52. h. Knorr Vergnüg. Th. I. tab. 28. fig. 3. Th. VI. tab. 7. fig. 1. Müller Linnäiſches Naturſ. Th. VI. tab. 11. fig. 1. Linne Naturſyſt. des Thierr. Th. II. tab. 37. fig. e. Chemnitz fortg. Conchylienk. Th. V. S. 36. Vignette 2. fig. G H. und tab. 4. fig. 26. bis 30. und lit. a. bis e. Schröter Einleit. in die Conchylienk. Th. II. tab. 7. fig. 6 7.

Von den Verſteinerungen dieſes Geſchlechtes oder von den Soleniten ſagt uns der Herr Prof. Gmelin z) folgendes: Sind weit ſeltener als die Muſculiten, werden aber oft mit dieſen und mit den Pholaditen und Telliniten verwechſelt, von welchen ſie doch, ſo wie ihre Urbilder, untereinander verſchieden ſind. Man findet ſie (nach Torrubia) in den Feldern bey Archuela in Spanien, in der Schweiz (nach Herrn Baumer) bey Caſtelen, Schneckenberg, Gyeliſiuch, Hotwil, Oberflachs, Schinznach, auch (in grauen ſchwarzgedüpfelten Sandſtein) bey Oeningen, in Würtenberg auf der Alb, (in Kalkſtein) bey Heydenheim, (zuweilen in Eiſenerz,) bey Pfullingen, am Achelberge bey Reutlingen (kieſigte Steinkerne,) bey Türbingen (in Sandfelſen,) bey Boll, bey Efferdingen, (in gelblichtem glimmerichtem Sandſteine) und bey Thalheim, bey Winkelheit im Nürnbergiſchen Gebiete, bey Würzburg, bey Grauſen im Schwarburgiſchen, bey Weidenbach im Mannsfeldiſchen, bey Bleicherode im Hohenſteiniſchen, auf dem kleinen Katzenberge und auf der Tilgerwieſe bey dem Kloſter Riechenberg unweit Goslar, am Gelberge bey Hildesheim, bey Ringersbeid und am Ludenberg bey Gerresheim im Herzogthum Bergen (in eiſenſchüſſigen Sandſtein,) Abdrücke davon zuweilen in Sachſen. Die Steinkerne findet man öfters los, die ächten Verſteinerungen gemeiniglich in andern Steinen feſt, und ſehr oft beſchädiget, zuweilen noch mit ihrer natürlichen Schale, öfters beyde Schalen zugleich."

Anſehnlich genug iſt die vom Herrn Prof. Gmelin angegebene Zahl der Oerter, wo man Soleniten findet, und doch ſind ſie in den Kabinetten die gröſte Seltenheit. Das kommt daher, daß, wo man ſie findet, da erſcheinen ſie nur in einzelnen Beyſpielen, und wir dürfen nur Archuela in Spanien ausnehmen, wo ſie nach Torrubia häufig liegen ſollen. Auſſerdem finden ſich die Soleniten allemal ſparſam, oft in unkenntlichen Stein⸗

---

z) Linnäiſches Naturſoſt. des Mineralr. Th. IV. S. 24. f.

Steinkernen, noch bitterer in blosen Fragmenten. Selbst zu Courtagnon in Frankreich, wo sie unter den gegrabenen calcinirten Conchylien in Sandstein liegen, siehet man nur höchst selten ganze Schalen. Ob sie in England bey Philo und Cleydon häufig liegen, das sagt uns Lister nicht, aber eben darum, weil er davon gänzlich schweigt, ist zu vermuthen, daß sie auch dort sparsam liegen. Ihre Mutter ist, wie wir vorhin hörten, theils Kalkstein, theils Sandstein. Ich besitze eine thonigte Schiefermasse, deren Geburtsort ich aber nicht weiß, worinnen auch Soleniten liegen, aber mit so stark calcinirter Schale, daß man nicht leicht ein vollständiges Beyspiel ausschlagen wird. Der Versteinerungsart nach sind einige blose Steinkerne, andre haben noch Schale, die mehrentheils nur calcinirt, seltener versteint ist. Herr Gmelin nannte uns euch eisenschüssigen Sandstein und kießhaltige Steinkerne, folglich haben wir auch mineralisirte Soleniten.

Was die Verschiedenheit der Soleniten anlangt, so habe ich mir aus den verschiedenen Abbildungen, die ich kenne, folgende Tafel gemacht. Alle bekannte Soleniten gehören noch zur Zeit unter die geraden; sie erscheinen aber

I. schmal, und
  1) glatt. Argenville Conchyl. tab. 29. fig. 21. Walch Steinr. tab. XVIII. n. 3. fig. b.
  2) gestreift.
    a) bogenförmig. Lister Hist. anim. tab. 8. f. 30.
    b) schräg. Gmelin Linnäisches Naturfyst. des Mineralr. Th. IV. tab. 13. fig. 149. Walch Steinreich tab. XVIII. n. 3. fig. a. c. Baumer Hist. nat. regni mineral. tab 3. fig. 35. Rumph amb. Raritätenk. holland. tab. 60. fig. N. Baier Oryctogr. Nor. tab. 4. fig. 12. Scheuchzer Naturh. des Schweizerl. Th. III. fig. 118. Torubia Naturh. von Spanien tab. 7. fig. 8.
  3) gerunzelt. Bourguet Traité des petrif. tab. 21. fig. 128.
II. Breit, (nemlich die Länge herab gerechnet) Lister Hist. Conch. tab. 519. fig. 74.

Da ich die Oerter, wo man Soleniten findet, wozu man noch Amboina thun kann, bereits angeführt, auch Zeichnungen von ihnen und von ihren Originalen mitgetheilt habe, so brauche ich nur noch die einzige Anmerkung hinzuzuthun, daß, wenn wir die angeführten Zeichnungen mit den uns unbekannten Originalen vergleichen, wir verschiedene antreffen werden, wozu wir noch kein Original kennen, und also ergänzet auch hier das Steinreich das Thierreich.

SOLENITES, heissen im Lateinischen und Französischen die vorher beschriebenen Soleniten.

SOLE PETRIFIÉE, heißt
im

im Franzöſiſchen die verſteinte oder gegrabene Compasmuſchel. ſ. Compaſſen im erſten Bande S. 313. Ich ſetze noch folgendes hinzu. Auch in dem Muſeo Leerſiano p. 212. wird eine verſteende Kompas Schalp angeführt; man findet auch dergleichen, aber freylich blos calcinirt, zu Piemont, dergleichen ich in meiner Sammlung ſelbſt aufbewahre.

SOLIS GEMMA, ſ. Sonnenſtein.

Sommerſproſſen, ſ. Sproetjes.

Sonnenauge, Oculus ſolis, wird das Katzenauge genennt, weil es in einer gewiſſen Richtung einen goldnen Ring gleich einer Sonne giebt.

Sonnenopal, Sonnenſtein, Heliolithus, iſt eine Opal- oder vielleicht richtiger eine Feldſpatbart, die ich nirgends richtiger, als bey dem Herrn Brückmann *) beſchrieben finde. Ich theile deſſen Beſchreibung unverändert mit.

„Der Sonnenſtein wird auch von einigen für des Nonnius Opal †) gehalten. Derjenige, welchen ich geſehen habe, war zwar ganz umher angeſchliffen, von der Gröſſe einer kleinen länglichen Bohne, undurchſichtig, von blättrichter Fügung, und hatte einen gelbbraunen goldfarbigten ſchimmernden Glanz. Er muſte, wie der Opal oder das Katzenauge, bewegt werden, wenn ſeine glänzenden Farben am ſchönſten ſpielen ſollen. Er hatte ohngefähr die Härte der weichern grobfaſerigten Katzenaugen, und wurde von der Feile ein wenig angegriffen. So viel das äuſſere Anſehen ergiebt, ſo muß er zu den Katzenaugen gezählt werden. Seiner Ausſicht, und ſeinem äuſſern Glanze zufolge, wäre er am beſten mit dem Goldglimmer oder ſogenannten Katzengolde zu vergleichen, wenn man ſolches ſehr fein und in derben Stücken ſich vorſtellt. Der Naturalienhändler, Herr Dantz, forderte hundert Thaler für dieſen Stein. In der Wiener Naturalienſammlung ſollen zween ſchönere und gröſſere Stücke dieſer Steinart zu ſehen ſeyn. Auch ſoll vordem zu Dresden im grünen Gewölbe dergleichen Stein von einer auſſerordentlichen Schönheit befindlich geweſen ſeyn, der aber nachher abhanden gekommen ſeyn ſoll. Am wahrſcheinlichſten iſt der Sonnenopal eine feine und ſeltene Art Feldſpath. Es findet ſich dergleichen auch ſilberfarbig, und beſitze ich Stücke, welche bey Potsdam ſollen gefunden ſeyn, die, wenn ich die Farbe ausnehme, mit jenen vollkommen übereinkommen.‟

Derjenige eigentliche Sonnenopal, den Herr Brückmann ſelbſt beſitzt, iſt ein Ringſtein, an dem man deutlich ſiehet, daß er ein blättrichter und fedrichter Feld-

---

*) Abhandlung von den Edelſteinen, erſte Fortſ. S. 166; zweyte Fortſ. S. 174.

†) ſ. Opal des Nonnius im V. Bande S. 11.

Feldſpath ſey. Er iſt braun, durchſcheinend, und wenn er in dem gehörigen Winkel gegen das Licht gehalten wird, giebt er einen braungelben Goldſchein, nicht bogenförmig, wie ein Katzenauge, ſondern wie ein Opal. Wenn er im Finſtern bewegt wird, doch ſo, daß ihn einiges auffallendes Licht treffen kann, giebt er einen Schein, wie eine glimmende Kohle. Vermuthlich ſtammt er auch aus Ceylon her. Herr Dutens in der Abhandlung von den Edelſteinen S. 111. verwechſelt das Weltauge mit dem Sonnenopal, und S. 115. nennet er den Sonnenopal Avanturic, welcher letztere eigentlich bey den Franzoſen einen Opal mit goldfarbigen Punkten bedeutet.

Sonnenſtein, iſt eine Benennung von einem vielfältigen Gebrauche, denn man belegt damit verſchiedene Steinarten, und einige Verſteinerungen.

I. Unter den Steinen ſind folgende bekannt.

1) Wird der kurz vorher beſchriebene Sonnenopal auch Sonnenſtein genennet.

2) Wird die Aſterie des Plinius mit dem Namen des Sonnenſteins belegt. ſ. *Aſteria gemma*

3) Hat Plinius einen beſondern Stein *Solis gemma*, den Sonnenſtein genennet, von dem er ſagt, daß er weiß ſey, und ſeine Strahlen wie die Sonne verbreiten ſoll. Man weiß in unſern Tagen nicht, was Plinius unter dieſem Steine verſtehe.

4) Hat der Herr von Bomare u) unter ſeinen Achaten, oder halbdurchſichtigen Kieſeln, eine, nemlich die achte Gattung, die er Sonnenſtein, *Giraſol, Solis gemma, Scambia, Aſteria fulgens*, nennet, und wovon er folgende Beſchreibung giebt. „Der Sonnenſtein iſt ein faſt durchſichtiger Stein, den einige für eine Art milchichen Kryſtall, und andre für eine Art von Opalen anſehen. Er iſt härter als der Opal, und weicher als der Bergkryſtall."
Der ſogenannte Sonnenſtein iſt allezeit milchicht, oder chalcedonartig, ein wenig durchſichtig, mehr oder weniger ſchimmernd, und giebt einen ſchwachen Glanz von Regenbogenfarben, oder von einer goldgelben Farbe, indem er die Sonnenſtrahlen zurückwirft, man mag ihn anſehen auf welcher Seite man will, jedoch ſchwächer als das ſogenannte Katzenauge und der Opal. Die Sonnenſteine ſind der Härte und den ſchönen Farben nach, in welche ſie ſchielen, unterſchieden. Die ſchönſten, deren Farbenmiſchung recht gleich iſt, ſind die orientaliſchen. Weiche und

u) Mineralogie Th. k. S. 207. der Ueberſetzung.

und schwachfarbige sind die occidentalischen. Beyde kommen aus Cypern, Galatien, ingleichen aus Ungarn und Böhmen.

Die Alten haben lange Zeit einen grossen Aberglauben mit diesen Steinen getrieben, indem sie selbige, gleichsam als einen unüberwindlichen Talisman, brauchten, um sich den Gott Morpheus geneigt zu machen.

Girasol ist ein italiänischer Name, welcher von dem lateinischen gero, girare, tragen, und Sol, die Sonne, herkommt, als wenn man sagen wollte, ein Stein, der die Sonne bey sich trägt, (quia radios solares in se gestare videatur.)

II. Unter denen Versteinerungen führen

1) gewisse Astroiten den Namen der Sonnensteine, *Astroitae radiis solaribus undulatis*, *Lapides solares*, welche viele gebogene Strahlen haben, und darinnen der Sonne gleichen, wie wir sie uns vorstellen, oder wie sie die Mahler nach ihrer Einbildung abzubilden pflegen. s. Astroiten. Deren Figuren, sagt Brückmann, x) gleichen übrigens den Sternen, und sind nur deshalb so genannt, weil sie solche an Grösse übertreffen, und mehrere Strahlen wie die Sterne haben. Ferner werden

2) die Trochiten, sonderlich diejenigen *Lapides solares*, oder Sonnensteine genennet, deren Streifen von dem Mittelpunkte aus über die ganze Fläche laufen, und dergestalt der Sonne mit ihren Strahlen gleichen. s. *Lapides solares* und Trochiten. Vogel y) drückt sich nicht ganz richtig aus, wenn sie zugleich strahlicht sind, und kein Löchelchen haben. Denn das Löchelchen, oder den Nervengang, müssen alle Trochiten haben, der aber im Steinreiche nicht an allen Trochiten kenntlich ist.

Sonnenwende, heißt bey einigen das Katzenauge und der Opal, weil beyde in gewissen Wendungen oder Richtungen nach der Sonne ihre schönen Farben spielen. s. Katzenauge und Opal.

Sonnenwende Jaspis, wird der Heliotrop genennt. s. Heliotrop. Dieser Name drückt eigentlich den griechischen Namen Heliotrop, von ἥλιος, die Sonne, und τρέπω, ich kehre mich, weil er, wie die Alten sagten, einen blutrothen Schein von sich gebe, wenn er ins Wasser gelegt wird, oder weil man in ihm die Sonne wie in einem Spiegel sehen könnte. z)

SPALT,

---

x) Abhandl. von den Edelsteinen, neue Ausgabe S. 350.
y) Praktisches Mineralsystem S. 233. §. 28.
z) Schröter vollständige Einleit. Th. I. S. 388.

Spalt, ist eben so viel als Spath. s. Spath.

Spangenräderzwerge, und vorzüglich

Spangensteine, werden die Trochiten genennet, weil sie im Kleinern fast so gebildet sind, wie die Spangen, dergleichen die Alten auf ihren Schuhen zu tragen pflegten. s. Trochiten.

Spanische Kreide, die eigentlich als Abänderung des Seifensteins zu betrachten, vom Schmeer- oder Speckstein, noch mehr aber von der Brianzoner Kreide zu unterscheiden ist, und als Abänderung zu Talcum sinectis Linn. gehört, wird vom Herrn Prof. Gmelin a) also beschrieben: „Sie ist zwar dicht, aber sehr weich, oft so sehr, daß sie zwischen den Fingern zerfällt. Ihre Theilchen sind fein, und mit bloßen Augen nicht zu unterscheiden; sie ist auch undurchsichtig, und gleicht einem erhärteten Thon gänzlich, läßt sich auch mit dem Messer schaben. Sie zieht, wie eine Walkererde, die Fettigkeiten an sich, und wird daher vornemlich in England häufig gebraucht, um Fettflecken aus wollenen und tuchenen Zeugen zu bringen, oder auch die Wolle zu reinigen. Zeichnet man damit auf Glas, und löscht die Striche wieder aus, so kommen sie wieder, wenn man das Glas mit dem Odem oder sonst feucht anlaufen läßt. Man findet sie von verschiedenen Farben:

a) weiß, bey Reichenstein und auf dem Eulengebürge, bey Landsend in Cornwallis, in den Serpentinsteinbrüchen bey Impruneta, in dem Monte nero zwischen Pisa und Livorno, zu Silvena und in andern Gegenden von Florenz. Diese führt eigentlich den Namen der spanischen Kreide, und wird in länglichte Stangen geschnitten von den Schneidern als Kreide gebraucht. (Daher führt sie auch den besondern Namen der Schneiderkreide.)

b) gelb oder gelblicht in Schlesien, in Steyermark, bey Landsend in Cornwallis, und bey Woobarn in Bedfordshire in England.

c) grün, in den Serpentinsteinbrüchen bey Impruneta; grünlicht bey Roßwein unweit Freyberg in Sachsen.

d) roth.

e) schwarz.

f) grau, in Cornwallis.

g) marmorirt, im engern Verstande Seifenstein, weil sie oft im Aeusserlichen viel Aehnlichkeit mit der venetianischen Seife hat. So findet man sie grau und grünlicht in der Schweiz, weiß und roth, weiß und gelb, weiß und schwarz, weiß und grau in Cornwallis.

h) dendritisch, oder mit Zeichnungen von Bäumchen, in Cornwallis.

Sparta.

---

a) Linnäisches Natursyst. des Mineralr. Th. I. S. 446.

SPARTA-POLIA, oder SPARTO-POLIA, heißt der Asbest, wie Herr Bruckmann der ältere b) sagt: a gryseo ad caniciem vergente colore, σπαρτοπολιάς enim erat persona quaedam histrionica in Tragoedia a Sparti canitie dicta, virili specie, nigra et sub pallida, propterea hic lapis a nive capitis s. canitie Sparto-Polia cognominatus. Vide plura de hac etymologia apud M. Sim. Frideric. Trenzelium in Dissertat. de Amiantho nec non lucernis ex eo parandis, quae Wittenbergae 1668. in lucem prodiit. s. Amianth und Asbest.

SPATOGOIDES, s. Echiniti Spatagoides.

SPATAGUS, oder vielmehr SPATANGUS, ist eine Classe von Seeigel, unter welche der Herr Prof. Leske c) nach dem Beyspiel des Herrn Conferenzrath Müller in Kopenhagen, diejenigen Seeigelarten begreift, die Klein Spatangum und Spatagoidem, Brissum und Brissoidem nennet, weil keine Gattungs-Unterschiede vorhanden sind, und sogar auch die Thiere, die diese verschiedenen Schalen bewohnen, sich völlig gleich sind. Ihre Figur ist weniger rund als der Echinus, und nähert sich mehr einer Herzfigur. Sie haben kleinere und sparsamer angebrachte Stacheln, und sind in der Seite des Mundes mehr platt als der Echinus. Der Mund hat keine Zähne, sondern die obere Maxille ist hervorragender als die untere. Sie haben ihre Abführungsöfnung nicht auf dem Wirbel, sondern entweder an der Seite, oder sonst wo angebracht. Da ich hier nicht sowohl von natürlichen Seeigeln zu handeln habe, sondern von Versteinerungen, so beziehe ich mich hier auf den Titel Echiniten, und bemerke nur, daß Herr Prof. Leske die Spatangos unter vier Familien bringt:

1) Spatangi cordati, vertice sulcati; herzförmig, auf dem Rücken gefurcht.
2) Spatangi cordati, non sulcati: herzförmig, auf dem Rücken nicht gefurcht.
3) Brissi s. Spatangi ovales sulcati; eyförmig, auf dem Rücken gefurcht.
4) Brissoides, s. Spatangi ovales, non sulcati; eyförmig, auf dem Rücken nicht gefurcht.

Im Deutschen werden sie spatelförmige Seeigel genannt, weil sie viele Aehnlichkeit mit einem Spaden oder einer Grabschaufel haben. s. Echiniten.

Spath, lat. Spathum, fr. Spath, holl. Spath of Spar, ist ein von den Schriftstellern in einer so vielfachen, und oft so verworrenen Bedeutung gebrauchtes Wort, daß es unmöglich ist, davon einen allgemeinen Begriff zu geben. Dies wird dadurch noch schwerer, da diejenigen Körper, die man Spath nennet, sowohl in ihrer äussern Gestalt, da sie bald derb, bald in

---

b) Historia naturalis curiosa lapidis τῦ ἀσβέςυ. p. 10. n. 8.
c) In seiner Ausgabe des Klein Natural. dispos. Echinoderm. p. 210. s.

in Blättern, bald in Kryſtallen erſcheinen, als auch in ihrem innern Gehalt ſo gar verſchieden ſind. Man kann daher keinen ſichern Weg gehen, als dieſen, daß man die verſchiedenen Spatharten einzeln durchgehet, und die Kennzeichen jeder Art entwickelt. Selbſt der Name Spath, oder wie es andre ſchreiben, Spat, hilft uns nicht aus dieſer Verwirrung. Ich weiß zwar davon keine Bedeutung anzugeben, allein die Ableitung ſey auch welche ſie wolle, ſo wird ſie nicht auf alle einzelne Beyſpiele paſſen.

Ehe ich zur Beſchreibung der einzelnen Spatharten fortgehe, will ich die Anmerkung des Hrn. Prof. Gmelin d) wiederholen, weil man ſie als eine Einleitung über die Lehre von Spath betrachten kann. Er ſagt: „Keine deutſche Benennung iſt von Kennern und Unwiſſenden ſo willkührlich gebraucht, und ſelbſt von groſen Mineralogen Körpern von ſo verſchiedener Natur, die oft nichts als ihr blättrichtes Gewebe, oft nur einige Aehnlichkeit in ihrer Geſtalt miteinander gemein haben, beygeleget worden, als der Name Spath. Ich halte es für nöthig, um meine Leſer gegen dieſe Verwirrungen zu ſichern, ihnen die vorzüglichſten dieſer Benennungen anzuführen, und auf die Linnäiſche Benennung zu verweiſen.

Spathe ſind bey Gerhardt die meiſten Arten des Natri lapidoſi und das Nitrum baſalt. bey Linne. Kalkſpath, Spathum alcalinum oder calcareum, ſind die Arten des Spati und Nitri lapidoſi bey Linne, welche ſich im Feuer und zu den Säuren eben ſo verhalten, wie reine Kalkſteine. Körniger Spath iſt eine Art des Kalkſpaths, oder Spathum confuſum bey Linne. Schieferſpath gehöret ebenfalls dahin, Spathum fiſſile bey Linne. Doppelſpath, islindiſcher Spath, iſt von dem gleichen Geſchlechte, Spathum duplicans bey Linne. Würfelſpath, wieder eine Art des Kalkſpaths, bey Gerhardt eine Abänderung des Selenits, oder eine nahe damit verwandte Art. Stinkſpath, ein Stinkſtein von blättrichten Gewebe, Nitrum ſuillum bey Linne. Federſpath, Stirium bey Linne. Glasſpath bey Wallerius, Muria Chryſolampis bey Linne, bey Gerhardt mehrere Quarzarten, Edelſteine und Kryſtallen, unter den Linnäiſchen Geſchlechtern Quarzum, Nitrum, Borax und Alumen. Spathartiger und geformter Glasſpath, Arten des Linnäiſchen Geſchlechtes Quarzum. Pyramidal- und Cellularglasſpath, Arten des Linnäiſchen Geſchlechtes Nitrum. Salzſpath, ein blättrichter Salzſtein, der mit Vitriolſäure ganz zu Bitterſalz wird. Leichter Spath, ein Gypsſpath, und nach Linne ein Nitrum lapidoſum. Schwerer Spath von dem gleichen Geſchlechte. Glanzſpath oder Spiegelſpath aus dem

---

d) Linnäiſches Naturſyſt. des Mineralr. Th. 4, S. 422, f.

dem gleichen Geschlechte. Schuppenspath von eben diesem Geschlechte, bey Linné Natrum crustaceum. Scheibenspath, Rhomboidalspath, Pyramidalspath, abgestumpfter Spath, fünfeckiger, vierkantiger, gezahnter, sechseckiger, salpeterartiger, vierzehenseitiger Säulenspath, und auch der Krystallspath, sind alle Arten des Natri lapidosi. Feldspath, eine Kieselart, die aber Linné noch unter dem Geschlechte seines Spathi in der Verbindung mit Kalkspath hat. Flußspath, Muria chrysolampis lucida und rhombea bey Linné. Silberspath, gehöret eben dahin. Schörlspath, ein fetter blättrichter Stein, der aus der Erde des Bittersalzes bestehet. Zeolithspath, eine Abänderung des Stalactitae Zeolithi nach Linné, deren Bläschen eine unbestimmte Lage haben. Zinkspath, ein Gesicht des Herrn von Justi, das nach ihm keiner gesehen hat. Zinnspath, ein weisses Zinnerz, oder Stannum spatosum nach Linné. Bleyspath, ein Bleyerz in Gestalt von Krystallen, und ohne metallischen Glanz, Plumbum virens; rhombeum, spatosum und pellucidum bey Linné. Eisenspath, oder bey Linné Ferrum spatosum.

Wenn ich den Feldspath, den Schörlspath und diejenigen Spathe ausnehme, welche einen so starken Gehalt an Metall haben, daß sie davon benannt zu werden verdienen, so zeigt bey den übrigen das blättrichte Gewebe ziemlich deutlich, daß sie aus dem Wasser niedergefallen sind, mit welchem ihre Theilchen zuvor, durch die Vermittlung eines feinern unsichtbaren Wesens, vereiniget waren, und daß sie bey diesem Niederfallen einen grössern Theil des Wassers mit sich behalten haben, als wir bey andern Steinen bemerken, die einen ähnlichen Ursprung haben. Die Steine, welche Linné unter diesem Namen begreift, sind meistens grobblätterigt, und haben glänzende Flächen; sie lassen sich alle leicht in kleine Blättchen spalten, die gemeiniglich viereckigt sind, und schiefe Winkel haben. Im Feuer knistern sie, und zerspringen in eben solche Blättchen.

Spath, abgestumpfter, s. Spath, Rhomboidalspath.

Spath, angeflogner, s. *Spathum fugax.*

Spath, basaltartiger, s. *Spathum basalticum.*

Spath, blättrichter, dünnschieferichter Kalkspath, Schieferspath, Spathum fissile *Linn.* Spatum solubile diaphanum fissile album *L.* Spathum lamellosum molle *Wall.* Spathum lamellare *Wall.* Spathum calcareum lamellosum *Cronst.* Spathum informe molle diaphanum, lamellis minutissimis *Carth. franz.* Spath sevilleté *Born.* ist eine Kalkspathart, die aus lauter dünnen übereinander liegenden Blättern bestehet. Cronstedt e) sagt, daß er in keine rautenförmige Bruchstücke springe,

---

e) Mineralogie, Werners Ausgabe Th. I. S. 29.

ge, sondern sich schiefere, wie übereinandergelegtes Postpapier. Er nimmt nur eine einzige Gattung an, die er undurchsichtig weiß, Spathum lam.llolum opacum, nennet, und von dem er **Kongsberg in Winorn**, und und die **Skaragrube auf dem Eger in Norwegen** nennet, wo er gefunden wird.

Wallerius f) sagt von ihm, daß er so weich sey, daß man ihn mit dem Nagel kratzen könne, daß er aus schwachen unordentlichen Lamellen, die aber gleichwohl im Bruche einigermaßen eine rhomboidalische Figur annähmen, bestehe. Bey einer geringen Calcination löse er sich in die feinsten Lamellen auf, und in weiße glänzende Körner, wie das Vergrößerungsglas darthue. Er nimmt 2 Arten an:

1) Spathum lamellare lamellis rectis, (mit geraden Blättern) Kungsberg et Skara in Norvegia. Löfäsen in Dalekarlia.
2) Spathum lamellare, lamellis undulatis, (mit wellenförmig laufenden Blättern.) Spathum solubile lamellosum, undulatum album L. Köpmannehät in Dallia.

Diesen letzten hat zwar Linne getrennt, zu seiner vierten Art gemacht, und Spathum undorum genennet, wahrscheinlich aber ist er eine bloße Abänderung, deren einziger Unterschied in der Lage der Blätter bestehet. Daher hat Wallerius beyde mit Recht verbunden, und nur als zwey Abänderungen angesehen.

Am ausführlichsten redet der Herr Prof. Gmelin g) von diesem Kalkspathe, der uns von ihm folgendes sagt: „Man findet ihn in den norwegischen Gruben zu **Kungsberg**, und in der **Skaragrube auf dem Eger**, in den Gruben zu **Andreasberg**, in den Kohlengruben bey **Löbegün**, in dem Stahlberge bey **Moschel**, in dem Mühlensteinbruche bey **Siebkerode** u. a. Meistens bricht er Nester- und Schnurenweise, zu Andreasberg hingegen machet er Gänge. Er bestehet aus seinen Blättchen, die oft so dünne als Postpapier sind, und wie Lagen von diesem aufeinander liegen, aber niemals eine ganz bestimmte Gestalt haben. Er ist so weich, daß man mit den Nägeln davon abreiben kann, und springt in tafelförmige Stücke; gemeiniglich ist er milchweiß, und beynahe halbdurchsichtig. Sollte dahin nicht der Rosenspath gehören, der zu Joachimsthal die mitternächtlichen und Morgengänge macht, und unter die freundlichsten Bergarten gerechnet wird? Er ist offenbar Kalkspath, und bestehet aus dünnen aufeinander liegenden runden, gewundenen, weißen Blättern, und kommt vornemlich auf dem Gange der Rose von Jericho vor.

Spath,

---

f) Systema mineral. Tom. I. p. 142. n. 2. deutsche Ausgabe durch Leske Th. I. S. 131.
g) Linnäisches Natursystem des Mineralr. Th. I. S. 429. f.

Spath, Blätterspath, Sparhum undatum *Linn.* Spathum solubile lamellosum undulatum album *Linn.* Ich habe kurz vorher bemerket, daß Spathum fissile und undatum nur zwey Spielarten sind, die durch nichts als die verschiedene Lage der Blätter unterschieden sind. Man findet ihn in Dalekarlien bey Köpmannchäll im Sande. Er ist, wie Gmelin sagt, weiß, und bestehet aus feinen Blättchen, welche wie eine Wolle aufgeworfen sind. Eben dieser Gelehrte vermuthet, daß dies eben der Spath sey, der bey Eula in Böhmen, und bey Bakabanras in Ungarn verlarvtes Gold mit sich führet. Und im deutschen **Wallerius** wird am angeführten Orte gesagt, daß der talkartige Kalkspath von Barmansgrün bey Schwarzenberg ebenfalls hieher gehöre.

Spath, Bologneser, s. bononiensischer Stein, im ersten Bande S. 208. f. Ich setze nur hinzu, was Hr. **Werner** h) über die äussern Kennzeichen und sonst noch über diesen durch seine leuchtende Kraft so berühmten Spath sagt. Er wird insgemein von rauchgrauer Farbe, und von stumpfeckigen oft ziemlich runden Stücken, die eine unebene Oberfläche haben, gefunden. Inwendig ist er glänzend, auch wohl nur wenig glänzend, überhaupt aber von gemeinem Glanz. Sein Bruch ist eigentlich blättrich, er hat aber in gewissen Richtungen gespalten ein faseriches Ansehen. Er ist zuweilen von grobkörnigen abgesonderten Stücken, springt in etwas undeutliche rautenförmige Bruchstücke, ist durchscheinend, weich, fühlt sich etwas kalt an, und ist schwer.

Bologno ist, so viel als man zur Zeit weiß, der einzige Geburtsort dieser schweren Spathart. Dieser Stein wurde in der Mitte des vorigen Jahrhunderts, wegen seiner Eigenschaft, nach einer gewissen Präparation das Tageslicht anzuziehen, und hernach im Finstern zu leuchten, als welche der Schuster und Alchymiker *Vincenzio Cascaruolo* daselbst entdeckte, bekannt.

Viele Gelehrte beschäftigten sich von Zeit zu Zeit mit Untersuchung und Beschreibung derjenigen Präparation, wodurch er zur Phosphorescenz gebracht wird, keiner aber giebt uns diese Beschreibung besser und ausführlicher, als Herr **Margraf:** (chymische Schriften 2ter Theil, p. 119. 120.) Der Graf **Marsigli** (Dissertazione epistolare del Fosforo minerale 4. Lipsia 1698. p. 129.--131.) hat die Lagerstätte des Bologneser Spaths ziemlich ausführlich beschrieben.

Spath, Doppelspath, s. *Crystallus Islandica*, im ersten Bande S. 379. f. und im dritten Bande S. 85. f. Auch hier muß ich eine Nachricht des Hrn. **Werners** i) wiederholen. **Cronstedt** und andre Mineralogen, sagt

---

h) In seiner Ausgabe des **Cronstedt** Th. I. S. 58. f.
i) Am angeführten Orte S. 28.

sagt er, irren sich sehr, wenn sie glauben, daß es zweyerley durchsichtigen Kalkspath gebe, eine Art, die verdoppelnde, und eine andre, die nicht verdoppelnde. Denn aller durchsichtiger Kalkspath verdoppelt, wenn man durch ein Stück desselben sieht, welches da, wo man hindurch siehet, nicht mehr seine natürliche Oberfläche, sondern oben und unten Bruchflächen hat; ist aber ein dergleichen Stück Kalkspath noch ganz, und hat also seine natürliche äussere Oberfläche noch, z. B. ein sechsseitig säulenförmiger Kalkspathkrystall, so verdoppelt er nicht, sondern man siehet, wie gewöhnlich, die Gegenstände einfach dadurch.

Ueber dieses ganz besondere Phänomen der Verdoppelung hat Herr Werner anderswo k) folgende Gedanken. „Das Verdoppeln der Gegenstände beym Doppelspath ist nichts anders, als eine Theilung eines jeden einfallenden Lichtstrahls in zwey andre, deren jeder eine verschiedene Brechung leidet, und welches vermuthlich durch die Gestalt der kleinsten zusammengehäuften Theile dieses Steins verursacht wird; der Versuch läßt sich am besten mit einem auf Papier gezeichneten Punkte machen. Wenn man über diesen Punkt den Stein legt, so erscheint derselbe zweyfach, und zwar stehen die beyden Bilder jederzeit in einer gleichlaufenden Richtung mit derjenigen Diagonale, welche durch die beyden größten körperlichen Winkel geht, die sich an diesem rautenförmig achteckigten Stein, einer an der Oberfläche desselben, und der andre schief gegen über an der untern befinden, und so, daß das eigentliche Bild allemal auf der Seite des untern, das uneigentliche aber auf der Seite des obern Winkels steht. Verändert man nun durch Herumdrehung des Steins die Lage der gedachten Diagonale, so ändert sich auch, gleichförmig mit derselben, die Richtung der beyden Bilder, so, daß sie in Ansehung der Lage jederzeit in dem nemlichen Verhältniß mit demselben bleiben. Die Entfernung dieser beyden Bilder ist allemal verhältnißmäßig mit der Dicke des Steins da, wo man durch denselben hindurch sieht, so daß dieselbe durch ein dünnes Stück dieses Steins kaum merklich ist. Die Linie, welche diese Entfernung macht, und welche sich an der einen äussern Seite des Steins befindet, ist gleichsam die Grundlinie eines Dreyecks, das in der oben gedachten diagonalen Richtung durch den Stein durchgeht, und wovon die beyden Schenkel, welches die beyden verschiedentlich gebrochenen Lichtstrahlen sind, in einem Punkt der gegenüberstehenden äussern Seite, jederzeit unter einem Winkel von 6 2/3 Graden zusammenlaufen. Ein deutlicher Beweiß, daß der Lichtstrahl gleich in der Oberfläche des Steins getheilt, und verschiedentlich

---

k) Von den äusserlichen Kennzeichen der Fossilien S. 236.

dentlich gebrochen wird. Man mag übrigens den Stein näher oder weiter vom Gegenstande oder vom Auge halten, so läßt sich weder in der Entfernung noch in der Lage der beyden Bilder einige Verschiedenheit merken. Legt man zwey dergleichen Steine übereinander, und zwar so, daß eine jede von den vier Seitenflächen des obern allemal mit der daranstoßenden Seitenfläche des untern einerley Richtung hat, so werden ebenfalls nur zwey Bilder zu sehen seyn, aber verhältnißmäßig in so viel weiterer Entfernung, als die Dicke des darauf gelegten Steins beträgt. Legt man hingegen dieselben so übereinander, daß eine jede von den vier Seitenflächen des obern Steins mit der daranstoßenden Seitenfläche des untern einen schiefen Winkel macht, so werden die beyden Bilder näher zusammenrücken, und zwar dergestalt, daß, wenn beyde Stücke von einerley Dicke sind, die zwey Bilder in eins zusammentreten. Zuweilen geschiehet es auch, daß, wenn man ein Stück Doppelspath in eine gewisse Lage bringt, vier, auch wohl sechs Bilder zum Vorschein kommen; dieses aber kommt von der Reflexion der Seitenflächen her. Wer noch eine ausführlichere Beschreibung dieses Phänomens verlangt, findet solche in Newtons Optik Lib. III. Quaest. 25. et 26

Einige haben die Verdoppelung dadurch erklären wollen: daß ein dergleichen Stück Doppelspath einen Sprung hätte, welcher die zweyfache Erscheinung der Gegenstände verursachte. Daß dieses aber nicht seyn kann, erhellet aus folgenden Gründen. Erstlich könnte es nicht ein Sprung allein thun, sondern es müßte nach einer jeden Seite einer seyn: weil dieser Stein durch alle Seiten verdoppelt. Zweytens, wäre es ja möglich, daß sich in einem Stücke mehrere Sprünge übereinander finden könnten, und alsdann müßten ja mehr als zwey Bilder erscheinen: dieses aber hat man noch niemals bemerkt. Drittens, würde sich ein Sprung bald tiefer, bald höher in einem Stücke befinden, und daher die davon abhängende Entfernung der beyden Bilder unbestimmt seyn; diese aber ist vielmehr jederzeit bestimmt und festgesetzt. Viertens, wenn man ein Stück Doppelspath in hundert oder auch mehr Stücke zerschlägt, so verdoppelt wieder ein jedes derselben: nach dieser Hypothese aber müßt man entweder annehmen, daß alle die Sprünge eines jeden dieser Stückchen schon vor der Zerschlagung in dem ganzen Stücke gewesen, oder erst bey einem jeden in der Zerschlagung des großen Stücks entstanden wären; nun widerstreitet aber das erste der Hypothese, und das letztere läßt sich nicht wohl denken. Fünftens, aber so widerlegt die in dem vorhergehenden dieser Anmerkung erwähnte Erfahrung, daß nemlich der Lichtstrahl gleich bey dem Einfallen an der Oberfläche getheilt, und auf zwey verschiedene Arten gebrochen

brochen wird, diese Hypothese schon hinlänglich: denn wenn die Verdopplung durch Sprünge verursacht werden sollte, so müste ja solche nicht an der Oberfläche, sondern inwendig entstehen. So weit Herr Werner.

Aus verschiedenen Beyspielen von Doppelspath aus Island bemerke ich folgendes.

1) Wenn ich sie auf eine Schrift lege, und sie haben die Stärke oder Dicke eines halben bis 3/4 Zoll, so stehen die Buchstaben unmittelbar über, und zwar so nahe aneinander, daß die untere Zeile die obere etwas berühret; doch dergestalt, daß die untere Zeile um einen Buchstaben bey jedem Worte vorgerückt ist. Wende ich aber den Stein um, daß die ehemalige obere Seite nun die untere wird, so verändert sich auch dieser Standpunkt der Zeilen, und die obere Zeile ist um einen Buchstaben vorgerückt.

2) Hat der Doppelspath die Stärke oder Dicke eines Viertelzolls, so sind beyde Zeilen dergestalt ineinander gedrängt, daß die obere Zeile nur um die Hälfte ihrer Buchstaben hervorragt, dann aber sind die obern Buchstaben ungleich schwärzer als die untern, und die eine Zeile ist nur um einen halben Buchstaben vorgerückt. Wende ich den Stein um, so ist wie an dem vorigen diese Erscheinung verändert; doch sind auch hier die obern Buchstaben schwärzer als die untern.

3) Hat der Stein nur die Stärke eines halben Viertelzoll, so liegen alle Buchstaben eines jeden Worts unmittelbar übereinander, die obern sind sehr schwarz, aber feiner als die untern, welche überaus blaß, aber kenntlich erscheinen. Es scheint beynahe, als wenn eine blasse Schrift mit schwarzer Dinte überzogen wäre.

Spath, durchsichtiger, s. *Spathum speculare*.

Spath, Federspath, s. Strahlgyps.

Spath, Feldspath, s. Feldspath im zweyten Bande S. 142. und hernach *Spath des champs*.

Spath, Flußspath. Ob ich gleich im zweyten Bande S. 186. f. vom Flußspathe ausführlich gehandelt habe, so halte ich doch für nöthig, diejenigen äussern und innern Kennzeichen zu wiederholen, die uns Herr Prof. Gmelin 1) davon giebt. Alle hieher gehörigen Arten, sagt er, sind mager, und nicht sonderlich schwer, sehen im Bruche wie Glas aus, und springen, wenn sie zerschlagen werden, zuweilen in Pyramidalstükke; diese Eigenschaften, die sie mit den Glasflüssen gemein haben, und selbst das ganze äusserliche

1) Linnäisches Natursyst. des Mineralr. Th. II. S. 220 bis 223.

serliche Ansehen, ihre glatte und glänzende Oberfläche, und der hohe Grad von Durchsichtigkeit, welchen die meisten unter ihnen besitzen, haben vermuthlich den grösten Antheil an ihren meisten Benennungen. Sie sind härter als Kalk= und Gypsarten, aber doch nicht so hart, daß sie am Stahl Feuer geben; sie können daher leicht geschnitten und geschliffen werden, und nehmen eine schöne Politur an.

Weder mineralische noch andre Säuren brausen mit diesen Steinen auf, sie mögen nun roh oder schon ausgebrannt seyn; oder kocht man sie lange mit Vitriolöhl oder einer andern starken Säure, so wird ein ansehnlicher Theil der Steine darinnen aufgelößt; sie enthalten nemlich alle nach dem einstimmigen Erfolg aller genauen Versuche Kalkerde, sie enthalten offenbar glasachtige Erde, die, so lange man sie auch in Säuren kocht, unaufgelößt zurückbleibt, und mit Laugensalz zu einem Kieselsaft schmelzt. Auch zeigt sich in den meisten eine Spur von Gypserde, welche durch die innige Beymischung der Vitriolsäure von der Kalkerde abweicht; aber ausser dieser Vitriolsäure, welche einen Bestandtheil der Gypserde ausmacht, offenbaren die Versuche eines Scheele noch eine Säure in diesen Steinen, welche mehr die Natur der Kochsalz= oder der Weinsteinsäure hat, und sich durch Vitriolsäure in Gestalt weisser und sehr saurer Blumen austreiben läßt.

Dieses sind die Bestandtheile der reinen ungefärbten Flußarten; allein in der Natur finden wir diese Flußarten auch häufig gefärbt, grau, citrongelb, weingelb, brandgelb, röthlich, roth, veilchenblau, himmelblau, blaßgrün, spangrün und grasgrün; diese haben offenbar ihre Farbe von einem beygemischten brennbaren Wesen, weil sie sich verliert, sobald man sie glüet, und sie sich alle weiß brennen, und weil das Vitriolöhl, das man über dem Pulver der rohen Steine destillirt, als Schwefelgeist übergeht, und zugleich den Steinen alle Farbe nimmt. Ausser diesen findet man in einigen Flußarten auch noch Alaun= oder Eisenerde, oder beyde zugleich.

Werden diese Flüsse an einem finstern Orte mit einem eisernen Werkzeuge geritzt, oder sonst durch Reiben an rauhe und feste Körper, Steine, Kalkrinde, Oefen und dergleichen erwärmet, oder in einem Mörser mit einem gläsernen Stempel gestossen, so werfen sie ein Licht von sich; selbst der Ort, welcher gerieben worden ist, leuchtet noch eine Zeitlang nachher; wie geschwinder dieses Reiben geschiehet, desto stärker ist das Licht; eben dieses bewirkt auch eine gelinde Erwärmung auf dem Stubenofen, oder in ofnem Feuer. Da werfen die Steine, vornemlich die gefärbten, und unter diesen am meisten die grünen, so lange sie warm sind, einen blauen oder grünen Feuerglanz von sich, der sie wie ein Nebel umgiebt, und sich selbst dann zeigt, wenn sie roh mit Salpetersäure eine Zeitlang in einer

gelinden

gelinden Wärme stehen. Verstärkt man aber die Hitze in einem oder dem andern Falle bis zum Glüen, so verlieren sie diese Eigenschaft, und geht man darinnen noch weiter, so bekommen sie Ritzen, zerspringen mit starkem Knistern in kleine Blätterchen, und verlieren alle Farbe. m) Aber nie verwandeln sie sich in Gyps oder Kalk, und wenn sie anders rein sind, und ohne Zusatz in das Feuer gesetzt werden, in einem auch noch so starken, und durch die gewöhnlichen Kunstgriffe vermehrten Feuer, niemalen in Glas. So strengflüssig sie aber an sich sind, so leicht schmelzen sie mit Borar, mit Laugensalz, mit Harnsalz zu einem festen Glase, und bringen durch ihre Beymischung alle, selbst die strengflüssigsten Erd= und Steinarten in Fluß; mit der Kalkerde besonders schmelzen sie zu einem so dünnen Glase, welches durch die besten Tiegel dringt, wenn man nicht zu ihrer Zubereitung Quarz oder feuerfesten Thon gebraucht hat.

Die erzählten Eigenschaften zeigen zu offenbar, daß diese Flußarten himmelweit von den Gypsspathen unterschieden sind, mit welchen sie so viele Schriftsteller entweder gänzlich verwechselt, oder doch in eins zusammengeworfen haben; vermuthlich hat sie das blättrichte Gewebe der meisten, die glänzenden Flächen und die würflichte Gestalt vieler unter ihnen, dazu verleitet.

Spath, Flußspathdrusen, Krystallisirter Fluß, Muria Lucida Linn. franz. Fluer crystallisé. Bey der Ausarbeitung des zweyten Bandes habe ich diesen und den folgenden Artikel übersehen; ich will sie daher hier beyde nachholen, aber nur das mittheilen, was der Herr Prof. Gmelin n) von ihnen sagt.

Von den Flußspathdrusen, oder dem krystallisirten Flusse, sagt er folgendes. Man findet ihn am häufigsten in den deutschen Gruben, vornemlich bey Freyburg und Ehrenfriedrichsdorf in Sachsen, aber auch bey Nagybanya und Felsebanya in Oberungarn, bey Matlock in England, und bey Erripas, Gislöf, Fager=Aö, Bleyholl und andern Orten in Schweden, von allen angezeigten Farben, auch bey Nagybanya braun. Die Krystallen, aus welchen diese Drusen bestehen, sind selten groß, meistens klein, oder von mittlerer Grösse, und haben entweder:

a) Keine bestimmte Gestalt. So findet man sie am Norrberge in Norberg, und in der Höölitkulle Eisengrube in Nerike in Schweden.

b) Glänzende Flächen, und gleichen einem Spathe. Diese verdienen eigentlich den Namen Flußspath; man findet sie bey Freyberg

---

m) Ein blauer Fluß, den ich in ein stark erhitztes Kohlfeuer legte, brannte, ehe er seine Farbe verlohr, eine blaue Flamme, die einige Minuten anhielt.

n) Linnäisches Natursystem des Mineralreichs Th. II. S. 227. b.

in Sachsen, und bey Garpenberg, Stripas, Gislöf und an mehrern Orten in Schweden.

c) Würflicht, Würfelfluß. Sie sind die gemeinsten, und sitzen meistens auf dichten Flusse, zuweilen auch auf Quarz, Kalkspath, Gypsspath oder Greus. Man findet sie ziemlich häufig in Schweden, in Derbyshire, auf dem Harze in Sachsen, vornemlich bey Ehrenfriedrichsdorf in Böhmen, auch bey Geblau in Schlesien. Diese Würfel haben gemeiniglich gerade winklichte Flächen, zuweilen sind die Vierecke spitzig, meistens sind die Würfel ganz voll, sehr oft mehrere ineinandergeschoben, zuweilen sind sie inwendig hohl, und dann manchmal auf ihrer ganzen Oberfläche mit einer Rinde von kleinen Quarzkrystallen bekleidet; zuweilen, wie z. B. in der Bleygrube Hagmina, bey Matlock in Derbyshire, sind diese ausgehöhlten Würfel oben offen.

Sollten Kundmanns würflichter Amethyst und die beryll= und topasartigen Krystallen, welche Herr Charpentier bey Ehrenfriedrichsdorf mit violetten Würfelflusse in Quarz fand, nicht auch hieher gehören, um so mehr, da sie nicht einmal am Stahle Feuer geben?

d) In sechsseitigen Pyramiden, mit ausgehöhlten Kugelflächen.

Spath, Flußspathkrystall, Muria rhombea L. Lithophosphorus Suhlensis, franz. Pierre de Bearn. Man findet ihn, sagt der Herr Prof. Gmelin, o) in Deutschland, auf dem Harze, im Salfeldischen und im Voigtlande, vornehmlich bey Suhla. Er unterscheidet sich von dem vorhergehenden vornehmlich dadurch, daß seine Krystallen einfach sind. Sie haben mancherley Farben, und sind entweder:

a) würflicht, mit spitzig viereckigen Flächen. So findet man sie bey Suhla. Oder

b) in umgekehrten sechsseitigen Pyramiden, an der Grundfläche mit drey gleichen fünfseitigen Flächen, die allemal auf die abwechselnden Seiten aufgesetzt, und flach zugespitzt sind.

Spath, gefärbter, s. *Spathum tinctum*.

Spath, Glanzspath, s. hernach Spiegelspath.

Spath, Glasspath, s. Glasspath im II. Bande S. 247.

Spath, Gypsspath, s. Selenit im VI. B. S. 335. f.

Spath, Gypsspathkrystalle, Gypskrystalle, s. Gypsdrusen im II. Bande S. 316. f.

Spath, isländischer, s. vorher Spath, Doppelspath.

Spath,

---

o) Am angeführten Orte S. 228. 229.

Spath, Kalkspath, ſ. Kalkſpath im III. B. S. 136. f. Doch will ich hier Herrn Werners p) äuſſere Kennzeichen des Kalkſpathes hinzuthun. Die Farbe des Kalkſpathes, ſagt er, iſt meiſtentheils weiß, öfters röthlich weiß, zuweilen gelblich weiß, und am gewöhnlichſten von derjenigen weiſſen Farbe, die ſich ins Oliven- oder auch Lauchgrüne ziehe. Ziemlich häufig — und zwar beſonders in Kryſtallen, kommt er von lauch- und olivengrüner Farbe, ſeltner aber von wein- honig- und ockergelber Farbe vor. Oefters findet er ſich fleiſch- und bräunlich roth, ſehr ſelten braun, doch aber zuweilen rauchgrau, und dieſes ebenfalls nur in Kryſtallen, auch graulich ſchwarz. Auſſerdem, daß er derb und eingeſprengt gefunden wird, trift man ihn auch, wiewohl nicht öfters, zellich, tropfſteinartig, nierenförmig und kugelförmig an. Der innere gemeine Glanz deſſelben iſt gewöhnlich ſtark glänzend, und glänzend, zuweilen auch nur wenig glänzend. Der Bruch deſſelben iſt allemal blättrich, und zwar ſind die Blätter deſſelben gewöhnlich eben, ſeltner kugelflächig oder wellenförmig krumm. Die Bruchſtücke ſind faſt jederzeit rautenförmig, höchſtſelten unbeſtimmteckig. Er kommt zuweilen ohne abgeſonderte Stücke vor, am gewöhnlichſten aber findet man ihn mit körnigen abgeſonderten Stücken von allen Graden der Größe, ſelten ſind ſolche gekad- ſchalig, und am ſeltenſten ſtängelich und kegelförmig. Durchſichtig wird der Kalkſpath ſeltner gefunden, und alsdann iſt er, wenn er noch ſeine äuſſere Flächen, oder ſeinen erſten natürlichen Umriß hat, gemein durchſichtig, auſſerdem aber, wenn er zerſchlagen iſt, und man durch die innern oder Bruchflächen deſſelben ſiehet, verdoppelnd. Halbdurchſichtig kommt er ſchon häufiger vor, am gewöhnlichſten iſt er durchſcheinend, oder auch nur an den Kanten durchſcheinend. Durchſichtig und halbdurchſichtig iſt er faſt nur in Kryſtallen, durchſcheinend und an den Kanten durchſcheinend hingegen iſt insgemein der derbe Kalkſpath, ſelten die Kryſtallen. Er iſt halbhart, jedoch ſelten in einem hohen Grade, öfters verläuft er ſich hierinnen bis nahe an das Weiche. Der Grad der Schwere, welcher ihm zukommt, iſt nicht ſonderlich ſchwer.

Spath, Kalkſpathkryſtalle, Spathkryſtalle, Spathkryſtallen, lat. Spathum cryſtalliſatum *Wall.* Spathum druſicum *Cronſt.* franz. Spath cryſtalliſé en Grouppes, heiſſen diejenigen Kalkſpathe, die in einer kryſtallartigen Geſtalt erſcheinen. Da ſie im Steinreiche überaus häufig, und in gar zu verſchiedener Geſtalt erſcheinen, ſo haben ſich auch die Mineralogen gleichſam wetteifernd bemühet, uns die Lehre von der Kryſtalliſation der Kalkſpathe zu claſſificiren. Ich könnte ſie zahlreich anführ-

---
p) In ſeiner Ausgabe des Cronſtedt Mineral. Th. I. S. 26. 27.

anführen, da ich fast alle Mineralogien besitze, und mir auch der Delisle, das Hauptbuch über die Lehre von den verschiedenen Krystallen weder im Original noch in der Uebersetzung fehlt; allein ich will diesmal von meiner Gewohnheit abgehen, da uns Herr Werner das vollständigste System darüber in einem Compendio mitgetheilet hat. Wer dies studiert und inne hat, kann die übrigen, den Delisle ausgenommen, alle entbehren.

Alle Kalkspathkrystalle, sagt Herr Werner, kann man unter drey Hauptkrystallisationen bringen, diese sind: die sechsseitige Pyramide, die sechsseitige Säule, und die dreyseitige Pyramide, welche wiederum folgende Abänderungen haben. Ich habe zugleich angemerkt, welche davon, und wo sie in des Rome Delisle Kryftallographie, und zwar in der deutschen Uebersetzung, aufgeführt worden sind.

1. Die sechsseitige Pyramide.
   1) vollkommen.
      a) die vollkommene sechsseitige Pyramide, einfach, mit gleichen Seitenflächen und Kantenwinkeln. Schweinszähne. (Delisle Kryftallographie XVII. Art. 3.) Andreasberg auf dem Harz.
      b) die sechss. P. einfach, die Seitenflächen gleich, jedoch zwey und zwey unter einen stumpfen Winkel zusammenstoßend.

(XVII. Art. 3.) Derbyshire.
   c) die sechss. P. von der vorigen Art, aber doppelt, und die Seitenflächen der einen Pyramide auf die der andern schief aufgesetzt. (XVII. Artikel 1. 2.)
   d) die sechss. P. doppelt, 3 und 3 Seitenflächen unter stumpfen Winkeln zusammenstoßend, daher von plattgedrückten und oft verschobenen Ansehen, die Kanten an der gemeinschaftlichen Grundfläche abgerundet, auch mehrere Krystalle pyramidal zusammengehäuft. Harz.
   e) die Krystallen a und d zusammengehäuft.
2) die Ecken an der Grundfläche abgestumpft.
   a) die sechsseitige Pyramide, mit abgestumpften Ecken an der Grundfläche, einfach.
   b) dieser Krystall, doppelt, und die Seitenflächen der einen auf die der andern gerad aufgesetzt.
3) an der Endspitze mit 3 Flächen zugespitzt.
   a) die sechsseitige Pyramide mit 3 converen Flächen flach zugespitzt, einfach. Staffordshire.
   b) dieser Krystall gedoppelt, die Seitenflächen gerad aufeinander aufgesetzt, und die Ecken an der gemeinschaftlichen Grund-

---

q) Ebendaselbst S. 30. f.

Grundfläche abgestumpft. Staffordshire.

4) einfach und umgekehrt.
  a) die umgekehrte sechsseitige Pyramide, an der Endfläche mit 3 Flächen, die auf die abwechselnden Seitenflächen aufgesetzt sind, flach zugespitzt.
  b) die umgekehrte sechss. P. mit drusiger Endfläche. Schneeberg. Seegen Gottes bey Gersdorf. Beyde Krystalle sind selten.

II. Die sechsseitige Säule.
1) die sechsseitige Säule, an jedem Ende mit 6 Flächen, die auf die Seitenkanten aufgesetzt sind, zugespitzt. Die letztere Flächen sind Rhomben, die Seitenflächen aber längliche Sechsecke. (IX. Art. 1. 2.) Derbyshire.
2) dieser Krystall, aber an jeder Zuspitzung nochmals mit 3 Flächen, welche auf die abwechselnden Zuspitzungskanten aufgesetzt sind, flach zugespitzt. Dieser Krystall ist also an jedem Ende doppelt zugespitzt. Er ist sehr selten. (IX. Art. 3. 4.) Derbyshire.
3) die sechss. S. an jedem Ende mit 3 Flächen, welche auf die abwechselnden Seitenflächen aufgesetzt sind, flach zugespitzt. Auf diejenigen abwechselnden Seitenflächen, welche bey der einen Zuspitzung frey geblieben, sind die Flächen der andern Zuspitzung aufgesetzt. Die Flächen dieses Krystalls, 12 an der Zahl, sind also lauter Fünfecke. Er hat eine grosse Aehnlichkeit mit dem Zwanzigeck. Er ist der gewöhnlichste Kalkspathkrystall; und wenn er in Drusen vorkommt, so werden solche von einigen Zweckendrusen genennt. (VII. Art.)
  a) dieser Krystall mit fünfseitigen Zuspitzungsflächen, die beynahe Dreyecke sind. Schneeberg.
  b) dieser Krystall, alle Flächen in einem gewöhnlichen Verhältniß. Man findet ihn von mittler Grösse, klein und sehr klein. Kühschacht. Alte grüne Zweig ohnweit Freyberg.
  c) dieser Krystall, sehr klein und pyramidal zusammengehäuft. Seegen Gottes zu Gersdorf.
  d) dieser Krystall sehr schwach, oder haarförmig und büschelförmig zusammengehäuft.
  e) dieser Krystall mit sehr niedriger Säule. Er macht den Uebergang in die dreyseitige Pyramide aus. (VII. Art. 5.) Himmelsfürst, auch Methusalem bey Freyberg.
  f) dieser Krystall von dem gewöhnlichen Verhältniß, in Ansehung der Grösse und Seitenflächen aber scharf zugespitzt. (VIII. Art.)
  g) dieser Krystall, mit raufgebogenen Zuspitzungsflächen,

flächen. Die Kanten, welche die Zuspitzungsflächen mit den Seitenflächen der Säule machen, sind zugerundet. Churprinz Friedrich August zu Grosschirma.

4) Die sechsseitige Säule mit drey Flächen wie vorhin zugespizt, und die Flächen wiederum abgestumpft. (VII Art. 4.) Herzog Carl zu Ehrenfriedersdorf. Schneeberg.

5) Die vollkommene sechsseitige Säule. Einige dieser Krystallen haben an den Endflächen gleichsam einen Deckel, der etwas schmäler ist, als die Endfläche, und sich dadurch auszeichnet, daß er entweder um ein ganz kleines Gemerke vorstehet, oder, wenn er mit der Endfläche gleich ist, daß er weniger durchsichtig und weisser ist. (V. Art. 1. 2. 3.) Andreasberg auf dem Harz. Alte grüne Zweig ohnweit Freyberg.

6) Die vollkommene sechsseitige Tafel. (V. Art. 4.) Schemnitz in Niederungarn. Alte grüne Zweig ohnweit Freyberg.

7) Die sehr schwache und fast runde sechsseitige Tafel.
 a) gleichsam zellich durcheinander gewachsen. Joachimsthal in Böhmen. Schneeberg.
 b) rosenförmig zusammengehäuft. Hohe Tanne Fundgrube, Rose zu Jericho, Gang zu Joachimsthal in Böhmen.

Auch dieser Krystall macht einen Uebergang in die folgende Hauptkrystallisation, und zwar in die Linse, aus.

III. Die dreyseitige Pyramide.
1) Die gemeine Linse. Alte grüne Zweig ohnweit Freyberg.
2) Die sattelförmige Linse. Ebendaselbst.
3) Die dreyseitige Pyramide, flach, doppelt, und die Ecken an der gemeinschaftlichen Grundfläche abgestumpft. (VII. Art. 5.) Himmelsfürst ohnweit Freyberg.
4) Die vollkommene dreyseitige Pyramide, flach und doppelt. Man findet diesen Krystall selten von mittler Grösse, meistens klein, sehr klein, auch wohl ganz klein. Er ist einer der gewöhnlichsten.
 a) unordentlich durch- und aufeinander gewachsen.
 b) auf die Kanten an der gemeinschaftlichen Grundfläche aufgewachsen.
 c) reihenförmig zusammengehäuft. Alle drey brechen auf der Himmelsfürst ohnweit Freyberg.
5) Der Rhombus, oder das rautenförmige Achteck. (III. Art.) Naila im Bayreuthischen. Belle croix bey Fontainebleau in Frankreich. Diese letztere enthalten sehr viel eingemengten Quarzsand, und werden daher

daher von vielen Mineralogen für krystallisirten Sandstein ausgegeben.

6) Die spitzige dreyseitige Pyramide, doppelt. Derbyshire.
7) Die spitzige dreyseitige Pyramide, doppelt und hohl. Isaac ohnweit Freyberg.

Bey den doppelt dreyseitigen Pyramiden (3. 4. 6. und 7.) sind die Seitenflächen der obern allemal auf die Seitenkanten der untern aufgesetzt. Der Rhombus kann ebenfalls als eine doppelt dreyseitige Pyramide, und umgekehrt, die doppelt dreyseitigen Pyramiden 4. 6. und 7. erstere als ein zusammengedrückter Rhombus, und letztere beyde als ausgedehnte oder auseinandergezogene, angesehen werden.

8) Die spitzige dreyseitige Pyramide, einfach und hohl. Dieser Krystall kommt von dunkelolivengrüner Farbe, auf dem Finsterort in der Hordritsch ohnweit Schemnitz vor. Vermuthlich ist es des Herrn von Born (Index fossilium P. I. p. 26.) Quarzum obscuro virescens membranis crystallisatis trigonis inanibus, und Herrn Scopoli (Crystallographia hungarica P. I. p. 136. No. 461. et 462.) Crystallus quarzosa spuria vesicaeformis vesicis trigonis &c. Diese beyden 7. und 8. haben meist drusige Flächen, und sind sehr selten.

In der gedachten deutschen Uebersetzung der Delisleschen Krystallographie von Herr Weigeln wird man noch verschiedene Arten Kalkspathkrystalle finden, die Herr Werner hier nicht aufgeführt hat, als die I. II. IV. V. 5. 6 Tl. VII. 7. X. bis XVI. XVIII. bis XXII. Art. Es ist aus folgenden Ursachen geschehen: Erstlich I. und II. ist eine Gestalt der Bruchstücke, und IV. eine besondere äussere Gestalt, also beydes keine Krystallisationen. Zweytens V. 5. 6. VI. VII. 7. X. XI. XVI. XVIII. bis XXII. hat Herr Werner noch nicht gesehen, und weil er weiß, wie leicht man sich in der Bestimmung der Krystallisationen irrt, so hat er angestanden, andre, als solche, die er selbst gesehen hat, aufzuführen. Es scheint ihm auch überdies bey der XI. Art die 4te Zuspitzungsfläche eine blos zufällig entstandene Bruchfläche zu seyn. Ferner ist VII. 7. und XX. wohl einerley; ob aber beyde beym Kalkspath vorkommen, daran ist fast zu zweifeln. Auch die XIX. Art scheint falsch angegeben, und keine andre als die VII. 1. und 2. so wie XXI. und XXII. die von Herrn Werner unter III. 6. beschriebene Krystallisation zu seyn. Die XVIII. Art hält er für ganz fälsch beschrieben: denn unter den Anzahlen der Seitenflächen scheinen die Zahlen 5. und 7. nicht vorzukommen, sondern der Natur der Krystallisation zuwider zu seyn. Drittens endlich scheinen ihm X. und XII. bis XV. Krystallisationen des schweren

Spaths

Spaths zu seyn, die in Sammlungen sehr oft unter den Kalkspathdrusen liegen."

Da diese Krystallen eine kalkartige Natur haben, so gilt auch in Rücksicht auf ihre Bestandtheile von ihnen eben das, was vom Kalkstein und vom Kalkspath gilt; sie zeigen auch unter der Hand des Scheidekünstlers einerley Erscheinungen. Hiervon darf ich also nichts weiter sagen. Nur sehr selten erscheinen diese Krystalle in einer ansehnlichen Grösse, nur die mittlere Grösse scheinet ihnen eigen zu seyn, so wie sie oft klein, ja sehr klein vorkommen. Sie sitzen zuweilen auf Spath, zuweilen auf Quarz auf, haben auch wohl Quarzkrystalle zu ihrer Begleitung. Die Erzgänge sind ihr gewöhnlichster Aufenthalt, und sie schliessen mancherley Minern in ihre Mutter ein. Am seltensten scheinen sie auf Eisensteinen und Eisenminern aufzusitzen, davon ich gleichwohl eine gute Anzahl aus Böhmen besitze, die ich im zweyten Bande meiner neuen Litteratur beschrieben habe. Zuweilen sind diese Kalkspathkrystalle so rein und so helle, wie ein schöner reiner Quarzkrystall, oft sind sie aber auch trübe, nicht selten schmutzig und ganz undurchsichtig. Ueber die wundervolle Abwechselung der Krystallisation, und der Lage einzelner Krystalle, erstaunet man bey näherer Betrachtung einer ansehnlichen Sammlung von Kalkspathkrystallen.

Spath, körniger, Spathum confusum *Linn.* Spathum solubile, subdiaphanum, rhombis confusis *Linn.* Spathum arenarium *Wall.* Spathum particulis dispersis irregularibus *Wall.* Spathum particulis dispersis, rhomboidalibus, irregulariter congestis *Wall.* franz. Spath grainelé ou sabloneux, ist eine Kalkspathart, die aus unordentlich zusammengehäuften rautenförmigen Körnern bestehet. Linne und Wallerius, sagt der Herr Prof. Gmelin, 1) fanden ihn in den Eisengruben zu Utöen, Ferber in der Teufe des Vesuvs mit an= und einsitzenden Glimmern, und Schörlkrystallen, Gerhardt in den Kohlengruben bey Wettin und Delau, in den Oberbergen der Mansfelder Kupferschiefer, und häufig nester= und schnurenweise in dem Rüdersdorfer und andern Kalkstein= und Marmorbrüchen; Herr von Born in den Niederungarischen Gruben zu Schemnitz, wo er auf dem Pacherstollen und Biberstollen die allgemeine Metallmutter macht. Den Bergleuten ist seine Gegenwart sehr erwünscht, denn er macht häufige, mächtige und ergiebige Erzgänge aus Silber= und Bleygänge in mehrern Gängen bey Silberberg, und einen Eisengang bey Kolbnitz und Conradswalde im schlesischen Fürstenthum Jauer. Er ist undurchsichtig, seine Blättchen lassen sich zwar mit blosen Augen unterscheiden, aber sie haben keine bestimmte Gestalt, liegen

---

1) Linnéisches Natursyst. des Mineralr. Th. I. S. 433. f.

liegen in keiner gewissen Ord=
nung, und sind so fest mitein=
ander verbunden, daß sie sich
nicht einzeln absondern lassen.
Gemeiniglich ist er milchweiß;
man findet ihn aber auch grau,
gelblicht, rosenroth, röthlicht,
fleischroth, braun und gelb.

Aus diesen Verschiedenheiten
der Farben macht Wallerius s)
folgende verschiedene Abänderun=
gen: a) Spathum arenarium album. In Lappmarkia luledensi.
b) Spathum arenarium griseum.
Dannemora. Getbacken in Norberg. c) Spathum arenarium
fuscum. Dannemora reperitur
terra magnesiae alba vestitum.
d) Spathum arenarium rubrum.
Uto, ubi et priores varietates
etiam reperiuntur. e) Spathum
arenarium viride. Reperitur in
Saxoniae fodinis.

Spath, linsenförmiger.
Dieser Spathart, die unter die
Spathkrystalle gehört, gedenket
Sage, t) und sagt: „Die
Krystalle dieses Spaths sind
durchscheinend, und haben zwölf
geschliffene Seiten; sie bestehen
aus zwey Pyramiden von drey
Flächen, die durch eine Säule
von sechs Flächen abgesondert
sind; die Säule in den grossen
Krystallen ist oft nur eine Linie,
und jede Pyramide 1 1/2 Linie
hoch. Man findet diese Krystal=
len sehr regulair in den Bleyerz=
stufen von Limousin; einige sind
achtzehn Linien breit, und vier
Linien in der Mitte hoch. Der
Herr Uebersetzer macht darüber

folgende Anmerkung: Aus die=
ser Beschreibung erhellet, daß es
eigentlich sechsseitig prismatische
Krystallen, an beyden Enden
mit einer Pyramide von drey
Flächen zugespitzt sind; deren
Aehnlichkeit mit einer Linse blos
in der sehr kurzen Säule und
flachen Pyramide zu suchen ist.
Ausserdem ist dieses auch nur
eine Abänderung, und sollte
nach gehöriger Ordnung vor der
achten Gattung, nemlich vor
dem Doppelspathe, stehen.

Spath, rautenförmiger,
oder

Spath, rhomboida=
lischer, Rhomboidalspath,
heißt beym Sage der Doppel=
spath, wegen seiner gewöhnli=
chen Form, in der er erscheinet.
s. vorher Doppelspath. Spa=
thum rhomboidali Bornii will
ich unter dem Gmelinischen Na=
men Würfelspath beschreiben.

Spath, Rosenspath. So
nennet man zu Joachimsthal
eine Kalkspathart, die daselbst
die mitternächtlichen und die
Morgengänge macht, und da=
selbst unter die freundlichsten
Bergarten gerechnet wird. Er
ist offenbar Kalkspath, und be=
steht aus dünnen, aufeinander
liegenden, runden, gewundenen
weissen Blättern, und kommt
vornemlich auf dem Gange der
Rose von Jericho vor, u) und
dieses mag auch wohl der Grund
zu seiner Benennung seyn. Daß
ihn der Herr Prof. Gmelin un=
ter Spatum fissile Linn. zähle,
haben

---

s) Systema mineral. Tom. I. p. 143.
t) Mineralogie, durch Herrn Prof. Leske übersetzt. S. 53.
u) Linnäisches Natursyst. des Mineralr. Th. I. S. 430.

haben wir oben bey seiner Beschreibung des blättrichten Spathes gesehen.

Rosenspath nennet man aber auch einen dichten rosenroth gefärbten Kalkspath aus dem Fürstenthum Solms, von dem ich anderswo x) folgende Beschreibung gegeben habe: Rosenspath, oder rosenroth gefärbter Kalkspath, in schiefrichten grünlich grauen Kalkgebürge, vom Heinzlingsberge bey Greifenstein im Fürstlich Solmischen. Der Spath ist dicht, und rosenroth gefärbt; das Schiefergebürge siehet gneußigt aus, ist aber Kalkstein, und brauset mit den Säuren so stark als der Spath selbst, ist auch hin und wieder mit dergleichen Spath durchsetzt. Die Masse hat eine ausserordentliche Schwere.

Spath, Säulenspath, s. vorher Rhomboidalspath.

Spath, Scheibenspath, s. ebenfalls Rhomboidalspath.

Spath, scheinender, s. vorher Flußspath.

Spath, Schieferspath, s. vorher Spath, blättrichter.

Spath, Schörlspath, s. hernach Spath, Stangenspath.

Spath, Schuppenspath, Schieferdruse, Natrum cristatum *Linn.* Natrum lapidosum spatosum decaedrum prismaticum apice parallelo (Fig. 16.) *Linn.* Natrum spathosum, crystallis truncatis apice compressis *Linn.* Mus. Tessin. Crystallus natriformis spathosa hyalina seu incarnata *Linn.* Amoen. acad. I. p. 474. n. 2. 3. 4. tab. 16. fig. 2. 4. (In des Ritt rs übersetzten auserlesenen Abhandlungen s. Th. II. S. 163. f. und Tab. II. Fig. 2. 4.) Marmor metallicum drusicum cristatum *Cronst.* Von ihm liefert auch Gmelin in seinem Linnäischen Natursyst. Th. II. tab. 3. fig. 37. eine Abbildung, und giebt S. 75. davon folgende Beschreibung. „Man findet ihn in grossen Klumpen in vielen deutschen Gruben, vornehmlich auf dem Harze, aber auch bey Falkenstein in Tyrol, und bey Geblau in dem schlesischen Fürstenthume Schweidnitz auf rauhem Quarz, Quarzdrusen, oft in Spath, Kalkspath, Gneis oder Blende; zuweilen bricht sie in dem Hangenden des Ganges, und jede Schuppe ist mit Weißgülden oder Silberschwärze durchzogen, sehr oft mit Schwefelkies bestreut. Er ist weich, im Bruche glänzend, von einer beträchtlichen Schwere, und gemeiniglich ganz von der Natur des Gypses. Seine glänzenden Schuppen scheinen dem ersten Anblicke nach keine bestimmte Gestalt zu haben, aber genau betrachtet, bestehen sie entweder aus zwo Pyramiden von vier Seitenflächen, die mit ihren Grundflächen zusammenstossen, und zunächst an ihrer Grundfläche abgestumpft sind, oder aus einer sechsseitigen Ecksäule, an welcher die zwo Seitenflächen einander gerade gegenüber breiter und Fünfecke, die übrigen aber ungleichseitige Dreyecke sind, und

---

x) Neue Litteratur Th. I. S. 345. 346.

und zwo Pyramiden, welche aus zwo länglichten geradwinklichten und viereckigen Flächen bestehen. Zuweilen laufen in dem ersten Falle die Winkel der Pyramiden flach zu, und dann hat jede Pyramide statt vier, acht Seitenflächen. Aber gemeiniglich stehen diese Krystalle so dichte beysammen, daß sie einander größtentheils bedecken, und dadurch ihre Gestalt verbergen; sie sind entweder glatt, oder gewunden, und verschiedentlich gedreht, an ihrem Rande scharf, oder zugerundet, oder gleichsam mit einer geschliffenen Facette versehen. Bald stehen sie voneinander ab, bald liegen sie dicht aufeinander, wie glatt gekrümmte Haare; bald stehen sie aufrecht und parallel beysammen, bald sind sie in Halbkugeln zusammengewachsen. Niemalen sind sie einzeln. Häufiger findet man sie undurchsichtig als durchsichtig; ihre gewöhnlichste Farbe ist milchweiß; man findet sie aber auch hell, wie Wasser, grau, braun, gelb, meergrün und röthlich. Man kann sie sehr gut, wie andre Gypsarten, benutzen." Eigentlich macht der Schuppenspath eine Art des schweren Spathes aus, der auch von einer gypsartigen Natur ist. s. Spath, Schwerespathkrystalle.

Spath, schuppiger, rhomboidalischer undurchsichtiger Kalkspath Cronst. Spathum calcareum Linn. Spathum solubile, subopacum compactum, fragmentis subsquamosis Linn. Spathum calc. cum rhomboidale opacum Cronst. Man findet ihn, sagt Hr. Gmelin, y) bey Mondberg und Dreche in Dalekarlien, bey Hammar in Nericien. Er scheint nicht sehr von dem undurchsichtigen Kalkspath verschieden zu seyn, nur hat er einen noch geringern Grad der Durchsichtigkeit, und gröbere merklichere Blättchen, welche sich in kleine, kaum sichtbar geschobene Würfelchen theilen. In Schweden setzt man ihn den Kupfererzen zu, um sie leichter und geschwinde in Fluß zu bringen.

Sollte der schuppige Kalkspath, fragt Herr Gmelin, den der Vesuv in Stücken von der Grösse eines Menschenkopfs bis zu der Grösse einer Erbse, oft zum Theil schon verkalkt, auswirft, von dem man auch Stükke in den Aschenhügeln und in der Lava eingeschlossen findet, hieher gehören? und gränzt der grünlich weisse kalkähnliche Kalkspath, dessen Werner gedenkt, nicht an diese Art?

Spath, schwarzer, Spathum rhomboideum Linn. Spathum subsolubil. opacum nigrum subscintillans L. Spathum compactum opacum tinctum Linn. Spathum informe duriusculum opacum Carth. Man findet ihn, sagt Gmelin, z) in den Eisengruben bey Norberg und Nyakoppelberg in Schweden. Er ist schwer, und so hart, daß er an dem Stahle beynahe Feuer giebt;

---

y) Linnäisches Natursyst. des Mineralr. Th. I. S. 431.
z) Ebendaselbst S. 434.

giebt; er brauſt nur ſehr wenig mit Säuren auf, und verräth durch ſeine dunkle gemeiniglich ſchwarze Farbe ſeinen Eiſengehalt. Er iſt ganz undurchſichtig, und die Flächen der Theilchen, in welche er zerſpringt, ſtellen ordentliche längliche Rauten vor. Er gehört, wegen ſeines geringen Aufbrauſens, ſchwerlich unter die Kalkſpathe; und das mag auch wohl den Ritter bewogen haben, ihn an die Gränze ſeiner Kalkſpathe, oder der Spathorum fixorum, zu ſtellen.

Spath, ſchwerer, Schwererſpath, ſchwerer Flußſpath, Gypſum ſpathoſum *Wall*. Gypſum ponderoſum *a Born*. Marmor metallicum *Wall*. iſt eine zum Gyps gehörige Spathart von vorzüglicher Schwere. Zuförderſt eine Anmerkung des Herrn Weigel. a) „Die Kenntniß dieſer Spathe iſt bey den Mineralogen lange verworren geweſen. Weil ſie auf Hütten zu Zuſchlägen gebraucht, und daher von den Bergleuten auch Flußſpathe genennt werden, ſind ſie mit dieſen von den mehreſten verwechſelt worden, wie auch hier von Herrn Delisle und von Herrn Sage geſchehen. Herr Marggraf zeigte zuerſt ihre Uebereinſtimmung mit den Gypſen, wornach ſie Cronſtedt, Wallerius, Gerhardt, von Born, unter den Gypſen angeführt haben. Bey dieſer Verwirrung kann man leicht in den Aufführungen fehlen, und doch muß man ſie unterſcheiden. Sie zeichnen ſich ſchon durch ihre auſſerordentliche Schwere von den übrigen nicht metalliſchen Steinen aus, worin ihnen die Gypſe und Flußſpathe weichen müſſen, weswegen ſie auch Wallerius Marmor metallicum, Cronſtedt Tungſpath, (Schwerer Spath,) nennt. Zu den Spathen gehören ſie, wegen ihres blättrichten weichen Gefügs, ihres ſchrägwürflichten Bruches, und ihrer kalkichten Grunderde. Von den Flußſpathen unterſcheiden ſie ſich in Anſehung ihrer Beſtandtheile, 1) durch das in ihnen befindliche Vitriolſaure, weswegen ſie auch mit etwas Brennbarem gebrannt, Lichtmagnete geben; im äuſſern Anſehen durch eine mindere Härte, ein deutlicher und gröber blättrichtes Gefüge, und die Verſchiedenheit ihrer Kryſtallen. Von den Gypsſpathen unterſcheiden ſie ſich, in Anſehung ihrer Beſtandtheile, durch einen beygemiſchten Antheil von Kieſel- oder Thonerde, weswegen ſie auch im äuſſern Anſehen glaſigter fallen, und von einem geübten Auge ziemlich leicht erkannt werden. Gebrannt geben ſie keinen brauchbaren Gyps, und erhärten ſich nicht mit Waſſer, und geben mit Glasſäzen ein gelbes klares, der Gyps aber ein milchichtes Glas. Ihre Kryſtallen kommen mit einigen Gypskryſtallen ſehr überein. Vielleicht geht auch in alle nicht gleich viele Kieſelerde mit ein. Sie verhalten ſich alſo

zum

---

a) In ſeiner Ueberſetzung des Delisle Kryſtallographie S. 164. f.

zum Gypſe etwa, wie einiger Mergel zum Kalche.

Dieſe Nachricht wird uns noch deutlicher werden, wenn wir uns mit den äuſſern Kennzeichen des ſchweren Spathes bekannt machen, ſo wie ſie uns Herr Werner b) lehrt. Man hat vier Arten des Schwerenſpathes, ſagt er, nemlich die Schwerſpath-Erde, den dichten Schwerſpath, den blättrichen Schwerenſpath, und den Bologneſer-Spath.

I. Schwereſpath-Erde. Sie wird von gelblich- und röthlichweiſſer Farbe, und von groben ſtaubartigen Theilen, die meiſt zuſammengebacken, ſehr ſelten loſe ſind, gefunden. Sie fühlt ſich völlig mager, rauh und grob an, und iſt nicht ſonderlich ſchwer, nähert ſich aber dem Schweren.

Die Schwereſpath-Erde iſt ſelten, wenn ſie aber vorkommt, ſo bricht ſie in den Druſen des dichten und blättrichen Schwerenſpaths. Zu Freyberg hat ſolche auf dem Berggebäude Krieg und Frieden, und auf den Hülfsſtollen gebrochen. In England kommt ſie ebenfalls in den derſchiedenen Staffordshirſhen Gruben vor.

II. Dichter Schwererſpath. Man hat ihn von gelblich weiſſer, gelblich grauer, iſabellgelber und blaßfleiſch-rother Farbe. Er wird derb, zuweilen auch nierenförmig und halbkuglich gefunden. Beyde letztere Geſtalten haben entweder eine rauhe oder auch druſige Oberfläche. Inwendig iſt einiger matt, anderer ſchimmernd, und noch anderer, der in die folgende Art übergeht, wenig glänzend, überhaupt aber iſt er von gemeinen Glanz. Sein Bruch iſt dicht, und zwar höchſt ſelten erdig, insgemein ſplittrich, welcher letztere oft bis ins Blättriche übergeht. Er ſpringt in unbeſtimmteckige mehr und weniger ſcharfkantige Bruchſtücke; iſt gewöhnlich an den Kanten durchſcheinend, ſelten undurchſichtig, weich, zuweilen ſehr weich, fühlt ſich mager und etwas kalt an; iſt ſchwer.

In Sachſen wird er vorzüglich zu Freyberg, der erdige auf der Grube Iſaac, der übrige aber auf den Gruben Lorenzgegentrom, Freudenſtein und Seegen Gottes zu Gersdorf, gebrochen. Auch kommt in England in den Staffordshirſhen und Derbyshirſhen Gruben viel dichter Schwererſpath vor; und dieſe und die vorhergehende Art iſt es, welche daſelbſt *Caulk* genennt wird.

III. Blättricher Schwererſpath.

b) In ſeiner Ausgabe des Cronſtedt Th. I. S. 55. f.

spath. Er wird am gewöhnlichsten von weisser, und zwar von hell- bläulich- röthlich- und gelblichweisser, sehr oft auch von fleischrother Farbe, die sich bis ins Bräunlichrothe verläuft, hingegen nur selten von graulich schwarzer Farbe gefunden. In Krystallen aber kommt er öfters auch von rauchgrauer und weingelber, selten von olivengrüner, und noch weit seltener von himmelblauer Farbe, die sich hie und da ins Grüne verläuft, vor. Man findet ihn derb, eingesprengt, und sehr mannichfaltig krystallisirt, welche Krystalle in der Folge beschrieben werden sollen. Die Oberfläche der Krystallen ist insgemein glatt, nur bey einigen ist sie drusig, oder auch rauh. Die ersten sind daher äusserlich stark glänzend, die andern nur zuweilen stark glänzend, insgemein glänzend, und die letztern entweder schimmernd, oder auch matt. Inwendig ist er gewöhnlich glänzend, bisweilen auch stark glänzend, überhaupt aber von gemeinem Glanz. Er ist blättrich, und zwar meist gerad- seltener krummblättrich. Insgemein, wo nicht allezeit, kommt er von theils dünn- theils dickschaligen abgesonderten Stücken, die meist gerade und nur selten krumm, übrigens an dem einen Ende gemeiniglich etwas schwächer sind, so, daß mehrere aneinanderliegende wie nach einem Punkte zusammenlaufen, vor. Und diese machen wiederum eine Art von mehr oder weniger groskörnigen abgesonderten Stücken aus, welche dem Steine im letzten Falle fast ein mehr körniges als schaliges Ansehen geben. Die schaligen abgesonderten Stücke sind bey diesem Fossil nicht sehr miteinander verwachsen, sondern durch merkliche obschon sehr schwache Klüftchen voneinander unterschieden. Er springt in rautenförmige Bruchstücke, die jedoch nicht so auszeichnend wie im Kalkspathe sind. Gewöhnlich ist er durchscheinend, selten nur an den Kanten durchscheinend, eben so selten aber auch halbdurchsichtig, und nur in Krystallen durchsichtig. Er ist weich, fühlt sich etwas kalt an, und ist schwer.

Dieses ist die gewöhnlichste Art. Er wird sehr häufig im Sächsischen Erzgebürge, und zwar hauptsächlich in dem Marienberger und Freyberger Bergamtsrevier auf sehr vielen Gruben gefunden. In der letztern bricht er vorzüglich in dem Halsbrückner und Hohebirker Revier, in der Bränder hingegen zur Zeit nur allein auf dem Himmelsfürsten, in dem auswärtigen Revier erste Abtheilung aber, insbesondere auf

auf den Gruben Seegen Gottes zu Gersdorf und Churprinz Friedrich August zu Grosschirme. Auf der letztern Grube kommt er in ausserordentlich grosser Menge, aber von weisser Farbe, vor: und dieser ist es, woraus in Freyberg die Teste zum Silberbrennen bereitet werden. Bey Salfeld und Glücksbrunn bricht er häufig, und ist die gewöhnliche Gangart der dasigen Kupfer= und Kobolterze. Auch kommt er auf einigen Harzer Gruben und noch in vielen andern deutschen und auswärtigen Gebürgen vor.

IV. Bologneser Spath. s. Spath, Bologneser.

Noch macht Herr Werner über den schweren Spath folgende Anmerkungen. „Marggraf hat in seinen chymischen Schriften Th. II. S. 129. f. 137. f. zuerst gelehrt, daß nicht allein der Bologneser Stein, sondern der schwere Spath überhaupt, welchen er schweren Flußspath nennet, ja sogar auch das Frauneiß und andre Gypsarten, wenn sie nicht metallische Theile eingemischt enthalten, geschickt sind, zu einem Phosphorus bereitet zu werden. Durch seine gründlichen Versuche kennen wir nunmehro auch die Bestandtheile dieser merkwürdigen Gattung der Kalkarten, und wissen, daß sie aus Kalkerde und einem kleinen Theil Thonerde bestehet, und wenig oder gar kein Krystallisationswasser enthält. Der zerstossene Schweresspath kocht eben so über dem Feuer, wie der zerstossene Gyps.

Die drey ersten Arten machen eine sehr gewöhnliche Gangart der Silber= Kupfer= Bley= und Kobolterze aus, doch bricht die dichte Art gewöhnlicher mit Bley= und Kupfererzen, der fleischrothe blättrichte aber gewöhnlicher mit Silbererzen. So häufig der Schwerespath in verschiedenen deutschen Gebürgen und in England ist, so selten ist er doch in Schweden, Norwegen, Rußland und Sibirien, wie auch in Ungarn und andern Ländern mehr. In Sibirien kommt etwas auf dem Schlangenberge vor, und in Ungarn bricht welcher zu Schemnitz, Felsöbania und Kapnik.

Ohnerachtet die mehresten Mineralogen des schweren Spathes gedenken, so haben sie ihn doch unter den Flußspath, und unter den Gypsspath gemischt, dergestalt, daß es beynahe unmöglich ist, ihn hier herauszusuchen. Da sie dadurch erwiesen haben, daß sie ihn noch nicht genug kannten, so würde es wenig Nutzen haben, wenn ich auch ihre Gedanken mühsam heraussuchen wollte. Von dem krystallisirten Schwerspath, oder wie sie Herr Werner sehr gut nennet, von den Schwerspathkrystallen, werde ich hernach besonders reden. Jetzo theile ich nur noch die Nachrichten des

Herrn

Herrn Prof. Gmelin c) über den schweren Spath mit.

Man findet ihn, sagt er, gangweise in den Veronesischen und Vincentinischen Gebärgen, bey Willach in Kärnthen, am kleinen Gogel in Tyrol, bey Wittichen in Schwaben, bey Wolfstein in der Pfalz, an dem Wildenmann auf dem Harze, bey Marienberg, Schneeberg, Salfeld, Freyberg und Tschoppau in Sachsen, bey Gottesgab und Raticborziz in Böhmen, (auch auf der Platten) bey Gablau und Dittmannsdorf in dem schlesischen Fürstenthume Schweidnitz, und bey Königsberg in Norwegen. Bey Gottesgab mit Basalt; bey Wittichen mit Schwefelkies, bey Schneeberg mit Kobolterz, bey Salfeld mit Koboltocher, bey Wittichen mit Wißmuth, bey Wolfstein mit Zinnober, bey Marienberg (und auf der Platten in Böhmen) mit Eisenerz, bey Willach mit Bleyglanz, bey Tschoppau mit Bleyspath, bey Freyberg im gelobten Lande mit Weißgülden, bey Raticborziz mit Silberglanz, mit andern Silbererzen im Gebiete des Freystaates Venedig, im Catharinenberge in Tretto, (auch am Silberberge in Sibirien) und mit mehrern Silber= Bley= und Kupfererzen, Kies, Braunstein und Blende, unweit Schio in den Bergen di Trisa, Narro und del Castello di Piere. Er ist ganz undurchsichtig, (nicht selten etwas durchscheinend) und hat eine beträchtliche Schwere, die grösser ist als bey allen andern einfachen Steinen, und sich zur Schwere des Wassers wie 4000, oder 4009 : 1000 verhält. Viele haben daher Metall darin gesucht, allein er hält nicht mehrere Eisentheilchen als andere Gypsarten, und die Thonerde, welche Marggraf darinnen gefunden, ist nur zufällig; (eine röthliche Art von Herzog August zu Freyberg soll Silber halten) er giebt daher auch, wenn er gebrannt wird, einen sehr guten Gyps, (Weigel sagt vorher, daß der Gyps des schweren Spathes nicht tauglich sey) bekommt, wie der leuchtende Stein, durch die gewöhnlichen Kunstgriffe die Eigenschaft, im Finstern zu leuchten, und verhält sich überhaupt wie andre Gypsarten. Er bestehet aus steifen und harten Blättern, und knistert im Feuer. Seine gewöhnliche Farbe ist die weisse, man findet ihn aber auch gelblich bey Salfeld und Wittichen; röthlich bey Marienberg, auf dem Wildenmanne, und auf dem Herzog August zu Freyberg; fleischroth in dem gelobten Lande und auf dem Himmelsfürsten bey Freyberg und Wittichen; braun und grau bey Königsberg. Er macht öfters sehr edle und mächtige Gänge.

Spath, Schwerespathkrystalle, krystallisirter Schwerespath, Spathum ponderosum crystallisatum, heißt der schwere Spath, wenn er in krystallinischer Figur erscheinet. Ueberhaupt

---

c) Linnéisches Natursyst. des Mineralr. Th. II. S. 92. 93.

haupt gilt also von ihm, was ich vorher von dem schweren Spath überhaupt gesagt habe, und jetzo betrachten wir blos seine verschiedene krystallinische Figur. Hier soll Herr Werner abermals mein Hauptanführer seyn, doch will ich die Bemühungen des Herrn Weigels diesmal nicht übergehen, weil er uns zugleich mit manchen nutzbaren Anmerkungen beschenkt hat.

Herr Werner d) sagt: „Der schwere Spath zeigt unter allen Fossilien die mannichfaltigsten Krystallisationen. Ja! seine Krystallen sind von so einer Verschiedenheit, daß es viel zu weitläuftig, ja kaum möglich ist, alle kleine Abänderungen derselben anzugeben. Inzwischen lassen sich doch alle Schwerespathkrystalle unter folgende Hauptkrystallisationen bringen. Diese sind: die doppelt vierseitige Pyramide, die schiefwinkliche vierseitige Säule, die schiefwinkliche vierseitige Tafel, die sechsseitige Säule, die rechtwinkliche vierseitige Tafel, die achtseitige Tafel. Bey einer jeden derselben will ich nur ihre hauptsächlichsten Abänderungen, so weit sie mir nemlich bekannt sind, anführen.

I. Die doppelt vierseitige Pyramide.
  1) die d. viers. P. welche sich in würkliche Spitzen oder Punkte endiget.
  2) die d. viers. P. welche sich in Schärfen oder Linien endiget. Diese macht den Uebergang in die vierseitige Säule aus.

Beyde brechen auf dem Jungen Fabian Sebastian zu Marienberg.

II. Die schiefwinkliche oder geschobene vierseitige Säule.
  1) die gesch. viers. Säule, an einem oder beyden Enden zugeschärft, und die Zuschärfungsflächen auf die scharfen Seitenkanten aufgesetzt.
  2) die gesch. viers. Säule, an einem oder beyden Enden mit vier Flächen, die auf die Seitenkanten aufgesetzt sind, zugespitzt. Diese sowohl als die vorhergehenden sind insgemein durcheinander gewachsen, und brechen beyde auf den Jungen Fabian Sebastian zu Marienberg.
  3) die gesch. viers. Säule, erstlich (so wie No. I.) scharf- und dann noch einmal stumpf- also gedoppelt zugeschärft. Diese Krystallisation hat Blau von Farbe, ein einzigesmal auf dem glückseligen Neuenjahre zu Scharfenberg ohnweit Meissen gebrochen.
  4) die gesch. viers. Säule in schwachen nadelförmigen Krystallen, die stangenförmig zusammengehäuft sind. Stangenspath. Diese Krystallisation, welche eine grosse Aehnlichkeit mit dem auf dem Bleyfelde auf dem

---

d) In seiner Ausgabe des Cronstedt Th. I. S. 61.

dem Harz gebrochenen Weissenbleyerze hat, ist vor ohngefähr zwanzig Jahren ein einzigesmal auf dem Lorenzgegentrom ohnweit Freyberg vorgekommen. Herr Ferber (Briefe aus Wälschland S. 281.) hat solche mit dem Stangenschörl verwechselt, und der Herr von Born e) (Index Fossilium P. I. p. 34. Basaltes albus &c.) setzet diese Schwerespathkrystallisation ebenfalls unter den Schörl.

III. Die schiefwinkliche oder geschobene vierseitige Tafel.
1) die vollkommene geschobene vierf. Tafel. Schemnitz in Niederungarn, Kapnik in Siebenbürgen.
2) die gesch. vierf. T. die stumpfen Endkanten zugeschärft, und zwar so, daß die Zuschärfungsflächen auf die Seitenflächen aufgesetzt sind. Kapnik.
3) die gesch. vierf. T. alle Ecken, desgleichen die einander gegenüberstehenden stumpfen Endkanten abgestumpft, übrigens von mittlerer Grösse u. Dicke. Bricht, mit durchgehenden nadelförmigen Grauenspiesglaserzkrystallen und eingestreuten Rauschgelbfasern, zu Felsöbania in Niederungarn. Diese Krystallisation liegt in den meisten Mineralien-Sammlungen unter beim Fluß. Sollte das nicht

des Herrn von Born (an eben dem Orte p. 43.) Fluor mineralis crystallisatus albus, crystallis rhomboidalibus pellucidis seyn?
4) die gesch. vierf. T. die stumpfen Endkanten (so wie bey No. 2.) zugeschärft, und die Ecken der scharfen Endkanten abgestumpft. Diese Krystallisation bricht, von verschiedener Grösse, wie auch mit noch verschiedenerley hinzukommenden Flächen, hauptsächlich auf dem Isaac ohnweit Freyberg.

IV. Die sechsseitige Säule.
1) die sechsf. Säule, mit 4 Flächen, wovon 2 auf die scharfen Seitenkanten, und die andern 2 auf die beyden einander gegenüberstehenden Seitenflächen aufgesetzt sind, zugespitzt. Die Zuspitzung endiget sich in eine Schärfe. Eine der gewöhnlichsten Schwerespath-Krystallisationen. Man hat solche von verschiedenen Farben und Graden der Grösse. Eine Abänderung derselben, die gros und rauchgrau von Farbe ist, hat auf den Gruben Freudenstein, Lorenzgegentrom und Reichetrost bey Konradsdorf ohnweit Freyberg gebrochen; und soll des Herrn von Justi (Grundriß des gesammten Mineralreichs p. 95.) sogenannter Zinkspath seyn.
2) die sechsf. Säule, an den Enden zugeschärft, und die

---

e) Zum Beweise, daß er in der Mineralogie auch Schnitzer macht.

die Zuschärfungsflächen auf die zwey einander gegenüberstehenden Seitenflächen aufgesetzt.

3) die sechsſ. Säule, mit 4 Flächen zugespitzt, und die scharfen Seitenkanten abgestumpft. Hat auf dem Herzog Carl zu Ehrenfriedersdorf gebrochen.

4) die sechsſ. Säule, mit 4 Flächen zugespitzt, und die stumpfen Seitenkanten abgestumpft, die scharfen hingegen zugeschärft.

V. Die rechtwinkliche viersſ. Tafel.

1) die rechtw. viersſ. Tafel, mit zugeschärften Endflächen. Dergleichen grosse Krystallen haben auf dem Palmbaume zu Marienberg, von mittler Grösse aber auf dem Churprinz Friedrich August zu Grosschirma gebrochen.

2) die rechtw. viersſ. Tafel, mit zugeschärften Endflächen und stark oder schwach abgestumpften 4 Zuschärfungsecken. Junge Fabian Sebastian zu Marienberg. Dreyfaltigkeit zu Tschoppau.

3) die flache vierkantige Linse. Churprinz Friedrich August zu Grosschirma. Seegen Gottes zu Gersdorf.

VI. Die achtſeitige Tafel.

1) die achtſ. Tafel, mit zugeschärften Endflächen, welche Zuschärfungen aber wiederum stark oder schwach abgestumpft sind. Isaac, desgleichen neue Morgenstern. bey Freyberg.

Was Herr de Rome Delisle und besonders der Herr Prof. Weigel f) von den Schwerspathkrystallen haben und sagen, das bestehet in Folgendem:

I. Art. Schrägwürflichter schwerer Spath. (Cryst. Tab. N. 70. Tab. V. Fig. 1.) Muria rhombea lapidosa spatosa solitaria rhombea fixa, a Linn. Syst. Nat. XII. T. 3. S. 100 N. 9. Tab. I. Fig. 22. Cryſtallus murineformis rhombea spatosa, subsolitaria, *Ej. Amoen. Ac.* I. S. 481. N. 27. Tab. 16. Fig. 21. Spatum cryſtallisatum, cryſtallis rhomboidalibus aut rhomboideis, *Carth. El. Min.* S. 13. *Schreb. lith.* 44. Rautenförmiger würflichter Flußspath. Seine Krystallen sind, wie die des würflichten Salpeters, sechsseitige Säulen, von gleichlaufenden Seiten, mit sechs gleichen Rauten. Man findet diese Krystallen einzeln in den Gruben auf dem Harz, zu Salfeld und im Voigtlande. Zu dieser Art gehört der Bononische oder Suhlische phosphorescirende Stein. (Lithophosphorus Suhlensis, *Woodw.* Catal. T. II. Addit. Foſſ. Nat. S. 9. N. 29.) Dieser Flußspath, der beynahe eben so, wie der Bononische Stein, einen Leuchtstein giebt, ist mittelmäſig hart, sehr durchsichtig,

---

f) In seiner Ausgabe von Delisle Cryſtallographie S. 166. f.

und gemeiniglich etwas gefärbt oder weißlicht; zuweilen fällt er etwas ins Grünliche, Gelbliche oder Purpurfarbene. (In Subl auch violett.) Da diese Krystallen aus sechs gleichen Rauten bestehen, so halten die spitzigen Winkel 60, und die stumpfen 120 Grad. (Tab. X. Fig. 8.) Man findet solche zu Subl in Franken.

II. Art. Zehnseitiger schwerer Spath, aus einer platten sechsseitigen Säule mit zwo gleichstehenden zwoseitigen Endspitzen. (Tab. VI. Fig. 10. Cryst. Tab. N. 130.) Dies ist eigentlich die Hauptgestalt des schweren Spaths, wenn er gut krystallisirt ist. Man kann die Krystallen dann auch als aus zwo viereckigen, mit ihren Grundflächen verbundenen, kurz abgestutzten Endspitzen zusammengesetzt, ansehen. So beschreibt ihn Delisle S. 158. (Cryst. Tab. N. 87.) Herr Weigel aber hat ihn wegen der Abarten und der verschiedenen Länge der Seiten anders bestimmen müssen.

1. Abart. Seiten der Säule zweymal abgeschärft; also eine platte, achtseitige Säule mit zwoseitigen Endspitzen. (Cryst. Tab. N. 132. etwa Taf. V. Fig. 22. das obere Ende.)

2. Abart. Krystall der Hauptart, aber mit abgestutzten Ecken, wodurch vier kleine Rautenflächen hinzukommen. (Cryst. Tab. 131. und 88. Tab. VI. Fig. 11.) Dieser Krystall besteht also aus zwo rechtwinklichten Vierecken, acht langen ungleichseitigen Vierecken, und vier Rautenflächen; in allen aus 14 Seiten.

3. Abart. Krystall der ersten Abart, mit abgestutzten Ecken. In dieser Abart giebt es wiederum Verschiedenheiten, nachdem die Ecken mehr oder weniger abgestutzt sind. Berührt die Linie der Abstutzung nur die Ecke der innern Abschrägung, (Obs. Chem. et Min. Fig. 8. Chryst. Tab. N. 133. Tab. XI. Fig. 13.) so giebt dies gleichfalls vier Rautenflächen, und der Krystall hat dann zwo grosse rechtwinklichte Vierecke, acht lange ungleichseitige Vierecke, vier Rautenflächen, und vier schmale ungleichseitige Sechsecke für die Endspitzen, in allen 18 Seiten. Bey andern aber (Obs. Chem. et Min. Fig. 9. Cryst. Tab. N. 134. Tab. XI. Fig. 14.) nimmt die Abstutzung selbst die Ecke der gleichlaufenden grossen viereckigen Seiten weg, da dann freylich der Krystall 18 Seiten behält, die acht Seitenflächen lange ungleichseitige Vierecke bleiben, die Flächen der Endspitzen aber ungleichseitig viereckig, die Flächen der Abstutzungen ungleichseitig achteckig, und die beyden gleichlaufenden grossen Flächen achteckig von wechsels-
weise

weise kleinern Seiten ausfallen.

Beyde Abänderungen dieser
Abart besitzt Herr Weigel
vom Hütkenthaler Zug
auf dem Harze, in Stu-
fen aus plattliegenden und
aufrechtstehenden Kryſtallen, die man miteinander
vergleichen muß, wenn man
die Gestalt des ganzen Kryſtalls bestimmen will, weil
man nicht leicht einen Kryſtall ganz frey findet, ſondern von den plattliegenden
das eine Ende, von den
aufrechtstehenden die eine
Seite bedeckt ist.

Von der zwoten Abänderung
besitzt Herr Weigel eine
Stufe von Freyberg, wo
die Kryſtallen länger und
ſchmäler sind, und einige
eine viereckige Endſpitze bilden, andre wegen noch ſtär-
kerer Abſtutzung der Ecken,
die Flächen der Endſpitzen
ganz verlieren, und der
Kryſtalliſirung des keilför-
migen Gypsſpathes näher
kommen.

Wenn die Kryſtallen aufrecht
ſtehen, bilden sie die ſogenannten Kammdruſen, von
denen gleich geredet werden
ſoll.

Nicht wohl genau zu beſtim-
mende Anſchüſſe des ſchweren Spaths ſind folgende.

1) Hahnenkammdruſen aus
ſchweren Spath, Natrum
criſtatum lapidoſum ſpato-
ſum decaedrum prismaticum
apice parallelo, *a Linn.* Syſt.
Nat. XII. T. 3. S. 90.
N. 6. Fig. 16. Natrum ſpa-
toſum, cryſtallis truncatis
apice compreſſis, *Ej. Muſ.
Teſſ.* S. 26. N. 2. Fluor,
Geſn. de fig. lapid. S. 26.
Cryſtallus natriformis ſpa-
tola, *Linn.* Am. Ac. I. S.
474. N. 2. 3. 4. Tab. 16.
Fig. 2. 4. Gypſum cryſtalliſatum criſtatum, *Wall.* Syſt.
Min. T. I. S. 164. c. Fig.
16. Marmor metallicum druſicum criſtatum, *Cronſt.
Verſ. e. Min. durch Brün-
nich*, §. 19. B. S. 28.
Gypſum album ponderoſum
cryſtalliſatum criſtatum, *a
Born* Ind. Foſſ. S. 14.
Spath, welcher in ſchup-
penartigen halbmondför-
migen Blättern gewach-
sen. Schuppenspath,
Gerh. Beytr. Th. I. S.
267. N. 3. Gypſum figu-
ratum lamelloſum — lamel-
lis criſtatis, — *a Born* Ind.
Foſſ. T. II. S. 87. le Spath
vitreux en Tables ou en crê-
tes de Coq., *Deliſl.* Cryſt.
S. 158. F.ſp. V. (g)

Diese Druſen sind Anhäufun-
gen von Kryſtallen der zwoten Art, die auf einer Seite aufrecht ſtehen. Der
Ritter von Linné giebt im
Syſt. Nat. eine Zeichnung,
die mit Tab. VI. Fig. 9.
völlig übereinkommt, in
den Am. Ac. aber eine Zeichnung des Kryſtalls Tab. VI.
Fig. 10. nur daß das untere Ende in eine zwoſeitige
Spitze aus zwoſeitigen Kanten

---

g) ſ. auch vorher Spath, Schuppenſpath.

ten abläuft. Des Ritter Wallerius Zeichnung stimmt mit der erstgedachten Linnäischen überein. Herr Delisle bestimmt ihn, wie bey der zwoten Art angegeben ist, und giebt S. 159. folgende Beschreibung desselben: „Die Krystallen dieses Flußspaths finden sich nie einzeln, sondern drusigt in sehr schweren Massen, in welchen man gemeiniglich nur die abgeschrägten Enden jedes Krystalls wahrnimmt. Das Uebrige der Tafel wird durch die anliegenden verdeckt. Sie stehen alle aufrecht oder ein wenig schräg in verschiedenen Richtungen. Die Drusen dieser Krystallen sind bald undurchsichtig, und von einer matten Weisse, bald durchsichtig, und von einer Wasserfarbe, oder auch röthlicht. Man findet sie auch gelb und grau. Sie sitzen oft auf angeschossenen Quarze, und sind mit Kies angeflogen. In den sächsischen Gruben und auf dem Harze sind sie gemein genug." Er führt daselbst auch die zwote Abart der zwoten Art (Tab. VI. Fig. II.) an.

Die verschiedene Bestimmung, welche die angeführten Schriftsteller von der Gestalt dieser Krystallen geben, rührt vermuthlich daher, daß sie keine Stufen von plattliegenden Krystallen gesehen haben, und daher aus dem Wenigen, was in den aufrechtstehenden wahrzunehmen ist, auf das Uebrige unterschieden schliessen musten. Herr Weigel besitzt diese Sammlungen in allen Stufen ihrer Vollkommenheit, vom Hutschenthaler Zuge zu Zellerfeld, vom Wildemann. Der Spath selbst ist röthlich; die vollkommnern Krystallen sind klar und durchsichtig, und zeigen die unter der dritten Abart der zwoten Art bemerkten Gestalten; die unvollkommnern sind undurchsichtig, mehr abgerundet, wie sie Gerhardt a. a. Orte beschreibt, zum Theil Hahnenkämmen sehr ähnlich, zum Theil wenig über die Oberfläche erhaben, oft mit Kies angeflogen. Eine Stufe vom Harze zeigt zwar eben so unvollkommene, aber doch klare gelbbräunliche Krystallen.

2) Haardrusen von schweren Spath. Diese bestehen aus glänzenden rundlichen Fäden, von der Dicke einer halben Linie, die hin und her gebogen sind, und sich einander mit den erhabenen Seiten der Biegungen berühren. Sie haben ehedem auf dem Harze gebrochen, woher in dem Herzoglichen Kabinet zu Braunschweig vortrefliche Stufen liegen. Jetzt brechen sie daselbst nicht mehr, seitdem man in den Gruben tiefer abgesenkt hat. Durch ein Vergrösserungsglas siehet

het man deutlich, daß diese Fäden aus lauter Kryſtallen der zwoten Art in verſchiedenen Richtungen zuſammengeſetzt ſind.

3) **Kuglichter ſchwerer Spath.** Muria phosphorea lapidoſa ſpatoſa aggregata lenticularis centricolo-fiſſilis ſubeffervescens, *a Linn.* Syſt. Nat. XII. T. 3. S. 99. N. 6. Gypſum irregulare lamelloſum, calcinatum in tenebris lucens. Scheinender Stein. Bononiſcher Stein. Wall. Min. S. 75. Sp. 54. Gypſum ſpathoſum globoſum ſemipellucidum. Lapis Bononienſis, *Wall.* Syſt. Min. Tom. I. S. 162. Sp. 74. c. Lapis Bononienſis *Dale* Pharm. 48. Ferbers Briefe aus Wälſchland S. 75. N. 4. Phosphorus ſ. Petra lucida bononienſis, *Bocc.* Nat. 224. Bononiſcher Stein, Vogel prakt. Mineralſ. S. 161. §. 9. Gypſum ponderoſum ad Bononiam Italiae, *a Born* Ind. Foſſ. T. II. S. 85. Spatum bononiense. Halbdurchſichtiger ſchwerer Spath, Cronſt. Verſ. e. Min. d. Brünnich S. 26. §. 18. 2. 1. Pierre de Bologne, *Sage* El. d. Min. S. 61. Ueberſ. S. 67. Gatt. 6. ʰ) Dieſer Spath gab die erſte Anleitung zur Erfindung des Lichtmagnets, (ſ. Comm. Bonon. T. I. S. 186. A Relation of the loſt of the way to prepare the Bononian Stone for ſhining in Phil. Transact. N. 21. Mar. Malpighii Relatio de lapide bononienſi. Ebend. N. 134.) worauf ihn Herr Marggraf aus allen ſchweren Spathen und Gypſen bereiten lehrte. Herr Delisle führt ihn S. 152. als eine dritte Art des würflichten Flußſpaths an, und giebt daſelbſt folgende Beſchreibung: „Dieſer kuglichte und linſenförmige Stein iſt halbdurchſichtig, von einer bläulicht weiſſen Farbe, aus Blättern oder Fäden, die vom Mittelpunkte nach dem Umfange auslaufen, zuſammengeſetzt, und auswärts mit kleinen würflichten Kryſtallen bedeckt, die eine Art von Rinde um denſelben bilden. Wenn man die Geſtalt der Kryſtallen ausnimmt, ſo hat das Gefüge dieſes Flußſpaths mit dem Gefüge des von den Chineſern Ebekao genannten kugelichten aus ſtrahlförmigen Faſern beſtehenden Gypsſpaths viel Aehnlichkeit. Dieſer Leuchtſpath findet ſich vorzüglich nahe bey Bologna am Fuſe des Berges Paterno. ſ. Bononienſiſcher Stein.

4)

---

h) Ob ich gleich den Bononiſchen Stein unter dieſem Namen im erſten Bande S. 208. ſ. ausführlich beſchrieben, auch vorher unter dem Namen Spath, Bologneſer, Herrn Werners äuſſere Kennzeichen deſſelben nachgeholt habe, ſo wird es doch nicht überflüſſig ſeyn, dieſe kurze Nachricht ebenfalls herzuſetzen.

4) **Schuppichter schwerer Spath.** Natrum embryonatum lapidosum squamis ligulatis subimbricatis canaliculatis opacis, *a Linn.* Syst. Nat. XII. S. 93. N. 14. Pyrites embryo crystallisatus triqueter squamoso-imbricatus, *Ej.* Mus. Tess. S. 46. Spath fusible perlé, *Sage* El. de Min. S. 60. Uebers. S. 66. Gatt. 4. Herr Delisle führt ihn als die dritte Art unter den Flußspathen auf. Bey ihm heißt er S. 155.: Geperlter Spath, oder in kleine rautenförmige Schuppen angeschossener Flußspath, die wie ein Rand umeinander liegen, und unregelmäsig auf dieser oder jener Mutter verstreut sind, oder durch ihre Anhäufung unvollkommen schiefwinklichte Würfel bilden. (Cryst. Tab. N. 70. und 71.) mit folgender Beschreibung: „Diese Kryſtallen, wenn man sie so nennen darf, sind eigentlich nur Anfänge oder Bruten von Krystallen, in kleinen und durchsichtigen gewölbten, silberweißen, oder leuchtend goldgelben, zuweilen auch grauen Blättern, die beynahe wie Fischschuppen übereinander liegen. Ihre schuppichte und rautenförmige Gestalt giebt ihnen viele Aehnlichkeit mit dem künstlichen Gypsspath und dem Kalchsalze. Der Perlspath findet sich häufig in den sächsischen und lothringischen Gruben, auf Quarzdrusen, den Hahnenkammdrusen aus schweren Spath angeflogen.

Der Herr Prof. Weigel besitzt diese Art von der Zilla zu Clausthal auf dem Harze, woselbst sie häufig bricht. Es sind Stufen von einem bräunlichen Spath, der dem Eisenspath ziemlich gleicht, zwischen Quarz und Kalkspath geflossen ist, und in stumpfe kugelförmige Erhebungen aufgethürmt ist, auf deren Oberfläche er kleine halbmondförmige Blätter zeigt. Auf diesen sitzen die kleinen gedachten Anschüsse, die aber zu unvollständig und wandelbar angeschoffen sind, als daß man sie noch genauer beschreiben könnte, wie von den angeführten Schriftstellern geschehen ist.

Spath, Silberspath, krystallinischer Federspath, krystallinischer Flußspath, Haardruse, Spathum vitreum crystallinum. So nennet Vogel i) eine Art seines Flußspathes, der aus prismatischen Säulchen, die sehr zart sind, und wie ein Glas aussehen, zusammengesetzt ist. Aus ihm gedenket desselben auch der Herr Prof. Gmelin, k) der ihm eine silberweiße Farbe, daher er den Namen hat, und Fäden beylegt, welche dem gesponnenen venetianischen Glase, oder den

---

i) Praktisches Mineralsystem S. 161.
k) Linnäisches Natursystem des Mineralr. Th. II. S. 226.

den gläsernen Haarröhrchen am nächsten kommen. Herr Gmelin muthmaſet, dieſer Spath könnte auch Abänderung des kryſtalliniſchen Flußspathes ſeyn. Weder er noch Vogel aber nennen uns einen Ort, wo dieſer Spath bricht.

Spath, Spiegelspath, heißt der Selenit, wenn er auf ſeiner Oberfläche glänzend, und gleichſam geschliffen ist. In dieſem Falle heißt er auch Glasspath, doch darf man ihn nicht mit dem Glasspath des Herrn Gerhards verwechſeln. ſ. Selenit und Glasspath.

Spath, Stangenspath, Schwererſpath mit geſchobener vierſeitiger Säule, in ſchwachen nadelförmigen Kryſtallen, die ſtangenförmig zuſammengehäuft ſind. Werner, Baſaltes cryſtalliſatus albus, cryſtallis hexaëdro prismaticis truncatis, inordinatim aggregatis v. Born. Die kürzere Beschreibung, die uns Herr Werner von dieſem kriſtalliſirten ſchweren Spathe giebt, haben wir vorher bey dem Artikel Spath, Schwererſpathkryſtalle, N. II. 4. mitgetheilt; jetzt will ich aus zwey Stufen, die ich beſitze, eine etwas vollſtändigere Beſchreibung dieſes gar nicht gemeinen Schwerespathes geben. Der Augenſchein lehret es, daß es eigentlich lauter ſchwache nadelförmige Kryſtalle ſind, dadurch die Säulen dieſes Stangenſpathes gebildet werden. Dieſe Nadeln, die oft nicht ſtärker als das feinſte Haar, zuweilen aber auch etwas ſtärker ſind, liegen nicht ſelten allein in dieſen Stufen, am gewöhnlichſten aber haben ſie ſich in Stangen von verſchiedener Länge, von einem halben bis zu einem ganzen Zoll, und von dem Umfange einer Raben- bis zur gröſten Gänſeſpule zuſammengehäuft. Dadurch bekommen ſie freylich eine vielſeitige Geſtalt, und eine groſſe Aehnlichkeit mit dem Stangenſchörl, welches auch die Urſache ist, warum Ferber, von Born und Gmelin 1) dieſen Stangenſpath unter den Schörl gelegt haben, da er doch ein eigentlicher Schwererſpath iſt, und mit dieſem, die äuſſere Form ausgenommen, alles gemein hat. Oben und unten, wenn die Säulen auf beyden Seiten frey liegen, ist er abgeſtumpft, aber nie platt, ſie müſten denn abgebrochen ſeyn, ſondern ſie haben mancherley Hervorragungen und Unebenheiten, welches aus der Aneinanderhäufung der einzelnen Fäden leicht zu erklären iſt, die gerade nicht alle einerley Länge hatten und haben konnten. Nur ſelten findet man die einzelnen Säulen aufgerichtet, mehrentheils liegen ſie, aber nicht einzeln, ſondern häufig beyſammen, nicht ordentlich, ſondern auf mancherley Art, untereinander geworfen, übereinander gelegt, und unter ſich ſelbſt in allen möglichen Richtungen verbunden. — Sie haben eine weiſſe, mehr oder weniger weiß, mehr oder weniger glänzende

---

1) Am angeführten Orte S. 132. u. f.

zende Farbe, im Bruche aber haben sie einen Glanz, der dem Bruchglanze des Quarzes sehr nahe kommt, sie sind aber viel weicher als Quarz, lassen sich leicht zerschlagen, geben aber am Stahle nicht einen Feuerfunken von sich. Dieser Stangenspath hat gar nichts Metallisches an sich, wahrscheinlich aber mochte die Aehnlichkeit mit dem weissen Bleyerze vom Bleyfelde auf dem Harze Manche verleiten, diesen Stangenspath für Bleyhaltig auszugeben. Mir selbst wurde eine Stufe unter dem Namen: Bley = oder Stangenspath von Marienberg in Sachsen, verkauft. Er hat nichts Metallisches, nur hin und wieder sehe ich in meinen beyden Stufen etwas Kupfergrün in feinen Blättchen, aber sparsam eingemischt. Die Säulen oder Stangen dieses Spathes sind, wie schon gesagt, dergestalt unter sich verbunden, daß sie auch, ohne eine fremde Erde und Steinart gleichsam zur Mutter zu haben, bestehen könnten; aber so rein, und von aller Mischung frey, wird der Stangenspath nie gefunden. Ordentlicherweise befindet sich in seiner Mischung und Verbindung:

1) Eine röthliche oder bräunliche, zusammengebackene rauhe grobe Erde, die aber so locker ist, daß sie sich mit einem Messer leicht ablösen, und mit den Fingern zerreiben läßt. Sie bleibt indessen, man mag sie mit den Fingern reiben wie man will, immer grob; und so blieb sie auch im Scheidewasser, welches übrigens nicht die geringste Würkung auf sie hatte, und nicht einmal die Farbe derselben änderte. Ich glaube, dies sey die von Hrn. Werner, und aus ihm von mir beschriebene Schwerespatherde. Wenigstens nach den äussern Kennzeichen ist sie es gewiß.

2) Eine gelbe feste Steinart, die von aussen wie zerfressen, oder stark verwittert siehet, die aber am Stahl viel Feuer schlägt, die also, wie auch der Bruch sonderlich durch das Vergrösserungsglas lehret, ein wahrer Quarz, oder eine aus einzelnen Quarzkörnern zusammengesetzte und zusammengebackene Masse ist. Zufälligerweise liegen auf der einen meiner Stufen eine Menge wie Topas gefärbte Quarzkrystalle beyeinander.

Daß man diesen Stangenspath vor ohngefähr zwanzig Jahren ein einzigesmal auf dem Lorenzgegentrom ohnweit Freyberg gebrochen habe, das hat uns vorher Herr Werner gelehrt. Der Herr Prof. Ferber fand ihn zwischen *Monte Fiascone* und *Aqua pendente*, zwischen Rom und Siena, in einer grauen dichten Lava, und der Herr Prof. Gmelin versichert, daß er auch in der rothen und grauen Lava des Vesuvs gefunden werde.

Spath, Stinkspath, Spathum suillum, heißt der Spath, wenn er den Geruch des Stinksteins hat, oder der Stinkstein,

wenn

wenn er spathartig ist. s. Stink=
stein.

Spath, undurchsichtiger, undurchsichtiger Kalkspath, Spathum compactum *Linn.* Spathum solubile subdiaphanum compactum *Linn.* Von dieser Kalkspathart sagt Herr Prof. Gmelin m) folgendes. „Man findet diesen Kalkspath häufig hin und wieder in Gruben und Felsen bey Marlok und Castleton in England, in den Bleygruben, bey Schemnitz in Niederungarn, auf den Pacher= stollen, auch bey Wettin in den Kohlengruben, wo er sich in dem Dache, welches ein schwarzer Thonschiefer ist, in schmalen Trümmern und Schnüren zeigt. Er ist oft so hart, daß er sich schleifen läßt, und gemeiniglich ganz undurchsichtig, höchstens an den Kanten durchscheinend. Seine Blättchen haben keine bestimmte Gestalt, und liegen so dicht aufeinander, daß man sie nicht eher erkennt, als bis der Stein geglüt und im Wasser abgelöscht wird. Man findet ihn am häufigsten weiß, doch auch ganz matt, oder ungefärbt röthlich weiß, gelblicht, grünlicht, gräulicht, grau, bläulicht, violetblau, braungelb bey Sahlberg, und bey Kongsberg schwarz." Linne, der von diesem Spathe der Farbe nach folgende Abänderungen: α) hyalinum. β) album. γ) flavescens. δ) virescens. ε) caerulescens, annimmt, setzet noch hinzu: Hoc differt a *Spatho tinctto*, quod vix diaphanum, minimeque pellucidum. n)

Spath, Würfelspath, Spathum rhomboidale opacum, *v. Born.* Er zeigt sich hin und wieder in Gruben, sagt Herr Gmelin, o) und macht häufig Gänge. Vornehmlich häufig zeigt er sich in den Gruben bey Schemnitz in Niederungarn, und bey Kapnik in Siebenbürgen. Man muß ihn ja nicht mit dem schweren Spathe verwechseln, (denn er ist ein Kalkspath, und kann daher durch die Säuern leicht geprüft und erkannt werden) wie einige Schriftsteller gethan haben; er hat zwar in seiner Gestalt viel Aehnlichkeit mit ihm; allein der eigentliche Würfelspath ist eine Kalkart, und zeigt dieses im Feuer und bey der Vermischung mit Säuren; der schwere Spath hingegen verhält sich wie Gyps. Der eigentliche Würfelspath ist ganz undurchsichtig, und bestehet deutlich aus Blättchen, deren Flächen länglichte Rauten sind, und zerspringt auch in solche Blättchen, wenn er zerschlagen, oder in das Feuer gebracht wird. Am häufigsten findet man ihn milchweiß, aber auch grau, perlengrau, schwärzlicht, schwarz, braun, roth, gelblicht, gelb, bläulicht und grün. Der gelbe verliert seine Farbe im Feuer, die übrigen aber behalten sie, und haben sie allerdings Eisentheilchen zu danken. Selbst der
milch=

---

m) Linnéisches Natursystem des Mineralr. Th. I. S. 430. 431.
n) Syst. Nat. ed. XII. Tom. III. p. 49. n. 5.
o) Am angeführten Orte S. 434. n. 12.

milchweisse zeigt durch die braunrothe Farbe, die er öfters im Feuer annimmt, offenbar einen Eisengehalt.

Spath, würflichter Kalkspath, würflichter Wasserstein, Gerh. Wasserstein, welcher in Würfel gewachsen, Gerh. Porus crystallis cubicis Gerh. Porus cubicus Gerh. Er bestehet, wie der Herr Gerhardt p) sagt, aus regulairen rechtwinklichten Würfeln, die gelblich aussehen, und undurchsichtig sind. Herr Gerhardt hat ihn vor der Hand nur ein einzigesmal auf einer rothen Pyramidalkrystalldruse von dem Kuhschacht zu Freyberg gesehen. Mir scheinet er als Abänderung zu dem vorherbeschriebenen Würfelspathe zu gehören. Da ihn aber der Herr Prof. Gmelin am angeführten Orte einer besondern Anzeige gewürdiget hat, so habe ich ihn auch besonders anzeigen wollen.

SPATH, oder SPAT, heißt im Französischen der nun beschriebene Spath, es mag nun Kalk= oder Gyps= oder schwerer Spath, der doch durch Zusätze näher bestimmt wird, seyn. s. Spath.

SPATH *calcaire*, heißt im Französischen überhaupt der Kalkspath, es mag nun unfigurirter Kalkspath seyn, oder Kalkspathdrusen. s. Kalkspath, und vorher Spath, Kalkspathdrusen.

SPATH *calcaire de Bagneres*, wird vom d'Arcet der isländische Krystall, oder der Doppelspath genennet. s. vorher Spath, Doppelspath.

SPATH *calcaire du Harz*, wird von eben diesem d'Arcet ein schrägwürflichter Kalkspath genennet, des Herrn Gerhardt Rhomboidalwasserstein, von dem ich die Nachrichten des Hrn. Delisle und Herrn Weizels q) um so lieber wiederhole, weil Herr Delisle unter den Abarten dieses Spathes einige der vorherbeschriebenen Arten zugleich begreift. Er nennet ihn schrägwürflichten Spath, der die Gegenstände nicht verdoppelt, und sagt: „Obgleich die Theilchen dieses Spaths eine bestimmte Gestalt haben, und er gemeiniglich in schrägwürflichte Platten zerbricht, so muß man ihn doch nicht als einen eigentlichen Krystall, sondern vielmehr als einen von den blättrichten Steinen in grossen Massen ansehen, deren Theile, wegen der wesentlichen Beschaffenheit des Steins selbst, eine bestimmte Ordnung unter sich treffen.

1. Abart. Undurchsichtig. Spathum rhomboidale opacum, Wall. Min. S. 78. Sp. 56. Syst. Min. T. I. S. 137. §. 43. Sp. 60. Spathum rhomboidale opacum, Cronst. Vers. e. Min. verm. d. Brünnich, §. 10. 1. 2. Spathum calcarum solubile subopacum, fragmentis subsquamosis, *Linn.* Syst. Nat. XII. T. 3. S. 49. N. 7. (Spathum calcarium. s. Spath,

---

p) Beyträge zur Chymie Th. I. S. 216.
q) Delisle Crystallographie nach Weizels Uebers. S. 125.

(. Spath, schuppichter, Schr.) Spathum rhomboidale opacum, *a Born* Ind. Foss. S. 5. Undurchsichtiger rhomboidalischer Wasserstein, Gerh. Beytr. I. S. 215. b.

2. Abart. Durchsichtig. Spathum pellucidum molle, *Wall. Min.* S. 80. Sp. 59. Syst. Min. T. I. S. 139. Sp. 63. Spathum solubile pellucidum objectis simplicibus, *Linn.* Syst. Nat. XII. T. 3. S. 48. N. 1. (Spathum speculare, s. hernach *Spathum specalare*, Schr.) Spathum calcareum diaphanum, *Cronst.* a. a. O. S. 10. I. 1. 2. Spathum calcareum rhomboidale diaphanum, *a Born* Ind. Foss. S. 4. T. II. S. 77. Durchsichtiger Rhomboidalwasserstein. Gerh. Beytr. I. S. 215. a.

3. Abart. Blätericht. Spathum lamellosum molle, *Wall. Min.* S. 79. Sp. 57. Syst. Min. T. I. S. 138. Sp. 61. Spathum informe, molle, diaphanum, lamellis minutissimis, *Carth.* El. Min. S. 12. N. 3. Spathum solubile diaphanum fissile album, *Linn.* Syst. Nat. II. Tom. 3. S. 48. N. 3. (Spathum fissile. s. Spath, blätterichter, Schr.) Spathum calcareum lamellosum, *Cronst.* a. a. O. S. 10. 2. Ungeformter Wasserstein, dessen Blätter sich beynahe wie Schiefer spalten lassen. Gerh. Beytr. I. S. 213. c. Schröters Lex. VII. Theil.

Spathum calcareum rhomboidale album pellucidum, superficie lamellosa, lamellis tenuissimis, *a Born* Ind. Foss. T. II. S. 77. Die Blätter dieses Spaths sind zwar sehr dünne, brechen aber doch auch in Würfel.

Man findet alle diese Abarten, besonders die erstern, in den mehresten Bergwerken, woselbst sie Mutter verschiedener metallischer Substanzen abgeben. (Herr von Arcet hätte sie, also nicht Kalkspath vom Harz nennen sollen; zumal da am Harz mehrere als diese 2 oder 3 Kalkspatharten gefunden werden.)

SPATH *calcaire polygone des ludus Helmontii*, s. Helmontii ludus im II. Bande S. 359.

SPATH *crystallisé en grouppes*, wird der Spath im Französischen genennt, wenn er in einer krystallinischen Gestalt erscheint, die Spathdrusen, es mag nun Kalk- Gyps- Fluß- oder schwerer Spath seyn.

SPATH *cubique*, heißt im Französischen der Würfelspath. s. vorher Spath, Würfelspath, vorzüglich Spath, schuppichter.

SPATH *cubique transparent*, s. hernach Spathum speculare.

SPATH *des champs*, heißt im Französischen der Feldspath. s. Feldspath.

SPATH *des champs crystallisé*, wird der Feldspath genennt, wenn er krystallisirt ist. Kaum erscheint er anders,

G   sagt

sagt Wallerius, r) als in einer rhomboidalischen oder rautenförmigen Gestalt. a) rautenförmig mit glatter Oberfläche. Die Farbe ist weiß, oder gelblich weiß; aus der Mosgrube im Norberg in Westmannland. s. Taf. 2. Fig. 2. b) in kleinen Krystallen zusammengewachsen; weiß, aus Engeland. c) mit gestreiften Flächen; röthlich, von Pargas in Finland.

Der Uebersetzer des Wallerius setzt hinzu: „Ausser den hier benannten Abänderungen des krystallisirten Feldspaths giebt es noch andre, welche jedoch größtentheils nur durch verschiedene Abstumpfungen und Zuspitzungen aus der rhomboidalischen Grundgestalt entstanden sind. Hermenegild Pini, Professor der Naturgeschichte zu Mayland, hat in seinem Memoire sur des nouvelles crystallisations de Feldspath, et autres singulaires renfermées dans les Granites des environs de Baveno, Milan 1779. in 8. und in seinen durch Herrn Prof. Gmelin übersetzten Beobachtungen über die Insel Rio, wo die Abhandlung über die Feldspathkrystalle angehängt ist, sechs und dreyßig Abarten von Feldspathkrystallen aufgeführt. Da sie nicht alle von gleicher Beträchtlichkeit sind, einige auch würklich nichts anders als Bruchstücke von Feldspath zu seyn scheinen, so will ich hier nur die merkwürdigsten kürzlich anzeigen.

A) Vierseitig säulenförmiger Feldspath. 1) mit ebenen Endflächen; 2) mit einer dreyseitigen, aus einer vierseitigen und zwo dreyseitigen Flächen bestehenden Pyramide zugespitzt; 3) mit einer vierseitigen Endspitze, aus zwo dreyseitigen, und zwo vierseitigen, eigentlicher zwo rautenförmigen und zwo ungleichseitigen Flächen; 4) mit einer fünfseitigen Pyramide aus einem Sechseck, einem Fünfeck und 3 Vierecken; 5) mit einer sechsseitigen Pyramide, so aus einer dreyseitigen, zwo fünfseitigen und drey vierseitigen Flächen besteht.

B) Die sechsseitige Säule. 1) mit schiefen Endflächen; 2) mit einer zwoseitigen Endspitze, aus zwo fünfseitigen Flächen; 3) mit einer dreyseitigen Endspitze, aus einer sechsseitigen, einer fünfseitigen, und einer vierseitigen Fläche.

C) Die achtseitige Säule.

Auſſer dieſen nennt Herr Pini noch unbestimmt vierseitig krystallinischen, eysörmigen, blättrichen, gestreiften, schwammigen und spießigen Feldspath. — Alle diese verschiedenen Abarten finden sich in einem theils rothen, theils weißen Granit, in einem Gebürge, welches sich von dem Dorfe Baveno am *Lago maggiore* im Mayländischen bis nach Ferrzolo erstreckt.

Von mir als Lexikograf kann man es fordern, diese Krystallisatio-

---

r) Systema mineral. Tom. I. p. 216. Uebers. Th. I. S. 208. 209.

ctionen des Feldspaths einzeln auszuzeichnen, sie mögen nun gegründet seyn, oder nicht; ich thue es aus dieser Uebersetzung des Pini*) desto williger, da ich bey der Ausarbeitung des Artikels Feldspath, im zweyten Bande, noch nicht aus dieser Quelle schöpfen konnte. Vom Feldspath überhaupt nennet Hr. Pini den rothen, ohne bestimmte Gestalt; den weissen, ohne bestimmte Gestalt; den blättrichten, den gestreiften, und den schwammigen Feldspath, mit nadelförmigen halbdurchsichtigen Fäden von Feldspath umwunden. Von Feldspathkrystallen aber giebt er folgende an:

I. **Vierseitige Ecksäulen, oder Parallelepipeden.**

1) Mit flacher Spitze.
2) Mit dreyseitiger Spitze, welche aus einem Viereck und zwey Dreyecken zusammengesetzt ist. Fig. 3.
3) Mit dreyseitiger Spitze, welche aus lauter Vierecken besteht. Fig. 9.
4) Mit vierseitiger Spitze, welche aus zwey Dreyecken, und zwey Vierecken besteht. Fig. 10.
5) Mit vierseitiger Spitze, welche aus zwey Vierecken, und zwey Fünfecken besteht. Fig. 11.
6) Mit fünfseitiger Spitze, welche aus einem Sechseck, einem Fünfeck und drey Vierecken besteht. F. 12.
7) Mit fünfseitiger Spitze, die gleichfalls aus einem Sechseck, einem Fünfeck und drey Vierecken besteht. Fig. 13.
8) Mit sechsseitiger Spitze, welche aus zwey Sechsecken und vier unter einschneidenden Winkeln vereinigten Dreyecken besteht. Dieser Krystall ist gleichsam aus zwey zusammengesetzt; dies erkennet man aus einer Spalte, welche durch seine Mitte geht, und an dem Winkel, den man daselbst sich bilden sieht. Fig. 14.
9) Mit sechsseitiger Spitze, welche aus einem Sechseck, zwey Fünfecken und drey Vierecken besteht. Fig. 15.
10) Mit sechsseitiger Spitze, die aus einem Dreyeck, einem Viereck, und vier Fünfecken besteht. Fig. 16.
11) Mit sechsseitiger Spitze, die aus einem Dreyeck, 3 Vierecken, und zwey Fünfecken besteht. Fig. 17.
12) Mit siebenseitiger Spitze, welche aus einem Dreyeck, einem Sechseck, drey Vierecken und zwey Fünfecken besteht. Fig. 18.
13) Mit achtseitiger Spitze, die aus unbestimmten Flächen besteht.
14) Mit achtseitiger Spitze, welche aus einem Siebeneck, fünf Vierecken, und zwey unbestimmten Flächen besteht. Fig. 19.
15) Mit achtseitiger Spitze, welche

---

*) S. 151. f. Verzeichniß der Feldspathkrystallen, welche in dem Granit aus der Gegend von Baveno eingeschlossen sind.

welche aus zwey Fünfecken, drey Vierecken und 3 Dreyecken besteht. F. 20.

16) Mit achtseitiger Spitze, welche aus einem Sechseck, drey Dreyecken und vier Vierecken besteht.

17) Mit neunseitiger Spitze, welche aus einem Sechseck, einem Fünfeck, vier Vierecken und drey Dreyecken besteht. Fig. 21.

18) Mit einer Pyramidalspitze, deren eine Fläche ein Dreyeck, die andern unbestimmt sind. Fig. 22. Pyramidalspitzen nennet Pini solche, wo die Seitenflächen sich in einen Punkt schließen, oder doch so in eine Fläche, daß sie eine abgestumpfte Pyramide bilde: Eine ziemlich pyramidalische Spitze hingegen, wo eine Seitenfläche sich nicht an den gemeinschaftlichen Gipfel anschließt.

19) Mit einer vierseitigen abgestumpften Pyramide, an welcher die eine Ecke zu beyden Seiten abgehauen ist. Fig. 23.

20) Mit einer unregelmäsigen unvollkommenen sechsseitigen Pyramide, die aus einem Dreyeck, einem Sechseck, zwey Vierecken und zwo unbestimmten Flächen besteht. Fig. 24.

21) Mit einer unvollkommenen Pyramide, die aus verschiedenen unbestimmten Flächen besteht. Fig. 25.

22) Mit einer unvollkommenen siebenseitigen Pyramide.

23) Mit einer unvollkommenen Pyramide an beyden Enden. Der Ecksäule Fig. 5. B. und Fig. 7. F.

24) Mit unvollkommener neunseitiger Pyramide, welche aus einem Sechseck, zwey Dreyecken, zwey Fünfecken und vier Vierecken besteht.

25) Mit unvollkommener Pyramide, welche aus vier Vierecken, einem Sechseck und andern unbestimmten Flächen besteht. Eine dieser Flächen ist glänzend, und gestreift.

II. Sechsseitige Ecksäulen.

26) Mit einer schiefen Fläche statt der Spitze. Fig. 7. L.

27) Mit zwey Fünfecken statt der Spitze. Fig. 7. r.

28) Mit zweyseitiger Spitze, von welcher eine Seite ein Fünfeck, die andre in runzlichten Feldspath versenkt ist. Fig. 1. a.

29) Mit dreyseitiger Spitze, die aus einem Sechseck, einem Fünfeck und einem Viereck besteht. Fig. 5. A.

III. Achtseitige Ecksäulen.

30) Achtseitige Ecksäule, die sich mit ihrer Fläche schließt, welche mit ihrer Grundfläche gleich lauft. Fig. 5. C.

IV. Vielecke.

31) Ziemlich pyramidalisches Vieleck, an welchem sieben Flächen sichtbar sind. Fig. 5. D. Unten sieht man den Feldspath mit kleinen Quarzadern durchzogen, von welchen eine ziemlich deutlich das Ansehen von Buchstaben oder Ziffern hat. Man könnte daher diese

dieſe Art, Feldſpath mit Schriftzügen, (Feldſpathum ſcripum) nennen.

32) Ziemlich pyramidaliſches Vieleck, mit dreyzehen Flächen. Fig. 6.

33) Vieleck, das aus zwo an der Spitze abgeſtumpften Pyramiden beſteht. Fig. 27. a.

V. **Ovale.**

34) Cylinder mit ovaler Grundfläche und runzlichter Oberfläche. Fig. 7. g.

VI. **Rhomboidalkryſtallen.**

35) Rothe.
36) Weiſſe unregelmäſige.

SPATH *d'Islande*, heißt der Doppelſpath, weil er ſich in Island vorzüglich ſchön findet, und vielleicht ſein Verdoppeln, das übrigens jeder durchſichtige Kalkſpath äuſſert, zuerſt an einem Stück aus Island beobachtet worden iſt. ſ. vorher Spath, Doppelſpath.

SPATH, *druſige*, heißt im Holländiſchen der Spath, welcher kryſtalliſirt, oder in Druſen erſcheinet, es mag nun Kalk= Gyps= Fluß= Feld= oder ſchwerer Spath ſeyn.

SPATH, *dur*, heißt im Franzöſiſchen der Feldſpath. ſ. Feldſpath.

SPATH *en groupes*, ſ. Spath cryſtalliſé en Grouppes.

SPATH *feuilleté*, heißt im Franzöſiſchen der Schiefer= oder Blätterſpath. ſ. Spath, blättrichter.

SPATH *fuſible*, heißt im Franzöſiſchen der Flußſpath. ſ. Flußſpath.

SPATH *fuſible criſtalliſé en prismes a quatre pans, terminé par une pyramide a quatre pans.* So nennet Deliſle 1) einen ſäulenförmigen Flußſpath, aus einer vierſeitigen Säule, mit zwo kurzen vierſeitigen Endſpitzen von ungleichen Seiten. (Cryſt. Tab. N. 44. Tab. III. Fig. 12.) von dem er ſagt, daß er ihn im Kabinet des Hrn. Sage geſehen habe. Er iſt, ſagt er, gelblicht blättricht, ſehr wenig durchſichtig, aber ſchwer; man finde ſie um Rona in Auvergne. Ihre Geſtalt kommt mit der des Zinkvitriols vollkommen überein, aber man kann ſie als eine Abart des alaunförmigen Flußſpaths anſehen, deſſen Endſpitzen hier durch eine dazwiſchen befindliche Säule getrennt ſind.

Sage u) ſelbſt giebt von dieſem ſeinem Kryſtall folgende Beſchreibung: „In vierſeitige Säulen kryſtalliſirter Flußſpath, die ſich in eine vierſeitige Pyramide endigen. Dieſer Spath iſt gelblich und halb durchſcheinend, die Säulen beſtehen aus ungleichen Seiten; zwey derſelben ſind breit, und zwey ſchmal; die Seiten von gleicher Breite ſtehen einander entgegen. Diejenigen Seiten der Pyramide, welche auf den breiten Flächen der Säule aufgeſetzt ſind, ſind Dreyecke, die beyden andern ungleichſeitige Vierecke. Dieſen Spath

G 3

---

1) Cryſtallographie, nach Herrn Weigels Ueberſ. S. 179.
u) Mineralogie, nach Herrn Leſkens Ueberſ. S. 65.

Spath findet man in Auvergne. Diese Crystalle sind bisweilen 3 1 2 Zoll hoch, und haben 15 Linien im Durchschnitt; sie sind aus kleinen sehr dünnen viereckigten Blättern zusammengesetzt.

Delisle und Sage haben unter die Flußspatharten auch die Schwerspatharten aufgenommen, und der hier beschriebene soll ein schwerer Spath seyn; allein der Herr Professor Leske glaubt in einer Anmerkung zum Sage, daß es ein reiner Gypsspath zu seyn scheine.

SPATH *fusible cubique*, heißt der würflichte Flußspath, (der Flußspath), aber auch schwerer Spath seyn kann, denn Sage, wie Delisle, haben, wie bereits bemerkt worden, beyde Arten nicht sorgfältig genung voneinander getrennet. x)

SPATH *grainelé*, heißt im Französischen der körnige Spath. s. Spath, körniger.

SPATH *groupé*, heißt im Französischen der krystallisirte Spath. s. Spath crystallisé.

SPATH *lenticulaire*, Linsenspath, s. Spath, linsenförmiger.

SPATH *rhomboidal*, oder SPATH *rhomboidal ou d'Islande*, heißt der Doppelspath. s. Doppelspath.

SPATH *rhomboidal, doublant les objets, connu vulgairemens sous le nom de Cristal d'Islande*. s. vorher Spath, Doppelspath.

SPATH *selenitique transparent a double refraction*, s. Spath, Doppelspath.

SPATH *selenitische doorzigtige, a welke alle onderleggende voorwerpen is verduppelende*, of Yslandse Crystall, das ist die holländische kurze Beschreibung des Doppelspaths im Musco Leersiano S. 201. s. vorher Spath, Doppelspath.

SPATH *transparent*, heißt im Französischen eigentlich ein jeder durchsichtiger Spath, vorzüglich aber belegt man damit diejenige Spathart, welche Linne Spatum speculare nennet. s. *Sparhum speculare*.

SPATH *vitreux*, wird im Wallerius y) verschiedenen Spatharten gegeben. In der Mineralogie wird vom Herrn Denso der Glasspath des Wallerius also genennet. Es ist ein dichter fester Spath, welcher mehr oder weniger durchsichtig ist, und keine Figur hat, sondern bricht, wenn man ihn zerschlägt, wie Glas oder Quarz, in Scherben. Oft ist er, dem äußerlichen Ansehen nach, einem Achat nicht ungleich. Zuerst springt er im Feuer, wie andrer Spath, entzwey, nach diesem aber wird er zu Glase. Gegen den Stahl schlägt er kein Feuer, sondern man kann ihn mit dem Messer

---

x) Man lese indessen über diesen Würfelspath Herrn Delisle Crystalographie S. 173. bis 176. nach, um sich aus der Verwirrung herauszuhelfen.

y) Mineralogie S. 86. Syst. mineral. Tom. I. p. 178. s. Uebers. To. 4. S. 177. s.

Meſſer ritzen. Er gähret auch mit dem Scheidewaſſer nicht auf. Von Farbe iſt er weiß, violet, dunkelgrau und grünlich.

Im Syſtem des Wallerius wird der Flußſpath mit dem franzöſiſchen Namen *Spath vitreux* belegt, unter welchem der vorhergedachte Glasſpath, unter dem Namen dichte Flußarten, oder in der Ueberſetzung, dichter Fluß, die erſte Gattung beſtimmt.

Spathdruſen, werden diejenigen Spatharten genennt, welche in irgend einer kryſtalliniſchen Form erſcheinen, der Spath mag übrigens Kalk- Gyps- Fluß- oder ſchwerer Spath ſeyn.

Spatherzeugung, Spato geneſia, the origin of Spar. Dieſen Namen gab Hill 2) ſeinen Gedanken über die Erzeugung des Spaths, von welchen wir nur die allgemeinen Sätze auszeichnen wollen.

Ein groſſer Antheil Steinmaterie, mit wenig Thon, bildet die verſchiedenen Steinarten. Ein Beyſpiel dieſes in der Natur zu bemerkenden Umlaufs iſt bey der philoſophiſchen Geſchichte der Spathe wahrzunehmen.

1) Die urſprünglichen Theile ſind: Waſſer, Brennbares, Kreide, Thon, Glimmer und Mineralſaures, denen die Würkung der Luft und des Feuers eine groſſe Kraft zu würken giebt. So finden wir

2) ſchwere Dämpfe, (heavy vapours) aus Luft und vielem Waſſer gebildet. Dieſe treffen, indem ſie allerwärts durchdringen,

3) Mineralſaures an, und verbinden ſich damit; ſo bewürken ſie, wenn ſie klar zu Tage ausflieſen, Geſundbrunnen; ſie können aber auch

4) in dieſer Verbindung auf Brennbares treffen; welches nirgends häufiger als in Kalkſteingebürgen anzutreffen iſt, wo es oft in den natürlichen Höhlungen derſelben in Sümpfen zuſammenſteht.

5) Durch die Vermiſchung hiemit, und während dem Fortlaufe vorhergehender Vereinigung, wird ein wahrer, obgleich flüſſiger Schwefel gebildet: denn der Schwefel iſt nichts anders, und kann auch auf keine andre Art erzeugt werden.

6) Dieſer noch nicht verdickte Schwefel geht in ſeiner flüſſigen Geſtalt durch die Zwiſchenräume des Kalkſteins, indem er bey ſeinem Durchgange einen Theil der reinern Kreide deſſelben auflöſet.

7) Das alſo mit den Beſtandtheilen des Schwefels und mit Kreide geſättigte Waſſer erhält ſich in ſeinem wagerechten gemächlichen Durchgange durch denſelben Kalchfelſen, bis es eine Spalte, eine ſenkrechte Kluft,

G 4

---

2) f. Deliſle Cryſtallographie S. 391. f. der Ueberſetzung, wo dieſe Arbeit des Herrn Hill eingerückt iſt.

Kluft, oder Höhle antrift, die einen Theil des Felsens von dem übrigen absondert. Hier sickert es heraus, und da es eine leichtere Luft antrift, bleibt es hängen, und verdunstet nach und nach.

8) Eine langsame Verdunstung und vollkommene Ruhe, sind die Erfordernisse zum Anschiessen. Die solchergestalt miteinander vereinigten Schwefel und reine Kreide bilden einen festen Körper, der, indem er nach und nach anschießt, in regelmäßigen schrägwürflichten Theilchen zum Vorschein kommt, und die Substanz ist, welche wir Spath nennen.

Spath ist daher ein gemischter Körper, dergleichen auch die reinsten Salze sind. Man kann eine Substanz von der Beschaffenheit des Spaths bewürken, wenn man die Lauge von Kalch und Schwefel anschiessen läßt.

S p a t h f l ü s s e, nennet man die gefärbten Spathe, die der Farbe nach einige Aehnlichkeit mit manchen Edelsteinen haben.

S p a t h k l ö s e, Krystallapfel, Aëtites marmoreus *Linn.* Pomum crystallinum, sind meist rundgeformte kalkartige Körper. Das Aeussere ist eine grobe kalkartige Rinde, die bald eine graue, bald eine schwärzliche Farbe hat; das Innere sind halbdurchsichtige Kalkspathkrystallen, welche eine einfache achtseitige Pyramide oder Vieleck vorstellen, die alle nach einem gemeinschaftlichen Mittelpunkte zugehen. Man findet sie bey Rättwick und Kinnekulle in Schweden, In der Provinz Oeland, in der Schweiz und auf dem dänischen Eylande Bornholm in einer Thonschicht; letztere haben unter den Spathkrystallen Quarzkrystalle eingemischt. a) Auch in Schwarzburgischen bey Langenwiese finden sich dergleichen einzeln in der dortigen Magnesiengrube von einer sehr ansehnlichen Grösse. Sie haben eine gelbliche Kalkrinde, inwendig gemeiniglich mehrere mit Krystallen besetzte Höhlen, auch zuweilen einzelne Krystallnester, die mit Krystallen ganz vollgestopft sind. Ihre äussere Form ist mehr oval als rund, gemeiniglich sind sie auch platt gedrückt. Mein Beyspiel hat eine Länge von 7 3/4, eine Breite von 5 1/2, und eine Höhe von 4 Zoll.

S p a t h k r y s t a l l e, Crystalli Spatosae, franz. Cristaux spathiques, heißen die Krystalle, wenn sie von einer spathigen Natur sind. Alle Spathe, der Kalk = Gyps = Fluß = und Schwerspath, zeigen sich theils ohne, theils mit Krystallisation, und die letztern erhalten ihre besondere Namen von der Spathart, aus der sie erzeugt worden sind. Wenn sich mehrere Spathkrystalle in einer gemeinschaftlichen

---

a) Gmelin Linnäisches Naturs. des Mineralr. Th. II. S. 86. Th. IV. S. 198.

chen Matter vereiniget haben, so heißen sie Spathdrusen.

Spathrosen, werden die sogenannten Schweinszähne (s. Schweinszähne im VI. B. S. 296. 298.) genennt, wenn sie in Drusenform erscheinen, und zwar so, daß mehrere Strahlen aus einem Mittelpunkte nach dem Umkreise auslaufen.

Spathsand, Calx testudinea *Linn* Calx solubilis arenaceo granulata rotundata glaberrima *Linn.* Arena calcarea, Arena spathacea, Sabulum spathaceum, franz. Sable calcaire, Sable spateux. Man findet ihn, sagt der Hr. Prof. Gmelin, b) auf den Casseriden, auf der Adscensionsinsel, (am Meerufer) wo die Schildkröten (Linne nennt vorzüglich die Testudo Myd s, die Riesenschildkröte) bey Nacht ihre Eyer darein legen, in Roßlagen, auch mit Gyps und Quarz vermischt zwischen Mergel und Kreide bey Vaugirard unweit Paris in Frankreich. Er stehet dem ersten Anblicke nach gemeinem Sande ähnlich; aber er brauset stark mit Säuren auf, und löst sich schäumend darinnen auf; überhaupt verhält er sich ganz wie eine reine Kalkart. Seine Körner sind weiß, oft milchweiß, undurchsichtig und glänzend glatt; sie färben nicht ab, und sind bald feiner, bald gröber, zuweilen haben sie die Größe kleiner Steinchen. Linne vermuthet, er sey aus den Gehäusen der Schalthiere und der Corallen entstanden, welche die Wellen des Meeres zermalmt, zerrieben und geglättet hätten. Ueberhaupt kann man diese Meynung nicht verwerfen, zumal da die Meynungen der Gelehrten über den Ursprung des Sandes noch immer getheilt sind. Indessen da man von dem Gypssande, der sich zuweilen in Sachsen findet, annimmt, daß er aus der Verwitterung des Alabasters entstanden sey, c) warum sollte nicht auch der Kalkspathsand aus zerstörten Kalksteinen und Kalkspathe entstanden seyn können? Wenigstens müste man auf der Adscensionsinsel einen eignen besondern Erzeugungsgrund annehmen, weil es sonst nicht erklärbar wäre, warum nicht auch an andern Meeresufern, wo doch auch Conchylien und Corallen wohnen, dergleichen Spathsand gefunden wird.

SPATHVM, wird im Lateinischen der Spath überhaupt genennet, dem man nach seiner Verschiedenheit auch verschiedene Beysätze, z. B. calcareum, gypseum, ponderosum und dergleichen giebt. s. Spath.

SPATHVM *alcalinum*, heißt im Lateinischen der Kalkspath. s. Kalkspath.

SPATHVM *amiantiforme* Scheuchz. oder

SPATHVM *amiantho simile* Woodw. heißt der Strahlgyps, wenn seine Fäden senkrecht laufen, und halbdurchsichtig sind. Dergleichen Strahlgyps

---

b) Am angeführten Orte Th. IV. S. 423. Num. 8.
c) Gmelin am angef. Orte Num. 7.

Gyps von weisser Farbe wird, wie Wallerius d) versichert, in England und Lierland gefunden.

SPATHVM *amorphum pellucidum*, heißt der Spath, wenn er keine bestimmte Gestalt hat, und durchsichtig ist, dergleichen sich unter Kalk- und unter Gypsspathen findet.

SPATHVM *arenaceum*, oder

SPATHVM *arenarium*, heißt der körnige Spath. s. Spath, körniger.

SPATHVM *basalticum*, oder basaltinum *Linn*. Spathum solubile opacum rhombeum scintillans. *Linn*. basaltartiger Spath. Linné weist ihm Westra, Silfberget und Swartberg zu seinem Standorte an. Obgleich Linné behauptet, daß er sich in Säuren auflöst, so muß man doch zweifeln, ob er seine Stelle unter dem Geschlechte des Kalkspathes verdienet? Wenigstens gränzt er sehr nahe an den Flußspath, und ist so hart, daß er am Stahle Feuer giebt. Uebrigens ist er ganz undurchsichtig grün, oder weiß, und seine Theilchen stellen geschobene Würfel vor. e) Linné gestehet dessen Aehnlichkeit mit dem Feldspathe ein, hoc simile ... campestri. folglich, da kein Kalkstein und kein Kalkspath Feuer schlägt, müssen sich Kalktheilchen mit Feldspaththeilchen vereiniget haben. Ob nun hier dieser Basaltspath unter dem Kalkspathe am rechten Orte stehe? oder ob man ihn als Abänderung des Feldspathes ansehen müsse? das würde sich dann entwickeln, wenn man chymisch untersuchte, ob er mehr Kalk- oder mehr Feldspaththeilchen in sich habe?

SPATHVM *calcareum*, heißt der Kalkspath. s. Kalkspath.

SPATHVM *calcareum rhombeum diaphanum*, heißt der isländische Krystall, oder der Doppelspath. s. vorher Spath, Doppelspath.

SPATHVM *calcareum rhomboidale opacum*, heißt der Würfelspath. s. vorher Spath, Würfelspath.

SPATHVM *calcarium*, heißt der Kalkspath. s. Kalkspath. Beym Linné ist Spathum calcarium der schuppige Spath. s. Spath, schuppiger. Diejenigen, die das Wort im allgemeinen und weitläuftigen Verstande nehmen, verstehen darunter zugleich den Gypsspath. s. Gypsspath.

SPATHVM *calcarium crystallisatum, crystallis hexaëdris utrinque pyramidatis*, nennet der Hr. von Born den sechsseitigen Pyramidalkalkspath, der aus zwey gleichen, nach verschiedenen Richtungen, durch ihre Grundflächen vereinigten Endspitzen bestehet. Es sind die sogenannten Schweinszähne. s. Schweinszähne.

SPATHVM

---

d) Syst. mineral. Tom. I. p. 167. n. 7. a.

e) Gmelin am angef. Orte Th. I. S. 433. Linné Syst. nat. XII. p. 49.

Spathvm calcarium crystallisatum - prismate et pyramide hexaëdra des Herrn v. Born, ist wahrscheinlich des Delisle f) säulenförmiger sechsseitiger Kalkspath, mit zwo sechsseitigen Endspitzen, deren Flächen auf die Ecken der Säule fallen. Delisle nimmt davon vier Abarten an.

1) Eine länglichte Säule, von gleichen Seiten, die aus sechs langen Sechsecken, wie jede Endspitze aus sechs spitzen Rauten gebildet wird. (Cryst. Tab. N. 26. tab. II. fig. 18. a Linn. Syst. Nat. XII. T. 3 fig. 40)

2) Eine länglichte Säule von ungleichen Seiten, da die Sechsecke, eins ums andere, schmäler sind. Jede Endspitze bildet sechs ungleichseitige Vierecke, die, zwey und zwey, schräge aneinander liegen (Cryst. Tab. N. 17. tab. II. f. 19.)

3) Eine länglichte Säule von gleichen Seiten, mit abgestutzten Endspitzen, woraus für jede sechs fünfeckige Flächen und drey Rauten erwachsen. (Cryst. Tab. N. 19. tab II. fig. 20. und Tab. IX. F.) Sage Elem. de Min. S. 48. Uebers. S. 50. fünfte Gattung?

4) Ebendieselbe mit ungleichen Seiten.

Diese Spathkrystallen haben gemeiniglich die Durchsichtigkeit und Reinigkeit des Bergkrystalls; sehr selten findet man sie vollständig, d. i. mit beyden Spitzen; gemeiniglich hängen sie in Drusen zusammen, und mit einem Ende an der Mutter an.

Spathvm calcarium fibris capillaribus, heißt der Fadenstein. s. Fadenstein.

Spathvm calcarium cubicum, s. Würfelspathdrusen.

Spathvm campestre, wird der Feldspath genennet. Beym Linné aber ist er der eigentliche, oder der gemeine Feldspath, weil er Spathum campestre, siliceum und mutum, als drey besondere Arten ansiehet, und voneinander trennt.

Spathvm compactum opacum tinctum. So nennet Linné in den ältern Ausgaben seines Systems sein Spathum rhomboideum. s. Spath schwarzer.

Spathvm compactum pellucidum tinctum. So nennet Linné in dem Mus. Tessin. p. 16. n. 8. sein Spathum tinctum. s. Spathum tinctum.

Spathvm compactum Linn. s. vorher Spath, undurchsichtiger.

Spathvm confusum L. s. vorher Spath, körniger.

Spathvm crystallisatum, heißt der Spath, von allen bekannten Arten, wenn er in krystallinischer Gestalt erscheint, daher er auch alsdann krystallisirter Spath, Spathkrystalle, Spathdrusen u. dgl. genennt wird.

Spathvm crystalisatum cubicum, s. Würfelspath.

Spathvm crystallisatum cry-

---

f) Crystallographie durch Weigel S. 135.

crystallis rhomboidalibus aut rhomboideis Carth. f. vorher Schwerespathkrystalle, den Auszug aus Herrn Delisle, die erste Art.

Spathvm *crystallisatum dodecaëdrum*, f. Natrum pyritiforme, im IV. Bande S. 305.

Spathvm *crystallisatum, hexangulare, pyramidale, duplicatum* Wall. f. Schweinszähne.

Spathvm *crystallisatum prismaticum hexaëdrum truncatum* Woltersd. f. Nitrum truncatum, im vierten Bande S. 349.

Spathvm *crystallisatum sexangulare* Wall. f. Schweinszähne.

Spathvm *crystallisatum triangulare* Wall. f. Pyramidalkalkspath, im V. Bande S. 320. Indessen will ich eine Anmerkung des Hrn. Prof. Weigel g) wiederholen, die hier nicht am unrechten Orte stehen dürfte. Nachdem Delisle das Natrum urinosum des Linne unter dem Namen: dreyseitiger Pyramidalkalkspath, beschrieben, und sich auf Tab. VII. Fig. 6. seines Buchs berufen hatte; so setzt Herr Weigel folgendes hinzu: „Nach dieser Beschreibung und der angeführten Linnäischen Art, gehört dieser Spath zur funfzehenden Art, (sechsseitiger Pyramidalkalkspath, mit einer dreyeckigen Endfläche, Tab II. Fig. 16.) wohin denn auch die aus demselben zusammengesetzten Klöße (*a Linn. a. a. O. β.*

Crystallus subnitriformis spathosa aggregata utrinriam imbricata ei. Am. Ac. I. S. 478. T. 16. F. 14.) zu rechnen seyn mögen. Die Linnäische Figur stimmt doch mit Tab. VII. Fig. II. überein, womit auch *Spathum crystallisatum triangulare* Wall. Syst. Min. T. I. S. 142. g. F. 8. einerley ist, woran alle Winkel der Länge nach abgestutzt sind, und also eigentlich drey schmale lange Sechecke mit den Dreyecken in der Endspitze abwechseln. Herr Weigel unterscheidet hier wegen der fehlenden Säule eine Art, nemlich den Wasserstein, welcher in dreyeckige Pyramiden gewachsen. Pyramidalwasserstein, Gerh. Beytr. I. S. 221. N. 12.

1. Abart. Vollständiger Krystall, von zwey gleichen Endspitzen. (Cryst. Tab. N. 123. Tab. XI. Fig. 6. Spathum calcarium crystallisatum trigonum — crystallis utrinque pyramidatis, prismate nullo inter medio, *a Born* Ind. Foss. S. 5. Tab. I. Fig. 4. Th. II. S. 78.)

2. Abart. Vollständiger Krystall, von ungleichen, einer kürzern stumpfen, und einer längern spitzigen Endspitze. (? Cryst. Tab. N. 82. Tab. VI. Fig. 3.) Spathum — crystallis trigonis utrinque pyramidatis, prismate nullo, pyramide inferiori subulata, *a Born* Ind. Foss. S. 6.

3. Abart. Eine einzige dreyseitige Endspitze. Spathum crystal

---

g) In seiner Uebersetzung des Delisle S. 142.

— crystallis trigonis — a *Born* Ind. Foss. S. 5. Tb. 14. S. 78.
Die letztere Art ist die häufigste. Herr von Born beschreibt ihre Krystallen a. a. O. zum Theil als sehr fein und haarig. Die Herr Weigel besitzt, sind nur kurz, und brechen in den Gruben zu Zellerfeld und Clausthal auf dem Harze häufig genug. Sie stehen in Drusen zusammen, und fallen ins Hellgelbe etwas trübe, da die vom Herrn Delisle beschriebenen klarer sind, und mehr ins Bräunliche fallen. Herr Gerhardt und Herr von Born führen sie auch weiß und roth an.

SPATHVM *cubicum islandicum*, wird der isländische Krystall, oder der Doppelspath genennet. s. vorher Spath, Doppelspath.

SPATHVM *dilucidum objecta duplicans*, s. Spath, Doppelspath.

SPATHVM *drusicum*, s. Spathum crystallisatum.

SPATHVM *drusicum concretum*, heißt das beym Cronstedt, was beym Linne Aetites marmoreus heißt. s. vorher Spathklöse.

SPATHVM *drusicum diaphanum*, heisen beym Cronstedt h) die Kalkspathdrusen, wenn sie klar und durchsichtig sind. Er giebt davon zwey Arten an:
1) Sechsseitige an dem Ende abgestumpfte. Crystalli spathosi hexagoni truncati. Diese findet man auf dem Harze. Jonaswando.
2) Pyramidalische. Pyramidales. 1) Schweinszähne. Pyramidales distincti. Dannemora. Sahlberg. s. Schweinszähne. 2) Spathklöse. Pyramidales concreti. s. Spathklöse.

SPATHVM *drusiforme diaphanum, cryftallus gypsea*, nennet Woltersdorf die Gypskrystalle, die doch nicht allemal, vielleicht in den wenigsten Fällen durchsichtig sind. s. Gypsdrusen.

SPATHVM *duplicans*, heißt der isländische Krystall, weil er die Gegenstände, die man durch ihn betrachtet, verdoppelt. s. Spath, Doppelstein.

SPATHVM *durissimum igniferens*, heißt der Feldspath, weil er mit dem Stahl Feuer schlägt. s. Feldspath.

SPATHVM *durum lateribus nitidis ad chalybem scintillans*, heißt beym Linne dieser Feldspath.

SPATHVM *fissile*, heißt beym Linne der Schieferspath. s. Spath, blättricher.

SPATHVM *fixum diaphanum album scintillans*, s. Spathum filiceum. i)

SPATHVM *fixum non scintillans*, s. Spathum mutum.

Spathum

---

h) Mineralogie, Brünnichs Ausg. S. 19. Werners Ausgabe Th. I. S. 30.
i) Das Fixum beym Spathe ist vom Linne dem *Solubili* entgegen gesetzt. Lösen sich nun die letztern in den Säuren auf, und heißen daher solubilia, so lösen sich die Fixa in den Säuren nicht auf.

SPATHVM *fixum opacum rufescens scintillans*, heißt beym Linné der Feldspath. s. Feldspath.

SPATHVM *fixum scintillans*, heißt ebenfalls der Feldspath. s. Feldspath.

SPATHVM *frictione foecidum*, heißt der krystallisirte Stinkstein. s. Stinkstein.

SPATHVM *fugax Linn*. Spathum solubile opacum secundum situm lucis fugax Linn. Angeflogener Spath, Gmelin. Er ist selten, sagt Herr Gmelin, k) und zeigt sich nur auf der Oberfläche andrer Steine, vornemlich auf dem Krystallapfel. (s. Spathklöße.) Er ist undurchsichtig, und entsteht aus einer unansehnlichen Spathrinde, deren Theilchen alle mit ihren Winkeln nach einer Seite stehen. Daher kommt es, daß in einer bestimmten Lage seine Theilchen alle glänzen, in einer andern aber nicht. Linné legt diesem Spathe eine gelbbraune Farbe bey.

SPATHVM *gypseum*, heißt der Gypsspath. s. Gypsspath.

SPATHVM *gypseum diaphanum*, heißt beym Cronstedt der Gypsspath, wenn er durchsichtig ist.

SPATHVM *gypseum fibrosum*, heißt der Federspath, oder Strahlgyps. s. Strahlgyps.

SPATHVM *informe durum subdiaphanum*, wird der Feldspath genennet. s. Feldspath.

SPATHVM *informe molle diaphanum objecta duplicans*, heißt der isländische Krystall, oder der Doppelstein. Man sollte ihn eigentlich nicht Spathum informe nennen, da er in seiner bestimmten Gestalt, nemlich schrägwürflicht erscheinet. s. Spath, Doppelspath.

SPATHVM *informe molle, lamellis parallelis aequalibus*, heißt beym Carthenser der Selenit. s. Selenit.

SPATHVM *islandicum*, s. Spath, Doppelspath.

SPATHVM *lamellare*, s. Spath, blättricher.

SPATHVM *lamellatum*,
SPATHVM *lamellosum*, s. Spath, blättricher.

SPATHVM *lamellarum lamellis superne dehiscentibus*, heißt beym Woltersdorf der blättriche Spath. s. Spath, blättricher.

SPATHVM *lamellosum molle*, s. Spath, blättricher.

SPATHVM *lamellosum opacum*, nennet Cronstedt den Kalkspath, wenn er blättrich, oder wie es im Cronstedt heißt, dünnschieferich und undurchsichtig ist. Es wird uns Kongsberg in Minorn und die Skaragrube auf dem Eget in Norwegen genennet, wo dergleichen Kalkspath gefunden wird. l) s. Kalkspath, blättricher.

SPATHVM *lucens*, wird der Flußspath genennet, weil er phos-

---

k) Linnäisches Naturs. des Mineralr. Th. I. S. 432. Linné syst. Nat. XII. T. III. p 49. n. 8.

l) Cronstedt Mineral. Brünnichs Ausg. S. 18. Werners Ausg. Th. I. S. 29;

phosphorescirt. ſ. Flußspath. Eigentlich iſt es nicht der Flußspath allein, der eine leuchtende Kraft hat, und Spathum lucens heißen ſollte, denn der bononienſiſche Stein, ja ein jeder ſchwerer Spath, Fraueneis und mancherley Gypsarten, leuchten, wenigſtens nach vorhergegangener Bearbeitung, auch im Finſtern. ſ. leuchtende Steine, beſonders aber *Marggrafs* chymiſche Schriften Th. II. S. 129. bis 131. wo er alle Steinarten namentlich nennet, welche eine leuchtende Kraft haben. Er verſtehet unter dem ſchweren Flußſpath daſelbſt den Schwerenſpath.

SPATHVM *molle ex aqua diſtiliaure generatum*, nennet Cartheuſer den Stalactites ſpatholus des Herrn von Linne. ſ. Tropfſtein.

SPATHVM *mutum* Linn. Spathum fixum non ſcintillans *Linn.* ſchoniſcher Spath, iſt eine Spathart, die in den Säuren nicht brauſt, und doch auch am Stahl kein Feuer giebt. Tidſtröm fand ihn in Schonen. m) Da ihn Linne mit dem Feldſpath in eine Klaſſe ſetzt, und doch auch von allen übrigen, z. B. von den Gypsarten trennet, ſo muß er nach ſeinen Beſtandtheilen dem Feldſpathe am nächſten kommen, und vielleicht liegt nur der Grund, daß er kein Feuer ſchlägt, in der Verbindung ſeiner Theile. Dieſer Spath hätte indeſſen eine nähere Beſchreibung verdient. Linne hat ihn in Schonen nicht ſelbſt gefunden, er würde ſonſt in ſeinen herausgegebenen Reiſen etwas mehr zu ſeiner nähern Kentnis geſagt haben.

SPATHVM *opacum*, heißt der undurchſichtige Spath.

SPATHVM *opacum frictione foetidum*, heißt der Stinkſtein, wenn er ſpathartig iſt. Bekanntermaßen äuſſert der Stinkſtein ſeinen unangenehmen Geruch dann am merklichſten, wenn er gerieben oder geſchlagen wird; darum heißt er *frictione* foetidum. ſ. Stinkſtein.

SPATHVM *orbiculatum tunicatum marginibus ſerratis*, nennet Linne in dem Muſ. Teſſin. ſeinen Tophum ſpatholum. ſ. Tophſtein, ſpathigter.

SPATHVM *particulis diſperſis, irregularibus*, heißt beym Wallerius der körnige Spath. ſ. Spath, körniger.

SPATHVM *particulis diſperſis rhomboidalibus, irregulariter congeſtis*, heißt eben dieſer körnige Spath im Syſtem des Wallerius. ſ. Spath, körniger.

SPATHVM *pellucidum*, heißt der Spath, wenn er durchſichtig iſt, wohin vorzüglich das Spathum ſpeculare des Linne gehört, um ſo viel mehr, da Wallerius n) dieſen Spathum pellucidum von dem Doppelſpathe, oder dem iſländiſchen Kryſtall, ausdrücklich unterſcheidet. ſ. *Sparbum ſpeculare.*

Spathum

---

m) Gmelin am angef. Orte S. 438.
n) Mineralogie S. 80. 81.

Spathum *pellucidum molle*, ist beym Wallerius eben das, was Spathum pellucidum ist, und was er den Androdamas des Plinius nennt. Linné sagt, es sey sein Spathum speculare, und bey diesem Worte will ich darüber nähere Auskunft geben.

Spathum *pellucidum objecta duplicans*, heißt der isländische Krystall, oder der Doppelspath. s. Spath, Doppelspath.

Spathum *pyrimachum*, oder

Spathum *pyromachum*, heißt der Feldspath, weil er am Stahl Feuer giebt. s. Feldspath.

Spathum *rhombeum*, heißt der isländische Krystall, oder der Doppelspath, wegen seiner gewöhnlichen Form, in welcher er erscheinet. s. Spath, Doppelspath.

Spathum *rhomboidale opacum*, s. Spath, Würfelspath.

Spathum *rhomboideum* Linn. s. Spath, schwarzer.

Spathum *scintillans*, heißt der Feldspath, weil er Feuer schlägt. s. Feldspath.

Spathum *scintillans crystallisatum*, heißt der Feldspath, wenn er in einer krystallinischen Form erscheinet. s. *Spath des champs crystallisé*.

Spathum *scintillans crystallisatum lateribus striatum*, ist beym Wallerius o) des krystallisirten Feldspaths.

Er nimmt nemlich folgende drey an: 1) Spathum crystallisatum rhomboidale, superficie plana, Colore albo vel flavescente. Mosgrufwan Norberg in Westmannia; rautenförmig mit glatter Oberfläche. 2) Spathum scintillans crystallisatum, minoribus crystallis concretum. Colore albescente ex Anglia; in kleinen Krystallen zusammengewachsen. 3) Spathum scintillans crystallisatum, lateribus striatum. Colore rubente. Parvas in Fennonia; mit gestreiften Flächen.

Spathum *siliceum* Linn. Spathum fixum album scintillans *Linn*. Kieselspath, Gmel. Linné fand ihn bey Utöen in Quarz. Er scheinet eine bloße Spielart des Feldspaths zu seyn; nur ist er durchscheinend und weiß, oder er spielt in eine matte grünliche Farbe. p) Er wäre allerdings einer ausführlichern Beschreibung würdig gewesen.

Spathum *solidum*, heißt der Flußspath, unter den aber viele der ältern Schriftsteller den schweren Spath, der ihnen noch nicht bekannt genug war, warfen. s. Flußspath.

Spathum *solidum, plus minus pellucidum particulis non distinguilibus*, heißt beym Wallerius der dichte Flußspath, dichte Flußarten. s. Flußspath.

Spathum *solubile diaphanum fissile album*, heißt der Schieferspath, sonderlich

---

o) Syst. mineral. T. I. p. 216. n. 3. Uebers. Th I. S. 208. 209.
p) Gmelin Linnäisches Naturs. des Mineralr. Th. I. S. 438. Linné Syst. nat. XII. p. 50. sp. 13.

derlich wenn er, wie er es gemeiniglich ist, durchsichtig ist. s. Spath, blättricher. q)

Spathum solubile lamellosum undulatum album, s. vorher Spath, Blätterspath.

Spathum solubile opacum Linn. s. Spathum basalticum.

Spathum solubile opacum nigrum subscintillans, s. Spath, schwarzer.

Spathum solubile opacum secundum situm lucis fugax Linn. s. Spathum fugax.

Spathum solubile pellucidum coloratum Linn. s. Spathum tinctum.

Spathum solubile pellucidum objecta duplicans, heißt der isländische Krystall, oder der Doppelspath. s. Spath, Doppelspath.

Spathum solubile pellucidum objectis simplicibus Linn. s. Spathum speculare.

Spathum solubile subdiaphanum compactum L. s. Spath, undurchsichtiger.

Spathum solubile subdiaphanum rhombis confusis L. s. Spath, körniger.

Spathum solubile subopacum compactum fragmentis subsquamosis L. s. Spath, schuppiger.

Spathum speculare Linn. Spathum solubile pellucidum objectis simplicibus Linn. Spathum pellucidum Wall. Spathum pellucidum molle Wall. Spathum calcareum rhomboidale, diaphanum Cronst. Androdamas Plin. Scheuchz. Porus rhombeus pellucidus Gerh. durchsichtiger Spath, Gmel. Wall. franz. Spath transparent Bom. heißt der weiche durchsichtige Kalkspath. Der Herr Prof. Gmelin r) giebt von ihm folgende Nachricht: „Man findet ihn meistens nesterweise, zuweilen nierenweise, in den schwedischen, würtenbergischen und elsaßischen Gruben, auch in dem Kauffungischen Marmorbruche in Schlesien, in der Schweitz, in den Bleygruben bey Matlock und Castleton in Derbyshire, in mehrern Gruben von Niederungarn, vornemlich bey Windischleiten und Ronitz, auch in der Einigkeit bey Joachimsthal in Böhmen, und an dem letzten Orte zuweilen in schwarzen erhärteten Thon. Er ist sehr weich, und bald mehr, bald weniger, oft vollkommen durchsichtig. Die Gegenstände, die man dadurch siehet, erscheinen ganz einfach. Er zerbricht in tafelförmige Stücke, und diese wieder in sehr kleine geschobene Würfelchen. Man findet ihn weiß, oder ganz matt gefärbt, auf der Bäreninsel bey Archangel in Rußland, und diesen zuweilen schwarz, roth, oder anders geadert, bey Boitza in Siebenbürgen, und bey Andreas-

---

q) Spathum solubile heißt bey Linne der Kalkspath, weil er sich in den Säuren auflöst.

r) Linndisches Natursystem des Mineralr. Th. l. S. 428.

dreasberg auf dem Harze hat er zuweilen weisse und durchsichtige gleichlaufende Streifen; ferner findet man ihn schwärzlich, bläulich, grünlich, brandgelb, oder gelblicht; den letztern, der im Finstern leuchtet, findet man bey Tornea in Lappland.

Wallerius, s) der von diesem Spathe sagt, daß er oft so weich sey, daß man ihn mit dem Nagel schaben könne, daß er überaus durchsichtig, (maxime pellucidum) zuweilen so dicht wie Glas sey, zuweilen sich aber auch in kleine würflichte Stücke zertheilen lasse; unterscheidet ihn bloß nach den Farben, und nimmt in seiner Mineralogie folgende sechs Abänderungen an:

1) Weissen durchsichtigen Spath. Spathum pellucidum album, wird auf der Bäreninsel bey Archangel in Rußland gefunden.
2) Gelblichen durchsichtigen Spath. Spathum pellucidum flavescens. Androdamas flavescentis coloris, *Scheuchz.*
3) Brandgelben durchsichtigen Spath. Spathum pellucidum croceum. Androdamas rubelli coloris, *Sch.*
4) Aderichten durchsichtigen Spath. Spathum pellucidum venosum; dergleichen findet man mit schwarzen, rothen und andern Adern durchlaufen. *Scheuchzer Oryctogr.* p. 147.
5) Schwärzlichen durchsichtigen Spath. Spathum pellucidum nigricans. Androdamas nigricans, *Scheuchz.* p. 148.
6) Grünlichen durchsichtigen Spath. Spathum pellucidum viride. Androdamas smaragdinus, *Scheuchz.* l. c.

In dem Mineralsystem hat Wallerius nur fünf Abänderungen:

1) Spathum pellucidum album. Bereninsel ad Archangel in Russia. Islandia.
2) Spathum pellucidum flavescens. Hoc magis compactum topazii spurii nomine venire solet: saepius est phosphorescens. Jonuswando in Lapponia Tornaeensi. In der Uebersetzung macht man die Anmerkung, daß er wahrscheinlich dann erst leuchte, wenn er zuvor geglüet worden ist, und daß er wohl ehe zum Flußspath, als hieher gehören möchte.
3) Spathum pellucidum viride. Androdamas smaragdinus, *Scheuchzeri* Oryctogr. p. 143. Smaragdus spurius aliorum.
4) Spathum pellucidum nigricans. Androdamas nigricans, *Scheuchzeri* Oryct. p. 148. Ueber diese und die vorige Abänderung macht der Uebersetzer des Wallerius die Anmerkung, daß beydes wahrscheinlich Flußdaß

---

s) Mineral. S. 80. Th. I. S. 132. Syst. mineral. Tom. I. p. 143. 144. Uebers.

daß es wenigstens Scheuchzers Androdamas p. 148. den der Verfasser hier anführt, ſey.

5) Spathum pellucidum venoſum. Deſcribit *Scheuchzer* in Oryctogr. p. 174. venis nigris, rubris et aliis ornatum.

Ueberhaupt, ſagt der Ueberſetzer des Wallerius noch, findet man dieſe Art faſt an allen Orten, wo Kalkſpath bricht, und kryſtalliſirt gefunden wird.

Cronſtedt t) hat nur zwey Abänderungen des weiſſen undurchſichtigen Kalkſpaths, nemlich den weiſſen oder ungefärbten, und den gelblichen, von welchem letztern Cronſtedt ebenfalls ſagt, daß er phosphoresſcire; alſo dürfte die obige Angabe des Wallerius doch wohl richtig ſeyn. Wenigſtens hat Cronſtedt nicht leicht eine Steinart ungeprüft in ſein Syſtem aufgenommen.

SPATHVM *tessulare* Wall. ſ. vorher Spath, undurchſichtiger. Wallerius u) unterſcheidet die Abänderungen auch bloß nach der Farbe in folgende ſechs: Spathum teſſulare album, cinereum, flaveſcens, viridescens, rubrum und nigricans.

SPATHVM *tinctum* Linn. Spathum ſolubile pellucidum coloratum *Linn*. Spathum compactum pellucidum tinctum, *Linn*. Muſ. Teſſ. p. 16. n. 8. Gefärbter Spath. Von ihm ſagt Gmelin: x) „Er zeigt ſich in den ſchwediſchen und ſächſiſchen Gruben, und iſt dicht, feſt und ſo durchſichtig und klar, als Glas. Bald iſt er gelb, und heißt bey einigen unächter Topas; bald grünlich, und heißt unächter Smaragd; bald aber bläulich, und dann nennen ihn einige unächten Saphir. Er ſcheinet übrigens blos eine Spielart des durchſichtigen Spaths zu ſeyn.

SPATHVM *undatum* Linn. ſ. Spath, Blätterſpath.

SPATHVM *vitreum*, heißt der Flußſpath. ſ. Flußſpath.

SPECKSTEEN, heißt im Holländiſchen der gleichfolgende Speckſtein.

SPECKSTEENE *arboriſeerde*, oder

SPECKSTEENE *boomagtige*, heißt im Holländiſchen der Speckſtein, wenn er, wie es nicht ſelten geſchiehet, mit dendritiſchen Figuren bezeichnet iſt.

Speckſtein, Schmeerſtein, Güldenſtein, Talgſtein, lat. Smectites, Steatites, Lardites, Gemma - huja *Kentm*. Gemmahu, Camahuja, Creta cimolia *Vog.* Calcedonius candidus non perſpicuus Auctor, Talcum ſmectis *Linn.* Talcum ungue rasile, albo inquinans *Linn.* Steatites, particulis impalpabilibus, mollis ſemipellucidus *Wall.* Argilla indurata particulis impalpabilibus ſolida *Cronſt*. Smectites ſubdiaphanus duriusculus, colore vario *Woltersd*. Smectites ſubtilis, mollis, fragmentis compactus *Carth.*

---

t) Mineralogie durch Werner Th. I. S. 28.
u) Am angef. Orte S. 141. Ueberſ. Th. I. S. 130. 131.
x) Am angef. Orte S. 432. f.

Cartb. Petra pinguis muriatica, attactu laevis, glabra, texturae informis *Gerh.* franz. Sinectite, Steatite, Pierres lineélites ou Steatites, Pierres de Lard, holländ. Specksteen, ist nach Gerhard y) eine fette aus Salzerde zusammengesetzte Steinart, welche glatt und schlüpfrich anzufühlen ist, und ein unbestimmtes Gewebe hat. Er fühlet sich fast wie Speck oder Seife an, daher auch der Name des Specksteins, ist nur mittelmäßig schwer, bald mehr bald weniger durchsichtig, läßt sich leicht sägen, und zu mancherley Figuren bearbeiten, hat verschiedene Farben, und erscheinet nicht selten dendritisch.

Herr Werner z) setzet folgende äussere Kennzeichen des Specksteins fest: Er wird von röthlich= auch grünlichweisser, zuweilen von blaß berggrüner, auch oliven= und lauchgrüner Farbe gefunden. Der weisse hat zuweilen in seinem Innern zarte schwarze baumförmige Zeichnungen. Er bricht derb und eingesprengt, ist inwendig matt, von einem grobsplittrichen Bruch, der sich zuweilen dem Ebenen nähert. Er springt in unbestimmteckige stumpfkantige Bruchstücke, ist durchscheinend, oft auch nur an den Kanten durchscheinend, wird durch den Strich glänzend, und ist sehr weich, zuweilen auch weich. Er ist milde, hängt gar nicht an der Zunge, fühlt sich sehr fett, und schon ziemlich kalt an, ist nicht sonderlich schwer, doch schwerer als alle vorhergehende Gattungen dieses Geschlechts; (nemlich die Thonerde, Porcellanerde, Steinmark und Walkerde.)

Ueber die äussere Eigenschaften dieses Steins macht Pott a) folgende Anmerkungen: "Er riecht roh merklich fettig, welches man am meisten spürt, wenn man ihn klein stößt. Bricht man ihn voneinander, so bemerkt man öfters glänzende, talkigte und glimmerichte Theile. Von der Luft wird er wenig verändert, nur daß er darinnen etwas härter wird. Wenn man ihn ins Wasser wirft, so ziehet er zwar etwas Wasser mit einem Gezische in sich; wegen seiner festen Zusammenbackung, und weil sein Gluten mehr ausgehärtet ist, zerfließt er aber doch nicht, wie der ordentliche Thon. Wenn man ihn zu Pulver stößt, so kann man ihn mit Wasser zu einem Teig machen, der sich einigermasen auf der Scheibe drehen und formiren läßt. Im Feuer wird er hart, und zwar, je gelinder das Feuer ist, desto weicher bleibt er, und je heftiger das Feuer ist, desto grösser wird auch seine Härte, so daß er am Ende mit dem Stahl stark Feuer schlägt, und zugleich eine schöne Politur annimmt. Im ofnen Feuer wird seine Farbe mehrentheils weisser, wie denn sonderlich der sonst ziem-

---

y) Beyträge zur Chymie Th. I. S. 352.
z) In seiner Ausgabe des Cronstedt Th. I. S. 182.
a) Erste Fortsetzung der Lithognosie S. 91.

ziemlich gelbliche chinesische Speckstein im Feuer viel weisser wird, als alle andre Arten; im verschlossenen Feuer hingegen pflegen sie mehrentheils gelblich zu werden. Die Art von Speckstein, welche gelb ist, wird im Feuer dunkelrother und brauner, schlägt alsdann Feuer, und wenn man sie polirt, so siehet sie wie ein schöner Jaspis aus.

Die Abänderungen des Specksteins, in Ansehung der grössern oder geringern Härte, sagt Cronstedt, b) sind, da man sie nicht messen kann, schwer zu bestimmen. Die Arten von Risör, Siksiöberg und China, sind weit fester, als der englische von Landsend, welcher unter den Händen zerfällt; aber sie sind weder weich im Vergleich mit dem sahlbergischen sogenannten Serpentinstein, ob sie sich schon beyde zu gleichen Behuf drechseln und schneiden lassen. Der weichere ist doch sicherer für dem gewaltsamen Zerspringen unter der Arbeit.

Der Seifenstein, der Topfstein und der Talk, sind unserm Specksteine wenigstens darinnen verwandt, daß sie weiche und fette Steinarten sind. Man muß sie also zu unterscheiden wissen. Die Specksteine, sagt Herr Gerhardt, c) unterscheiden sich von den Seifensteinen sehr schwer durch das blose Ansehen. In dem Gefühle zeigt sich einiger Unterschied, indem die Specksteine noch fetter anzufühlen sind, und daher auch etwas mehr Glanz wie die Seifensteine an sich haben. Der Hauptunterschied läuft also hier auf die Bestandtheile hinaus, und besonders auf die Verschiedenheit der alcalischen Erde, die sich in ihnen befindet. Hier ist der Grundstoff des Seifensteins eine Alaunerde, da der Grundstoff des Specksteins eine Salzerde ist. Der Topfstein gehöret eigentlich nicht unter die Specksteine, sondern unter die Seifensteine, und der Unterschied unter ihm und dem Specksteine ist eben der, welcher unter dem Specksteine und dem Seifensteine ist. Ausserdem hat der Topfstein noch glänzende Theile in sich, die die Gestalt des Glimmers haben, und vielleicht in manchen Fällen ein wahrer Glimmer sind. Der Talkstein ist allemal blättricht gewachsen, und er ist unter allen fetten Steinarten der einzige, der aus Lamellen besteht, wodurch er leicht von den übrigen Arten unterschieden wird.

Von dem Verhalten des Specksteins bey chymischen Versuchen will ich dasjenige wiederholen, was Gerhardt d) und Pott e) darüber gesagt haben.

Der erste sagt davon folgendes. „Mit sauren Salzen gähren die Specksteine nicht auf, ja wenn sie, wie dies bey einzelnen Stücken des chinesischen zuweilen

b) Mineralogie, Brünnichs Ausg. S. 87. Werners Ausgabe Th. I. S. 187.
c) Beyträge zur Chymie Th. I. S. 237.
d) Am angeführten Orte S. 348.
e) Lithogeognosie, erste Fortf. S. 92. 93. zweyte Fortf. S. 92. f.

len geschiehet, sehr fett sind, so wird nicht einmal die in ihnen befindliche Salzerde von sauern Salzen ehe ausgezogen, bis ihnen die überflüssige Fettigkeit durch das Kesten mit Laugensalzen genommen ist. Im Feuer werden die Specksteine härter, und bleiben in dem heftigsten Grade desselben ungeändert. Mit Borax, Laugensalzen und Bleyglas lassen sie sich leicht schmelzen. Durch den Zusatz von Gyps und Kalkstein sind sie schwerer als der Thon oder die Seifensteine in Fluß zu bringen. Doch geschiehet dieses in einem ausserordentlichen hohen Grade des Feuers. Man erhält aber demohngeachtet keine dünne glasige, sondern eine nußige porcellanartige Schlakke. Die Ursache davon liegt unstreitig in den mehrern fettigen Theilen dieser Steinart, indem sie durch den Zusatz des Kalkes leichtflüssiger wird, wenn ihr vorher mit Laugensalz die überflüssige Fettigkeit entzogen worden. Durch die mit dem Pyrometer über diese Steinart angestellte Versuche ergiebt sich, daß sie sich fast unter allen bekannten festen Körpern am wenigsten ausdehnet, und es stünde zu versuchen, in wie weit man bey Anfertigung verschiedener physikalischer Werkzeuge davon Gebrauch machen könne.

Der Herr Prof. Pott nahm besonders den bayreuther Speckstein zu seinen chymischen Untersuchungen. Die ersten Versuche machte er mit den alkalischen Salzen, und er brachte diesen Speckstein zu einer fliessenden Masse, und es wurde ein schönes Glas, wenn Speckstein, Sand und Salpeter vereiniget wurden, doch war dieses Glas nicht überall durchsichtig genug. Mit Borax floß der Speckstein ebenfalls zusammen, und nahm eine angenehme Aquamarinfarbe an. Mit den Gläsern floß der Speckstein in eine Masse zusammen, die aber allemal undurchsichtig war. Mit Bleyglas und Bleykalken entstund eine Masse, welche höchstens halbdurchsichtig war. Mit gypsichten und kalkichten Erden wollte der Speckstein nicht zusammenfliessen, ausser wenn er mit dem Speckstein, Quarz und gemeiner Kreide, oder Alabaster, oder Marienglas und Minium vermischt wurde; sonderlich floß er in dem letztern Falle sehr schön zusammen, und wurde durchsichtig. Mit glasartigen Erden glückten die Versuche nicht alle, aber Speckstein und Flußspath wurde eine durchsichtige Masse, wie ein weißgrauer Achat. Flußspath und gemeine Kreide machte eine ganz klar durchsichtige dunkelgelbbräunliche Masse, auf welcher sich oben ein metallisches Korn befand.

Da die Geschichte des Lapidis mutabilis, oder des Weltauges, unter den Gelehrten so vieles Aufsehen machte, machte ich auch verschiedene Versuche f) mit mancherley Specksteinarten, die

---

f) s. mein lithologisches Journal v. Band S. 325. sonderlich S. 336. 337. 341.

die aber nicht alle einen gleich glücklichen Erfolg hatten. Alle meine Versuche mit den Specksteinarten von Göpfersgrün im Bayreuthischen liefen fruchtlos ab; sie veränderten sich im Wasser gar nicht, sondern sie blieben wie sie waren. Besonders hatte ich mich auf den dasigen gelben dendritischen Speckstein gefreut, den ich in kleine Stückchen, so fein wie ein dünnes Papier, schliff, aber meine Bemühungen blieben fruchtlos; der Speckstein lag 24 Stunden im Wasser, blieb aber eben so undurchsichtig, als er vorher gewesen war. Hingegen eine Specksteinart von Cornwallis in England verhielt sich besser. Dieser englische Speckstein siehet weißlich grau; er ist für einen Speckstein ziemlich dicht und fest. Auch in ganz dünne Scheibchen geschnitten und polirt, ist er gegen das Licht gehalten, ganz undurchsichtig, aber wenn er 24 Stunden im Wasser liegt, so nimmt er eine matte gelbe Farbe an, und wird, gegen das Licht gehalten, so helle wie Bernstein, bekommt auch weiße Streifen, die noch heller und durchsichtiger sind. Eben diese Erscheinung sahe ich einigermaßen an einem venetianischen Speckstein. Das ganze rohe Stück hat eine weiße Farbe, die ganz in das Grüne schielt, in dünne Scheiben zerschnitten, nimmt er eine weiße Farbe an, die einem trüben Chalcedon gleicht, ist auch, gegen das Licht gehalten, trübe durchsichtig. Wenn er 24 Stunden im Wasser gelegen hat, so wird zwar seine Durchsichtigkeit merklicher, aber doch nicht so merklich, daß er unter der Zahl der veränderlichen Steine eine besondere Achtung verdienen sollte. Auch bey einem Versuche mit Scheidewasser vermehrte sich seine Durchsichtigkeit nicht.

Bey den bald folgenden Eintheilungen wird es sich offenbaren, daß verschiedene Gelehrte den Speckstein, oder vielmehr das Wort Speckstein zu einem Geschlechtsnamen machen, und darunter mehrere Gattungen von Steinen zählen; über die Classe aber, wohin man den Speckstein setzen soll, drücken sie sich zwar verschieden aus, obgleich gerade unter ihnen deswegen kein Widerspruch ist. Linne, g) von Cronstedt h) und mehrere setzen ihn unter die thonigten Steine, welches auch Wallerius i) thut, denn er sagt selbst, daß seine Lapides ollyri die eine argillacem des Linne wären. Beym Linne stehet er unter den Talkarten, beym Cronstedt macht er ohne weitere Abtheilung seine eigne Gattung aus, und beym Wallerius gehört er zu einer eignen von den Talkarten getrennten Classe, die er Lapides steatici, Steatites, Serpentinus, Ollaris, Speckstein, Topfsteine, Serpentinsteine, nennet. Unter diesen

---

g) Syst. Nat. ed. XII. Tom. III. p. 51. 52.
h) Mineralogie, Werners Ausg. Th. I. S. 175. 182.
i) Syst. mineral. T. I. p. 380. 394. 399. n. 4.

diesen Schriftstellern ist also im Grunde kein Widerspruch, sondern nur verschiedene Erklärung, und nähere Bestimmung, vielleicht nach verschiedenen Gesichtspunkten und Einsichten. Pott macht zwar dem Bromell k) den Vorwurf, daß er den Speckstein unter die Kalksteine zähle; aber er thut ihm unrecht. Es ist wahr, am angeführten Orte der deutschen Uebersetzung stehet das Wort Kalkstein, aber man siehet offenbar, daß es ein Druckfehler ist, und Talkstein heißen muß. Denn von dieser Steinart redet er vorher; und überhaupt in dem ganzen vierten Kapitel von allerhand mehligen, feuerbeständigen Steinen, da das folgende Kapitel von allerhand Steinarten redet, welche sich im Feuer zu Gyps, Kalk und Pulver brennen lassen. l)

Ich habe vorher gesagt, daß verschiedene Mineralogen das Wort Schmeer- oder Speckstein als Geschlechtsnamen betrachten, und davon will ich nun einige Beyspiele anführen.

Von Bomare m) nennet das achtzehnte Geschlecht: Schmeersteine, Topfsteine, Pierres sinectites ou stéatites, ou Pierres ollaires. Lapides sinectites, Woltersd. Steatites, Pott. Lapides ollares; und bringt darunter folgende Gattungen: 1) Speckstein. Lardites. Steatites veterum. Pierre de lard. 2) Schwarzer Topfstein, schwarzer Talk. Lapis ollaris niger, Talcum steatitico-nigrum, Ollaris mollior pinguis, niger, micaceo, lamellosus, vix cohaerens pictorius, *Wall.* Ollaris pictorius, Talcum nigrum, Pierre ollaire noire, ou Talc noir, Steatite. 3) Der Stein von Como, oder zarter Topfstein. La pierre de Côme, ou Pierre ollaire tendre, Lapis comensis, *Plin. Card. & Scaliger.* Lapis lebetum &c. Lapis ollaris. Petra columbina, Lapis columbrinus, *Becher.* 4) Grobkörniger Topfstein. Pierre ollaire à gros grains. Ollaris crassior durus &c. 5) Schlangensteine, oder fester Topfstein. Pierre colubrine ou Pierre ollaire solide. Lapis colubrinus. 6) Serpentinstein. s. Serpentinstein. 7) Probierstein. Pierre de touche. Pierre de Lydie. Lapis metallorum. Lapis lydius &c. s. Probierstein.

Der Herr geheime Bergrath Gerhard n) hat unter dem Geschlecht Speckstein folgende Arten: 1) Speckstein, welcher sich schaben läßt und abfärbt, spanische Kreide, Steatites rasilis inquinans, Creta hispanica. 2) Speckstein, welcher dicht und hart ist, und sich drehen läßt, dichter Speckstein. Smectites durus tornatilis, Smectites continuus. a) Undurchsichtig. Serpentinstein, b) Halb-

---

k) Mineralogia et Lithogr. Svec. P. 25.
l) Mir ist in meiner vollständigen Einleitung an einem Orte, den ich jetzt nicht finden kann, ein gleicher unangenehmer Druckfehler vorgefallen, wo anstatt Talkstein, Kalkstein gedruckt ist.
m) Mineralogie Th. I. S. 124. f.
n) Beyträge zur Chymie Th. I. S. 236.

b) Halbdurchsichtig. Chinesischer Speckstein. 3) Speckstein, welcher bey dem Zerschlagen in etwas sich schiefert. Nierenstein. Steatites, fragmentis subtilissimis. Nephriticus.

Wallerius o) hat unter dem Geschlechtsnamen Steatites folgende Arten: 1) Steatites argillaceis particulis arcte cohaerentibus, durus. Argilla lapidea. Steinthon. 2) Steatites particulis impalpabilibus, mollis, lubricus, inquinans. Creta hispanica. Spanische Kreide. Schmeerstein. 3) Steatites opacus particulis inconspicuis solidus, durior pistorius. Steatites. Speckstein. Dichter Topfstein. 4) Steatites, particulis impalpabilibus, mollis, semipellucidus. Lardites. Halbdurchsichtiger Speckstein. Schmeerstein. 5) Steatites opacus, particulis distinguendis solidus, coloribus eminentioribus, maculosus, durus, polituram admittens. Serpentinus. Serpentinstein. 6) Steatites semipellucidus, particulis minoribus, solidus colore eminentiori viridescens, durus, polituram admittens. Serpentinus semipellucidus. Halbdurchsichtiger Serpentinmarmor. 7) Steatites opacus, particulis micaceis mixtus, solidus, calcinatione mica alba vel flava nitens. Lapis ollaris. Topfstein, Lavetstein. 8) Steatites particulis micaceis mixtus, mollis, lamellaris, pictorius, calcinatione mica alba vel flava nitens. Ollaris lamellaris. Kleienstein. Schieferiger Topfstein.

Andre Gelehrten betrachten den Speckstein als Art, und das ist der eigentliche Speckstein, von dem ich hier rede, und nehmen von ihm mancherley Abänderungen an, davon ich auch einige Beyspiele vorlegen will.

Da ich eben den Wallerius bey der Hand habe, so bemerke ich nur, daß er zwey Abänderungen des Specksteins annimmt. 1) den gelblichen, Lardites colore flavescente, der aus China kommt. 2) den gräulichen, Lardites colore viridescente, der zu Zwittis in Finnland gefunden wird, und von dem Wallerius sagt, daß Scheidewasser und Königswasser aus ihm erst eine gräuliche und dann eine grüne Farbe herausziehen.

Cronstedt p) hat folgende drey Abänderungen: 1) weiß oder lichtgrün. Risör in Norwegen, Siksiöberg im Norberge. Bayreuth. 2) dunkelgrün. Sala. Swartwik. Jonuswande. Salwisto in Tammela, u. a. a. O. m. 3) gelb. Juthbyllen zu Salberg. Der Torrakeberg in Gåsborn. China.

Der Hr. von Linné q) hat folgende Abänderungen, doch verstehet er unter seinem *Talcum smectis* zugleich den Seifenstein, von dem ich am Schlusse dieser Abhandlung besonders reden werde:

---

o) System. mineral. Tom. I. p. 394.
p) Mineralogie, Werners Ausgabe Th. I. S. 183. Brünnichs Ausg. S. 86.
q) Syst. Nat. XII. Tom. III. P. 54.

werde: 1) den härtern oder festern Speckstein, Steatites solidior. 2) den undurchsichtigen, opacus. 3) den halbdurchsichtigen, subdiaphanus. 4) den blättrichten, lamellosus.

Am ausführlichsten hat die Abänderungen des Specksteins der Herr Prof. Gmelin r) zusammengelesen. 1) weiß, Galactites, in Italien, in den Serpentinsteinbrüchen bey Impruneta, in Spanien, bey Risör, in Norwegen, bey Siksiöberg in Norberke, und bey Thiersheim im Bayreuthischen. Der letztere ist der weichste, und läßt sich daher am besten bearbeiten. 2) schwärzlich oder grau, in Spanien 3) roth oder röthlich weiß, in Sina. 4) veilchenblau mit weiß, in den Morgenländern. 5) grünlich oder hellgrün, an dergleichen Orten, wo der weisse bricht, auch in *Montagna di S. Fiore* in dem Grosherzogthum Florenz. 6) dunkelgrün, Pietra nefritica, in Italien, in Schweden bey Sahlberg, Swartwick, Joshaswando und Salwaisso in Tonnela. Dahin scheint der Gildstein zu gehören, der auf dem Gothardsberge eine halbe Stunde vom Hospital bricht; er ist hin und wieder körnig, aber genauer betrachtet, bestehet er aus schiefen und unvollkommenen Blättchen, welche bald einem unreifen Amianth, bald einem Glimmer gleichen, und bald halbdurchsichtig sind. Er fühlt sich übrigens fett an,

hat etwas Kies eingesprengt, und ist sehr weich und mild. Er läßt sich auch gut bearbeiten, und in der Nachbarschaft des Gothhards macht man sehr dauerhafte Oefen daraus, welche lange heiß bleiben ohne zu sengen, und weil sie aus sieben bis neun Stücken bestehen, die ungefähr ganz dick sind, auch wenn sie Risse bekommen, leicht wieder zusammengeflickt und mit Leimen verstrichen werden können. 7) gelb, in Sina und Schweden bey Sahlberg und in Gösborn auf dem Torrackeberg.

Der ältere Herr Brückmann s) sahe sonderlich auf den bayreuthischen Speckstein, den man bey Wohnsiedel findet, und giebt folgende Abänderungen an: 1) ganz weissen Speckstein; 2) dergleichen etwas grau und getüpfelt; 3) weiß mit schwarzen Dendriten; 4) dergleichen mit grauen Streifen; 5) dergleichen mit unvergleichlich schönen rothen oder goldgelben Dendriten, welche die zarteste Miniaturarbeit weit übertreffen.

Die verschiedenen Arten des Specksteins in Ansehung der Härte, die entweder grösser oder geringer ist, zu bestimmen, fällt etwas schwer. Der Speckstein aus Risör, Siksiöberg und der chinesische sind weit härter als der englische von Landsend, welcher zwischen den

---

r) Linnäisches Natursystem des Mineralr. Th. I. S. 442.
s) *Magnalia Dei* P. II. p. 154. f.

den Fingern zerfällt. t) Der bayreuthische ist ebenfalls weich, und viel weicher als der aus China.

Von den Nachrichten der Alten über den Speckstein zeichne ich folgende aus. Plinius u) ist unter den Alten der einzige, der des Specksteins mit ausdrücklichen Worten gedenkt; und er sagt von demselben, daß er seine Benennung von seiner den Thieren ähnlichen Speckart bekommen habe. Theophrast v) gedenket eines Steins von der Insel Siphnus, welcher wegen seiner Weiche sowohl gegraben als gedrehet wird. Wenn er ins Feuer kommt, und mit Oehl begossen wird, so wird er sehr schwarz und hart; man macht Gefäße daraus, deren wir uns auf dem Tische bedienen. Dies sagt Theophrast, aus dem aber, was er sagt, folgt doch noch nicht so geradezu, daß er den Speckstein meyne, da es auch der Topfstein seyn kann. Aldrovand x) gedenket des Specksteins zweymal. Das einemal legt er diesem Steine eine Gleichheit mit dem Dactylo Idaeo, oder dem Belemnit bey, und hatte da vermuthlich eine halbdurchsichtige Specksteinart vor sich; das andremal aber vergleicht er ihn mit dem Milchsteine, dem Thyitites und Melitites, und sagt, er habe eine weiche Substanz, weswegen er auch mit dem Specke verglichen werde, und er sey ein wenig harter Stein. Boodt y) vergleicht unsern Stein mit dem Unschlicht, und giebt ihn für weich aus; seine Farbe sey braunroth, und auf dem Holze gerieben, lasse er weisse Striche hinter sich.

Hieher gehören die von Bomare z) gesammelte Nachrichten. Viele Schriftsteller, welche durch die äusserlichen Eigenschaften des Schmeersteins betrogen worden, haben ihn ohne Unterschied mit vielen andern Steinen vermenget. Also nehmet ihn Cardanus eine Art derjenigen Steine, worauf man Scheermesser abziehet. Pisaureus hat ihn besser als eine Art von Schlangenstein (Ophites) angeführt. Burnet in der Reise durch die Schweiz, S. 188. nennet ihn einen öhligen und schuppigen Stein, den man zu den Schiefern rechnen könne. (Beyde meynen also wahrscheinlich den Topfstein.) Gesner giebt ihn für eine Art des Onyx oder Chalcedoniers aus. Brückmann Itiner. L. 19. p. 4. beschreibt ihn als einen undurchsichtigen, schlüpferich und fett anzufühlenden weissen Chalcedonier. Uebrigens, sagt er, ist er eine Art von Alabaster, und kommt

---

t) Cronstedt am angeführten Orte.
u) Hist. nat. Lib. XXXVII Cap. 11. S. 288. der Müllerischen Ausg.
v) Von den Steinen, Baumgärtners Ausg. S. 230. f.
x) Muſeum metallicum p. 630. 665.
y) Gemmar. et lapid. Hist. Lib. II. Cap. 232. p. 416.
z) Mineralogie Th. I. S. 124. Man muß aber merken, daß der Schmeerstein bey ihm Geschlecht sey, das er von mehrern Steinarten als vom bloßen Speckstein braucht.

kommt aus Ostindien. Ferner I. 37. p. 8. sagt er auch: Der Morochtus, oder Milchstein, ist vielleicht ein weisser Achat. An einem andern Orte, p XXV. macht er den Speckstein zu einer Art von Marmor oder Alabaster. Das *Dictionnaire von Trevoux* sagt: *Gemmatu*, oder *Gemehry*, (Camayeu) ist eine Art des Chalcedoniers, oder des Onyx oder Sarders. Wormius nennet ihn eine Art des Talks. Bromell Min. succ. p. 25. einen Kalkstein. (Ich habe aber schon oben angemerkt, daß dies ein Druckfehler sey, und Talkstein heissen müsse. Wahrscheinlich hat Bomare diese Stelle aus Pott genommen, und den deutschen Bromell nie gesehn.) Eben dieser Bromell und Linnäus machen eine besondere Gattung von unverbrennlichen Steinen aus Talk, (Apyres in talco) und nehmen den Topfstein für eine der vornehmsten Arten an. (Ist wieder nicht wahr. Man lese das Linnäische System.) Allein wie schon gesagt worden ist, alle weisse einfache, mit keinem metallischen Säfte vermischte, noch angeschwängerte Erden sind unverbrennlich, und können durch kein Feuer zum Flusse gebracht werden. s. Pott de Steat. Nach allen Umständen, die man am Schmeer= oder Topfstein wahrnimmt, muß er zum Thongeschlecht gerechnet werden, (das thun auch fast alle Mineralogen, und selbst Linne; (s. oben) und diejenigen, die von Lapidibus apyris reden, meynen auch die thonartigen Steine) weil er im Feuer erhärtet, welches nur die Thonarten allein thun. Darinnen allein ist er vom reinen Thon, von der Walkerde, oder seifenhaften Erde unterschieden, daß er nicht eben so im Wasser zergehet. Ausserdem sind die Eigenschaften alle einerley, und kein Unterschied, ausser in den Graden der Härte. Also gehören alle Steine, die so weich sind, daß man sie mit dem Messer schneiden oder drechseln kann, die sich schlüpfrich anfühlen, hauptsächlich aber im Feuer hart werden, zu der Art des Topfsteins. Denn dieses sind seine wahren Kennzeichen. Es giebt beträchtliche Unterschiede und Abänderungen unter den Schmeersteinen, nach dem sie härter oder weicher, mehr oder weniger durchsichtig sind." Der aus China kommt, ist gemeiniglich heller, obgleich die kleinen Stücke unsrer weissen, thonigten und erhärteten Erde, ordentlicher Weise an den Kanten eben so durchsichtig erscheinen. Wenn man verglasende Körper dazu setzet, kann man diese Eigenschaft vermehren. Die aus China und aus der Schweiz kommenden werden im Feuer compacter und geschickter, das Wasser zu halten. Der bayreuthische sogenannte Schmeerstein reißt leichter im Feuer, und bekommt Risse, wodurch das Feuer nach und nach durchschwitzt. Es ist also ein ziemlicher Unterschied zwischen den europäischen und chinesischen Schmeersteinarten."

Wenn Bomare sagte, daß der Schmeerstein aus dem Bay=
reuthi=

reuthischen im Feuer leicht Risse bekomme, so habe ich schon ehedem a) angemerket, daß man viele Versuche gemacht hat, den Speckstein im Feuer zu härten, und dadurch zu mancherley Gebrauche noch geschickter zu machen. Die Versuche sind gelungen, denn ich weiß aus einer schriftlichen Nachricht des Herrn Rector Lang zu Wohnsiedel, daß es ihm geglückt, die Kunst vollkommen zu machen, den Speckstein durch das Feuer so zu härten, daß er bald dem Marmor, bald dem Serpentinsteine, bald dem Achat, bald den Dendriten, bald sogar dem versteinten Holze gleicher. Er macht daraus Tabaksköpfe und Tabatieren, welche durch das Feuer an der Schönheit und an der Dauer zugleich gewinnen. Er wird überhaupt daselbst zuweilen so rein gefunden, daß er dem chinesischen sehr wenig nachgiebt; wenn er aber auch nicht rein genug gefunden wird, b) so kann man diesen Mangel durch Einbrennung des Fettes ersetzen, da er denn schwarz oder braun wird. Ein Kunstgriff, von dem man sagt, daß er im Bayreuthischen würklich ausgeübt werde.

Die Liebhaber der Versteinerungen haben sich von dem Specksteine keine Vortheile für ihre Sammlungen zu versprechen, da man in demselben nie Versteinerungen findet. Walch c) giebt hievon eine gedoppelte Ursache an. Der Speckstein, als ein thonartiger Stein, ist keiner Versteinerung fähig, weil er nicht im Meere erzeugt werden konnte; denn er entsteht aus aufgelößten Pflanzentheilchen, dazu das Meer der Ort nicht ist, wo häufige Pflanzen stehen können. Kann nun dieser Stein nicht im Meere erzeugt seyn, so kann er auch keine Seegeschöpfe in sich schliesen. Der Speckstein kann aber auch als Speckstein keine Versteinerungen haben, weil, wenn auch fremde Körper in dieses weiche Sediment zu liegen kämen, doch die Fettigkeit das Eindringen des Wassers in einen calcinirten Körper verhindern würde; der Körper wird also zerstört, und nicht versteint. Das letztere ist wohl die vorzüglichste Ursache, warum dieser Stein ohne Versteinerungen ist. Denn daß Versteinerungen in thonartigen Steinen eben keine Seltenheit ist, beweiset, ausser den Versteinerungen in Schiefern, besonders die Gegend um Danzig, wo in lauter thonigten Steinen die schönsten Versteinerungen liegen. Diese sind alle calcinirt, und so könnten sich also auch wohl im Specksteine calcinirte Schalen erhalten. Man siehet also hieraus, daß beyde Ursachen des seel. Walchs allerdings nicht hinreichend sind. Ich bin indessen nicht vermögend, eine dritte Ursache anzugeben, wodurch diese Erscheinung richtiger

---

a) In meiner vollständigen Einleitung Th. II. S. 236. f.
b) Gerhardt Beyträge zur Chymie Th. I. S. 356. Baumer Naturgeschichte des Mineralr. Th. II. S. 135.
c) Naturgesch. der Versteiner. Th. I. S. 23, 24.

richtiger und einleuchtender dargestellt würde. Hingegen findet man auf Specksteinen nicht selten Dendriten, die aber freylich grösteutheils aus kleinen abgesonderten Reisern und Zweigen bestehen, und daher freylich denen von Pappenheim und Solenhofen weit nachstehen. Vielleicht liegt der Grund davon in dem dem Speckstein beygemischten fetten Wesen. Gemeiniglich setzen diese dendritischen Zeichnungen tief in den Stein. Zu Göpfersgrün bey Wohnsiedel, und in der Nailaer Gegend im Bayreuthischen, findet man solchen dendritischen Speckstein. Die Farbe desselben ist bey einigen weißblaulich, perlenfarb, und diese haben dunkelblaue Dendriten. Bey andern spielt sie in das Fleischfarbene, bald mit röthlichen, bald mit braunen, bald mit bläulichen dendritischen Zeichnungen. Die braunen arbeisiren am schönsten. Es giebt auch gelbliche Specksteine mit dunklern Streifen, die ganz durch mit höchst zarten Reiserchen durchsetzt sind. d)

So wenig Nutzen der Speckstein für die Versteinerungen hat, so wenige Vortheile hat er für die Minern. Ehedem wuste man von denselben weiter nichts, als dieses, daß die unreinen Specksteinarten und die gefärbten ein eisenschüßiges Wesen in sich haben, welches die sauren Geister auflösen, die sonst auf den Speckstein gar keine Wirkung thun. e) Indessen ist dieser Eisengehalt so geringe, daß er in Absicht auf die Minern in gar keine Betrachtung kommt. In den neuern Zeiten hat man eine sehr vortheilhafte Entdeckung für den Speckstein gemacht; man hat nemlich zu Erahlberg in der Pfalz angeflogenes und blättrichtes Silber in Speckstein und verhärteten Thon gefunden. Der Thonstein hat eine graue hin und wieder mit Röthlich und Braun vermischte Farbe, und hat vielen Glimmer in sich. Auf diesem Thon sitzt der Speckstein, der eine schöne weisse Farbe hat, dicht ist, sich überaus fett anfühlt, und mit dem Messer leicht bearbeitet werden kann. Auf und in diesem Specksteine liegt das Silber, theils angeflogen, theils in Blättern ziemlich reich eingesprengt, theils bildet es dendritische Zeichnungen. Die Farbe des Silbers fällt merklich in das Gelbe. Ich habe diese Beschreibung nach einer Stufe meiner eignen Sammlung entworfen.

Sonst hat der Speckstein mancherley Nutzen. f) In China pflegt man daraus allerley Bilder, Theetassen, Töpfe, Coffeetassen u. dgl. zu verfertigen;

---

d) Walch am angeführten Orte S. 125.
e) s. Vogel praktisches Mineralsystem S. 101.
f) Vom Nutzen des Specksteins reden: Brückmann Magnal Dei P. I. p. 87. Pott erste Fortf. der Lithogeogn. S. 97. Vogel praktisches Mineral. S. 102. Gmelin Linndische Naturgeschichte des Mineralr. Th. I. S. 447. Schröter vollständige Einleit. Th. II. S. 238.

gen; man gebraucht ihn ferner zu Verzierungen in der Baukunst, zu Statuen, Gefäßen, allerley Galanteriewaaren und Spielwerk; und die Chineser treiben damit einen ziemlich starken Handel. Der Bayreuthische wird fast auf eben diese Art genützt, aus welchem man auch daselbst allerley grosse und kleine Kugeln, theils zum Geschütz, theils zum Spiel für Kinder verfertiget, die man brennet, und hernach in grosser Anzahl verkauft. Auf diese Art nähren sich viele Menschen damit, zumal wenn es wahr seyn sollte, was Herr Gmelin vermuthet, daß neulich nach gegründeten Vermuthungen die Materie, aus welcher die meerschäumenen Tabakspfeifenköpfe gemacht werden, auch hieher gehöre. Agricola sagt, daß diejenigen, welche mit dem Kupferschmelzen umgehen, sich daraus Formen bereiten, worinnen sie das Metall giesen, weil solche gut Feuer halten. Man kann ihn auch als eine Walkererde gebrauchen, die Wolle von der anhängenden Fettigkeit und dem Oehl zu reinigen. Man kann sich desselben wie des weissen Thons bedienen, die Flecken aus den Kleidern zu bringen. Man will sagen, daß die Chineser und Engländer eine Art von Porcellain daraus zuzubereiten wüsten. Der Chymikus könnte sich daraus Oefen und Tiegel machen, welche der Gewalt des Feuers und der Vitrification widerstehen. Wenn man den Speckstein mit Oehl vermischt, so ist er zur Polirung der Spiegel dienlich, und aus eignen Versuchen weiß ich, daß man ihn zur Polirung geschliffener Steine brauchen kann.

Herr Cronstedt g) behauptet, daß in den Gebürgen kein Speckstein anders als in Flözen vorkomme; welche, wenn sie dicht (d. i. in schmalen oder schwachen Flötzen) übereinander liegt, denselben zum Gebrauch untüchtig macht. Die schwedischen Bergleute nennen sie alsdann aufgeschwemmte Skiölige. So mags wohl in Schweden seyn; denn Hr. Gerhard h) versichert, daß diese Steinart in ganzen Gebürgen, Felsen, in Flötzen, in Nestern, in Stockwerken vorkomme, so wie sie auch, besonders in den nordischen Gegenden, Gänge macht.

Die Hauptgeburtsörter des Specksteins, sagt Hr. Werner, i) sind China, Landsend in der Grafschaft Cornwall in England, und Thiersheim am Fichtelberge in dem Wunsiedler Bergamtsrevier der Marggrafschaft Bayreuth. In Sachsen bricht auch Speckstein, aber in keiner beträchtlichen Menge; noch am vorzüglichsten wird er daselbst auf den Zinngängen zu Altenberg und Ehrenfriedersdorf, und im Serpentinsteine zu Töplitz gefunden. Den englischen hat Cronstedt mit Unrecht

---

g) Versuch einer Mineral. Brünnichs Ausg. S. 87. Werners Ausg. Th. I. S. 184.
h) Beyträge zur Chymie Th. I. S. 359.
i) In seiner Ausgabe des Cronstedt l. c. S. 183.

recht unter die Walkererde gesetzt.

Die Schriftsteller nennen indessen eine gute Anzahl von Oertern, wo Speckstein brechen soll. Ich habe mir folgende gesammlet: Altenberg in Sachsen, im Bayreuthischen, Blankenburg, Brocken, China, Chinoeuna, Colberg, Ehrenfriedersdorf in Sachsen, England, Ferro, Fichtelberg, Florenz, Franken, Gäsborn, Gepfersgrün, Graubinderland, Hirschberg, Impruneta, Joneswando, Italien, Landsend, Liegnitz, Magdeburg, Montagna di S. Fiore, in den Morgenländern, Naila, Norberke, Norwegen, Pfalz, Ribrs, Sachsen, Sahlberg, Salmeisso, Schlesien, Schweden, Schweiz, Siksjöberg, Spanien, Striegau, Schwartwik, Stahlberg in der Pfalz, Tonnela, Thiersheim, Torrakeberg, Unterharz, Vectis, Wohnsiedel und Zöblitz.

Ich habe oben gesagt, daß der Seifenstein, oder der Seifstein, von verschiedenen für den Schmeerstein oder Speckstein gehalten, von andern von dem Speckstein getrennet werde, dergestalt, daß einige, z. B. Gerhardt, den Seifstein und Speckstein gänzlich trennen; andere aber, z. B. Gmelin, den Seifenstein, Talcum linctus Linn. für den Geschlechtsnamen halten, unter dem der Speckstein als Gattung stehet. Ich halte es um so viel mehr für Pflicht, über diese Sache hier etwas zu sagen, da ich im vorigen Bande S. 354. beym Namen Seifenstein diesen Umstand übersehen habe.

Nach des Herrn geheimen Bergrath Gerhardt k) Anzeige ist der Seifenstein eine fette, aus der Alaunerde bestehende Erdart, welche seifenartig anzufühlen ist, dessen Theile fest aneinander hängen, die sich daher im Wasser nicht erweichen läßt, und ein unbestimmtes Gewebe hat. Der Seifenstein ist schlüpfrich anzufühlen, läßt sich leicht schaben und drechseln, und nimmt, wegen dem Mangel hinlänglicher Härte, nur eine schwache Politur an; von dem Specksteine aber unterscheidet sich der Seifenstein dadurch, daß sein Grundstoff eine wahre Alaunerde ist, da der Speckstein aus einer Salzerde entstanden ist. l) Von sauern Geistern, sagt Gerhardt, werden die Seifensteine nicht angegriffen, falls dieselben nicht Kalkerde, oder viele Eisentheile in sich führen. Auf diesen Unterschied gründet sich auch das Verhalten derselben im Feuer, denn die reinen Seifensteine widerstehen der Schmelzung gänzlich, so daß aus denenselben und denen Thonarten die besten Massen zu feuerbeständigen Gefässen und Steinen verfertiget werden können; da im Gegentheil diejenigen, welche mit vorgenannten fremden Theilen vermischt sind, bald leichter, bald schwerer schmelzen, und sich sodann ge-

---

k) Beyträge zur Chymie Th. I. S. 315.
l) Gerhards am angef. Orts S. 315. verglichen mit S. 352.

meiniglich in schwarze glasartige schaumige Schlacken verwandeln. Ueberdies bringt der Seifenstein verschiedenen Erdmischungen eine Schmelzbarkeit bey, und Herr Baumer schließet daraus, daß man den Seifenstein nicht ganz für rein halten könnte.

Herr Gerhardt sowohl als Herr Baumer sehen den Seifenstein für ein Geschlecht an, sie zählen aber dessen Gattungen nicht auf einerley Art. Herr Rath Baumer hält dafür, daß der Röthel, der Lavetstein, der Speckstein mit dem dazu gehörigen Serpentin- und Nierensteine, als Gattungen unter demselben begriffen wären. Hr. Gerhardt hingegen zählet folgende Gattungen zu dem Seifensteine: 1) Seifenstein, welcher das Wasser nicht in sich ziehet, Steinmark. 2) Seifenstein, so stark eisenhaltig ist, und roth abfärbet, Röthel. 3) Seifenstein mit glänzenden Puncten, Topfstein. 4) Seifenstein, welcher auf dem Wasser aufschwimmet, leichter Seifenstein. a) Weich, und der Abdrücke annimmt, Bergleder; b) steif und löcherich, Bergkork.

Es kommen die Seifensteine, wie Herr Gerhardt anmerket, oft in den Flötzgebürgen zum Vorschein. Das Steinmark aber, und der leichte Seifenstein, zeigen sich vorzüglich in Ganggebürgen, doch bestehen nie ganze Gebürge aus demselben. Eben so wenig geben dieselben Metallmütter ab, doch findet sich das Steinmark öfters bey Zinnerzen, und es brechen auch zuweilen die schönsten Zinngänge in demselben.

Aus einem andern Gesichtspunkte, obgleich auch als Geschlecht, betrachtet der Herr Prof. Gmelin 1) den Seifenstein. Er sagt: er sey *Talcum smectis* des Linne, und er, Linne, vereinige unter dieser Art mehrere, nemlich: 1) die Specksteinerde; 2) die spanische Kreide; 3) den Speckstein; 4) die Brianzoner Kreide; 5) den dicken Topfstein, *L p's celebrimus*, und die Igiada in Italien. Die allgemeine Nachricht, die er von diesem seinem Seifensteine giebt, ist folgende: Er findet sich in ganzen Gebürgen, Felsen und Gängen, auch in Flötzen, Nestern und Stockwerken in Sina, in Italien, in Graubünden, in dem Walliserlande, und in der übrigen Schweiz, in dem Bayreuthischen, in Schlesien, in England, vornehmlich in Cornwallis, in Norwegen und in Schweden bey Garpenberg, und an andern Orten; zuweilen, wie zu Utzenbach, bekleidet er die Kalkspathnieren in dem Achat als eine dünne Haut, die sich abschälen läßt. Er giebt einen weissen Strich, und läßt sich mit dem Messer schaben; er fühlt sich mäßig kalt und viel fetter an, hat auch mehr Glanz, als die vorhergehenden Arten.

---

1) Linnäisches Natursyst. des Mineralr. Th. I. S. 444. f.

Arten, (nemlich das Steinmark, Talcum lithomarga L. das grüne Steinmark, Talcum viridens Linn. und der Röthel, Talcum rubrica L.) Im Feuer wird er immer hart, und wenn das Feuer recht stark ist, oft so hart, daß er am Stahle Feuer giebt, und eine sehr schöne Politur annimmt. Gemeiniglich brennt er sich weißlicht, in verschlossenen Gefäßen aber gelblicht, die gelben Arten hingegen werden dunkelroth und braun, und schleift man sie dann, nachdem sie gebrannt sind, so sehen sie einem dunkeln Jaspis gleich. Das Wasser ziehet er nicht an sich, und ist überhaupt nicht so zähe als ein Thon; aber wenn man ihn recht klein stößt, schlemmt, und mit Wasser zu einem Teige macht, so läßt er sich auf der Scheibe drehen. Er hat immer die Erde des Bittersalzes in sich, die sich leicht mit Vitriolsäure ausziehen läßt, doch ist sie oft durch die beygemischte Fettigkeit so gegen die Auflösungsmittel geschützt, daß man zuvor den Stein mit Laugensalze rösten muß. Mit dieser Erde ist noch Kieselerde und brennbares Wesen vereiniget, und die gefärbten Spielarten sind nie ohne Eisentheilchen. Wenn diese in zu grosser Menge vorhanden sind, so brauset er zuweilen mit Säuren. Er taugt, zu Pulver gestossen, zu Formen und andern feuerbeständigen Gefässen, vornemlich wenn er mit Thon vermischt wird. Man vermengt auch sein Pulver mit Oehl, und gebraucht es zum Poliren der Spiegel.

SPECTORUM *candela,* hiesen in den vorigen Zeiten die Belemniten, weil man sich ihrer, wie vieler andrer Steinarten, zu allerley abergläubischen Dingen bediente, und ihnen wahrscheinlich Kraft und Schutz gegen die Gespenster beylegte. s. Belemniten.

SPECULARIS *lapis,* s. Lapis specularis.

SPECULATJE *koorntjes en Schelpjes,* holländ. und

Speculationsmuscheln und Schnecken, werden die kleinsten Muscheln und Schnecken genennet, weil man sie gleichsam nur zur Speculation oder zur Schau hinlegt. Eigentlich schließet man von den sogenannten Speculatien diejenigen ganz kleinen Conchylien aus, welche noch jung sind, und eine mehrere Grösse erlangen, und verstehet nur diejenigen, welche nie eine ansehnliche Wachsthumsgrösse erhalten. Sie haben in der Natur ihre entschiedenen Schönheiten, haben aber immer das Ansehen unter den Conchylien noch nicht erhalten können, das sie verdienen, und das man doch andern Thieren, z. B. Würmern und Insekten, die man doch oft mit dem Vergrösserungsglase suchen muß, in unsern Tagen einräumt. In der Natur kommen sie zahlreich genug vor, und unter den Versteinerungen und unter den gegrabenen calcinirten Körpern kommen sie häufig genug, oft in grosse Massen zusammengeschlemmt, vor. Sie können aber auch hier, wie ihre Originale,

wale, kein rechtes Ansehen erhalten.

Speculatien, s. den vorhergehenden Artikel.

SPECULUM *asini*, heißt der Selenit, der auch den Namen des Spiegelsteins führet; warum ihn aber Mathiolus geradezu Eselsspiegel nennet? das ist mir doch unerklärlich. s. Selenit.

Spermolithen, von Σπερμα, der Saame, heißt der versteinte Saame. s. Saame.

SPERMOLITHI, eben das im Lateinischen. s. Saame.

SPHRAGIS *asteros*, nennet **Gesner** die Asterien. Σφραγις heißt ein Siegel; wahrscheinlich wählte daher Gesner diesen Namen, weil die Asterien, so wie die Trochiten, dem Abdrucke eines Sterns gleichen. s. Asterien.

SPICA *frumenti*, werden die Getraideähren, sie mögen nun von Korn, Gerste oder Waizen seyn, genennet. s. im zweyten Bande, unter dem Namen Früchte, S. 218. Gerstenähren, S. 219. Kornähren, und S. 222. Waizenähren; besonders im dritten Bande, S. 219. s. Kornähren. Der Ritter von Linne m) fasset sie unter sein Phytolithus antholithus oder sein Phytolithus floris, denn er siehet die Spicam frumenti metallaream des **Wohlfarths**, und die Mineram cupri figuratam spicam re erens des **Wallerius**, für Worte von gleicher Bedeutung an; wahrscheinlich verstehet aber Wallerius die sogenannten frankenbergischen Kornähren, die aber nichts weniger als Versteinerungen des Pflanzenreichs sind, sondern ein bloses figurirtes Kupfererz. s. Kornähren.

SPICA *frumenti metallaris* s. vorher Spica frumenti. Auch **Wohlfarth** meynet die frankenbergischen Kornähren, daher er ihnen einen Metallgehalt beylegt. s. Kornähren.

Spiegelspath, s. Selenit des Linne im VI. B. S. 352.

Spiegelstein, heißt der Selenit, aus eben dem Grunde, warum er Selenit heißt. s. Selenit im VI. B. S. 335. Ich thue zu jenen unzureichenden Abtheilungen eine andre, des Conrad Gesner, n) die ich jetzt erst finde, wo er vorgiebt, daß er darum den Namen Selenites führe, weil man sich desselben bediene, Fenster zu bereiten; wozu man sich aber, so viel mir bekannt ist, mehr des russischen Glases als des Selenits bedienet; doch ist es auch wahr, daß man in den vorigen Zeiten das russische Glas und den Selenit fast durchgängig verwechselte. Specularia, sagt Gesner, quae vulgo fenestras vocant, è vitro maxime fiunt: aliquando e Phengite. Saepius etiam e *Speculari lapide*: qui ab his ipsis nomen tulit.

Spiele der Natur, s. Steinspiele.

SPILLEN, *versteende*, heißen

---

m) Syst. nat. ed. XII. Tom. III. p. 172.
n) De figuris lapidum p. 109.

sen im Holländischen die versteinten Spindeln. Sind sie gefurchtet, so heisen sie *gevoorende Spillen*, sind sie glatt, *gladde*, sind sie kurz, *stompe*, so wie die Ternatanische *ternataanse Spill* heißt. Alle diese Namen kommen unter den Versteinerungen in dem Museo Chaisiano S. 94. vor. s. Spindeln, versteinte.

SPINA *dorsi*, s. Rückwirbel.

Spindeln, versteinte oder grabene, latein. Fusi, Buccina ore canaliculato s. 10. strato *Mart.* franz. Fuseaux, holl. Spillen, heisen unter den Kinkhörnern diejenigen, die an der Mundöffnung eine merkliche Hervorragung, nach Linne einen Schwanz, nach Martini eine Nase, nach andern einen Schnabel haben. Sie gehören noch immer gar nicht unter die gemeinen Körper des Steinreichs, besonders als Versteinerungen oder als Steinkerne betrachtet, denn unter den gegrabenen calcinirten Conchylien, z. B. zu Courtagnon, kommen sie gar nicht selten vor. o) Nach dem System des Herrn von Linne stehen die Spindeln unter dem Geschlecht, das er *Murex* nennet, die Lithologen aber, und unter den Conchyliologen unter andern Martini, haben sie unter die Kinkhörner oder Trompeten gesetzt, doch verdienen sie um ihrer Figur willen, die ihnen auch den Namen der Spindeln zuwege brachte, eine eigne Classe, und eine besondere Anzeige.

Man kann ihnen allerdings den Anspruch nicht strittig machen, den sie auf die Trompeten, doch nicht im Sinne des Linne haben; denn wenn wir uns ihre Schnäbels hinweg denken, oder wenn Beyspiele ihres Schnabels beraubt sind, so sehen wir ganz die Form eines Kinkhorns, und blos ihre längere oder kürzere Schnäbel unterscheiden sie von den Kinkhörnern. Ihre erste Windung ist also grösser als die folgende Windung, und alle übrige Windungen endigen sich in einen hervorragenden spitzigen Zopf. Das eigentliche Unterscheidungszeichen der Spindeln von den Kinkhörnern ist ihr Schnabel, in welchen sich die erste Windung oder die Mundöffnung der Conchylie endiget. Dieser Schnabel ist eine längere, oft wie bey Murex colus *L.* sehr lange, oder kürzere, bald ofne, bald halbverwachsene Rinne, welche bald schmäler, bald breiter, bald gerade, bald etwas gebogen erscheinet. Daher theilen auch die Conchyliologen die Spindeln in kurze, Fusi breves, und in lange, Fusi longi, ein. Ausser diesen Schnäbeln findet man an ihnen beynahe alle die Veränderungen, die man an den Kinkhörnern findet. Denn einige sind glatt, andre gestreift, und noch andre knotigt. Dem Bau nach sind einige enge gebaut,

---

o). Ich liefere hier einen Auszug von dem, was ich von den versteinten Spindeln in meiner vollständigen Einleitung Th. IV. S. 469. s. ausführlich gesagt habe.

kant, und laufen in ihren Windungen gerade fort, wie ein Kegel, d. i. sie sind lang und schmal, andre sind bauchiger und kürzer. Man wird sich von ihnen den besten Begriff aus folgenden Zeichnungen natürlicher Spindeln machen können. Lister Hist. Conchyl. tab. 854. fig. 11. 12. tab. 892. 910. 911. 915. bis 920. tab. 921. fig. 14. tab. 927. 931. Gualtieri Ind. Testar. tab. 46. fig. A. B. C. E. F. tab. 52. fig. A. I. N. O. R. T. Rumph amboin. Raritätenk. tab. 28. fig. A. tab. 29. fig. E. F. G. L. Argenville Conchyl. tab. 9. fig. B. M. tab. 10. fig. A. D. H. K. I. Valentyn Abhandl. tab. 1. fig. 2. 6. 8. Spengler seltene Conchyl. tab. 3. fig. B. Klein Method. tab. 4. fig. 77. 78. Bonanni Recreat. Class. III. fig. 79. 88. 101. 104. 121. 287. 357. 360. Bonanni Mus. Kircher. Class. III. fig. 79. 88. 101. 104. 121. 288. 350. 353. 394. Seba Thesaur. Tom. III. tab. 50. fig. 54. 55. 56. tab. 52. fig. 4. 5. tab. 56. fig. 2. 3. tab. 71. fig. 23 bis 32. tab. 79. Regenfuß Th. I. tab. 1. fig. 9. tab. 9. fig. 35. tab. 11. fig. 61. tab. 12. fig. 62. Knorr Deliciae tab. B. IV. fig. 6 tab. B. V. fig. 4. Knorr Vergnüg. Th. I. tab. 20. fig. 1. Th. II. tab. 3. fig. 4 tab. 6. fig. 2. tab. 15. fig 3 Th. III. tab. 5. fig. 1. tab. 14. fig. 1. Th. IV. tab. 13. fig. 2. tab. 20. fig. 1. Th. V. tab. 6. fig. 1. tab. 7. fig. 1. tab. 18. fig. 5. Th. VI. tab. 15. fig. 4. 5. tab. 26. fig. 1. tab. 27. fig. 3. tab. 29. fig. 1. tab. 37. fig. 1. Martini Conchyl. tab. 136. fig. 1286. 1287. tab. 137. bis 146. tab. 158. fig. 1495. 1496. 1497. tab. 159. fig. 1500. 1501. 1502.

Die Verschiedenheit der versteinten und gegrabenen Spindeln wird man am besten aus folgender Tafel meiner vollständigen Einleitung sehen, bey welcher ich aber nur die Zeichnungen aus Schriftstellern wiederholen will. Wir haben

I. glatte Spindeln.
 1) mit kurzem Schnabel. Knorr Merkwürdigk. der Natur Th. II. tab. C. IV. fig. 3.
 2) mit scharf absetzenden Windungen.
   a) alle Windungen setzen scharf ab. Argenville Conchyl. tab. 29. N. 6. fig. c. Schröter vollst. Einleit. Th. IV. tab. 8. fig. 7.
   b) nur die zwey ersten Windungen. Schröter l. c. tab. 10. fig. 7.
 3) mit einem langen Schnabel. Seba Thesaur. Tom. IV. tab. 106. fig. 16. 17. 18. 21. 22.
 4) mit geflügelter Mündung und gezahnter Spindel.
II. Gestreifte Spindeln.
 1) die Länge herunter gestreift. Klein Petref. Gedanens. tab. 6. fig. 16.
 2) die Queere hindurch gestreift.
III. Gefurchte Spindeln. Argenville Conchyl. tab. 29. N. 6. fig. c.
IV. Geribbte Spindeln.

1) kürzere Ribben, die auf der ersten Windung nicht bis zum Schnabel reichen. Argenville Conchyl. tab. 29. N. 6. fig. d.

2) längere Ribben, welche die ganze erste Windung einnehmen. Schröter l. c. tab. 8. fig. 5.

V. Abruchte Spindeln.
VI. Knotigte Spindeln.
1) auf allen Windungen knotigt. Scilla de corporib. mar. lapidesc. tab. 16.
2) nur auf den obern knotigt. Seba Thesaur. Tom. IV. tab. 106. fig. 14. 15. 19. 20.

Was noch sonst von den versteinten und gegrabenen Spindeln könnte gesagt werden, bestehet in der möglichsten Kürze in folgendem. Man siehet zuförderst, daß die Spindeln gerade keine gemeinen Körper des Steinreichs sind, daß sich aber doch mehrere Arten derselben im Steinreiche gefunden haben. Man kann also die Spindeln, zumal wenn man ihre Originale dazu nimmt, als ein eignes Geschlecht betrachten, und man sollte sie von den Trompetenschnecken trennen, um so viel mehr, da jenes Geschlecht zahlreich genug ist, und sich unter den Spindeln manche befinden, deren erste Windung, ohne den Schnabel gedacht, zu einer Trompete nicht groß genug ist. Die mehresten Spindeln des Steinreichs gehören zu den gegrabenen, die nur calcinirt sind, und in der Erde eine weiße Farbe, die bald reiner, bald schmutziger ist, angenommen haben.

So kommen sie vorzüglich zu Courtagnon in Champagne, so zu Avignon in der That recht zahlreich vor; eben so findet man sie zu Orford, zu *Hordell Cliff* in *Hampshire* in England, und in dem Piemontesischen. Ob die Spindeln in Calabrien, deren Scilla gedenket, auch calcinirt, oder, wie ich vermuthe, würklich versteint sind? das kann ich nicht zuverläßig sagen. Zu Sternberg im Micklenburgischen finden sich in Kalkstein häufig versteinte Spindeln, aber freylich nur kleine Körper. Bey Danzig liegen sie in einer thonigten Mutter, scheinen aber dort seltener vorzukommen, eben so wie in dem Veronesischen, wo, wie Jacquet vorgiebt, ihre Mutter eine Lava ist. In dem Amte Homberg in Niederhessen liegen kieshaltige Spindeln in Kiesnieren. Wir haben also auch mineralisirte Spindeln. Die mehresten Spindeln, die wir finden, haben nur eine mittlere Größe, oder sind ganz klein; wir nehmen sie aber gern in unsre Sammlungen auf, weil sie zum Ganzen gehören, und weil überhaupt für den Naturforscher nichts zu klein ist. Die verschiedenen Zeichnungen versteinter und gegrabener Spindeln findet man vorher in der Geschlechtstafel.

Spinell, s. Rubinspinell.
SPINELLUS, lat. s. Rubinspinell.

Spinnen, versteinte, s. Entomolithen. im II. Bande, S. 95. 98.

Spinnensteine, s. Arachneolithen im I. Bande, S. 90.

90. Ich habe daselbst verschiedene Bedeutungen dieses Worts bey den Schriftstellern angeführt, zu denen ich jetzt noch folgende thun will. Man nennt auch die kleinsten versteinten Seeigel Arachneoliten, wahrscheinlich weil man sie von einer Spinne herleitete, etwa so wie man grössere Echiniten Krötensteine hies, weil man vorgab, sie würden im Kopfe grosser Kröten erzeugt. s. Krötensteine und Echiniten.

SPIRITES, ein Stein, der sich windet, wie eine Huttschnur, Musf. Brack. p. 10. so lese ich in Scheuchzers Sciagraphia lithologica curiosa p. 70. weiß aber eben so wenig, was das für ein Stein sey, als es vielleicht Scheuchzer, ja Brackenhoffer selbst wuste.

SPODIUM fossile, wird das gegrabene Elfenbein genennt. s. *Ebur fossile*.

SPONDIOLITHOS,
SPONDYOLITHI, } versteinte
SPONDYGLITHUS, Rückwürbel. Besonders brauchte man diese Worte in den vorigen Zeiten vorzüglich von den Fischrückwürbeln, entweder weil man keine andere, als solche, kannte, oder weil man wenigstens die Beyspiele, die man kannte, für Rückwürbel von Fischen hielt. s. Fischrückwürbel und Rückwürbel.

SPONGIA, s. Saugschwämme.

SPONGIA *corallites*, oder *Petra stellaria* beym Mercatus, ist wahrscheinlich eine Astroitengattung, die man sich, sonderlich wenn sie kleine Sterne hat, wohl als eine Schwammart gedenken kann. Vorzüglich wenn man auf ihre natürliche Steinhärte keine Rücksicht nimmt, oder wohl gar eine Versteinerung vor sich hat. s. Astroiten.

SPONGIA *solis aut lunae*, heißt bey einigen der bononiensische Stein, darum, weil er nach gehöriger Zubereitung, dem Lichte der Sonne oder des Mondes ausgesetzt, das Licht derselben in sich ziehet, und hernach eine Zeitlang im Finstern leuchtet. s. Bononienfischer Stein.

SPONGIAE *lapis*, s. Lapis spongiarum.

SPONGIOLITES, heißt eigentlich ein versteinter Schwamm; Aldrovand aber in dem Musf. metall. p. 492. verstehet darunter fungi speciem in agro Bononiensi, wahrscheinlich den bononienfischen Stein, dessen strahlichtes Gewebe ihn verleitete, diesen schweren Sparh für eine Schwammart zu halten. s. Bononienfischer Stein.

Spongien, s. Saugschwämme.

SPONGITES, war bey den Alten ein Edelstein, der seinen Namen von seiner Aehnlichkeit mit einem Schwamme sollte erhalten haben. Er gehört für unsre Tage unter die unbekannten Steine, von dem wir nicht einmal wissen, obs ein wahrer Edelstein war; denn daß die Alten mit dem Namen Edelstein, Gemma, überaus freygebig waren, ist bekannt.

Spreustein, wird vom Car=

Cartheuser der Aehrenstein genennet. s. Aehrenstein.

Springhörnchen, Bulla terebellum *Linn.* s. *Pieters Boortjes*.

Sproetjes, Sommersprossen, Strombus lentiginosus *Linn.* ist eine Flügelschnecke, die ihren Namen von ihren Flecken, damit sie bezeichnet ist, hat. Nach Linne hat diese Schnecke eine mit drey Falten versehene Mündungslippe, einen warzigten, oben mit einer Reihe grosser Knoten umgebenen, gleichsam gekröuten Rücken, und einen abgestumpften Schwanz. Der Flügel hat einen starken, wie Perlmutter glänzenden Saum, der mit einigen bräunlich durchschimmernden breiten Flecken, oben aber mit drey starken Einkerbungen, die Linne lobos nennet, versehen ist. Der Rücken ist mit verschiedenen Reihen kleinerer Knoten versehen, zwischen jeder Reihe siehet man eine Queerstreife, oben aber eine Reihe grosser Knoten, die einem Kranze gleicht, und die auch noch auf den folgenden Windungen, die sich in eine scharfe Spitze endigen, sichtbar sind. Die Mündung ist glatt, und hat, so wie die breite aber dünne Spindellefze, den schönsten Perlmutterglanz. Die Farbe ist marmorirt, mehrentheils braun oder röthlich, und die Schnecke übersteigt nicht leicht eine Länge von 3 1/2 Zoll, hat aber eine überaus schwere Schale. Sie wird von folgenden Schriftstellern abgebildet: Lister Hist. Conchyl. tab. 861. fig. 18. Bonanni Recreat. et Mus. Kircher. Class. III. fig. 300. Rumph amb. Raritätenk. tab. 37. fig. Q. Gualtieri Ind. Testar. tab. 32. fig. A. Argenville Conchyl. tab. 15. fig. C. Seba Thesaur. Tom. III. tab. 62. fig. 11. 30. Knorr Vergnüg. Th. III. tab. 13. fig. 2. tab. 26. fig. 2. 3. Martini Conchyl. Th. III. tab. 80. fig. 825. 826. tab. 81. fig. 827. 828. Mus. Gottwaldt. tab. 17. fig. 128. b. †. c. †. d. †. p) Ich habe diese Nachricht von einer natürlichen Conchylie darum vorausgesetzt, weil in dem Museo Chaisiano p. 95. der *versteenden Sproetjes* gedacht wird, die wahrscheinlich, wie die mehresten Flügelschnecken des Steinreichs, gegraben und calcinirt waren.

Sprudelstein, Carlsbader Sprudelstein, Pisa carolina, Tophus oolithus *Linn.* wird der Carlsbader Erbsenstein, wegen seines Ursprungs, genennet, und überhaupt ein jeder Erbsenstein, der sich allenthalben findet, wo warme Bäder sind. s. Erbsenstein.

Spuma lunae, heisst das russische Glas, vorzüglich der Selenit, zwey Körper, die man in den vorigen Zeiten immer miteinander verwechselt hat. s. Frauenglas und Selenit.

Spurensteine, Abdrücke, Abdrucksteine, lat. Typolithi, Matrices lapidum figuratorum,

---

p) Schröter Einleitung in die Conchylienk. nach Linne Th. I. S. 425. f.

Sp **Sp**

ratorum, fr. Typolithes, Empreintes, Empreintes ſur des pierres, holl. Afdrukſels, Spoorſteene, ſind das Bild eines ehemaligen Körpers des Thier= oder des Pflanzenreichs auf einem Steine. Wenn nemlich ein Körper des Thier = oder des Pflanzenreichs in eine feuchte weiche Maſſe zu liegen kam, die nach und nach verhärtete, und nun, ehe dieſe Maſſe eine völlige Steinhärte erhielt, der Körper ſelbſt durch irgend einen Zufall verloren gieng, ſo hinterlies er in dieſer Maſſe das Bild ſeiner äuſſern oder innern Geſtalt, gleichſam in einem Abdrucke, ſo wie etwa der Abdruck eines Petſchafts, die nach völliger Härte des Steins zurück blieb. Das iſt auch die Urſache der angegebenen Benennungen. Dieſe Spurenſteine theilet der Herr Hofrath Walch q) in halbe und in ganze ein. Halbe Spurenſteine ſtellen nur den halben Körper, z. B. nur die eine Hälfte einer Muſchel vor, die ganzen aber den ganzen Körper. Man kann ſich leicht vorſtellen, daß dieſer letzte Fall nur dann möglich iſt, wenn man eine Matrix glücklich zerſchlägt, und dadurch den ganzen Körper erhält, oder wenn durch irgend einen andern Zufall der Körper aus ſeiner Matrix herausfällt. Im letztern Falle beſonders nennet man dieſe Körper auch Steinkerne. ſ. Steinkern. Faſt alle Steinarten, die uns Verſteinerungen liefern, liefern auch Abdrücke, nur daß ſich ein ſolcher Abdruck immer in einer Steinart beſſer ausnimmt, als in einer andern. Härtere und feinere Steinarten ſchicken ſich alſo am beſten zu Spurenſteinen, und liefern die ſchönſten Abdrücke. Eben ſo können auch beynahe alle Körper des Thier= und des Pflanzenreichs in Abdrücken erſcheinen, und wir würden wenige Kräuter, und in ſchwarzen Schiefern wenig Fiſche, wir würden vielleicht gar keine Inſekten im Steinreiche haben, welcher Körper gar nicht im Steinreiche aufſtellen können, wenn hier nicht die Spurenſteine dem Mangel abhelfen, und die Lücke ausfüllen könnten. Man ſiehet hieraus, daß man die Abdrücke in den Steinſammlungen nicht ganz bey Seite legen kann, daß ſie ſogar dann, wenn wir einen und eben denſelben Körper als Abdruck und als Verſteinerung beſitzen, die Spurenſteine noch zu ſchätzen ſind, wenn ſie uns Verſchiedenheiten zeigen, wodurch wir Gattungen und Gattungsarten beſtimmen können. Gemeine Verſteinerungen legt man

---

q) Naturgeſch. der Verſteiner. Th. I. S. 68. Ueberhaupt reden von den Spurenſteinen Walch am angef. Orte. Bertrand Dictionn. des Foſſil. Tom. I. p. 290 Tom. II. p. 238. Bomare Dictionn. de l'hiſt. nat. 1768. Tom. IV. p. 240. Bomare Mineral. Th. II. S. 308. Geſner de petrificat. p. 11. ſ. Schröter vollſtänd. Einl. Th. III. S. 51. Martini allgem. Geſchichte der Nat. Th. I. S. 60. bis 70. der zugleich alle Körper anführt, die in Abdrücken oder Spurenſteinen gefunden werden.

man freylich nicht in Spuren-
steinen hin.

Verschiedene Mineralogen,
z. B. Wallerius, von Bomare, haben in ihren Mineralogien
die Spurensteine von den Versteinerungen getrennet, und erstern nach der Beschaffenheit der
Körper, die sie im Abdrucke vorlegen, verschiedene Namen gegeben; z. B. Cochleotypolithi,
Abdrücke von Schnecken, Buc-
cinotypolithi, Abdrücke von Bucciniten u. s. w. Allein da man
dadurch die Geschlechter und
Gattungen voneinander reißt,
und die Namen in der Verstei-
nerungskunde nur ohne Noth
vervielfältiget, die Sache selbst
aber keinen entschiedenen Nutzen,
ja sogar die Unbequemlichkeit
hat, daß einem und eben demselben Körper, der als Spurenstein, aber auch als wahre
Versteinerung vorhanden ist, im
System ein gedoppelter Ort angewiesen werden muß; so kann
ein solches Verfahren allerdings
nicht gebilliget werden.

SQUILLA *petrefacta*. oder
SQUILLAE, s. Squillen.

Squillen, versteinte,
versteinte Squillenkrebse, lat.
Squillae petrefactae, Cancer squilla *Linn.* fr. Squilles, holl. versteende Stoerkrabben, r) heissen
diejenigen Krebse, die lange Aer-
me, aber keine eigentlichen Scheeren haben. Den Namen Squil-
lenkrebs giebt man überhaupt
alle denen Krebsen, die keine eigentliche Scheeren, sondern nur
kleine scheerenförmige Spitzen
haben, auch in Rücksicht auf
die Anzahl der Füsse von den gemeinen Krebsen unterschieden
sind. Von diesen Squillen giebt
es verschiedene Arten, von denen einige die Grösse eines Hum-
mers haben. Einige unter ihnen sind der Gestalt nach unsern Flußkrebsen sehr ähnlich,
andre sind breit und flach, andre haben einen sehr kurzen Rückenschild, das übrige vom Rücken und Schwanz ist gegliedert,
und noch andre haben zehn Füsse, von welchen sich bey einigen
das zweyte, bey andern das
fünfte Paar auf eine scheeren-
ähnliche Art spaltet. Alle diese
haben an der Schwanzspitze
Blätter. Von ihnen sind diejenigen unterschieden, welche statt
dieser Blätter Dornen oder Spitzen haben. Es giebt von ihnen
drey Geschlechter. Einige haben grosse zum Theil plumpe
Scheeren, andre, nach der Proportion des ganzen Körpers,
sehr kleine Scheeren, und noch
andre statt der Scheeren Klauen-
füsse.

Der Herr v. Linne nimmt
das Wort Squille, Cancer squilla, eingeschränkter, denn er versteht darunter bloß eine kleine
in den europäischen Meeren befindliche Krebsart, bey welcher
man eilf Paar Füsse; die
Schwimmfüsse mit dazu gerechnet, antrifft, wovon das dritte
Paar am dicksten, und mit kleinen,

---

r) Ich schöpfe hier aus dem neuen Schauplatz der Natur Th. IV.
S. 748. und Walchs Naturgesch. der Versteinerungen Th. I. S.
149. 153. 154. Degeer Geschichte der Insekten. Th. VII. S. 182.

nen, gleich langen, scheerenförmigen Spitzen versehen ist.

Weitläuftiger nimmt Degeer das Wort Squille, denn die Arten, die er hieher zählet, gehören nach Linné theils unter *mer*, theils unter Oniscus. Sie befinden sich, sagt er, in allen Arten von Wassern, Flüssen, Pfützen, auch im Meer. Ueberhaupt ist der Körper oval, schalenartig, bald mehr, bald weniger länglicht, und zehn= bis zwölfringlicht. Brustschild und Hinterleib sind eins, der Kopf aber durch einen tiefen Einschnitt abgesondert. Sie haben Zähne, zwey netzförmige Augen, und vier borstenartige Fühlhörner, zwey lange und zwey kurze. Die vierzehn Füsse sitzen paarweise an gewissen Ringen. Bey einigen Arten endigen sich nicht nur beyde Vorderfüsse, sondern auch einige folgende mit einfachen Zangen. Der Schwanz hat mancherley Gestalten. Bey einigen ist er breit und platt, bey andern kegelförmig mehr oder weniger länglicht. Fast bey allen entdeckt man unten einige sehr dünne blätterförmige Lamellen, oder Luftwerkzeuge. Gleichwohl haben einige Arten statt dieser Blätter viele kegelförmige haarichte Federn, und bey andern fehlen beyde.

Von diesem Geschlechte, sagt Walch, liefert uns das Steinreich verschiedene schöne Gattungen. Ich rechne dahin die Davilaische squillam (Catal. raison.) tab. III. 1. die squillas in diesem (Knorrischen) Werke, tab. XIII. 1. tab. XIII. b. 1.

tab. XIII. c. 1. und die im Baier monum. rer. petrificatar. tab. VIII. 9. so mit dem homaro L. beym Seba (Thesaur. T. III.) tab. XXI. 5. am meisten überein zu kommen scheint. Die Squilla gibba findet sich besonders auf Solenhofer, Pappenheimer und Eichstädter Schiefern unter andern beym Baier tab. VIII. Num. 10. 11. 12. und Kundmann tab. IV. 12. verglichen mit dem Seba tab. XXI. Num. 6. 7. 9. 10. Diese Squille, die noch einen ziemlich vollständigen Rückenschild hat, ist gar leicht mit andern Krebsarten zu verwechseln, deren Rückenschild gleichwohl ungleich kleiner und schmäler ist, als bey derjenigen Gattung, von welcher hier die Rede ist.

Die mehresten natürlichen Squillen haben eine überaus feine Schale, die so dünne wie Papier, und viel dünner als an den mehresten Krebsen ist; ihre Füsse und ihre Fühlhörner sind zart und zerbrechlich, und daher kommt es, daß im Steinreiche, wo überhaupt die Squillen keine gemeinen Erscheinungen sind, sie mehr als Abdrücke, seltener mit ihrer Schaale, und am allerseltensten vollständig und ganz unversehrt erscheinen. Es läßt sich daher auch nicht viel von ihnen sagen, und selbst auf Arten und Abänderungen kein sicherer Schluß machen. Indessen erscheinen sie auch als Abdrücke immer deutlich genug, und man darf nur mit den natürlichen Krebsen eine mäßige Bekanntschaft haben, wenn man sie sogleich für das, was sie sind,

sind, erkennen will. Im Steinreiche wird das dadurch leichter, daß die versteinten Krebse selbst nicht gar zu häufig vorkommen.

Staarenachat, s. Staarenstein.

STAARENSTEEN, holländ. s. Staarenstein.

Staarenstein, Staarstein, chemnitzer Staarstein, Staarenholz, Staarenachat, holländ. Staarensteen, ist eine Steinart, von der die Steinbeschreiber nicht recht wissen, was sie daraus machen sollen, s) doch stimmen die mehresten Schriftsteller darinnen überein, daß es versteintes Holz sey. Denn obgleich der Herr Leibarzt Brückmann diesen Körper für eine versteinte Coralle, Corallium tubularium, hält, die durch ein achatartiges Gestein versteinert ist, und daher auch den Namen Staarenachat erwählet hat, darinnen ihm auch, wie wir hernach hören werden, der Hr. Pagenhofmeister Fuchs beystimmt, so hat er doch seine Meynung, wie wir unten hören werden, nach der Zeit aufgegeben, ob er sich gleich noch nicht ganz zu denen hält, welche diesen Körper ein versteintes Holz nennen.

Den Namen, den dieser Körper führt, hat er von dem verstorbenen Bergrath Henkel erhalten, der vermuthlich auf die sternförmigen Figuren sahe, die einige dieser Hölzer auf ihrer Oberfläche zu führen pflegen, und wodurch dieser Stein eine Aehnlichkeit mit der Brust eines Staars bekommt. Indessen, die Namen ohne Noth zu vermehren, nennet man heutzutage nur diejenigen Hölzer Staarsteine, deren Figuren rund sind, hingegen diejenigen, deren Figuren länglich, oder oval sind, Augensteine. Man hat wahrscheinlich nicht bedacht, daß beyde Fälle oft in einem Steine beysammen sind. Von diesen trennet man noch andre, deren Röhren wahrscheinlich nur durch Zufall horizontal liegen, und nennet sie Wurmsteine.

Ich halte mit vielen andern Mineralogen, und neuerlich noch mit Herrn Ferbern, diesen Staarstein für wahres versteintes Holz. Es hat, wie die Chemnitzer Hölzer überhaupt, eine Achathärte, und in den allermehresten Fällen sogar eine achatartige Natur. Ich sage, in den allermehresten Fällen, denn ich besitze ein Beyspiel von schwarzgrauer Farbe, welches keine völlige Achathärte hat, und daher nur wenig Feuer schlägt. Die eingesprengten Augen sind weiß, schlagen auch etwas Feuer, und ihre Natur scheinet sich dem Feldspathe zu nähern. Sonst hat dieser Staarstein

---

s) Meine Quellen, aus denen ich hier schöpfe, sind: Walch Naturgesch. der Versteiner. Th. III. S. 13. f. und Kap. IV. S. 227. Schulze von verst. Hölzern S. 21. Vogel prakt. Mineralg. S. 243. Brückmann von den Edelsteinen, neue Aufl. S. 232. erste Forts. S. 164. zweyte Forts. S. 163. f. Schröter vollst. Einl. Th. III. S. 220. f. Ferber neue Beyträge zur Mineralg. Th. I. S. 23.

stein die gewöhnliche in das Braune fallende Farbe der Chemnitzer versteinten Hölzer, und alle Kennzeichen, welche für die Wahrheit der versteinten Hölzer überhaupt reden, sind auch an diesem Staarenholze, sogar in kleinern Stücken anzutreffen. Wenn indessen die bräunliche Farbe immer die Haupt= oder gemeinste Farbe derselben ist, so sind doch sonst manche Veränderungen der Farbe, weißlich, braun, schwarz, roth, oder auch von verschiedenen Farben gemischt. Insofern hat also dieses Holz für andern Chemnitzer Hölzern nichts voraus. Aber gewisse durch den Stein setzende Röhren, die sich sogar durch die Farbe von der Steinart, darinnen sie liegen, unterscheiden, machen diese Steinart merkwürdig. Diese Röhren stehen parallel nebeneinander, sind bald rund, bald oval, bald anders geformt, bald grösser, bald kleiner. Die Ausfüllungen derselben sind Chalcedon= Carneol= Onyxartig und dergleichen, oft ein bloser Spath, wahrscheinlich ein Feldspath. Diese Verschiedenheit der Farben giebt diesem Holze, welches überhaupt die Politur des Achates, und also eine sehr schöne Politur annimmt, das prächtigste Ansehen, doch sind zuweilen die Röhren nicht ganz ausgefüllt, wodurch die Schönheit der Politur merklich unterbrochen wird. Manchmal ist die ganze Hohlröhre von einerley Masse, manchmal aber ist sie inwendig oder in ihrem Kerne von der Masse des Holzes, und diese mit einer andern Steinmasse gleichsam umgeben. Ein Umstand, auf den man allerdings Rücksicht nehmen muß, und der sich mit einer versteinten Tubularie nicht wohl vereinigen läßt; aber auf das, was man zur Vertheidigung der Meynung, das Staarenholz sey wahres versteintes Holz, sagt, anwendbar ist. Diese Röhren haben nicht einerley Grösse, gemeiniglich sind die grösten wie eine Gänse= die kleinsten wie eine Rabenspuhle; doch besitze ich ein Beyspiel, wo sich an der einen Seite viele dicht nebeneinander stehende Röhren befinden, die kaum den Umfang einer kleinen Stecknadel haben. Diese Röhren bedecken nicht allezeit die ganze Fläche, und besonders findet man sie an Aststücken nicht leicht im Mittelpunkte, sondern mehrentheils nach dem Rande zu. Abermals keine Erscheinung für eine Tubularie.

Dadurch, was ich gesagt habe, wird dieses Holz kenntlich genug. Schwerer aber ist die Frage: Wie sind diese in dem Holze befindlichen Röhren entstanden? oder was sind sie? Die Gelehrten haben sich darüber in verschiedene Meynungen getheilt.

Einige behaupten, hier sey alles Holz, auch diese Röhren gehörten zu dem Wesen dieses Holzes, und man müste dessen Original unter den fremden Holzarten suchen. Hr. Schulze hat in des Hrn. Rector Clodius zu Zwickau grosser Sammlung natürlicher Hölzer eine Gattung gesehen, die diesem Staarenholze überaus ähnlich ist, und auch hat ein Naturalienhändler versichert, daß ihm natürliches Holz bekannt sey, welches alle Kennzeichen des Staarenholzes an sich habe. Wäre dieses freylich gewiß, so wäre dieses allerdings die natürlichste Auflösung dieses Problems. Was wir jetzo als Röhren sehen, das waren ehemalige Saftröhren, oder vielleicht mit einem weichern Kern ausgefüllte Röhren, und nach dieser Bemerkung, wenn sie richtig wäre, würden wir erklären können: 1) warum diese Röhren eine andre Farbe haben, als das Holz? 2) warum sie so ordentlich, gleichsam wie mit Fleiß hingelegt, angetroffen werden? 3) warum ihre äussere Figur sich nicht immer gleich bleibt? denn das sind drey Fragen, welche für die zwente Meynung immer Schwierigkeiten bleiben werden.

In des Herrn Brückmann erster Fortsetzung lese ich, daß einige Naturforscher das Staarenholz für versteintes Holz des Palmbaums ausgegeben haben. Herr Brückmann setzt hinzu: „Vielleicht ist das Palmholz am wenigsten geschickt, eine Versteinerung anzunehmen, weil es gar zu weich und groblöchricht ist, und daher leichter verfaulen als versteinern kann." Allein ich dächte, eben deswegen, weil das Palmholz groblöchricht ist, könnte die fremde versteinernde Materie desto freyer eindringen, und dadurch die Versteinerung befördern.

Herr Prof. Ferber erklärt diese Erscheinung also: Was die Sterne betrift, die darin zuweilen vorkommen, und, bey dem ersten Anblick, mit den Medreporiten etwas Aehnliches haben, so sind es vermuthlich nur Büschel von Saftröhren des Holzes, oder das Inwendige ganzer Kräuterstiele, die eine solche Bildung haben. Daß dies Staarenholz der Herr Pagenhofmeister Fuchs im vierten Bande der Schriften der Berlinischen Gesellschaft naturforschender Freunde S. 233. um dieser einzelnen Sterne willen, die man an vielen Beyspielen vergeblich sucht, unter die Tubiporiten zählt, bemerke ich bey Gelegenheit dieser Anmerkung des Herrn Ferbers.

Nach einer zweyten Meynung siehet man diese Röhren für fremde Körper an, die nicht zu dem Holze gehören, sondern welche durch gewisse Thiere, da es vielleicht schon in der Erde lag und faulte, hineingebohrt wurden. Man nennet diese Thiere bald Polypen, bald Tubularien oder Madreporen, bald Holzwürmer. Es ist wahr, nach dieser Meynung ist zwar das Daseyn dieser Röhren bald erklärt, aber wie will man folgende Bedenklichkeiten heben? Wenn blose Holzwürmer diese Löcher gebohrt haben sollen, so ist die grosse Ordnung dieser Löcher, in der sie da stehen, ein Gegenstand, den wir nicht übersehen dürfen. Holzwürmer, selbst der Teredo navalis, bohren gar nicht regelmäßig, sondern sie streichen ohne alle Ordnung in dem Holze herum.

Wenn

Meer Polypen, Tubularien, Madreporen u. dgl. diese Röhren erbaut haben sollen, so können wir wohl die Regelmäsigkeit dieser Röhren aus andern Polypenarbeiten erklären, aber nun müsten wir annehmen, daß dieses Holz ehedem im Meere müsse gelegen haben, welches fast kein Fall möglich machte, als daß es Holz von einem Schiffe müste gewesen seyn, aber dazu gehöret Beweiß. Besonders aber, da sich bey Chemnitz versteintes Holz häufig, und nicht selten in Blöcken und ganzen Bäumen findet, so dürfen wir behaupten, daß das Staarenholz eben wie das übrige Holz bey Chemnitz ohne Meer in das Steinreich übergegangen sey. Folglich hat diese Meynung noch immer ihre grossen Schwierigkeiten.

Eine dritte Meynung hat der Herr Leibarzt Brückmann in seiner zweyten Fortsetzung vorgetragen. Nachdem er nemlich gegen Herrn Ferbers obige Meynung eingewendet hatte, was auch nach seinem Geständnis seine andre Meynung trift, daß er nicht einsehe, warum nur einige wenige Safträhren sternförmig gebildet seyn sollten, die mehresten aber nicht; so sagt er folgendes: „Nachdem ich viele grosse Stücke dieser Versteinerung untersucht habe, kommt es mir wahrscheinlich vor, daß vielleicht der Staarenstein eine Menge zusammengedrücktes versteintes Rohr sey, in welches noch vor der Versteinerung ein oder andre Sterncorallen gerathen sind. Es fällt leicht in die Augen, daß an vielen Stücken die Röhren dieser Versteinerung nicht rund, sondern platt, und würklich wie aneinander und zusammengedrückt aussehen. Auch diejenigen Theile, die die Wurzeln zu seyn scheinen, sehen mehr den zusammengepreßten Wurzeln des Rohrs, als der Bäume ähnlich; ja es weichen auch bisweilen einzelne Röhren von der ganzen Masse, besonders nach der Wurzel zu, ab, die mehr einem Rohrhalme als Holzwurzeln oder Zweigen gleich sehen. Einiger Staarenstein besteht aus ganz abgesonderten Röhren oder Halmen, dergleichen auch das versteinerte Holz nicht enthält. Vielleicht sind dieses auch lauter inwendig glatte, cylindrische Wurmröhren, die nur hin und wieder mit Sternröhren, als Corallen einer andern Art, vermischt sind." Diese Meynung, ich muß es gestehen, hat viele Wahrscheinlichkeit, nur daß die grosse Uebereinstimmung dieses mit andern versteinten Hölzern der allgemeinen Meynung ein grosses Gewicht giebt, und hier immer nicht wohl erklärt werden kann, wie in das zusammengedrückte Rohr einzelne Madreporen kommen konnten. Eben so kann man um der Verschiedenheit des Baues und der Lage dieser Röhren, und auch darum, weil nur einige Röhren, und in der That die wenigsten sternförmig sind, das Ganze nicht füglich für corallinisch erklären; denn wie genau, wie ordentlich, wie bestimmt die Corallenthiere ihre Wohnungen zu bauen pflegen, ist bekannt genug. Diejenigen behalten daher immer die mehreste Wahrscheinlichkeit für sich, welche diesen Körper unter die versteinten Hölzer zählen.

Man findet dieses Staarenholz an der böhmischen Gränze, vorzüglich bey Hilbersdorf bey Chemnitz. Ausserdem aber hat man bey Belgrad eben dieses Holz an einem versteinten Pfeiler entdeckt, der noch von einer ehemaligen von den Römern über die Donau erbauten Brücke übrig geblieben seyn soll. Ein ansehnlich Stück davon kam an den Kaiserlichen Hof nach Wien, und der seel. Walch versichert, daß es dem Chemnitzer Staarenholze völlig gleich sey. Merkwürdig wird indeß das Stück Staarenholz bleiben, das Walch aus dem Kabinet des seel. Probst Genzmar sahe, in dessen Mitte ein agaricus marinus petrefactus ganz deutlich zu sehen war. Wars nicht vielleicht ein bloser Spath, so wird doch auf ein einzelnes Beyspiel nicht leicht eine widrige Folge gegen obige Behauptungen gegründet werden können.

Man kann nicht sagen, daß das Staarenholz eben eine allzugrosse Seltenheit sey, und doch haben wir davon nur wenige Abbildungen; nemlich Knorr Sammlung von den Merkwürdigkeiten der Natur Th. III, tab. ξ. fig. 2. und Suppl. tab. X. fig. 5. 6. Schröter vollständige Einleitung Th. III. tab. I. fig. 1. 2.

Stachelmuscheln, heisen bey einigen Schriftstellern, z. B. beym Wallerius Syst. mineral. Tom. II. p. 491. die Stachelschnecken. s. Muriciten.

Stacheln der Seeigel, s. Judennadeln und Judensteine.

Stachelschnekken, s. Muriciten.

Stachelsteine, heisen beym Wallerius l. c. S. 512. die Judennadeln. s. Judennadeln.

Stachelstern, Asteria equestris *Linn.* Daß dieser Seestern auch im Steinreiche vorhanden sey, habe ich im VI B. dieses Lexikons S. 329. N. IX. 8. kürzlich gezeigt. Jetzt thue ich folgende ausführlichere Nachricht hinzu. 1) Das Beyspiel, das einzige, das man im Steinreiche kennt, ist der Pentagonaster semilunatus des Herrn Link de stellis marinis p. 21. tab. 23. fig. 37. tab. 37. fig. 45. Vom Petrefact kommen Beyspiele vor in Herrn Schulzens Abhandlung von den versteinten Seesternen tab. 2 fig. 6. und auf den Knorrischen Supplementtafeln tab. VII. fig. 9. welche beyde blos durch die Grösse unterschieden sind. Derjenige, dessen Herr Schulze gedenket, ist in den Pirnaischen Sandsteinbrüchen gefunden worden. Der Seestern aus dem Knorrischen Petrefactenwerke liegt in einem Feuerstein, und ist von Neustrelitz. Er ist zwar nicht gros, aber überaus deutlich,

---

1) Schröter vollständ. Einleit. Th. III. S. 372. n. IX. 8.

lich, und Herr Hofrath Walch sagt in der Naturgesch. der Versteiner. Th. III. Kap. IV. S. 197. daß die eben nicht dicht stehenden Tubercula des Rückens ihren Eindruck sehr deutlich hinterlassen haben; und daß überhaupt die Asteria equestris unter die seltensten versteinten Seesterne gehöre. Ueber diese Gattung versteinter Seesterne macht Herr Schulze von den versteinten Seesternen S. 54. noch folgende Anmerkung: „Eben diese Art von Seesternen habe ich letzthin in einem Chalcedon aus Böhmen eingeschlossen gesehen. Der Stein, darinnen er lag, war ziemlich durchsichtig, und ungefähr eines Zolls lang und breit. An seinen beyden Seitenflächen entdeckte man verschiedene Merkmale, daß derselbe an andern Steinen angestanden hatte, er schien daher die ganze Breite desjenigen Ganges, von welchem er war abgeschlagen worden, vorzustellen. Der in demselben eingeschlossene Seestern lag, in Ansehung der Breite dieses Steins, beynahe in der Mitten. Er war von gelber Farbe, und hatte drey bis vier Linien zum Maas seines Durchmessers. Durch das Vergrösserungsglas entdeckte man an demselben die dieser Art eigenthümlichen Zeichnungen vollkommen, da er denn nicht anders, als eine sehr künstlich punktirte Mahlerey anzusehen war.

Stachlichte Milleporiten, s. Milleporiten.

Stämme, versteinte, s. Dendrolithen und Holz.

Schröters Lex. VII. Theil.

Stahrenholz, s. vorher Staarenholz.

STALACHTES *testaceus particulis impalpabilibus*, nennet Cronstedt den Tropfstein, wenn er schalicht ist, und aus feinen Theilen bestehet. Wahrscheinlich ist das Wort Stalachtes in Brünnichs Ausgabe des Cronstedt S. 21. ein Druckfehler, und soll Stalactites heisen, wie es auch in Werners Ausgabe Th. I. S. 39. sehr richtig also geändert ist. s. Tropfstein.

STALACTICON, heißt bey verschiedenen Schriftstellern der Tropfstein. s. Tropfstein.

Stalactit, deutsch,
STALACTITAE, lat. } s.
STALACTITE, franz.
Tropfstein.

STALACTITE *d'alabatre*, heißt der Tropfstein, wenn er von einer gypsartigen Natur ist, der daher auch Gypssinter genennet wird. s. Tropfstein.

Stalactiten, s. Tropfstein.

Stalactitischer Kalkstein, heißt beym Cronstedt der Tropfstein. s. Tropfstein.

STALACTITES, heißt im Lateinischen der mehr genannte Tropfstein. s. Tropfstein.

STALACTITES *ambiguus Linn.* Stalactites gypseo spathosus *Linn.* Stalactites gypseus textura spathosa *Cronst.* spathigter Gypssinter, *Gmel.* stalactitischer Gyps, Gypstropfstein, Gypssinter, Cronstedt, heißt der Tropfstein, wenn er von einer gypsartigen Natur ist. Es ist, wie Gypsspath, sagt der Hr. Prof. Gmelin, kin, u) im Bruche blättricht, und hat auch sonst Natur und Mischung mit ihm gemein, bald weiß, (ain Stollberg in Kupferbergslehen in Schweden, auch bey Trapano in Sicilien) bald grau, (im Herrengrunde bey Neusohl in Niederungarn) bald gelb, (bey Trapano) bald ohne alle bestimmte Gestalt, (im Stollberg) bald kegelförmig, (bey Trapano) bald cylindrisch und hohl, (bey Neusohl.) Aehnliche Tropfsteine findet man auch zuweilen in Leckhäusern bey Salzwerken, z. B. bey Sulz am Nekar in Würtenberg, die sich an die Reiser angelegt haben.

Cronstedt, x) der von diesem Gypssinter behauptet, daß er vielleicht von so mancherley Abänderungen in der Gestalt, als der Kalksinter zu haben pflegt, gefunden werden dürfe, giebt folgende ihm bekannte Abänderungen an:

1) Von unerkenntlichen Theilen. Particulis impalpabilibus, der Franzosen *Grignard*, von unbestimmter Gestalt. α) Gelb. Der Gypsbruch bey *Montmartre*. β) Weiß. Italien. Diese werden, wenn sie zu einiger Grösse gediehen sind, wie Alabaster verarbeitet. Die schaligen abgesonderten Stücke derselben pflegen alsdann weiß und gelb, durchsichtig und undurchsichtig miteinander abzuwechseln.

2) Von spathigem Bruch. *Textura spathosa*. A) Kegelförmig. Weiß und gelb. Trapano in Sicilien. B) Von unbestimmter Gestalt. Weiß. Der Stollberg in Kupferbergslehn.

Herr Werner sagt, daß der Gypssinter selten sey, und daß er noch zur Zeit keinen gesehen habe; wahrscheinlich trug er also Bedenken, die in den Gradierhäussern der Salzwerke entstehenden Incrustaten hieher zu zählen, die auch eigentlich kein Tropfstein sind.

STALACTITES *arenaceus*, Tophus arenarius *Wall* heißt der Tophstein, wenn er aus sandigen Theilen bestehet. s. *Tophus arenarius.*

STALACTITES *argillae calcariae hypnum involvens*, werden vom Gronov die Incrustaten genennet. s. Incrustaten.

STALACTITES *calaminari plumbeus griseus porosus nodulosus* Linn. s. Stalactites plumbiferus.

STALACTITES *calcaires*, heisen im Französischen die kalkartigen oder gewöhnlichen Tropfsteine. s. Tropfstein.

STALACTITES *calcareus*, eben das im Lateinischen.

STALACTITES *calcareus, solidus et crustosus, figura incerta*, heißt beym Wallerius der Tropfstein, wenn er gerade keine bestimmte Gestalt hat. s. Tropfstein.

STALACTITES *calcareus, globu-*

---

u) Linnäisches Natursyst. Th. IV. S. 241.
x) Mineral. Werners Ausg. Th. I. S. 64. f.

globularis, minoribus globulis sine basi, concretus, heißt beym Wallerius der Roggenstein. s. Roggenstein.

STALACTITES *calcareus, testaceus globulosus,* heißt eben dieser Roggenstein beym Cronstedt.

STALACTITES *calcarius,* eben das, was Stalactites calcareus ist.

STALACTITES *conicus,* oder beym Cronstedt

STALACTITES *coniformis,* heißt der Tropfstein, wenn er sich, wie es häufig geschiehet, in Zapfen gebildet, und daher eine kegelförmige Gestalt hat. s. Tropfstein.

STALACTITES *coniformis perforatus,* heißt beym Cronstedt dieser Zapfen, oder kegelförmige Tropfstein, wenn die Zapfen, wie es oft geschiehet, inwendig hohl sind. s. Tropfstein.

STALACTITES *conis concretis ex cavatis,* s. Tophus turbinatus.

STALACTITES *coralloides,* wird die Eisenblüthe wegen ihrer Bildung, die sie anzunehmen pflegt, genennt, die man sich in seiner Einbildung mit einem zusammengehäuften corallinischen Gewächse verglichen hat. Diese Eisenblüthe wird gemeiniglich von den Mineralogen unter die Eisenerze gezählet, ob sie gleich nur ein Spath, und zwar ein bloser Spath ist, die auch nicht den geringsten Eisengehalt hat. Im mineralogischen Lexikon soll sie beschrieben werden.

STALACTITES *cretaceus incrustans,* heisen beym Linne die Incrustaten. s. Incrustaten.

STALACTITES *cretaceus tunicato crustaceus apice perforato naroso,* heißt beym Linne der Tropfstein im engern oder eigentlichen Verstande, weil er sich in sehr vielen, fast in den meisten Fällen zapfenförmig bildet. s. Tropfstein.

STALACTITES *figura incerta,* heißt der Tropfstein von unbestimmter Gestalt. s. Tropfstein.

STALACTITES *figuratus,* heißt der Tropfstein, wenn er eine gewisse bestimmte Bildung, die in unzähligen Abänderungen erscheinet, angenommen hat. Wenn ich den Tropfstein selbst beschreibe, werde ich einiges davon sagen.

STALACTITES *fistulosus,* heißt der Tropfstein, wenn er sich in hohlen Röhren bildet. Er gehört also als Abänderung unter den vorhergehenden *Stalactites figuratus.*

STALACTITES *grignardus* Linn. s. Tropfstein, gypsartiger.

STALACTITES *gypseo-spathosus solidus* Linn. s. Stalactites ambiguus.

STALACTITES *gypseus,* heißt der gypsartige Tropfstein. s. Stalactites ambiguus.

STALACTITES *gypseus particulis impalpabilibus* Cronst. s. Tropfstein, gypsartiger.

STALACTITES *gypseus solidus* Linn. s. Tropfstein, gypsartiger.

STALACTITES *gypseus textura spathosa* Cronst. s. Stalactites ambiguus.

STALACTITES *incrustatum* Linn. wird der Tropfstein genennet, insofern er andre Körper überziehet, und vorzüglich in den sogenannten versteinernden Wassern gefunden wird. s. Incrustaten und Tropfstein.

STALACTITES *marmoreu spathosus solidus* Linn. s. Stalactites spathosus.

STALACTITES *marmoreus ramulosus*, s. Eisenblüthe im mineralogischen Lexikon.

STALACTITES *marmoreus solidus* Linn. So heißt der gewöhnliche dichte Tropfstein, der sich durch keine besondre Bildung oder irgend einen merkwürdigen Umstand auszeichnet. s. Tropfstein.

STALACTITES *plumbiferus* Linn. Stalactites calaminari-plumbeus griseus porosus nodulosus Linn. Bleysinter, Gmelin. So nennet Herr von Linné einen tropfsteinartigen Bleyspath aus Italien. Nach seiner Beschreibung bestehet er aus einer blättrichten, etwas löchrichten, sonst aber ziemlich dichten, sehr schweren, nicht aufbrausenden, gelblicht weissen und von aussen knotigten Rinde. Insofern diese Miner einen tropfsteinartigen Ursprung zu haben scheint, gehört ihm billig in einem vollständigen System eine Anzeige, nur kein besondrer Name. Der Herr Prof. Gmelin y) führt eine Menge Beyspiele an, die auch einen tropfsteinartigen Ursprung haben, und die doch der Ritter da gelassen hat, wohin sie eigentlich gehören, und nicht unter den Tropfstein gesetzt. Er sagt: „Wenn diese Gestalt und einige Aehnlichkeit in der Art der Entstehung Linné berechtigt, unter diesem Geschlecht Körper zu vereinigen, welche nach ihrer wahren Natur so weit voneinander abweichen, so könnten hier der Malachit, und diejenigen Abänderungen des Chalcedons, (in Norwegen und auf den ferrdischen Eylanden) des Achats, (bey Erbesbüdesheim in der Pfalz) des Hornsteins, (bey Aberdam in Böhmen auf gediegenem Silber) des Jaspis, (bey Manebückel in Zweybrücken) des Kochsalzes, (in dem österreichischen Pohlen, und bey Hallstadt in Oberösterreich) des gediegenen Alauns, (in Dirnbach bey Schladming in Steyermark) der mancherley Arten des Vitriols, (in Jöckel bey Dobraniva, in der Grube Anna bey Cremnitz, im Herrengrunde bey Neusohl, im Pacherstollen bey Schemnitz in Niederungarn, im Stamme Aser bey Raschau unweit Annaberg in Sachsen, im Rammelsberge bey Goslar am Harze) des Bernsteins, (in Preussen) des gediegenen Schwefels, (im Thale Mlina in Ungarn) des weissen Arseniks, (im Helena Huber bey Joachimsthal in Böhmen) des Galmeys, (bey Tarviso in Niederkärnthen) des gediegenen Wiß=

---

y) Linndisches Natursyst. Th. IV. S. 244. s.

Wißmuths, (im Friedenfeld bey Joachimsthal) des Coboldglanzes, (in der Rose von Jericho, und im sächsischen Edelleutstollen bey Joachimsthal, in der Krönung bey Annaberg, im weißen Hirsch bey Schneeberg, in der St. Georgsgrube bey Marienberg, und im alten Morgenstern bey Freyberg in Sachsen) des Bleyglanzes, (im Franzstollen bey Kapnik in Siebenbürgen, bey Ratieborzig und Przibram in Böhmen, und im Morgenstern bey Freyberg in Sachsen) des gelben, (bey Ronitz und Skalka in Niederungarn, auch im Berge Tschuber in Crain) des rothen, (bey Eirk unweit Neusohl in Niederungarn, am Riesenberg bey Eibenstock in Sachsen, auch in Framont unweit Rothau im Elsaße) des braunen, (bey Skalka und Ruskova unweit Ronitz, auch bey Boinik in Niederungarn) und des schwarzen Glaskopfs, (bey Boinik in Niederungarn, im Dunkler bey Camsdorf, und im Augustusstollen bey Voigtberg in Sachsen, auch in Schweden) des Silberglaserzes, (in der hohen Tanne bey Joachimsthal in Böhmen) des Eisensteins, (bey Schladming in Steyermark, bey Blankenberg und am Fuß des Rammelsbergs am Harze, in der Eifel am Rhein, und im Stifft Lüttich) des Kupfergrüns, (bey Saska im Temeswarer Bannat, auch im Herrengrunde bey Neusohl in Niederungarn) z) und des Federerzes, (im Morgensterne bey Freyberg) welche wie Tropfsteine gewachsen sind, hier eine Stelle finden.

STALACTITES *pyriticosus* Linn. und

STALACTITES *pyriticosus polymorphus* Linn. Pyrites stillatitius, von Born, geflossener Kies, Gmelin, Kiessinter, Ebend. ist ein Schwefelkies, der ein tropfartiges Ansehen hat. Es gilt von demselben in der Hauptsache eben das, was vorher von dem Stalactites plumbiferus gesagt wurde, denn er gehöret unter die Schwefelminern, und nicht hieher. Indessen wiederhole ich von ihm folgendes, was der Hr. Prof. Gmelin a) sagt: „Man findet ihn in der Grube Maria von Loretto bey Facebai, (auf gediegenem Golde) bey Abrudbanya und (auf weissen undurchsichtigen reinen Quarze) in Franzstollen bey Kapnik in Siebenbürgen, im Pacherstollen, in der Michaelisgrube und in Windischleiten bey Schemnitz in Niederungarn, bey Clausthal, und (im erhärteten Thon) im Burscherseegen bey Zellerfeld auf dem Harze, in der Normandie, und bey Herem in Northumberland in England.

Sehr oft hat er eine glänzende gleichsam polirte Oberfläche, (in Tyrol und am Harze) zuweilen (bey Herem) ist er traubenförmig, und auf seiner ganzen Oberfläche mit drey= und vier=

---

z) ferner in der Beresowfen Kupfergrube und sonst in Sibirien.

a) Linnäisches Natursyst. des Mineralr. Th. IV. S. 243.

vierseitigen Kiespyramiden besetzt, oder bestehet er aus runzlichten, wie ein Wurm gewundenen Cylindern, (bey Kapnik) oder ist er kegelförmig, (in der Michaelisgrube bey Schemnitz) oder röhricht, (ebendaselbst, auch bey Kapnik) oder nach Wellenlinien aufgeworfen, (bey Facubai) zuweilen ganz zerfallen, (bey Kuttenberg in Böhmen.) Sonst hat er die ganze Natur des Schwefelkieses.

STALACTITES *quarzosus* Linn. oder

STALACTITES *quarzosus granulatus* Linn. s. Quarzsinter.

STALACTITES *sedimentosus aut variegatus*, heißt der Tropfstein, weil er sich wie ein Sediment niedersetzt, und mancherley Gestalten annimmt. s. Tropfstein.

STALACTITES *seu porus foliaceus*, heißt der Tropfstein, wenn er blättricht gewachsen ist, oder aus kenntlichen übereinandergelegten Blättern bestehet. s. Tropfstein.

STALACTITES *solidus* L. s. vorher Stalactites marmoreus solidus.

STALACTITES *solidus aut continuus et undulatus*, heißt der Tropfstein, wenn er aus derben wellenförmigen Erhärtungen bestehet, oder wenn seine Gestalt wellenförmig ist. Man hat freylich der Namen ohne Noth viele gemacht, und man könnte ihrer bey so vielen Abänderungen, in welchen der Tropfstein erscheinet, noch ungleich mehrere gemacht haben. s. Tropfstein.

STALACTITES *solidus particulis spathosis* Cronst. s. Stalactites spathosus.

STALACTITES *spathosus* Linn. Stalactites marmoreo-spathosus solidus *Linn*. Stalactites solidus particulis spathosis *Cronst*. Spathum molle ex aqua destillante generatum *Carth*. Stalactites spathosus solidus figura diversa *Wall*. franz. Stalactites spatheules, deutsch: spathartiger Tropfstein, Wall. Kalkspathsinter, Gmelin. Man findet ihn, sagt Herr Gmelin, b) in unterirrdischen Höhlen, vornehmlich im Nebelloch, in der Baumannshöhle, bey Clausthal am Harze, im Stifft Hildesheim, in Crain, in der Schweiz, vornehmlich in dem Kanton Zürch, im Dianentempel in Languedoc, bey Bath in England, und in den unterirrdischen Höhlen des Peaks in der englischen Grafschaft Derby, oft von sehr beträchtlicher Größe, und eben so mannichfaltig in seiner Gestalt, als den gemeinen Kalksinter, zuweilen nierenförmig und im Bruche sternförmig faserricht, wie einen Glaskopf. Er hat Bruch und seine ganze Natur mit dem Kalkspath gemein. Er ist meistens durchscheinend, oder durchsichtig, zuweilen mit trüben milchichen Streifen, ungefärbt oder gelblicht, und gemeiniglich so hart, daß er sich so schön als ein Alabaster schleifen und poliren läßt. Dies geschiehet vornehmlich zu Ashford

---

b) Linndisches Natursyst. des Mineralr. Th. IV. S. 242.

Ashford in England, wo der englische aus Derby auch zuweilen in Metall eingefaßt wird. Mancher Alabaster gehöret hieher."

Mein Beyspiel aus der Baumannshöhle ist weiß und schwarz marmorirt, und hat eine so schöne Politur angenommen, daß es dem Marmor gleicht, und die Politur des Alabasters weit übertrift. Auf der rohen Seite hat sich gemeiner traubenförmiger Tropfstein angesetzt. Aus der sogenannten Wunderhöhle bey Muggendorf im Bayreuthischen besitze ich ein Stück spathartigen Tropfstein, welches zu einem Messerhefte bearbeitet ist, eine weiße mit braungelben Wolken und Flecken vermischte Farbe, und eine ganz feine Politur angenommen hat. Das weiße dieses Tropfsteins ist einigermasen durchsichtig, die braungelben Wolken und Flekken aber sind gänzlich undurchsichtig. In der Grafschaft Oettingen findet sich solcher im Brüche wie Quarz glänzender Tropfstein, welcher gemeinen grauen Kalkstein übersintert hat.

Nach Wallerius c) ist seine Figur verschieden; von aussen ist er zuweilen mit einer Cruste überzogen, seine innere Masse aber ist spathartig, und bestehet aus weissen oder rothen Spathe, der mehr oder weniger durchsichtig ist. Wallerius nimmt folgende Abänderungen an:

1) Stalactites spathosus conicus, von einer kegelförmigen Gestalt. Er bildet zuweilen Zapfzer, und ist unten hohl.
2) Stalactites spathosus, cylindricus, von einer cylindrischen Gestalt.
3) Stalactites spathosus, botryiticus, traubenförmig.
4) Stalactites spathosus, drusicus et crystallisatus, drusenförmig, und krystallinisch. Die Krystallen haben eine prismatische dreyseitige Gestalt, mit einer dreyseitigen Endspitze. Spanien, Chaumont bey Rouen in Frankreich, Baumannshöhle, Schweiz, Adrianopolis.

Cronstedt d) nennet unsern Kalkspathsinter dichten Tropfstein, späthig im Bruche, und giebt nur eine einzige Abänderung davon an, nemlich kegelförmig und hohl, Stalactites solidus particulis spathosis coniformis, er sey weiß und halbdurchsichtig, und werde bey Chaceline bey Rouen in Frankreich gefunden.

Das Wesen und die Natur dieses Sinters weicht von der Natur des Spathes beynahe gar nicht ab, er bestehet also aus feinen und wahren Spaththeilen; der Ort, wo man ihn findet, und die Bildungen, die er annimmt, überzeugen uns, daß er tropfsteinartig entstanden sey, daher ihn die Schriftsteller mit Grunde unter den Tropfstein zählen.

Stalactites

---

c) Systema mineral. Tom. II. p. 390.
d) Mineralogie, Werners Ausg. Th. I. S. 40.

STALACTITES *spathosus rufescens* L. s. Zeolith.

STALACTITES *stillaticius*, heißt der eigentliche gewöhnliche Tropfstein. s. Tropfstein.

STALACTITES *stiriaceus* Linn. oder

STALACTITES *stiriaceus fibris transversis* Linn. faserichter Sinter, wird der Tropfstein genennet, welcher wie der Fadenstein gebildet ist. Er hat eine verschiedene Härte, übrigens aber seine innere Bildung und seine ganze Natur mit dem Fadensteine gemein. Man findet ihn bey Alaunwerken und bey warmen Bädern, z. B. bey dem Carlsbade, auch bey Apano in Italien, zuweilen als Steinkrüste, meistens weiß, zuweilen (beym Carlsbade) weiß und roth abwechselnd, oder auch von Kupfer blau gefärbt. e)

STALACTITES *stiriaeformis*, heißt der gewöhnliche gemeine Tropfstein, weil er oft zapfenförmig erscheint. s. Tropfstein.

STALACTITES *testaceus*, wird der Tropfstein, auch wohl der Tophus genennet, der sich in einzelnen Schalen oder Lamellen übereinander legt.

STALACTITES *testaceus globulosus*, heißt beym Cronstedt der Roggenstein, weil er aus runden Kugeln bestehet, die aus einzelnen Schalen entstanden sind. s. Roggenstein.

STALACTITES *testaceus, coniformis perforatus*, so heißt beym Cronstedt der Tropfstein, der sich in Zapfen gebildet hat, die aus einzelnen Schalen oder Lamellen entstanden, und gemeiniglich inwendig mit einer Höhlung versehen sind. s. Tropfstein.

STALACTITES *testaceus particulis impalpabilibus*, s. oben Stalactes &c.

STALACTITES *turbinatus* Linn. s. Tropfstein, helsingburgischer.

STALACTITES *vegetabilia incrustans* L. s. Stalactites incrustatum.

STALACTITES *zeolithus* Linn. s. Zeolith.

Stalagmit, Stalagmites, heißt im eigentlichen Verstande der Tropfstein, denn ϛαλαγμος bedeutet einen Tropfen. Allein die Schriftsteller brauchen dies Wort auch in einer besondern Bedeutung, und machen unter Stalactit und Stalagmit, oder *Stalactites* und *Stalagmites*, einen Unterschied, davon ich einige Beyspiele anführen will, obgleich die Sache von gar keiner Bedeutung ist, daher auch die neuern Schriftsteller fast alle diesen Unterschied verlassen haben. Boodt i) und Hill g) verstehen unter dem Stalactit den Tropfstein überhaupt, sonderlich denjenigen, der sich wie einen Zapfen bildet; unter Stalagmit

---

e) Gmelin a. angeführten Orte S. 243.
f) Gemmar. et lap. Histor. Lib. 2. Cap. 237. 238. p. 421. Gesner de figuris lapid. p. 73.
g.) Fossils Lond. 1771. p. 112. 115. conf. Bomare Dictionnaire Tom. XI. p. 56.

lagmit aber den Tropfstein, der eine runde Figur angenommen hat, und von einer gypsartigen Natur ist. Nach Herrn Gmelin h) heißt Stalagmit derjenige Tropfstein, der sich an den obern Gewölben der Höhle angehängt hat; der aber auf dem Boden der Höhle sitzt, heißt Stalactit. Fabricius i) macht unter *Hammites*, oder dem Roggenstein, und *Stalagmites*, einen Unterschied, und da er von dem Stalagmit sagt, er komme im Carlsbade häufig vor, so verstehet er darunter den Erbsenstein, Gesner selbst aber sagt, der Stalagmit des Fabricius sey dem Steine, den er Pisolith (Erbsenstein) nenne, überaus ähnlich. Wallerius k) macht die Stalagmiten zu einer eignen Gattung der Tropfsteine, die er figurirte Tropfsteine, Stalactites calcareus, post stillicidum, figura globosa, botryitica vel alia concretus, nennet. Er rechnet hieher:

a) Stalagmites globosus. Reperitur in globulis separatis vel conjunctis, figura botryitica.
b) Stalagmites confectionarius. Bellaria lapidea. Der Confetto di Tivoli.
c) Stalagmites fungiformis. Fungos hi stalagmitae repraesentare solent et vocari Fungi glaphyri a loco natali in Arcadio.
d) Stalagmites coralloides. Flosferri Spurius. Eisenblüthe.
e) Stalagmites irregularis. Das soll unter den übrigen Spielarten der gemeinste seyn, aber keine bestimmte Gestalt haben; möchte aber auch eben darum unter den übrigen Tropfsteinarten nicht leicht erkannt, oder mit andern Arten, die auch keine bestimmte Gestalt haben, leicht verwechselt werden. Ueberhaupt ist aus meiner Erzählung klar, daß Stalagmit eigentlich keine eigne Bedeutung haben sollte, und daß der Unterschied unter Stalactit und Stalagmit so gering ist, daß er füglich gar wegfallen kann.

STALAGMITAE, latein. s. Stalagmit.

STALAGMITAE *papillares*, nennet Luid l) unter den Steinspielen solche, welche eine weibliche Figur vorstellen. Wallerius nennet sie Anthropoglyphi mammarum muliebrium figura, oder Lapides mammillares, und ein Beyspiel davon bildet Baier Oryctogr. Nor. tab. I. fig. 37. ab.

STALAGMITES, s. Stalagmit.

STALAGMON, heißt der Tropfstein. s. Tropfstein.

STANNUM *crystallis columnaribus nigris*, nennet Linne in den ältern Ausgaben seines Natursystems den Schörl, der eigentlich unter die Steine gehört,

---

h) Linnäisches Natursyst. des Mineralr. Th. IV. S. 225.
i) Beym Gesner de figur. lapid. p. 73. b. Stalagmites copiosissimus est in thermis Carolinis.
k) Systema mineral. Tom. II. p. 387. f.
l) Wallerius l. c. p. 600. 601.

gehört, und nichts Metallisches in sich hat. s. Schörl.

STANNUM *cryſtallis teſſelatis rubicundis*, beym Linne, ferner

STANNUM *polyedrum regulare purpurascens*, beym Gronov, endlich

STANNUM *polyedrum regulare subrubrum*, beym Woltersdorf, werden die Granaten genennet. s. Granaten.

STANNUM *spati*, heißt beym Linne in den ältern Ausgaben seines Natursystems der Bononiensische Stein, den er in der neusten Ausgabe unter *Muria*, so wie die Granaten unter *Borax*, gesetzt hat. s. Bononiensischer Stein.

STARRE-STEENE, heisen im Holländischen die Sternsteine. s. Sternstein.

STEATITES, heißt im Lateinischen der Speckstein, von στεατώδης, fett, weil er sich fett wie Unschlicht angreift. s. Speckstein.

STEATITES *argillaceis particulis, arcte cohaerentibus, durus*, heißt beym Wallerius der Steinthon. s. Steinthon.

STEATITES *opacus particulis inconspicuis, solidus, durior, pictorius*, heißt beym Wallerius der dichte Topfstein. s. Topfstein, dichter.

STEATITES *opacus particulis distinguendis, solidus, coloribus eminentioribus maculosus, durus, polituram admittens*, heißt beym Wallerius der Ser-pentinstein. s. Serpentinstein.

STEATITES *opacus particulis micaceis mixtus, solidus, calcinatione mica alba vel flava nitens*, heißt beym Wallerius der Lavet- oder Topfstein. s. Lavetstein.

STEATITES *particulis impalpabilibus, mollis, lubricus, inquinans*, heißt beym Wallerius die spanische Kreide. s. Kreide, spanische.

STEATITES *particulis impalpabilibus, mollis, semipellucidus*, heißt beym Wallerius der halbdurchsichtige Speckstein. s. Speckstein.

STEATITES *particulis micaceis mixtus, mollis, lamellaris, pictorius, calcinatione mica alba vel flava nitens*, heißt beym Wallerius der Kleienstein, oder der schieferichte Topfstein. s. Kleienstein.

STEATITES *semipelluci-dus, particulis minoribus, solidus, colore eminentiori viridescens, durus, polituram admittens*, heißt beym Wallerius der halbdurchsichtige Serpentinstein. s. Serpentinstein.

STEATITES *verus*, nennet Da Costa die spanische Kreide. s. Kreide, spanische.

Steckmuscheln, heisen die Pinnen, weil sie in der See aufrecht stehen, und gleichsam in den Sand hinein gesteckt zu seyn scheinen. s. Pinniten.

STEEDE-STEEN, *florentguse*, heißt der Florentiner Marmor, weil es scheinet,

net, als wenn auf demselben verfallene Städte abgebildet wären, oder wie der Holländer sagt: zyade getigureerd as Ruinen von eene vervallen Stadt. Dieser holländische Name kommt vor im Museo Koenigiano p. 26. Oudaaniano p. 134. und Leersiano p. 215. s. Florentiner Marmor.

STEENE, geschroefde en geranse, werden im Holländischen die Schraubenschnecken genennet. s. Turbiniten und Strombiten.

STEENSCHULPEN, werden im Holländischen die Pholaden genennet, weil einige derselben sich in Steine oder steinharte Körper, z. B. in Corallen, einzunisten, und darinnen zu wohnen pflegen. s. Pholaden.

STEEN-ULAS, Steinflachs, wird im Holländischen der Amianth oder Asbest genennt, weil er, wenn er die gehörige Weiche hat, wie Flachs bearbeitet werden kann. s. Amianth, Asbest, Bergflachs.

Stein, nennet Herr Gmelin den *Calculus* des Linne; als Blasenstein, Gallenstein, Bezoarstein u. dgl. Man redet sogar im gemeinen Leben also, und sagt von einem Menschen, der die Schmerzen des Blasensteins fühlt, er habe den Stein. Diese Steine, welche oft die Härte eines wahren Steins haben, sind offenbar aus Erde entstanden. Man kann die dahin gehörigen Arten von den Mineralien nicht ausschliessen, ob sie gleich unter die Fossilien nicht gehören, und nicht gehören können, weil sie in thierischen Körpern gefunden werden. Daher haben sie auch Linne und andre Mineralogen nicht übergangen. Von den eigentlichen Steinen s. Steine.

Stein, bononischer, s. Bononiensischer Stein.

Steinconfect, werden diejenigen Steinspiele genennet, welche eine Aehnlichkeit mit überzuckerten Eßwaaren haben. Es sind mehrentheils Tropfsteine, und unter ihnen ist der sogenannte *Confetto di Tivoli* der berühmteste, ob es gleich nur Steinspiele sind. s. *Confetto di Tivoli*, Steinspiele und Tropfstein.

Steindrusen, heissen die Krystalle sonderlich dann, wenn sich mehrere in oder auf einer gemeinschaftlichen Mutter vereiniget haben. Man siehet hier weder auf ihre Gestalt, die so gar sehr unterschieden ist, noch auf die Steinart, woraus sie bestehen. Nach der Beschaffenheit der letztern führen sie gleichwohl verschiedene bezeichnende Namen, z. B. Quarzdrusen, Kalkspathdrusen, Gypsdrusen, schwere Spathdrusen. s. diese Namen, und die Namen Krystall und Steinkrystalle.

Steine, lat. Lapides, Terra indurata, franz. Pierres, holl. Steene. In meiner vollständigen Einleitung habe ich im ersten Bande S. 1. bis 54. eine weitläuftige Abhandlung von den Steinen überhaupt drucken lassen, und aus dieser will ich hier einen so viel möglich kurzen Auszug liefern, doch auch einige neuere Bemerkungen hinzuthun.

Es ist in der That schwer, einen

einen bestimmten Begriff von den Steinen zu geben, und Vogel l) hat allerdings recht, wenn er von diesem Begriffe sagt, er könne ihn nicht zu der gehörigen Vollständigkeit und Deutlichkeit bringen. Es ist freylich Etwas in diesen Körpern, spricht er, das uns nöthiget, ihnen diesen Namen zu geben, allein es hält schwer, es mit Worten auszudrücken." Daher haben einige Gelehrte bey diesem Begriffe auf die äussern Kennzeichen der Steine, andre auf ihre innern Kennzeichen gesehen. Wallerius m) nennet die Steine, harte, und in Ansehung ihrer Theile fest zusammenhangende Körper; und einen ähnlichen Begriff hat Vogel am angeführten Orte, der sie harte und dichte Körper nennet. Wird man sie aber nun von den Metallen unterscheiden können? Walch n) sagt daher, man rechne zu den Steinen alle unter der Erde und auf deren Oberfläche befindliche und von den eigentlich sogenannten Metallen unterschiedene feste Körper, die sich weder durch den Hammer breit schlagen und ausdehnen, noch im Feuer gänzlich verzehren lassen, noch im Wasser auflösen; und macht dadurch den Begriff etwas bestimmter, ob er gleich darum noch nicht deutlich ist, weil man, um Steine zu kennen, schon die Metalle kennen muß. Man hat daher einen Versuch gemacht, auf die innere Bestandtheile der Steine zu sehen, und weil sie Erde zum Grundstoff haben, so sagt Walch, o) die Steine bestehen aus fest zusammenhangenden festen Körpern. Eben so sagt Mallinkrodt, p) wir bezeichnen das ganze Steingeschlecht unter dem Namen der gröstentheils erdigen, mehr oder weniger zusammenhängenden, festen Körper, die sich vom Wasser gar nicht, im Feuer aber etwas auflösen, und sich weder zu Blechen noch Fäden arbeiten lassen. Baumer q) setzt eine kleine Einschränkung hinzu, indem er die Steine, mineralische aus zusammengebackener Erde entstandene feste Körper nennet. Man darf also annehmen, daß die Steine aus Erde entstanden sind, daher verschiedene neue Mineralogen, z. B. Cronstedt, Erden und Steine verbinden, und von Justi r) sagt geradezu: daß Steine und Erden ganz von einerley Natur wären, wie sich denn die Eigenschaften aller Steine und Erden gar wohl in eine Classe bringen liessen.

Ich glaube, diese Meinung werde dadurch fester, wenn man bedenkt, daß sich die Gränzen zwischen den Erden und den Steinen sehr schwer bestimmen lassen.

l) Praktisches Mineralf. S. 90.
m) Mineralogie S. 51.
n) System. Steinreich Th. I. S. 1.
o) System. Steinreich Th. II. S. 1.
p) Von der Erzeugung der Steine in der Mineral. Belustig. Th. V. S. 177.
q) Naturgesch. des Mineralr. Th. I. S. 167.
r) Grundriß des Mineralr. S. 193.

laſſen. Woltersdorf s) ſagt: Es hält ſehr ſchwer, die Gränzſcheidung zwiſchen beyden Claſſen, den Erden nemlich und den Steinen, zu beſtimmen, da die Natur in Zuſammenfügung der Erdtheile mit ſehr langſamen und faſt unmerklichen Schritten, vom weichen Thon oder Mergel an bis zum härteſten Demant, aufſteigt. Und Cronſtedt ſagt in der Vorrede zu ſeiner Mineralogie, er habe darum Erd- und Steinarten in eine Claſſe gebracht, weil ſie den Beſtandtheilen nach einerley ſind; ferner weil dieſe in jene, und umgekehrt jene in dieſe verwandelt werden, und weil ihre Gränze unter ſich nach der Härte und Weiche njemals genau beſtimmt werden können. Denn wo höret nach dieſen Gründen die Kreide in den engliſchen Erdſchichten auf, und wo fängt der Kalkſtein an? und wie ſoll man Thonarten, die ſich im Waſſer entweder erweichen laſſen, oder unerweichlich ſind, von dem mürben und fetten Speckſteine (Smectis) unterſcheiden? Mich dünkt, die Einwendungen derer Herren Vogel t) und Schütz u) ſagen nur ſo viel, daß man Erden und Steine, als principium und principiatum, nicht aber ihren Beſtandtheilen nach, unterſcheiden könne und müſſe. Vogel ſagt: Es giebt viele Steine, deren Urſprung aus Erde unbegreiflich iſt; und hiernächſt zeiget auch die Unterſuchung der Steine, daß ſie mit der Erde nicht alleſammt von einerley Natur ſind. Und Herr von Schütz ſagt: Die Erde iſt nach der phyſikaliſchen Beſchreibung eine bloſe mineraliſche Subſtanz, deren Körperchen mit einander nicht vereiniget ſind, weil es ihr an den zur Vereinigung erforderlichen Theilchen fehlt. Der Stein hingegen, im phyſikaliſchen Verſtande, iſt eine harte mineraliſche Subſtanz, deren Theilchen oder Körperchen unmittelbar vereiniget ſind, und ſich hauen laſſen. Daher können Steine nicht leicht geſchmolzen werden, wohl aber Erden; und wenn jene auch können, ſo werden ſie leichter zu Glas, Erde hingegen weit ſchwerer.

Zuverläſſig iſt es, daß die Steine ehedem das nicht waren, was ſie jetzo ſind; ſie ſind nur nach und nach verhärtet, zuvor waren ſie flüſſig, oder, in Rückſicht auf die Erde, daraus ſie entſtanden ſind, ein bloſer Staub. Dies beweiſen die in die Steine eingeſchloſſenen fremden Körper. Baumer x) erzählet, daß er in einem grauen Kalkſteine einen Rabenagel gefunden habe. Ich beſitze einen in einen Kalkſtein eingeſchwemmten ſchwarzen Feuerſtein. Leſſer y) erzählt aus Francks Hiſtorie der Grafſchaft Mannsfeld, daß zwiſchen Helmsdorf und Gerbſtädt ein groſſer

---

s) Mineralſyſtem S. 45. n. 3.
t) in ſeinem praktiſchen Mineralſyſtem S. 90.
u) in dem neuen Hamburg. Magaz. Th. IV. Stück XXII. §. 319.
x) Naturgeſchichte des Mineralreichs Th. I. S. 168.
y) Lithotheol. S. 331.

grosser Stein liege, in dessen Mitte nicht nur ein Loch mit dem Eindruck einer Mannshand mit ausgestrecktem Daumen und zusammengelegten Fingern, zu sehen sey, sondern daß auch in demselben viele Nägel oder Stiffte eingeschlagen waren, die man nicht herauszziehen könne. Der Stein sey fast eine Elle dick und breit, übrigens aber einem weissen Kiesel nicht ungleich. Die Versteinerungen, die in einer Mutter liegen, beweisen deutlich genug, daß die Mutter erst weich war, und fast noch deutlicher beweisen es die Abdrücke ehemaliger fremder Körper, die man sich gar nicht gedenken kan, ohne anzunehmen, daß diese Steine anfänglich weich waren. Man kann ja selbst Steine machen, wie z. B. die Gypsarbeiten, der künstliche Marmor u. dgl. unwidersprechlich darthun. Es folgt daraus, daß die Erden älter sind, als die Steine, ob wir gleich der Meynung nicht widersprechen, daß es ursprüngliche Gebürge gebe, daß dahin vorzüglich Porphyr und Granit gehöre, daß wir in Rücksicht mancher Steine aber nicht gewiß bestimmen können, ob sie zu den ursprünglichen gehören oder nicht. Daß solche Steine, in welchen Versteinerungen liegen, zu den ursprünglichen nicht gehören können, ist entschieden, denn die Meynung des Herrn Bertrand, daß Gott die Versteinerungen gleich Anfangs also erschaffen habe; wie sie sind, bedarf keiner Widerlegung.

Wenn man aber im Gegentheil schliesen wollte, daß diejenigen Steine, in welchen man keine Versteinerungen findet, zu den erschaffenen Steinen gehörten, so würde man zu übereilt schliesen, weil man von manchen Steinarten sogar die Ursachen angeben kann, warum sie keine Versteinerungen einschliesen, z. B. vom Alabaster. s. Alabaster.

Ueber die allgemeinen Eigenschaften der Steine erklären sich die Schriftsteller verschieden. Wallerius z.) nimmt derselben vier an: 1) Sie können nicht leicht mit dem Finger zerrieben, oder mit einem Messer geschnitten, auch zum Theil nicht einmal mit einer Stahlfeile abgefeilt werden. 2) Sie sind allesammt spröde und zerbrechlich, und können weder gehämmert noch ausgedehnt werden. 3) So wenig sie im Wasser erweichen, so wenig können sie darinnen aufgelöset werden. 4) Eben so kann auch kein Oehl den Stein härter oder weicher machen. Wider diese allgemeine Kennzeichen der Steine ließ sich manches einwenden. Man hat Steine, die zerrieben werden können, nemlich die mehresten Topfsteine und einige Sandsteine. Der Speckstein, der Serventinstein, können mit dem Messer geschnitten werden. Holz kann man weder hämmern noch dehnen, und verschiedenes, z. B. das Eichenholz, widerstehet dem Wasser. So hat auch der Hoffactor Danz versichert, daß er in diesem 1784sten Jahre einen Stein

---

z) Mineralogie S. 51;

Stein mit ſich gebracht habe, der biegſam iſt, und doch Feuer ſchlägt.

In dem Mineralſyſtem hat **Wallerius** a) dieſe Kennzeichen bis auf ſieben erweitert, die ich mit des Ueberſetzers Worten und Einwendungen wiederhole. „Steine nennt man alle Foſſilien, deren Theile ſo feſt zuſammenhängen, und die ſo hart ſind, daß man ſie nicht leicht mit den Fingern zerreiben, noch mit dem Meſſer ſchneiden kann; überdies unter dem Hammer ganz ſpröde ſind, und bald in Bruchſtücke von beſtimmter, bald von unbeſtimmter Geſtalt ſpringen. Die mehreſten unter ihnen ſind ſogar ſo hart, daß man kaum mit ſtählernen Werkzeugen etwas davon abſondern kann. Wenn ſie rein ſind, theilen ſie dem Waſſer keine Farbe mit, können auch darinnen weder erweicht noch zertrennt werden, obgleich einige, die löchrich ſind, es anzuſaugen ſcheinen. Eben ſo wenig werden ſie in Oehlen weicher; vielmehr ſcheinen vermittelſt derſelben einige Steine eine gröſſere Dichtigkeit zu erlangen. Die weichern Steinarten verwittern allmählig an freyer Luft, die übrigen widerſtehen der Zerſtöhrung um deſto mehr, je härter ſie ſind. In Anſehung der ſpecifiſchen Schwere ſind ſie verſchieden, im Allgemeinen aber ſchwerer als die mit ihnen verwandten Erdarten. Sie machen ganze Gebürge aus, oder brechen wenigſtens in denſelben. Bruchſtücke von Steinen findet man auch mit Erdſchichten vermengt." Der Ueberſetzer ſetzt hinzu: Die Härte, Geſchmeidigkeit, der Zuſammenhang und die Schwere, ſind im Mineralreich ſo ſehr verſchieden, und hängen zu ſehr von zufälligen Urſachen ab, als daß ſie einen weſentlichen Unterſchied der Foſſilien anzeigen ſollten. — So laſſen ſich der Bergkork und das Bergleder ſchneiden. — Das ruſſiſche Glas und vieler andrer Glimmer iſt biegſam, wenigſtens zähe genug, um unter dem Hammer nicht zu zerſpringen. Der Braunſtein färbt ab, ein gewiſſer Beweiß, daß er einigermaſſen zerreiblich iſt. Endlich giebt es verſchiedene Steinarten, die zwar nicht in Anſehung ihrer eigentlichen Maſſe, aber doch als Aggregate betrachtet, wie ſie doch hier betrachtet werden müſſen, vermöge ihres löchrichten Gewebes, oder aus andern Urſachen, nicht ſchwerer, ja vielleicht zuweilen leichter ſind, als ihre Grunderden, z. B. Opal, Bergkork, ſchwammicher Quarz und dergleichen.

Baumer b) hat folgende allgemeine Eigenſchaften, die aber zum Theil ebenfalls ungewiß ſind. Wenn die weichern Steine, ſagt er, lange an der freyen Luft liegen, pflegen ſie zu verwittern, welches von den härtern, z. B. von den quarzartigen und andern, nicht geſagt werden kann. Das Waſſer

---

a) Syſtem. mineral. Tom. I. p. 119. Ueberſ. Th. I. S. 109.
b) Naturgeſch. des Mineralr. Th. I. S. 167.

ser löset sie nicht auf, und im Feuer werden sie nicht gänzlich verzehrt. Unter dem Hammer lassen sie sich nicht wie die Metalle treiben. Es hat auch eine jede Art ihre eigenthümliche Schwere und Härte, welche auch zufälligerweise bey einerley Steinart verschieden seyn können.

Walch c) nimmt vier allgemeine Eigenschaften an, durch welche sie wenigstens von den übrigen Körpern des Mineralreichs unterschieden werden können. Ihre Festigkeit, welche sie von den Erden, ihre Sprödigkeit, welche sie von den Metallen, (aber nicht von den Erzen) ihre Unauflöslichkeit im Wasser, welche sie von den Salzen, und ihr unbrennbares Wesen, welches sie von den Erdharzen unterscheidet.

Ich führe nicht mehrere an, denn da sie alle ihre gewisse Unvollkommenheiten haben, so thun sie dar, daß wir noch keinen bestimmten Begriff von den Steinen haben, der sich nemlich auf das ganze Steinreich, und auf alle einzelne Arten derselben anwenden lies.

Die Steine haben eine bindende Kraft. Wenn wir einen festen Stein sehen, der ehedem weich war, so müssen wir uns eine Kraft gedenken, welche die einzelnen Theile verband. Bey den Breccien liegen Steine in Steinen, und diese sind bey den englischen Puddingsteinen so innig verbunden, daß man diese Steine schneiden, und auf das prächtigste poliren kann. Bey Tiefengruben fand man in einer Thongrube in einem Lager, welches die Härte eines Kiesels hat, eine grosse Menge kleiner Kieselsteine von allerhand Farben eingedruckt, die sich sogar zum Theil ausbrechen liesen. Und hier bey Weimar siehet man einige viele Centner schwere Breccien, wo Kiesel, oft von ansehnlicher Grösse, mit kleinern und ganz kleinen vermischt, in einer thonartigen Mutter gleichsam eingekneter liegen. Die Steine müssen also eine bindende Kraft haben, das Mittel aber, welches diese Kraft hervorbringt, könnte man mit Herrn Vogel d) die bindende Materie, und mit Hrn. Baumer e) das Verbindungsmittel nennen. Herr Vogel theilet diese verbindende Materie in eine allgemeine und in eine besondere ein. Die allgemeine ist bey ihm der steinbildende Saft selbst; die besondere aber sind Wasser und Luft. Allein ein steinbildender Saft ist ja schon eine Flüßigkeit, oder eine Art des Wassers, ich glaube also, daß es hinreichend sey, wenn man Wasser und Luft, und einen gewissen Grad von Wärme hinzuthut, welche zusammengenommen, die einzelnen Theile, daraus der Stein erzeugt wird, verbinden, und nun das Ganze, was wir den Stein

---

c) Systemat. Steinr. Th. II. S. 118. f.
d) Praktisches Mineralsystem S. 97.
e) Naturgesch. des Mineralr. Th. I. S. 170.

Stein nennen, bereitet. Das Wasser erweicht gleichsam die ganze Masse, und verwandelt sie in einen Teig. Luft und Wärme aber machen, daß die überflüssigen Theilchen abdunsten. Hätte aber die Steinmaterie nicht selbst eine bindende Kraft, die sich vielleicht nach der Natur der Bestandtheile der Steinarten richtet, so würde die Masse unendliche Zwischenräumchen bekommen, und nie völlig compact werden. Wasser, Luft und Wärme sind also bloß Verbindungsmittel.

Ueber die wachsende Kraft der Steine, die freylich kein vegetabilisches oder thierisches Wachsthum, keine Ausdehnung ohne fremde Theilchen, die sich von aussen ansetzen, ist, haben sich die Gelehrten verschieden erklärt. Agricola f) und König g) nehmen einen saamenartigen Saft an, den die Steine in sich haben sollen, und vermittelst welchem sie allerdings wachsen können. Baglivius h) und Tournefort i) halten dafür, daß das Gebäude der Vegetation auch auf die Steine anzuwenden wäre, und daß sie eine Art der Seele hätten, durch deren Vermögen sie wachsen könnten. Die Steine des Labyrinths in Candia, sagt Tournefort, wachsen, und nehmen sichtbarlich zu, ohne daß man muthmasen könnte, einige fremde Materie werde ihnen von aussen angesetzt; — es giebt Steine, die selbst in ihren Gruben wachsen, und sich also nähren, und deren Nahrungssaft auch ihre Theile, wenn sie gebrochen sind, wieder verbindet: eben so wie dieses bey den Beinen der Thiere und bey den Zweigen der Bäume geschiehet — man darf also nicht zweifeln, daß gewisse Steine sich eben sowohl als die Pflanzen nähren. Warum aber ist denn das Labyrinth zu Candia, dessen Ursprung Tournefort von den alten Griechen herleitet, nicht längst zugewachsen, dessen Gänge noch alle offen sind, wenn die Steine durch eine Vegetation wachsen? Mich dünkt, Cronstedt k) habe vollkommen recht, wenn er die Frage so bestimmt: ob die mineralischen Körper auch noch heutiges Tages in der grossen Werkstätte des Erdkörpers auf alle die Arten, auf welche die bereits gewachsenen entstanden zu seyn scheinen, erzeuget werden? und die Antwort ertheilet: Man wird es wohl nicht bestimmen können, so lange noch die dazu nöthigen Beobachtungen und Versuche fehlen. Indessen können doch noch Steine entstehen, und vorhandene Steine grösser werden, wenn die

---

f) De ortu et caussis subterran. Lib. I.
g) Regnum minerale Cap. III. §. I.
h) De vegetatione lapidum.
i) Mineral. Belust. Th. II. S. 339. Steinwehrs Ueberf. der physischen Abhandl. der königl. Soc. der W. Th. I. S. 853.
k) Mineralogie S. 5.

die dazu nöthigen Mittel sich vorfinden. Tournefort fand in seinem Labyrinth zu Candia, daß die Namen, die man in die Steine der Mauren eingegraben hatte, nach und nach zugewachsen waren, und sogar mit einer Art von Stickerey, die an einigen Orten zwo, an andern drey Linien hoch ist, erschienen. Lesser l) versichert, daß es in den Bergwerken nicht ungewöhnlich sey, daß ein Stollen, den man anfänglich weit genug erbaute, mit der Zeit enger, und so enge werde, daß sich kaum eine Person hineindrängen kann.

Da die Schriftsteller von ursprünglichen Gebärgen reden, nicht aber alle Steine, z. B. diejenigen, die mit Versteinerungen versehen sind, oder fremde Körper in sich schliesen, zu den ursprünglichen gehören, so ist dies Beweiß, daß einige Steine älter sind, als andre, aber schwerer ist es, zu bestimmen, ob es dieser oder jener Stein sey. Da Steine verwittern, und aus diesen verwitterten Theilen wieder Steine entstehen können, so können sogar Steine einer Art ein verschiedenes Alter haben. Herr von Justi m) hält dafür, daß die Hornsteine und darunter gehörige Arten, der Gneuß, der Alabaster und verschiedene andere, daraus grosse und ungeheure Gebürge bestehen, unter die alten Steine gehören dürften. Zuverläßig aber ist der Granit die älteste unter allen Steinarten. Er ist es, welchen man unter den tiefsten Lagen der Berge und im niedrigen Lande antrift, er bildet die grossen Körper oder weitläuftige Scheitelflächen, und so zu sagen das Herz der grösten Alpen, der bekannten Welt. Man findet ihn niemals in Lagen, sondern in ganzen Felsen, oder wenigstens übereinandergehäuften Wacken, und er enthält nicht die geringste Spur von Versteinerungen oder Abdrücken organischer Körper. n)

Unter die besondern Eigenschaften der Steine gehöret zuförderst ihre Härte. Wallerius o) giebt davon vier Grade an. 1) Sehr weiche, Molliores, und das sind diejenigen Steine, die sich mit den Nägeln schaben, und vom fliesenden Wasser abreiben lassen. Dahin gehören die talkartigen, die Speck= Topf= und Gypssteine. 2) Halbhart, Duri, welche sich nemlich nur mit dem Messer schaben, auch nur langsam von fliesendem Wasser abspühlen lassen; z. B. die mehresten Kalksteine, Schiefer und einige Hornsteine. 3) Hart, Magis duri, welche Feuer geben, wenn man sie an Stahl schlägt, und die nur mit einem Pulver von härtern Steinen gerieben und polirt werden können. Dergleichen sind die Quarze, Feuersteine, Achate ꝛc. 4) Sehr hart, Durissimi, das sind solche, deren

---

l) Lithotheol. S. 178. 179.
m) Grundriß des Mineralreichs S. 194.
n) Pallas Betracht. über die Beschaffenh. der Gebürge S. 10. 12.
o) Mineral. S. 52. Syst. Miner. T. I. p. 119. Uebers. Th. I. S. 111.

deren Härte man nur durch Diamantpulver und Vitriolöhl bezwingen kann; z. B. Diamant, Rubin. Der Uebersetzer des Wallerius setzt noch eine fünfte Classe fest, die man zwischen die sehr weichen und halbharten einschieben kann, nemlich die weichen Steine, die sich sehr leicht mit dem Messer, nicht aber mit den Fingernägeln schaben lassen, wie z. B. das Fraueneiß, der Serpentin ꝛc.

So vortheilhaft es ist, über die Härte der Steine gewisse Classen festzusetzen, so schwer ist es, hier gewisse Gränzen zu bestimmen, da zuweilen eine und eben dieselbe Steinart, z. B. Kalkstein, härter und weicher seyn kann. Man kann sagen, derjenige Stein, der sich nicht feilen läßt, ist der härteste, und der sich leicht schneiden, und wohl gar mit dem Finger schaben läßt, ist der weichste, aber die unzähligen Zwischenstufen, wer will sie bestimmen? Man kann folgende zwey Fälle festsetzen:

1) Diejenigen Steine, die aus Theilchen gleicher Art zusammengesetzt sind, sind härter, als wenn ihre Bestandtheile heterogen sind. Theilchen einer Art verbinden sich allemal viel genauer, als Theilchen von verschiedener Art. Hieraus wird klar, warum der Marmor härter ist, als der Muschelmarmor, weil die versteinten Muschel- oder Schneckenschalen, ob sie gleich auch kalkartiger Natur sind, doch in Absicht auf den Stein heterogen genennet werden müssen.

2) Diejenigen Steine, die aus den reinsten und subtilsten Theilchen zusammengesetzt sind, werden allemal härter, als Steine, deren Bestandtheile gröber sind. Die subtilsten Theilchen verbinden sich auf das genauste, und leiden nicht den mindesten Zwischenraum. Aus dem Grunde sind die Edelsteine sogar hart und durchsichtig zugleich; das Fraueneiß ist eben so durchsichtig als der Krystall, und doch vielweicher, denn es besteht aus lauter einzelnen Blättern, die sich übereinander gelegt haben.

Die Durchsichtigkeit ist eine neue besondere Eigenschaft der Steine. Man pflegt sie gemeiniglich in ganz durchsichtige, halbdurchsichtige und undurchsichtige einzutheilen. Hr. Werner *p*) bestimmt die Sache genauer, wenn er fünf verschiedene Grade annimmt:

1) Durchsichtig ist ein Fossile, wenn man sowohl durch ein grosses als kleines Stück desselben alle Gegenstände vollkommen deutlich erkennen kann. Dahin gehören der Diamant, Rubin, Smaragd, Saphir, Hyacinth, böhmischer Granat, Aquamarin, Topas, Chrysolith, Amethyst,

---

p) Aeusserliche Kennzeichen der Fossilien S. 235. f.

thyst, Kryſtall, Frauen-
eiß, ruſſiſches Glas in dünnen Scheiben, Kalkſpath-
und Flußkryſtalle.
2) Halbdurchſichtig wird
ein Foſſile genennt, wenn
man nicht durch groſſe Stücken deſſelben, ſondern nur
durch kleinere durchſehen
kann, und dennoch die Ge-
genſtände etwas trübe er-
ſcheinen. Hieher gehören
der Opal, der rothe und
gelbe Carniol, der Chal-
cedon, der graue Achat,
zuweilen auch der Quarz
und die Kalkſpathkryſtallen.
3) Durchſcheinend iſt ein
Foſſile, wenn man weder
durch groſſe noch kleinere
Stücke deſſelben etwas erkennen kann, doch aber einiges Licht durch daſſelbige
fällt, und es gleichſam ei-
nigermaſen erleuchtet. Hieher gehören der mehreſte
Quarz, der Praſem, Feuer-
ſtein, Chryſopras, Nephrit,
der weiſſe Onyx oder Cachelong, das Katzenauge, der
Zeolith, Fluß u. dgl.
4) An den Kanten durch-
ſcheinend nennet man ein
Foſſile, wenn ſehr wenig
Licht durch daſſelbe fällt,
welches man noch dazu
nicht eher bemerket, als bis
man es gegen das Licht
hält, da denn ſolches durch
das Aeuſſerſte der Kanten
etwas durchſcheint. Es
gehören hieher der Horn-
ſtein, der chineſiſche Speckſtein, der Feldſpath, der
mehreſte Marmor, Kalk-
und Gypsſpath.
5) Undurchſichtig ſind diejenigen Foſſilien, welche
auch in den kleinſten Stücken kein merkliches Licht
durchlaſſen; z.B. der Ma-
lachit, der Jaspis, der
Egyptenſtein u. ſ. w.

Die verſchiedenen Arten der
Durchſichtigkeit der Steine erkläret Wald q) alſo:
1) Wenn ein Stein aus den
zarteſten und ſubtilſten
Theilchen beſtehet, wenn
dieſe Theilchen ſich mög-
lichſt berühren, und ſich
in einer ſolchen ordentlichen
Lage befinden, daß die
Lichtſtrahlen durch die unmerklichen Höhlungen der-
ſelben ungehindert durch-
dringen können, ſo wird
der Stein ganz durchſichtig.
2) Wenn ſich fremde Dinge,
die mit dem Waſſer eine
gleiche Schwere haben, mit
den zarteſten Theilchen,
daraus in der Folge ein
durchſichtiger Stein wird,
vermiſchen, ſo wird ein
Stein an dem Orte, wo
ſich dieſe Theilchen feſtſez-
zen, weniger durchſichtig,
auch wohl gar undurchſichtig, nachdem die fremden
Theilchen nemlich beſchaffen
waren.
3) Wenn eine zarte feine Erde im Waſſer aufgelößt
wird, ſo benimmt die ſo
feine Erde dem Steine die
Durchſichtigkeit. Iſt aber
das Waſſer nicht allzuſehr
mit

---

q) Syſtemat. Steinreich Th. II. S. 123.

mit solchen Theilchen vermischt, so wird der Durchbruch der Lichtstrahlen nicht ganz verhindert, und nun wird der Stein halbdurchsichtig.

4) Wenn die Theile eines Steins von verschiedener Dichtigkeit sind, so können sich dieselben nicht so berühren, wie die Theile von einer Art, sie können auch in keine ordentliche Lage gebracht werden, folglich können die Lichtstrahlen nicht durchbrechen, und der Stein wird undurchsichtig. Daraus folgt:

5) Die mehrere oder geringere Durchsichtigkeit der Steine rührt theils von der verschiedenen Art und Feinheit, theils von der verschiedenen Menge, theils von der verschiedenen Richtung der Theilchen des Steins her.

Ferner ist eine besondere Eigenschaft der Steine, ihr Glanz. Man kann ihn in den gekünstelten und natürlichen eintheilen. Der gekünstelte ist der Glanz, den ein Stein durch die Politur erhält, davon ich in der Folge reden werde. Jetzt ist die Rede von dem natürlichen Glanz der Steine, von welchem Hr. Werner [1]) folgende Grade bestimmt.

1) Stark glänzend nennet man ein Fossile, wenn uns dasselbe, wenn wir auch noch weit von demselben entfernt sind, einen blendenden Glanz entgegen wirft. Dieses ist die stärkste Art des Glanzes, welche man hat; und sie ist allemal mit einer glatten und mehrentheils auch mit einer ebenen Oberfläche verbunden; z. B. die äussere Oberfläche und besonders der Bruch des Bergkrystalls und des Doppelsteins.

2) Glänzend ist ein Fossil, wenn man seinen Glanz zwar auch schon von weitem, doch eigentlich in der Nähe erst bemerket. Dieses ist die zweyte Art des Glanzes, welche schon etwas schwächer als die vorige ist, und bey welcher man mehrentheils einen unebenen Bruch findet. Der Prasem, oft der Quarz, schwerer Spath und der mehreste Kalkspath.

3) Wenig glänzend ist ein Fossil, dessen Glanz nur allein in der Nähe beobachtet werden kann, und sich auch da schon ziemlich schwach zeigt; z. B. Strahlgyps, Nephrit und der mehreste Quarz.

4) Schimmernd sagt man, daß ein Fossile sey, wenn nur allein einige von denen ganz kleinen zusammengehäuften Theilen, welche die Oberfläche desselben ausmachen, ein schwaches Licht zurückwerfen; z. B. Feuerstein, Topfstein.

5) Matt nennet man ein Fossile, dessen Oberfläche gar

---

[1]) Von den äussern Kennzeichen der Fossilien S. 204. f.

gar kein Licht zurückwirft. Der Malachit, der Hornstein, der Lasurstein, der Bergkork, die Kreide ꝛc.

Endlich ist auch bey den Fossilien die Art des Glanzes verschieden. Man hat hier gemeinen, der den mehresten Metallarten zukommt, und metallischen Glanz, welcher bey allen Kalk= Gyps= Fluß= Glas= und Hornsteinarten, auch bey den mehresten Thon= und Talkarten angetroffen wird.

Ueber die Entstehungsart des Glanzes bey den Steinen hat Walch s) folgende Gedanken: Wenn die Theile, woraus die Steine zusammengesetzt sind, nicht von einerley Größe und Härte sind, so können auch die Lichtstrahlen von ihnen nicht auf gleiche Art in unsre Augen zurückfallen. Sind nun die Theile so beschaffen, daß ihre Lage eine solche Fläche macht, daß wenig leere Zwischenräumchen übrig bleiben, in welchen sich die Lichtstrahlen verlieren können: so sammlen sich diese auf der Oberfläche, und fallen in einer gleichen Richtung in unser Auge zurück. Geschiehet dieses, so legt man dem Steine einen Glanz bey. Dieser ist dem Steine entweder natürlich, wenn dessen zarte Theile schon für sich eine Lage haben, daß sie eine gleiche Fläche, ohne viele Erhöhungen und Zwischenräume machen, oder sie kann ihm durch die Politur verschaft werden, bey welcher man nichts anders thut, als daß man dem Steine eine gleichere Fläche verschaft, auf welcher sich die Lichtstrahlen besser, als vorher, sammlen, und in unser Auge zurückfallen können.

Die Farbe der Steine ist eine neue besondere Eigenschaft derselben. Herr Werner t) nennet uns folgende Hauptfarben und deren Veränderungen:

1) Weiß. a) Helles Weiß. Quarz und Eisenblüthe. b) Röthlich weiß. Der chinesische Speckstein, der röthlichweisse Kalkspath, der röthlichweisse Quarz. c) Gelblichweiß. Der gelblichweisse Kalksinter, der Zeolith. d) Silberweiß. e) Grünlichweiß. Talk, der weisse Amianth, der talkähnliche Kalkspath. f) Milchweiß. Opal und milchweisser Quarz. g) Zinnweiß.

2) Grau. a) Schwärzlichgrau. Der graue Glimmer. b) Eisengrau. Der strahlichte Braunstein. c) Gelblichgrau. Der gelblichgraue Chalcedon. d) Rauchgrau. Der dunkelgraue Feuerstein, der graue krystallisirte Kalkspath, der graue Hornstein. e) Blaulichgrau. Der blaulichgraue Kalkstein, der blaulichgraue Mergel. f) Bleygrau.

3) Schwarz. a) Graulichschwarz. Der schwarze Feuerstein, der Dach= und Tafel-

---

s) Systemat. Steinreich Th. II. S. 125.
t) Am angeführten Orte S. 98. f.

Tafelschiefer. b) Bräunlichschwarz. c) Dunkelschwarz. Der isländische Achat, der schwarze Schörl, der Gagath. d) Bläulichschwarz. Der Alaunschiefer.

4) Blau. a) Indigblau. b) Berlinerblau. Der Saphir. c) Lasurblau. Lasurstein. d) Schmalteblau. Der Kupferlasur. e) Veilchenblau. Amethyst, Amethystfluß, sächsische Wundererde. f) Himmelblau. Der Himmelblaue Kupferlasur, der himmelblaue Fluß, der Türkis.

5) Grün. a) Spangrün. Der spangrüne Fluß. b) Berggrün. Der grüne Hornstein, der Aquamarin. c) Grasgrün. Der Smaragd und Smaragdfluß. d) Apfelgrün. Der Chrysopras. e) Lauchgrün. Der Prasem, der schlechte Chrysopras, der lauchgrüne Fluß, der Chrysolith, der Strahlasbest oder Strahlschörl. f) Zeisiggrün.

6) Gelb. a) Schwefelgelb. Der schwefelgelbe Serpentin. b) Citrongelb. Der citrongelbe Fluß. c) Goldgelb. d) Speißgelb; wie der Schwefelkies. e) Strohgelb. Der gelbe Jaspis. f) Weingelb. Der Schneckentopas, der gelbe keilförmige Kalkspath. g) Isabellengelb; gewisser Bergkork. h) Ockergelb. i) Oraniengelb. Der oraniengelbe Carneol.

7) Roth. a) Morgenroth oder Auror. Der Hyacinth. b) Scharlachroth. c) Blutroth. Der böhmische Granat, der rothe Carneol. d) Kupferroth. e) Carminroth. f) Carmoisinroth. Der Rubin. g) Pfersichblüthroth. h) Fleischroth. Der fleischrothe schwere Spath, fleischrothe Feldspath, rothe Gypsstein. i) Mordoreroth. Der Bergzunder oder Bergpapier. k) Bräunlichroth.

8) Braun. a) Röthlichbraun. b) Nelkenbraun. Der Rauchtopas. c) Gelblichbraun. d) Compakbraun. Das Katzengold. e) Leberbraun. Der braune Jaspis. f) Schwärzlichbraun.

Die Farbe der Steinarten ist freylich oft sehr veränderlich. Hr. Werner u) giebt davon folgende Ursache an: Die Grundfarbe der Erd= und Steinarten ist eigentlich die weiße, so wie es bey den brennlichen Wesen die schwarze, und bey den Metallarten die bunten sind; da nun die weiße Farbe diejenige ist, welche sich, wegen ihrer Helle, nur durch einen geringen Zutritt eines Wesens von einer andern Farbe, unter allen am leichtesten und merklichsten verändern läßt: so geschiehet es, daß wenn bey denen Erd= und Steinarten

---

u) Am angeführten Orte S. 88.

ten nur etwas wenige brennliche oder metallische Theile hinzukommen, sich ihre Farbe sogleich ins Braune, Rothe, Gelbe, Grüne, Blaue u. dgl. verändert.

Das brennbare Wesen und die metallischen Dünste sind wahrscheinlich die Ursachen der verschiedenen Farben der Steine, und ihre häufigere oder geringere Gegenwart ist der Grund, warum die Farben hier lebhafter, dort matter sind, und, wenn man auf alle verschiedene Grade sehen wollte, in unzähligen Verschiedenheiten erscheinen. Steine haben entweder nur eine, oder zwey, oder mehrere Farben. Diejenigen Steine, die mehrere Farben haben, haben oft ein gefälliges Ansehen, und aus ihrer Mischung entstehen für die Einbildung so mancherley Bilder, die man ehedem so gar hoch schätzte, und bis zur Ausschweifung entzieferte, die man aber in unsern Tagen darum nicht mehr schätzt, weil es Zufälligkeiten und Werke der Einbildung sind. f. Bildsteine.

Im Feuer verhalten sich diese Farben nicht auf einerley Art, doch mehrentheils also, daß sie sich erst verändern, und endlich gar verschwinden. Sie mögen nun ein brenubares, oder ein metallisches Wesen seyn, so wiberstehen sie freylich der Gewalt des Feuers nicht; sie müssen aber aus überaus feinen Theilchen bestehen, weil manche gefärbte Steine, z. B. Edelsteine, sogar durchsichtig sind.

Die Zusammenfügung, oder der Zusammenhang, (Cohaesio) ist eine neue Eigenschaft der Steine. Da wir uns unter den Steinen feste Körper vorstellen, so gedenken wir uns dadurch zugleich eine genaue Verbindung der Theile untereinander. Diese ist gleichwohl sehr verschieden. Bey einigen ist die Zusammenfügung der Theile so genau, daß man sie mit dem bloßen Auge nicht unterscheiden kann. Von der Art sind die Edelsteine, die Krystalle und alle harte Steine, die eine vorzügliche Politur annehmen. Bey andern kann man die verschiedenen Theile, aus welchen sie bestehen, mehr oder weniger deutlich erkennen, z. B. bey den mehresten Sandsteinarten. Andre haben ein schuppiches oder blättriches Wesen, z. B. das Fraueneis, andre ein fadenartiges, wie z. B. die Amianth- und Asbestarten. Verschiedene Gelehrte, z. B. Cartheuser und Walch, haben darauf ihre Systeme der Steine gegründet.

Eine neue besondre Eigenschaft der Steine ist ihre Schwere. Daß den Steinen eine eigne, ja eine vorzügliche Schwere zukomme, ist daher klar, daß ein in die Luft geschleuderter Stein senkrecht herabfällt. Diese Schwere ist gleichwohl verschieden, da wir wissen, daß der Bimstein auf dem Wasser schwimmt, da fast alle übrige Steine untersinken. Gemeiniglich bedienet man sich des Wassers, die eigne Schwere eines Steins zu untersuchen. Nach der gewöhnlichen Art vergleicht man denselben mit dem Wasser, und sieht, wie viel derselbe von diesem, wenn beyde einen gleichen ken Umfang haben, abweicht. Um nun dieses desto genauer bestimmen zu können, so theilt man die Schwere des Wassers in tausend Theile ein, und giebt alsdann an, wie viel solcher tausend Theile die eigne Schwere des zu untersuchenden Körpers betrage. Am gewöhnlichsten geschiehet dieses, daß man den Körper in reinem destillirten Wasser an einem gehörig temperirten Orte wiegt. s) Die verschiedenen Grade der Schwere giebt Werner folgendergestalt an:

1) Schimmernd sind alle Fossilien, die eine geringe eigene Schwere gegen das Wasser haben, und daher auf demselben schwimmen; z. B. Bergkork.

2) Leicht nennt man alle Fossilien, deren eigne Schwere, wenn man diejenige des Wassers in tausend Theile theilt, von ein bis zwey tausend solcher Theile beträgt; z. B. Opal, der mehreste Alabaster und Gypsstein.

3) Nicht sonderlich schwer werden diejenigen Fossilien genennt, welche über 2000 bis 4000 gedachter Theile eigne Schwere haben. Dieser Grad der Schwere ist besonders den mehresten Steinarten eigen, z. B. Glimmer, Steinmark, Fraueneiß, Mergel, Amianth, Serpentin, Feuerstein, Achat, Carneol, Quarz, Bergkrystall, Talk, Marmor, Speckstein, Trapp, Topas, Doppelspath, Lasurstein, Zeolith, Fluß, Malachit, Rauschgelb, Diamant, Basalt, Katzenauge.

4) Schwer nennt man diejenigen Fossilien, deren eigene Schwere im Verhältniß gegen das reine Wasser über 4000 bis 6000 Theile beträgt. Dieser Grad der Schwere kommt hauptsächlich den Erzen zu, unter den Steinen z. B. dem Braunstein, schweren Spath.

5) Ausserordentlich schwer sind alle Fossilien, deren eigene Schwere über 6000 Theile ausmacht. Hieher gehören besonders alle gediegene Metalle. Diesen und den vorigen Grad der Schwere begreift man öfters unter dem Namen der metallischen Schwere.

Verschiedene Steine haben auch einen Geruch. Zwar die wenigsten, denn die mehresten Steine sind ganz ohne Geruch, andere indessen riechen, besonders wenn sie mit Eisen, Stahl und dergleichen Instrumenten, oder nur auch mit sich selbst gerieben werden. Man kann den Geruch der Steine in einen wesentlichen und zufälligen eintheilen. Wesentlich ist der Geruch, wenn er in den innern Theilen des Steins seinen Grund hat, z. B. der Stinkstein, der wie Katzenurin riecht, der Leberstein, der den Geruch der Schwefelleber hat; wenn aber der

---

s) Werner am angef. Orte S. 273. 276.

der Geruch der Steine von äuſſern Umſtänden herrührt, z. B. der Violenſtein, ſo nenne ich dieſen Geruch zufällig. Leſſer y) hat verſchiedene, doch heutzutage unbekannte Steine geſammelt, welche einen beſondern Geruch haben ſollen. „Der Antiphates giebt einen Geruch und Geſchmack der Myrrhen von ſich, wenn er in Wein und Milch gekocht wird. Der Atizoes hat einen angenehmen Geruch. Der Baptes iſt ein mürber Stein von ausnehmendem Geruche. Herr D. Valentini gedenkt unter andern einiger Steinarten, welche bey Marienberg wachſen ſollen, und wenn man ſie mit dem Hammer zerſchlägt, wie Biſam riechen. Der Stein Meda hat den Geſchmack des Weins. Der Myrrhites riecht wie Balſam, und ſo man ihn reibet, wie Narben. Der Myrrinites riecht wie Myrten." Die alten Schriftſteller machten ſogar aus den riechenden Steinen, lapides odorati, eine eigne Claſſe, davon ich die Beyſpiele des Renntmanns zu einer andern Zeit angeführt habe. ſ. Lapides odorati.

Die leuchtende Kraft iſt eine neue beſondere Eigenſchaft der Steine, davon ich bey dem Namen: leuchtende Steine, im dritten Bande, S. 390. ausführlich gehandelt habe. Ich gehe daher zu einer neuen Eigenſchaft über, nemlich zu ihrer Glätte. Von der künſtlichen Glätte, die man durch Schleifen und Poliren erhalten kann, iſt dermalen die Rede nicht, ſondern von der natürlichen. Hier bemerken wir folgendes:

1) Es kann ein Stein von Natur glatt ſeyn, und durch einen fremden Ueberzug, z. B. durch Tropfſtein, rauh und uneben werden. Das ſiehet man an verſchiedenen Kieſeln, Horn= und Feuerſteinen.

2) Wenn ein Stein aus ſehr feinen und ſubtilen Theilchen beſtehet, wenn dieſe Steinart ſehr genau zuſammenhängt, und durch keine heterogenen Theile unterbrochen wird, ſo wird der Stein glatt; z. B. Edelſteine, Kieſel. Dieſe Glätte kann verſchiedene Grade haben, doch ſind Steine, die von Natur durchſichtig ſind, gewiß auch glatt, weil ihre einzelnen Theile in den möglichſten ordentlichen Richtungen liegen.

3) Bißweilen greifen ſich glatte Steine wie Fett an, z. B. der Speckſtein, der Talk. Sie müſſen alſo mit einem öhlichten Weſen durchdrungen, und mit demſelben vereiniget ſeyn.

4) Beſtehet nun ein Stein aus ungleichen Theilen, liegen dieſe Theilchen, wenn ſie auch, einzeln betrachtet, eben wären, in keiner geraden Richtung, ſo wird der Stein rauh, z. B: der Sandſtein.

5) Ein Stein kann in anſeh=

---

y) Lithotheol. S. 363.

sehnlichen äussern Theilen glatt seyn, und doch in der Zusammensetzung des Ganzen eine unebene Oberfläche machen; z. B. die Drusen, deren einzelne Kryställe mehrentheils glatt genug sind.

Einige Steine geben am Stahl Feuer, welches andre nicht thun. Alle wahre Edelsteine, Kryställe, Achate, Jaspisse, Kiesel und Feuersteine thun dieses, in mehrerm oder geringerm Grade. Auch die mehresten versteinten Hölzer, weil sie ein achat= oder jaspisartiges Wesen angenommen haben, thun dieses. Walch z) erklärt diese Erscheinung folgendergestalt: Ein jeder Stein hat ein zartes elastisches Wesen in sich, und dieses nennet man den Aether. Wenn dieser Aether in eine heftige Bewegung gebracht wird, so entzündet er sich; diese Bewegung aber kann nicht stark genug werden, wofern man sich nicht zwey Körper von grosser Härte gedenkt, von denen keiner dem andern nachgiebt. Man kann also leicht einsehen, warum ein Kalkstein am Stahl kein Feuer giebt. Es ist nicht der Mangel des elastischen Wesens daran schuld, sondern der Mangel der Härte, denn der Kalkstein giebt nach. Hingegen der Hornstein ist sehr hart, durch das Anschlagen an den Stahl gehet eine heftige Bewegung vor, folglich kann sich auch der Aether entzünden.

Auch die Politur ist eine Eigenschaft der Steine, die wir nicht übersehen dürfen. Wir wissen, daß einige Steine, z. B. Sand= und Schiefersteine, gar keine, andre, z. B. die Alabaster, Serpentinsteine und dergl. nur eine matte, und noch andere, z. B. Marmore, Achate u. s. f. eine überaus schöne Politur annehmen. Geübte Kenner kennen nun zwar die Steine, die sich poliren lassen, allein eine allgemeine Anmerkung über dergleichen Steine dürfte doch wohl nicht überflüssig seyn. Ein Ungenannter a) sagt: Man wird ohne unsre Erinnerung leicht begreifen, daß alle kleine, blättrichte, körnigte, faserigte, sandige, allzusprödde, oder auch allzuweiche Steinarten unmöglich eine gute Bearbeitung erlauben, und daß nur Steine von einer gewissen Härte und zusammenhängenden Substanz zu dieser Absicht dienlich sind. Die gewöhnlichsten sind die Alabasterarten, Kalksteine mit und ohne Versteinerungen, oder Marmorarten, Serpentinsteine, Feuersteine, Hornsteine, Achate, Jaspisse, Feldsteine, Pflastersteine u. s. w. Wer sich nicht mit Bearbeitung der festesten Steine abgeben will, der pflegt die Tüchtigkeit eines weichern Steins zu guten Platten auch nach folgenden Merkmalen zu beurtheilen. 1) Wenn er beym Hammerschlag keine, oder nur sehr matte Feuerfunken von sich giebt. 2) Wenn ihn die

Feile

---

z) Systemat. Steinr. Th. II. S. 144. f.
a) Im Berlin. Magaz. Th. III. S. 228. f.

Feile angreift. 3) Wenn er sich auf Sandstein leicht anschleifen läßt. 4) Wenn er da, wo man ihn zerschlagen hat, keine Löcher, Klüfte und Risse zeigt. 5) Wenn man daran leckt, oder ihn mit einem nassen Finger überstreicht, und die Nässe sich nicht gleich einziehet, sondern eine Weile auf der Oberfläche stehen bleibt.

Einige Steinarten brausen mit dem Scheidewasser und mit andern Säuren auf, welches andre nicht thun. Man sagt von solchen Steinen, die ein Aufbrausen zeigen, daß sie von einer alkalischen Natur wären, und nennet diese Steine **Kalksteine**, oder besser **kalkartige Steine**. Andre Steine, nemlich die gläs= gyps= und thonartigen Steine, thun dieses nicht; daher ist die Probe bey den drey letztern Classen nicht zuverlässig, weil ich, wenn ein Stück nicht aufbrauset, zwar weiß, daß es kein kalkartiger Stein sey, darum aber gerade nicht weiß, was er für ein Stein sey. Das Scheidewasser, und andre mineralische Säuren, sind ein sehr flüchtiges brennbares Wesen, alle alkalische Steine aber haben ebenfalls ein brennbares Wesen in sich. Man kann sich davon durch die Kalksteine selbst überzeugen, wenn sie noch nicht gelöscht sind, denn das Wasser kann sie in einen solchen Grad der Hitze setzen, daß man sich darinnen verbrennen, oder etwas siedend machen kann. Wenn nun eine mineralische Säure einen alkalischen Stein berühret, so werden diese beyderseitigen Feuertheilchen in eine heftige Bewegung gesetzt, und es entstehet ganz natürlich ein Brausen, welches bey andern Steinen wegfallen muß, weil sie kein solches Wesen haben. b)

Einige Steine schmelzen im Feuer, andre nicht. Viele Mineralogen theilen daher die Steine in glasartige, gypsartige, kalkartige und thonartige ein. Eine Eintheilung, die in der That sehr ungewiß ist. Denn auf der einen Seite hat Pott *) angemerkt, daß an und für sich selbst kein einziger Stein im Feuer schmelzbar wäre, sondern daß gewisse Zusätze erfordert würden, wenn ein Stein schmelzen soll; auf der andern Seite ist bekannt, und Herr Pott hat es durch Beyspiele erwiesen, daß unter gewissen Zusätzen eine jede Steinart in Fluß gebracht werden kann, und daß der Gewalt des Brennspiegels beynahe kein einziger Stein widerstehet. Man kann also in einer Rücksicht sagen, kein Stein ist schmelzbar, und in einer andern, sie sind alle schmelzbar. Aus dem Grunde leugnet zwar Zimmermann c) den Nutzen nicht, den das Feuer in Rücksicht auf die Steine haben könnte, das will er aber doch nicht wagen, die Arten der Steine nach ihrem Verhalten im Feuer abzutheilen. Man

---

b) Mehr davon sagt Walch am angef. Orte S. 154. f.
*) Erste Fortsetzung der Lithogeognosie S. 28.
c) In den Anmerkungen zu Henkels kleinen mineralogischen Schriften.

Man kann indeß einige Steine schmelzbar, oder wie sie andre nennen, glasartig oder glasachtig nennen, wenn man nemlich den gewöhnlichen Grad des Feuers, und die gewöhnliche Zusätze annimmt. Daß ausserdem bey chymischen Untersuchungen der Steine das Feuer einen wahren entschiedenen Nuzzen habe, Steine in ihre ursprünglichen Erden aufzulösen, und ihre Bestandtheile zu untersuchen, darf ich nicht erweisen.

Einige Steinarten und Steine sind rein, andre vermischt. Reine Steine im eigentlichen Verstande sind diejenigen, die aus einer reinen Erde entstanden sind, die unreinen, aus einer unreinen Erde. In dieser Rücksicht wird man nun freylich wenig ganz reine Steine aufweisen können, da chymische Versuche lehren, daß immer gewisse Mischungen bey den Steinen vorhanden sind. Daher wurden die Mineralogen genöthiget, nur auf die vorzüglichsten Bestandtheile der Steine zu sehen, und sie in kalkartige, deren größter Theil Kalkerde ist, gypsartige, die vorzüglich aus Gypserde bestehen, thonartige, die aus Thonerde, und glasartige, die aus Kieselerde bestehen, abzutheilen. Alle Steine nun, die in keine dieser vier Classen gebracht werden können, nennet man vermischte Steine. Baumer, d) der ein eignes Kapitel vermischter Steine hat, und dahin Mergelsteine, Mergelschiefer, Flußspath, Leimstein, Bergkork, Porphyr, Granit, Felsstein, Gneiß, Braunstein, blendige Steine, metallische Steine, und Steinhäufungen rechnet, sagt darüber folgendes: „Weil manche Steine aus mehrern Erdarten zusammengesetzt sind worden, und in Absicht ihrer sämmtlichen bisher bekannt gewordenen Eigenschaften nicht füglich unter die vier angezeigten Geschlechter gebracht werden können; so will ich aus denselben ein besonder Geschlecht der vermischten Steine machen, welches vermuthlich noch mehrere Arten unter sich begreifen kann, als von mir angeführt worden sind." Man könnte noch eine andre Art vermischter Steine annehmen, die nicht so wohl in Rücksicht auf ihre innern Bestandtheile, als vielmehr in Rücksicht auf ihre äussern Theile, vermischt sind, wohin vorzüglich die Breccien überhaupt, und die Puddingsteine insonderheit gehören.

Die Alten legten den Steinen eine gewisse grosse Kraft in der Arzneykunde bey, davon ich in diesem Lexikon bey der Beschreibung verschiedener Steinarten Beweise genug vorgelegt habe. Walch hat eine eigne Abhandlung de medicina veterum lapidari geschrieben; e) Boodt hat bey jeder Steinart auch ihren medicinischen Nutzen angehängt; und Lesser hat daraus und aus andern Schriften eine reichliche Nach-

---

d) Naturgesch. des Mineralr. Th. I. S. 261. f.
e) Sie befindet sich in seinen Antiquitatibus medicis selectis S. 133. f.

Nachlese in seiner Lithotheologie S. 1083. f. veranstaltet. Viele dergleichen Geschichte, z. E. die von den Adlersteinen, den Krötensteinen u. dgl. waren offenbarer sündlicher Aberglaube, bey andern ist das, was Walch in der angeführten Abhandlung S. 139. sagt, zu merken: „Es ist gewiß, daß in den ältern Zeiten die Unwissenheit und der Betrug den grösten Theil der Steine zu einem medicinischen Gebrauche erhoben haben. Denn da die Alten die heilsame Kraft der Steine und ihre Ursache sehr selten in den wesentlichen Theilen der Steine, sondern nur in zufälligen Dingen bey denselben gesucht haben, so verräth dieses ihre Unwissenheit gar zu deutlich. Daß sie aber den Werth guter Arzeneyen, die man um eine geringe Summe kaufen kan, durch seltene Steine, die gleichwohl die Arzeney nicht kräftiger machten, zu erhöhen, und die Medicin kostbarer zu machen suchten, das verräth offenbare Bosheit. — Man darf aber auch nicht läugnen, daß sich die alten Aerzte gar zu oft nach dem verkehrten Geschmack der Kranken richten, und geringere Arzeneyen mit kostbarern verbinden musten, damit ihr Vertrauen erhalten werde." In unsern Tagen haben dergleichen Steinkuren ganz aufgehört, doch will ich die Liste der Steine anführen, die man ehedem in der Medicin brauchte, so wie sie Albertus Magnus f) unter dem Titel: de virtutibus lapidum quorundam erzählt: 1) Magnes. 2) Obturmius. 3) Onyx. 4) Adamas. 5) Agathe. 6) Corallus. 7) Crystallus. 8) Chrysolithus. 9) Eldotropaei. 10) Epistrites. 11) Calcedonius. 12) Chelidonius. 13) Gagathes. 14) Bena. 15) Isthinos. 16) Cabices. 17) Feripendanus. 18) Silonites. 19) Topazion. 20) Lipercol. 21) Vrices. 22) Lazuli. 23) Smaragdus. 24) Iris. 25) Balesia. 26) Galeriates. 27) Draconites. 28) Echites. 29) Terpistretes. 30) Jacinthus. 31) Alectorius. 32) Esmundus. 33) Medo. 34) Mephydes. 35) Abaston. 36) Amatistus. 37) Berillus. 38) Celonites. 39) Chrisolites. 40) Beatiden. 41) Nicomas. 42) Quiriti. 43) Rodianus. 44) Orites. 45) Saphyrus. 46) Saunus.

Eine der wichtigsten Materien in dieser Abhandlung betrift die Entstehungsart der Steine, darüber wir ältere, mittlere und neuere Schriftsteller aufstellen wollen.

Erstlich etwas von den ältern Schriftstellern. Von Aristoteles sagt Aldrovand, g) daß er zur materiellen Ursache der Steine eine exhalationem siccum ignescentem annehme, eine flüssige Materie, welche durch Wärme verdunste und austrokne. Ob er hier die Steine durch Feuer mit einigen Schriftstellern, oder nur durch einen gewissen Grad der Wärme entstehen

---

f) de secretis mulierum. Amsterd. 1648. 12. S. 141.
g) Mus. Metall. p. 421.

hen lasse? ist nicht deutlich? Theophrast h) behauptet, daß alle Steine, edle und unedle, aus der Erde erzeugt würden. So erklärt er sich: „Alle diese Körper sind aus einer reinen und gleichartigen Materie entstanden, es mag nun dieses durch einen gewissen Zufluß, oder durch eine Durchseigung, oder durch eine Absonderung verschiedener unreiner Theile, mit welchen sie vorher vereiniget war, oder auch auf eine andre Art gebildet worden seyn. Er sagt ferner, das Wachsthum oder Vermischung der Theilchen entstehe theils von der Wärme, theils von der Kälte, theils von beyden zugleich; ja es scheine sogar, daß alle Erden durch das Feuer zu werden schienen. Barba i) will in diesem Falle gar nichts entscheiden. Er gestehet zu, daß ein wahrhaftiger würkender Anfang oder Kraft sey, welche in der Generation oder Gebährung der Steine würke; die Schwierigkeit aber liege darinnen, wie man dieses Principium, oder diesen Anfang, erkennen solle, weil es an keinem gewissen oder unumschränkten Orte würke. Denn etliche Steine würden in der Luft gemacht, etliche in den Wolken, in der Erde, in dem Wasser, und in den Leibern der Thiere. Doch fährt er fort: Avincenna und Albertus meynen, die Materie, davon die Steine gemacht werden, sey eine Vermischung der Erde und des Wassers; und so der mehrere Theil Wasser dazu käme, so hat es den Namen einer Feuchtigkeit, so aber mehr Erde, wird es Leim oder Thon genennet." Den Begriff, den sich Avincenna mit dem Aristoteles von den Steinen machte, hat uns du Hamel k) aufgezeichnet, der zugleich dessen Meynung von der Entstehung der Steine entwickelt: Lapidum materia non tenuis exhalatio terrae, nec sola terra, nec sola aqua, nec terra aqua leviter diluta, sed humor viscosus et terrestris est, adeo ut continuitatem humor, terra largiatur soliditatem. Er nahm also Feuchtigkeit und Erde zur Erzeugung der Steine an. Becher l) nimmt zur Erzeugung der Steine ein sulphurisches Wasser an. Nun kommen, sagt er, die coagulirten sulphurischen Wasser, welche etwas köstlicher seyn, und den vierten Theil allhier inne haben, sind erstlich der Krystall, der schier der andern aller Mutter ist, wie auch die Kieselsteine, nach diesen folgen die Perlen, Corallen, Granaten, Lapis nephriticus, Chrysolithus, Hyacinthus, Sapphirus, Smaragdus, Sardius. Es sind coagulirte Wasser, welche etwas gröber, und also geringer, als Lapis aetites, Hemathites, Alabastrites, Amianthus, Lapis armenus, Lapis chalcarius, Lapis calaminaris, Calculus humanus, Lapis judaicus, Lapis lazuli, Lapis lyncis, Ot-
terzung,

---

h) Von den Steinen, Baumgärtners Ausg. S. 2. f.
i) Bergbüchlein. Hamburg 1676. S. 36.
k) De fossilibus Cap. 6.
l) Naturkündigung der Metallen. Frankfurt 1661. S. 5.

terzung, Schwalbenstein, Kröten=
stein, Krebsaugen, Griesstein oder
Serpentinstein, Magnet, Mar=
mel, Bimstein, Steinschmür=
gel, Feuerstein, Lapis spongiæ,
Talcum, Unicornu fossile." Vom
Agricola merket Aldrovand m)
an, er habe behauptet, daß
man zu den Steinen nicht eine
und eben dieselbe Materie an=
nehmen könne, sondern daß sie
nach der Verschiedenheit der
Steine selbst verschieden seyn
müsse. Mylius n) entdeckt
uns die Meynung der Natur=
forscher seiner Zeit, und sagt,
daß die Steine aus einer drey=
fachen ganz subtilen sandigten
Erde entstanden, davon die eine
die Farbe, die andre die Gestalt,
und die dritte die Substanz sel=
ber gebe. Diese Erde werde
hernach durch die Erddünste,
der Hitze und Kälte, mehr und
mehr verhärtet, daß sie alles,
was im Anfange etwa von ohn=
gefähr sich mit ein= und aus=
schliesset, in Stein verwandele.
Dabey beruft sich Mylius auf
Dechers Physik S. 116. 260.
auf den Boodt de gemmis, und
auf des Worms Museum Dani-
cum, besonders auf das Kapitel
von den Steinen.

Unter den neuern Schriftstel=
lern hält Krüger o) dafür,
daß aus Thon und Sand alle
Steine entstanden wären; eine
Meynung, die mit den chymi=
schen Untersuchungen der Stein=
arten allerdings nicht überein=
stimmt. Neumann p) hält
dafür, daß die Steine aus ei=
nem Schleime entstünden, der
immer nach und nach vom Was=
ser hin und her getrieben werde,
und sich während dieser Bewe=
gung immer mehr und mehr an=
hänge, bis er endlich durch die
Kälte des Wassers zu Stein ge=
macht würde. Aber was ist die=
ser Schleim? und aus welchen
Bestandtheilen bestehet er?
Leibnitz q) nimmt eine gedop=
pelte Entstehungsart der festen
Körper an; die eine entstehet
vom Feuer, die andre vom Was=
ser. Besonders sey die erste
Masse der Erde durch das Feuer
entstanden, und es sey gar kein
Zweifel, daß nachher eine flüssi=
ge Materie, die sich auf der
Oberfläche der Erde befunden
habe, sobald sie habe ruhig ste=
hen können, einen Niederschlag
der unreinern Theile verursacht,
und dadurch den Grund zu neuen
Steinen gelegt habe. Leibnitz
hatte sich vorher an einem an=
dern Orte, r) näher erklärt,
und da gieng seine Meynung da=
hin: unsre Erde habe wie ein
Firstern gebrannt, und nach
dem Verbrennen eine Cruste be=
kommen. Diese Cruste sey eine
Art von Verglasung, und daher
sey auch der Grund der Erde
Glas, und dessen Stücke wären
Sand, ja man würde viele un=
terirrdische Arbeiten der Natur
gewahr,

---

m) Mus. Metall. p. 422.
n) Saxon. subterran. P. I. p. 23.
o) In der Erdgeschichte.
p) In den praelectionib. chymicis p. 1597.
q) Protogaea. p. 7. §. 4.
r) in den Actis eruditor. Lips. anno 1683. p. 40.

gewahr, die mit den Würkungen der chymischen Laboratorien völlig übereinkämen, und von einem vulcanischen Schmelzen, Sublimiren, Auflösen und Niederschlagen herkämen; den Bodensatz der Wasser aber erkenne man an den verschiedenen Erdschichten und den beygemischten See- und Erdkörpern, ingleichen aus den Figuren der Körper, die durch eine Krystallisation zusammengewachsen sind. In Unterscheidung der Würkungen des Feuers und Wassers aber sey Behutsamkeit nöthig: denn fast einerley Dinge würden oft von der Natur, bald durch den trocknen, bald durch den feuchten Weg bewürket, und erhielten sowohl nach dem Schmelzen oder Sublimiren beym Erkalten, als nach der Auflösung und dem Niederschlag, ihre gehörige Figur. s) Mit dieser Meynung des Leibnitz kommen die Meynungen des Moro und von Büffon überein, ob sie gleich in Nebenumständen abweichen. Moro t) hält dafür, daß durch das heftige Auswerfen der feuerspeyenden Berge, Flüsse und Ströme, durch das starke Feuer die darunter liegende Erde und Steine entstanden wären, die sich bald in eine dichte und harte steinerne Glasmasse, bald in eine schaumige und schwammige Consistenz aufgelößt hätten. Der Herr von Büffon nimmt an, u) daß unsere Erde erst unter Wasser gestanden habe, oder daß sie Meeresgrund gewesen sey, und daher wären viele Erdlagen und Steine entstanden; man müsse aber auch ein unterirrdisches Feuer annehmen, und durch diese beyden Wege wären unsre Steine entstanden. Besonders nimmt er an, daß ein Comet in die Sonne getrieben sey, dadurch eine Menge Planetenmaterie abgeändert, und daß folglich die Erde, auf welche diese brennende Materie gefallen sey, so lange gebrannt habe, bis die Feuermaterie verloschen, und die Erde nach und nach erkaltet wäre. Daher komme es, daß die eigentliche und innere Materie der Erdkugel glasförmig sey, dessen Spuren und Schlacken der Sand und der Sandstein, der Fels und andre härtere oder weichere Steinarten und Erdkörper wären." In einer neuern Schrift x) erklärt sich der Herr von Büffon über diesen Gegenstand ausführlicher also: „Ein grosser Comet stößt an die Sonne, und reißt dadurch von ihr

so

---

s) f. die mineralog. Belust. v. Band, S. 194. f. von Büffons allgem. Naturgesch. I. B. S. 263. der Berliner Ausgabe, in welcher wider dies Lehrgebäude verschiedene gegründete Einwendungen gemacht werden.

t) De Crostacei et degli altri marini corpi, che fi tavaho fu monti. Venet. 1740. Neue Untersuchung der Veränderung des Erdbodens ic. Leipzig 1751. S. 440. f.

u) Allgemeine Naturgesch. I. Th. S. 118. f. 159. f. 207. f.

x) Naturgeschichte der Mineralien Th. I. Frankf. und Leipzig 1784. S. VI. VII. der Vorrede.

so viel Maſſe ab, als zu der Erdkugel und zu allen übrigen Planeten nebſt ihren Trabanten erfordert wird. Natürlich muß dieſe Maſſe, da ſie von der Sonne kommt, lange noch wie Glas geſchmolzen und flüſſig ſeyn. Hernach aber kühlt ſie ſich allmählig ab, und wird eine gleichartige Schlacke, welche nun Quarz heißt, und gegenwärtig noch den Kern des Erdballs vorſtellt. Aber indem ſie ſich abkühlt, ziehet ſie ſich zugleich in einen kleinern Raum zuſammen, wie alle andre heiſſe glüende Körper, die ſich abkühlen. Durch dieſes Einkriechen, welches nicht allerwegen gleich geſchwind, und nicht in gleicher Verhältniß geſchiehet, entſtehen auf der Oberfläche dieſes Quarzballes viele Ribben und Runzeln, die wir jetzt primitive Ketten-Gebürge nennen, deren innerer Kern daher allemal Quarz iſt. An vielen Orten entſtehen auch groſe Blaſen unter der Oberfläche dieſer groſen Quarzmaſſe des Erdballs während ihrer Abkühlung. Dieſe Blaſen ſind groſe unterirrdiſche Gewölber, die in der Folge zum Theil einſtürzen, zum Theil mit Waſſer angefüllt werden. Gleichwie nun ferner jede Glasmaſſe, die man nicht im heiſſen Kühlofen abkühlet, ſondern aus dem Schmelzofen gleich in die freye Luft ſetzt, ſehr ſpröde wird, und ſich leichtlich zerſplittert oder zerbröckelt; eben ſo zerſplittert, zerſchilfert, zerbröckelt ſich auch die äuſſere Rinde des quarzigen Erdballs, beſonders die Rinde der primitiven Kettengebürge, weil dieſe der freyen kühlen Atmoſphäre vorzüglich viele Oberfläche darbieten, mithin plötzlich abgekühlt werden. An dieſe feinen Schilfer und Splitter hängen ſich allerley heterogene Materien, die in der Atmoſphäre ſchwimmen, beſonders aber metalliſche, feſt, und ſo entſtehen aus den Quarztrümmern verſchiedene andere einfache Urgläſer, als Glimmer, Schörl, Feldſpath, Jaspis und dergleichen. Aus der Verbindung derſelben entſtehet Granit, womit nun alle hohe primitive Kettengebürge überlegt ſind. Porphyr muß auch auf dieſe Weiſe aus Trümmern der einfachen Urgläſer entſtehen. Waſſer macht Letten oder Thon und Sand aus ihnen. Aus Letten entſtehet hernach der Schiefer, und aus dem Sande der Sandſtein. Schaalthiere aber bereiten die Kalkerde, und aus ihnen entſtehen nicht nur alle Urmarmorlagen, ſondern auch alle feſte Kalkſteinbänke und alle Kreidenhügel. Kalkſpath, Spätmarmor, Gyps, Alabaſter u. ſ. w. ſind bloß aus aufgelöſten Urkalkmaterien durch das Filtrirwaſſer gebildet. Aus der Gewächserde entſtehen nicht nur neue Thiere und Gewächſe, ſondern auch alle organiſirte, das iſt, alle figurirte Mineralien.„ Der Hr. von Juſti y) geſtehet dem unterirrdiſchen Feuer nicht mehr zu, als das einzige, daß es die bereits entſtandenen Steine noch mehr zuſammenſintert

---

y) Grundriß des Mineralreichs S. 3. 155. 196.

sintert habe. „Wir wissen, sagt er, von den neuern Steinen zuverlässig, daß sie durch die Wasser entstehen. Es ist daher zu vermuthen, daß die alten auf eben diese Art erzeugt worden sind. Jedoch können sie durch das unterirdische Feuer und die Länge der Zeit viel Veränderungen erlitten haben. Daß aber Steine durch das unterirdische Feuer dergestalt hervorgebracht worden sind, daß irdische Materien zusammengeschmolzen sind, ist gar nicht wahrscheinlich. Es würden alsdann Glas und Schlacken, aber keine Steine entstanden seyn. Jedoch können die schon vorhandenen Steine durch ein großes Feuer mehr zusammengesintert, und mithin fester geworden seyn." Nach seiner Meynung geschiehet demnach die Erzeugung der Steine durch das Wasser. Hier nimmt er drey Fälle an: 1) Die Verhärtung, wenn bereits vorhandene Erden oder Schlamm durch die irdischen Theilchen, welche die Wasser nach und nach immer mehr in dieselben einführen, feste und hart werden. 2) Die Niederschlagung, wenn die Wasser ihre irdischen Theilchen fallen lassen, auf welche Art der Sinter und Tropfstein entstehet. 3) Die Krystallisation, wenn die Wasser die bey sich führenden zarten irdischen Theilchen, durch Hülfe der beygemischten Salztheilchen, an andre festen Körper in verschiedenen Figuren ansetzen, oder anschließend machen, welches aber freylich unendlich langsamer zugehet, als bey der Salzkrystallisation." Lesser z) merket von der Zeugung überhaupt an, daß sie eine thätige und leidende sey. Die thätige habe bey der Erzeugung der Steine nicht statt, wohl aber die leidende. Diese sey eine Art, vermöge welcher in der Natur hin und wieder befindliche Salze, Schwefel und Erde, durch eine ebenfalls allenthalben anzutreffende zähe Feuchtigkeit, vermittelst der natürlichen Wärme, zu einem harten Körper zusammengekittet werden. Folglich nimmt Lesser zur Erzeugung der Steine Salz, Schwefel, Erde, Feuchtigkeit, und einen gewissen Grad der Wärme an. Mallinkrodt a) hat diese Materie mit einiger Ausführlichkeit abgehandelt, und sucht seiner Meynung einen großen Grad der Wahrscheinlichkeit zu geben. Er setzet voraus, daß die Steinmaterie Erde sey, man müsse aber Luft und Wasser dabey nicht ausschließen, von denen doch so viel wenigstens wahrscheinlich sey, daß sie als Bestandtheile mit zugegen seyn könnten. Hiezu komme die Kraft des Feuers, denn die Gegenwart des unterirdischen Feuers könne nicht geleugnet, aber auch nicht dargethan werden, daß das unterirdische Feuer blos zer-

---

z) Lithotheologie S. 150. f.
a) Von der Erzeugung der Steine, in den mineralog. Belustigungen Th. V. S. 176. f.

zerſtöhre. Cronſtedt b) ſiehet die Niederſchlagung aus dem Waſſer als den erſten Weg an, auf welchem Steine können erzeuget werden. Die Zerſtöhrung aber ſey noch zu unſrer Zeit ein ſehr gebräuchlicher Weg. Sie geſchehe theils durch gewaltſame unterirrdiſche Feuer, theils durch die ſogenannte Verwitterung. Durch beyde entſtünden viele Veränderungen und neue Zuſammenſetzungen. Die Sauren des Vitriols und Kochſalzes wären auch nicht unwürkſam, denn wo dieſe ſelbſt hindurchzubringen nicht vermögend wären, da helfe ihnen das Waſſer, welches nach den Geſetzen der Natur in beſtändiger Bewegung iſt, fort. Dieſe Würkungen der Salze müſten wiederum von denen wohl unterſchieden werden, welche das Waſſer ſelbſt hervorbringt, indem daſſelbe theils als ein Auflöſungsmittel, theils durch ſeine Trägheit, Schwere und Bewegung, eine Abnutzung und Verſetzung der Theile in den feſten Körpern, die ſich in verſchiedener Stellung ordnen, würket. Der Hr. Ritter von Linne c) hält dafür, daß die Erzeugung aller Steine, ſie mögen nun nach ſeinem Ausdrucke ſimplices, oder aggregati ſeyn, durch eine äuſſere Hinzuſetzung der Theile entſtehe. Inſonderheit erklärt er ſich in der neuſten Ausgabe darüber folgendergeſtalt: Die Petrae humoſae entſtehen e vegetabilium terra; die calcariae, ex animalium terra; die argillaceae, e maris ſedimento viſcido; die arenatae, ex aetheris aqua pluviali praecipitante; und die Petrae aggregatae entſtünden aus den vier vorhergehenden. Brünnich d) hat über dieſe Sache folgende allgemeine Gedanken. „Das erſte Es werde, welches das Trockne von dem Naſſen ſchied, gab dem Steinreich ſein Weſen, verband deſſen Zuſammenſetzungen zu gewiſſen Subſtanzen, und ſchrieb deren Würkungen die Gränzen vor. Beſondre Eigenſchaften beſtimmten Erd= und Steinarten, Salze, Erigette und Metalle. Das innere Verhalten dieſer und eine gröſſere oder geringere Uebereinſtimmung beförderte ihre innern Auflöſungen, Vereinigungen, Trennungen und Zuſammenſetzungen; zufällige Urſachen aber verſtatteten deren Vermengung und Einmiſchungen, und davon erhielt die Oberfläche des Erdbodens ein dem jetzigen ähnliches Anſehen, und eine der heutigen gleiche Beſchaffenheit. Hr. Liebcroth e) erklärt ſich über das Wachſen der Steine folgendergeſtalt. „Er glaubt, daß man blos das Waſſer hierzu annehmen müſſe, daß es aber beſonders auf eine gedoppelte Art würke. In manchen Fällen dunſte das Waſſer ab, und die darinnen befindliche Erde bleibe zurück, die nach und nach

---

b) Mineralogie, Brünnichs Ueberſ. S. 6. f. Werners Ueberſ. S. 5. f.
c) Syſtema Nat. 1748. P 219. XII. p. 34.
d) Mineralogie, in der Einleitung zu Anfangs.
e) Hamburgiſches Magazin V. Th. S. 413. f.

noch verhärte und zu Stein werde; in andern Fällen aber fielen die irrdischen Theilchen, welche so schwerer wären als das Wasser, zu Boden; da es denn öfters geschehe, daß sie einander berühren, untereinander zusammenhängen, sich einander anziehen, und einen Stein erzeugen." Eine ähnliche Abhandlung von der Erzeugung der Steine überhaupt, und der kugelrunden insonderheit, hat der Herr D. Hofmann f) ausgearbeitet. Zum Grundstoff der Steine nimmt er Erde und Theile von abgeriebenen Steinen und Mipern an. Es wärken aber auch Luft, Wasser und Feuer. Hier entstehen die Steine, entweder durch eine Aneinandersetzung, oder durch ein Aufbrausen, oder durch beydes zugleich. Nach seiner Meynung sind durch das Aufbrausen die kugelrunden Steine entstanden. Baumer g) verlangt zur Erzeugung der Steine Erde, Wasser und eine fette klebriche Materie, besonders aus dem mineralischen und Thierreiche. Er fordert hiebey: 1) Eine subtile Auflösung der Erden. 2) Das bequeme Verbindungsmittel des Wassers. 3) Die Gegenwart der zu der Niederschlagung und der bequemen Austrocknung nöthigen Umstände. Er erklärt sich darüber folgendergestalt: „Da die Steine aus der Erde entstehen, so ist nöthig, daß diese durch das Wasser, Salze, brennbares Wesen u. s. w. vorher wohl in ihre Theile aufgelöset werde. Daraus entstehen viele Berührungspunkte, und ein sehr fester Zusammenhang derselben; nachdem das Ueberflüssige von dem Auflösungsmittel weggeschaft, oder ein Niederschlag gewesen ist. Dabey gehet ein verhältnißmäsiger Theil der Auflösungsmittel mit in das Wesen des Steins hinein." Herr Vogel h) hält dafür, daß die Erzeugung der Steine auf eine vierfache Art geschehe. Bey einigen geschiehet sie durch ein Zusammenwachsen, oder eine Zusammenleimung der erdigten Theile. Bey andern geschiehet sie in dem Zusammenfrieren, oder Gestehen, oder noch deutlicher zu reden, in dem Austrocknen eines schleimichten, gallerichten Wesens. Bey noch andern ist es die Krystallisirung, wodurch gewisse feste Theilchen, welche in einem flüssigen Wesen auf das zärteste verdünnet und ausgedehnet sind, in einen trocknen, harten, ganz oder halbdurchsichtigen Körper, an einer sechseckigten, prismatischen, würflichten, kegelförmigen oder geblätterten Gestalt, gebracht werden. Und endlich rechnet noch Herr Vogel die Versteinerungen hieher, von welcher Erzeugungsart er eingestehet, daß sie zum Theil mit den vorigen übereinkomme, zum Theil aber auch ganz besonders sey. Endlich

---

f) lat. in dem Anhang zum zweyten Theil der Novor. Actor. phys. medicor. ac. N. C. p. 173 s. deutsch in dem neuen Hamb. Magaz. III. B. 14. St. S. 99. f.
g) Naturgesch. des Mineralr. Th. I. S. 171. f. Th. II. S. 112.
h) Praktisches Mineralsystem S. 92. f.

lich will ich noch Herrn Walchs i) Meynung anführen. Er verlangt zur Erzeugung der Steine einen doppelten Weg. Den ersten nennet er das Sediment wenn sich die im Wasser befindlichen Erdtheilchen zu Boden setzen. Wenn dieses Sediment eine Steinhärte erlangt, oder wenn die niedergelassenen Erdtheilchen, welche zusammen das Sediment ausmachen, cohäriren, und zwar so stark, daß sie auf keine andre Art, als durch eine äusserliche Gewalt getrennet werden können, so wird der daraus entstehende Körper ein Sedimentstein genennet. Der andre Weg ist die Coagulation, wenn nemlich die Natur einer reinen flüssigen Erde ihre Flüssigkeit benimmt, und sie, wie das Eis, vermittelst eines Gestehens, in einen festen, dem Eise ähnlichen, das ist, durchsichtigen Körper, verwandelt. Zu dieser Coagulation rechnet noch Herr Walch die Kryställisation, als eine besondere Coagulationsart.

Anstatt diese Meynungen, wovon einige die Frage: wie? und die andre: woraus die Steine entstehen? zu beantworten suchen, zu beurtheilen, habe ich an einem andern Orte k) über die Entstehungsart der Steine folgende Gedanken geäussert:

1) Da sich alle Steine im chymischen Feuer in Erden auflösen lassen, so muß der erste Grundstoff aller Steine Erde seyn. So verschieden aber diese Erden an und für sich selbst sind, so verschieden werden die Steine; es können also auch verschiedene Erden vereiniget werden, und daher vermischte Steine entstehen. Diese Erden müssen durch ein gewisses Verbindungsmittel vereiniget, und durch ein andres Mittel ausgetrocknet werden. Das erste muß eine Feuchtigkeit seyn, man mag sie nun Wasser oder sonst etwas nennen. Vielleicht aber ist das eigentliche Wasser dazu das allerbequemste, weil es wegen seiner Klarheit alle Erden durchdringen, und sie solchergestalt verbinden kann. Luft und Wärme aber sind am geschicktesten, feuchte Körper auszutrocknen; ihrer muß sich daher die Natur in ihren geheimen Werkstätten bedienen, wenn sie Steine bereitet. Es kann sogar in manchen Fällen ein grosser Grad der Wärme erfordert werden, obgleich nicht das Feuer der Vulkane, welche zwar auch Steine, oder vielmehr Schlacken hervorbringen, die wir Laven nennen, die aber zu den übrigen Steinarten nicht gehören, sondern für sich als eine eigne Classe bestehen, und von allen andern deutlich genug unterschieden, und vermuthlich durch Verglasung aus andern

---

i) Systemat. Steinreich Th. II. S. 1. f.
k) Schröter vollständige Einleitung Th. I. S. 31.

andern Erd- und Steinarten entstanden sind.

2) Wenn die Natur die gehörigen Werkzeuge zur Zubereitung der Steine vorräthig hat, so macht sie daraus durch drey Wege Steine. Der erste ist der Niederschlag, oder das Sediment. Wenn sich nemlich erdigte Theilchen übereinanderhäufen, und zu Stein werden. Der andre ist die Coagulation, wenn eine feuchte zähe Masse mit einer andern verbunden wird. Auf diese Art können Steine in Steinen, können Versteinerungen u. dgl. erklärt werden. Manchmal kann auch die Natur beyde Wege vereinigen. Die Krystallisation ist der dritte Weg; sie scheinet zwar ebenfalls beyde Wege zu verbinden, allein da doch die Krystallisation, als solche, von allen Formen der Steine abweicht, so kann sie auch als eigner Gang der Natur betrachtet werden, und es kommt nur darauf an, was für Theilchen krystallisirten, denn nun konnte der figurirte Basalt, bey aller seiner Undurchsichtigkeit, eben so leicht entstehen, als der hellste Bergkrystall.

Da ich einmal von der Erzeugung der Steine rede, so will ich nur einige Worte über die Frage sagen: Ob Steine in der Luft erzeugt werden können? Unsre Vorfahren schienen dieses zu glauben, denn da sie den Namen der Donnersteine, Brontiarum und Ombriarum, (s. diese Namen) gewissen Steinen gaben, von denen sie behaupteten, daß sie bey Donnerwettern aus der Luft auf die Erde fielen, so ist es wahrscheinlich, daß sie glaubten, dergleichen Steine würden in der Luft erzeuget. Allein die Echiniten und Belemniten sind Versteinerungen, und die Donnerkeule und Streitäxte sind Werke der Kunst. Alle diese fallen also nicht aus der Luft auf die Erde, und werden daher auch nicht in der Luft erzeugt. 1) Lesser m) führet aus Schriftstellern verschiedene Beyspiele an, die hieher gehören, und er scheinet die Möglichkeit zu glauben, daß in der Luft Steine erzeugt werden können. Beccaria, n) ein neuerer Schriftsteller, gedenket eines Steins, der bey einem Donnerwetter aus der Luft gefallen wäre, aber behaupten will er nicht, daß er in der Luft erzeugt sey, denn er hält dafür, daß ihn der Blitz in die Luft geschlendert habe. Dies kann man nicht leugnen, daß Steine durch verschiedene Umstände in die Luft gehoben werden können, wir wissen ja dies von dem Aetna, und von dem Vesuv, wenn sie toben, daß sie oft Steine von ansehnlicher

---

1) s. den ersten Band S. 414. und Stobäus Opuscula Th. I. S. 113.
m) Lithotheologie S. 210. f.
n) de electricitate vindice. Turin. 1767.

llcher Größe in die Luft schleudern, die dann freylich nach den Gesetzen der Schwere wieder herunter fallen; aber daß ein Stein in der Luft könnte erzeugt werden, das ist wider den Begriff von der Erzeugung der Steine, und weil er gewiß aus der Luft herunterfallen würde, ehe er noch ganz Stein ist, auch wider die Gesetze der Schwere.

Die Luft ausgenommen, so finden wir allenthalben Steine, auf Bergen und auf der Ebene, in Flüssen und im Meere, bald zerstreut, bald in grossen Bänken und in Felsen. Wenn wir das Innere der Erde, oder nur einen grossen Steinbruch betrachten, so finden wir theils, daß die Steine in einer gewissen Ordnung übereinander liegen; theils, daß gewisse Steinarten unter sich abwechseln; theils, daß alle Steinarten, die wir auf der Oberfläche der Erde einzeln und zerstreut antreffen, in dem Innern der Erde in ganzen Felsenstücken angetroffen werden. Von den Achaten, Kieseln und Hornsteinen hat man dies zwar noch nicht gefunden, wir können aber auch noch nicht sagen, daß wir die ganze Erde untersucht hätten. Das haben schon Woodward o) und andre angemerkt, daß die Steine in der Erde in gewisse Lager oder Strata abgetheilt würden, und daß in dem Innern der Erde eine ganz besondre Ordnung herrsche. Wir bemerken dabey:

1) Da man diejenigen Steinarten, die auf der Erde hin und her zerstreut liegen, in dem Innern der Erde in Felsen, Flötzen u. dgl. gefunden werden, so müssen jene abgerissene Theile eines Ganges seyn, die durch Erdbeben, Fluthen und andre Ursachen abgerissen und auf die Erde hin und her gestreut sind.

2) Sehr viele Strata liegen in der genauesten Ordnung auf- und übereinander, und allemal auf ihrem Schwerpunkte. Leſſer p) glaubt, daß solche Lager ihren Ursprung von der Schöpfung hätten. Ich zweifle, daß dies erwiesen werden könnte. Denn einmal liegen ja gar vielerley Strata übereinander, und das beweiset, daß sich eins nach dem andern angesetzt habe, und das konnten auch Fluthen und andre Ursachen bewerkstelligen. Hernach finden wir auch Versteinerungen in Lagern, in einer sehr grossen Tiefe, oft unter andern Stratis, diese sind aber gewiß nicht durch die Schöpfung entstanden. Das scheinet glaublicher zu seyn, daß diejenigen Strata, die in einer genauen Ordnung auf ihrem Schwerpunkte liegen, ein ruhiges Lager müssen gehabt haben, und da könnte hier ehedem See seyn, wo jetzo trocknes Land ist; einige dergleichen Lager kann

---

o) Geographia physica. p. 8.
p) Lithotheologie S. 197.

kann die Mosaische Sünd-
fluth hervorgebracht haben,
und andre können durch
andre Ursachen entstanden
seyn. Daß unsre Erde vie-
lerley Veränderungen er-
litten habe, ist augenschein-
lich; schwerer ist es zu erklären, was dies für Ver-
änderungen waren, und
was jede einzeln zur Be-
schaffenheit der jetzigen Erde beygetragen habe.

3) Andre Strata scheinen nicht
in der genausten Ordnung
übereinander zu liegen, und
uns dünkt zuweilen, als
wenn die Steine nicht auf
ihrem Schwerpunkte ange-
troffen würden. Indessen
dürfen wir von dem, was
wir in einer geringen Tiefe
sehen, keinen Schluß auf
die grössere Tiefe und auf
das Ganze machen. Es
können freylich die Wasser
der Sündfluth, es können
Erdbeben, es können Ein-
stürzungen grosser Berge
eine zufällige Aenderung in
der allgemeinen Kette der
Natur gemacht haben, wel-
che aber in Rücksicht auf
das Ganze nur Kleinigkei-
ten sind, und kaum einige
Achtung verdienen, so we-
nig wir sie für eine Abweichung der Natur von ihrer
festgesetzten Ordnung an-
zusehen haben.

Wenn wir Felsen und Flöze
betrachten, so finden wir oft ungeheure Massen, welche gleichsam nur einen einzigen Stein
ausmachen; die Edelsteine finden wir desto kleiner, Kiesel und
Achate schon grösser, am grösten
die Kalk= Gyps= Sandsteine,
die Schiefer, den Porphyr und
den Granit. Einzelne Steine
von einer ansehnlichen Grösse
findet man häufig genug, doch
hat derjenige Granit, den man
vor einigen Jahren in Rußland
fand, und zum Fußgestelle zu
Peter des Grossen Ehrensäule
machte, viel Aufsehens gemacht.
Er wiegt über drey Millionen
Pfund, und ist also mehr als
dreymal schwerer, als der bekannte Obelisk, den Constan-
tinus nach Rom brachte. q)

Der Nutzen der Steine ist
entschieden. „Die gemeinsten
Steine, sagt Herr Dülac, r)
verschaffen dem Menschen sichre
und dauerhafte Wohnungen;
vermittelst ihrer bauet er Städte von dem grösten Umfange,
und Mauern zu ihrer Vertheidigung; er macht aus ihnen Werkzeuge, sein Getraide zu mahlen,
seine Zeuge zu verfertigen, kurz
alles, was zu seinem Unterhalte
gehöret, zuzubereiten. Diejenigen Länder, in welchen die gemeinen Steine fehlen, wie in
dem mitternächtigen Theile
Europens, sind eines grossen
Vortheils beraubt, und fühlen
dessen Mangel sehr deutlich;
man bedienet sich daselbst anstatt
der

---

q) s. den zweyten Theil der Beylagen zu dem neuveränderten Rußland S. 211. Da findet sich: Description d'une pierre trouvée en
Russie et destinée pour servir de Piedestal à la statue equestre de Pierre
le Grand.

r) In den mineralogischen Belustigungen Th. II. S. 340.

der Steine des Holzes; in andern gebraucht man Backsteine, und oft Stroh, welches mit angefeuchteter Erde vermischt wird, welche man *Beaug.* nennet." So muß auch die Lithologie, welche sich mit der Beschreibung der Steine beschäftiget, ihren Nutzen haben, denn durch sie lernet man die Steine und ihren Nutzen und Gebrauch kennen. Durch sie ist der Aberglaube glücklich besiegt, durch Steine zu curiren, oder durch sie das Gebähren zu erleichtern, durch sie sich für dem Donner und seinen schrecklichen Würkungen zu schützen. Durch die Lithologie kennen wir viele Steine und ihren Nutzen, davon unsre Vorfahren nichts wusten, und viele Steine und ihren Nutzen viel richtiger, viel besser, als unsre Vorfahren. Durch sie wurde man auf die wahre Beschaffenheit unsers Erdkörpers, und auf dessen erlittene Veränderungen und Revolutionen aufmerksamer. Indessen sind noch hie und da Lücken übrig, werden noch hin und wieder neue Entdeckungen gemacht, folglich ist es noch lange nicht Zeit, die Hand von der Lithologie abzuziehen; es werden noch Menschenalter vergehen, ehe wir sagen können, daß wir die Lithologie ganz durchstudirt hätten.

Ehe ich die Abhandlung von den Steinen schließe, muß ich noch der allgemeinen Eintheilungen der Schriftsteller gedenken, der allgemeinen, sage ich, weil ich in diesem Lexikon bey einer jeden Steinart zugleich der Eintheilungen der Schriftsteller gedacht habe.

Die Eintheilungen der ältern Schriftsteller sollte ich ganz übergehen, denn da ihnen die Kenntnisse unsrer Tage fehlten, wie könnte man von ihnen gute und strenge Ordnung erwarten? Wie mager war es doch, wenn beym Plinius, beym Theophrast u. d. verschiedene Steinarten in Männchen und Weibchen abgetheilt sind. Etwas erträglicher war die Eintheilung des Theophrasts in seinem Buche von den Steinen, da er die Steine nach ihrem Verhalten im Feuer in solche abtheilet, welche flüssig gemacht werden können, in solche, welche verbrannt werden können, und in solche, welche das Feuer aushalten. Wenigstens ist diese Eintheilung besser, als die des Plinius, der sie blos in gemeine und in edle eintheilet, und die ersten im 36., die letztern aber im 37sten Buche seiner Naturgeschichte beschreibet.

Die Eintheilungen der mittlern Zeit waren nicht viel besser. Mit den Systemen des Agricola, Kentmanns, Schwengfeld, Boodt, Aldrovand, Jonston und andrer hat uns Baumer in seiner Schrift: Terrarum et lapidum partitio, Göttingen 1762. S. 34. f. bekannt gemacht; ich will nur die Eintheilung des Barba in seinem Bergbüchlein S. 39. zu einem Beyspiele anführen. Er macht fünf Classen der Steine. 1) So sie klein sind, sehr theuer und seltsam, und gar harter Substanz, und einen Glanz haben,

werden

werden sie Edelsteine genennt. 2) So sie gar gros sind, (und doch seltsam und einen Glanz haben, sind sie allerhand Marmorsteine. 3) Wenn sie bey Entzweybrechung in Stücken oder Brocken zerfallen, sind sie eine Art der Kieselsteine. 4) Wenn sie kleinkörnigt sind, sind sie Sandsteine. 5) Welche keine von den obgemeldeten Eigenschaften haben, sind Steinfelsen, oder gemeine Steine.

Ausführlicher will ich von den Schriftstellern dieses Jahrhunderts und ihren Systemen handeln, und hier diejenigen Lithographen aufstellen, die mir bekannt sind.

1) Der erste sey **Johann Woodward**. Sein Buch: An attempt towards a natural history of the fossils of England, London 1729. in 8. hat folgendes System. 1) Schiefer, Alabaster, Marmor. 2) Kiesel, Achat, Onyx, Adlerstein, Pisolith. 3) Talk, Glimmer, rhomboidalischer Selenit, faserichter Talk, Asbest, Ludus Helmontii, Ludus Syringoid. Belemnit. 4) Krystalle, Spathkrystalle, Edelsteine.

2) **Magnus von Bromell** Mineralogia suecana erschien zu Stockholm 1730. 1739. wurde 1740. deutsch übersetzt, und mit der Lithographia suecana vermehrt. Die Steine theilt er in drey Classen. 1) Feuerbeständig, als Topfstein, (ollaris) Amianth, Asbest, Lapides fusorii. 2) Kalkartige, als Kalkstein, Stinkstein, Marmor, Gyps, Spath, Tropfstein, Schiefer, Spiegelstein. 3) Glasartige, als Sand, Sandsteine, Edelsteine, Granaten, Kiesel, Quarze, Krystall und Flüsse. Von diesen Classen trennet er die figurirten Steine, unter denen wir den Beinbruch und die Violensteine suchen müssen, und die Versteinerungen.

3) **Woltersdorf** Mineralsystem, Berlin 1740. 1748. Ulm 1755. hat vier Classen. 1) Glasartige Steine, als Edelsteine, Krystall, Quarz, Sandstein, Hornstein, Flußspath, Wacke, (Saxum) Bimstein. 2) Thonartige Steine, Seifstein, Asbest, Talk, Blende, Schiefer. 3) Gypsartige Steine, Gypsstein, Alabaster, Gypsspath. 4) Kalkartige Steine, Kalkstein, Marmor, Kalkspath, Tophstein, (Toophus) Tropfstein, Mergelstein.

4) **Pott** chymische Untersuchungen, welche vornehmlich von der Lithogeognosia, oder Erkenntniß und Bearbeitung der gemeinen einfachern Steine und Erden, handeln, kamen 1746. heraus, und dazu 1751. 1754. zwey Fortsetzungen in 4. Er verwirft die gewöhnliche Eintheilung der Steine, und sagt S. 3.: daß man vier Grunderden habe, und nach diesen auch nur vier Gattungen der Steine annehmen müsse. 1) Terra alcalina, oder calcaria, daraus die Kalksteine bestehen. 2) Terra gypsea, davon die Gypssteine herkommen. 3) Terra argillacea, davon die thonartigen Steine herkommen. 4) Terra vitrescibilis strictius sumta, davon die glasartigen Steine herkommen.

5)

5) **Wallerius** Mineralogie oder Mineralreich kam 1747. zu Stockholm heraus, wurde 1750. und 1763. durch Herrn Denso ins Deutsche, 1753. aber durch den Herrn von Olbach ins Französische übersetzt. Er macht vier Classen. 1) Kalkarten, Lapides calcarei, als Kalkstein, Marmor, Gyps, Spath. 2) Glasarten, Lapides virescentes, als Schiefer, Sandstein, Kieselstein, Felskies, Quarz und Krystall. 3) Feuerfeste Steine, Lapides apyri, als Glimmer, Talk, Topfstein, Hornfelsstein, Amianth und Asbest. 4) Felssteinarten, Saxa, die er in einfachen ganzen Felsstein, dunkelgrauen Fels, und zusammengekitteten klaren Fels, eintheilet.

6) Des Herrn **Wallerius** Systema mineralogicum, in zwey Bänden in gros Octav, ist zwar viel neuer, denn die zweyte Ausgabe, oder vielmehr ein Nachdruck, kam zu Wien 1778. und eine deutsche Uebersetzung mit häufigen Anmerkungen zu Berlin 1781. heraus; allein ich will seines Systems hier zugleich gedenken. Er hat im ersten Bande S. 121. die Steine folgendergestalt eingetheilt. 1) Lapides calcarei, Kalksteins-Arten, als Kalkstein, der in den gemeinen und Marmor abgetheilt wird, Spath, Gypsarten, Flußspath. 2) Lapides vitrescentes, glasartige Steine, als Sandsteine, Feldspath, Quarz, dahin die Krystalle gehören, Edelsteine, Granatsteine, Kiesel, (als Felskiesel, Hornstein und Achat) Jaspis. 3) Lapides fusibiles, schmelzbare Steine, als Zeolith- oder Schörlarten, Braunstein oder Wolfram, Schiefer, Mergelsteine, Hornfelssteine. 4) Lapides apyri, feuerfeste Steine, oder thonartige Steine, als Glimmer oder Talk, Speckstein, oder Topfsteine, oder Serpentinsteine, Asbest oder Amianth. 5) Felssteinarten, als Felssteine, zusammengekitteter Felswurstein.

7) **Johann Hill** gab 1748. seine general natural history in London heraus, und webte derselben eine history of fossils ein; eine deutsche Uebersetzung wurde zwar 1766. angekündiget, aber nicht geliefert. Sein System und die Benennungen der Steine sind folgende. I. In fortdauernden oder zusammenhangenden Lagern. 1) Zerbrechlich und zum Poliren ungeschickt: Pladeria, Ammoschista. 2) Zum Poliren fähig und härter: Simplexia, Stegania. 3) Die eine schöne Politur annehmen: Marmor, Alabastrites, Porphyrites, Granites. II. In zerstreuten Massen, und doch von einer regelmäsigen Structur, Septariae, Siderochita. III. In zerstreuten Massen, und ohne einer bestimmten Gestalt, Scrupi, Gemmae semipellucidae, Silices, Connissalae, Gemmae pellucidae.

8) Eine andre hieher gehörige Schrift des **Hill**, Fossils, ist zwar neuer, sie kam zu London 1771. in gros 8. heraus, ich will sie aber jetzt zugleich mitnehmen. Er hat folgende Classen. I. Talc, Talcum. 1) Vitrum. 2) Mica. 3) Molybdaenum. 4) Smectis. 5) Ollaris.

6)

6) Colubrinus. 7) Serpentinus. II. Selenite, Selenites. 1) Selenites rhombicus. 2) Gypsum. 3) Gypsum striatum. 4) Gypsum radiatum. 5) Selenites stiriata. 6) Selenites stalactitius. 7) Selenites lapideae. III. Spar, Spathum. 1) Rhombites. 2) Paroplis. 3) Fluor bicuspidatus. 4) Fluor connexus. 5) Fluor columnaris 6) Fluor prismaticus. 7) Fluor pyramidalis. 8) Suillus. Cubic. Drusae. Androdamas. Spathum efflorescens. Spathura. 1) Spathura arenacea. 2) Spathura vitrea. 3) Spathura pyrimacha. 4) Stiria. 5) Stalactites. 6) Stalagmites. 7) Incrustatio. IV. Crystal. Crystallus, wohin auch der Sandſtein gerechnet wird. V. Gems. Gemmae. VI. Shiri. Baſaltes. VII. Asbeſtine foſſils. Asbeſtinae. 1) Asbeſtus. 2) Amianthus. 3) Caryſtia.

9) Des Herrn von Linne Syſtema naturae kam zwar ſchon 1735. heraus, allein die Ausgabe von 1748. verdienet eigentlich die erſte vollſtändige genennet zu werden. Dies beliebte Buch erlebte mit den Nachdrucken dreyzehn Ausgaben: Leyden 1735., Stockholm 1740., Halle 1740., Paris 1740., Halle 1747., Stockholm 1748., Leipzig 1748., Stockholm 1753., Leyden 1756., Stockholm 1758., Leipzig 1762., Stockholm 1768., und Wien. In der Ausgabe von 1748. macht er S. 147. der Leipziger Ausgabe drey Claſſen. 1) Vitrescentes, glasartige, als Sandſtein, Quarz, Feuerſtein. 2) Calcarii, kalkartige, als Marmor, Spath, Schiefer. 3) Apyri, feuerbeſtändige, als Glimmer, Talk, Amianth und Asbeſt. Die Edelſteine und Kryſtalle hat der Hr. von Linne, wie bekannt, unter den Salzen. In der neuſten Ausgabe 1768., davon die zu Wien nur ein Nachdruck iſt, ſind S. 34. f. folgende fünf Claſſen. 1) Petrae humoſae, der Schiefer. 2) Petrae calcariae, der Marmor, der Gyps, der Gypsſpath (Sirium) und der Spath. 3) Petrae argillaceae, der Talk, der Amianth, und der Glimmer. 4) Petrae arenareae, der Sandſtein, Quarz und Kieſel. 5) Petrae aggregatae, die Felsſteine. Auch in dieſer Ausgabe liegen die Edelſteine und die Kryſtalle unter den Salzen.

10) Der Senior zu Nordhauſen, Hr. Johann Chriſtian Leſſer, hat in ſeiner Lithotheologie, oder natürlichen Hiſtorie und geiſtlicher Betrachtung der Steine, davon im Jahr 1751. zu Hamburg die zweyte Auflage erſchien, S. 397. f. folgende Abtheilung der Steine. Er theilet ſie nemlich in edle und unedle ein. Die erſten in durchſichtige und undurchſichtige. Die durchſichtigen in ganz und halbdurchſichtige. Die unedlen Steine theilet er in harte und weiche ein. Unter die harten zählet er die Felſen, die Kieſelſteine, die Feuerſteine, die Sandſteine, die Schieferſteine, die Wetz= oder Schleifſteine, und die Probierſteine; unter die weichen aber den Kalkſtein, Gypsſtein, Topfſtein, Bimſtein, den Milchſtein und den Seigeſtein.

11) Der Herr Prof. Friedrich

rich August Cartheuser gab seine Elementa mineralogiae 1755. zu Frankfurt in 8. heraus, worinnen er sein System auf äussere Kennzeichen gründete. Er bringt die Steine in vier Classen. 1) Lapides lamellosi, blättrichte Steine, als Spath, Glimmer, Talk. 2) Lapides filamentosi, fadenartige Steine, als Amianth, Aebest, Zeolith. 3) Lapides solidi, zusammenhangende Steine, als Kiesel, Quarz, Kalkstein, Gypsstein, Schiefer, Seifstein. 4) Lapides granatuli, körnichte Steine, als Sand, Jaspis.

12) In eben diesem Jahr 1755. kam des Herrn von Argenville Oryctologie in 4. heraus, worinnen die Steine folgendergestalt eingetheilt werden. I. In ganz harte. 1) Krystallenähnliche. a) Durchsichtige: Diamant, Rubin, Saphir, Topas, Amethyst, Hyacinth, Smaragd, Granat, Beryll, Aquamarin, Peridot, Chrysolith, Praser, orientalischer Iris, Krystall. b) Halbdurchsichtige, als Opal, Sonnenstein, Asteria, Sarder, Sardonyx, Achat, Dendrit, Cornalin, Katzenauge, Weltauge, Chalcedon, Heliotrop. 2) Undurchsichtige. a) Die polirt werden können; als Türkis, Malachit, Jaspis, Jasponyx, Armenischer Stein, Nierenstein, Lasurstein, Bufonit, Granit, Porphyr, Alabaster, Marmor. b) Fette; als Speckstein rc. 3) Kiesel. II. Weichere Kalksteine. 1) Die sich leicht spalten lassen: Kalkstein, Gyps, Mergel, Trippel, Schmirgel, Toph, Bimstein,

Felsstein, Filtrirstein u. d. 2) Zusammenhangende festere: Wetzstein, Naxius u. dgl. III. Blättrichte. 1). Durchsichtige: Russisches Glas, Selenit, Topstein, Bononiensischer Stein, Gyps, Talk, Glimmer, Brigantinische Kreide, Schiefer u. d. 2) Undurchsichtige: Aebest, Schiefer und dergleichen.

13) Von des Emanuel Mendes Da Costa natural history of fossils kam im Jahr 1757. der erste Theil in gros Quart heraus, welcher von den Erden und den Steinen handelt. Wenn er aber S. 125. einen Abschnitt von Steinen macht, und hier vom Sande, Schiefer, Marmor u. s. w. redet, und dann im folgenden Abschnitte S. 252. von den Steinen, die mit dem Marmor verwandt sind, handelt, und dahin den Basalt, Porphyr, Granit u. s. f. zählet, so giebt dies freylich von seinem System gerade nicht den vortheilhaftesten Begrif.

14) Herr Johann Heinrich Gottlob von Justi hat in seinem Grundriß des gesammten Mineralreichs, Göttingen 1757. S. 193. folgendes System über die Steine. I. Edelsteine, als Diamant, Rubin, Saphir, Smaragd, Amethyst, Topas, Türkis, Opal, Chrysolith, Hyacinth. II. Halbedelsteine, als Bergkrystall, Carneol, Achat, Chalcedon, Onyx, Sardony, Malachit, Lasurstein. I.. Feuerbeständige Steine; als Talg, Glimmer, Katzengold, Wasserbley, Russisches Marienglas, Speckstein, Hornstein, Jaspis, Aebest. IV. Kalkartige

tige Steine. 1) Eigentliche Kalksteine, als Kalkstein, Marmor, Tropfstein, Kreide. 2) Gypssteine, als Gypsstein, Frauenglas, Alabaster, Schiefergyps. 3) Uneigentliche Kalksteine, dahin die Spathe gerechnet werden. V. Glasartige oder schmelzbare Steine, als Sand, Kiesel, Quarz, Federstein, Schiefer, Serpentinstein, Trippel, Bimstein, Porphyr, Granit, Gneiß.

15) Jacob Theodor Klein schrieb im Jahr 1758. seine Lucubratiunculam subterraneam. I. De Lapidibus Macrocosmi proprietatibus, die zu Petersburg herauskam. In dieser macht er drey Classen der Steine. 1) Pacholithi, dahin er den Krystall, Diamant, Rubin, Granat, Smaragd, Topas, Spath, Selenit und Asbest rechnet. 2) Marmolithi, dahin der Chalcedon, Sardonyr, Achat, Carneol, Opal, Jaspis, Meerstein, Malachit, Lazurstein, Türkis und Gyps gehört. 3) Pamphirtolithi, als Marmor, Schleifstein, Probierstein, Sandstein und Brennstein.

16) In des Herrn Johann Gottlob Lehmanns kurzen Entwurf einer Mineralogie, Berlin 1758. 1760. Frankfurt und Leipzig 1770. ist in Rücksicht auf die Steine das System des Wallerius beybehalten.

17) Herrn Axel von Cronstedt Versuch einer neuen Mineralogie, welche 1758. zu Stockholm schwedisch, 1760. 1770. ebendaselbst deutsch, 1769. zu London englisch, und 1780. zu Leipzig wieder deutsch herauskam, ist ganz auf chymische Grundsätze gebaut, und Erden und Steine sind nicht getrennt. Er hat folgende neun Classen. I. Kalkarten. 1) Reine, als Kalkstein, Kalkspath, Kalkspathdrusen, kalkartige Tropfsteine. 2) Mit Vitriolsäure vereiniget, als Gypsstein, Gypsspath, Gypsdruse und Gypssinter. 3) Mit brennbarem Wesen vereiniget, als Stinkstein, Leberstein. 4) Mit Thon vereiniget, Mergel. II. Kieselarten, Diamant, wohin auch der Rubin gerechnet wird, Saphir, Topas, wohin bey ihm auch der Chrysolith und der Beryll gehören, Smaragd, Quarz, worunter auch der Bergkrystall steht, Kiesel, unter welche der Opal, der Onyx, der Chalcedon, der Carneol, der Sardonyx, der Achat, der Feuerstein und der Bergkiesel gezählet werden, Jaspis und Feldspath. III. Granatarten, als Granaten und Basalt. IV. Thonarten, als Speckstein und Serpentinstein. V. Glimmerarten, Glimmer. VI. Flußarten, Flußspath und Flußkrystall. VII. Asbestarten, als Bergleder, Bergkork, Bergflachs. VIII. Zeolitharten, als Zeolith und Lazurstein. IX. Braunsteinarten, als Braunstein und Wolfram.

18) Der neusten Ausgabe des Cronstedt, die Herr Werner 1780. herauszugeben anfieng, hat gedachter Hr. Werner am Ende des ersten Theils sein eigen Mineralsystem angehängt, welches in Rücksicht auf Erd- und Steinarten folgendes ist. A) Kieselarten. a) Edelsteine.

Steine. 1) Diamant. 2) Rubin. 3) Smaragd. 4) Saphir. 5) Topas. ι) Gemeine Kieselarten. 6) Quarz. α) Amethyst. β) Bergkrystall. γ) Gemeiner Quarz. δ) Prasem. 7) Hornstein. 8) Feuerstein. 9) Chalcedon. α) Gemeiner Chalcedon. β) Carniol. 10) Heliotrop. Hieher gehören auch die Achate, als ein Anhang. B) Thonarten. 11) Reine Thonerde. 12) Porcellanerde. 13) Gemeiner Thon. α) Töpferthon. β) Verhärteter Thon. γ) Schieferthon. 14) Jaspis. α) Egyptischer Jaspis. β) Bandjaspis. γ) Gemeiner Jaspis. 15) Opal. α) Edler Opal. β) Gelber Opal. γ) Gemeiner Opal. δ) Pechstein. 16) Katzenauge. 17) Feldspath. α) Gemeiner Feldspath. β) Labradorstein. γ) Mondstein. 18) Thonschiefer. 19) Brandschiefer. 20) Schwarze Kreide. 21) Wetzstein. 22) Trippel. 23) Glimmer. α) Gemeiner Glimmer. β) Grüner Glimmer. 24) Braunstein. 25) Wolfram. 26) Steinmark. α) Zerreibliches Steinmark. β) Festes Steinmark. 27) Grüne Erde. 28) Bergseife. C) Talkarten. 29) Speckstein. 30) Nephrit. 31) Walkererde. 32) Bol. 33) Serpentin. 34) Talk. α) Talkerde. β) Gemeiner Talk. γ) Topfstein. 35) Chrysopras. 36) Wasserbley. 37) Asbest. α) Bergkork. β) Amianth. γ) Gemeiner Asbest. 38) Strahlschörl. 39) Hornblende. 40) Stangenschörl. α) Schwarzer Stangenschörl. β) Weisser Stangenschörl. γ) Electrischer Stangenschörl. 41) Granit. 42) Hyacinth. 43) Wacke. 44) Basalt. 45) Tras. 46) Lavaglas. 47) Lavaschlacke. 48) Bimstein. D) Kalkarten. a) Kalkarten im engern Verstande. 49) Bergmilch. 50) Kreide. 51) Kalkstein. α) Dichter Kalkstein. β) Blättricher Kalkstein. a) Körniger Kalkstein. b) Kalkspath. γ) Fasiger Kalkstein. δ) Dünn- und krummschaliger Kalkstein. a) Gemeiner dünnschaliger Kalksinter. b) Erbsenstein. 52) Roggenstein. 53) Stinkstein. 54) Mergel. α) Mergelerde. β) Verhärteter Mergel. 55) Bituminöser Mergelschiefer. b) Gypsarten: 56) Gypserde. 57) Gypsstein: α) Dichter Gypsstein, oder Alabaster. β) Blättricher Gypsstein: γ) Fasericher Gypsstein. 58) Fraueneis. 59) Schwererspath. α) Schweresspatherde. β) Dichter Schwererspath. γ) blättricher Schwererspath. δ) Bologneserspath. 60) Leberstein. c) Flußarten. 61) Fluß. α) Dichter Fluß. β) Flußspath. d) Zeolitharten. 62) Zeolith. 63) Lasurstein.

19) Das Steinreich systematisch entworfen, von Johann Ernst Immanuel Walch, Halle 1762.

1762. 1769. in gros 8., ist wie das Carthenserische System auf äussere in die Sinne fallende Kennzeichen gegründet. Herr Walch bringt das ganze Steinreich in zwey Classen. I. Gebildete Steine; als Drusen, Stalactiten, Würfelsteine, Basalt, Natur- und Steinspiele. II. Ungebildete Steine: 1) Lapides continui. A) Durchsichtige, die edlen und unedlen Quarze. B) Halbdurchsichtige, die edlen und gemeinen Hornsteine. C) Undurchsichtige, die edlen und gemeinen Kiesel. 2) Lapides granatuli, als Alabaster, Gypsstein, Tropfstein, Marmor, Kalkstein, Tophstein, Speckstein, Nierenstein, Schmeerstein, Hornfelsstein, Röthel, Serpentinstein und Sandstein. 3) Lapides lamellosi, die blättrichten Spathe, Selenite, Gypse und Quarze, Glimmer, Marien- und Frauenglas, Katzengold, Katzensilber, Katzenmetall, Wasserbley und Talk. 4) Lapides stamenosi: Bimstein, Bononiensischer Stein, Sandstein, Strahlglimmer, Amianth und Asbest mit ihren Gattungen. 5) Lapides scissiles. Der Schiefer mit seinen Gattungen.

20) Das System Hrn. Rudolph Augustin Vogels in dem practischen Mineralsystem, Leipzig 1762. in gr. 8. ist S. 100. f. folgendes. I. Thonigte Steine. Speckstein, Nierenstein, Serpentinstein. II. Kalkichte Steine: Kalkstein, Stinkstein, Stephansstein, Marmorstein, Schneidestein, Armenischer Stein. III. Mergelsteine. IV. Selenitische Steine: Gypsstein,

Alabaster. V. Feuerschlagende Steine. 1) Sandsteine. 2) Kieselichte Steine, Kiesel, Jaspis. 3) Hornsteine. Hornstein, Achat. 4) Quarz, Aegyptischer Stein, Krystall, Quarzdrusen und Edelsteine. VI. Schieferstеіne. VII. Blättrichte Steine. 1) Glimmerichte und talkichte Steine. 2) Spathsteine, als Späth, Bononiensischer Stein. 3) Blenden. VIII. Faserichte Steine, als Amianth und Asbest. IX. Salzichte Steine. X. Metallische Steine. XI. Schmelzbare Steine, als Bimstein und Zeolith. XII Felsichte Steine. (Saxa.) XIII. Neue Steine; der Tourmalin. In seiner Abhandlung Terrarum et lapidum partitio, Göttingen 1762. hat Herr Vogel dieses System ganz beybehalten, ausser daß er in die XIII. Classe nicht den Tourmalin, sondern die Poros und Tophos gesetzt hat.

21) Herr Johann Wilhelm Baumer hat in seiner Naturgeschichte des Mineralreichs, mit besonderer Anwendung auf Thüringen, Gotha 1763., folgende Classen der Steine. I. Kalkartige Steine: Kalkstein, Stinkstein, Kalkschiefer, Armenischer Stein, Marmor, Kreide, Tophstein, Sinter, Roggenstein, Osteocolla, Kalkspath. II. Gypsartige Steine: Gypsstein, Alabaster, Gypsspath, Fraueneis, Federweiß, Bononischer Stein. III. Thonartige Steine: Seifstein, Röthel, Lavetstein, Speckstein, Serpentinstein, Nierenstein, Talk, Amianth, Asbest, Glimmer, Eisenram, Wasserbley, thonartige Schiefer, Probier-

hierstein, Basalt. IV. Glasartige Steine: Edelsteine, Quarz, Bergkrystall, unächte Edelsteine, Kiesel, Sandstein, Hornstein, Achat, Carneol, Lynkur, Corallenstein, Krystallachat, Bandstein, Chalcedon, Onyx, Feuerstein, Jaspis, Lasur, Zeolith, Bimstein. V. Vermischte Steine: Mergelsteine, Mergelschiefer, Flußspath, Leimensteine, Bergkork, Porphyr, Granit, Waacke, Gneiß, Braunstein, blendende Steine, metallische Steine, und Steinhäufungen.

22) In einem neuern seiner Werke, Historia naturalis regni mineralogici, Frankfurt 1780. in 8. hat der Herr Rath Baumer S. 218. f., die Steine in folgender Ordnung beschrieben. I. Lapides petrosi vel saxosi. Wacke, nemlich Saxum antiquissimum, Petra vulgaris, Petrae tabulares, Lapides petroso - schistosi, Granitae, Pseudogranitae, Zeolithes, Lapis Lazuli, Crystalli quarzosae, Spathum quarzosum, (Feldspath) Porphyrites, Pseudogranites, Jaspis, Sinopis, Basaltes petrosus. II. Lapides cornei; als Lapis corneus, Achates, Corallachates, Lyncurus, Malachites corneus, Carneolus, Onyx. III. Pseudogemmae, als Crystalli coloratae, Spatha colorata. IV. Gemmae, als Adamas, Rubinus, Saphirus, Topasius, Crystalli duriores, Adamas occidentalis, Rubinus occidentalis, Smaragdus, Chrysolithus, Amethystus, Hyacinthus, Beryllus, Opalus, Morion, Turmalinus, Granatus, Vulcanorum coriae. V. Silices et lapis arenosus. VI. Lapides argillacei teneriores, als Smegmatites, (Seifenstein) Rubrica nativa, Lapis ollaris, Steatites, (Speckstein) Ophites, (Serpentinstein) Lapis nephriticus, Lapis micacei, Argyrolithus, (Fraueneiß) Talcum, Amianthus, Aluda montana, Suber montanum, Asbestus, Pumex. VII. Schisti argillacei, als Schisti nigri, caerulei, albi, rubri. VIII. Basaltes argillaceus et Argillodes, (Thonwacke.) IX. Lapides calcarii, als: Calx viva, Tophus durior, Calcarius vulgaris, Lapis suillus, Lapis armenius, Lapis margaceus, Marmor, Lapides cretacei, Spathum calcarium, Crystalli careae, Stalactites calcarius, Incrustata calcaria, Osteocolla, Oolithi. X. Lapides gypsei; als Gypsum, Lapis hepaticus, Alabastrum, Spathum gypseum, Lapis Bononiensis, Inolithus, Crystalli et Rosae gypseae, Stalactites gypseus. XI. Lapides compositi, als Spathum fusile, Lapides lutosi und Lapides aggregati.

23) Herr Elias Bertrand hat in seinem Dictionnaire universel des fossiles, Haag 1763. in 8., im andern Theile, S. 123. die vier Classen aus Wallerius Mineralogie beybehalten.

24) Herr Johann Anton Scopoli hat in seiner Einleitung zur Kenntniß und Gebrauch der Fossilien, Riga und Mietau 1769. die Steine unter die Erden gebracht, die er in reinere und unreinere abtheilet. Unter den reinern stehen: I. Die Kalkarten. 1) Kalkstein, als: gemeiner Kalkstein, Marmor, Verwandelungen der Kalksteine,

steine, als Kreide, Tropfstein, Tophstein, Versteinerungen, Spath; 2) Gyps, als Alabaster, gemeiner Gyps, Verwandelungen der Gypssteine, darunter das Himmelmehl, das Frauenglas und die Gypsdrusen gezählet werden. II. Die Thonarten: 1) der Thon, 2) der Glimmer, zu welchem der Katzenglimmer, der Eisenglimmer, der versteinte Glimmer, das Wasserbley, das russische Glas und der fette Glimmer gehören; 3) der Amianth, 4) der Asbest. III. Die Kieselarten: 1) die Edelsteine, als Diamant, Rubin, Saphir, Topas, Smaragd; 2) der Krystall, 3) der Quarz, 4) der Flußspath, 5) die Kiesel, die in gemeine und schätzbare abgetheilt werden. Die gemeinen sind: der Feuerstein und der Hornstein; die schätzbaren sind: der Jaspis und der Achat. 7) Sandstein, dahin der eigentliche Sandstein, der Werkstein, der Schleifstein, der Mühlstein und der Filtrirstein gehören. Zu den unreinern Erden, als der andern Classe, gehören: 1) der Lasurstein, 2) der Bimstein, 3) der Basalt, 4) der Schiefer, 5) der Bolus, 6) der Kitt, und 7) die Erzmütter.

25) In den Principiis Mineralogiae systematicae et practicae, Prag 1772. deutsch, ebendas. 1775. in gros Octav, hat Herr Scopoli einige Veränderungen, zwar nicht der Classen, doch der Gattungen vorgenommen. A) Reine Erden. a) Kalkartige. 1) Kalkstein, 1. gemeiner Kalkstein, 2. Marmor. Verwandlungen des Kalksteins: Kreide, Tophstein, Versteinerungen, Tropfstein, Spath. 2) Gypsstein, als gemeiner Gypsstein, Alabaster, Strahlgyps, Verwandelungen des Gypssteins, als: mehlartiger, Fraueneiß, Selenit, spathartiger Gypsstein. b) Thonartige. 3) Thon, als zerreiblicher, steinartiger. 4) Glimmer, als Katzenglimmer, Eisenglimmer, russisch Glas, Talk und Wasserbley. 5) Amianth, als biegsamer, Bergflachs, Bergleder, Bergfleisch; und sturriger, als Glasamianth, Bergkork, Achrenstein und unreifer Amianth. c) Kieselartige. 6) Edelstein, als Diamant, Rubin, Saphir, Topas, Smaragd. 7) Krystall, als unächter Diamant und Bergkrystall. 8) Quarz. 9) Kiesel, als Jaspis und Achat; zum Achat gehört hier der Chalcedon, Hornstein, Carneol, Beryll, Amethyst, Opal, Onyx, Stephansstein. 10) Sandstein, als Schleifstein, Quaderstein, Seigerstein, Mühlstein. B) Unreine Erden: 11) Zeolith, 12) Lasurstein, 13) Mergel, als gemeiner Mergel, Porcellainerde und Steinmark. 14) Bolus, als Leimen, Schiefer. 15) Basalt, als Granat, prismatischer Basalt, strahlichter Basalt, glimmerartiger und spathartiger. 16) Braunstein.

26) Herrn Valmont von Bomare Mineralogie, oder neue Erklärung des Mineralreichs, französisch 1762., deutsch, Dresden 1769. in gros 8., hat folgende Classen der Steine. I. Thonartie Steine. 1) Asbest

oder Amianth. a) Asbest, reifer Asbest, unreifer Asbest, Federweiß, Sternasbest, Straußasbest, Aehrenstein, holzigter Asbest. b) Amianth, als Bergflachs, Bergleder, Bergkork, Bergfleisch. 2) Glimmer, als Frauenglas, schimmernder Glimmer, schuppichter Glimmer, welsenförmiger oder streifiger Glimmer. 3) Talk, als Silbertalk, Goldtalk, grünlicher Talk, Talkstein, Wasserbley. 4) Speck oder Schmeerstein, als Speckstein, schwarzer Topfstein, Lebetstein, grobäugiger Topfstein, Schlangenstein, Serpentinstein, Probierstein. 5) Hornstein. 6) Schiefer, darunter auch der Wetzstein gezählet wird. II. Kalkartige Steine, als Kalkstein, Marmor, darunter auch der Muschelmarmor steht, Spath, Tropfstein und Alabaster. III. Gypsartige Steine, Gyps, darunter auch der Alabaster steht, Bononiensischer Stein, Stinkstein. IV. Zu Glas schmelzende Steine. I) Kiesel, undurchsichtige grobe Kiesel, darunter ausser dem eigentlichen Kiesel, der Feuerstein und die halbdurchsichtigen Kiesel angetroffen werden. 2) Achate, oder halbdurchsichtige Kiesel, als der gemeine Achat, die Schwalbensteine, Carneol, Onyx, Sardonyx, Nierenstein, Chalcedon, Sonnenstein, Opal, Katzenauge, Weltauge, Cacholong. 3) Sandsteine. 4) Quarz, worunter auch der Feldspath angetroffen wird. 5) Krystalle. a) Bergkrystall. b) Edelsteine. 6) Felsteine. a) Wacke. b) Steinmassen, worunter der kieseliche Felsstein, der Porphyr, der Wurststein und der Granit angetroffen werden. c) Hellfarbige und zusammengesetzte Steine, als der einfarbige Jaspis, der Lasurstein, der bunte Jaspis, der Jaspachat, und der Jaspsonyx.

27) Des Herrn Monnet Exposition des mines, ou description de la nature et de la qualité des mines. 1772. in 12mo, habe ich nicht gesehen.

28) Der Herr Geheimde Bergrath Carl Abraham Gerhardt hat im ersten Theile seiner Beyträge zur Chymie und Geschichte des Mineralreichs, Berlin 1773. in gros Octav, S. 54. f. einen Versuch einer Eintheilung derer Stein- und Erdarten einverleibet, und hier folgende Ordnung erwählt. I. Glasachtige, oder glasartige Steine. 1) Quarz, als scharfer, Blatter- Cylinder- und Strahlquarz. 2) Glasspath, als ungeformter und geformter Glasspath; Diamant, Rubin, Saphir, Smaragd, Hyacinth, edler Glasspath, wohin der Topas, der Chrysolith und der Beryll gerechnet werden, veränderlicher Glasspath, wohin der Amethyst, der schlesische Topas und der Rauchtopas gehören, Bergkrystall, Pyramidalglasspath, cellular Glasspath, Granat und Turmalin. 3) Kiesel, als dichter Kiesel, wohin der Quarzkiesel, der Feuerstein, der Chalcedon, der Carneol, der Chrysopras, der Achat, der Hornstein gerechnet werden, Onyx, Opal. 4) Jaspis, als gemeiner Jaspis, Bandjaspis.

II.

II. Alcalische Erd- und Steinarten. A.) Alcalisch kalkartige Erd- und Steinarten; nemlich 5) Kreide, als Schreibekreide, Mehlkreide, Mergel, 6) Marmor, dichter Marmor, nemlich Kalkstein, edler Marmor, Bandmarmor, Schiefermarmor, Glanzmarmor, Pfefferstein und Filtrirmarmor. 7) Fadenstein, als gleichlaufender Fadenstein, strahlicher Fadenstein, Bündelstein. 8) Stinkstein, als dichter Stinkstein, Stinkschiefer, Stinkspath und krystallisirter Stinkstein. 9) Wasserstein, als Kalkrahm, Kalkspath, Doppelstein, Rhomboidalwasserstein, würflicher Wasserstein, vierseitiger Wasserstein, sechseckiger Wasserstein, neunseitiger Wasserstein, prismatischer Wasserstein, Pyramidalwasserstein, fünfeckiger Wasserstein, vitriolartiger Wasserstein, scheibenförmiger Wasserstein, cellicher Wasserstein, blumicher Wasserstein, cylindrischer Wasserstein, gethürmter Wasserstein, Tropfstein. B) Alcalisch bittere oder salzige Erd- und Steinarten, Salzstein in den Gradirhäusern. C) Alcalisch alaunichte Erd- und Steinarten, Alaunerde, Braunstein. III. Gypsige Erd- und Steinarten; 13) Alabaster, als gemeiner Alabaster, Bandalabaster. 14) Blätterstein, als Mehlgyps, Schiefergyps und Gypsblume. 15) Spath, als leichter Spath, schwerer Spath, Schuppenspath, Scheibenspath, Rhomboidalspath, Würfelspath, Pyramidalspath, abgestumpfter Spath, fünfeckiger Spath, Säulenspath, vierkantiger Spath, gezahnter Spath, sechseckiger Spath, salpeterartiger Spath, Krystallspath, und vierzehenseitiger Spath. 16) Strahlgyps, als asbestartiger Strahlgyps und ährenförmiger Strahlgyps. 17) Leberstein. IV. Fettige Erd- und Steinarten. A) Fette Stein- und Erdarten, welche Alaunerde in sich führen. 17) Thon, als gemeiner Thon, Leim, Lemnischer Thon, gährender Thon, Wallerthon. 18) Seifenstein, nemlich Steinmark, Röthel, Topfstein, leichter Seifenstein, d. i. Bergleder und Bergkork. 19) Glimmer, als Schieferglimmer, nemlich russisch Glas, Katzengold, Metallglimmer, streifiger Glimmer, Glimmerkugeln, drusiger Glimmer, krystallinischer Glimmer, Eisenglimmer und ährenförmiger Glimmer. 20) Schiefer, als Schreibschiefer, d. i. Tafel- u. Dachschiefer, dicker Schiefer, dahin der Probierstein gehöret, Kohlenschiefer, weicher Schiefer, dahin die schwarze Kreide gehöret, Würfelschiefer und Hornschiefer. B) Fette Steine, welche die Salzerde in sich haben, 21) Trippel. 22) Speckstein, als spanische Kreide, Serpentinstein, Nierenstein. 23) Talk, als Talkerde, Apothekertalk, Brianzoner Kreide, asbestartiger Talk und Wasserbley. 24) Amianth, als Weberamianth, d. i. Bergflachs und Bergduhr, Federamianth, Holzamianth, Aehrenstein. 25) Basalt, als viereckiger Basalt, abgestumpfter Basalt, Pyramidalbasalt und Strahlbasalt. 26) Schörl, als

als spathartiger Schörl, wilder Granat. V. Flußsteine. 27) Fluß, als gemeiner Fluß, Würfelfluß, achteckiger Fluß, Salzschlag. VI Schmelzbare Steine. A) welche die Kalkerde in sich haben. 28) Lasurstein. B) welche die Salzerde enthalten. 29) Zeolith.

29) Des Herrn Sage Anfangsgründe der Mineralogie kamen zu Leipzig 1775. in 8. in einer deutschen Uebersetzung heraus. Der Verfasser bearbeitet die Steine, unter dem Namen der Erden, S. 39. in folgender Ordnung. Kalkerde; als Kreide, Kalkstein, Marmor, Kalkspath, Tropfstein, Tophstein, Adlerstein, Ludus Helmontii, Flußspath, dahin unter andern der Bologneser Spath gehöret, Porcellainerde, Amianth oder Bergflachs, Asbest, russisch Glas, Glimmer, Topfstein, dahin auch der Serpentin-Speck- und Nierenstein gezogen werden, Talk, Thon oder Bolus, Thonschiefer, Mergel, Gyps, Quarz oder Bergkrystall, Sandstein, Kieselstein, als Feuerstein, glatter Kiesel, egyptischer Kiesel, Achat, Jaspis, Kies oder grober Sand, Felsstein, als Puddingstein, Kiesel von Rennes, Porphyr, Ophit, Zeolith, dahin der Lasurstein als Gattung gehört, Basalt, Granaten, Edelsteine, nemlich Smaragd, Topas, Hyacinth, Peridot, Saphir, Chrysolith, Diamant, Rubin, Nierenstein, (Iade) Dammerde, Auswurf von feuerspeyenden Bergen, als dichte Lava, löchrichte Lava, Bimsenstein, Pozzollanerde, isländische Lava, und natürliche Schlacken.

30) Herrn Martin Thrane Brünnich Mineralogie, aus dem Dänischen übersetzt, erschien zu St. Petersburg und Leipzig 1781. in gros 8., und hier hat der Verfasser die Erd- und Steinarten vorausgesetzt. I. Kalkartige Erd- und Steinarten, nemlich Kalkarten, Gypsarten, Flußarten und Kalkmergel. II. Kieseliche Steinarten, als ächte oder edle Steine, Quarzarten, Kieselarten, Jaspisarten, Feldspatharten. III. Granatartige Steinarten, als Granatarten, Turmalinarten, Schörlarten. IV. Thonige Erd- und Steinarten, als Thonarten, Specksteinarten, Hornsteinarten, Schieferarten, Glimmerarten, Asbestarten. V. Zeolithartige Steinarten, als Zeolitharten und Lasursteinarten. VI. Felssteinarten, als gemengte Felssteinarten, und zusammengekettete Felssteinarten. VII. Mulmarten, und VIII. vulcanische Producte.

31) Ich habe in meiner vollständigen Einleitung in die Kenntniß und Geschichte der Steine und Versteinerungen, Altenburg 1774. nichts weniger im Sinne gehabt, als ein neues System über das Steinreich zu errichten; sondern nur dessen Kenntniß zu erleichtern, und besonders die Gedanken der Mineralogen zu sammlen, und daher die Geschichte der Steinarten vorzutragen. Ich habe daher zuförderst die durchsichtigen Steine beschrieben, ohne auf ihren innern Gehalt besondre Rück-

Rücksicht zu nehmen, und eben dies habe ich in Rücksicht der halbdurchsichtigen Steine gethan. Die undurchsichtigen Steine sind entweder einfach, oder zusammengesetzt; die einfachen sind entweder veränderlich oder unveränderlich. Die veränderlichen geben entweder Glas, (glasartige Steine) oder Kalk, (Kalksteine) oder Gyps, (Gypssteine.) Die unveränderlichen Steine sind in keine besondere Unterabtheilung gebracht. Die zusammengesetzten Steine sind der Felsstein, der Mergelstein, der Procatell, der Porphyr und der Granit.

An Hülfsmitteln fehlts uns also gar nicht, zur Kenntniß der Steine zu gelangen, ob wir gleich bey alle den Bemühungen so vieler verdienter Männer noch manche Lücke übrig haben. Da indessen die Scheidekünstler mit grossem Eifer den innern Gehalt zweifelhafter, auch wohl solcher Steinarten, von denen wir uns einbilden, daß wir sie genau kennen, untersuchen, so ist Hofnung da, in diesem Fache zu einer wahren Vollkommenheit zu kommen, und dann erst können wir auch ein vollkommenes Mineralsystem in Rücksicht auf die Steine erwarten.

Steine, gebildete, s. gebildete Steine, im zweyten Bande, S. 238.

Steine, gemahlte. Diesen Namen giebt der Herr Prof. Gmelin s) dem Graptolithus des Linné, und sagt: „Sie stellen immer Schilderungen bekannter künstlicher oder natürlicher Körper vor, und haben ihren Ursprung einer natürlichen metallischen, fast immer einer Eisenauflösung in Vitriolsäure zu danken, die den Stein, so lange er noch weich ist, durchdringt, und nachher, wenn die Theilchen des Steins auf die Eisenauflösung zu würken anfangen, unter dieser Gestalt ihr Eisen fallen läßt, daher kann man diese Mahlereyen der Natur auch durch die Kunst nachahmen, und so gut nachahmen, daß Unerfahrne leicht das Werk der Kunst für das reine Geschöpf der Natur ansehen." Diese Beschreibung ist viel bestimmter, als die Beschreibung oder der Begriff des Linné: Petrificatum simulans pictura. s. Graptolithen, im zweyten Bande, S. 305.

Steine, glasartige, s. glasartige Steine, ebendas. S. 244.

Steine, gypsartige, s. Gypssteine.

Steine, kalkartige, s. Kalksteine.

Steine, leuchtende, s. leuchtende Steine, im dritten Bande, S. 390.

Steine, metallische, werden diejenigen Steine genennt, welche mit metallischen Theilchen vermischt sind. Einige haben einen reichen Metallgehalt, wenigstens einen so reichhaltigen, daß man sie auf Metalle bearbeiten kann, und diese setzet man unter die Erze, ob sie gleich die Miner nicht selbst sind, sondern nur die Mutter, in welcher das

s) Linnäisches Natursyst. des Mineralr. Th. IV, S. 166.

Mineral liegt. Bey andern Steinen ist der Erzgehalt so gering, daß der Bergmann sie auf Minern in keiner Rücksicht nutzen kann, und nun gehören sie unter die Classe von Steinen, die ihre Bestandtheile oder das System eines Schriftstellers nothwendig machen. Vogel t) hingegen und Baumer u) haben der metallischen Steine besonders gedacht, und sie daher nicht so wohl als Steine, sondern als Steine, die einen Metallgehalt haben, betrachtet. Beyde genannte Schriftsteller haben indeß die Sache aus einem verschiedenen Gesichtspunkte genommen. Herr Baumer hat die metallischen Steine unter die vermischten Steine gerechnet, und zwar eben darum, weil sie Erze, Metalle und Halbmetalle enthalten. Weil aber, sagt er, von den Metallen, Halbmetallen und ihren Erzen noch besonders gehandelt werden muß, so finde ich keine Ursache, mich hier in eine besondere Erklärung derselben einzulassen. Herr Vogel hingegen hat aus den metallischen Steinen eine eigne Classe gemacht, und zwar, wie er vorgiebt, deswegen, theils, weil er glaubt, ihre Kenntniß dadurch erleichtern zu können, theils, weil sie wirkliche Steine sind, und ein jeder, der sie sieht, sie sogleich für Steine hält. Seine Arten sind folgende: Silberhaltige Steine, als kalkichte Steine und Schiefer; Bleyhaltige Steine,

die grünen Bleykrystalle, die weissen Bleykrystalle, und das Wasch- und Glanzerz; Eisenhaltige Steine, der gemeine Eisenstein, das weisse Eisenerz, der Röthelstein, der Schmirgel, der Wolfram oder Schirl, der Basalt und der Magnetstein; Zinnsteine, der gemeine Zinnstein; kupfrichte Steine, Lasurstein und Malachit; zinkische Steine, nemlich die Blende. Soll ich meine Meynung über diese Classe von Steinen sagen, so glaube ich nicht, daß sie in einem lithologischen System eine eigne Classe bestimmen können. Deswegen, weil 1) der Lithology, als Lithology, mit dem mineralischen Gehalte der Steine eigentlich nichts zu thun hat, ob es gleich seine Pflicht ist, bey einer jeden einzelnen Steinart, oder vielmehr Geschlecht, das Verhältniß desselben gegen die Minern anzuzeigen, weil das zur Kenntniß, und besonders zur Geschichte der Steinarten gehört; und weil 2) die Steine aus ihren eigentlichen Classen gerissen werden müssen; z. B. der Schwerspath, der Kalkspath u. d. wie oft sind sie die fruchtbarsten Metallmütter, und wie oft haben sie nicht den geringsten metallischen Gehalt. Ein und eben derselbe Stein dürfte also unter den metallischen Steinen stehen, und auch nicht unter ihnen stehen.

Steine, phosphorescirende, s. leuchtende Steine, im dritten Bande, S. 390.

Steine

---

t) Praktisches Mineralsystem S. 165.
u) Naturgeschichte des Mineralreichs Th. I. S. 171. 172.

Steine, sandartige, s. Sandstein.

Steine, thonartige, s. Thonsteine; auch feuerfeste Steine, im 2ten B. S. 155.

Steine, vermischte, zusammengesetzte Steine, latein. *Lapides mixti, Lapides aggregati Carth.* franz. *Pierres composées,* nennet man solche Steine, welche aus verschiedenen Erd- oder Steinarten zusammengesetzt, und zwar dergestalt zusammengesetzt sind, daß sie unter keine der angenommenen Classen der Steine gebracht werden können. Mehrentheils ist zwar ihre Zusammensetzung sichtlich genug, wir kennen auch, wenigstens bey verschiedenen, die einzelnen Theile, woraus sie bestehen, als bey dem Granit, dem Feldspath, dem Quarz, und dem Glimmer; allein, da es doch wahre Erd- und Steinarten sind, woraus diese Steine bestehen, so können sie eigentlich in keine der angenommenen vier Classen der Steine gebracht werden. Der Herr Rath Baumer z) ist, so viel ich weiß, der erste, der für manche Steinarten unter dem Namen der vermischten Steine eine eigne Classe festsetzte, nahm aber das Wort ziemlich weitläuftig, und nahm hier manche Steinart auf, die unter eine der vorigen Classen konnte gebracht werden. Er zählet nemlich zu den vermischten Steinen folgende Steinarten: 1) Mergel, 2) Mergelschiefer, 3) Flußspath, 4) Leimensteine. 5) Bergkork. 6) Porphyr. 7) Granit. 8) Wacke oder Felsenstein. 9) Kneiß. 10) Braunstein. 11) Blendige Steine. 12) Metallische Steine. 13) Steinhäufungen.

Herr von Bomare y) nennet unsre Steine zusammengesetzte Steine, Felssteine; da ich nun bey der Beschreibung der Felssteine, im zweyten Bande, S. 145. f. diesen Schriftsteller übergangen habe, so will ich seine Gedanken hier nachholen. Er sagt von seinen zusammengesetzten Steinen folgendes: „Diesen Namen giebt man Steinen, welche durch die Verbindung von zweyen, dreyen oder auch mehrern der bisher angeführten Steine, von grösserer oder geringerer Härte, von verschiedenen Farben, in verschiedenem Verhältniß formirt worden; als von Spathen oder Flüssen, Quarz, Glimmer, Kieseln u. dgl. Die Felssteine haben keinen andern Unterschied untereinander, als den die Natur derjenigen Theile, welche die Oberhand haben, unter ihnen macht. Ihr Aeusserliches und Innerliches überhaupt sind sehr ungleichartig. Die Theile, woraus sie bestehen, lassen sich schuppen- oder körnerweiß davon absondern. Diese Steine scheinen niemals eben und glatt zu seyn, und haben fast jeder sein Besonderes. Wenn sie zerschlagen werden, zeigen sie eine unbestimmte Figur, wodurch sie vom Kiesel unterschieden werden,

sind

---

z) Naturgeschichte des Minerals. Th. I. S. 261. f.
y) Mineralogie Th. I. S. 260.

sind allezeit undurchsichtig auf dem Bruche, bisweilen glänzend, und von zweyen Stücken ist das eine nicht erhaben, und das andre tiefrund. Sie sind nicht so hart als der Kiesel, obwohl zäher, schlagen mit dem Stahl nicht leicht Feuer, ausgenommen auf den Ecken; bekommen eine Politur, die aber nicht glänzend ist; ι) verglasen sich im starken Feuer, ohne leicht zu springen. Man findet sie in Flötzen und Gängen, zuweilen machen sie ganze Felsen in den Gebürgen aus, wie man in Dalekarlien und in Deutschland bey Freyberg am Corallenbruche sehen kann, den Henkel in der Kieshistorie beschrieben hat. Diese Steine sind auch von den Achaten unterschieden, weil sie nicht so einzeln und zerstreut auf den Feldern herum liegen, wenn es nicht zufälliger Weise geschiehet. Sie verwittern nicht an der Luft, verlieren auch ihre Farbe nicht. Die Schwere dieser Steine wechselt merkwürdig ab; und da man in ihrem Innern keine Spur einer Versteinerung, noch einige dem Mineralreiche, oder auch nur der Classe der Steine fremde Körper findet; so haben einige Naturforscher diese Steine zu denen von Anfang erschaffenen und aus dem spätesten Alterthume bestehenden Steinen gerechnet. Bomare rechnet hieher folgende Arten: 1) Grober Felsstein. 2) Felssteinmassen, nemlich a) Kieslicher Felsstein, b) Porphyr, c) Wurst= oder Puddingstein, d) Granit. 3) Felssteine von lebhaften Farben, nemlich a) Jaspis, b) Lasurstein, c) bunter Jaspis, d) Jaspachat, e) Jasponyx. Die mehresten Schriftsteller nennen die vermischten Steine Felssteinarten, oder Felssteine. s. Felssteine. Dem Beyspiele des Hrn. Baumer bin ich in meiner vollständigen Einleitung, a) obgleich ungern, gefolgt:

1) Weil diese Benennung so ungewiß und so schwankend ist. Wollte man alle die Steine unter die vermischten setzen, wo mehrere Erd= oder mehrere Steinarten sich in einer Masse vereiniget haben, so würden wenige Steinarten für die übrigen Classen der Steine übrig bleiben. So reine Erden, und so reine Steinarten, welche gar keine fremden Zusätze erhalten haben, wird man nicht leicht finden. Es kann auch ein bloser äusserer Zufall Steine vereinigen, die gar nicht zusammen gehören.

2) Weil die mehresten Steinarten, die man hieher zu zählen pflegt, noch nicht bekannt genug sind; wir kennen ihre Bestandtheile noch nicht hinlänglich genug. Wenn es nun geschehen sollte, daß sie uns durch die Hülfe der Zeit und durch mehrere Versuche bekannter würden, so würden

---

z) Porphyr, Puddingstein und Jaspis nehmen die schönste Politur an.
a) im zweyten Bande S. 374 f.

würden wir eine angenommene Classe von Steinen wieder verlieren.

3) Weil doch diese Steine, gewiß die mehresten, angenommen ihrer Bestandtheile nach, zu einer der angenommenen vier Classen der Steine gerechnet werden können, und wenn es auch gerade nicht auf alle einzelne Bestandtheile passen sollte. Und wenn es wahr ist, was vorher von Bomare sagte, daß diese Steine im starken Feuer zu Glase schmelzen, so kan man sie ja unter die glasartigen Steine zählen.

Ich habe aus diesen Gründen die Classe der vermischten Steine sehr eingeschränkt, und blos 1) den Felsstein oder die Wacke, 2) den Porphyr, 3) den Granit, und 4) den Brocatell hieher gezählt.

Steine, zusammengesetzte, s. vorher vermischte.

Steinerne Kegel, s. Kegel, steinerne.

Steinerne Kegelein, nennet Wallerius h) die Orthoceratiten, unter welche er aber die Alveolen unter dem Namen Orthoceratitae fracti zählet; ein Ort, der ihnen nicht gehört, so wie die Lituiten, die Wallerius auch unter die Orthoceratiten rechnet, mit einem Kegel nicht bequem zu vergleichen sind. s. Orthoceratiten, Lituiten und Alveolen.

Steinflachs, wird der reife Asbest genennet, weil er sich wie Flachs bearbeiten läßt. s. Asbest.

Steine, geharnischte, s. Harnisch.

Steingewächse, werden die Corallen genennet, sonderlich diejenigen, die schon in der Natur von einer steinartigen Natur sind. s. Coralliolithen.

Steinglimmer, heißt das Katzengold. s. Katzengold und Glimmer.

Steinkeile, heißen bey einigen, z. B. beym Wallerius, die Judennadeln, sonderlich diejenigen, die eine keulenförmige Gestalt haben, oder die Claviculae. s. Judennadeln.

Steinkerne, lat. Metrolithi, Metrotypolithi, Petrefacta spoliata *Luid.* franz. Novaux, nennet man unter den Versteinerungen diejenigen, wo der ehemalige Körper nicht mehr vorhanden ist, sondern blos die erdigte Ausfüllung desselben, die mit der Zeit eine Steinhärte erlangt, aber die Gestalt des ehemaligen Körpers beybehalten hat. Wald c) nimmt zwey Verschiedenheiten der Steinkerne an. Die erste sind die eigentlichen Steinkerne, die sich nemlich in den innern Höhlungen der Körper bilden, und daher auch die innere Gestalt, z. B. einer Muschel oder einer Schnecke, ausdrücken. Die andre sind die Steinkerne der Matrix, wenn sich nemlich eine Erde in die

---

b) Syst. mineral. Tom. II. p. 471.
c) Naturgesch. der Versteiner. Th. I. S. 69. Schröter vollständ. Einleit. Th. III. S. 51. f.

die Spurensteine legt, dieselben vollkommen ausfüllt, und nun nach erlangter Steinhärte auch die äussere Gestalt des Körpers ausdrückt. Der letztere Fall kommt sonderlich bey den Kräutern und Fischen vor, und macht die Walchische Eintheilung gegründet. Nicht alle Körper können Steinkerne bilden, sondern nur diejenigen, welche innere Höhlungen und Cavitäten haben, als Muscheln, Schnekken, Seeigel und manche Corallarten. Wenn indeß die Meynung derer gegründet wäre, welche behaupten, daß bey den versteinten Hölzern von ihrer ehemaligen Substanz nichts mehr übrig wäre, so wären die versteinten Hölzer ebenfalls Steinkerne. Nach der Beschaffenheit der Erde, welche einen fremden Körper ausfüllt, haben die Steinkerne eine verschiedene Steinart angenommen, man hat also kalkartige, thonartige, sandartige, spathartige, ja quarzartige Steinkerne. Es ist in manchen Fällen schwer, bey einem Steinkerne die Geschlechtsgattung seines Originals zu finden, und das hat mehr als eine Ursache. Die eine ist, weil uns die gewöhnlichsten Steinkerne die innere Gestalt eines Körpers lehren, die wir nicht allezeit kennen; eine andre, weil durch manche Hindernisse der Natur der Abdruck nicht genau genug ist, und weil ein Körper durch Stoß und Druck, und durch das Fortrollen im Wasser, oft eine ganz veränderte Gestalt bekommt. Es ist daher schon aus diesem Grunde unmöglich, die Versteinerungen auf ihre Originale zurückzuführen, und man verräth wenig Kenntniß, wenn man denen darüber Vorwürfe macht, die es nicht thun. Bey Muscheln kann man nicht allemal mit Gewißheit das Geschlecht errathen, viel weniger die Gattung; bey Schnecken macht oft nur die Farbe einen Gattungsunterschied, die man an Steinkernen gar nicht erwarten kann. d) Diese Steinkerne werden entweder ausser der Matrix gefunden, oder sie liegen noch in der nemlichen Matrix, in welcher ehedem das Petrefact lag. In dem letztern Falle hat entweder der Steinkern eine Steinart mit der Matrix, oder die Steinart ist verschieden. Sonderlich geschiehet es nicht selten, daß in sandkalk= oder thonartigen Steinen ein spathartiger Steinkern liegt, wozu, wie mehrere mit mir glauben, das ehemalige Fleisch des Thiers die erste Veranlassung kann gegeben haben. Bey manchen versteinten Körpern, z. B. Schalengehäussen, Seeigeln und Krebsen, ist es nicht schwer, eine wahre Versteinerung von einem Steinkerne zu unterscheiden, um so viel mehr, da ein Steinkern ein Original sehr selten ganz genau ausdrücken wird; folglich wird freylich eine genaue Bekanntschaft mit natür=

---

d) Ich werde die deshalb im ersten Bande der Abhandlungen der Gesellschaft naturforschender Freunde in Halle S. 333. f. gemachten Vorwürfe bey einer andern Gelegenheit ausführlich beantworten.

natürlichen Körpern erfordert, und diese thut mehr als alle schwankende Regeln, die man hierüber geben kann.

Was die Steinkerne der Matrix, als die andre Verschiedenheit, die Walch angiebt, anlangt, so liegt bey ihnen allemal ein Spurenstein zum Grunde. Eben in diesem formte sich der Steinkern ab, und darum konnte er auch die äussere Gestalt desselben vorstellen, wie man an Fischen und Kräutern sieht. Je besser also der Spurenstein war, der dieser Art Steinkerne zum Muster diente, desto richtiger wird der Steinkern; und diese Steinkerne haben freylich einen Vorzug für den Steinkernen der ersten Art, weil wir durch sie den Körper selbst in seiner wahren Gestalt kennen lernen. Der Herr Hofr. Walch führet am angeführten Orte S. 77. folgende Beyspiele der zweyten Art an. Die mehresten Fische in schwarzen Schiefern sind solche Steinkerne. Die Pappenheimer Wurmgestalten gehören ebenfalls hieher, ob sich gleich über ihren Ursprung noch manches disputiren läßt, weil sie mehrentheils quarzartig sind. Aber die Mastrichter Vermiculiten, die in hohlen Gängen liegen, scheinen zuverlässiger von ehemaligen Würmern entstanden zu seyn. Die Schlangengestalten auf den thüringischen Kalksteinplatten, wenn sie auch gleich nicht von Schlangen oder Blindschleichen entstanden sind, so haben sie doch gewiß von Ast- und Wurzelstöcken, von Corallen u. dgl. ihr Daseyn erhalten. Die Locustae marinae, die Squillen, sind größtentheils also entstanden, und viele versteinte Conchylien. Im Meklenburgischen giebt es Orthoceratiten von dieser Art, und die mehresten Kräuter auf schwarzen Schiefern, und viele Schilfe sind Steinkerne der Matrix. Sie von wahren Versteinerungen zu unterscheiden, gilt eben das, was ich vorher gesagt habe.

Steinkohlenholz, heißt das in der Erde liegende verkohlte Holz. s. Holz.

Steinkorallen, heisen unter den Corallen diejenigen, die schon im natürlichen Zustande eine steinartige Natur haben, sie heisen daher auch **Lithophyten**. Herr Walch e) sagt von ihnen, daß diejenigen, welche leere Zwischenräume und Gänge in sich haben, sich als Steinkerne in einer weit veränderten Gestalt zeigten, als die Conchylien. Er rechnet hieher verschiedene Milleporiten, die blättrichten Fungiten und die Astroiten.

Steinkürste, oder eigentlich

Steinkruste, wird der Tropfstein genennet, weil er sich nur Tropfenweise bildet, und daher vermögend ist, eine Kruste über andre Körper zu legen, daher er auch beym Hrn. von Linné Stalactites incrustatum genennt wird. s. Tropfstein.

Steinmark, Lithomarga
Auctor.

---

e) Naturgesch. der Versteiner. Th. I. S. 74.

St

Auctor. Talcum lithomarga L. Talcum subfissile albicans subsquamosum *Linn.* Marga argillacea albida *Linn.* Medulla saxorum *Vog.* Lithomarga argillosa *Vogel.* Man hat, sagt Herr Werner, f) zwey Arten des Steinmarks, zerreibliches und festes. Von beyden giebt er folgende äussere Kennzeichen.

1) Zerreibliches Steinmark. Es ist von gelblichweisser Farbe, schimmernd, von schuppenartigen Theilen, und meist zusammengebakken, selten lose. Es hängt im ersten Falle an der Zunge, und fühlt sich sehr fett an; es ist nicht sonderlich schwer.

2) Festes Steinmark. Man findet es von gelblichweisser, auch perlgrauer, violblauer, fleischrother und ockergelber Farbe. Oft sind mehrere dieser Farben in einem Stück zugleich, man hat daher buntgeflecktes, geadertes und gestreiftes Steinmark. Es wird derb gefunden, ist matt, und von erdigen, zuweilen auch muschlichen Bruch; es springt in unbestimmteckige sehr stumpfkantige Bruchstücke, ist undurchsichtig, erhält durch den Strich einen Glanz, ist sehr weich, hängt sehr stark an der Zunge, fühlt sich sehr fett und wenig kalt an, ist nicht sonderlich schwer.

Herr Werner sagt noch, daß ein schönes Steinmark, welches von einem lichte vielblauen Grunde, und mit weissen, rothen und dunkelviolblauen Flekken, Streifen und Adern gezeichnet ist, bey Planitz ohnweit Zwickau gefunden werde, und unter dem Namen der sächsischen Wundererde bekannt sey. (s. Wundererde.) Ein anderes fleischrothes, das ehedem in der Medicin gebraucht wurde, breche bey Rochlitz in dem dasigen Porphyr.

Vogel g) verstehet unter dem Steinmark diejenige thonigte Erde, welche nicht wie die andern in Schichten sich findet, sondern zwischen den Ritzen oder Absätzen der Steinbrüche und Felsen steckt. Diese Geburtsstätte, und der thonigte Grundstoff, sind die unterscheidenden Merkmale derselben. Sie ist fein, und mehr oder weniger feste, bald einfach, bald gemischt, daher sie entweder mit Säuren aufbrauset oder nicht. Die Farbe ist verschieden, weißlicht, graulicht, gelblicht, röthlicht, grünlicht, bläulicht, schwärzlicht und bunt. Einige färben auch etwas ab. In ihren Nestern ist sie insgemein schmierigt und weich, an der Luft aber wird sie hart. Man findet dieselbe sowohl in Kalk- und Marmor- als in Sandsteinbrüchen.

Bey dem Herrn Geheimde Bergrath Gerhardt h) heißt das

---

f) In seiner Ausgabe des Cronstedt Mineral. Th. I. S. 178.
g) Praktisches Mineralsystem S. 37.
h) Beyträge zur Chymie Th. I. S. 315. f.

das Steinmark: Seifenstein, welcher das Wasser nicht in sich ziehet: Sinectis aquam non imbibens; und er sagt von demselben folgendes: „Dieser Körper gehört, seiner Festigkeit nach zu urtheilen, mehr unter die Erden, als unter die Steine, indem es sich bequem mit dem Messer schaben läßt. Wenn man ein Stück davon unter Wasser eben nicht zu lange hält, so wird man finden, daß er das Wasser fast nicht anziehe, sondern ganz trocken bleibe. In seinem Gewebe habe ich nichts Blättriches oder Schaliches entdecken können. Wenn er ganz rein ist, so brauset er mit sauren Salzen nicht auf, und färbet sodann auch gar nicht ab; hat er aber etwas Kalkerde in sich, so erfolgt das Gegentheil, daher sind die beyden Gattungen desselben, die der Hr. Bergrath Cartheuser anführt, entstanden, die aber nur als blose Abänderungen anzusehen sind. i) An Farbe findet sich das Steinmark gemeiniglich weiß und fleischfarben, doch trift man selbiges auch roth, braun, grau und grün an. Letzteres ist vermuthlich das Talcum subfriabile viride des Herrn von Linne.“ Nachdem Herr Gerhard, wie Herr Werner und Herr Vogel, die sächsische Wundererde zum Beyspiel des Steinmarks angeführt, und kürzlich beschrieben hatte, so sagt er noch folgendes.

„Das Steinmark kommt fast nur Nesterweise, in Speck- und Serpentin-Marmor- u. Sandsteinbrüchen, und auf die beyde erste Arten besonders zu Reichenstein, auf dem Eulengebürge und auf dem Zobtenberge vor.“

Wenn der Herr von Bomare k) den mineralischen Lerchenschwamm oder den Meerschaum mit dem Namen Steinmark belegt, dies unter die Kalkarten setzt, und aus aufgelößten Kalkspath entstehen läßt, so kann man leicht einsehen, daß er das eigentliche Steinmark nicht meyne, und wohl gar nicht kenne. Und wenn Ludwig l) den Steinmergel, Marga lophacea *Wall.* mit dem Namen Lithomarga, Steinmark, belegt, so meynet er unser Fossil ebenfalls nicht.

Es ist bekannt, daß der Hr. Prof. Gmelin m) die richtigsten Nachrichten der Schriftsteller über die Fossilien gesammlet hat, ich will also das wiederholen, was er über das Steinmark sagt. Man findet es, sagt er, in der Schweiz, in Schlesien, in Dalekarlien und an mehrern Orten Deutschlands nesterweise zwischen den Ritzen und Absätzen der Steinbrüche und Felsen; in Kalkstein-Speckstein-Serpentin-Marmor- u. Sandsteinbrüchen; in der Pfalz, in Hessen, in Würtenberg, bey Idria in Crain, in der ungarischen

---

i) Element. mineral. p. 9. 1) Lithomarga pura, non inquinans. 2) Lithomarga cretacea, inquinans.
k) Mineralogie Th. I. S. 76. n. 2.
l) f. Wallerius Systema mineral. Tom. I. p. 77. n. 5.
m) Linnéisches Natursyst. des Mineralr. Th. I. S. 441.

schen Gesellschaft Jenkyn, bey Schlackenwalde in Böhmen, bey Hüttenrode auf dem Harze, bey Halle in Sachsen, und vornehmlich in Chursachsen, bey Rochlitz, Pirna, Chemnitz, Camnitz, Zwickau, Wiesenburg, Wildenfels, Kalkgrün, Schönau, Chamsdorf und Planitz. Bey Altenberg in Sachsen findet man Basalt darinnen, und in dem Kuhschachte zu Freyberg Arsenikkrystallen. Er ist nicht sonderlich schwer, und im Bruche matt; seine Theilchen sind staubartig, und hängen wenigstens an seiner Geburthsstätte so löcker unter sich zusammen, daß man das Steinmark ehe unter die Erden, als unter die Steine zählen sollte; es läßt sich da auch bequem mit dem Messer schaben; aber an der freyen Luft werden einige Steine, die hieher gehören, so hart, daß sie eine schöne Politur annehmen, und sich drehen lassen. Es ist fein, und zeigt in seinem Gewebe nichts Schalichtes oder Blättrichtes; nur im Bruche ist es etwas schuppich, und seine Gühr fühlt sich ganz schlüpfrich an. Hält man ein Stück davon unter Wasser, so bleibt es trocken, und zieht nicht das mindeste von Wasser an sich; wenn es rein ist, so färbt es nicht ab. Meistens ist es weiß, man findet es aber auch weißgrünlicht, grau, braun, gelblicht, roth und fleischroth. Es zeigt sich öfters bey Zinnerzen, und zuweilen brechen die schönsten Zinngänge, auch Mißpickel darin; bey Windischleiten unweit Schemnitz in Ungarn gediegen Silber.

Von diesem Steinmark scheinet die sächsische Erde, oder terra miraculosa saxoniae, eine blose Spielart zu seyn.

Steinmergel, s. Mergel.

Steinmuschel, Mytilus lithophagus L. s. Pholadicen.

Steinpfennige, oder steinerne Pfennige, heisen die Heliciten, weil sie die runde Gestalt einer Münze haben, und wohl gar ehedem für versteinte Münzen gehalten worden sind. s. Heliciten.

Steinsaft. So nannten unsre Vorfahren diejenige mit erdigten Theilen geschwängerte Feuchtigkeit, aus welcher Steine werden konnten, und unter gewissen Umständen würklich Steine wurden. Eigentlich eine Sache, die Dunkelheiten und Zweydeutigkeiten unterworfen ist. Feuchtigkeit muß hinzu kommen, wenn aus Erde ein Stein werden soll; wenn nun Wasser oder Feuchtigkeit zu gewissen Erdtheilen kommt, gesetzt auch, daß das Wasser diese Erdtheilchen nicht selbst bey sich trüge, oder wie man auch sagt, damit geschwängert wäre, so kann gleichwohl daraus ein Stein entstehen. Steinsaft ist also gewissermasen einläuftig. s. Steine.

Steinsinter, heißt der Tropfstein. s. Tropfstein.

Steinspiele, Lusus naturae, nennet man diejenige Steine, die keine Versteinerungen sind, und doch einige Aehnlichkeit mit gewissen Körpern des animalischen oder des vegetabilischen Reichs haben. Die Steinspiele fassen also weniger unter sich,

sich, als die Bildsteine, wenigstens kann man die Bildsteine in eigentliche Bildsteine und in Steinspiele abtheilen. Will man diejenigen Steine, welche einige Aehnlichkeit mit künstlichen Sachen haben, mit unter die Steinspiele rechnen, so kann man es, dem Redegebrauch nach gehören sie aber unter die eigentlichen Bildsteine. Ich kann mich hier auf den Redegebrauch berufen. Wenn viele unsrer Vorfahren alle Versteinerungen für Naturspiele oder Steinspiele hielten, und im Gegentheil andre, die alles zu Versteinerungen machten, was nur irgend mit einem natürlichen Körper einige Aehnlichkeit hatte, und daher von versteinten Melonen, Aepfeln, Birnen, Pflaumen u. dgl. redeten; so gaben sie dadurch wenigstens so viel zu verstehen, daß ein Steinspiel einige Aehnlichkeit mit einem natürlichen Körper des Thier- und des Pflanzenreichs haben müsse. Wenn wir bey dem Artik. Versteinerung darthun werden, daß die Versteinerungen keine Steinspiele sind, so werden sich die eigentlichen Steinspiele leicht kenntlich machen. Sie haben zwar einige Aehnlichkeit mit natürlichen Körpern, allein bey genauerer Betrachtung zeigt es sich, daß sie weit genug von dem natürlichen Körper, den sie vorstellen sollen, unterschieden sind; hingegen wahre Versteinerungen kommen mit dem Original genau überein. Man nehme z. B. einen Dendrit, und eine versteinte Pflanze, oder einen Kräuterschiefer. Der Dendrit hat eine äussere Aehnlichkeit mit manchen Pflanzen, aber man betrachte ihn genau, das Verhältniß seines Stengels zu seinen Blättern, das Verhältniß und den Bau der Blätter selbst, und man wird, wenn man nur die ersten botanischen Gründe gefaßt hat, sogleich sagen, daß dies kein versteintes Kraut, kein Abdruck, sondern ein bloses Bild sey, welches nur eine entfernte Aehnlichkeit mit natürlichen Kräutern hat. Man nehme hingegen einen Kräuterabdruck, man wird sagen, dieser Körper hat sein Daseyn einem ehemaligen würklichen Kraute zu danken. Es können indessen unter den Steinen bisweilen Fälle vorkommen, wo auch ein geübter Kenner zweifelhaft wird, was er daraus machen soll? Steinspiel? oder Versteinerung? Wir wollen folgende Fälle angeben, worauf sich vielleicht sichre Regeln gründen lassen:

1) Steinkerne von Versteinerungen machen es zwar in manchen Fällen schwer, auf Geschlecht oder Gattung sicher zu schliesen; allein man bemerket doch an ihnen eine gewisse Regelmäsigkeit und Ordnung der Theile gegeneinander, die kein Steinspiel haben kann. Z. B. manche Muscheln.

2) Steinspiele können zuweilen eine überaus grose Aehnlichkeit, fast Gleichheit mit manchen natürlichen Körpern haben, und doch lehren Gründe, daß sie dieser natürliche Körper nicht seyn

können. Z. B. von den Melonen vom Berge Carmel suchte Breyn darzuthun, daß sie nicht nur von aussen die größte Aehnlichkeit hätten, sondern auch ihre innere Beschaffenheit zeuge dafür; ferner von den versteinten Erdpilzen oder Schwämmen war nicht nur die Gleichheit, der äussern Peripherie, sondern auch sogar noch der Stiel vorhanden; wenn man aber bedenkt, daß eine Melone als ein weicher saftiger Körper, daß ein Erdschwamm, ein so weicher zerbrechlicher Körper, nimmermehr versteinen können, ohne wenigstens ihre Gestalt ganz zu verlieren, so wird man von versteinten Melonen und Erdschwämmen gewiß nicht mehr reden, sondern sie ohne Bedenken zu den Natur= und Steinspielen rechnen.

3) Mancher Körper war ehedem wenigstens Spurenstein, der durch Zufall Steinspiel geworden ist. Ich zähle hieher die Schlangengestalten auf unsern thüringischen Kalksteinplatten. Wahrscheinlich lag da ehedem ein natürlicher Körper; da er herausfiel oder verfaulte, legte sich in die Höhlung eine fremde Erde, machte daraus ein Schlangenbild, das nichts weniger als eine versteinte Schlange ist; es ist ein bloses Steinspiel geworden.

4) Alle Steine, die gleichsam nur eine allgemeine oder die erste Aehnlichkeit mit natürlichen Körpern haben, aber nicht das genaue Bild, sichtbare Unregelmäsigkeiten, die nicht Zufall, sondern dem Steine eigen sind; alle solche Steine sind sicher Steinspiele.

In den vorigen Zeiten, und noch zu Anfange des jetzigen Jahrhunderts, schätzte man die Steinspiele überaus hoch, nicht gerade darum, als wenn man sie für wahre Versteinerungen seltner Körper, Kröten, Eidechsen ꝛc. hielt, ob sie gleich viele würklich dafür hielten; sondern weil es die Mode jener Zeit so mit sich brachte. Denn auch die Naturgeschichte hat ihre Moden. In unsern Tagen, wo wir uns mit Zufälligkeiten, wobey noch da in den mehresten Fällen die Einbildungskraft das beste thun muß, nicht mehr abgeben, gelten die Steinspiele gar nichts mehr.

Steinthon, Wall. verhärteter Thon, Wern. Argilla lapidea *Wall.* Steatites argillaceis particulis, arcte cohaerentibus, durus *Wall.* fr. Argille petrifiée, ist eine Steinart, die hart ist, und aus fest zusammenhängenden thonartigen Theilen bestehet. Nach Herrn Werner n) hat der verhärtete Thon folgende äussere Kennzeichen: Er wird von gelblich= bläulich= und grünlichgrauer Farbe gefunden.

---

n) in seiner Ausgabe des Cronstedt Th. 1. S. 201.

den. Er ist jederzeit derb, matt und von einem erdigen Bruche, der sich aber bald dem splittrichen, bald dem ebenen nähert, zuweilen hat er auch ein ziemlich schieferiches Ansehen. Seine Bruchstücke sind unbestimmteckig, etwas stumpfkantig. Er ist undurchsichtig, weich, hängt wenig an der Zunge, fühlt sich etwas fett, auch etwas kalt an, und ist nicht sonderlich schwer.

Die Nachricht des Hrn. Wallerius, o) die ich nach der Uebersetzung mittheile, ist folgende. „Diese Art ist nichts anders, als ein zu Stein verhärteter Thon, es fehlt ihm also die Fettigkeit des Thons, er kann auch nicht vom Wasser erweicht werden, ist aber doch nur weich; im Feuer wird er härter, und schmelzt zuletzt in eine schwammige Schlacke. Man findet ihn a) kieselförmig, Argilla lapidea siliciformis. Ist grau, brauset mit Säuren langsam, und mehr auf der äussern Oberfläche, als inwendig. (Möchte also doch wohl, wie der Uebersetzer des Wallerius richtig anmerkt, ein verhärteter Mergel seyn.) Im Feuer wird er so hart, daß er am Stahl Feuer schlägt. Man findet ihn in Geschieben bey Grenna in Westgothland. b) Geschichtet, Argilla lapidea stratosa. Wird grau, roth, oder anders gefärbt in abwechselnden Schichten mit Kalkstein gefunden. Zuweilen brauset er mit Säuren, und läßt sich schmelzen. Skulltorp in Westgothland, Flodberg, Biurfäbs, Beresberg. c) In unvollkommenen Kugeln, Argilla lapidea glandulosa. Wird hin und wieder in Gängen oder Bergklüften nester- und nierenweiß gefunden, und ist zerbrechlicher, als die vorigen Arten, und von verschiedenen Farben. Westmanland. d) Würflich krystallisirt, Argilla lapidea, crystallisata tessularis. Borax tessulatus argillaceus opacus *Linn.* Borax margodes *Linn.* Läßt sich im Wasser erweichen, und muß seiner regelmäßigen Gestalt wegen hier unter die Steine gerechnet werden. Im Feuer giebt er eine schwarze Schlacke, die vom Magnet angezogen wird, und 12 Pfund Eisen im Centner hält. Gränge in Westmannland, Swappawari in Lapland.

Stein von Como, s. Topfstein, zarter.

Steinwell, heißt der Beinbruch. s. Beinbruch.

Stein, veränderlicher, s. Weltauge.

Steinverhärtungen im Feuer, Pori ignei, werden vom Wallerius p) die vulkanischen Produkte, als die vulkanische Asche, der Bimstein, die Lava, die Perlschlacke und der isländische Achat genennt, weil sie ihr Daseyn von feuerspeyenden Bergen erhalten haben. s. vulkanische Produkte.

Steinwarzen, werden die Warzensteine genennt. s. Warzensteine.

---

o) Systema mineral. Tom. I. p. 395. Uebers. Th. I. S. 353.
p) Systema mineral. Tom. II. p. 375. f.

Steinwüchse, Concreta, franz. Concretions, werden vom **Wallerius** und **Linne** q) in einem etwas verschiedenen Verstande genommen, obgleich beyde in der Hauptsache einerley meynen.

Wallerius verstehet unter den Steinwüchsen diejenigen Körper, Erde= Stein= und Erzarten, welche nach ihrer Zerstöhrung und neuen Vermischung wiederum zusammengewachsen sind; oder die auf ungewöhnlichen Stellen oder in ungewöhnlichem Stoffe erzeugt sind. Er legt ihnen folgende allgemeine Eigenschaften bey.

1) Zum Theil sind sie solche Körper, welche aus denen in den vorigen Classen beschriebenen Fossilien, da dieselbe zerstöhret worden waren, erzeugt und zu Steinen verhärtet sind. Zum Theil sind es fremde Sachen, die ihrem Ursprunge nach aus andern Naturreichen herkommen, und hier Gesellschaft gesucht haben. Zum Theil sind es einheimische mineralische Körper, welche durch verschiedene Zufälle, mit wunderlichen Larven und Gestalten sich grössere Aufmerksamkeit, als sie hätten haben sollen, erworben haben. Und endlich sind es zum Theil solche Sachen, welche, sowohl in Ansehung ihres Ursprungs als Materie, im mineralischen Reiche gänzlich fremde sind, blos aber um der Gleichheit willen, die sie mit einigen mineralischen Körpern besitzen, hier sich aufzuhalten, Erlaubniß bekommen haben.

2) Alle diese Steinwüchse sind aus der Ursache entweder von einer im Mineralreiche seltsamen und ungewöhnlichen Composition, oder von einiger ungewöhnlichen Gestalt, Figur oder Mahlerey.

Wallerius glaubt, und mit ihm glaubts Niemand, daß diese in dieser Classe vorkommende Körper von den Steinbeschreibern weitläuftiger, als es nöthig war, und beynahe allein beschrieben worden wären. Er selbst theilet sie folgendergestalt ein. I. Steinverhärtungen. Pori Indurata. Pierres poreuses. 1) Steinverhärtungen im Feuer. Pori ignei. Pores tonnes dans le feu. Bimstein. In dem System thut er noch die vulkanische Asche, die Lava, die Perlschlakke und den isländischen Achat hinzu. 2) Steinverhärtungen im Wasser. Pori aquei. Pores formes dans l'eau. Wasserstein, Rinderstein, Tropfstein, Roggenstein, Tophstein. II. Versteinerungen. Petrificata. Petrificacions s. Versteinerungen. III. Steinspiele. Figurata, lusus naturæ, Pierres peintes. Gemählte Steine, Bildsteine, geformte Steine, dahin unter andern die Adlersteine gerechnet werden. IV.

---

q) **Wallerius** Mineralogie S. 415. Systema mineral. Tom. II. P. 373. **Linne** Syst. nat. XII. Tom. III. P. 175. **Gmelin** Linneisches Natursyst. des Mineralr. Th. IV. S. 175.

IV. **Steinähnlichkeiten.** Calculi, als Steine in Gewächsen, in Pflanzen eingedrängte Steine, Thiersteine. In dem System hat hier Wallerius einige kleine Veränderungen vorgenommen.

Ueber den Stein des Linne von den Concreten drückt sich der Herr Prof. Gmelin also aus: „Eine Ordnung von Körpern, die theils gar nicht unter das Mineralreich gehören, theils nach ihrer wahren Natur und Mischung unter andre Geschlechter von Mineralien vertheilt werden müßten. Alle Säfte aller thierischer Körper haben, einige einen grössern, andere einen geringern Antheil an Erde, deren Beymischung den Grad ihrer Flüssigkeit oder Zähigkeit bestimmt. So lange sie in ihrem gesunden natürlichen Zustande, in der einem jeden angemessenen Wärme und Bewegung sind, so ist diese Erde so genau und fest mit den übrigen flüssigern Bestandtheilen verbunden, daß sich in den Gefässen und Behältern, welche sie enthalten, unter keinerley Gestalt nichts davon abscheidet. Aber so bald durch einen angebohrnen Fehler, durch einen Fehler der Absonderungs- und Ausführungswerkzeuge, welche die zur Nahrung festerer Theile des Körpers bestimmten Theilchen der Säfte nicht von den übrigen abscheiden, oder die überflüssigen nicht aus dem Leibe schaffen, oder auch durch die Art der Nahrung, welche den Säften viele erdhafte Theilchen zuführt, oder diejenigen, die sie enthalten, fester mit den übrigen vereinigt, daß sie nicht, wie sie sollten, wieder davon geschieden werden können, die Säfte ein Uebergewicht an Erde haben, oder wo es den Werkzeugen der Verdauung, den Gefässen, und den übrigen Werkzeugen, welche die Natur dazu bestimmt hat, an der nothwendigen Kraft fehlt, die Theilchen der Säfte recht genau miteinander zu vermischen, wo also die erdhaften so locker mit den übrigen verbunden sind, daß sie bey der mindesten Veranlassung daraus niederfallen; so bald noch überdies solche Säfte so lange ruhig in ihren Behältern bleiben, ohne zu ihrer Bestimmung genutzt, oder aus dem Körper geschaft zu werden, wenn dieses vornehmlich in Theilen geschieht, die von der Quelle der thierischen Wärme, dem Herzen, etwas entfernt liegen, so bald sie endlich unter diesen Umständen in ihren Behältern einen härtern oder ganz trockenen Körper antreffen, um welchen sich, wie um einen Kern, ihre erdhaften Theilchen anlegen können, oder einen Kleber, durch welchen sie zusammengeleimt werden, so fallen diese nieder, und bilden das, was man in dem thierischen Körper Stein, Calculum, nennt; der also offenbar ein in thierischen Körpern widernatürlich erzeugter Körper, und die Folge und die Ursache vieler Krankheiten ist. Linne rechnet folgende Körper in diese Classe. I. Stein. Calcul s. 1) Blasenstein. Calculus urinarius. 2) Weinstein an den Zähnen. Calculus salivalis. 3) Lungenstein. Calculus pulmonalis. 4) Bezoar zoarstein. Calculus Bezoar. 5) Gemsenkugeln. Calculus aegagropilæ. 6) Gallenstein. Calculus fellis. 7) Perlen. oleulus margarita. 8) Krebssteine. Calculus oculus cancri. II Weinstein. Tartarus. 1) Bierhefe. Tartarus faex. 2) Weinstein. Tartarus vini. III. Adlerstein. Aetites. 1) Erdvoller Adlerstein. Aetites geodes. 2) Klapperstein. Aetites aquilinus. 3) Krystallkugeln. Aetites haemachates. 4) Spathklöse. Aetites marmoreus. 5) Kreidekugeln. Aetites cretaceus. IV. Vulkanische Produkte. Pumex. s. Vulkanische Produkte. V. Tropfstein. Stalactites. s. Tropfstein. VI. Tophstein. Tophus. s. Tophstein.

Steinzungen, Glossopetrae, heisen die versteinten Zähne vom Carcharias, die mit Zungen mancher Thiere einige Aehnlichkeit haben, und von einigen Alten für versteinte Schlangenzungen gehalten wurden. s. Glossopeters.

STELECHITE, französisch, oder deutsch

Stelechiten, heisen die Wurzeln von Bäumen, wenn sie im Steinreiche von einer mürben, porösen oder sinterartigen Natur sind. s. Wurzeln. Einige nennen auch den Beinbruch oder die Osteocolla, Stelechit, Stelechites. s. Beinbruch. ςελεχον, oder ςελεχος, heißt eigentlich ein Klotz, ein Block, ein Pfahl, und daher entspricht die angenommene Bedeutung der Ableitung gar nicht.

STELECHITES, latein. s. Stelechiten. Doch brauchen die mehresten Schriftsteller dies lateinische Wort von der Osteocolla. s. Beinbruch.

STELECHITES *radix petrificata, cortice arenaceo lapidescente* Woltersd. s. Beinbruch.

STELLA *arborescens.* So nennte man ehedem das versteinte Medusenhaupt, oder den Pentacrinit. Man setzte ihn fast einstimmig unter die Seesterne; sahe aber, daß sie wegen ihres Stiels keine freye Bewegung haben konnten, suchte sie also dadurch, daß sie etwas Baum- oder Astförmiges hatten, von den eigentlichen Seesternen, die das nicht haben, sondern bloße Strahlen, zu unterscheiden. s. Pentacrinit.

STELLA *coriacea*, ist beym Link r) ein ganzes Geschlecht der gerißten Seesterne, worunter er, wie er sich ausdrückt, genus planum, molle, callosum, dorso minus quam ventre hirsutum verstehet. Sie sind flach, haben lange mittelmäßig breite Strahlen, eine weiche knorplichte Substanz; sie sind mit weichen Fasern besetzt, und lassen sich rauh anfühlen. Link theilet sie in obtusangulam und acutangulam ein. Von beyden kennen wir im Steinreiche einzelne Beyspiele. In den Beschäftigungen der Gesellschaft naturfors

---

r) de Stellis marinis p. 30. tab. 7. fig. 9. tab. 9. fig. 19. tab. 14. fig. 23. tab. 34. fig. 57. tab. 35. fig. 60. tab. 36. fig. 61. tab. 37. fig. 67.

forschender Freunde in Berlin s) habe ich ein hieher gehöriges Beyspiel aus Coburg beschrieben. Dieser Seestern ist flach, hat lange mittelmäßig breite Strahlen, durch welche eine tiefe Furche gehet. Der Leib ist etwas undeutlich, wie denn alle Coburgische Seesterne, weil sie bloße Spurensteine auf Sandstein sind, eben nicht allzudeutlich erscheinen; und der Mund ist mit einer gelben ocherartigen Erde ausgefüllt. Die Strahlen scheinen getheilt zu seyn, als wenn zween nebeneinander lägen, zwischen welchen sich eine Rinne oder Furche befindet; aber man siehet es an dem einen dieser fünf Strahlen vorzüglich deutlich, daß beyde Theile zusammen gehören, und daß jeder Strahl in der Mitte eine tiefe Furche hat. Die beyden Seitenflächen eines jeden Strahls sind gerundet, wie ein Wulst, das zwar an natürlichen Seesternen nicht also erscheinet, doch kann der Abdruck und die Ausfüllung einer Sandmasse auf Sandstein diesen Umstand zufälliger Weise hervorgebracht haben. Nach Linne gehöret dieser Seestern unter Asteria rubens; nach Link aber scheinet er eine Stella coriacea obtusangula tab. 34. fig. 57. zu seyn.

Ein andrer versteinter Seestern, der nach Linne unter Asterias glacialis gehört, nach Link aber die Stella coriacea acutangula lutea vulgaris Luidii, Link tab. 36.

fig. 61. ist in Frankreich ohnweit Malesine gefunden worden, und fürtreflich erhalten. Guettard beschrieb ihn in den Memoirs de l'acad des Scienc. v. J. 1763. welche Abhandlung in den mineralog. Belustigungen Th. III. S. 91. deutsch abgedruckt ist, wo zugleich tab. 3. fig. 4 eine Abbildung desselben erscheinet. Er liegt in einem aschgrauen Kalkstein, der sich so glücklich spaltete, daß man in der einen Hälfte den Stern erhaben, in der andern Hälfte aber vertieft siehet. Dieser Stern hat fünf völlig ganze und große Strahlen, die in einen weißen, oben gelblich schattirten Spath verwandelt sind. Die Mundöfnung ist sehr deutlich zu sehen, so auch die kleinen Spitzen oder Füße, womit die fünf Strahlen versehen sind. Im Steinreiche wird man nicht leicht ein schöneres und deutlicheres Beyspiel eines versteinten Seesterns aufweisen können, als das gegenwärtige ist.

Stella decactis, oder δεκάκτις, heißt beym Link, t) wie der Name lehrt, ein Seestern, welcher zehn Strahlen hat. Das Beyspiel, das Link in der angezeigten Figur abgebildet hat, hat Linne in sein System nicht aufgenommen, es ist auch nach der bloßen Zeichnung, da mir das Original fehlt, schwer zu bestimmen, obgleich dieser Körper von Link unter die Stellas tillas gezählet wird.

Linne

---

s) im dritten Bande S. 266. 267. Einleitung Th. III. S. 369. 370. f. auch Schröter vollständ.
t) l. c. p. 41. tab. 17. fig. 27.

Linne aber bey der Bestimmung seiner Gattungen auf die Anzahl der Strahlen, wie sie denn auch würklich zufällig ist, keine Rücksicht genommen hat.

Wahrscheinlich hat das Steinreich zwar nicht an den Linkischen Gattungen, aber doch an der Stella decacti einigen Antheil. Walch u) sagt: In den Baierischen monumentis t. VII. 3. kommt eine zehnstrahlichte Seesternart auf den Solenhofer Schiefern vor, von welcher S. 13. ausdrücklich behauptet wird, daß sie zu den Stellis fissi., und folglich zu dem Linkischen Decactis gehöre. Hat dies seine Richtigkeit, daß dieser Seestern auf der Unterfläche seiner Strahlen einen furchenförmigen Einschnitt hat, so muß er entweder eine im Original noch unentdeckte Nebengattung des Decactis seyn, oder diese Seesterne müssen durch den erlittenen Druck sehr viel von ihrer ehemaligen natürlichen Gestalt verlohren haben. Denn das Linkische Original kommt mit ihnen nicht genau überein. Indessen kommt es blos darauf an, ob dieser Seestern würklich gefurchte Strahlen habe, denn ausserdem würde dies Beyspiel, davon ein völlig ähnliches Exemplar in dem Knorrischen Petrefactenwerk Th. I. tab. II. fig. 7. von Solenhofen abgebildet ist, zu den Stellis crinitis barbatis gehören.

STELLAE *coriaceae*, s. Stella coriacea.

STELLAE *crinitae*, haarichte Meersterne, heissen beym Link diejenigen ungeritzten Seesterne, deren dünne Strahlen haarförmige Fibern haben. Link x) nimmt davon drey Gattungen an. 1) δεκάκνημος, ein Zehnzopf. tab. 37. fig. 64. 66. 2) τρισκαιδεκάκνημος, ein Dreyzehnzopf. 3) Caput medusae tab. 21. fig. 33. tab. 22. fig. 34. Num. 1. gehört nach Linne zu Asterias multiradiata, davon ich die im Steinreiche vorhandenen Beyspiele im sechsten Bande dieses Lexikons S. 330. n. XIV. angegeben habe. Num. 3. ist nach Linne Asterias multiradiata, davon ebendaselbst N. XV. die wenigen im Steinreiche vorhandenen Beyspiele angeführt worden sind. s. auch *Stellitae crinitae.*

STELLAE *fissae*, sind beym Link eine überaus weitläuftige Gattung von Seesternen, die eine Menge Abänderungen unter sich begreift, die aber alle darinnen unter sich übereinkommen, daß jeder Strahl auf der Mündungsseite in der Mitte eine durchgehende Furche hat. y) Er hat sie in gewisse Classen gebracht, die er nach der Anzahl der Strahlen ordnet; in die erste Classe setzt er diejenigen, die weniger als fünf Strahlen haben; in die andre, die gerade fünf Strahlen haben, und in

---

u) Naturgesch. der Versteiner. Th. II. Abschn. II. S. 295. u. f.
x) de Stellis marinis p. 53. §. 91. f.
y) Link de Stellis marinis p. 13. f.

in die dritte diejenigen, welche mehr als fünf Strahlen haben. Nach Linne gehören sie unter Asterias rubens, glacialis, reticulata u. s. f. davon man die im Steinreiche vorhandenen Beyspiele im sechsten Bande dieses Lexikons S. 327. f. finden kan.

STELLAE *lumbricales*, heissen beym Link z) unter den unaufgeritzten Seesternen diejenigen, welche lange runde glatte, d. i. solche Strahlen haben, welche keine Fasern besitzen. Was von diesen, die beym Linne Asterias ophiuri genennet werden, das Steinreich aufweisen kann, ist von mir im sechsten Bande S. 329. Num. XI. angezeigt.

STELLAE *marinae*, heissen die Seesterne, die in der Natur überaus zahlreich, auch in verschiedenen Gattungen und vielen Abänderungen vorkommen, im Steinreiche aber unter die Seltenheiten gehören, zumal wenn sie gut erhalten sind. s. Seesterne.

STELLA *fossilis Luidii* p. 102. Ich finde sie in Scheuchzers Sciagraphia lithologica p. 71. angeführt, kann aber davon keine Nachricht geben, weil ich den in unsern Tagen so gar seltenen Luid nicht besitze, und mich mit Muthmasungen nicht abgeben mag.

STELLA *judaica Imperati*, ist eigentlich ein Entrochit mit sternförmiger Zeichnung auf der innern Fläche. Imperati a) hatte die Judensteine, Lapides judaici, unter zwey Classen gebracht. In der einen stunden die eigentlichen Judensteine, die er *Glans* nennet, weil sie die Form einer Eichel hatten; in die andre Classe aber setzet er die Entrochiten. Altera species, sagt er, formam habet ex pluribus nodis inter se connitilis compositam, eadem ratione, qua commituntur vertebrae in spina animalium. Diese hat er nun wieder in vier Gattungen gebracht, unter welchen die Stella judaica die vierte ausmacht. Von dieser sagt er, sie habe kleinere Knoten, und sey mit Eindrücken versehen, welche eine Sternfigur bilden. Quarta judaicae species, haud secus ac praecedentes duae, articulata est, differt vertebrarum humilitate, et impressionibus, quas haec habet in longum, ex quo singulae vertebrae formam referunt stellae. Dergleichen Entrochiten nun kamen bey den alten Steinbeschreibern unter dem Namen *Stella judaica Imperati* vor, wie man aus Worm Museo p. 7. sehen kann. Indessen wuste Scheuchzer in seiner vorher angeführten Sciagraphia lithologica nicht, was er aus diesem Körper machen sollte, und Klein wagte es auch nicht, nur ein Wort zur Erklärung hinzuzuthun, so weit war man damals noch in der Kenntniß der Versteinerungen zurück.

STELLA *lumbricalis*, s. vorher Stellae lumbricales.

STELLA *marina arborescens*

---

a) Ebendaselbst S. 45.
a) Hist. natural. p. 742. 743. der lateinischen Ausgabe.

rescens petrefacta, ſ. Stella arborescens.

STELLA *marina corallina*, wird von einigen der Pentacrinit genennet, den man chedem nur das Medusenhaupt nannte, weil man in dem Capite Medusae des Rumphs das Original gedachter Versteinerung zu finden glaubte. Man ſetzte auch gedachte Versteinerung unter die Seeſterne; warum man aber den Beyſatz *corallina* erwählte? das kann ich nicht ſagen.

STELLA *marina lapidea*, heißt eigentlich ein verſteinter Seeſtern, die ältern Schriftſteller aber nahmen es, wie man aus dem Muſeo Calceolarii 415. ſehen kann, in dem Verſtande des Roſinus, und verſtunden darunter beſonders den Encrinit mit ſeinen Theilen.

STELLA *marina lumbricalis*, ſ. vorher Stellae lumbricales.

STELLA *marina petrefacta*, verſteinter Seeſtern. ſ. Seeſterne.

STELLA *terrae*, wird der Talk genennt. ſ. Talk.

STELLARES *lapides*, ſ. Sternſtein.

STELLITAE, lat. ⎫
Stelliten, deutſch. ⎬ heiſſen
STELLITES, fr. ⎭
die verſteinten Seeſterne. ſ. Seeſterne.

STELLITAE *crinitae*, STELLITES *crinites*, oben bey Stellae crinitae habe ich die Sache nach Link erklärt; hier bemerke ich nur, daß Wallerius in dem Syſt. mineral. T. II. p. 452. 453. dies Wort weitläuftiger als Link nimmt, indem er auch das eigentliche Meduſenhaupt, oder den Pentacrinit, denn Links Caput medulae iſt bekannterweiſen nicht das Caput medulae des Linne und anderer Schriftſteller, zu den Stellis crinitis rechnet.

Stengel, verſteinte, Grasſtengel, Kräuterſtengel, Calamiten, lat. Lithocalami W. Petrificata vegetabilia caulis plantarum, franz. Lithocalame, Tiges petrifiées. Im Steinreiche begreift man unter dem Namen Calamiten auſſer den Stengeln von Gräſern, Pflanzen und Kräutern auch die Schilfe, weil es in vielen Fällen ſchwer zu entſcheiden iſt, ob dies oder jenes Petrefact zu den eigentlichen Stengeln, oder zu den Schilfen gehöre? Man nehme einen etwas ſtarken Stengel, und ein ſchwaches Schilf, man wird im Steinreiche, zumal wenn beyde gedrückt ſeyn ſollten, ſie leicht unterſcheiden können? Man kann indeß das Daſeyn der Stengel im Steinreiche nicht leugnen, ob es gleich für einzelne Beyſpiele immer ſchwer fällt, zu beweiſen, daß ſie es ſind. So beruft ſich z. B. Wallerius im Syſt. mineral. Tom. II. p. 405. auf Volckmann Sileſ. ſubterran. tab. XIII. fig. 7. welches offenbar ein Stück Schilf iſt. Volckmann ſagt dies S. 110. des erſten Theils ſelbſt. Man ſiehet, ſagt er, auf einem etwas grauern einen ſehr breiten, geſtreiften, glatt- und ſchwarzen Schilf, welcher ſich gar leicht mit einem .... von dem Geſtein ſepariren läßt. Das zweyte Beyſpiel, darauf

darauf sich Wallerius beruft, ist aus Scheuchzer Herbario diluviano tab. 3. fig. 4 genommen, welches eher hieher gehören möchte, weil hier eine Menge Grasstengel auf einem Oeningischen Schiefer liegen; Scheuchzer sagt das S. 14. der ersten Ausgabe selbst: Fig. 4. in lapide *Oeningensi sistit Gramen quoddam, frequenter geniculatum, foliis e geniculis prodeuntibus in extremo bifurcatis, ac trifurcatis. Pennarum naturae geminum.* Noch führet Wallerius in einer Anmerkung den Maraldi in den Act. Parif. 1699. an, der nicht so wohl versteinte, als vielmehr ausgetrocknete Stengel von der Olive in einem weißlichen Schiefer will gefunden haben. Wahre Stengel, sonderlich von Gräsern und von Getraide, möchten doch wohl keine zu gemeinen Erscheinungen seyn, obgleich die letztern zuweilen in Topfsteinen vorkommen, die aber freylich bey den Liebhabern der Versteinerungen ein geringes Ansehen haben. Indessen besitze ich in meiner Sammlung Grasstengel aus Glimmer von dem Salzkammerguth in Oberösterreich, und dergleichen auf schwarzen Schiefer aus dem Jülichischen ohnweit Eschweiler.

STEPHANI *lapis*, heißt der gleichfolgende Stephansstein.

Stephansstein, weisser rothpunktirter Carneol, Gmelin, besser: rothpunktirter Chalcedon oder Achat, latein. Lapis sancti Stephani, Gemma divi Stephani, Stephani lapis, Stigmites, Silex Sardus *Linn.* Silex vagus, cortice ochraceo, subdiaphanus intricato variegatus *Linn.* ist ein Achat oder Chalcedon mit eingesprengten rothen Tüpfeln oder Flecken. Man findet ihn, sagt der Herr Prof. Gmelin, b) in Sardinien und Ostindien. Er hat, wie der egyptische Kiesel, eine rauhe schalichte Rinde, von Eisenocher, aber im übrigen gleicht er dem Carneol und Achat mehr, als diesem. Er ist halbdurchsichtig, und hat auf matt gefärbtem Grunde feine, milchweisse Fäden und blutrothe Tüpfelchen, wie wenn er mit Blut bespritzt wäre. Der Aberglaube der ältern Zeiten hielt sie auch würklich für das Blut des heiligen Stephanus. Zuweilen fliesen mehrere in einen grossen rothen Flecken zusammen." Herr Brückmann c) hatte erst den Stephansstein unter dem Carneol, und sagte, wenn man den blutrothen Carneol in dem Chalcedon oder Onyx fleckenweiß findet, so wird diese Art Stein Stignites, oder St. Stephansstein genennet. In der neuern Ausgabe hat er ihn unter die Chalcedone gesetzt. In Rücksicht auf die Beschaffenheit der Steinart, in welcher die blutrothen Flecken eingestreut liegen, und auf die Blutflecken selbst, giebt es mancherley Verschie-

---

b) Linnéisches Natursyst. des Mineralr. Th. I. S. 340.
c) Abhandlung von den Edelsteinen, erste Ausg. S. 77. neue Ausgabe S. 175.

schiedenheiten; denn letztere sind bald heller, bald dunkler roth, bald grösser, bald kleiner, bald häufiger, bald sparsamer; und die Farbe des Chalcedons ist ebenfalls bald trüber, bald heller, bald reiner, bald unreiner. Ein vorzüglich schönes Beyspiel eines Stephansteins habe ich ehedem beym Hoffactor Danz, einem bekannten Naturalienhändler, gesehen. Es war in Form einer runden Säule geschnitten, ohngefähr einen Zoll hoch, und so stark als ein kleiner Mannsfinger; es war vorzüglich rein, und gränzte an Farbe und Durchsichtigkeit nahe an den Bergkrystall; auch waren die rothen Flecken schön, häufig und ziemlich regelmäsig. Ich habe vergessen, mich nach dem Kaufpreiß dieses schätzbaren Stücks zu erkundigen. Man findet diese Steine, die man nicht mit dem kalkartigen Stephansstein, von dem ich gleich Nachricht geben werde, verwechseln darf, eben nicht häufig.

Stephansstein, kalkartiger, Lapis divi Stephani calcareus, ist ein Kalkstein mit blutrothen Düpfeln. Blos um seiner rothen Düpfeln willen, und weil er Kalkstein ist, führt er diesen Namen, und kann mit dem eigentlichen Stephanssteine, den ich vorher beschrieben habe, in keiner Rücksicht verwechselt werden. Nur wenige Schriftsteller gedenken dieses kalkartigen Stephanssteins, vermuthlich darum, weil er nur an wenig Orten, doch bey Frankfurt an der Oder ziemlich häufig, gefunden wird. Kundmann d) gedenket eines solchen Steins, den er zu Massel in Schlesien fand, wo er doch selten genug vorkommen muß, weil weder Hermann noch Volckmann desselben gedenken. Aber bey Frankfurt an der Oder, besonders bey den Lossowischen Bergen und bey dem Dorfe Wriezig, liegen sie häufiger. Herr Prof. Cartheuser e) hat diesen Stein ausführlich beschrieben, aus welchem Vogel f) und andre ihre kürzern Beschreibungen entlehnt haben.

Herrn Cartheusers Beschreibung ist folgende. „Man findet diese Steine entweder auf dem freyen Felde zerstreut, oder in Erde eingehüllt, daraus sie sich aber leicht absondern lassen, am gewöhnlichsten aber auf trokenen und von Bäumen entblößten Feldern. Sie sind von einer zarten kalkartigen Substanz, und haben eine weißgraue Farbe. Ihre rothen Punkte und Flecken sind entweder auf der einen Seite, oder auf der ganzen Oberfläche bald häufig hingeworfen, bald einzeln zerstreut zu finden. Ihre Grösse und Ausdehnung ist eben so verschieden, als ihre Figur und ihre Farbe. Die grösten unter ihnen übersteigen die Grösse eines Apfels von mittlerer

---

d) Promtuarium rerum naturalium et artificial. p. 213.
e) Oryctographia Viadrino - Francof. p. 60. f.
f) Praktisches Mineralsyst. S. 108. Conf. Schröter vollst. Einl. Th. II S. 117. f. Neuer Schauplatz der Natur Th. IV. S. 351. Gmelin Linnäisches Natursyst. des Mineralr. Th. I. S. 541.

lerer Grösse nie, die kleinsten sind nicht grösser als der Hirsen und der Mohnen; die mehresten haben eine mittlere Grösse. Bald siehet man diese farbichten Flekken nur auf der Oberfläche, und dringen nicht weit unter dieselbe hinein, bald gehen sie wohl den halben Stein hindurch, bald dringen sie noch tiefer. Ihre Figur ist bald rund, bald winklicht, bald von einer unbestimmten Gestalt. Bey einigen ist die Farbe dunkelroth, wie Blut, bey andern ist sie blaßroth. Herr Prof. Cartheuser glaubet nicht, daß diese Farbe von Vegetabilien herrühre, sondern er glaubt, daß man ihren Ursprung in einer martialischen Erde suchen müsse, weil diese Erde die gewöhnlichste Ursache der Farben in den Steinen und in den Erden, und vorzüglich der rothen Farbe sey. Fast gleichet diese Farbe dem Röthel, sogar seiner Natur nach betrachtet; daher die sauern Geister auf diese Farbe weiter keinen Einfluß haben, als daß sie die damit vermischten kalkartigen Theile mit einem sanften Brausen auflösen, die martialischen Theile aber nicht angreifen, und sogar die Farbe nicht ändern. Das einzige unscheidet diese rothen Flecken von dem Röthel, daß jene doch einige kalkartige Theile eingemischt haben, davon der Röthel, als ein thonartiger Stein, ganz frey ist. Der Herr Prof. Cartheuser hat nicht angemerkt, ob dieser Stephanskstein eine Politur annimmt? und ob, wenn auch die kalksteinartige Mutter dazu fest und geschickt genug wäre, die rothen Flecken hart genug sind, einen Glanz anzunehmen. Fast vermuthe ich das letzte nicht, weil dieser Gelehrte die gefärbten Flecken abschaben, und mit den sauern Geistern prüfen konnte. Indessen sagt doch der Herr Prof. Gmelin, daß dieser Stein sehr schwer sey, und daß er einige Politur annehme; sagt auch noch, daß man bey Strelitz in Meklenburg und in andern Gegenden dieses Herzogthums diese kalkartigen Stephansksteine auch finde.

STERILE *argenteum*, heißt das Katzensilber. s. Katzensilber.

STERILE *aureum*, heißt das Katzengold. s. Katzengold. Beyde Benennungen sind wahrscheinlich daher entstanden, weil diese Glimmerarten zwar die Farbe vom Silber und Gold haben, aber nichts weniger als Silber und Gold sind.

STERILE *nitidum*, heißet das vorgenannte Katzengold, weil es einen Goldglanz hat. s. Katzengold.

Sternasbest, Wall. **Sternbasalt,** Gmel. lateinisch. Asbestus stellatus *Wall.* Asbestus fibris e centro radiantibus *Wall.* Asbestus filamentis divergentibus? *Carth.* Basaltes fibris concentratis *Cronst.* Amianthus radians *Linn.* Amianthus fibrosis, fibris concentratis divergentibus rigidis *Linn.* fr. Asbeste étoilé, heißt, wie Wallerius sagt, der Asbest, wenn dessen Fäden aus einem Mittelpunkte auslaufen, und daher eine Sternfigur

figur bilden. g) Der Hr. Prof. Gmelin beschreibt ihn folgendergestalt. „Man findet ihn vornehmlich in den schwedischen Gruben bey Norberg, Garberg und in andern, auch im Serpentinsteine auf dem Eulengebürge, und bey Reichenstein in Schlesien. Er sieht aus, als wenn er aus lauter Glasfäden zusammengesetzt wäre, und ist auch eben so zerbrechlich; seine Fäden haben den Glanz und die regelmäßige obige Gestalt von Krystallen; sie sind wie ein Stern untereinander verbunden, oder laufen wie Strahlen aus einem gemeinschaftlichen Mittelpunkte aus. Er schmelzt leicht im Feuer, und schon von dem Löthrohre zu Glase, und scheint überhaupt mehr unter die Basalt= als unter die Asbestarten zu gehören. Man findet ihn weiß, grau, schwarz, braun, hellgrün, lauchgrün und schwärzlichgrün; von der letzten Art findet man ihn bey Sahlberg in Schweden, wo er den Namen Wacholderstraucherz (oder wie es Werner richtiger als Brünnich übersetzt, Fichtenreisigerz) führet, und gemeiniglich Bley und Silber hält.

Cronstedt hat von seinem Strahlschörl von zusammenlaufenden Strahlen, Basaltes fibris concentratis, folgende Abänderungen in Rücksicht auf die Farbe angegeben:

1) Schwärzlichgrün. Das Sahlbergische Fichtenreisigerz. UtS.
2) Lichtgrün. Karbo in Skinskatteberg.
3) Weiß. Das Lillkyrkier Gebürge. Pargas. Der westliche Silberberg.

Er sagt auch noch von dem Strahlschörl überhaupt, daß er im Vergleich mit dem Asbest von glänzenden und kantigen Flächen, ob man solches schon zuweilen mit dem Vergrösserungsglas bemerken muß; er ist ferner allezeit ein wenig durchscheinend, und schmelzt vor dem Lötherohre ziemlich leicht zu einem Glase, ohne sich, wie der reine Asbest zu thun scheint, zu verzehren.

Auch der Herr Geheimde Bergrath Gerhardt hat unsern Sternasbest unter den Basalt gesetzt. Er nennet ihn Basalt mit liegenden Säulen: Basaltes prismatibus decumbentibus: Basaltes radiatus. Er giebt von ihm folgende Nachricht. „Dieser Basalt siehet aus, als ob er aus lauter Glasfäden zusammengesetzt wäre, und ist auch eben so zerbrechlich. Die Vergrösserungsgläser aber überzeugen, daß es nicht runde, sondern eckigte Fäden sind, von denen

---

g) Von diesem Sternasbest s. Linné Syst. nat. XII. Tom. III. p. 56. n. 6. Gmelin Linnäisches Natursyst. des Mineralr. Th. I. S. 475. Wallerius Mineral. S. 193. Bomare Mineral. Th. I. S. 106. Num. IV. Cronstedt Mineral. Werners Ausg. Th. I. S. 167. S. 74. b. Vogel praktisches Mineralsyst. S. 173. Gerhardt Beyträge zur Chymie Th. I. S. 378. Wallerius Syst. mineral. Tom. I. p. 337. d. Basaltes fibrosus stellatus.

nen aber, da sie fest miteinan=
der verbunden sind, ich mir nicht
zu sagen getraue, was selbige
für eine Gestalt haben. In der
Länge dieser Säulen zeigt sich
ein vierfacher Unterschied. Denn
einige laufen parallel nebenein=
ander, andere erscheinen in Bün=
den, andere laufen aus einem
gemeinschaftlichen Mittelpunkte
aus, und noch andere sind stern=
förmig zusammengesetzt. (Das
letztere wäre also eigentlich un=
ser Sternasbest; doch alle vier
sind nur Abänderungen.) Man
hat sonst diese Abänderungen un=
ter den Amianth und Asbest ge=
zählt von denen sie sich aber da=
durch unterscheiden, daß die Ba=
saltfäden eine Krystallenfigur be=
sitzen, die Amianthfäden aber
ohne dieselbe erscheinen. An
Farbe findet man sie braun,
schwarz, weiß, auch grau, und
zu Reichenstein und auf dem Eu=
lengebürge kommen dieselben in
Speckstein, doch nur selten vor.

Sternbasalt, s. Stern=
asbest. Dieses Fossil führet
darum diese verschiedenen Na=
men, weil es einige unter den
Asbest, andre aber unter den
Basalt zählen.

Sterncorallen, werden
die Madreporiten genennet, weil
die eigentlichen Polypenwohnun=
gen die Figur eines Sterns ha=
ben. s. Madreporiten. Nach
Linne gehören aus eben dem
Grunde auch die Astroiten hie=
her. s. Astroiten.

Sternküchelchen, hei=
sen die Trochiten wegen ihrer
Aehnlichkeit mit den sogenann=
ten Stern= oder Brustküchel=
chen. s. Trochiten. Ich habe
diese Benennung beym Gmelin
im Linnäischen Natursystem des
Mineralreichs Th. IV. S. 104.
gefunden.

Sternnagel, heißt der
Gelenkstein des Encriniten, weil
er in den gewöhnlichsten Fällen
eine sternförmige Figur hat. s.
Gelenkstein und Encrinit.

Sternsäulensteine, A=
sterienfäulen, lat. Asteriae columnares, Cylindritae pentagoni, Asteriae columnares entrocho similes *Scheuchz*. Asteriae
entrocho similes, Astroitae entrocho similes, Asteriae columniformes, Lapides columniformes,
Lapides judaici siderum forma
Leſſ. Entrochi pentagoni *Hof*.
Zoophytolithus articulorum Medusae aggregatorum *Carth*. Entrochi angulares stellati, Zoophy-
tolithi articulorum angulosorum
stellae marinae vel medusae, forma prismatica pentagona, vel
plurium angulorum, in basi et
summitate stella quinquangulari
ornati, superficie per lineas vel
circulos, in determinata distan-
tia, divisa *Wall*. franz. Asteries
colomnaires, Asteries en colon-
nés, Pierres etoilées en colohne,
Colonne en etoile, heisen die
Versteinerungen, wo mehrere
Asterien über= und aufeinander
sitzen, und so eine eckigte Säule
bilden. Ueberhaupt gilt also
von den Asteriensäulen, was ich
in ersten Bande von den Asterien überhaupt gesagt habe;
wie also die obere Bildung, und
wie der Umriß der einzelnen A=
sterien beschaffen ist, so müssen
auch die Asteriensäulen, oder
die Sternsäulensteine beschaffen
seyn. Besonders ist ihre Zu=
sam=

menfügung, oder die Verbindungsart der einzelnen Asterien, merkwürdig. Es entstehen daraus an den Seitenflächen gewisse Einschnitte oder Juncturen, wovon wir, wenn wir verschiedene Schriftsteller h) zusammennehmen, folgende vier Veränderungen angeben können:

1) Sternsäulensteine mit kleinen glatten Einschnitten. Dieser Fall entsteht, wenn die einzelnen Asterien entweder mit gar keinen erhabenen Queerstreifen eingefaßt sind, oder nur mit den feinsten, dergestalt, daß dieses kein äusseres Merkmal geben könnte.

2) Sternsäulensteine mit glatten erhabenen Verbindungen. Dies geschiehet, wenn die einzelnen Asterien stärkere, grössere und strahlichte Erhöhungen und Vertiefungen haben.

3) Sternsäulensteine mit gezähnelten Einschnitten. Diese entstehen, wenn die fünf Blätter, womit die Ober- und Unterfläche der Asterien bezeichnet ist, die ganze Fläche einnehmen, denn auf diese Art wird der strahlichte Rand der Blätter zugleich der Rand der ganzen Peripherie. Diese gezähnelte Einschnitte sind in den mehresten Fällen überaus zart, und zuweilen kaum mit dem blosen Auge zu erkennen.

4) Sternsäulensteine mit einer geketteten Peripherie, wo nemlich die Lage der Einschnitte eine ordentliche Kette, bald mit weitern, bald mit engern Gelenken, bildet. Diese Kettenfiguren werden von solchen Asterien gebildet, welche um den Rand der Peripherie ein wenig ausgeschnitten, oder gleichsam ausgeschweift sind. Noch zur Zeit hat man solche Kettenfiguren nur noch an den runden Sternsäulensteinen gefunden, worüber Walch folgende Anmerkung macht. „Es mag nun seyn, daß diese Sternsäulensteine zu einer besondern Geschlechtsgattung des Palmier marin gehören, oder, daß, wenn der Stengel anfängt, nach oben zu sich in Ecken zu bilden, auch die Peripherie der einzelnen Asterien ihren ausgeschweiften Rand verliert, und daher nur glatte oder gezähnelte Einschnitte bekommt.

Man findet die Entrochiten zuweilen von einer sehr grossen Länge. (s. Entrochiten.) Die Sternsäulensteine hingegen findet man nicht leicht länger als zwey Zoll, da wir doch aus manchen Versteinerungen des Pentacriniten wissen, daß ihr Stiel ebenfalls sehr lang ist; woher kommt dieses?

1) Die Einschnitte der Asterien

---

h) Walch Naturgesch. der Versteiner. Th. II. Abschn. II. S. 90. f. Schulze von den versteinten Seesternen S. 15. f. Snorres vollständ. Einleit. Th. III. S. 350. f.

rien sind viel feiner, als die Einschnitte der Trochiten, folglich haben sie weniger Befestigung, und fallen leichter auseinander.

2) Der Palmier marin des Herrn Guettard (s. Pentacrinit) hat in kleinen Entfernungen Nebenäste auf allen fünf Ecken, welche, wenn sie herausfallen, Löcher verursachen, wodurch die Befestigung der einzelnen Asterien noch geringer wird.

3) Die mehresten Sternsäulensteine findet man ausser der Mutter, sie sind also auch mehrern Gefahren, zu zerbrechen, wenn sie auch länger in das Steinreich übergiengen, unterworfen.

Die Dicke oder der Umriß der Sternsäulensteine ist sehr verschieden, doch erreichen sie den Durchschnitt mancher, z. B. der gothländischen Entrochiten, nie; der höchste Umriß der mir bekannten Sternsäulensteine beträgt einen halben Zoll.

Die Alten haben die Sternsäulensteine fast durchgängig mit den Entrochiten verwechselt, ob man sie gleich, wegen der Aehnlichkeit der Steinart und der Zeichnung der Oberfläche, für verschiedene Körper, aber für Körper eines Geschlechts hielt. Scheuchzer i) z. B. nennet einen Körper: Asteria columnaris Entrocho similis, und das sind wahre Entrochiten, die aber eine fünfblättrichte Sternfigur auf ihrer Oberfläche haben. Er sagt sogar zum Beweise dessen, was ich gesagt habe: „Zuweilen ist der Rand ganz rund, wie bey einer Münze, zuweilen fünfeckigt, so, daß die Ecken nicht spitzig, sondern auch rund sind; zuweilen ist ein solches Sternlein oben rund und unten fünfeckigt.

Die Verschiedenheiten der Sternsäulensteine, insofern sie aus Schriftstellern bekannt sind, sind folgende.

Rosinus k) sahe auf ihren Bau, auf ihre Blätterfiguren, und auf ihre Einschnitte. Vorzüglich gehören folgende Classen und Gattungen hieher: Classis C. n. 1. Series asteriarum perfecte pentagonarum sibi invicem aequalium, commissurae earundem lineis quibusdam simplicibus adumbrantur, nec ullam aliam ob rem notabiles sunt. 2) Series asteriarum in angulos obtusos protensarum, quarum commissurae cum praecedentibus exacte conveniunt. 3) Series pentactinobolis constans asteriis, eodem connectendi modo ac ante memoratae junctis. 4) Series asteriarum pentagonarum, quae ambientibus cingulis donatur. 5) Quamphirimarum asteriarum magis pentactinobolarum series, in quarum tantummodo sinubus, praedictorum punctatorum cingulorum apparent vestigia. 6) Series asteriarum in sinubus quidem vestigia modo dictorum cingulo-

---

i) Naturhist. des Schweizerl. Th. III. S. 322. fg. 150. 153.
k) De Lithozois p. 52. 53.

gulorum, in extantibus autem anguliſtrias acuminatus obtinentium, crenatisque commiſſuris cohaerentium. 7) Series aſteriarum pentactinobolarum, quarum commiſſurae inciſas oſtendunt crenas, ſinus vero, parietibus transverſis, in loculos veluti diſtinguuntur. 8) Series aſteriarum ſinubus profundioribus donata, aliqua inſuper ejus pars ab altera aliquantum ſemota conſpicitur. 9) Aſteria et Aſteriarum ſeries, quarum ſinus, profundis ſtrigibus adhuc diſſecantur. Claſſis D. n. I. Series aſteriarum pentactinobolarum, punctulis ratioribus aſperſarum, univerſus inſuper earundem ambitus acuminatior apparet. 2) Aliae ſeries, ex tenuiſſimis Aſteriis conſtatae, et frequentioribus hujusmodi punctis in ambitu reſperſae. 3) Series, quarum angulatae partes in cuſpides acutiores abeunt. 4) Series Aſteriarum, ex articulis ſive Aſteriis inaequalibus, ſcilicet ex pentagonis et una pentactinobola, compacta. 5) Alia ex pentactinobolis obtuſioribus et una peracuta pentactinobola Aſteria conſtans. 6) Series ex pentactinobolis inaequalibus, quarum quaedam prae caeteris eminent aſteriis conſtata.

Scheuchzer, l) der, wie ich vorher ſagte, unter dem Namen Aſteria columnaris Entrochiten und Sternſäulenſteine begreift, hat nur drey wahre Aſterienſäulen. 1) M. D. n. 887. Aſteria pentagona angulis punctatis vel quaſi aculeatis, fig. 151. Dieſe alle ſind fünfeckigt, ſtellen alſo, viel zuſammengefügt, ein fünfeckigtes Prisma vor: das Sternlein (die Sternfigur der Oberfläche) iſt mit dem vorigen gleich, jedes Rädlein aber hat an jedem Eck ein kleines hervorragendes Pünktlein, welches bey andern nicht zu ſehen. 2) M. D. n. 888. 896. Aſteria pentagona lineis polygoni introrſum anguloſis. fig. 152. Dieſe haben mehr, als die vorigen, ein ſternförmiges Ausſehen, fünf ſpitzige und fünf ſtumpfe einwärts gehende Winkel: die auf der obern und untern Fläche bezeichnete Sternlein beſtehen aus kleinen Zwerchlinien, und formiren fünf oval- und ablangrunde Felder, deren innere Spitzen in dem Mittelpunkt, die äuſſere aber in denen äuſſern eben zuſammen kommen. 3) Entrochus lapidis ſtellaris majoris angulis acutis. Ein Seule von groſſen zugeſpitzten Sternſteinen. Lang Hiſt. lap. p. 63. tab. XX. fig. 2.

Schulze m) betrachtet die Sternſäulenſteine nach ihrer Figur, und ſagt davon folgendes: „Einige ſind viereckigt, und ſtellen eine Säule mit vier kolbigten Hervorragungen vor; andre ſind fünfeckigt, unter welchen einige eine Säule mit fünf gleichſeitigen ebenen Seitenflächen und ſpitzigen Ecken vorſtellen; andre haben die Geſtalt einer fünfſeitigen Säule, mit ſpitzigen Ecken und vertieften Seitenflächen; noch andre ſtellen eine fünfſeitige Säule mit eben ſo viel kolbigten Her=

---

l) Naturhiſtorie des Schweizerlandes Th. III. S. 323.
m) Von den verſteinten Seeſternen S. 15. 16.

Hervorragungen und vertieften Seitenflächen vor. Sonst bemerkt Herr Schulze noch, daß Beaumont Sternsäulensteine anführe, welche aus drey- und sechseckigten Platten zusammengesetzt wären, und daß Kayßler melde, er habe dergleichen Steine gesehen, welche gleichfalls sechs Ecken gehabt hätten.

Walch n) nennet folgende Abänderungen der Sternsäulensteine. 1) Runde Sternsäulensteine. Sie sind entweder völlig rund, oder auf eine fast unmerkliche Art fünfmal um die Peripherie herum etwas einwärts gebogen. Rosinus tab. IV. B. 2) Asteriensäulen mit fünf kolbigten Ecken und vertieften einwärts gebogenen Seitenflächen. Rosinus tab. IV. D. 1. 3) Asteriensäulen mit fünf scharfen Ecken und ebenen ungebogenen Seitenflächen. Rosinus tab. V. D. 4. 4) Asteriensäulen mit fünf scharfen Ecken und einwärts gebogenen stark vertieften Seitenflächen. Rosinus tab. V. D. 1. 2. 3. 5) Asteriensäulen mit vier Ecken und etwas einwärts gebogenen Seitenflächen. Rosinus tab. V. H. 4. 6) Asteriensäulen mit sechs Ecken, dergleichen Beaumont, Kayßler und Brückmann angemerkt haben.

Der Herr D. Hofer o) hat die Asterien und die Sternsäulensteine blos nach ihrer Oberfläche betrachtet, und ihnen den allgemeinen Namen: *Trochitae pentagoni*, gegeben; wir müssen sie daher zusammen anzeigen, bemerken aber, daß die Sternsäulensteine die Figuren tab. VI. fig. 54. 59. 61. 63. 67. und 70. sind. 1) Trochita pentagonus angulis valde obtusis et rotundatis, basi flore rosaceo notata, corpore medio costa acuta cincto. Tab. VI. Fig. 81. 2) Trochita pentagonus, axe in rosulam cavam terminata, basi dense striata, articulationibus profunde sulcari, tuberculo obtuso ad quemvis angulum eminente. Tab. VI. Fig. 46. 47. 3) Trochita pentagonus limbo striato, radiis quinque ex axe rotunda minus notabili radiantibus, cum laevibus interjectis cavitatibus. Tab. VI. Fig. 51. 53. 55. bases lente auctae fig. 52. 54. 4) Trochita pentagonus, limbo baseos striato, radiis et cavitatibus intermediis basin notante, angulis rotundatis. Tab. VI. Fig. 56. 5) Trochita pentagonus acutangulus, cujus basis altera pentaphyllo convexo, linea punctata, circumdata, exornatur. Tab. VI. Fig. 57. 58. 59. 6) Trochita pentagonus, acutangulus, basi pentaphyllo cavo, striis transversis circumscripto exornata. Tab. VI. Fig. 60. 61. 7) Trochita quinque radiatus, baseos medio concavo, cavitate striis cincta. T. 6. Fig. 62. 63. 8) Trochita pentagonus acutangulus, basi pentaphyllo notata; hoc cingunt striae valde profundae, ad medium usque corporis costa notatum, protensae. Tab. VI. Fig. 64. 9) Entrochus pentagonus Num. 3. similis

n) Naturgesch. der Versteiner. Th. II. Absch. II. S. 90.
o) Acta Helvetica Vol. IV. p. 197.

similis decem trochitarum in quovis latere ad quintum trochitam ramosus. Tab. VI. Fig. 65. lente auctus fig. 66. (Das sind ästigte Sternsäulensteine.) 10) Entrochus, trochites compositus, trochita ultimo nodolo, et cavitatibus articularibus in quovis latere notata. Tab. VI. Fig. 67. (auch ein ästigter Sternsäulenstein.) 11) Trochita quinque radiatus radiis acutissimis in formam irregularem compressis. T. VI. Fig. 68. 12) Trochita pentagono-rotundatus in figuram difformem compressus. Tab. VI. Fig. 69. 70.

Wallerius p) giebt folgende Veränderungen der Sternsäulensteine an. 1) Asteriae columnares tetragonae. 2) Asteriae columnares pentagonae. Sphragis asteros. *Gesneri. Bourguet* Tr. des petrif. Tab. LVIII. Fig. 411. 430. *Baier* Oryctogr. Nor. Tab. I. Fig. 12. 13. 14. *Melle* de lap. fig. T. I. Fig. 3. *Rosini* Stell. Tab. V. *Kundman* Rar. N. et A. Tab. X. Fig. 14. 3) Asteriae columnares polygonae. *Bourguet* Tr. des Petrif. Tab. LVIII. Fig. 418. *Scheuchz.* Oryctogr. Helv. Fig. 152. 4) Asteriae columnares incisae et nodosae. Profundis plerumque gaudent incisuris et angulis punctatis quasi aculeatis. *Bourguet* Tr. des Petrif. Tab. LVIII. Fig. 413. *Scheuchzer* Oryct. Helv. Fig. 151. Diese gehören eigentlich unter die ästigten Sternsäulensteine, von denen ich hernach besonders handeln will.

Scheuchzer gedachte oben solcher Sternsäulensteine, deren Sternlein oben rund und unten fünfeckigt sind. Es ist möglich, daß er hier blos die Zeichnung der Ober= und Unterfläche verstehen kann; es ist aber auch möglich, daß er solche Sternsäulensteine verstehen kann, die aus zweyerley Asterien, aus runden und aus fünfeckigten bestehen. Hat es doch schon Guettaro an dem Palmier Marin, als dem Original des Pentacriniten, bemerkt, daß dessen Glieder an manchen Gegenden fünfeckigt, an andern aber fast rund wären. Wenn also der Stengel, ehe er in das Steinreich übergieng, so zerbrach, daß zweyerley Asterien beyeinander hangen blieben, so konnte so ein Körper erzeugt werden, wie ihn hier Scheuchzer beschrieb.

Die Sternsäulensteine haben im Steinreiche eben die Veränderungen erlitten, die andre Versteinerungen ebenfalls erfahren haben, daß sie nemlich mancherley Verunstaltungen und Zerstöhrungen erlitten haben, und auf mancherley Art beschädiget, verschoben, gedruckt, ja wohl gar krumm gebogen sind. Die runden Sternsäulensteine sind seltener als die fünfeckigten, am seltensten sind die sechs= und mehreckigten. Man findet sie an solchen Oertern, wo Asterien liegen, bald in= bald am gewöhnlichsten ausser der Mutter. Diejenigen, die in der Mutter liegen, kommen auf mancherley Steinarten, am seltensten auf Feuersteinen vor.

Aus

---

p) Systema mineral. Tom. II. p. 458.

Aus Schriftstellern und aus meiner Sammlung kenne ich folgende Oerter, wo man Sternsäulensteine findet: Achim, Anchuela in Spanien, Ahrenfeld, Baaßen, Bahlingen, Bißthum Basel, Birse, Casteken im Canton Bern, Chateaur d'Oer daselbst, Concha in Spanien, Deutschbären im Canton Bern, Donsen, Echterdingen im Herzogthum Würtenberg, England, Estables in Spanien, Franken, Göttingen, Hannover, Harderode, Heimburg, Heydenheim, Ischl, Kiel, Linden bey Hannover, Mannsfeld, Marienhagen, Mehlen, Neufchatel, Oberwiederstedt, Oesterreich, Raudenberg, Reutlingen, Rimbach, Saarburg, Schenkenberg im Canton Bern, Schlesien, Schwiz, Spanien, Tübingen, Turin, Ufen, Würtenberg.

Zeichnungen von Sternsäulensteinen haben gegeben: Knorr Samml. von den Merkw. der Natur Th. 1. tab. XXXV. fig. g. m. Suppl. tab. VII. g. fig. 4. bis 9. Baier Oryctogr. Nor. tab. VII. fig. 6. Kundmann rar. nat. et art. tab. 10 fig. 14. Ritter Oryctogr. Calenb. I. fig. 4. Bourguet Traité des petrif. tab. 58. fig. 418. 430. Merkw. der Landsch. Basel tab. XI. fig. e. f. tab. XX. fig. 23. 24. 25. 36. Walch syst. Steinr. tab. III. n. 2. Scheuchzer Naturhist. des Schweizerl. Th. III. fig. 151. 152. Mineral. Belustig. Th. VI. tab. 3. fig. 12. 13. 23. 24. Torrubia Naturgesch. von Spanien tab. III. fig. 6. Lochner Mus. Beslerian. tab. XXXV. Rosinus de Lithozois tab. V. Class. H. fig. 5. Class. I. fig. 1. 2. 3. Class. K. fig. 2. 6. Class. L. fig. 2. 3. (lauter runde Sternsäulensteine) Class. C. fig. 1. bis 9. Class. D. Class. F. fig. 3. 4. Class. G. fig. 3. Class. H. h. fig. 4. Hofer in den Actis Helvet. tab. VI. fig. 54. 59. 61. 63. 67. 70. Schröter vollständ. Einleit. Th. III. tab. 5. fig. 4. 10.

Sternsäulensteine, ästige, ästigte Asteriensäulen, lat. Asteriae columnares ramosae, Asteriae columnares incisae et nodosae *Wall.* franz. Entroques étoilées epineuses, werden diejenigen Sternsäulensteine genennet, welche Aeste oder deren Spuren haben. Das hat Herr Guettard an seinem Palmier Marin (s. Pentacrinit) angemerkt, daß der Stengel desselben immer in einer Entfernung von einem Zoll, und drüber, fünf hervorstehende gegliederte Aestchen auf seinen fünf Ecken habe. Das sind im Steinreiche die ästigten Sternsäulensteine, an welchen man zwar die Aestchen nicht mehr ganz, doch aber gewisse bald grössere, bald kleinere Hervorragungen, als Spuren ehemaliger Aeste, oder sonst Kennzeichen davon antrift. Es ist kein Wunder, daß diese Aestchen im Steinreiche mehrentheils wegen ihrer Zartheit, und weil sie eben nicht allzufest aufsitzen, verlohren gehen. Aber wenn alle Pentacriniten originale, so wie das Guettardische, mit Aesten versehene Stiele haben, so sollte man sich doch wundern, warum sie im Steinreiche so gar selten sind? Vielleicht hat der Stiel gerade da, wo die Nebenäste

äste stehen, die geringste Verbindung und Festigkeit; zerfällt nun der Stengel, ehe er in das Steinreich übergehet, so fallen die Asterien, an welchen die Nebenäste stehen, zuerst herunter, und es bleiben also die blosen Sternsäulensteine übrig. Was wir indeß von ästigten Sternsäulensteinen kennen, es mögen nun wörkliche Hervorragungen, oder Knötchen oder Flecken seyn, das kommt mit des Herrn Guettard Paünier auf das genauste überein, daß nemlich diese Aestchen nicht etwa hin und her zerstreut angetroffen werden, sondern daß allemal fünf in einer Peripherie, an den fünf Ecken des Sternsäulensteins angetroffen werden. Manchmal scheint es zwar, als wenn weniger als fünf Aestchen vorhanden wären; allein so wenig man leugnen kann, daß manche Originale unsrer Pentacriniten, die wir noch nicht kennen, und von welchen vermuthlich die runden, die vier= und sechseckigten Sternsäulensteine herkommen, weniger oder mehr Aeste haben können, so zuverläßig ist es doch auch, daß einige durch die Länge der Zeit, durch corrosivische Theilchen verzehrt, oder durch eine feine Cruste bedeckt seyn können. q) Walch giebt von den Verschiedenheiten der ästigten Sternsäulensteine am angeführten Orte folgende Abwechselungen an:

1) **Asteriensäulen mit Aesten.** Diese sind, zumal bey den Versteinerungen, die, ausser der Mutter liegen, gemeiniglich sehr kurz, und bestehen aus drey, höchstens aus vier kleinen Asterien. Die Aeste selbst stehen vom Stamme ziemlich ab. Diese Aestchen stehen allezeit zwischen den Ecken der Asterien, auf der flachen oder vertieften Seite. Ein Beyspiel von dieser Art hat Rosinus tab. V. Class. F. Fig. 5. das er S. 55. folgendergestalt beschreibt: Asteriarum pentaphylloidearum series, appendiculas asterias alias vel earundem modulos adnatas habentes. Ein andres sehr schönes Beyspiel hat Herr Andreä in seinen Briefen aus der Schweiz Tab. I. Fig. 1. welches er eine fünfseitige Rädersteinsäule, mit rädersteinigten Auswüchsen, nennet. Einer dieser Aestchen hat wenigstens noch sechs Glieder. Auch Herr Hofer hat in den Actis Helv. Vol. IV. tab. 6. fig. 65. 66. zwey Beyspiele, wo die Aeste im Mittelpunkte des Sternsäulensteins sitzen. Herr Hofer nennet ihn: Entrochus pentagonus decem trochitarum in quovis latere ad quintum trochitam ramosus.

2) **Asteriensäulen mit Warzen.** Diese sind der Ansatz eben solcher Aestchen, die verunglückt und abgebrochen sind. Zuweilen sind auch diese Warzen nicht mehr

---

q) Walch am angef. Orte S. 92. Schröter vollst. Einl. Th. III. S. 354. f.

mehr vorhanden, sondern man bemerkt nur an der Stelle, wo sie gesessen, nemlich an der flachen Seite zwischen den Ecken, einen Flecken. Rosinus Tab. V. Class. C. fig. 5. Class. D. fig. 5. Class. E. fig. 3. Class. F. fig. 4. bildet solche Beyspiele ab, wo er doch bey den mehresten diesen Umstand übersehen hat. Nur bey Class. C. fig. 5. sagt er: in quarum sinubus praedictorum cingulorum punctatorum apparent vestigia; und bey Class. F. fig. 4. sagt er: Appendicularum asteriarum modulos adnatas habentes. Auch Herr Hofer hat Tab. VI. Fig. 59. 64. 70. Beyspiele dieser Art. Von Fig. 59. sagt er: basis altera pentaphyllo convexo, linea punctata circumdato exornatur; und bey Fig. 64.: basi pentaphyllo notata.

3) Asteriensäulen mit kleinen Knöpfchen, so die Grösse eines Hirsenkorns haben. Diese Knöpfchen sitzen auf den Ecken der Asterien, und zwar nicht, wie bey jenen Arten, in gewissen bestimmten Entfernungen, sondern auf allen Asterien und derer fünf Ekken. Deutliche Beyspiele liefern Bourguet Traité des petrif. tab. LVIII. fig. 413. und Hofer tab. VI. fig. 46. 47. der diesen Umstand nicht, wie Bourguet, übersahe, denn er sagt S. 197.: tuberculo obtuso ad quemvis angulum eminente.

Ein unvollkommenes Beyspiel hat Rosinus tab. V, Class. D. fig. 2. der aber doch nach seinem gewohnten scharfen Blicke diesen Umstand bemerkte, denn er sagt S. 53.: frequentioribus hujusmodi punctis in ambitu respersae. Dieser Gattung gedenkt auch Hr. Davila Catal. system. Tom. III. p. 194. und glaubt, daß auf diesen Knöpfchen ehedem Aestchen gesessen hätten. Ich gebe dem Hrn. Davila hierinnen meinen Beyfall; denn an meinem Beyspiele, das ich besitze, hat jedes Knöpfchen in seinem Mittelpunkte eine kleine Vertiefung, welche wahrscheinlich voraussetzt, daß in dieser Vertiefung das Aestchen ehedem saß. An dem Original des Herrn Guettard siehet man davon zwar keine Spur; allein wir haben auch manche Asterien und Sternsäulensteine, die uns des Hrn. Guettard Palmier Marin nicht erläutert, und wir schliessen daher richtig, daß dieses Thier, wie die mehresten Thiere, in verschiedenen Abänderungen vorkomme.

An eben den Orten, wo Asterien und Sternsäulensteine liegen, werden auch die ästigten Sternsäulensteine gefunden, die aber allezeit unter die Seltenheiten gehören. Die Beyspiele meines Kabinets sind aus Basel, aus der Birse in der Schweiz, und von Turin.

Stern=

Sternschlag, heißt beym Cronstedt 1) der Sternbasalt, oder der Sternasbest. s. Sternasbest.

Sternsteine, heisen bey einigen Schriftstellern die Asterien, bey andern die Astroiten, weil die ersten eine Sternfigur haben, die andern aber mehrere vereinigte Sterne, bald durch eine mehreckigte Form, bald durch ihre Strahlen vorstellen. s. Asterien und Astroiten.

Sternwurzel, heißt der Gelenkstein des Encriniten, weil er die Basis oder die Wurzel ist, wo auf der einen Seite die Krone, auf der andern aber der Stiel ruhet. s. Gelenkstein und Encrinit.

Stiel des Encrinit, heißen die Entrochiten, sonderlich wenn sie noch an dem Encrinit fest sitzen. Auch die einzelnen Trochiten waren ehedem Theile des Stiels des Encrinit. s. Entrochiten und Encrinit.

Stigmiten, latein. Lapis melanoltices, lat. und fr. Stigmites, heisen zwar die Stephanssteine, wegen den blutrothen Punkten und Flecken, die sie haben, (s. Stephanssteine) vorzüglich aber verstehet man darunter solche Dendriten, die aus lauter Punkten bestehen, und daher äusserst selten wahre Bäumchen vorstellen. 2) Nach Herrn Walchs Nachricht sind die Stigmiten Steine, die statt der Züge und Flecken, woraus in der Zusammensetzung Bäumchen und Landschaften werden, zarte meist schwarze Punkte auf ihrer Oberfläche zeigen. Man findet dergleichen nicht nur auf Schiefern, sondern auch auf andern Steinen. Selbst in Chalcedon und Carneol zeigen sich Punkte, die aber mehrentheils etwas grösser sind, als bey den eigentlich sogenannten Stigmiten, die man auf kalk- und thonigten Steinen, und auf weissen, weißgelben Kalk- sowohl als Sandschiefern antrift. Oft sind die Punkte so zart und fein, daß man sie erst durch das Vergrösserungsglas entdeckt. Sie zeigen sich in einiger Entfernung, wie der feinste Staub, der gleichsam auf einige Theile der Steinfläche gefallen ist. Diese zarten Punkte liegen entweder ohne Ordnung da, oder sie haben, aber das nur zufälliger Weise, eine solche Lage, daß sie, ohne sich zu berühren, Bäumchen und Landschaften bilden, nicht anders als wie eine punktirte Mählerey erscheinen.

Unter den Rochlitzer und Zweybrückischen Achaten finden sich bisweilen einzelne Stücke, in welchen rothe, weisse und graue Körner, wie Sand, eingestreut liegen. Das sind eigentlich keine Stigmiten, denn man siehet es deutlich, daß es eine Unreinigkeit ist, die sich in die

---

1) Mineralogie, Brünnichs Ausg. S. 39. Hr. Werner Th. I. S. 167. hat blos das schwedische Wort: Sternslag, ohne es zu übersetzen.
2) s. Walch Naturgesch. der Versteiner. Th. I. S. 129. Gmelin Linnäisches Natursyst. des Mineralr. Th. IV. S. 173. Schröter volst. Einl. Th. II. S. 459. Stobei Opuscula Tom. I. p. 83.

die Maſſe einſchließ, aus welcher der Achat erzeugt wurde.

Das lateiniſche Wort *Stigma*, und das griechiſche ϛίγμα, bedeuten ein Muttermal, einen Flecken, ϛιγμή aber einen Punkt; man nehme das eine oder das andre Wort, ſo wird man die Ableitung des Worts Stigmit leicht finden. Man wird aber auch dem Stobäus Beyfall geben, der ſich darüber alſo erkläret: ultimum locum inter Dendritae ſpecies, nomen a figuris in iisdem obviis adeptas, p oprium ſtigmites propter ruditatem occupet; ille enim non tam ſtelliformibus notis, quam punctis atris informibusque diſtinguitur plurimis. Auſſerdem bemerkt Stobäus noch, daß er nicht gewiß wiſſe, ob die Arten der *Punctulariae*, die Kundmann anführt, und ſich auf Hermanns Maßlographie tab. II. N. 36. p. 221. beruft, hieher unter die wahren Stigmiten gehören, weil er den Hermann nicht beſitze. Ich habe mit dem Stobäus gleiches Schickſal, daher ich nur die Arten anführe, die Kundmann in dem Promtuario rerum natural. p. 214 f. bekannt macht. 91) Punctularia ſ. Stigmites ſub albus punctulis nigris adſperſus Maſlenſis. vid. Leonh. Dav. Hermanni Maslogr. Tab. XI. n. 36. p. 221. 92) Punctularia ſ. Lapis niger ex montibus Riphaeis Sileſiae, ubique punctulis viridibus ex muſco notatus. 93) Punctularia ſtriata alba. 94) Punctularia minima Maslenſis.

Man findet die Stigmiten am häufigſten auf Schiefern, bey Oeningen in der Schweiz, auf Mergel bey Tübingen in Würtenberg, in einem gelblichen erhärteten Thon bey Hof im Bayreuthiſchen, bey Noſſen und Chemnitz in Sachſen. Ihr Anſehen unter den Dendriten iſt eben nicht groß; man legt ſie indeſſen in den Sammlungen um der Vollſtändigkeit willen hin, ſchätzt ſie aber dann, wenn ſie entweder Landſchaften oder Baumfiguren vorſtellen. Eine Zeichnung eines Stigmiten liefert Knorr in der Sammlung von den Merkw. der Nat. Th. I. tab. VIII. a. fig. 6 und Gmelin in dem Linnäiſchen Naturſ. des Mineralreichs Th. IV. tab. XXXV. fig. 388.

STIGMITES, lat. u. franz. ſ. Stigmit.

STIGNITES, ſ. Pyrrhopoelicon.

STILLATITIUS *lapis*, von Stillo, are, Tröpfeln, Tropfenweis herabfallen, heißt der Tropfſtein. ſ. Tropfſtein.

Stinkfliegen, will man im Steinreiche gefunden haben. ſ. den zweyten Band S. 97.

Stinkſchiefer, Gerh. Stinkſtein, welcher in Tafeln gewachſen, die ſich ſpalten laſſen, Gerh. Dyſodes fiſſilis Gerh. Dyſodes in tabulas fiſſiles concretus Gerh. Der Hr. Geheimde Bergrath Gerhardt [1] fand denſelben vorzüglich bey Gottersberg und Altwaſſer im Fürſtenthum Schweidnitz, und zu Schlögell im Glatziſchen, allwo er das Dach der dortigen Stein-

---

[1] Beyträge zur Chymie Th. I. S. 206.

Steinkohlenflötze ausmacht. Er ist schwarz oder schwarzgrau, und hat häufige Abdrücke von Kräutern in sich. In allen Säuren löset er sich, obgleich langsam, ganz auf, und brennt auch zu einem grauen, sonst unbrauchbaren Kalke. Wenn er gerieben wird, riecht er nicht, wohl aber, wenn man denselben in das Feuer bringt, allwo er sodann einen unangenehmen bituminösen Geruch von sich giebt, und man kann auch durch die Destillirung ein dergleichen Oel aus ihm erhalten. Der Herr Prof. Gmelin u) setzt noch hinzu, daß er von einigen Arten des Brandschiefers nur durch die erdhafte Grundlage unterschieden zu seyn scheine, die bey den letztern Alaunerde, bey dem Stinkschiefer Kalkerde ist.

Herr Andreä x) wurde durch den Herrn Apotheker und Zunftmeister Lavater in Zürch überzeugt, daß die Oeningischen Schiefer, die durch ihre Fische, Kräuter, Blätter, Insekten bekannt und berühmt sind, gerieben, übel riechen, und also eine Art eines Stinksteins sind. Gleichwohl findet man nicht, wie in der Grafschaft Hohenstein, unter ihnen Lagen von Gyps oder Alabaster.

Vielleicht würde man unter den Kalk- und andern Schiefern mehrere Stinkschiefer finden, wenn man sie durchs Feuer oder durchs Reiben prüfen wollte.

Stinkspath, Gerhard, spathartiger Stinkstein, Cronstedt, Stinkstein, welcher in Blättern gewachsen, Gerh. Dysodes spathosus Gerh. Dysodes particulis lamellosis Gerh. Spathum informe molle opacum attritu odorem foetidum spirans Carth. Es ist, wie Hr. Gerhardt y) sagt, ein blättricher Stein, der vollkommen das Gewebe des Spathes, oder wie Herr Gerhardt den Spath nennet, des Wassersteins, hat. Er kommt theils in den Flötzklüften des dichten Stinksteins, besonders aber auch in dem schwarzschieferichen Gesteine, welches die Oberberge oder das Dach der Kupferschieferflötze ausmacht, zum Vorschein, auf welche Art er besonders in den Mannsfelder Schieferflötzen häufig gefunden wird. An Farbe ist er schwarz, braun, gelb, auch grünlich. Im Feuer wird er weiß, brennt zu Kalke, und zeigt einen übeln Geruch durch das blose Reiben. Herr Prof. Gmelin z) sagt, daß er auch bey Andrarum in Schonen, im Schieferberge im Zunneberg, und bey Kinnakulle in Westgothland gefunden werde.

Stinkstein, Saustein, Katzenstein, Kalkerde mit brennlichem Wesen allein, Cronst. Schweinstein, lat. Lapis suillus, Saxum suillum Less. Lapis foetidus, Lapis felinus Gron. Lapis pecuarius Pott. Coprolithus Less. Dysodes Gerh. Spathum opacum frictione foetidum

---

u) Linnäisches Naturs. des Mineralr. Th. II. S. 429.
x) Briefe aus der Schweiz S. 56.
y) Am angeführten Orte S. 206, 207.
z) Am angef. Orte.

tidum *Wall.* Spathum frictione foetidum *Wall;* Bitumen fuillum *Linn.* Bitumen marmoreum foetidum *Linn.* Schistus fusco cinereus, lapis suillus dictus *Da Costa.* Schistus fuscus fragilis, Lapis felinus, qui ferro attritus urinam felium redolet *Gron.* Terra calcarea phlogisto simplici mixta *Cronst*. Petra alcalina calcaria, afflictu vel igne foetida Bitumine referta *Gerb.* franz. Pierre - porc, Pierre puante *Bom.* holl. Swin of Varken - Steen, Hasteen, ist, wie Herr Gerhardt a) sagt, ein alkalisch-kalkartiger Stein, welcher entweder durch das Reiben, oder bey dem Brennen, einen üblen Geruch giebt, und mit bituminösen Theilen versetzt ist. Eben dieser unangenehme Geruch, von welchem gleichwohl Cronstedt sagt, er dürfte vielleicht nicht allen gleich unangenehm seyn, hat diesem Kalksteine alle die Namen gegeben, die er führt.

Herr Werner b) giebt von dem Stinkstein folgende äussere Kennzeichen an. „Er wird von schwarzer, schwärzlichbrauner, gelblichbrauner ins Graue fallender, gelblichgrauer dem Isabellgelben sich nähernder und isabellgelber Farbe gefunden. Er bricht derb, und ist inwendig mehrentheils schimmernd, zuweilen auch matt. Der Bruch des schwarzen geht aus dem Feinsplittrichen ins Muschliche über, der des isabellgelben ist feinsplittrich, der des gelblich-grauen insgemein erdig, und der übrige ist geradschieferich, und zeigt hie und da gleichsam ein feinkörniges blättriches Ansehen. Er springt gewöhnlich in scheibenförmige, oder vielmehr schieferiche, seltner in unbestimmteckige Bruchstücke, ist insgemein undurchsichtig, nur selten etwas an den Kanten durchscheinend; halbhart, zuweilen weich, fühlt sich nicht sonderlich kalt an, ist nicht sonderlich schwer, und giebt gerieben einen starken urinösen Geruch.

Der eigentliche Stinkstein, von dem wir hier reden, ist allemal ein wahrer Kalkstein, welches daher deutlich genug ist, daß aus ihm ein wahrer brauchbarer Kalk gebrannt werden kan; er erscheint aber, wie die folgenden Eintheilungen ausweisen werden, unter mancherley Gestalten, bald dicht, bald schieferich, bald als Spath, bald wohl gar krystallisirt. Daher entstehen bey den Schriftstellern einige Abweichungen in ihren Beschreibungen, nachdem nemlich die Beyspiele waren, die sie vor sich hatten. Indessen will Herr Wallerius blos den Stinkspath für den wahren Stinkstein gelten lassen. Daher nennet er ihn auch Spathum frictione foetidum. Er führet zu seiner Entschuldigung folgende Ursache an: c) „Es giebt viele Kalkstein-Marmor- und Schieferarten, ingleichen Versteinerungen, die unter dem Reiben zu riechen pfle-

---

a) Beyträge zur Chymie Th. I. S. 104.
b) In seiner Ausgabe des Cronstedt Th. I. S. 63.
c) Syst. mineral. Tom. I. p. 149. Uebers. Th. I. S. 143.

pflegen; da aber der üble Geruch dieser Steine zuweilen anders beschaffen ist, als bey der hier angeführten Art, und man diese letztere nur allein Stinksteine nennt, so habe ich für überflüssig gehalten, alle jene Steinarten hier anzuhäufen." Der Herr Prof. Leske macht in der Uebersetzung hierüber folgende gegründete Anmerkung: "Durch diese Anmerkung will sich Wallerius entschuldigen, daß er den Stinkstein unter den Kalkspath gesetzt hat. Allein da der üble Geruch von dem brennlichen Wesen, das bald dem Kalksteine, bald dem Kalkspathe beygemischt ist, verursacht wird, und man nicht mit Recht alle durchs Reiben einen Geruch verbreitende kalkartige Steine, Stinksteine nennt, so sieht man leicht ein, daß der Stinkstein für eine eigne Art anzusehen sey, die sich durch die Mischung von dem Kalkspathe, und folglich mehr von demselben, als letzterer von dem Kalksteine unterscheidet, wie dieses aus der äussern Beschreibung des Stinksteins zu ersehen ist." Und eben diese äussere Beschreibung setzet uns hinlänglich in den Stand, einige Kalk- und andre übelriechende Steine, von denen ich in der Folge reden werde, hinlänglich und bald zu unterscheiden.

Was diesen Stein besonders charakterisirt, und ihn zur eignen Kalksteinart macht, ist sein übler Geruch, welcher sehr angreifend ist, und welcher bey dem wahren Stinkstein blos durchs Reiben, bald manchem Kalkschiefer aber durchs Feuer entstehet. Lesser d) erzählt, daß in Norwegen auf der Insel Zorinsholm ganze Felsen von dieser Steinart gefunden würden, welche einen unausstehlichen Geruch von sich geben, wenn man dieselben reibet. Wenn nun gleich Cronstedt e) vielleicht auf Kosten seiner eignen Nase, versichert, daß dieser Geruch nicht allen unangenehm seyn dürfte, so ist uns doch diese Nachricht nicht unangenehm, daß er sagt, der Stinkstein verliere im Feuer seinen Geruch gar bald. Lesser f) sagt sogar, daß dieser Geruch nach und nach abnehme, wenn der Stein eine geraume Zeit in der freyen Luft und in verschiedener Witterung liegt. Man kann sich davon selbst überzeugen, wenn man einen so eben ausgeförderten Stinkstein mit einem solchen vergleicht, der einige Jahre im Kabinette lag.

Von dem Verhalten des Stinksteins im Feuer sagt uns Wallerius, g) der aber, wie wir aus dem obigen wissen, blos von dem Stinkspathe redet, folgendes: "Wenn er in ofnem Feuer gebrannt

---

d) Lithotheol. S. 369. vergl. mit Pontoppidan natürl. Hist. von Norwegen Th. 1. S. 299.

e) Mineralogie, Brünnichs Ausg. S. 29. Werners Ausgabe Th. 1. S. 67.

f) Kleine Schriften S. 107.

g) Mineral. S. 85. Syst. mineral. Tom. I. p. 149. Uebers. Th. I. S. 144.

gebrannt wird, gnistert er, wie Salz; destillirt man ihn durch eine Retorte, so gnistert er anfangs auch, giebt nachher sowohl eine Feuchtigkeit, als Oel und Salz von sich. Der Saft riecht nicht so sehr übel; er färbt den Violsyrup grün, gähret mit der Silbersolution, auch mit der Kupfer= und noch stärker mit den Eisensolutionen, doch allezeit ohne etwas zu präcipitiren, er färbt auch den succum heliotropii violet. Das Oel ist dem gleich, welches von Steinkohlen destillirt wird, oder einem schwarzen Bergöhl mit starkem Geruche. Das Salz, welches im Halse der Retorte sitzen bleibt, riechet wie alter Urin; ist grau an Farbe, schmecket wie Salmiak, präcipitirt die Silbersolution weiß, ändert aber die Kupfer= Zinn= und Bleysolution nicht. Was das Caput mortuum betrift, so zeigt es die Zeichen vom Kochsalze, wenn man dessen Lauche mit der Silbersolution versucht. Hieraus siehet man, daß in dem Saulsteine ein würkliches Sal urinosum und ammoniacale nebst einigem Kochsalze befindlich ist. In dem mineralogischen System hat sich Wallerius ein wenig anders erklärt. Es heißt nach der Uebersetzung: „Im ofnen Feuer knistert der Stinkstein wie Kochsalz. In der Destillation giebt er eine laugenhafte, nicht sonderlich stinkende Feuchtigkeit, ein übelriechendes Oehl, dergleichen man auch aus den Steinkohlen und dem bituminösen Schiefer erhält; endlich ein flüchtiges Laugensalz. Im Rückbleibsel ist gemeiniglich etwas Kochsalz enthalten. Diese Umstände, so wie auch der, daß man den Stinkstein gemeiniglich in der Nachbarschaft der Steinkohlen und des bituminösen Schiefers findet, beweisen hinlänglich, daß der Gestank desselben von einer erdharzigen Materie herrühre.

Ich habe es schon gesagt, daß manche, zum Theil auch Kalksteinarten, einen sehr unangenehmen Geruch geben, die nicht zu dem beschriebenen eigentlichen Stinkstein gehören. Hier bey Weimar h) thun dies sehr viele unsrer gewöhnlichen Kalksteine, welche eine grosse Härte, und die Farbe der gewöhnlichen Kalksteine, nicht aber des eigentlichen Stinksteins haben. Man darf nur mit dem Hammer einigemal auf dieselben schlagen, so geben sie einen unangenehmen Geruch von sich, der brandigt und wie Schwefel riecht, und wenn man auf solche Steine Scheidewasser gießt, und sie mit einer Bürste scharf reibet, so wird der Geruch von ihnen beynahe unausstehlich. Eben daher gehört auch der Stinkstein von Frankfurt an der Oder, von dem Herr Cartheuser i) ausdrücklich versichert, daß ihn blos der unangenehme Geruch von den übrigen Kalksteinen jener Gegend unterscheide. Der
Herr

---

h) Beyträge zur Naturgesch. sonderlich des Mineralr. Th. I. S. 10. Schröter vollst. Einl. Th. II. S. 107.
i) Oryctographia Viadr. Francof. p. 21.

Herr Baumer k) zählet auch den schwarzen Marmor unter die Stinksteine, aber man kann es wenigstens nicht von einer jeden schwarzen Marmorart sagen, weil einige, wenn sie auch gerieben werden, gar nicht, andre aber sehr unmerklich riechen. Der Herr von Bomare l) gedenket einer Art Kiesel, die man bey Villers - Coterêt und Plombieres in Frankreich findet, die gerieben fast wie faulender Urin riechen. Und wenn Wallerius von einer bleichen Kreide redet, die er Cretam fragiliorem gratiorem et rudem albam, Kenntmann aber Cretam tophaceam nennet, welche das eigne hat, daß sie an einem trocknen Orte beynahe in Stein verwandelt wird; so vermuthen die Verfasser der Onomatologie, m) daß es die Verwandlung in einen Sauftein sey, weil man nach der Destillation von beyden ein flüchtiges Salz, und einen urinösen Saft bekomme. Auch unter den Gypssteinen kennet man einen Stinkstein, nemlich den Leberstein, Lapis hepaticus Linn. der den Geruch der Schwefelleber hat. s. Leberstein. Anderswo n) habe ich den Gedanken geäussert, den ich hier wiederhole, weil ich darinnen gar nichts Ungereimtes finde: Ob nicht der Lynkur der Alten, von dem sie seines urinösen Geruchs wegen vorgaben, daß er aus dem Urin des Luchses erzeugt werde, ein eigentlicher Stinkstein gewesen sey? Wenigstens habe ich bey dem Wort Lynkur o) erwiesen, daß er weder ein Edelstein noch der Belemnit gewesen sey; beynahe konnte er also nichts anders seyn, als ein halbdurchsichtiger Spath, den die Alten, vielleicht weil er eine gleiche Farbe hatte, mit dem Bernstein verglichen, und der einen sehr angreifenden Geruch hatte. Selbst unter den Versteinerungen giebt es Stinksteine, wobey ich mich nur auf den Belemnit, und auf die Versteinerungen bey Prag berufe, die nicht nur in einem schwarzgrauen Stinksteine liegen, sondern auch selbst, wenn sie gerieben werden, einen unangenehmen Geruch gleich dem Stinkstein geben.

Die Gelehrten setzen den Stinkstein unter mancherley Classen. Wallerius p) und Stobäus q) setzen ihn unter den Spath, wogegen Pott r) dasjenige einwendet, was ich schon oben gesagt habe, daß man unter allen Kalksteinarten Stinksteine finde; und das, was Wallerius deswegen zu seiner Entschuldigung sagt, ist schon oben beantwortet worden. Den krystallinischen Stinkstein, von dem ich hernach reden

---

k) Naturgesch. des Mineralr. Th. II. S. 116.
l) Mineralogie Th. I. S. 187.
m) Onomatol. hist. nat. Tom. III. p. 463.
n) Vollständige Einleitung Th. II. S. 108.
o) im dritten Bande S. 429.
p) s. die Anmerkung g.
q) Opuscula p. 89.
r) Erste Fortsetzung der Lithognosie S. 69.

reden werde, hat der Herr von Linné s) unter den Salzen, den eigentlichen unförmlichen Stinkstein aber unter den Erdharzen, (Sulphura) und zwar unter dem Geschlecht, das er Bitumen nennet. Der Herr Prof. Gmelin t) macht dagegen diese Einwendung. „Unter dem Erdharze verdient er durchaus seine Stelle nicht: einmal giebt es solchen Stinkstein, dessen heßlicher, sich schon bey dem Reiben entwickelnder Geruch von einem feinern brennbaren Grundstoffe kommt; und dann macht das Erdharz auch in denen Steinen, worinnen es sich befunden, und die bey der Destillation ein dem Bergöhle gleichkommendes Oehl geben, nur einen geringen Antheil aus. Zuweilen erhält man bey der Destillation Spuren von einem flüchtigen Laugensalze. Dacosta u) hat ihn unter die Schieferarten gesetzt, da doch nur einiger Stinkstein hieher gehört, nemlich derjenige, der sich wie ein Schiefer in Platten spalten läßt. Seinen vorzüglichen Bestandtheilen nach gehöret er unter die Kalksteine, unter welchen ihn auch die mehresten Schriftsteller gebracht haben, unter denen ich einen Gronov, x) Pott, y) Bromell, z) Vogel, a) Baumer, b) Gerhardt, c) Brünnich d) und Schröter e) nennen will; doch fällt Herr Brünnich dem Wallerius insofern bey, daß er behauptet, eigentlich sey der sogenannte Schweinstein spathartig. Um sich zu überzeugen, daß der Stinkstein unter die Kalksteinarten gehöre, darf man nur bedenken, daß sich aus ihm ein wahrer Kalk brennen läßt.

Ueber den Ursprung des Geruchs dieser Steine haben die Gelehrten nicht einerley Meynung. Diejenigen, die mir bekannt sind, will ich erzählen.

Einige halten dafür, daß der Geruch des Stinksteins von einem mit Oehl vermischten urinösen Salze herrühre. Daß Wallerius in seiner Mineralogie den Geruch des Stinksteins von einem mit Oehl vermischten urinösen Salze herleite, das haben wir schon oben gehört. Hr. Lieberoth f) hat eben diese Meynung, dessen Gedanken ich hier auszeichne. Er redet von dem Stinkschiefer aus der Grafschaft Mannsfeld, und sagt: „Dieser Stinkstein offenbahret seinen Geruch am allerhäufigsten, wenn die Bergleute in selbigem arbei-

---

s) Systema nat. XII. Tom. III. p. 86. & 111.
t) Linnäisches Naturs. des Mineralr. Th. I. S. 426.
u) History of fossils p. 172.
x) Index suppellectilis lapid. p. 10.
y) Am angeführten Orte.
z) Mineral. et lithograph. Succ. p. 33.
a) Praktisches Mineralsystem S. 107.
b) Naturgesch. des Mineralr. Th. I. S. 188.
c) Beyträge zur Chymie Th. I. S. 204.
d) Mineralogie S. 13.
e) Vollständige Einleitung Th. II. S. 105.
f) Vom Wachsen der Steine; im Hamb. Magaz. 5. B. S. 188.

arbeiten; so bald er aber einige Jahre in der freyen Luft gelegen, so vergehet ihm sein Gestank um ein merkliches. Es ist aber dieser Stein ein grauer Schiefer, der aus einem faulen Wasser seinen Ursprung hat, in welchem die Fische abgestorben sind, wie man denn ebenfalls, wie im Schieferflötz, in demselbigen Fische findet. Sein Gestank, den er aber nicht ehe von sich giebt, bis er entweder gerieben, oder geschlagen wird, ist einzig und allein den urinösen Salzen, die er bey sich hat, zuzuschreiben. Man darf sich nicht wundern, daß ich aus dem Gestanke, den dieser Stein bey sich hat, geschlossen habe, daß er Salze bey sich führe; ich meyne Grund zu haben, dieses zu glauben, denn wenn man bedenkt, daß auch sein heftiger Gestank entstehet, wenn man Scheidewasser auf ihn giesset, so wird man nur auf die Vermischung des Lederkalks mit Salmiak Achtung geben dürfen, und sagen, woher da der heftige Geruch entstehe." Pott g) macht gegen diese Meynung folgende Einwendungen. „Nach meinem Begriffe ist hier ein sal urinosum nicht so wohl gegenwärtig, als es vielmehr erst componiret wird; hingegen haben alle diese Arten Steine etwas von einem Acido, (darum findet sich der Spath sonderlich bey Alaunwerken) welches mit öhlichten Theilen stark verbunden und subtilisirt ist: wird nun das zusammen per motum attritorium an der kalkigten Erde in Bewegung gebracht und attenuiret, so erzeugt sich erst ein Sal volatile, sonderlich, wenn das Feuer dazu kommt, welches denn den Gestank des Oehls erhöhet und schärfer. Wäre in diesen Steinen ein Sal volatile schon gegenwärtig, so müste sich solches durch Auflösung mit Wasser sattsam offenbaren, welches aber nicht geschiehet; zu dem stinkt er auch, wenn man Aquafort darauf giesset, da doch das Aquafort den Geruch des Salis volatilis viel eher dämpfen müste."

Andere leiten den Ursprung des Geruchs des Stinksteins vom Schwefel her. Das that Pondoppidan, h) der aber, so viel ich weiß, weder Vorgänger noch Nachfolger hat, wenn nemlich die Rede vom eigentlichen Schwefel ist. Denn daß das Bituminöse, das die mehresten Schriftsteller im Stinkstein suchen, auch etwas Sulphurisches sey, das ist bekannt.

Wie der Herr Prof. Pott am angeführten Orte versichert, so suchen auch Verschiedene den Ursprung dieses widrigen Geruchs in einem flüchtigen arsenikalischen Dampfe, wegen der Gleichheit des Gestanks bey einem Sulphure antimonii, weil dabey in dem Berge Antimonium gegraben wird. Allein Pott sagt, diese Meynung sey unrichtig.

Wenn

---

g) Erste Fortsetzung der Lithogeogn. S. 70.
h) Natürl. Histor. von Norwegen Th. 1. S. 154.

Wenn der Hr. Rath Baumer i) den eigentlichen Grund dieses Geruchs in fetten und flüchtigen alkalischen Theilen sucht, so glaube ich, daß dies zu unbestimmt gesprochen sey.

Die gemeine Meynung gehet dahin, daß man die Ursache dieses Geruchs nicht von einem flüchtigen Laugensalze, oder sonst woher, sondern von einem fetten bituminösen Wesen herleiten müsse. Linné hat daher den Stinkstein unter das Bitumen gesetzt, und nennet ihn: Bitumen marmoris foetidi. Eben diese Meynung haben unter andern wichtigen Männern Gerhardt, k) Pott l) und Vogel m) angenommen; und der letzte beweiset es hinlänglich daher, weil sich dieses fette bituminöse Wesen in der Destillation würklich zeigt.

Da der Stinkstein in mancherley Abänderungen erscheint, so haben auch die Schriftsteller verschiedene Eintheilungen des Stinksteins bekannt gemacht.

Wallerius n) und Bomare o) haben drey Arten. 1) den prismatischen Saustein. Lapis suillus prismaticus *Wall*. Pierre pore prismatique *Bom*. 2) den strahlförmigen Saustein, Wall. den strahlichen Saustein, Bom. Lapis suillus radiatus *Wall*. Pierre pore rayonné *Bom*. 3) den sphärischen Saustein, Wall. den kugelförmigen Saustein, Bom. Lapis suillus sphaericus *Wall*. Pierre pore sphaerique *Bom*. Daß beyde den Stinkstein als Spath betrachten, ist aus dem vorhergehenden bekannt.

Im System hat Wallerius p) noch eine Art hinzugethan, denn er zählt folgende vier. 1) Lapis suillus particulis sparhosis minans. Tenuioribus vel majoribus particulis constat nigro vel fusco colore. Rättwik in Dalekarlia. Kinnekulle in Westrogothis. 2) Lapis suillus prismaticus. Diverso occurrit colore, plerumque autem fusco vel nigricante. Oelandia. Hellekis. Mölltorpin Westrogothis. 3) Lapis suillus radiatus. Crystallis non determinandis, arcte congestis, tenuioribus constat. In agris Westrogothicis et alibi. 4) Lapis suillus sphaericus. Constat radiis è centro in peripheriam tendentibus. Krusnaselo in Ingermannis.

Der Ritter von Linné q) hat fünf Arten: 1) Suillum compactum. 2) granulatum. 3) squamosum. 4) spathiforme. 5) crystallinum.

Der Herr Prof. Gmelin r) hat

---

i) Naturgesch. des Mineralr. Th. I. S. 182.
k) Am angef. Orte S. 208.
l) Am angef. Orte S. 70.
m) Praktisches Mineralsystem S. 108.
n) Mineralogie S. 85.
o) Mineralogie Th. I. S. 188.
p) Syst. mineral. Tom. I. p. 148. f. Uebers. Th. I. S. 242.
q) Syst. nat. XII. Tom. III. p. 111.
r) Linnäisches Naturs. des Mineralr. Th. II. S. 437.

242

hat noch einige Abänderungen hinzugethan, denn er zählet folgende: 1) dicht. 2) körnig. 3) schuppich. 4) blättricht. Stinkspath. 5) schiefericht. Stinkschiefer. 6) strahlicht. 7) rund in Kugeln. 8) kryſtalliſirt.

Cronſtedt s) hat im Grunde die fünf Abänderungen des Linne, nur daß er ſie weiter abtheilt, nemlich alſo: I. dicht von unerkenntlichen Theilen. Solidus particulis impalpabilibus. 1) ſchwarz Ate. Marmor aus Flandern und Jemteland. II. körnig. Particulis granulati. 1) ſchwärzlichbraun. Wretſtorp in Nerike bey Skörs. III. ſchuppich. Particulis micaceis. 1) grobſchuppich. Schwarz bey Näs in Jemteland. 2) feinſchimmernd. Braun. Kinnakulle. Rättwik. IV. ſpätig. 1) ſchwarz. 2) lichtebraun. 3) weißlichgelb. Der Weſtgothländiſche Schieferberg. V. druſig. 1) kugelförmig. Kraſcaſelo in Ingermannland.

Gerhardt t) hat vier Gattungen: 1) Stinkſtein von unſichtbaren Theilen. Dichter Stinkſtein. Dysodes particulis indiſtinctis. Dysodes continuus. 2) Stinkſtein, welcher in Tafeln gewachſen, die ſich ſpalten laſſen. Stinkſchiefer. Dysodes in tabulas fiſſiles con retus. Dysodes fiſſilis. 3) Stinkſtein, welcher in Blättern gewachſen. Stinkſpath. Dysodes particulis lamelloſis. Dysodes ſpathoſus. 4) Stinkſtein, welcher in viereckigen prismatiſchen, mit einer eben ſo polyedriſchen Pyramide verſehenen Kryſtallen gewachſen. Kryſtalliſirter Stinkſtein. Dysodes cryſtallis polyedris prismaticis et pyramidatis. Dysodes cryſtallinus.

Hill u) hat eben die drey Abänderungen, die Wallerius in der Mineralogie hat: den prismatiſchen, den er Brown oblique Spar nennet; den ſtrahlförmigen, der bey ihm Radiated oblique Spar genennet wird; und den ſphäriſchen, den er Globular oblique Spar nennet.

Was das Verhältniß des Stinkſteins gegen die Petrefacten anlangt, ſo iſt derſelbe nicht ſelten eine Mutter der Verſteinerungen, ja man hat Beyſpiele, wo ſelbſt der verſteinte Körper ein ſtinkſteinartiges Weſen an ſich genommen hat. Die Herren Pott, Vogel und Lieberoth reden in den angeführten Schriften von Fiſchen, welche in einem ſchieferartigen Stinkſteine liegen; doch ſagen ſie zugleich, daß dieſe Verſteinerungen eben nicht die gemeinſten ſind. Deſto häufiger kommen bey Prag Verſteinerungen vor, welche in Stinkſtein liegen, und ſelbſt ſtinkſteinartig ſind. Die dortigen zum Geſchlecht der Orthoceratiten gehörigen vielkammerichten Schnecken liegen in einem wahren Stinkſtein, und ſind

---

s) Mineral. Brünnichs Ausg. S. 29. f. Werners Ausgabe Th. 1 S. 67.
t) Beyträge zur Chymie Th. 1. S. 204. f.
u) Foſſils p. 90. f.

sind selbst Stinkstein. In ihrer Gesellschaft liegen oft Dentaliten, und die vom Pater Zeno entdeckten Fragmente von Pentacriniten liegen auch in einem wahren Stinkstein, der eine ziemliche Härte hat, und sich ganz gut poliren läßt. Aus dem Münsterischen besitze ich zwey Tellinen, die ein wahrer Stinkstein sind, so auch Madreporen von einem unbekannten Orte, die in einem sehr harten Marmor liegen, der ebenfalls ein Stinkstein ist; und vielleicht würden sich dergleichen Mütter, die ein Stinkstein sind, noch mehrere entdecken lassen, wenn man die Kalksteine, in denen Petrefacten liegen, genauer untersuchen wollte.

Eines Dendriten auf Stinkstein gedenket Stobäus, x) und aus ihm Walch. y)

Daß aber der Stinkstein eine Metallmutter sey, davon habe ich keine Nachricht gefunden. Dennoch hat der Stinkstein seinen Nutzen. Da, wo er häufig genug bricht, kann er zum Kalkbrennen angewendet werden, denn er giebt einen guten brauchbaren Kalk. Sonst sagt der Hr. Prof. Gmelin z) noch folgendes. „Bey Hüttenwerken kann er mit gleichem Nutzen, als andre reine Kalksteine gebraucht werden; aber wegen der Beymischung brennbarer Theile taugt er zu Wiederherstellung metallischer Kalke besser, als andre, und eben aus diesem Grunde ist er auch bey Eisenwerken auf dem hohen Ofen, vornemlich in dem Krafifeuer besser zu gebrauchen, weil er das Eisen nicht so mürbe und trocken macht.

Wenn Wallerius in der mehr angeführten Mineralogie anmerkt, daß der Stinkstein gemeiniglich in der Nähe von Alaunwerken sein Lager habe, so muß man merken, daß er vom Stinkstein rede, der ein Spath ist; und wenn Bromell meldet, daß er unter den Schiefern gefunden werde, so redet er von dem Stinkstein, wie er in Schweden gefunden wird. Ausserdem sagt Werner, a) daß der Stinkstein nur in Flözgebürgen, und zwar in Kalkflözgebürgen vorkomme, daß er bey Eisleben, Sangerhausen, Illmenau, Glücksbrunn und andern Orten mehr in grosser Menge gefunden, und daß er in der Vieharzeneykunst als ein Arzeneymittel gebraucht werde.

Nach der Anzeige der Schriftsteller findet man an folgenden Oertern Stinkstein: Altwasser, Berne, Beuthen, Biassowitz, Blekinge, Burqoere, Cap de Sante bey Quebec, Cronach, Dalekarlia, Eißleben, im Erfurthischen, in Flandern, im Fränkischen, im Glatzischen, zu Glücksbrunn, bey Gotterberg, auf dem Haarz, im Hollsteinischen, auf der Insel Horitzholm, Jemteland, Ihlefeld, Illmenau, Ingermannland, Kinnakulle,

Q 2   Kra=

---

x) Opuscula p. 89.
y) Naturgeschichte der Versteiner. Th. I. 7 S. 125.
z) Linnäisches Natursystem des Mineralreichs Th. II. S. 427.
a) In seiner Ausgabe des Cronstedt Th. 1. S. 68.

Krasnaselo, Löbegün, Manns=
feld, Naekevedstorp, Näs,
Nauendorf, Nerike, Neustadt,
Niedersachswerfen, Norwegen,
Oeland, Osteroda, Portugall,
Quebec, Raetwik, Rothenburg,
Rothewelle, Rüdigsdorf, Sachs=
werfen, Sangerhausen, Schle=
sien, Schlßgell, Schweden,
Schweidnitz, Skörs, Steiger=
berg im Erfurthischen, im Stoll=
bergischen, bey Straußhof, Tief=
thal, Weimar, Werkle, West=
gothland, Wiegersdorf und
Wretstorp in Nerike bey Skörs.
s. auch hernach Stinkstein,
dichter.

Stinkstein, blättrichter,
s. Stinkspath.

Stinkstein, crystallisir=
ter, s. hernach krystallisirter.

Stinkstein, dichter, das
ist der Stinkstein, insofern er
von dem Stinkschiefer, dem
Stinkspathe und dem krystallisir=
ten Stinksteine unterschieden ist,
also eigentlich der Stinkstein, den
ich vorher ausführlich beschrieben
habe. Indessen will ich hier das=
jenige von ihm mittheilen, was
uns der Herr Prof. Gmelin b)
von ihm sagt: „Man findet
ihn in ganzen, oft mächtigen
Flötzen, durch ganz Derbyshire,
in Jemteland, in Flandern, in
der Grafschaft Mannsfeld, bey
Eisleben, Burgörner, Straus=
hof, Liefthal, Rothewelle, in
dem Salkreisse bey Nauendorf,
und Löbegün, in der Schlesi=
schen Herrschaft Beuthen, bey
Berun und Biassowitz, in Böh=
men bey Kosors, in Hessen bey
Rotenburg, in dem Hohenstei=
nischen Gebürge bey Ilefeld,
Neustadt, Sachswerfen, Oste=
rode, Wiegersdorf, Rüdersdorf
und dergl. Dahin gehören vie=
le der schwarzen Marmorarten,
der schwarzen und grauen Kalk=
steine, welche gerieben einen heß=
lichen Geruch von sich geben.
Oft zeigt er sich gleich unter der
Dammerde, zuweilen zwischen
Sandstein, Thonschiefer und
Mandelstein. Im Saalkreisse
giebt er ein sicheres Merkmal auf
darunter stehenden Kupferschie=
fer, und an andern Orten auf
Steinsalz in der Tiefe, oder auf
Alaunerze. Zuweilen finden sich
mehrere Flötze davon in derglei=
chen Geburge. Er ist gemeinig=
lich schwarz oder schwärzlich;
zuweilen grau, braun, oder gelb,
und oft von einem gemeinen
Kalksteine dem ersten Anblicke
nach nicht zu unterscheiden, wenn
er nicht gerieben wird; aber da
zeichnet er sich bald durch seinen
heßlichen Geruch aus. Er giebt
einen sehr guten Kalk, wenn er
gebrannt wird. Man findet häu=
fig Versteinerungen darinnen.

Stinkstein, körniger.
Er ist im Bruche zuweilen er=
dig, schwarz, oder schwärzlich=
braun, und oft voll Versteine=
rungen. Man findet ihn in
Schweden, bey Kinnakulle in
Westgothland, und bey Wret=
torp unweit Skörs in Nerike.
Gmelin am a. Orte S. 428.

Stinkstein, krystallisir=
ter, *Nitrum lillum Linn.* Ni=
trum lapidolum spathosum sede=
coetrum foetidum *Linn.* Lapis
suillus prismaticus *Wall.* Dyso=
des

---

b) Linnäisches Natursystem des Mineralreichs Th. II. S. 427. s.

des crystallinus *Gerh.* Pierre-pore, ou Pierre puante prismatique, heißt der Stinkstein, der sich in einer krystallinischen Gestalt zeigt. c) Man findet diese Stinksteinkrystallen mit dem eigentlichen Stinksteine an einerley Orten, nach Linne aber vornehmlich in Westgothland; er hat auch mit jenem alle Eigenschaften gemein, nur seine Gestalt nicht, denn er ist krystallisirt, und findet sich meistentheils in ganzen Drusen beysammen. Von beygemischten Bergöhl und Erd= oder Judenpech hat er gemeiniglich eine dunkelbraune Farbe, aber auch seinen unangenehmen Geruch. Wenn diese Krystallen weiß sind, und durchsichtig, so merket man wenig bey dem Reiben einen unangenehmen Geruch. Delisle nennet ihn sechsseitigen Pyramidalkalkspath, aus zwo ungleichen, mit ihren Grundflächen zusammenhängenden Endspitzen, (Cryst. Tab. N. II. Tab. I. Fig. 12.) oder einer Säule, die sich unmerklich in eine Endspitze endiget; (Tab. I. Fig. 14.) sagt aber, daß diese Art so verwirrt in Drusen anschieße, daß die Gestalt schwer zu bestimmen sey; Gerhardt und Gmelin aber sagen, daß die Gestalt dieser Krystallen zuweilen 10, 12, 14, 16, auch wohl 20 Seiten habe.

Wenn Pondoppidan von dem Norwegischen Stinkstein versichert, daß die Beschaffenheit und der Zusammenhang seiner Theile fast wie Krystall, nemlich glasartig sey, so scheinet es mir, als wenn er einen solchen krystallisirten Stinkstein meyne; ob es gleich auch möglich ist, daß er einen blosen Stinkspath meynen kann, denn der Bischoff redet hier allerdings unbestimmt.

Wenn gleich der krystallisirte Stinkstein mit dem eigentlichen Stinkstein an einerley Orten bricht, so bricht er doch nicht so häufig, daß er in allen Kabinetten vorkommen könnte. Ob er vielleicht in Westgothland häufiger vorkomme? das kann ich nicht sagen. Selbst Linne gedenket davon in seinen westgothländischen Reisen nichts, wenigstens nichts entscheidendes. Blos bey der Beschreibung des Bergs Kinnekulle gedenket er desselben bey Gelegenheit der Klippe von dichten Kalksteine, die eine Länge von 500 Ellen, und eine senkrechte Höhe von 36, hat, und sagt, daß der Landmann den dasigen Kalkstein in drey Sorten eintheile: in den rechten Kalkstein, Marmor calx, welcher im Brennen einen guten Kalk giebt; in den Leberstein, (Lefwersten) Cos colaria, der im Brennen, wenn er durchhitzt ist, mit einem starken Knall in Stücken springt; und in den Stinkstein, (Orsten) Bitumen suillum, der paral-

---

c) s. Delisle Crystallographie, Weigels Uebers. S. 138. n. XVI. Gerhardt Beyträge zur Chymie Th. I. S. 207. n. 4. Gmelin Linnäisches Natursyst. des Mineralr. Th. II. S. 60. n. 8. Pontoppidan natürl. Historie von Norwegen Th. I. S. 299.

parallel kryſtalliſirt iſt, wie ein Salz.

Stinkſteinkryſtallen, ſ. Stinkſtein, kryſtalliſirter.

Stinkſtein, kuglichter, oder

Stinkſtein, runder. Er findet ſich bey Krasnaſelo in Ingermannland, und beſtehet aus runden Kugeln. Zerſchlägt man dieſe, ſo beſtehen ſie aus lauter Strahlen, die aus einem Mittelpunkte nach allen Punkten des Umkreiſes laufen. Gmelin l. c. S. 430. q.

Stinkſteinſchiefer, ſ. Stinkſchiefer.

Stinkſtein, ſchiefrichter, ſ. Stinkſchiefer.

Stinkſtein, ſchuppichter. Er iſt ſchwarz, ſchwärzlich oder braun, bald von gröbern, bald von feinern Gewebe, und ſchimmernd. Man findet ihn auf dem däniſchen Eilande Bornholm, und in Schweden bey Kinnakulle, Rättwick, und bey Näs in Jemteland.

Stinkſtein, ſtrahlichter, oder wie ſich Wallerius *) ausdrückt, ſtrahlförmiger, wird vom Wallerius nicht weiter in der Mineralogie beſchrieben, ſondern nur Lapis ſuillus a..... genennet, und geſagt, daß ſich dergleichen auf den Aeckern in Weſtgyllen genug finde. Im Gmelin ſtehet durch Druckfehler ſtatt Weſtgyllen, Weſtphalen. Nach dieſer allgemeinen Beſchreibung könnte man auch wohl den vorher angeführten runden Stinkſtein hieher rechnen, weil die zerſchlagenen Kugeln ebenfalls ſtrahlförmig erſcheinen. Allein in dem mineralogiſchen Syſtem hat ſich Wallerius beſtimmter ausgedrückt: Cryſtallis, ſagt er, non determinandis, arcte congeſtis, tenuioribus conſtat. In agris Weſtrogothicis. et alibi. Das alles paſſet genau auf den vorher beſchriebenen kryſtalliſirten Stinkſtein, der auch, wie oben erinnert, vorzüglich in Weſtgothland zu Hauſe iſt. Dieſen ſcheinet alſo Wallerius hier zu verſtehen.

STIRIA *foſſilis, ſeu lapidea*, heißt der Tropfſtein, weil er oft zapfenförmig gefunden wird. Denn Stiria heißt ein Eiszapfen. ſ. Tropfſtein.

STIRIA *lapidea*, ſ. Stiria foſſilis.

STIRIUM, wird von den Schriftſtellern als Geſchlechts- und als Gattungsname gebraucht. Der Gattungsnamen will ich hernach gedenken, hier aber von dem Geſchlechtsnamen folgendes bemerken. Beym Linne f) heißt Stirium, Lapis e terra gypſea. Fragmenta e filis parallelis, approximatis, raſilibus. Der Herr Prof. Gmelin macht hierüber dieſe Erklärung. „Dieſer Stein iſt leicht, und beſte-

---

d) Linne weſtgothländ. Reiſen S. 21. der Originalausg. S. 26. der Ueberſetzung.

e) Mineralogie S. 85.   Syſt. mineral. Tom. I. p. 149.   Gmelin l. c. S. 430.

f) Syſt. nat. XII. p. 47.   Gmelin Linnäiſches Naturſ. Th. I. S. 417.

bestehet deutlich aus Fäden, welche zwar gemeiniglich parallel, doch zuweilen auch wie Strahlen aus einem Mittelpunkte, oder ohne bestimmte Ordnung laufen, oder sich einander kreuzen. Es scheint allerdings, daß er aus dem Wasser entstanden ist, in welchem er zuvor aufgelößt war, und bey dem Niederfallen aus demselbigen ein solches fadenartiges Gewebe angenommen hat." Linné selbst macht noch folgende Anmerkung. — Das Stirium wird von allen unter das Geschlecht des Gypses gerechnet, dessen Natur es auch hat; allein wenn man Kalkspath und Kalkstein trennt, so verlangen es die Regeln eines Systems, Stirium und Gypsum ebenfalls zu trennen. Der Herr Prof. Gmelin übersetzt Stirium durch Federspath. Linné hat unter diesem Geschlecht vier Arten. 1) Stirium gypseum. s. Strahlgyps. 2) Stirium marmoreum. s. Fadenstein. 3) Stirium alabastrinum. s. dieses Wort. 4) Stirium basaltinum. s. Strahlgyps, ährenförmiger.

Gerhardt g) hat auch ein Geschlecht, das er Stirium, und deutsch Strahlgyps nennet. Er verstehet darunter einen gypsigen Stein, der aus Fäden bestehet, petram gypseam filamentosam, und begreift darunter 2 Arten; nemlich den eigentlichen Strahlgyps, und den ährenförmigen Strahlgyps.

STIRIUM alabastrinum Linn. Stirium pellucidissimum fixum coadunatum Linn. Von dieser Art, die Herr Gmelin h) Federspath von Jura nennt, giebt er folgende Nachricht: „Schon die deutsche Benennung zeigt sein schweizerisches Vaterland an. Man findet ihn aber auch bey Chellaston in England, in den siebenbürgischen Salzgruben zu Marmoros, und bey den dürrenbergischen Salzwerken in Sachsen. Er ist so nahe mit dem Strahlgypse verwandt, daß man ihn vermuthlich mit grösserm Rechte für eine blose Spielart desselbigen, als für eine eigne Art hält; doch sind seine Fasern dicht und gedrängt beysammen; der Stein selbst durchsichtig, wie ein Edelstein, und schneeweiß. Er läßt sich der Länge nach in Stücken spalten, in welchen man kaum Streifen gewahr wird.

STIRIUM *basaltinum* L. s. Strahlgyps, ährenförmiger.

STIRIUM *diaphanum solubile fibrosum* L. s. Fadenstein.

STIRIUM *filamentis parallelis* Gerh. s. Strahlgyps.

STIRIUM *gypseum* Linn. s. Strahlgyps.

STIRIUM *marmoreum* L. s. Fadenstein.

STIRIUM *obscurum fixum ramentis decussatis* Linn. s. Strahlgyps, ährenförmiger.

STIRIUM *pellucidissimum fixum coadunatum* L. Stirium alabastrinum.

STIRIUM *pellucidum fixum*

---

g) Beyträge zur Chymie. Th. I. S. 278. f.
h) Am angeführten Orte S. 420. f.

xum fibrosum L. f. Strahlgyps.

Storchsteine, heissen die
Belemniten, davon ich aber kei-
ne Ursache anzugeben weiß. f.
Belemniten.

Strahlbasalt, Strahl-
schörl, Straußasbest, strah-
lenförmiger Basalt, lat. A-
miantus implexus *Linn.* Amianthus solidus, fasciculis fibra-
rum contortis rigidis *Linn.* Talcum fibris rigidis fasciculatis intortis *Linn.* Basaltes particulis fibrosis *Croust.* Nach Linné findet sich diese Amianth-Basalt-
oder Schörlart, wie man sie
nennen will, in der Norberger
Grube, Gmelin i) aber führet
mehrere Gegenden an, wo er gefunden wird. Er zeigt sich,
sagt er, in den mehresten schwedischen Eisengruben, auch häufig in andern Gegenden Schwe-
dens, selbst in Schlesien auf
dem Eulengebürge und bey Reichenstein kommt er, wiewohl
selten, im Serpentinsteine vor.
Er scheint von dem Sternasbest
(f. Sternasbest) nicht wesentlich verschieden zu seyn, und ist
vielleicht nur eine Spielart desselben; überhaupt scheinet er,
wie jener, mehr eine Art des
Basalt als des Asbest zu seyn.
Er schmelzt vor dem Löthrohre
ziemlich leicht zu Glase. Seine
vermeynten Fäden sind immer
etwas durchsichtig, und, wenigstens wenn man sie mit der
Glaslinse betrachtet, glänzend
und eckig, wie Krystalle; sie sind

ganz spröde, meistens ziemlich
grob, und laufen ohne bestimmte Ordnung durcheinander, oder
so, daß sie wie Strahlen, aber
aus verschiedenen Punkten kommen, oder Büschelweise. Der
Stein ist auch sehr hart und
schwer, und hält gemeiniglich
Eisen. Man findet ihn schwarz-
braun, grün, grau und weiß.
Cronstedt k) theilet ihn bloß
nach seiner Farbe ein: 1)
Schwarz, der Gustavsberg in
Jemteland, Utö u. a. O. 2)
Grün, in den mehresten schwedischen Eisengruben. 3) Weiß,
der westliche Silberberg, Pat-
gas, Lillkyrka.

Gerhardt, l) der ihn Basalt
mit liegenden Säulen nennt,
(Basaltes prismaticus decumbentibus, Basaltes radiatus) sagt,
man habe ihn ehedem unter den
Amianth und Asbest gezählt,
davon er sich aber dadurch hinlänglich unterscheide, daß seine
Fäden eine Krystallfigur haben,
da die Figur des Amianths und
Asbests nicht krystallinisch ist.

Sage m) kennet nur den
schwarzen Strahlbasalt, daraus
er eine eigne, nemlich die sechste
Basaltgattung macht, und sagt
von ihm, er werde im Quarz
gefunden, bestehe aus kleinen
unregelmäßig laufenden Fasern,
und sey zuweilen in sechsseitige
Säulen krystallisirt; die schwarzen Theile, die man im Granit
entdecke, wären Stücke von diesem Basalt, auch fänden sich
bis-

---

i) Linnéisches Natursyst. Th. I. S. 478 479.
k) Mineralogie, Werners Ausg. Th. I. S. 167.
l) Beyträge zur Chymie Th. I. S. 378.
m) Mineralogie, Leskens Uebers. S. 126.

bisweilen darinnen mehrere Säulen beysammen.

Strahlbasalt, schwarzer, s. gleich vorher Strahlbasalt.

Strahlen, heisen die einzelnen Zacken von Crystallen, sonderlich wenn sie von einer mittlern bis zu einer ansehnlichen Grösse steigen. s. Crystall.

Strahlender Felsstein, Saxum radians *Linn.* Saxum coriaceum striis atris radiantibus granatisque sparsis *Linn.* Er findet sich, sagt der Herr Prof. Gmelin, n) in einem einigen grossen Steine bey Westra Silfberger. Es ist eigentlich nichts anders, als ein bloser und harter Sandstein, mit schwarzen und ungleichen Schörlstrahlen, welche aus verschiedenen Mittelpunkten auslaufen, und rothen Granaten, welche ohne bestimmte Ordnung hin und wieder liegen. Im strengen Verstande verdient er also nicht den Namen einer eigenen Felssteinart.

Strahlglimmer, Glimmer von ährenähnlichen Schuppen, *Cronst.* Mica particulis acerosis *Cronst.* Mica radians *Wall.* Mica striata *Wall.* Mica particulis oblongis tenuioribus acuminatis *W. fr.* Mica striée, ist unter den Glimmerarten diejenige, welche aus länglichen schmalen und zugespitzten Theilen bestehet. Die länglichen Theile dieses Glimmers sind gleichsam nadel- oder wie sich Cronstedt ausdrückt, ährenförmig; es sind schmale und der Länge nach liegende spitzige Glimmertheile, entweder auf andre Steine angewachsen, oder eingesprengt, davon der Stein bald eine fadenartige und faserichte, bald eine schuppichte Gestalt bekommt.

Wallerius o) nimmt zwey Abänderungen an: 1) Grau, Mica striata cinerea, hat eine Eisenfarbe, ist aber auch oft heller, und kommt zu Fahlun und Norland vor. 2) Schwarz, Mica striata nigra, ist oft in hornartige Steine eingesprengt, und wird bey Salberg und Norberg gefunden.

Cronstedt p) kennet blos die schwarze Abänderung, und sagt, daß sie in dem sogenannten Horngestein, welches in den mehresten schwedischen Kupfergruben, als im Norberge, Florberge und andern vorkommt, gefunden werde.

Strahlgyps, Federspath, Fadenspath, Federweiß, Baumer, strahlichter Gyps, Bom. faserichter Gyps, *Cronst.* asbestartiger Strahlgyps, Gerhardt, lat. Stirium, Stirium asbestinum *Gerh.* Stirium filamentis parallelis *Gerb.* Alumen plumosum *Auct.* Gypsum striatum, Gypsum fibrosum opacum album v. *Born,* Gypsum fibrosum *Cronst.* Alabastrites *Cronst.* Inolithus *Baum.* Inolithus fragmentis indeterminatis *Cartheus.* Gypsum filamentis parallelis compositum *Wall.* Gypsum striatum *Wall.*

---

n) Am angef. Orte S. 611. n. 10.
o) Syst. mineral. Tom. I. p. 388. Uebers. Th. I. S. 346.
p) Mineralogie, Werners Ausg. Th. I. S. 215.

W. Stirium gypseum *Linn.* Stirium pellucidum fixum fibrosum *Linn.* Marmor fixum filamentis perpendicularibus parallelis, fr. Gypse strié. Wird derjenige Gyps genennet, welcher aus lauter gerade nebeneinander liegenden Fäden oder Fasern bestehet. Hr. Werner q) giebt von demselben folgende äussere Kennzeichen an: „Man hat ihn von hell=graulich=gelblich= und röthlichweisser Farbe, nicht selten auch grau, fleischroth und honiggelb. Zuweilen kommen in einem Stücke mehrere dieser Farben streifenweise vor. Er bricht derb, oft nur in dünnen Schichten. Inwendig ist er insgemein wenig glänzend, und von gemeinem Glanz. Sein Bruch ist zuweilen fein= auch grobfaserich, zuweilen schmalstrahlich, (Strahlgyps) beydes aber insgemein gleichlaufend, jedoch öfters etwas gebogen. Eine höchstseltene Abänderung desselben ist faserich und blättrich zugleich, und zwar so, daß die Fasern die Blätter unter einem beynahe rechten Winkel durchschneiden. Er springt meist in langsplittriche Bruchstücke, ist gewöhnlich durchscheinend, oft auch halbdurchsichtig, sehr weich, fühlt sich nicht sonderlich kalt an, und ist nicht sonderlich schwer.

Die Theile, woraus der Strahlgyps bestehet, sind Fäden, oder Fasern, die bald länger bald kürzer, bald gröber bald dünner sind, und die nach einer Richtung genau nebeneinander liegen, wie der Herr von Bomare r) will, bald senkrecht, oder wagerecht, oder schief. Eben so hat der Strahlgyps eine mehrere oder wenigere Durchsichtigkeit, bald ist er halbdurchsichtig, bald fast undurchsichtig. Seine verschiedenen Farben hat vorher Herr Werner angegeben. Da er bald flötzweise, bald in blosen Trümmern bricht, so ist seine Stärke sehr ungleich, und seine Höhe ist nicht allemal die Höhe eines Zolls. Oben und unten, wo er entweder an und auf Gypslagen, oder in einer blosen Erdlage liegt, ist er überaus dicht, und man kann es auch durch das schönste Vergrösserungsglas nicht erkennen, daß er faserich ist; sobald er sich aber im Bruche zeigen kann, so ist sein faserichtes Gewebe auch so deutlich, daß man es sogar bey den feinsten Fäden mit dem blosen Auge erkennen und unterscheiden kann. Wenn der Bruch noch frisch ist, so glänzen die Fäden gemeiniglich, wie ein feiner Glimmer, und wenn man sie zerreibt, und unter ein Vergrösserungsglas bringt, so sind sie so durchsichtig und so hell, wie ein reiner Krystall. Derjenige Strahlgyps, der in thonigten Lagen gefunden wird, hat bisweilen noch einige thonigte Theile in sich, welche zwar die Richtung der Fasern eine kurze Zeit unterbrechen, die aber sogleich, wenn die thonigte Einlage aufhört, wieder in ihre Richtung kommen.

Unter

---

q) In seiner Ausgabe des Cronstedt Th. I. S. 51.
r) Mineralogie Th. I. S. 130.

Unter allen Schriftstellern hat der Herr Prof. Gmelin) den Strahlgyps am ausführlichsten also beschrieben: „Man findet ihn in Sina, in Liefland, Curland (bey Baldon,) bey Fabun in Dalekarlien, in Schonen Deland, Westgothland, bey Chellaston in England drey englische Meilen von Derby, bey Gmünden in Oberösterreich, in Thüringen bey Jena und Erfurth, im Saalkreisse bey Lieskau, Köfen und Dölau, in Magdeburg bey Stasfurth und auf dem arminischen Berge bey Rüdersdorf, bey Weinsheim, in Würtenberg bey Insingen, im Closteramte Bebenhausen, im Rosenfelder Oberamte am Fusse des untern Heubergs, und bey Stuttgardt, bey Waldenheim sechs Meilen von Strasburg, und in Spanien in dem Berge zu St. Claube. Er bricht theils Flözweise in einer Thonlage zwischen Kalksteinflözen, oder zwischen Schiefern, deren Schichten er gleichsam zusammenlöthet, in Alaungruben aber setzt er trümmerweise durch Gyps- und Alabasterflötze hindurch. Er braußt nicht mit Säuren auf, und zeigt sich überhaupt in allem wie eine wahre Gypsart; er ist leicht, im Bruche wenig glänzend, und so weich, daß man ihn gemeiniglich zwischen den Fingern zerreiben kann. Er besteht aus ziemlich langen, dicht aneinanderstosenden Fäden, welche bald gröber, bald sehr fein, bald durchsichtig, bald undurchsichtig sind, und zwar immer parallel, aber bald gerade, bald krumm, bald ganz senkrecht, bald wagerecht, bald etwas schief laufen; er gleicht darinnen oft so sehr einem Amianth oder Asbest, daß man ihn würklich dem ersten Anschein nach dafür halten sollte; aber sein Verhalten im Feuer zeichnet ihn deutlich davon aus. Gemeiniglich ist er weiß, man findet ihn aber auch röthlich, fleischroth, roth, gelb und braun oder auch geädert; diese Farben verlieren sich alle im Feuer, und der Stein brennt sich im Feuer so weiß als Kreide, und färbt auch alsdann wie diese ab. Er giebt durch das Brennen einen treflichen Gyps, und wird nicht nur darzu, sondern auch mit grossem Vortheil von den Goldschmieden zum Formen gebraucht; in Thüringen braucht man ihn roh, und zerrieben als Streusand. Zuweilen bilden diese Fasern, aus welchen der Stein bestehet, dichte rhomboidalische Blättchen und Scheiben, und der Stein läßt sich darnach spalten; dann führt er bey einigen Schriftstellern den sehr uneigentlichen Namen: Schieferalaun, oder *Alumen scissile*. Dahin scheint auch der klare, dichte und durchscheinende Gyps zu gehören; aus welchem Wallerius eine eigene Art macht; er läßt sich viel mehr in Fäden als in Scheiben theilen."

Der Herr Prof. Cartheuser, 1) der den Strahlgyps unter den fadenähnlichen oder faserichten

---

s) Linnäisches Natursystem des Mineralr. Th. I. S. 417.
1) Elementa mineralogiae p. 18.

ten Steinen hat, hat demselben ein eignes Geschlecht angewiesen, und er glaubt dazu ein Recht zu haben, weil seine faserichte, ganz eigne Zusammensetzung, und seine grosse Zerbrechlichkeit, ihn von allen andern Gypsarten unterscheiden. Andre, welche den Strahlgyps als eine Gattung des Gypses betrachten, thun auch nicht unrecht, weil er sich im Feuer gerade so wie Gyps verhält.

Da unser Strahlgyps von Einigen Federweiß, und von andern Federalaun genennt wird, so ist es Pflicht für mich, anzuzeigen, wie man ihn von dem Amianth, wohin das eigentliche Federweiß gehöret, und von dem Federalaun unterscheiden könne. Der Herr Rath Baumer u) sagt, daß die Fasern des Strahlgypses weicher, als die Fäden beym Federalaun zu seyn pflegen, und sein Geschmack ist nicht angreifend und zusammenziehend auf der Zunge. Die Fasern des Strahlgypses sind spröder und zerbrechlicher, als die Fasern beym Amianth. Der wahre Federalaun läßt sich im Wasser auf, und das thut der Strahlgyps nicht, nur muß man den Federalaun nicht in den Officinen kaufen, weil man daselbst gemeiniglich Strahlgyps für Federalaun bezahlen muß. x) Den Amianth und den Strahlgyps unterscheidet am leichtesten das Feuer, in dem der Strahlgyps zu Gyps wird, der Amianth aber unveränderlich bleibt.

Verschiedene Schriftsteller haben verschiedene Arten des Strahlgypses angegeben, von denen ich folgende bemerke. Wallerius y) hat nur folgende 2 Arten: 1.) Amianthartiger Strahlgyps. Gypsum striatum filamentis perpendicularibus. Gypsum amianthiforme. *Scheuchzer*, Talcum striatum *Woodw*. Spathum amianthæ simile, id. 2) Schieferalaun. Gypsum striatum, filamentis in lamellas compactis. Alumen scissile. Alumen plumosum. Lapis schistus albus. Talcum album *Kundmann*. Alumen scissile.

In seinem grössern Werke hat Wallerius z) folgende Eintheilung: 1) Gypsum striatum, fibris perpendicularibus, semipellucidum. Halbdurchsichtig mit senkrecht stehenden Fasern. Gypsum amianthiforme, *Scheuchzer*, Talcum striatum *Woodw*. Spathum amiantho simile, *Idem* Tom. II. add. p. 6. Albo reperitur colore. Rydleston in comit. Derby in Anglis. Livonia. Fleischrother und durchscheinender Strahlgyps in abwechselnden Lagern mit Fraueneis, wird auch bey Naumburg in Sachsen gefunden. 2) Gypsum striatum, fibris perpendicularibus opacum. Undurchsichtig (an den Kanten durchscheinend) mit senkrecht laufenden Fasern. Albo colore. Fahlun in Dalekarlia. China. 3) Gypsum striatum, fibris magis confuse

---

u) Histor. natural. lapid. pretiosor. p. 189. f.
x) f. Bomare Mineralogie Th. 1. S. 288.
y) Mineralogie S. 74.
z) Syst. mineral. Tom. I. p. 167. Uebers. Th. 1. S. 166.

fuſe et quaſi in lamellas congeſtis; mit untereinanderlaufenden
und gleichſam in Blätter zuſam-
mengehäuften Faſern. Alumen
ſcajolae Pharmaceut. Alumen plumoſum, *Nonnullor*. Videtur lamellare a fibris plus minus ordi-
nate in lamellas concretis; diver-
ſo colore albo, rubente, variegato, opacum vel pellucidum.
Jena, Strasburg; auch bey Naumburg und Wimmelburg im Thüringiſchen.

Der Herr von Bomare a)
hat vier Arten: 1) Amianth-
förmigen faſerichen Gyps. Gypſe
ſtrié ſemblable à de l'amianthe.
2) Faſerichten dem Federalaun
gleichenden Gyps, oder Feder-
gypsſpath. Gypſum plumoſum.
Gypſum ſtriatum filamentis in lamellas compactis *Wall*. Spathum
gypſeum fibroſum ſubdiaphanum, *Woltersd*. Inolithus fragmentis rhomboidalibus, aut Alumen ſciſſile ſpurium, *Carth*. Alumen plumoſum petreum. Lapis
ſchiſtus albus. Spathum gypſeum
plumoſum. Gypſe ſtrié ſemblable
à de l'alun de plume, ou Spath
gypſeux en plume. 3) Gyps in
ſtrahlförmigen Scheiben, oder
Gypsblumen. Flores gypſi. Spathum gypſeum radiato-lamella-
tum, *Wolt*. Spathum gypſeum
vulgare. Gypſe en lames ſtriées
ou Fleurs de Gypſe. 4) Durchſichtigen und dichten faſerichten
Gyps. Gypſum ſolidum pellucidum fibroſum, *Wall*. Gypſe
fibreux transparent et ſolide.

Gerhardt b) hat zwey Ar-
ten: 1) Strahlgyps, deſſen
Fäden parallel nebeneinander
laufen. Aſibeſtartiger Strahlgyps. Stirium filamentis parallelis. Stirium asbeſtinum 2) Strahlgyps, bey dem die Fäden ährenförmig gewachſen. Aehrenför-
miger Strahlgyps. Stirium
particulis aceroſis. Stirium ace-
roſum.

Cartheuſer c) hat auch nur
zwey Arten: 1) Inolithus fragmentis rhomboidalibus. Alumen
ſciſſile (ſpurium.) 2) Inolithus fragmentis indeterminatis.

Auch der Hr. von Cronſtedt
d) hat nur zwey Arten: 1)
Grobfaſerich. Weiß. Liesland.
2) Zartfaſerich. Weiß. Andrarum, in dünnen Schichten zwiſchen dem Alaunſchiefer.

Brünnich e) hat ebenfalls
nur zwey Arten, wenn er ſagt:
in einigen liegen die Fäden parallel, (Gypſum ſtriatum amianthiforme) in andern unordentlich und blätter- oder federhaft,
(Gypſum ſtriatum plumoſum)
Federgyps, Federſpath.

Werner f) ſagt: „Der fa-
ſeriche Gyps iſt unter den Gypsarten die, welche in der gering-
ſten Quantität, doch insgemein
da, wo andrer Gypsſtein gefunden wird, vorkommt. Derjenige, welcher blättrich und fa-
ſerich

---

a) Mineralogie Th. I. S. 180.
b) Beyträge zur Chymie Th. I. S. 278.
c) Elementa mineral. p. 18.
d) Mineralogie, Brünnichs Ausg. S. 24. Werners Ausgabe
  Th. I. S. 51.
e) Mineralogie S. 24.
f) In ſeiner Ausgabe von Cronſtedts Mineral. Th. I. S. 42.

serich zugleich ist, findet sich bey Wimmelburg. Er macht den Uebergang ins Fraueneiß aus. Der schöne hellweisse kommt in der Gegend von London vor.

Nach der Anzeige des Herrn Georgi g) bricht der Strahlgyps in Rußland und Sibirien mit dem gemeinen Gyps häufig zwischen Thon= und Kalklagen, auch bey Klachta in Daurien; und Strahlgyps in sehr starken Lagen in den revelschen Gypsbrüchen.

Bey Ilmenau bricht er in dem neuen 1783. aufgenommenen Schachte, zwischen Gypsstein, der das Ansehen eines Quarzes hat, und Stinkstein, eben nicht in allzustarken Lagen; derjenige, den ich gesehen habe, gehörte zu der Art, wo die Fasern schräg laufen, und etwas gebogen sind. Seine Fasern sind fein, und seine Farbe ist innig weiß und glänzend.

Nach Herrn Gerhardes h) Anzeige kommt der Strahlgyps im Saalkreisse bey Lieskau, Kösen, Doelau und im Magdeburgischen bey Staßfurth, und zwar am letztern Orte roth vor, so wie er auch zu Rüdersdorf auf dem Armenischen Berge gefunden wird. Am letzten Orte bricht er flötzweise in einer thonigten Lage, die zwischen den Kalksteinflötzen vorkommt. In Alabastergebürgen setzt derselbe Trümmerweise durch die Alabasterflötze hindurch, und er unterscheidet sich also durch die Art,

wie er gefunden wird, von den Fadensteinen deutlich, ob er gleich ebenfalls, wie dieser und der Spath, aus dem Wasser entstanden zu seyn scheinet.

Ich setze noch dasjenige hinzu, was Baumer i) sagt: „Auf den Gypsgebürgen pflegt er Trümmerweise durch die Thon= und Gypslagen durchzusetzen, welches man an den Erfurthischen Gypsgebürgen, besonders an dem Mühlberge und Rothenberge sehen kann. Wo das gypsichte Unterlager des Aethersbergs gegen Wäsigen ausgeht, wird er mit ziemlich langen Fäden gefunden. Auf dem Mühlberge wird weisser, gelblicher, hell= und dunkelrother durchsichtiger angetroffen. Ueberhaupt ist er in den Thüringischen Gegenten nicht selten. Bey Andrarum liegt er in dünnen Lagen, zwischen dem Alaunschiefer, wie uns vorher Cronstedt unterrichtete, und nach Linne ist er auch in Norwegen, Oeland, Westgothland und China zu Hause. Ueberhaupt habe ich bey der Ausarbeitung dieses Artikels der Oerter allenthalben gedacht, wo sich der Strahlgyps findet, daher ich hier die Anzeige der Oerter nicht besonders wiederholen will. Ich bemerke nur, daß er auch im Herzogthum Weimar bey Rastenburg in sehr grossen Stücken gefunden wird, wo ihn die Einwohner klein stossen, und zu Streu= und Scheuersand gebrau=

---

g) In Brünnichs Mineralogie S. 20.
h) Beyträge zur Chymie Th. I. S. 279.
i) Naturgeschichte des Mineralr. Th. I. S. 204

brauchen, ich kann aber die eigentliche Lage daselbst nicht anzeigen; so viel erinnere ich mich von den jüngern Jahren meines Lebens von diesem meinem Geburthsorte, daß ausser dem Städtchen linker Hand auf dem Wege nach Buttstedt zu, gerade unter der Dammerde solcher Strahlgyps in einem ziemlich grossen Lager angetroffen wurde, das, wie der Augenschein zeigte, ehedem ungleich grösser gewesen war.

Strahlgyps, ährenförmiger, Strahlgyps, bey dem die Fäden ährenförmig gewachsen, Gerh. Stirium particulis acerosis. Gerh. Stirium acerosum Gerh. Gypsum fibrosum, fibris abruptis rigidis a Born. Stirium basaltinum Linn.? Stirium obscurum fixum ramentis decussatis Linn.? Von dieser etwas seltenen Steinart erhielt Herr Gerhardt k) ein Stück von Riga. Es ist selbige weiß, und die Fäden sind wie abgebrochen, und stehen übereinander, und einige laufen auch creuzweise hindurch. Herr Gerhardt vermuthet, daß er nur nesterweise breche.

Eben dieser grosse Mineralog glaubt, daß des Linne *Stirium basaltinum* sein ährenförmiger Strahlgyps sey, welches auch der Herr Prof. Gmelin l) vermuthet. Ich theile daher auch dessen Beschreibung mit. Man findet ihn, sagt Herr Gmelin, in Mericien nach Oerelno zu über den übrigen Kalkgebürgsketten, und bey Riga. Ein eigner Stein, der zwischen mehreren Geschlechtern gleichsam in der Mitte ist, der sich im äusserlichen Ansehen wie Kalkstein, mit den Säuern wie Gyps, und in seinem Gewebe wie Strahlgyps verhält. So lange er ganz ist, gleicht er Holzsplittern, die ohne Ordnung untereinander, und nicht dicht beysammen liegen, und sich oft kreuzen; jeder Splitter ist länglicht, ohne bestimmte Gestalt, und an beyden Enden gleichsam abgebrochen; sie bestehet aus Fasern, welche fest unter sich vereinigt sind, und parallel laufen.

Der Herr v. Born m) sagt, daß er sein Gypsum fibrolum, fibris abruptis rigidis, von Dürrenberg in Sachsen erhalten habe. Mir ist diese Steinart noch nicht vorgekommen; ich bemerke aber, daß man diesen ährenförmigen Strahlgyps nicht mit dem Aehrensteine (s. den ersten Band dieses Lexikons S. 18.) verwechseln dürfe, der unter die Amianthe gehöret, und sich im Feuer wie Amianth verhält, d. i. er hält das Feuer aus, da sich hingegen der ährenförmige Strahlgyps im Feuer wie Gyps verhält, d. i. er verwandelt sich in Gypskalk.

Strahlhammer. Bey diesem Worte beruft sich Scheuchzer n) auf die Worte Ceraunia, Belemnites, Crystallus;

---

k) Am angef. Orte S. 280.
l) Linndisches Naturs. des Mineralr. Th. I. S. 421.
m) Ind. Fossil. P. I. p 14.
n) In der Sciagraphia lithologica curios. p. 71.

lus; Gesner o) aber verstehet unter dem Wort Strahlhammer, wie seine Beschreibung und gegebene Abbildung lehrt, einen sogenannten Donnerkeil. In so fern gehörte also die Sache gar nicht unter das Gebiet meines Lexikons, sondern unter Werke der Kunst, und unter Alterthümer; doch aber Belemniten und Krystalle gehören hieher. Beym Belemnit möchte man doch wohl auf die abergläubische Meynung, daß er durch einen Blitzstrahl auf die Erde geschleudert werde, oder auch auf seinen strahlichten Bau gesehen haben. Die Krystallzacken heißen Strahlen. In so fern ließ sich alles erläutern, aber nur das hammerartige möchte doch wohl weder auf Belemniten, noch auf Krystallen passen. s. Belemnit und Krystall.

Strahlichter Flintenstein, faserichter Kiesel, Silex striatus W. fr. Caillou strié. Er hat, wie Wallerius p) sagt, eine weißlichte Farbe, und macht in den englischen Kreidenbergen dünne gerade Schichten. Seiner innern Structur nach ist er dem Strahlgyps völlig gleich, giebt aber mit dem Stahl an manchen Orten mehr, an andern weniger Funken, scheinet also nicht überall von gleicher Härte zu seyn. Wallerius glaubt, daß man diesen Körper unter die Versteinerungen zählen müsse, ob es gleich Verschiedene leugneten. Er habe indeß für nothwendig erachtet, ihn wegen seiner so sonderbaren innern Structur, wodurch er von allen hornsteinartigen Versteinerungen abweiche, hieher unter die Kiesel zu setzen. Ich besitze diese Steinart selbst in mehrern verschiedenen Beyspielen, gestehe es aber aufrichtig, daß ich mir keine Entscheidung zu wagen getraue. Indessen will ich diese Körper so genau beschreiben, als ich kann, und es dann dem Leser überlassen, aus ihnen zu machen, was er will.

Dem äussern Ansehen nach haben sie die weisse etwas in das Graue übergehende Farbe der Conchylienschalen, die in den Kreidenbergen gefunden werden, sie brausen auch sämmtlich etwas weniges mit dem Scheidewasser, einige mehr, andre weniger, keine aber so stark wie Kalkstein und Conchylienschalen zu brausen pflegen. Sie sind also wenigstens nicht von einer reinen kieselartigen Natur. Auch Beyspiele, die ich von der Kreide sorgfältig gereiniget habe, brausen doch noch mit dem Scheidewasser, nun wird aber ihre Farbe schöner weiß, obgleich immer noch etwas graulich, und sie nehmen, stark gerieben, einen merklichen Glanz an. Sie sind hart, doch weicher, als der eigentliche Horn= oder Feuerstein, daher sie auch die Feile stärker angreift, als sie den Feuerstein anzugreifen pflegt. Der Bruch ist, so wie ihn Wallerius angab, strahlicht, wie beym Strahlgyps, mehrentheils überaus fein ge=

---

o) de figuris lapidum p. 62. h.
p) Systema mineral. Tom. I. p. 278. Ueberf. Th. I. S. 260.

gestrahlt. Auch wenn man eine solche Bruchseite anschleift, fällt das Strahlichte nicht weg. Die eine Fläche ist glatt, die entgegengesetzte allemal, doch auf sehr verschiedene Art, gestreift. Hin und wieder findet man Spuren aufliegender Versteinerungen, die aber mehrentheils klein und zart, blos Spurensteine, die mit der Mutter eine Natur angenommen haben. Sie erscheinen in verschiedenen Gestalten, und kein einziges meiner Beyspiele ist dem andern gleich, alle scheinen indessen blose Fragmente zu seyn. Es sind folgende:

1) Ein 2 Zoll langes und 1 Zoll breites Blättchen, von der Stärke eines Messerrückens. Die gestreifte Seite hat schräglaufende, weit auseinanderstehende, doch ungleich geordnete Streifen. Auf dieser gestreiften Seite liegen einige überaus feine Wurmgestalten, einige ganz kleine Fragmente wahrscheinlich von Seeigelstacheln, und zwey den Warzensteinen ähnliche, doch aus lauter feinen Körnern bestehende Körper, und noch einige unkenntliche Fragmente.

2) Ein etwas gebogenes Stük von ungleicher Stärke, 1 1/2 Zoll lang, und eben so breit, in der grösten Stärke weit über einen Viertelzoll. Beyde Seiten haben einige Einbeugungen, die mehresten hat die gestreifte Seite, die aus starken ribbenähnlichen Streifen bestehet, die ziemlich nahe beysammenliegen; diese ganze Seite ist voller Löcher, wie zerfressen. Nirgends aber sehe ich Spuren eines fremden Körpers. Da ich dieses Stück zerschlug, fand ich den neuen Bruch weniger strahlicht, quarzartigen an manchen Stellen einigermasen durchsichtig, an andern ganz undurchsichtig. Der durchsichtigere Theil schlug mehr Feuer, als der undurchsichtige. Hier also der wahre Grund, warum diese Steinart an manchen Orten weniger, an andern mehr Feuer schlägt.

3) Ein ungleich breites Stück, 1 1/4 Zoll lang, 1 Zoll in seiner grösten Breite, und 1/4 Zoll dick. Die gestreifte Seite hat feine, doch ungleiche, dicht nebeneinander liegende Streifen, die dieser Seite beynahe ein schilfrichtes Ansehen geben. Auch an diesem Stücke habe ich keine Spur eines fremden Körpers gefunden.

4) Ein einem gespaltenen Kegel oder Belemniten ähnliches Stück, 1 1 2 Zoll lang, 3 4 Zoll breit, doch oben etwas schmäler als unten. Es scheinen sich verschiedene, wenigstens 2 oder 3 Lamellen übereinander gelegt zu haben. Die untere Seite, die wir uns als gespalten gedenken wollen, ob sie es gleich wahrscheinlich nicht ist, hat eine grosse ungleiche strahlichte Vertiefung, die einer ofnen

Schröters Lex. VII. Theil. R Rinne

Rinne gleicht, und in dieser liegt ein Fragment von einer inwendig feingestreiften Muschel von der Art, die man Pectunculiten nennt, welches von gleicher Steinart mit der Mutter ist.

5) Ein ebenfalls einem gespaltenen Kegel gleichendes Stück, 1 Zoll lang, 3/4 Zoll in der grösten, 1/2 Zoll in der geringsten Breite, 1/4 Zoll stark. An diesem Stück ist nur der untere breiteste sogenannte Bruch strahlicht, der obere ist ganz glatt, die eine scharfe Seite ebenfalls glatt, die entgegenstehende 1/4 Zoll breite hat starke regelmäßige, und unregelmäßig stehende Queerribben, die von den feinsten senkrechten Strichen durchschnitten werden. Die gestreifte Seite ist mehr gerunzelt, oder schilfricht, als gestreift zu nennen. Auch hier finde ich keine Spur eines fremden Körpers.

6) Eine Feuersteinkugel, in welcher Eindrücke und Fragmente der beschriebenen Steinart liegen. Die nicht völlig runde Kugel ist von aussen schwarzgrau, wahrscheinlich inwendig ganz schwarz. Die Fragmente sind klein, tief in den Feuerstein eingedrückt, und haben mehrentheils eine unbestimmte Gestalt. Nur ein einziges gleicht so ziemlich derjenigen Trochitenart, die man Tönnchens zu nennen pflegt.

Wenn man nun dasjenige zusammen nimmt, was ich von diesen Körpern überhaupt gesagt habe, so glaube ich folgern zu dürfen, daß man sie schwerlich unter die Versteinerungen wird rechnen dürfen; und wenn man dem nachdenkt, was ich bey N. 3. über den innern frischen Bruch sagte, so werden wir diese Steinart auch nicht unter das Geschlecht Silex oder Kiesel rechnen dürfen. Ich glaube, nach dem Aeussern zu urtheilen, sie gehöre unter den Feldspath, eine Muthmasung, die freylich der Scheidekünstler bestätigen oder verwerfen kann.

Strahlkeil, s. vorher Strahlhammer. Denn im Scheuchzer werden die Worte: Strahlhammer, Strahlpfeil, Strahlkeil, Strahlstein, Ceraunia, Belemnites und Crystallus für gleichgeltend ausgegeben; doch möchten die sogenannten Donnerkeile auf den Namen der Strahlkeile unter allen übrigen den sichersten Anspruch machen können.

Strahlmuscheln, hiesen bey unsern Vorfahren vorzüglich diejenigen Muscheln, die im Steinreiche unter dem Namen der Pectiniten bekannt sind. Sie nahmen eben von denen Streifen, welche vom Wirbel herab wie Strahlen liefen, die Ursache der Benennung. s. Pectiniten. Indessen blieben sich die Schriftsteller der vorigen Zeit nicht getreu, und gaben diesen Namen bald diesen bald jenen Muscheln, davon hier weitläuftig zu handeln der Ort nicht ist. Dies muß ich aber anführen, daß

Wald-

Walch q) das Wort Strahl=
muschel von den Pectiniten aus=
drücklich trennt, und darunter
Muscheln verstehet, welche zarte
dünne Erhöhungen, wie subtile
Reifchen in einer ziemlich weiten
Entfernung voneinander, haben,
die sich über sie her verbreiten,
und die insgesamt aus dem
Mittelpunkt gezogen sind, so
daß sie einem Sonnenzeiger
ähnlich sind, daher auch die na=
türlichen diesen Namen zu füh=
ren pflegen. Das sind eigent=
lich die Compaßmuscheln, die
aber im Steinreiche gar keine ge=
meinen Erscheinungen sind. s.
Compassen versteend.

Strahlpfeil, s. vorher
Strahlkeil. Der Name des
Strahlpfeils möchte unter al=
len daselbst angeführten natür=
lichen und künstlichen Körpern
auf den Belemnit am besten
passen. Denn wenn wir auch
nicht annehmen wollten, was so
erweislich falsch ist, daß der Be=
lemnit durch den Blitzstrahl auf
die Erde geschleudert werde, so
hat doch der Belemnit einen
pfeilförmigen Bau und einen
strahlichten Bruch. s. Belemnit.

Strahlquarz, s. Quarz,
strahlförmiger, im fünften
Bande, S. 367.

Strahlschörl, s. Strahl=
basalt.

Strahlsteine, heisen die
Belemniten, weil die Alten
vorgaben, daß sie vom Wetter
aus der Luft auf die Erde ge=
schleudert würden. Wollte man
ja diese Benennung beybehalten,

ohne an dieser Unwahrheit Theil
zu nehmen, so sollte man lieber
auf ihren strahlichten Bruch se=
hen, den man an allen Beyspie=
len findet, wenn ihnen entweder
der vordere leere Theil, worin=
nen die Alveole zu sitzen pflegt,
oder die Endspitze fehlt. s. Be=
lemnit.

Strahlwurzel, so nen=
net Walch r) die Basin des
Pentacriniten, oder wie die Ab=
bildung im Knorrischen Petre=
factenwerke p I. ob. VII. v. fig.
4. lehrt, die Basin, oder wie
sie eigentlich heißt, den Gelenk=
stein des Encriniten. s. En=
crinit und Gelenkstein. Es
war dies freylich ein eignes Bey=
spiel, das von den gewöhnlichen
gänzlich abweicht. "Der Umkreis
derselben ist nicht, sagt Herr
Walch, wie bey den gemeinen
Arten, ein von fünf geraden,
oder nur leicht gekrümmten Li=
nien formirtes Fünfeck, sondern
so ausgeschweift, daß der Stein
dadurch das Ansehen einer regel=
mäsigen fünfblätterichen Stern=
blume erhält. Diese Aehnlich=
keit, auch in Ansehung der O=
berfläche, noch übereinstimmen=
der zu machen, hilft die Gestalt
und Bildung der Blätter, oder
Segmentorum, aus welchen die=
selbe zusammengesetzt ist. Denn
diese sind nicht conver, sondern
concav, ihre Form ist beynahe
rhomboidalisch, und die Fugen,
wo sie zusammenstosen, laufen
nicht durch die Spitzen, oder her=
vorstehenden Ecken, ihre Rich=
tung gehet von dem Mittelpunkt

---

q) Naturgesch. der Versteiner. Th. II. Abschn. I. S. 67.
r) Naturgesch. der Versteiner. Th. III. Kap. IV. S. 204. n. 4.

nach der Mitte der einwärts ge=
bogenen Seiten." Ueberhaupt
kommen diese Strahlwurzeln oder
Gelenksteine in so vielfältigen
Abänderungen vor, daß wir es
aufrichtig gestehen müssen, daß
wir das Geschlecht dieser Zoo=
phyten, die wir Encriniten nen=
nen, noch gar nicht hinlänglich
kennen. Einige dergleichen son=
derbare Gelenksteine habe ich im
XVIII. Stück des Naturfor=
schers S. 141. f. beschrieben.
Sie sind sämmtlich feuersteinar=
tig, und aus der Herrschaft
Heydenheim im Würtenber=
gischen.

**Strandmondschneck=
ke**, Turbo littoreus L. Turbo
testa subovata, acuta, striata,
margine columnari plano L. fr.
Vignot, ou Guignette, le Marron
roti, holl. gelinierde Alikruik,
Lister Hist. Conchyl. tab. 585.
fig. 43. Lister Hist. animal.
tab. 3. fig. 9. Gualtieri Ind.
Testar. tab. 45. fig. A. C. G.
Argenville Conchyl. tab 6. fig.
L. Argenville Zoomorph. tab.
3. fig. A. Chemnitz Conchyl.
Th. V. tab. 185. fig. 1852. N.
1. bis 8. Linne westgothl. Rei=
sen tab. 5. fig. 4. von Born
Muſ. Cael. Vindeb. Testac. tab.
12. fig. 13. 14. Schröter Fluß=
conchyl. tab. 8. fig. 5. tab. 11.
Minor C. fig. 5. Baster Ope=
ra subcess. Lib. III. tab. 14. fig.
1. Nach Linne hat die Strand=
mondschnecke einen etwas cy=
förmigen Bau, sie ist scharfspi=
zig und gestreift, und der Rand
der Spindelsäule ist platt. Der
Bau dieser Schnecke ist rund und
gewölbt; die erste Windung ist
grösser als die folgenden sechs,
die sich zwar in eine scharfe Spi=
tze endigen, dennoch aber nur
einen kurzen und stumpfen Wir=
bel bilden. Die Windungen sto=
sen genau zusammen, dergestalt,
daß man sie kaum voneinander
unterscheiden kann. Die Mün=
dung ist etwas länglich, mehr
oval als rund zu nennen. Die
Mündungslefze ist scharf, und
die Spindellefze ist breit gedruckt
oder platt. Sie wächset höch=
stens 1 1/4 Zoll hoch. Die
Bauart ist an ihnen so verschie=
den, als die Zeichnung. Einige
sind gestreckter, und andre kür=
zer und abgerundeter. Ueber
alle laufen feine Queerstreifen.
Einige haben eine schwarze oder
schwarzbraune Grundfarbe mit
untermischten weissen Queerli=
nien; andre haben eine dunkel=
braune Grundfarbe mit noch
dunklern Linien; noch andre ha=
ben auf fahlen oder gelbbraunen
Grunde dunkelbraune breite oder
schmälere Linien; noch andre ha=
ben eine gelbliche Grundfarbe
mit dergleichen Queerlinien und
eine grünliche Spitze. Diejeni=
gen, welche bläulich erscheinen,
haben von dem Orte, wo sie la=
gen, eine fremde Farbe erborgt.
Abgeschliffen nehmen sie eine
sehr schöne Politur an. Meh=
rentheils ist ihr Schlund braun,
und zuweilen ist die Mündung
inwendig weiß eingefaßt. Ei=
gentlich hält sich diese Schnecke
an allen Stranden der euro=
päischen Meere häufig auf, in=
sonderheit fand sie Lister in Eng=
land, Linne in Westgothland,
der es uns zugleich sagt, daß
man sie an den Norwegischen
Ufern häufig finde, wo sie, wie
Linne

Linné aus Ström sagt, und Fabricius und Chemnitz wiederhölen, denen dasigen Einwohnern einen Wink von der abwechselnden Witterung geben. Wenn sie nemlich an dem Felsen, wo sie in unzähliger Menge hängen, weiter hinauf kriechen, so weiß man aus vieljähriger Erfahrung, daß ein Sturm entstehe; kriechen sie aber nach der Tiefe zu hinunter, so bleibt die Witterung ruhig. s)

Ich führe diese Beschreibung einer natürlichen Seeschnecke darum an, weil uns der Herr Prof. Gmelin versichert, t) daß sie auch im Steinreiche vorhanden sey. Man findet sie, sagt er, zuweilen noch mit der weißlichten Schale, und öfters mit Kalkkrystallen ausgefüllt, auf dem Randberge in der Schweiz und bey Wien in Oesterreich, auch bey Birsen, bey Biberach (zuweilen auf ihrer Oberfläche mit Mahlereyen von Bäumchen gezeichnet) und Nördlingen in Schwaben.

Ich selbst besitze in meiner Sammlung einige Versteinerungen, die hieher zu gehören scheinen. Da sie aber mehrentheils Steinkerne sind, und eine äusere Aehnlichkeit gerade noch nicht diese oder jene Gattung bestimmt, so wage ich es nicht, hierüber etwas Bestimmtes zu sagen.

Strandquarz, Quarzum selectum L. Quarzum vagum rotundatum cortice laeviga-to L. also abgerundete mit einer glatten Rinde umgebene Quarzstücke. Linné sagt, daß man diesen Quarz an den Ufern der See finde, daß er von Einigen unächter Diamant genennet werde, und auch in der That in Rücksicht auf die Durchsichtigkeit den ächten Edelsteinen nahe komme. Aus dem allen folgt, was schon der Herr Prof. Gmelin muthmaset, u) daß er eine bloße Spielart des *Quarzi nobilis* des Linné, oder des sogenannten durchsichtigen Kiesels sey, den ich im 3ten Bande S. 199. f. beschrieben habe. Er scheinet mit diesen einerley Ursprung zu haben, man mag nun mit einigen annehmen, daß es eigentliche Kiesel sind; oder mit andern behaupten, daß es abgerundete Krystalle sind. Selbst Linné scheinet dieses dadurch selbst einzuräumen, weil er Quarzum selectum und Quarzum nobile als die einzigen beyden Arten einer Classe betrachtet, die er *Quarzum vagum* nennet.

Straubhörner, oder Straubschnecken. In den Schriften der Conchylienbeschreiber wird dieses Wort in einem gar vielfachen Verstande genommen, und beynahe jeder Schriftsteller gebraucht dieses Wort, wenigstens als Gattungsnamen, nach eignem Gefallen. Lange x) macht unter den Straubschnecken, oder wie er das Wort schreibt, Straub=Schnäcken, und unter den

---

s) Schröter Einleit. in die Conchylienk. ꝛc. Th. II. S. 5. 6. 7.
t) Linnäisches Naturf. des Mineralr. Th. IV. S. 75.
u) Am angef. Orte Th. I. S. 520.
x) Methodus testacea marina distribuendi p. 38. und 44.

den Straubhörnern einen Unterschied. Straubschnecken sind bey ihm die sogenannten Strombi, von denen er den Begriff giebt: sunt cochleae marinae ore et mucrone simul insigniter elongatis et prima spira notabiliter angustiore quam in Buccinis. Straubhörner sind hingegen bey ihm die (*res Legeri*) nimmt zwar das Wort Straubschnecke im Register ebenfalls für Turbo und Strombus zugleich, im Buche selbst aber hat er beyde getrennt; da sind bey ihm die Straubschnecken, Strombi, längliche Schnecken, deren erstes Gewind meistens länger ist, als die andern übrigen Gewinde, jedoch ist es nicht so dickbäuchig, als an denen Kinkhörnern; und der Mund der Schale ist nicht so weit, als an jenen, sondern vielmehr lang und schmal. Klein z) nennet zwar im Register die Straubschnecken ausdrücklich, auch im Werke selbst ist Strombus ein eignes Geschlecht, aber er versteht darunter die Nadeln, Strombi sunt canales spirales in Conum acutum et longum contorti, also eigentlich ist bey ihm Strombus, was bey andern Schraubenschnecken, Turbines, sind. Beym Martini a) machen die Straubschnecken die vierte Gattung der Kinkhörner aus, welche die schmalbäuchigen, mehrentheils gezahnten, oder bey der Spindel gefalteten, Buccina ventre angusto et compresso, columella

plerumque dentata seu plicata, Strombi, mehrentheils Conchylien, die nach Linne unter das Geschlecht gehören, das er Voluta nennt, unter sich begreift. So sehr weichen die Methodisten voneinander ab, wenn sie dies Wort als Geschlecht betrachten. Fast noch willkührlicher gebraucht man das Wort von einzelnen Conchyliengattungen, davon ich nur einige Beyspiele anführen will. So heißt z. B. die knotige Canarienschnecke, die nach Linne unter Strombus, nach andern unter die Flügelschnecke gehöret: die canarische Straubschnecke. Das Francheborn, Strombus lucifer L. auch eine Flügelschnecke, heißt die gekrönte, auch die pyramidenförmige Straubschnecke. Das persianische Kleid, Murex trapezium, heißt die braune mit Buckeln besetzte Straubschnecke, oder auch die Straubschnecke, die am Munde eine lange Röhre hat. Das trauernde Täubchen, Voluta mendicaria L. heißt die Straubschnecke von Gestalt wie ein Olivenkern, u. s. w. Für das Steinreich versteht man unter den Straubschnecken gemeiniglich die Strombiten.

Straubschneckensteine, oder

Straubschnecken, versteinte, s. Strombiten.

Strausasbest. Dies Wort hat bey den Schriftstellern verschiedene Bedeutungen. Bey eini-

---

y) Im Register voce Strombi, und S. 286. §. 60.
z) Method. ostracolog. S. 26. §. 71. f.
a) Neues systemat. Conchylienk. Th. IV. S. 195.

einigen führt der Strahlbasalt diesen Namen. s. Strahlbasalt. Bey andern wird das Federweiß also genennet. s. Federweiß. Ich will indessen hier die Nachricht des Herrn Prof. Gmelin b) noch hinzusetzen, weil ich dies schätzbare Buch bey der Ausarbeitung des zweyten Bandes noch nicht nützen konnte. „Federamianth, Glasamianth, Federweiß, fälschlich Federalaun, falscher Asbest, Straußasbest. Alumen plumosum, fälschlich bey vielen, Amianthus fragilis L. Er zeigt sich in Lappland, in den schwedischen Gruben bey Dannemora, Fahlun und Sahlberg, wo er zuweilen durch den Bleyglanz durchsetzt, und bey Reichenstein in Schlesien unter dem andern Amianth, auch bey Bakabanyan in Niederungarn. Er glänzt wie Seide, und springt in Splitter; seine Fäden laufen gleich; bald gerade, bald krumm, sie sind steif, zerbrechlich, kurz, scharf und breiter, als beym Bergflachs und Bergdun; sie lassen sich nicht leicht voneinander trennen, aber gemeiniglich zwischen den Fingern zu Staub zerreiben; zuweilen sind sie etwas härter, und zugleich durchsichtig, wie Glas, bald grünlicht, bald schneeweiß, bald graulicht. Es läßt sich sehr leicht von dem wahren Federalaun unterscheiden, der den süßlicht herben Alauungeschmack hat, da dieser Federamianth ohne Geschmack ist. Für den Arzt, der den Federalaun innerlich gebraucht, ist dieser Unterschied wichtig; da der Federamianth durch seine harte Spitzen leicht als ein mechanisches Gift würken kann: wenigstens erregt er, äusserlich aufgestreut, Jucken, Röthe und Entzündung, und wird in dieser Absicht von einigen Aerzten äusserlich in gelähmten Gliedern empfohlen.

Streichstein, wird der Probierstein genennet, weil man auf ihm Gold und Silber streichen, und ihre Güte prüfen kann. s. Probierstein.

Streifschale, ist ein verunglückter Name des Professor Müllers, c) womit er eine Versteinerung belegt, die im Linné die feingestreifte Anomie, Anomia striatula, oder Anomia testa subrotundo-dilatata, utrinque gibba striata, valvis aequalibus, heißt. Es ist also eine Anomie, die abgerundet, aber breit ist, zwey gleiche gewölbte und gestreifte Schalen hat. Linné erklärt sich näher. Die Schale ist zwar abgerundet, aber noch einmal so breit, als sie lang ist, die Unterschale ist gewölbter als die Oberschale, und diese Oberschale hat einen zarten Rand. Linné legt ihr eine Aehnlichkeit mit seiner abgestumpften Anomie, Anomia truncata, bey, sagt aber, daß diese letztere durch den Ausschnitt am Schlosse, und durch die eine platte Hälfte, von der Anomia striatula unterschieden

---

b) Linnéisches Naturs. des Mineralr. Th. I. S. 473. n. 3.
c) Linnéisches vollständ. Natursr. Th. VI. S. 322. conf. Linné Syst. nat. ed. XII. Tom. I. p. 1152. sp. 228.

den sey. Linne sagt von unserer Anomie, daß sie unter die Fossilien gehöre, und folglich unter die Versteinerungen, er wußte aber keinen Ort anzugeben, wo sie sich finde. Diese Lücke füllt uns der Herr Prof. Gmelin d) aus, welcher uns versichert, daß man sie bey Wittney in England, kiesicht mit Kalkstein ausgefüllt, bey Pliespach in Würtenberg, bey Busweiler in Elsaß, im Canton Basel, auch bey Huitlingen im Canton Bern, und bey Kranich unweit Prag in Böhmen in schwarzen Kalkstein finde.

STRIATULA carbonaria des Luid n. 199. oder Lithophyltum sinuatum, facie arundinea in Scheuchzer Nomenclat. lithology. p. 71. gehöret ohne Zweifel unter die unbekannten Schilfarten, wahrscheinlich zu den Ori und Osmu. davon ich im sechsten Bande S. 229. Nachricht gegeben habe. Denn obgleich Luid und Scheuchzer nichts davon erwähnen, ob diese Versteinerung Stacheln oder wenigstens Spuren davon zeige? so gestehen sie doch einige Aehnlichkeit dieses Körpers mit dem Schilfe zu, und das Sinuatum, das äussere wellenförmige Ansehen, ist den gemeinen Schilfen, so viel wir derselben kennen, nicht eigen.

Strickduplet, s. hernach Strikduplet.

STRIGILARIA anthraci-
na littoralis, s. Xylosteon nigrum marmoreum, strigilis instar pectinatum, Luid n. 1558. Scheuchzer am angef. Orte. Eine Versteinerung, über welche ich kein Urtheil fällen kann, weil ich den Luid nicht besitze, dessen Benennungen oft aus dem Zusammenhange erklärt werden müssen.

STRIGOSULA des Luid n. 539. Ostracitae congener Conchites, a strigis seu sulcis altius exaratis sic dicta. Scheuchzer am angef. Orte. Eine Ostracitengattung, wahrscheinlich die folgende Art, wenigstens mit derselben verwandt.

STRIGULOAE, sind beym Scheuchzer solche Austern, die mit senkrechten, mehrentheils schilfrichten, oft knotigen Streifen versehen sind. Walch nennet sie Ostreopectiniten, darüber man seine Erklärung im fünften Bande dieses Lexikons S. 91. nachlesen kann.

Strikduplet, die Buchstabenmuschel, die spanische Matte, lat. Venus litterata L. fr. l'Ecriture Arabique ou Chinoise, la Natte de Jonc, holl. gestrikte of Spaansche Mat, Strikdouber, sind eine Art der Venusmuscheln, davon Chemnitz e) folgende Beschreibung giebt. „Da die Zeichnung dieser Muscheln einigen lateinischen und chinesischen Buchstaben gleicht, und ineinandergeflochtene Schlingen und Stricke vorstellt, so ist es

---

d) Linnäisches Naturs. des Mineralr. Th. IV. S. 45.
e) Fortgesetztes System. Conchylien. Th. VII. S. 39. Die seltenern Abänderungen der Nachtmuscheln u. dgl. die Chemnitz S. 41. bis 45. beschreibt, übergehe ich hier, weil sie nicht zu meinem eigentlichen Zwecke gehören.

es leicht zu begreifen, und zu erklären, warum ihnen die angeführten Namen ertheilet, und sie von einigen die chinesischen Schrift = und Buchstabenmuscheln, von andern aber japanische Matten, oder auch Strikdupletten genannt worden. Sie haben eine breite eyförmige ziemlich erhobene und gewölbte, vorne etwas umgebogene und verlängerte, hinten aber verkürzte und verengerte Form und Bauart. Sehr viele nahe beysammenstehende Queerstreifen, welche Linné als gekerbt beschreibt, legen sich über die Oberfläche hinüber. Der Grund ist bey einigen weiß, bey andern gelblich, und wird von vielen schwärzlichen Zikzaklinien, die Charaktern, oder einigen chinesischen und lateinischen Buchstaben, insonderheit dem W und M gleichen, zierlichst bezeichnet. Die länglichte Spalte ist weit und offen. Die Lippen derselben sind breit und stumpf. Das Ligament ragt nicht hervor. Beym After zeigt sich ein vertiefter länglicht eyförmiger Eindruck, der oftmals eine bräunliche Zimmtfarbe hat. Die Wirbelspitzen kehren sich zum After hinüber. Das Schloß lieget ausser der Mitte, und macht hierdurch diese Muschel sehr ungleichseitig. Im Schlosse stehen drey Zähne nahe beyeinander, davon der mittelste gespalten ist. Der Rand ist glatt, und die innern Wände sind weiß. Einige zarte senkrechte Streifen laufen an denselben von der Wirbelhöhle herab. Es wohnen diese Muscheln in den ostindischen Meeren vorzüglich bey den moluckischen Inseln. Sie sind ziemlich rar und selten." Meine größte Duplette ist über 2 Zoll lang, und über 3 Zoll breit. Das ist die Muschel, welche folgende Schriftsteller abbilden: Lister Hist. Conchyl. tab. 402. fig. 246. Bonanni Recreat. Class. II. fig. 67. Bonanni Mus. Kircher. Class. II. fig 67 120. Rumph amboin. Raritätenk. tab. 43. fig. B. Valentyn Abhandl. tab. 13. fig. 6. tab. 14. fig. 13. Petiver Aquat. Ammboin. tab. 18. fig. 2. Gualtieri Ind. Testar. tab. 86. fig. F. Argenville Conchyl. tab. 21. fig. A. Regenfuß Th. I. tab. 4. fig. 39. Knorr Vergnüg. Th. I. tab. 6. fig. 4. Chemnitz Conchyl. Th. VII. tab. 41. fig. 432. 433. 434.

Ich führe diese Nachricht von einer natürlichen Muschel darum an, weil sie unter den Versteinerungen vorhanden seyn soll. Ihrer wird nemlich in dem Museo Chaisiano p. 97. unter dem Namen *versteendes Strikdublet* gedacht. Nur wird gefragt: wohin wird sie der Litholog legen? Daß sie Linné unter den *Veneribus* habe, und nach seinem Eintheilungsplane haben müsse, das haben wir oben gehört. Meuschen f) und Martini, g) mit ihnen Rumph, Petiver, Gualtieri, Argenville und Davila

---

f) Mus. Leersianum p. 136. n. 1315.
g) Verzeichniß einer auserlesenen Sammlung von Naturalien. S. 138. n. 348. *.

vila h) haben sie unter den Chamen; hingegen Bonanni, i) Klein k) und die Encyclopädie l) haben sie unter den Tellinen. Dahin muß sie auch im Steinreiche gelegt werden, weil man sich eben unter den Telliniten solche Muscheln gedenkt, die flach gebaut, und breiter als lang sind. s. Telliniten.

STRIK-DOUBLET, holl. s. Strikduplet.

Strombiten, versteinte Straubhörner, oder Straubschnecken, lat. Strombus, Strombites, Cochlites turbinati plurium turbinum specie Stromborum W. Conchyliolithus cochleae Strombi testa conica, angusta orificio elongato *Carth*. fr. Strombites, holl. versteende Pennen, of Penhoorns, versteende Naalden, (doch gehen diese holländischen Namen zugleich auf die Turbiniten) sind lang und flach gewundene Schrauben. Hier haben wir ein Geschlecht der Schnecken vor uns, in welchem in den Schriftstellern eine sehr grosse Verwirrung herrscht. Da das griechische Wort στρόμβος eben das bedeutet, was das Wort *Turbo* anzeigt, nemlich einen Kräussel, womit die Knaben zu spielen pflegen, so war es wohl ganz natürlich, daß die Namen Strombus und Strombites, und Turbo und Turbinites, ehedem einerley Schnecken bezeichneten, und mehr noch, als was wir heutzutage unter Turbiniten und Strombiten verstehen; und da in unsern Tagen Turbiniten und Strombiten bald getrennt, bald vereiniget werden, so ist leicht einzusehen, wie gros hier die Verwirrung sey. Man wiederhole hier, was ich vorher bey dem Worte Straubschnecken sagte, und nehme dann folgendes hinzu, was ich noch sagen will.

Plinius m) brauchte das Wort *Strombus* zwar von einer Conchylie, aber er gab von ihnen gar keine Beschreibung, er redete blos von seinen Heilskräften. Seine Nachfolger hatten also volle Freyheit, aus dem *Strombus* zu machen, was sie nur wollten, und die mehresten erklärten sich dahin, daß bey ihnen *Strombus* und *Turbo* völlig einerley war. Agricola n) sagt, daß der Strombit einer Wasserschnecke gleiche, habe einen

---

h) Catalog. system. Tom. I. p. 344. n. 787. Une grande Came des Indes --- --- espéce que l'on nomme en France Ecriture Arabique ou Chinoise en Hollande la Natte de Jone.

i) Mus. Kircher. p. 448. n. 120. Tellinam seu potius concham laevem dicam, quae sub hoc numero apparet.

k) Method. ostracol. p. 157. §. 393. n. 1: Tellina litterata et circinnata oblonga &c.

l) Recueil de Planches tom. 6. tab. 71. fig. 4. Cette Telline est du genre de celles dont les bords sont lisses en dedans. On la nomme l'Ecriture Chinoise.

m) Hist. nat. Lib. XXXII. Cap. 10. nach der Müllerschen Ausgabe Cap 39. 46. 53. p. 164. 165. 168.

n) De fossilibus Lib. V. p. 265. Walch Naturgesch. der Versteiner. Th. II. Abich. I. S. 125.

nen breiten Boden, gehe in eine Spitze aus, und sey Turbinis instar in spiram à dextra tortus, d. i. er sey wie ein Kräussel in die Höhe gewunden. Vielleicht verstund er gar einen eigentlichen Kräussel, weil er dem Strombus doch einen breiten Boden beylegte. Aldrovand o) war der erste, der das Wort *Turbinites* brauchte, allein seine Beschreibung ist von der Art, daß man es leicht siehet, er fasse unter dieses Wort Turbiniten und Strombiten zugleich. Mylius p) braucht das Wort *Turbinites* auch, und zwar, wie seine Kupfertafel bezeuget, von eigentlichen Turbiniten; da er aber doch zugleich sagt, daß dies der Körper sey, den die Alten *Strombites* genennt hätten, und den er mit dem Aldrovand Turbinites nennen wollte, so ist hieraus deutlich genug, daß bey ihm, wie bey seinen Vorgängern, Turbinites und Strombites Worte von gleicher Bedeutung waren. Diesen zweydeutigen Begriff behielt man lange, und noch Liebknecht q) hatte ganz den Begriff des Agricola, wenn er die *Turbinatorum testacea* diejenigen nennet, *quae helicibus, ex ampliori basi aut orificio in apicem tenuem fastigiatis, gaudent*. Ja selbst Herr Gesner r) hält die beyden Worte Turbinites und Strombites für gleichgeltend, wenn er sagt: *Strombites, petrificatum cochleae simplicis plurium spirarum in formam coni longi, cujus longitudo diametrum baseos aliquoties superat. Strombus vel Turbo lapideus.*

Daß viele Conchyliologen dies ebenfalls thun, habe ich bey dem Worte Straubschnecken dargethan, zu denen ich noch folgende geselle. Argenville s) braucht das Wort Schraubenschnecken, (Vis) erklärt es aber durch Turbines, vel *Strombi*. Rumph t) braucht nur das Wort Strombus, er begreift aber darunter alle Schrauben, sie mögen Turbines oder Strombi seyn. Eben so verfährt Klein; u) Gualtieri x) hingegen braucht das Wort Turbo, und begreift darunter die Turbines eben so wohl als auch die Strombos.

Der Ritter v. Linne braucht zwar die Worte Turbo und Strombus von zwey ganz verschiedenen Geschlechten, allein gar nicht so, wie diejenigen Lithologen, welche die Turbiniten und die Strombiten trennen. Aus seinem Geschlecht Strombus, welches größtentheils die Flügelschnecken in sich fasset, kann man kaum ein oder zwey Originale für unsre Strombiten ausheben, und aus seinem Geschlecht Turbo, worein er solche Conchylien

---

o) Muſ. Metall. p. 470.
p) Saxonia ſubterran. P. I. p. 71.
q) Haſſia ſubterranea p. 78.
r) de petrificatis p. 56.
s) Conchyliologie tab. XI. deutſch S. 187.
t) Amboin. Raritätenk. tab. 30. deutſch S. 68.
u) Methodus oſtracol. p. 36.
x) Index Teſtar. tab. 56. 57. 58.

chylien schloß, die eine runde Mundöfnung haben, sie mochten nun schraubenformig, wie z.B. Turbo rer..., duplicatus u. dgl. gewunden seyn, oder eine breite Grundfläche und gar niedrigen Zopf, wie z.B. Turbo olearius, p... rmaticus, delphinus u. dgl. haben; ich sage, aus diesem Geschlecht rb. können wir nur wenig Originale zu unsern Strombiten nehmen: die mehresten müssen wir bey ihm unter zwey ganz andern Geschlechten suchen, nemlich unter Buccinum und Murex. Wie Martini das Wort Straubschnecke oder Strombus brauche, davon s. Straubschnecken.

Unter den neuern Lithologen giebt es indessen verschiedene, unter denen ich Wallerius, y) Cartheuser, z.) Baumer, a) Welch b) und Schröter c) nenne, welche die Strombiten von den Turbiniten trennen. Sie erklären sich darüber folgendergestalt. Die Schraubenschnekken, als ein Geschlecht betrachtet, fassen zwey besondere Geschlechtsgattungen in sich, davon im Reiche der Versteinerungen das eine den Namen der Turbiniten, das andre der Strombiten führet. Beyde haben einen Geschlechtscharakter, nemlich viele in die Höhe gehende Windungen, die verhältnißmäßig abnehmen; sie haben nichts Bauchiches, wie die Bucciniten, sondern sie sind lang und schmal; ihr beyderseitiger Gattungscharakter aber bestehet darinnen: bey den Strombiten läuft das unterste Gewinde, oder die Mundöfnung, spitzig zu, welche Spitze alsdann eine längliche Oefnung macht, und entweder gerade ausgehet, oder auf allerley Art gedrückt und gebogen ist; bey den Turbiniten hingegen ist keine solche Spitze anzutreffen, und sie haben nur eine runde Oefnung. Die Gewinde der Strombiten sind flach, der Turbiniten ihre hingegen mehrentheils rund.

Bey den mehresten natürlichen und versteinten Strombis findet man eine verlängerte Mundöfnung. Da aber doch auf der einen Seite die Mundöfnung im Steinreiche entweder verborgen, oder wohl gar abgebrochen, oder durch sonstige Verletzungen unkenntlich geworden ist; da wir auf der andern Seite allerdings Körper finden, die keine gewölbten Windungen, und doch eine mehr runde als lange, wenigstens, wie bey vielen Schraubenschnecken, eine gepreßte Mündung haben, so habe ich am angeführten Orte meiner vollständigen Einleitung, bey der Bestimmung der Geschlechtskennzeichen der Strombiten, auf ihre Mündung gar nicht gesehen, sondern bey mir sind die Strombiten Schnecken,

1) welche lang gewunden sind, folglich aus vielen Win-

---

y) Syst. mineral. P. II. p. 449
z) Elementa mineralog. p. 88.
a) Naturgesch. des Mineralr. Th. I. S. 310.
b) Naturgesch. der Versteiner. Th. II. Absch. I. S. 153.
c) Vollständ. Einleit. Th. IV. S. 492.

Windungen bestehen, welche verhältnißmäſig abnehmen, dergestalt, daß die folgende Windung nicht viel gröſſer iſt, als die vorhergehende; und ſo, bis in die Endſpitze hinauf. Das haben ſie mit den Turbiniten gemein.

2) deren Windungen nicht gewölbt, ſondern flach ſind, dergeſtalt, daß ſie zwiſchen ſich keine Vertiefungen oder keine tiefen Einſchnitte oder Furchen haben; ſondern ſie ſind ſo flach, ſo dicht aneinander geſchoben, daß man die einzelnen Windungen in ſehr vielen Fällen gar nicht voneinander unterſcheiden kann. Dies Kennzeichen unterſcheidet die Strombiten von den Turbiniten.

Manchmal iſt es ſogar ſchwer, beym Strombus die Gränze der erſten Windung genau zu finden, und es ſcheinet, zumal wenn die Conchylie auf ihrer Mundöfnung liegt, daß ihre erſte Windung ungleich gröſſer, wohl noch einmal ſo groß als die folgende ſey, und daß daher eine ſolche Schnecke nicht Strombus, ſondern Trompetenſchnecke ſey. Allein die Gränze der Mundöfnung beſtimmt allemal die erſte Windung, und wenn wir dieſe betrachten, und betrachten können, ſo werden wir die erſte Windung allemal ſicher beſtimmen können. Es iſt auch möglich, daß im Steinreiche ein Steinkern die Geſtalt, oder die gewölbten Windungen eines Turbiniten haben kann; allein wenn es auch wäre, daß die Schale einem ſolchen Steinkerne eine ganz andre Geſtalt würde gegeben haben, ſo ſind doch bey Steinkernen dergleichen Fehltritte unvermeidlich, und der Litho᛫log kann ſeine Körper nicht anders betrachten und ordnen, als er ſie findet.

Damit man ſich überzeuge, welche Körper es ſind, die man vorzüglich als Originale der Strombiten anzuſehen hat, ſo betrachte man folgende Zeichnungen:

1) Unter den Erdſchnecken: Liſter Hiſt. Conchyl. t. 21. f. 17. t. 38. f. 37. t. 39. f. 37. b. Argenville Conchyl. t. 28. f. 24.

2) Unter den Flußconchylien: Liſter Hiſt. Conchyl. t. 115. bis 122. f. 10. bis 20. Argenville Conchyl. t. 27. f. 5. a. b. c. Martini im Berliniſchen Magazin Th. IV. t. 9. f. 40. bis 43. t. 10. f. 45. 51. 54. bis 57. t. 11. f. 58. Schröter Flußconchylien t. 8. f. 10. 11. 12. 15. t. 9. f. 9.

3) Unter den Seeconchylien: Liſter Hiſt. Conchyl. t. 592. f. 60. t. 593. f. 61. t. 837. f. 63. 64. t. 841. bis 843. f. 69. bis 71. t. 845. 846. f. 72. c. bis 75. t. 1017. bis 1021. f. 79. bis 85. b. Rumph amboin. Raritätenk. t. 30. f. A. bis K. Argenville Conchyl. t. 11. f. A. F. H. J. K. L. P. Q. R. S. T. X. Y. Z. Gualtieri Ind. Teſtar. t. 56. f. B. bis N. t. 57. ganz. Seba Theſaur. T. III. t. 56. f. 9. 10. 11. 13.

13. 15. 16. 17. 19. bis 34. Bonanni Recreat. Claſſ. III. f. 41. 42. 68. 69. 81. bis 84. 106. bis 110. 112. 113. 118. 317. 327. 379. Bonanni Muſ. Kircher. Claſſ. III. f. 41. 42. 68. 69. 81. bis 84. 106. bis 110. 112. 113. 118. 313. 328. 366. Knorr Vergnügen Th. I. t. 8. f. 7. t. 16. f. 4. t. 23. f. 4. 5. Th. III. t. 15. f. 3. t. 16. f. 5. t. 18. f. 1. t. 20. f. 3. t. 23. f. 2. 3. t. 26. f. 4. 5. Th. V. t. 15. f. 6. 7. Th. VI. t. 18. f. 5. 6. t. 19. f. 6. t. 22. f. 8. 9. t. 24. f. 4. 5. t. 25. f. 2. t. 40. f. 4. 5. Martini Conchyl. Th. IV. t. 152. f. 1422. bis 1425. t. 153. f. 1440. bis 1442. t. 154. bis 157. ganz. v. Born Muſ. Caeſ. Vind. Teſtac. t. 10. f. 7. bis 13. t. 11. f. 16. 17. 18. t. 13. f. 7. 8. t. 16. f. 13. 14. 15. 17. Schröter Einleit. in die Conchylienk. Th. I. t. 2. f. 6. 7. t. 3. f. 21.

Im Steinreiche ſind die Strombiten gar keine Seltenheit; ſie finden ſich ſogar in vielen, und in viel mehrern Abänderungen, als die Turbiniten. Ich habe nur ehedem d) darüber aus Schriftſtellern und Beyſpielen meiner Sammlung eine Geſchlechtstafel gemacht, die ich unter mancherley Erläuterungen und Ergänzungen wiederhole. Wir finden die Strombiten:

A) mit ganzer Mündung, d. i. deren Umriß ununterbrochen iſt.

I. runde Windungen.
  1) glatt.
  a) mit verhältnißmäſig gedehnten Windungen. Knorr Samml. von den Merkm. der Nat. Th. II. t. . IV. f. 5. 6. Argenville Conchyl. t. 29. f. 7. n. 2. Leibnitz Protogaea t. 9. f. 7. Naturforſcher I. Stück. t. 3. f. 3.
  b) kurz und ſtumpf. Titius Lehrbuch t. 3. f. 21. b.
  c) bauchicht. Liſter Hiſt. Conchyl. t. 1029. f. 5. ein Beyſpiel eines wahren Strombiten mit runder Mundöfnung, zum Beweiß, daß für das Steinreich die Mundöfnung nicht allemal unter Turbinit und Strombit ſicher entſcheidet.
  2) geſtreift.
  A) linksgewunden. Das einzige bekannte Beyſpiel von St. Gallen in der Schweiz iſt 1 3/4 Zoll lang, und ſehr gut erhalten. Dieſer Strombit iſt etwas bauchicht und kurz gewunden, hat 10 regelmäſig abnehmende Windungen, und faſt ganz ſeine Schale, die aber nur calcinirt iſt, und daher hin und wieder einige Lamellen verloren hat. Da, wo die Schale noch ganz und vollſtändig iſt, ſiehet man, daß er die Länge herab zart geſtreift war. Die Endſpitze iſt ſcharf. Die auf

---

d) In meiner vollſtänd. Einleit. Th. IV. S. 493. f.

auf der linken Seite stehende Mundöfnung ist zwar oval, aber überaus enge, und man siehet nirgends eine Spur eines Nabels oder einer Hervorragung, ihr Umriß ist vielmehr abgerundet, und die Mündungslefze ist scharf. Die Ausfüllung der Schnecke ist ein grauer Kalkstein. Auf dem Rücken hat dieser Strombit durch einen Druck eine starke Einbeugung erhalten, sonst aber keine Verletzung erlitten. Chemnitz wird diesen Strombus in seiner Abhandlung von den Linksschnecken beschreiben und abbilden.

B) rechtsgewunden.
a) die Länge herunter gestreift.
 aa) gerade Streifen. Argenville Conchyl. t. 29. f. 7. Num. 1.
 bb) wellenförmige Streifen. Knorr Samml. Th. II. t. C. VII. f. 2.
b) die Queere hindurch gestreift.
 aa) starke Streifen, die den Ribben gleichen. Knorr Samml. Th. II. t. C. VI. t. 6. Scheuchzer Naturh. des Schweizerl. Th. III. f. 71.
 bb) zarte Streifen. Naturforscher XI. Stück, S. 154. n. a. Lister Hist. Conchyl. t. 1030. f. 10. Schröter vollständ. Einl. Th. IV. t. 10. f. 12.
c) beydes zugleich, d. i. gegittert. Knorr Samml. Th. II. t. C. VI. f. 5. t. C. VII. f. 3.

3) gekörnt. Diese sind im Steinreiche fast die gewöhnlichsten, ob sie gleich auf mancherley Weise unter sich abgehen, sonderlich in der Lage und in der Menge der Körner, wie folgende Zeichnungen ausweisen: Knorr Samml. Th. II. t. C. VI. f. 4. 7. t. C. VI. * C. f. 2. Bytemcister apparatus t. 24. f. 277. Leibnitz Protogaea t. 9. die untern Abbildungen. Scheuchzer Naturhistorie des Schweizerl. Th. III. f. 72. Brückmann epist. itiner. Cent. I. epist. 64. t. 4. f. 6. Gmelin Linnäisches Natursyst. des Mineralr. Th. IV. t. 18. f. 214. Walch Steinreich t. X. Num. 3. Titius Lehrbuch t. 3. f. 21. a. Merkwürdigk. der Landschaft Basel t. 4. fig. f. Fortis Beschreibung des Thals Ronca t. 1. f. 16. Schröter Einl. Th. IV. t. 10. f. 5. 11.

4) gerippt.
a) nur mit einer breiten Ribbe, die queer über alle Windungen hinweg läuft. von Hüpsch Naturgeschichte des Niederdeutschlands Th. I. t. 3. f. 24. Herr v. Hüpsch zählet dieses Beyspiel unter die Kräussel, und vergleicht es mit der Seetonne (Trochus telescopium *Linn.*) mit der es auch einige Gleichheit hat. Im Steinreiche gehört es gleichwohl unter die Strombiten. Ein zweytes doch nur calcinirtes Beyspiel aus Courtagnon besitze ich in meiner Sammlung. Dieser Strom-

Strombit ist über 1 1/4 Zoll lang, gestreckt, und gehet in eine scharfe Spitze aus. Die 13 bis 14 Windungen sind flach, unten mit einzelnen feinen Queerstreifen, oben aber mit einem kenntlichen Gitter versehen. Es laufen nemlich die feinsten geschlängelten Streifen senkrecht über alle Windungen, die an den obern Windungen kenntlicher werden, und daher ein Gitter bilden. Jede Windung endiget sich mit einem runden Wulst, und darum setzen die Windungen nicht nur sichtbar ab, sondern es ist auch, als wenn eine Windung in die andre hineingeschoben wäre. Die Mundöfnung ist oval, und ihre Lippe scharf, die Nase raget etwas hervor, ist schmal, flach ausgekehlt, und nach der rechten Hand gebogen.

b) mit mehrern die Länge herablaufenden Ribben. Seba Thesaur. T. IV. t. 106. f. 4. 7. 10. 11. von Avignon und calcinirt. Bey Verona kommen sie versteint vor. Das eine zweyer Beyspiele, die ich besitze, bestehet aus blosen die Länge herablaufenden Ribben, welche die ganze Windung einnehmen, und enge beyeinander stehen. Einige haben eine graue, andre eine schwarze Farbe. Bey einer andern Art laufen über die Windungen enge und fein gekrönte Queerstreifen, die zugleich über die Ribben hinweglaufen, und also auch sie gekörnt bilden. Die Ribben stehen weit auseinander, und jede Windung hat ihrer sieben. Die Schnecke ist 1 1/2 Zoll lang, und hat eine kohlschwarze Farbe.

5) stachlicht.

a) mit einfachen Stacheln am Fuß der Windungen. Knorr Samml. Th. II. t. C. VI. t. 3. Walch Steinreich t. X. N. 3. Schröter Einl. Th. IV. t. 10. f. 9. 10.

b) mit mehrern Stacheln über alle Windungen. Eine Art aus Courtagnon, die ich besitze, ist blos calcinirt. Jede Windung, die erste ausgenommen, die nur eine Reihe hat, bestehet aus zwey Reihen ziemlich scharfer Stacheln, die auf erhöhten Ribben stehen. Ausserdem ist der Strombit glatt, die Mundöfnung ist länglich, und endiget sich in eine etwas zurückgebogene Rinne; der andre stachlichte Strombit aus Verona hat seine Schale noch, und ist hart versteint. Der ganze Strombus ist bis zu seiner Endspitze mit lauter scharfen enge beyeinander liegenden Ribben umlegt. Eine dieser Ribben hat feine Knötchen, die andre scharfe Stacheln, wohl zehen auf jeder Streife. Jede Windung hat 2 knötige und 2 stachlichte Ribben. Die Mündung ist verletzt, doch ist es wahrscheinlich, daß dieser Strombit ehedem einen zurückgebogenen rinnenartigen Schnabel gehabt habe, und folglich eigentlich Schnabelschraube gewesen sey.

6)

6) knotigt. Knorr Samml. Th. II. t. C. VII. f. 1. Walch Steinr. t. X. N. 3. Schröter Einl. Th. IV. t. 10. f. 1. Das Beyspiel aus Knorr ist aus Mastricht, und calcinirt. Es ist oben und unten beschädiget, hat gedruckte, flache, und da, wo sie aneinanderstosen, mit Knoten versetzte Windungen. An der untern ist keine Spur von Knoten vorhanden. Es ist 8 1/2 Zoll lang, doch fehlen wenigstens noch 6 Windungen. Das von mir abgebildete Beyspiel ist 10 1/2 Zoll lang, unten 2 1/2 Zoll breit, und bestehet aus 24 Windungen, von denen die 6 — 7 obern keine, die folgenden aber schwache Knoten haben, die sich nach der Mundöfnung zu immer vergrösern. Ueber die Windungen laufen dichte ziemlich starke Queerstreifen. Seine Schale ist stark, aber blos calcinirt. Seine Mundöfnung ist verletzt, doch hat sie einen starken Glanz, und an der Spindel zwey starke Zähne. Dieser Strombit aus dem Fürstlichen Kabinet zu Rudolstadt ist aus Frankreich.

II. Eckigt. Argenville Conchyliol. t. 29. f. 7. N. 3. Argenville nennet es das Spitzhorn mit viereckigten Stockwerken; er beschreibt es als einen Thurm, der mit vier Reihen von Streifen und Knötchen besetzt ist, aus Courtagnon, folglich blos Schröters Lex. VII. Theil.

calcinirt. Ein versteintes Beyspiel aus Vincenzia, das ich besitze, bildet ein regelmäsiges Fünfeck, und ist zwar auch queergestreift, aber nicht knotigt. Die Ecken bestehen aus scharf erhöheten, aber ganz in einer geraden Richtung stehenden Ribben, die also in einer geraden Linie durch alle Windungen hindurchgehen, und nur da, wo sich eine Windung endiget, einen etwas vertieften Einschnitt haben. Auf jeder Windung liegen drey Queerstreifen gleich weit voneinander. Die Mundöfnung ist beschädiget, doch scheinet die Spindellefze glatt gewesen zu seyn.

B) Mit rinnenförmiger Mündung. Das sind die sogenannten Schnabelschrauben. Unter den vorher angeführten Beyspielen dürften manche hieher gehören, die aber darum unerkennt in andern Classen liegen müssen, weil ihre Mundöfnungen verletzt sind. Wenn dies nicht wäre, so dürften wir die versteinten Schnabelschrauben in glatte, gestreifte, gekörnte, und in knotigte eintheilen müssen. Ungezweifelte Schnabelschrauben, die nemlich noch ihre unverletzte Mundöfnung haben, und daran sogleich erkannt werden können, sind unter den Fossilien eine grosse Seltenheit; doch haben Scilla de corporibus m...is lapidefc. t. 15. t. 2 und der Abt Fortis in der Beschreibung des Thals Ronca .I. t. 10, 11, 12. 14. 15.

15. dergleichen abgebildet; dort möchten sie also doch wohl am häufigsten vorkommen. Ich besitze ein sehr schönes, obgleich nur calcinirtes Beyspiel aus Turin, das noch so gut erhalten ist, daß ich es unter meine natürlichen Conchylien legen könnte. Es ist eine Abänderung des dornichten Schnabelbeins, oder des Rabenschnabels, Murex aluco L. und kommt der Figur im Martini Th. IV. tab. 156. fig. 1478. so ziemlich nahe. Mein Beyspiel ist indeß etwas mehr gestreckt, die Knoten sind schwächer, die senkrechten Ribben kenntlicher, der Bau weniger bauchig, und die Mundöfnung etwas enger. Ueber jede Windung läuft ein breites braunes Band auf weissen mit hellern Braun vermischten Grunde. Alles hat eine gute Politur und einen schönen Glanz angenommen; nur die obern Windungen haben die Farbe verloren.

Diese Geschlechtstafel der Strombiten thut dar, daß die Verschiedenheiten der Strombiten ansehnlich genug sind, und gleichwohl haben es die wenigsten Schriftsteller gewagt, diese Versteinerungen in verschiedene Unterabtheilungen zu bringen, und die es ja gethan haben, haben darunter zugleich die Turbiniten begriffen. Das thaten Gesner, Davila und Walch, deren Gedanken ich bis auf die Beschreibung der Turbiniten aufheben will. Nur den Wallerius e) kann ich hier anführen, ob ich gleich hier bemerken muß, daß verschiedene seiner angeführten Zeichnungen entweder zu den Turbiniten, oder zu den Bucciniten gehören. Er hat zwey Classen:

1) Strombitae laeves. Bourguet Traité des petrific. tab. 34. fig. 227. t. 36. f. 241. 244. Walch Steinreich tab. 10. Num. 3.

2) Strombitae superficie inaequali, scilicet vel striis, vel tuberculis praediti. Scheuchzer Oryctogr. Helvet. f. 72. Bourguet l. c. t. 34. f. 226. 228. Walch l. c.

Uebrigens haben die Strombiten alle die Veränderungen im Steinreiche erfahren, denen sich die übrigen Versteinerungen ebenfalls unterwerfen musten. Sie sind oft ihrer Schale gänzlich beraubt, oder wenn sie ja noch vorhanden ist, so hat sie doch, ja so hat oft der ganze Körper merkliche, oft grosse Beschädigungen erfahren. Man findet mehrere Steinkerne, als wahre Versteinerungen, auch kommen an solchen Orten, wo man calcinirte Conchylien gräbt, z. B. zu Courtagnon, Avignon und Turin, die Schraubenschnecken eben nicht sparsam vor. Ihre Mutter ist gemeiniglich Kalkstein, bisweilen ist es ein thonartiger Stein, zu Courtagnon ein lockerer zerreiblicher Sandstein. Doch zu Courtagnon liegt unter der Sandschicht eine Achatschicht, in welcher unter vielen andern Muscheln und Schnek-

---

e) Syst. mineral. Tom. II. p. 489.

Schnecken auch Strombiten liegen, welche eine achat= und chalcedonartige Natur an sich genommen. So besitze ich auch einen queergeribbten Strombiten von einem unbekannten Orte, der in einen recht feinen Chalcedon verwandelt ist. In meiner Geschlechtstafel habe ich einige Strombiten von ansehnlicher Grösse angeführt, unter denen der eine beynahe eilf Zoll lang war. Von einer solchen Grösse werden sie nun freylich äusserst selten gefunden. Die mehresten sind ungleich kleiner, oft würklich klein. Nächst diesen äusserst grossen dürften die vier= und fünfeckigten, und die mit häufigen Stacheln besetzten Strombiten seyn.

Da die Turbiniten und die Strombiten mehrentheils an einerley Orten gefunden werden, und die Schriftsteller, wie ich schon gesagt habe, die Turbiniten und die Strombiten nicht sorgfältig genug getrennt haben, so kann ich freylich die Oerter, wo man sie findet, nicht anders als in Beziehung auf beyde angeben. Mir sind folgende Gegenden und Oerter bekannt: Aachen, Ahrenfeld, Angerburg, Anse, Anzendos im Canton Bern, Aquisgran, Gebürge Avendas, Avignon, Baden, Canton Basel, Belx im Canton Bern, Bensberg, Canton Bern, Blankenburg, Boll, Bononien, Bornthal bey Erfurth, Boutonnet bey Montpellier, Braunschweig, Calenberg, Casimir in Pohlen, Cellerfeld, Chaumont, Courtegnon, Cronsfeld am Haarz, Deutschbüren im Canton Bern, Donsen, England, Erfurth, Frankreich, St. Gallen, Gandersheim, Gerresheim, Geigen, Göttingen, Goßlar, Gothland, Grave in Anse, Halle, Hannover, Haarz, Harzburg, Havelberg, Hessen, Reutlingen im Canton Bern, Hildesheim, Hitzacker, Hochheim, Jena, Jsy bey Paris, Italien, Kalbsen bey Straßburg, Kuckenburg, Lägersberg, Langesheim, Lauenstein, Linden bey Hannover, Lüneburg, Lucern, Mannsfeld, Masricht, Maynz, Mehlen, Mühlern im Canton Bern, Reuschatel, Neustadt am Rübenberge, Normandie, Oestergarn in Gothland, Oettingen, Paris, Pfullingen, Piemont, Pohlen, Preussen, Quedlinburg, Querfurth, Randenberg, Regenstein, Rheinfeld, Rüdersdorf, Rumilly, Sachsenhemmendorf, Scheppenstedt, Schinznach, Schlesien, Schneckenberg, Schraplau, Schwappelau, Schweden, Schweiz, Siebenbürgen, Sondershausen, Spauren in den Niederlanden, Straßburg, Thangelstedt, Töpelsberg bey Jena, Turin, Ufen, Verona, Vincentia, Webrau, Weinheim, Wettersleben, Wiendorp, Wiliczka in Pohlen, Windischholzhausen, Würtenberg, Würzburg.

Die Zeichnungen von den Originalen habe ich vorher besonders, und die Zeichnungen der versteinten oder gegrabenen Körper dieser Art bey der angeführten Geschlechtstafel angegeben.

STROMBITES, heisset im Lateinischen und Französischen der kurz vorher beschriebene

Strombit. ſ. **Strombiten.** Ich habe bey dieſer Abhandlung angemerkt, daß viele Schriftſteller die Worte Turbinit und Strombit für gleichbedeutend halten; das gilt auch von der Benennung *Strombites*. Indeſſen iſt es doch merkwürdig, daß Scheuchzer, was zu ſeiner Zeit faſt Niemand that, damit unzufrieden war, und dieſen Gebrauch darum beybehalten muſte, weil es Liſter ſo eingeführt hatte. In ſeiner *Sciagraphia lithologica curioſa* ſagt er p. 34. folgendes: *Buccinites; Lapis turbinatus, cujus orbes buccini in modum producuntur. Buccini vox in generaliori ſignificatione notat apud Liſterum de cochl. Terreſtr. quasvis cochleas longiore figura praeditas, ac pro in Strombos ipſos includit. Non mirum hinc, ſtrombos lapides ſive Strombitas etiam ſub hac Buccinitarum notione comprehendi.*

Was ſich Kentmann f) unter dem Worte *Strombites* für einen Begriff machte, iſt kaum zu errathen, denn er kann wenigſtens mehr als Turbiniten und Strombiten in ſich faſſen. Er ſagt: *Strombites longus, qui aſſimilis eſt cochleae aquaticae, ex amplo in tenue, turbinis inſtar deficiens.* Ein hoher oder erhabner Schneckenſtein. *Strombites brevis.* Ein zuſammengedrückter Schneckenſtein.

STRUITES *Leſſeri*, heiſſen die Eſchariten, oder die Reteporiten. ſ. **Eſchariten.**

STRUMEI *lapides*, werden ſolche Steine genennet, welche ſo wie ein Kropf eines Menſchen gebildet waren. Sie führten daher auch den deutſchen Namen der Kropfſteine beym Gesner. g) Sie gehören unter ſolche Steinſpiele, die in unſern Tagen gar nichts mehr gelten.

Sturmhauben, verſteinte, Sturmhaubenſteine, Caſſiditen, verſteinte Helmſchnecken, oder Beckelhauben, lat. *Caſſides Caſſidites, Cochleae caſſidiformes,* fr. *Casques foſſiles,* holl. *verſteende Kasketten of Stormhoeden,* werden die Schnecken mit eingerollten Windungen genennet, die eine kugel= oder eyförmige Geſtalt, und einen knotigen Rücken haben. Die Aehnlichkeit, welche die gewöhnlichſten unter ihnen mit den Sturmhauben der Alten haben, hat ihnen den Namen gegeben, den ſie führen. Ich folge bey der Beſtimmung dieſes Geſchlechts dem Martini, h) der die Sturmhauben in ächte, oder wahre, und in Baſtartſturmhauben eintheilet, der indeſſen die Baſtartſturmhauben nach der Zeit lieber unter ſeine birnförmigen Schnecken, oder unter die Birnſchnecken gelegt hätte.

Zu einer wahren Sturmhaube fordert Martini folgende Kennzeichen, daß ſie
1) entweder dreyſeitig, oder ſtark gewölbt, und auf der linken Seite eingerollt,
2) auf dem Rücken höckericht,

---

f) *Nomenclatura rerum foſſilium* p. 32. b. und 33. a.
g) *de figuris lapid.* p. 148
h) Syſtemat. Conchylienk. Th. II. S. 2. f.

richt, oder wenigstens an den Gewinden knotigt,
3) an beyden Seiten der Mündung gezahnt,
4) mit stark überliegenden gesäumten Lippen,
5) mit einem weiten Nabelloch, und
6) einer übergebogenen Nase versehen seyn muß.

Wenn manche einzelne Conchylien, die hieher gehören, noch keine Zähne und umgeschlagene Lefzen haben, so hält sie Martini für unvollendete Körper dieser Art. Da ich aber an verschiedenen aufgeschnittenen Sturmhauben meiner Sammlung, die hieher gehören, die deutlichsten Spuren von Zähnen finde, so kann dies wenigstens nicht allgemeine Wahrheit seyn, was hier Martini behauptet. i)

Nach Martini haben ferner die Bastartsturmhauben
1) eine birnförmige Figur, und eine glatte ovale Mündung. Sie heisen Galeodes pyriformes, ore subovato, edentulo, und es gehören hieher die sogenannten Bettzeuge oder Schildkrötenschwänze des Herrn Rumph.
2) eine irregulaire Figur mit einer schwülichten Mündung, Semicalhdes vel Galeodes labro interno calloso repando. Es gehören hieher die sogenannten Kupferhörner, oder Dosenschnecken, mit ihren Abänderungen.

Bey meinem obigen Begriffe habe ich meinen vorzüglichen Gesichtspunkt auf die eigentlichen, ächten, oder wahren Sturmhauben gerichtet. Dadurch, daß ich sie Schnecken mit eingerollten Windungen genannt habe, unterscheide ich sie von den gewundenen Vermiculiten, den Meerohren, Lituiten, Nautiliten, Ammoniten und Heliciten; dadurch aber, daß ich ihnen eine kugel- oder eyförmige Gestalt und einen knotigen Rücken gebe, unterscheide ich sie von den Blasenschnecken und den Porcellaniten; das Ganze aber zusammengenommen unterscheidet nun die Sturmhauben von allen übrigen Schnecken.

Der Herr von Linné k) hat die Sturmhauben unter das Geschlecht aufgenommen, das er *Buccinum* nennt, das bey ihm ein weitläuftiges Geschlecht ist, und mancherley gebaute Gattungen in sich begreift. Indeß könnte doch dies Unerfahrnen eine zufällige Gelegenheit werden, die Sturmhauben mit den Bucciniten der Ithologen zu verwechseln. Ueber den Unterschied der Sturmhauben und der Bucciniten sagt Wald l) folgendes: „Ihr; der Cassiditen, erstes Gewind ist gros und bauchig, und im Verhältniß gegen die übrigen Windungen grösser als bey den Bucciniten. Bey den Bucciniten treten die obern Gewinde mehr, und nach Proportion des ersten Gewindes höher hervor, als bey den Cassiditen.

---

i) s. meine vollständ. Einl. Th. IV. S. 120.
k) Syst. Nat. ed. XII. p. 1198. s.
l) Naturgesch. der Versteiner. Th. II. Absch. I. S. 113.

Die Cassibiten endigen sich unten in eine kleine, meist einwärtsgebogene oder gekrümmte Spitze; bey den Bucciniten gehet sie, wenn sie auch noch so kurz und stumpf ist, gerade aus. Die Bucciniten haben eine länglichrunde, die Cassibiten eine lange und schmale Oefnung. Der äussere Rand, vorn am Ende der ersten Windung, ist mehrentheils aufwärts gebogen, und umgeschlagen, bald mehr, bald weniger, welcher Umschlag einen erhabenen Saum bildet."

Da die Sturmhauben im Steinreiche eine gar zu grosse Seltenheit sind, so halte ich es für überflüssig, über die natürlichen Sturmhauben, und über ihren Unterschied von andern Geschlechtern und Arten, mehr zu sagen. In der Natur sind sie gemein genug, und folgende Schriftsteller haben sie abgebildet: Gualtieri Ind. Testar. t. 26. f. I. . 39. 40. 41. ganz. Argenville Conchyl. t 14. f. C. G. H. t. 15. f. D. H. J. t. 17 f. C. P. Rumph amboin. Raritätenk. t. 23. f. A. B. und N. 1. 2. 3. t. 25 ganz. Lister Hist. Conchyl. t. 996 bis 1016. t. 60. bis 75. Martini Conchylienk. Th. II. t. 32 bis 41. t. 341. bis 415. Bonanni Recreatio et Musæum Kircher. Class. III. f. 19. 20. 21. 22. 151. bis 163. Regenfuß Th. I. t. 5. t. 49. t. 10. t. 36. t. 12. t. 69. Knorr Vergnügen Th. I. t. 17. t. 1. 5. Th. II. t. 9. f. 1. 2. t. 10. f. 3. 4. Th. III. t. 2. f. 1. t. 8. f. 2. 3. t. 5. t. 10. f. 1. 2. t. 28. f. 1. Th. IV. t. 1. t. 4. f. 1. t. 6. f. 1. t. 30. f. 2. Th. V. t. 4. t. 2. Th. VI. t. 11. f. 3. t. 18. f. 1. t. 22. t. 3. 4. 5. 6. Gronov Zoophyl. f. III. t. 19. f. 1. 2. 9. 18. Spengler seltene Conchylien t. 3. f. D. und G. Schröter Einl. in die Conchylienk. Th. I. t. 2. f. 3. und 9. Schröter innrer Bau der Conchyl. t. 3. f. 4. t. 4. t. 4. 7. 8. t. 5. f. 10.

Die grosse Seltenheit der versteinten Sturmhauben ist die Ursache, warum ihrer die wenigsten Lithologen gedenken. Zwar redet Herr Gesner m) von Cassidibus globosis aculeatis lapideis, und von Cassidibus laevibus et asperis nonnullis, aber er verstehet darunter nicht unsre Sturmhauben, sondern er verstehet unter den ersten die Purpuriten, und unter den zweyten die Muriciten.

Wenn ich den Walch ausnehme, dessen Gedanken von den Cassibiten ich schon genützt habe, so ist es blos der Herr Professor Gmelin, n) der uns einige Nachricht von den versteinten Sturmhauben in folgenden Worten giebt: "Man findet sie, wiewohl ziemlich selten, auf dem Berge Cria in dem italiänischen Fürstenthum Monteferrato in weissen Kalkstein verwandelt, mit einem graulichten Achatkerne, und eisenschüssig mit netzförmiger Oberfläche bey Rothenburg, Ludenberg, Galgenberg, Hartenberg und Gravenberg unweit Gerresheim in Westphalen; ins-

---

m) de petrificatis p. 56.
n) Linnäisches Naturhist. des Mineralr. Th. IV. S. 69.

insbesondere aber von der Knotenschnelle. (*Buccinum echinophorum Linn.*)

Die wenigen gegrabenen und versteinten Beyspiele von Sturmhauben, die man kennt, habe ich anderswo o) gesammlet. Ich wiederhole hier jene Arbeit, und setze einige neuere Beyspiele meiner Sammlung hinzu. Man kennet aus Schriftstellern folgende Cassiditen:

1) Scilla de corporibus lapidescent. t. 15. f. 2. wahrscheinlich versteint. Es ist das geknobbelte Bellhorn, oder die knotige Schellenschnecke, *Buccinum echinophorum Linn.* Lister Hist. Conchyl. tab. 1003. f. 68. Gualtieri Ind. Testar. t. 39. f. B. t. 40. f. G. Rumph amboin. Raritätenk. t. 27. f. I. Knorr Vergnüg. Th. I. t. 17. f. I. Martini Conchylienk. Th. II. t. 41. f. 407. 408. Der Körper liegt ausser der Mutter, und ist vorzüglich schön erhalten.

2) Scilla am angef. Orte t. 16. f. 2. Es ist das gestreifte Gartenbettchen, oder die gestreifte Bettdecke, *Buccinum areola L.* Lister Hist. Conchyl. t. 996. 997. 998. fig. 61. 62. 63. Gualtieri Ind. Testar. t. 39. f. B. t. 40. f. G. Rumph amboin. Raritätenk. t. 25. f. C. und N. 5. Martini Conchylienk. Th. II. t. 32. f. 344. 345. t. 34. f. 350. 351. 352. wahrscheinlich auch versteint und ebenfalls fürtreflich erhalten. Von beyden Körpern sagt indessen Scilla den Ort ihrer Herkunft nicht.

3) *Museum Richterianum* p. 234. Cassis lapidea, fulcis extransverso ductis, in terra calcaria, ex Calvimontio, Normaniae Gallorum. Eine versteinte und in die Queere gestreifte Cassis in Kalkerde von Chaumont in der Normandie." Die Gattung ist nicht zu errathen; und der Körper ist wahrscheinlich nicht versteint, sondern blos calcinirt.

4) Knorr Samml. von den Merkwürdigk. der Nat. Th. II. t. C. I. f. 4. Er ist blos calcinirt. Walch meynet Naturg. der Verst. Th. II. Abschn. I. S. 117. f. er sey eine Art des gefleckten Bezoarhorn, Rumph t. 25. f. I. ich aber glaube, er gehöre zu N. 2. oder *Buccinum areola Linn.* und sein wahres Original sey Rumph t. 25. f. C.

5) Knorr a. a. O. t. C. f. 6. und wiederholt vom Gmelin Linnäisches Natursyst. des Mineralr. Th. IV. t. 18. f. 223. Walch meynet a. a. O. S. 118. es sey die wahre Versteinerung derjenigen Schnecke, welche die Holländer das geknobbelte Bellhorn nennen. Lister rechnet sie unter die Buccinia, (aber würklich unter die Sturmhauben, die bey ihm auch unter die Buccina gehö-

---

o) Vollst. Einleit. Th. IV. S. 395.

gehören) und nennet sie Buccinum recurvirostrum muricatum ventricosum. Rumph zählet sie zu den Globositen, .27. f. 1. Hr. Walch will ihnen lieber eine Stelle unter den Cassiditen geben. Das ist sie auch, nemlich das Buccinum echinophorum des Linnee. s. vorher N. 1.

6) Knorr a. a. O. r. I. f. 7. Ueber diesen Körper sagt Walch a. a. O.: „Ein glatter Cassidit mit breitem Saume, der viel Aehnlichkeit mit der geribbten Sturmhaube hat, beym Rumph t. 25. f. 5. Die Spitze unten bey der Oefnung, die bey diesen Schneckenarten ordentlicher Weise gekrümmt ist, scheint beschädigt zu seyn." Mir scheint es nicht die geribbte Sturmhaube beym Rumph t. 25. f. 5. zu seyn, sondern das glatte geflammte Bezoarhorn, das gestreifte Bezoarhorn, Buccinum areola L. aber eine andre Art, als oben N. 2. Rumph t. 25. f. 2. Argenville t. 15. f. D. und Martini t. 34. f. 356. A. Dieses und die zwey vorhergehenden Beyspiele scheinen von Chaumont, oder aus Courtagnon zu seyn.

7) *Muſeum Chaiſianum* S. 95. Hier wird der versteenden Kasketten of Stormhoeden, der versteinten Sturmhauben gedacht, ohne über Gattung oder Geburtsort sich näher zu erklären.

8) Hacquet in seiner Nachricht von Versteinerungen in ausgebrannten feuerspeyenden Bergen, N. 24. p) gedenket einer versteinten Sturmhaube aus dem Vincentinischen folgendergestalt: „Eine kleine Sturmhaube, ſolida, welche sehr erhabene Knöpfe von oben herunterlaufend hat, in der Mitte auf dem Rücken aber eine ununterbrochne Wulst, welche sich bey der zweyten Windung endiget. Gualtieri auf der 54. Taf. Lit. p. hat davon noch die ähnlichste Figur gegeben, ob sie gleich bey ihm unter den Strombiten steht. Die Farbe der Versteinerung ist schwarz und kalkartig, und man findet sie in den vulkanischen Tuffschichten della Bergonza Luogo Vulcanico di Lugo nel Vincentino." Auf der angeführten Tafel des Gualtierri stehet keine Fig. . Die Versteinerung selbst kenne ich nicht, und kann also auch darüber keine Auskunft geben.

9) Hacquet a. a. O. N. 49. q) Eine birnförmige Bastartsturmhaube, Semicaſſis pyriformis, Martini Th. II. t. 40. f. 402. die graue gestreifte Baſtartheutzüge von Curacao, der grau und

---

p) Schröter Journal Th. VI. S. 270.
q) Schröter Journal Th. VI. S. 281.

und weiſſe Schildkröten-schwanz, Seba T. III. t. 60. f. 9. Dies Petrefact iſt ſehr vollkommen und unbeſchädiget, und die Mundöfnung iſt mit Lava ausgefüllt, und iſt aus Valle Detta de Buſati jira vulcanico di Roma nel Veronere.

10) Schröter vollſt. Einleit. Th. IV. t. 9. f. 7. aus Dännemark, und nur calcinirt. Es iſt Buccinum areola L. davon oben N. 2. ein Beyſpiel aus dem Scilla vorkam. Auf dem Rücken hat ſich ein Theil der obern Lamelle abgelößt, und ich ſehe hier nicht nur, daß die einzelnen Lamellen der Conchylien überaus ſchwach, ſondern daß auch an dieſer Sturmhaube die untern Lamellen eben ſowohl in die Queere geſtreift ſind, als die obern.

Ich thue noch zwey calcinirte Beyſpiele aus meiner Sammlung hinzu, die ich erſt nach der Vollendung des vierten Bandes meiner Einleitung erhalten habe.

11) Die knotige Schellenſchnecke, Buccinum echinophorum L. (ſ. oben N. 1.) aus Piemont, 1 1/4 Zoll lang. Es gehöret dies Beyſpiel unter die gemeinen Arten, die nemlich mit vier Knotenreihen verſehen ſind, und iſt ſehr gut erhalten. Merkwürdig aber, und als beſondere Abänderung wird dies Beyſpiel dadurch, daß 1) die Naſe überaus kurz und wie abgeſchnitten iſt; 2) daß über den ganzen Rücken und alle Windungen feine, regelmäſige Querſtreifen laufen; und daß 3) im Winkel der erſten und zweyten Windung ein ſchwacher gekerbter Wulſt liegt.

12) Eine kurze queergeſtreifte zugeſpitzte Sturmhaube, die alſo unter die Baſtartſturmhauben gehört, aus Piemont. Die ſieben Windungen ſind gewölbt, mit vertieften Querſtreifen und etwas erhöheten glatten Ribben verſehen. Die erſte Windung iſt gröſſer als alle die folgenden, welche regelmäſig in eine Spitze ausgehen. Nach der Mündungslefze zu iſt die Conchylie ſtark eingedrückt, von auſſen durch ſenkrechte Streifen gerunzelt, von innen geſäumt und ſtark gezahnt. Dieſe Zähne laufen in das Innre der Schale hinein. Die Spindel hat einen ſtarken oben geſtreiften und unten gerunzelten Saum. Die Naſe iſt ſtark ausgeſchnitten, zurückgeſchlagen, und nach der Spindel zu gerunzelt. Hinter der Spindellefze ſiehet man keine Spur eines Nabels. Dieſe Sturmhaube hat unter den bekannten Sturmhauben kein Original.

Dieſe wenigen angeführten Beyſpiele beweiſen, deucht mir, die groſſe Seltenheit der Sturmhauben im Steinreiche, und da die mehreſten angeführten Beyſpiele nur calcinirt waren, ſo ſind

sind wahre versteinte Sturmhauben eine sehr grosse Seltenheit. Vielleicht sind Verona und Vincentia die einzigen Gegenden, wo man auf mehrere Beyspiele dieses Geschlechtes rechnen kann. Von den Oertern, die ich oben aus Gmelin ausgezeichnet habe, kann ich nicht urtheilen, weil mir von dort her gar nichts bekannt ist.

Sturmhaubensteine, s. vorher Sturmhauben, versteinte.

SUBER *montanum*, heißt der Berggork. s. Berggork.

SUBULAE, heissen die Judennadeln, sonderlich dann, wenn sie eine etwas eingebogene Spizze haben. Von vielen werden diese gebogenen Nadeln, vielleicht nicht ohne Grund, unter die Dentaliten gezählt. s. Judennadeln und Dentaliten.

SUDES, heisen die Judennadeln, wenn sie wie Zaunstöcke oder Zaunpfähle gebildet sind. s. Judennadeln und Judensteine.

SUTULARIA, heißt beym Luid n. 1351, eine Fischzahnart, die sich am Rande durch eine Sutur kenntlich macht. Scheuchzer r) sagt davon: Ichthyodos quidam ignotus, a sutura ad marginem acu picta ita dictus: und mehr kann ich davon auch nicht sagen, zumal da ich, wie ich schon einigemal gesagt habe, den so seltenen Luid nicht besitze.

SUTURALIS *lapis*. Von diesem Namen sagt uns Kleins) folgendes: „Ex litteris Dn. J. J. Scheuchzeri 29. Nov. 1727. ist just eines von denen unbekannten Gästen, und zweifelsfrey ein articulus von einem Thier; wann es sich krümmete, so wäre es ein nucleus Cornu Ammonis, dann es dergleichen suturas hat; in der Länge zeiget sich auch Ceratoides articulatus, striis transversis undulatus et ornamentis foliaceis insignitus. Spec. Lith. Helv. fig. 82. p. 59. denn die ornamenta foliacea anders nichts sind, als suturae. Es finden sich auf einer Seite auch vestigia articulationis. En attendant rangire diesen Stein unter die Diluviana p. 96. mus. Diluv. Tit. Articuli cujusdam animalis sutura distincti." Es läßt sich freylich über Körper, die man nicht gesehen hat, nicht viel urtheilen, zumal da selbst Klein darüber keine Muthmasung wagte. Ich würde indeß diesen Körper unter die Orthoceratiten zählen, wenn ich nicht wüste, daß dem Klein diese Versteinerungen bekannt genug waren, wie aus seinem Buche de tubulis marinis erhellet.

SWARTE LEY, wird im Holländischen der eigentliche Schiefer, wegen seiner schwarzen Farbe, genennet. s. Schiefer.

SWIN of *Varkensteen*, heißt im Holländischen der Stinkstein, der auch bey einigen deutschen Schriftstellern den Namen des Schweinsteins führet. s. Stinkstein.

SYENITES, s. Pyrrhopoecilon.

Synne-

---

r) Lithographia curiosa p. 72.
s) In Scheuchzers angeführten Lithogr. curiosa p. 72.

SYNNEPHYTES, heißt beym Plinius der Milchstein. s. Milchstein.

SYNODONTIS, ein Stein beym Plinius, der aus dem Gehirn der Fische, die man Synodontes nennet, kommen soll. t) Er gehöret unter die vielen Steine der Alten, die wir nicht kennen.

SYRIACUS *lapis* Scheuchz. werden die Judensteine genennet. s. Lapides syriaci.

SYRINGITAE, lateinisch, und

Syringiten deutsch, heisen die Dentaliten, sonderlich diejenigen, welche eine cylindrische Gestalt haben, von dem lateinischen Wort Syrinx, ein Pfeifenrohr. s. Dentaliten.

SYRINGITES, s. Syringiten.

SYRINGIUM *cataphractatum* l uid n. 1765. An forte minoris cujusdam astaci, aut Locustae brachii articulus? sagt Scheuchzer am angef. Orte.

SYRTITAE. (Syrtides) sind Steine beym Plinius, die sich an den Ufern der Sandbänke, und in Lucanien finden, und aus der Honigfarbe in die Safranfarbe fallen, auch inwendig matte Sterne enthalten. Dem Herrn Leibarzt Brückmann ist es am angeführten Orte wahrscheinlich, daß es gestirnte Corallarten sind. Vielleicht waren sie durch das Abscheuren im Sande von aussen so unkenntlich geworden, daß ihre äussern Sternfiguren unkenntlich waren; oder vielleicht waren sie von einer fremden Masse, die ihre Sterne bedeckte, überzogen. Dadurch würde auch die von Plinius angegebene Farbe, die sonst den Corallarten nicht eigen ist, leichter zu erklären seyn.

T.

Tabakspfeife, Tobakspfeife, fr. Quenouille blanche, holländ. de Spill of Tabakspyp, Murex colus *Linn.* Murex testa turrita subrecto caudata, striata, nodosa, carinata, labro crenulato *Linn.* Syst. nat. ed. XII. p. 1221. Spec. 551. Lister Hist. Conchyl. t. 917. f. 10. t. 918. f. 11. a. Bonanni Recreat. Class. III. f. 360.? Bonanni Mus. Kircher. Cl. III. f. 353. Rumph amboin. Raritätenk. t. 29. t. F. Gualtieri Ind. Testar. t. 52. t. L. Argenville Conchyl. t. 9. f. B. Klein Method. t. 4. f. 78. Knorr Vergnüg. Th. III. t. 5. f. 1. Martini Conchylienk. Th. IV. t. 144. f. 1342. Schröter innerer Bau der Conchyl. t. 2. f. 6. Nach Linne hat die Tabakspfeife einen thurmförmigen Bau, und einen etwas gekrümmten Schwanz; sie ist gestreift und knotigt; die Windungen haben zwischen sich eine erhabene Leiste, und setzen also stark ab, und die Mündungslefze ist gekerbt. Linne sagt noch, sie habe den längsten Schwanz unter allen Spindeln, und erscheine bald mit einem runden, bald mit einem winklichten Körper. Der thurmförmige Bau, der sich in eine verlängerte Spitze endiget,

die

---

t) Brückmann von den Edelsteinen, neue Ausg. S. 375.

die durch grosse Hohlkehler von einander getrennten Windungen, die Queerstreifen, die nur an der Nase schräg laufen, die Reihe breiter, ziemlich scharfer Knoten auf jeder Windung, der fast drey Zoll lange, nur unten etwas gebogene Schwanz, und die mit feinen Kerben versehene Mündung an unbeschädigten Exemplaren, machen diese Spindel kenntlich genug. Sie hat durchgängig eine weisse Farbe, nur der untere fast glatte Theil des Schwanzes ist bräunlich, die obern Windungen aber sind braun. Sie wird über 6 Zoll lang. Man bezahlt das Paar mit 10 und mehr Gulden, und werden nach Linne in beyden Indien, gewisser aber auf dem moluckischen Eylande, und auf Amboina, gerade aber nicht allzuhäufig gefunden: u)

Auch das Steinreich scheinet Anspruch auf diese Conchylie zu machen. In dem *Muſeo Chaiſiano* p. 94. wird der verſteinerten Tabakspypen von Piemont gedacht. Ich selbst habe bey einer andern Gelegenheit x) drey hieher gehörige Beyspiele angeführt: n. 7. Die Tabakspfeife, *Murex colus L.* aus Piemont. Ueber zwey Zoll lang. Sie ist den Originalen ganz getreu, nur daß über die erste Windung scharfe, aber niedrige und dünne Queerribben in einer schrägen Richtung herablaufen. Ob in dem *Muſeo Chaiſiano* eben diese Art gemeynt sey, da beyde einen Geburtsort haben? kann ich

nicht sagen. n. 9. Noch ein kleines Beyspiel von der Tabakspfeife, *Murex colus L.* aus Courtagnon. Sie ist ganz glatt, wenigstens sind die Queerstreifen so fein, daß sie nur durch ein gewafnetes Auge können erkannt werden. Die Knoten hingegen, welche über die Windungen hinweglaufen, sind überaus scharf. n. 11. Eine kleine queergestreifte, und auf den Windungen geribbte Spindel aus Courtagnon. Sie kommt mit *Murex colus*, der Tabakspfeife, überein, hat aber eine kurze, schnell abnehmende Spindel.

Wenn wir freylich diese beschriebenen drey Spindeln mit Linne Beschreibung von *Murex colus*, oder noch besser, mit der natürlichen Tabakspfeife, so wie sie das Meer giebt, zusammenhalten, so passen sie freylich nicht genau, und ihnen fehlet bald dieser bald jener der Linnäischen Gattungscharaktere; hingegen dürfte man sie doch wohl für Abänderungen, oder wenigstens für solche Körper ansehen, die unter allen Spindeln der Tabakspfeife am nächsten kommen. Wir kennen indessen diesen Körper zur Zeit noch blos calcinirt, kennen blos Piemont und Courtagnon, wo sich dergleichen finden; sie werden aber an keinem von beyden Oertern so häufig gegraben, daß man sie als gemeine Fossilien ansehen könnte.

TABAKSPYPEN, *versteend,* holl. s. vorher Tabakspfeife.

Tabularis

---

u) Schröter Einl. in die Conchylient. Th. I. S. 514. f.
x) In meiner poſit. Einl. Th. IV. S. 477. n. 7. 9. 11.

TABULARIA *purpurea*, eigentlich *Tubularia* purpurea, s. corallinisches Orgelwerk.

Täublein, Daublein, h. Geistes Daublein, werden, wie Scheuchzer in der Seingraphia lithologica curiosa p. 41. sagt, in der Gegend um Basel die gestreiften zweyschaligen Muscheln genennet, die beym Lister Pectunculitae heisen. s. Pectunculiten.

Tafelschiefer, Tischschiefer, schwarzer Schreibeschiefer, lat. Fissilis mensalis, Fissilis niger duriusculus, Schistus niger mensalis, Saxum fissile nigrum *Kentm.* Marmor nigrum mensarium *Cordo.* Schistus tabularis *Linn.* Schistus scriptura nivea, ater, impalpabilis, aequalis, fissilis *Linn.* Schistus mensalis *Wall.* Fissilis subtilior polituram quodammodo admittens *Wall.* Schistus subtilior niger, rasura albus, polituram aliquo modo admittens *Wall.* Fissilis durus subtilis niger *Carth.* Lapis fissilis niger *Scheuchz.* Schistus niger polituram quodammodo admittens *Da Costa*, fr. Ardoise de tables, wird der schwarze Schiefer genennet, der ein feines Korn hat, und sich einigermasen schleifen und polieren läßt. Von ihm sagt Herr Gmelin y) folgendes: „Man findet ihn etwas selten in Schonen, häufiger in der Schweiz, und in verschiedenen Gegenden Deutschlands, bey Kladrau in Böhmen, bey Natestoop Bleygrube unweit Winster in Derbyshire. Er ist gräulichtschwarz, und läßt sich sehr dünne spalten; seine Blättchen liegen dicht aufeinander, und daher kommt es, daß er eine Art von Politur annimmt. Seine Blätter sind übrigens fein, eben und gleich, und sehr oft ist unter dem härtern Blatte ein anderes weiches, welches sich zerbröckeln läßt. Scheuchzer hat eben dies bey einem Schiefer vom Blattenberg in der Schweiz beobachtet, und gesehen, daß jede Schale, die gebrochen wurde, aus zwey Lagen bestund, aus der obern, die hart war, und sich polieren lies, und aus der untern, welche weicher war. Dieses Abwechseln der Lagen fand er den ganzen Berg hindurch.

Seine eigenthümliche Schwere verhält sich zur Schwere des Wassers, wie 2730 : 1000. Seine Schrift ist schneeweiß, und er giebt einigen Klang, wenn man ihn fallen läßt. Nicht selten macht er ganze Berge aus, und zuweilen verwittert er an der freyen Luft. Seine Farbe kommt vornemlich von entgegenmischtem Erdpeche her; daher brennt er sich im Feuer gemeiniglich weißlicht, zuweilen, wenn er viel Eisentheilchen führt, roth, in einem stärkern Feuer wird er zu einem dunkelgrünen röhrichten Glase, das aber doch nicht auf

---

y) Linnäisches Natursyst. des Mineralr. Th. I. S. 327. s. auch Wallerius Mineralogie S. 00. Wallerius Systema mineral. Tom. I. p. 350. 351. Uebers. Th. I. S. 318. Bomare Mineral. Th. I. S. 137. Gerhardt Eint. zur Chymie Th. I. S. 336. s. Schröter vollst. Einl. Th. I. S. 326. 327.

auf dem Wasser schwimmt. Daß er Alaun- und Kieselerde bey sich führt, ist ungezweifelt, zuweilen sind auch Glimmertheilchen in den Stein eingesprengt. Man gebraucht ihn zu Tischen und Rechentafeln, an einigen Orten, wenn er sich recht poliren läßt, zu Böden in Zimmern, und zu Grabsteinen. In Böhmen, Genua und an einigen umliegenden Orten deckt man damit die Dächer, und bekleidet inwendig die Cisternen."

Diesen Schiefer aus dem Schieferbruche zu gewinnen, schlagen die Arbeiter lange Meisel, oder eiserne Keile von oben in die Zwischenräume der Schieferlagen hinein; man spaltet ihn aber nicht eher zu Tafeln, bis er aus dem Bruche heraus ist. Eben so verfährt man auch mit dem Dachschiefer. Ueberhaupt ist der Tafelschiefer nur eine geringe Abänderung von dem Dachschiefer, daher auch Cronstedt und Gerhardt beyde für einerley halten. s. Schiefer, Dachschiefer, im VI. B. S. 204.

Tafelsteine, heissen unter denen künstlichen Edelsteinen, oder unter denen, welche durch die Hand des Steinschneiders bereitet sind, diejenigen, welche oben und unten ganz flach und platt sind, und oberwärts an jeder Seite nur eine Facette haben. Halbgründige oder halbgrundirte Tafelsteine, als die zweyte Art derselben, haben unterwärts grössere Tafeln, wie oberwärts. Weil diese Steine dünne und platt sind, und so wenige Facetten haben, so ist ihr Glanz und Feuer sehr schwach, und ihr Werth geringe. Man nahm ehemals Steine dazu, welche zu Dicksteinen so dünne waren, und gab ihnen eine viereckigte oder länglichte Figur. Sie werden heutiges Tages gar nicht mehr verfertiget, ausser wenn man sie etwa zu eingelegter Arbeit gebrauchen will. Wenn die rohen Diamanten weiß und nicht gar zu dünne sind, werden sie nunmehr zerstückt, und zu kleinen Rosen oder Brillanten verarbeitet. *)

Da in dieser Beschreibung der Dicksteine gedacht wird, deren Beschreibung ich im ersten Bande übergangen habe, die man doch auch kennen muß, so hole ich hier die Beschreibung aus Hrn. Brückmann nach. „Ein Dickstein wird ein solcher geschliffener genannt, welcher oben und unten eine horizontale Fläche, und an selbiger eine Reihe Facetten hat. Man kann ihn sich so vorstellen, als wenn zwey Tafelsteine mit ihren untern oder grössern Flächen aufeinandergesetzt wären. Er ist sehr leicht, auch wenn er verfasset ist, von einem Tafelstein zu unterscheiden, weil seine Unterfläche in der obern zu sehen ist. Die Ursache seiner Benennung ist leicht zu errathen, denn in Betracht des Tafel- und Rosensteins ist er ungleich höher und dicker. Wenn ein roher Diamant seine natürliche achtseitige krystallinische Figur hat, so ist ein Dickstein sehr leicht daraus zu schneiden. Denn wenn die acht

---

*) Brückmann von den Edelsteinen, neue Ausg. S. 50. 52.

acht Seiten gehörig einander gleich geschliffen sind, so dürfen nur die Spitzen abgenommen werden, daß oben und unten die Flächen entstehen, so ist der Dickstein fertig. Ein jeder Brillant, ehe ihn des Künstlers Hand vollkommen darstellet, muß zuvor als ein Dickstein geschliffen werden, und wenn alsdann oben und unten die erforderlichen Facetten angesetzt werden, so entstehet der Brillant. Die Dicksteine geben einen geringen Glanz und Spielung, sind daher fast gänzlich aus der Mode gekommen, und werden sie, wenn sie anderst die Arbeit belohnen, wenn sie nicht zu platt, unrein, oder von schlechter Farbe sind, zu Brillanten verarbeitet.

TALC, heißt im Französischen der Talk. s. Talk.

TALC *blanc*, der weisse Talk. s. Talk, weisser.

TALC *commun*, der gemeine Talk. s. Talk, gemeiner.

TALC *cubique*, die Talkwürfel. s. Talkwürfel.

TALC *jaune*, der Goldtalk. s. Talk, Goldtalk.

TALC *noir*, heißt der schwarze Topfstein, der auch den Namen des schwarzen Talks führet. s. Topfstein, schwarzer.

TALC *de platre*, nennet de la Hire, ich weiß nicht, aus welchem Grunde, den Selenit. s. Selenit.

TALC *de Venise*, der grüne venetianische Talk. s. Talk, venetianischer.

TALC *verd*, heißt der grüne Talk. s. Talk, grüner.

TALC *verdatre*, der grüne venetianische Talk. s. Talk, venetianischer.

TALCITES, wird der Talk genennet, vorzüglich wenn er unrein und steinigt ist. s. Talk.

TALCK, oder

TALCKSTEIN, s. Talk.

TALCUM, heißt im Lateinischen der Talk. s. Talk.

TALCUM *acerosum*, heißt beym Linne der Aehrenstein. s. Aehrenstein.

TALCUM *albicans*, heißt beym Wallerius der weisse Talk. s. Talk, weisser.

TALCUM *album*, heißt der gleich vorher genannte weisse Talk. s. Talk, weisser.

TALCUM *argenteum*, heißt ebenfalls der weisse Talk, wegen seiner Silberfarbe, daher er auch bey einigen Schriftstellern Silbertalk genannt wird. s. Talk, weisser.

TALCUM *aureum*, heißt der Goldtalk. s. Talk, Goldtalk.

TALCUM *carneus*, heißt beym Linne der Kalbfleischtalk. s. Kalbfleischtalk, im III. Bande, S. 130.

TALCUM *coloris plumbei inquinans*, heißt beym Gerhardt das Wasserbley. s. Wasserbley.

TALCUM *coriaceus*, s. Ledertalk.

TALCUM *corneus*, heißet beym Linne die Hornblende, oder der Hornfelsstein. s. Hornfelsstein.

TALCUM *cubicum*, auch

TALCUM *cubicum octoedrum*, heißen beym Linne die Talkwürfel. s. Talkwürfel.

TALCUM *de la Hire*, heißt

der Doppelstein. s. Spath, Doppelspath.

TALCUM *durum compactum colore vario*, heißt beym Woltersdorf der gemeine oder gewöhnliche Talk. s. Talk.

TALCUM *lamellare*, heißt beym Linne der Hornschiefer. s. Hornschiefer.

TALCUM *lamelatum fragili-durum glaberrimum subdiaphanum*, ist die weitläuftigere Beschreibung, die Linne vom Hornschiefer giebt. s. Hornschiefer.

TALCUM *lamellis opacis rigidis luteis*, heißt beym Cartheuser der Goldtalk. s. Talk, Goldtalk.

TALCUM *laminis oblongis convexis opacis incarnatis rasilibus*, heißt beym Linne der Kalbfleischtalk. s. Kalbfleischtalk.

TALCUM *lithomarga*, heißt beym Linne das Steinmark. s. Steinmark.

TALCUM *lunae*, wird der weiße, oder der Silbertalk genennet. s. Talk, weißer.

TALCUM *luteum lamellis opacis friabilissimum*, heißt beym Wallerius der Goldtalk. s. Talk, Goldtalk.

TALCUM *membranaceum flavosum rigidum*, heißt beym Linne der Ledertalk. s. Ledertalk.

TALCUM *molliusculum colore argenteo*, heißt beym Woltersdorf der weiße Talk. s. Talk, weißer.

TALCUM *molliusculum friabile colore aureo*, heißt bey ebendemselben der Goldtalk. s. Talk, Goldtalk.

TALCUM *molliusculum friabile virescens*, heißt der weiße Talk. s. Talk, weißer.

TALCUM *nephriticus*, heißt beym Linne der Nierenstein. s. Nierenstein.

TALCUM *nigrum*, heißt der schwarze Topfstein. s. Topfstein, schwarzer.

TALCUM *officinale*, oder TALCUM *officinarum*, heißt der gemeine weiße Talk, der sonst auch im Deutschen Apothekertalk heißt, weil er in den Officinen geführt wird. s. Talk, weißer.

TALCUM *ollaris*, heißt beym Linne der Topfstein. s. Topfstein.

TALCUM *opacum solidum subvirescens, particulis subsquamosis*, ist die weitläuftigere Beschreibung, die Linne von dem Topfstein giebt. s. Topfstein.

TALCUM *particulis impalpabilibus diaphanis molliusculis convexis fissilibus*. Das war die weitläuftigere Beschreibung, die Linne in der ältern Ausgabe seines Natursystems von dem weißen Talke gab, den er in der neuern Ausgabe unter Mica setzte. s. Talk, weißer.

TALCUM *particulis impalpabilibus lamellis paralle..s* heißt beym Linne in der ältern Ausgabe der Hornschiefer. s. Hornschiefer.

TALCUM *praepoliendum viride subdiaphanum particulis subfibrosis*, heißt beym Linne der Nierenstein. s. Nierenstein.

TALCUM *praepoliendum viridi-*

viridi-maculatum opacum, particulis granularis, heißt beym Linne der Serpentinstein. s. Serpentinstein.

TALCUM *rubrica,* heißt beym Linne der Röthel. Er hat einigen Eisengehalt, und von ihm seine Farbe. Einige Schriftsteller, z. B. Linne, haben ihn unter den Steinen, andere unter den Eisenminern. Wir wollen ihn im mineralogischen Lexikon beschreiben.

TALCUM *serpentinus,* heißt beym Linne der Serpentinstein. s. Serpentinstein.

TALCUM *smecris,* ist beym Linne ein Gattungsname, unter welchem bey ihm mehrere Arten, als der Seifenstein, die spanische Kreide, der Speckstein, der grüne Talk oder die briansoner Kreide u. dgl. gehören. s. diese Namen.

TALCUM *solidum pariculis acerosis sparsis rigidis,* heißt beym Linne der Aehrenstein. s. Aehrenstein.

TALCUM *solidum semipellucidum pictorum,* heißt beym Wallerius der grüne Talk, oder die briansoner Kreide. s. Talk, grüner.

TALCUM *solidum suberosum nigrum, superficie atra glabra, tritura albida,* heißt beym Linne der Hornfelsstein. s. Hornfelsstein.

TALCUM *striatum,* heißt beym Woodward der Strahlgyps, sonderlich wenn seine Fäden in ihrer Richtung dem Amianth gleichen, und vorzüglich die Abänderung, welche man Federalaun nennet, auch wohl in den Officinen gar dafür verkauft. s. Strahlgyps.

TALCUM *subfriabile albicans subsquamosum,* heißt beym Linne das Steinmark. s. Steinmark.

TALCUM *subfriabile viride inquinans* L. s. Talcum viride.

TALCUM *subfissile rubrum inquinans* L. s. Talcum rubrica.

TALCUM *ungue rasile album inquinans* L. s. Talcum smectis.

TALCUM *virescens* Wolt. s. Talk, grüner.

TALCUM *viridens* Linn. Talcum subfriabile viride *Linn.* grünes Steinmark, Gmelin. Es ist in Deutschland zu Hause, und wahrscheinlicher Weise nur eine Spielart des gemeinen Steinmarks. Es ist sattgrün, von aussen glänzend glatt, und gemeiniglich ziemlich mürbe. Es färbt grün ab. Seine Theilchen sind grün und ganz fein; es hat nur einen geringen Eisengehalt. a) Linne setzt noch hinzu: *natum ex argillo Bolo viridi.*

TALCUM *viride,* Venetiae, heißt der grüne Talk. s. Talk, grüner.

Talgstein, heißt bey einigen der Talk, bey andern der Schmeerstein. s. Talk und Schmeerstein.

Talk, Talkstein, Talgstein, Bergtalk, lat. Talcum, Talcus, Talcum officinarum, Magnetides

---

a) Gmelin Linnäisches Naturs. des Minerals. Th. I. S. 447.

Schröters Lex. VII. Theil.

des *Theophr.* nach Aldrovand, Petra pinguis thuriatica rasilis lamellosa *Gerh.* fr. und holländ. Talc, ist eine fette thonigte glänzende Steinart, die sich leicht in Blätter zertheilen läßt. Verschiedene glauben, daß dies Wort vom deutschen Worte Talch abstamme, und sehen dabey auf dessen Fettigkeit, die sich beym Anfühlen nur gar zu deutlich zeigt; dem Herrn Prof. Pott b) aber will diese Ableitung nicht gefallen, weil dieses Wort zuerst vom Avincenna gebraucht wurde, der es *Tallz* schrieb, mit dem Deutschen aber keine Bekanntschaft hatte. Herr Pott hält es vielmehr mit denen, welche das Wort aus dem Arabischen herleiten, von welchen er einige Beyspiele anführt: Er beruft sich auf den Cäsalpinus, der von dem Worte Talk sagt, daß es bey den Mauritanern einen Stern bedeute, und daß also die *Stella samia* darunter zu verstehen sey. Er beruft sich ferner auf den Johnsohn, der es ebenfalls für ein arabisches Wort ausgiebt, welches glänzende Sternchen bedeutet; und endlich auf den Herrn Pronier, welcher von diesem Worte sagt, es sey arabisch, und bedeute eine bequeme und gleichartige Constitution, welche den Körper bey guter Gesundheit erhielt. Bey den alten Schriftstellern kommt das Wort Talk gar nicht vor, ob ich gleich glaube, daß sie den Körper selbst gekannt haben.

Sollte also ja das Wort arabisch seyn, so würde man es von einem Stern ableiten müssen, wobey man vermuthlich auf dessen Glanz sahe, der dem Talk und vorzüglich einigen Arten desselben eigen ist.

Ehe ich die Gedanken andrer Gelehrten zur Erklärung dieser Steinart anführe, will ich erst des Herrn Werners c) äussere Kennzeichen mittheilen. Er nennet ihn gemeinen Talk, und sagt: „Er ist am gewöhnlichsten von einer grünlichweissen, auch wohl blaßäpfelgrünen Farbe, welche beyde stark ins Silberweisse fallen. Er kommt derb, eingesprengt, und nur selten (wie es scheint, tafelartig) krystallisirt vor. Inwendig ist er glänzend, fast stark glänzend, und von einem beynahe metallischen Glanz. Der Bruch ist wellenförmig blättrich. Er läßt sich sehr leicht in wellenförmige Bruchstücke voneinander, ist durchscheinend, in dünnen Scheibchen durchsichtig, sehr weich, milde, gemein biegsam, fühlt sich sehr fettig, und nicht sonderlich kalt an, ist nicht sonderlich schwer."

Börner d) setzet vom Talk folgende Kennzeichen fest. „Der Talk ist aus glänzenden, sehr glatten, fettigen, zerreiblichen Blättchen von einer unbestimmten Figur zusammengesetzt. Im Feuer verhärtet er sich, und von den Säuern wird er nicht angegriffen." Die Theilchen, woraus

---

b) Erste Forts. der Lithogeognosie S. 98. f.
c) In seiner Ausgabe des Cronstedt Th. I. S. 218.
d) Sammlung aus der Naturgesch. Th. I. S. 560.

aus der Talk bestehet, sagt von Bomare, e) haben keine bestimmte Figur, sie sind so zart, daß man sie nicht mit blosen Augen unterscheiden kann, jedoch bemerket man, daß er aus Blättern oder Häutchen, sehr kurzen glänzenden Schalen mit unebenen Flächen bestehe, welche, weil sie sehr brüchig sind, sich schwer voneinander sondern lassen. Der Talk ist schwer, und so zart, daß man ihn leicht zwischen den Fingern zerreiben kan, wodurch er nicht zu einem klaren Staube, sondern zu kleinen biegsamen Blättern wird, die zwischen den Zähnen zähe sind, und sich wie Inselt (Unschlicht) anfühlen lassen. Im Feuer verändert er sich nicht, kaum verliert er etwas am Gewichte und an der Farbe, die ihm fremd ist. Er schmelzt nicht zu Glas, außer unter dem Brennspiegel, die Säuren greifen ihn nicht an; wenn er aber in einem messingernen Gefäße zu Pulver gerieben wird, so bekommt er eine eisengraue Farbe. Wallerius f) setzet noch folgendes hinzu, daß seine eigenthümliche Schwere zum Wasser ohngefähr wie 3,000 : : 1000 ist; und so kan Herr Werner nach seiner Bestimmung der Schwere eines Steins sagen, daß der Talk nicht sonderlich schwer sey, und er widerspricht denen nicht, welche von ihm sagen, er sey schwer.

Man hat noch mancherley Steinarten, welche bald in dieser bald in jener Rücksicht einige Aehnlichkeit mit dem Talke haben, die sich aber leicht voneinander unterscheiden lassen. Der Speckstein ist ebenfalls fettig anzufühlen, aber er bestehet nicht aus Lamellen, wie der Talk, so wie ihm auch der natürliche Silberglanz, sonderlich der Glanz des Bruches fehlt. Das rußische Glas bestehet aus Blättern, und hat Glanz, hält auch eben sowohl, wie der Talk, das Feuer aus. Allein es ist durchsichtig, lässet sich in gleiche regelmäsige Blätter spalten, ist nicht brüchig, und auch nicht fett anzufühlen. Der Glimmer, ich nehme hier den Glimmer nicht als Geschlecht, denn da wird, wie wir hernach hören werden, der Talk von manchen Schriftstellern unter den Glimmer gesetzt; sondern als Art, glänzet auch, bestehet aus Blättern, und ist feuerfest; allein der Glimmer ist viel spröder als der Talk, seine Blätter sind viel elastischer und biegsamer, er ist nicht fett anzufühlen, und in den mehresten Fällen ist er in andre Steinarten eingemischt, da der Talk eine eigne Steinart ausmacht, und für sich bestehet. Am wenigsten kann man den Talk mit dem Schiefer verwechseln, der sich nicht in so zarte Blätter zertheilen läßt, als der Talk, der sich auch nicht fett anfühlt, und im Feuer auch ohne den Brennspiegel fließet. Indessen merket doch Hr. Pott g) an, daß ver-

---

e) Mineralogie Th. I. S. 117.
f) Mineralogie S. 177.
g) Erste Forts. der Lithogcogn. S. 100. f.

schiedene Schriftsteller den Talk mit einigen Steinarten verwechselt hätten. Er nennet den Ruland, der ihn mit dem Spath und Gyps verwechselte, wenn er vorgiebt, daß er sonst auch Sparkalk und Lederkalk heiße; den Cramer, der ihn für eine Art des Alabasters hielt, und gar vorgab, er sey härter als der Alabaster; den Boyle, der ihn mit dem Kalkspathe, und den Borrichius, der ihn mit dem Topfsteine verwechselte, ob es gleich neuere Schriftsteller giebt, welche den Topfstein unter den Talkstein, oder vielmehr unter die Talkarten setzen. Wenn aber Herr Pott den Bromell beschuldiget, daß er den Talk mit dem Hornsteine verwechsele, so thut er diesem Schriftsteller zu viel, der den eigentlichen wahren Talk mehr als zu gut kannte, hier aber von einer besondern Talksteinart redet, und von derselben sagt, daß derselbe den Namen von Hornstein an andern Orten führe. Hier sind Bromells h) eigne Worte. „Von solcher Eigenschaft, daß sie nemlich das Fliesen der Metalle im Feuer hindern, ist aller sogenannter Bergtalk, oder Talcum, wodurch eine fette, weiche, dichte und glänzende Steinart verstanden wird, welche von weisser, grauer oder andern Farben ist, gleichet dem äussern Ansehen nach den Horn- oder Pferdehufen, ist aber dabey so dichte und feste, daß sie in der Feuersflamme weder platzet noch schmelzet. Solchen Talkstein findet man hier überall, bey denen meisten Silber-, Eisen- und Kupfergruben, allwo derselbe in grossen und kleinen Stücken an denen Klüften festsitzet, oder als eine lose fettige Erde unter der Erde liegt, und sodann von dem gemeinen Mann vor angewittertes Silber pflegt aufgewiesen zu werden. Der weisse, reine, weiche Bergtalg ist zu verschiedenem nützlich, insonderheit zur Schmink, und zu dem so sehr begehrlichen Talköhle. Der dichte, schwarze, dunkelgraue, wird bey einigen Bergwerken Pfeifenstein (Pipster) genannt, indem derselbe zu denen Oefen und Schmelz-Ofenpfeifen gebraucht wird. An andern Orten bekommt dieser Talkstein den Namen von Hornstein, oder lederner und zäher Art, darnach derselbe weich und hart ist.

Noch ein Beweiß, daß unsre Vorfahren den Talk mehr als zu wohl kannten, kann auch Charleton i) geben. Talcum, sagt er, alias Stella Terrae, (quod stellarum instar niteat et micet;) quibusdam Argyrodamas Veterum (quia ignis violentiae resistit;) Argyrolithos Chymicis; Talk. Cujus oleum sollicite quaerunt Spagyrici, quo aes in argentum convertere se posse sperant. Mulieres etiam id avidissime expetunt, ad nitorem cuti conciliandum, variisque modis id perficere tentant; sed irrito hactenus conamine; quanquam Jacobus

---

h) Mineralogia et Lithographia Suec. p. 24. 25.
i) De differentiis et nominib. Animal. Fossilia p. 24.

cobus Zuingerus modum extractionis praescribere ausus sit."

Was die chymischen Untersuchungen mit dem Talk anlangt, so sagt Gerhardt k) überhaupt, daß alle Talkarten im Feuer spröder und brüchiger werden, als sie vorher waren; die Unschmelzbarkeit ist aber bey diesem Geschlecht so groß, daß man es allezeit als einen Beweiß von der Güte eines Brennspiegels oder Brennglases ansehen kann, wenn fettige Talke schmelzen, und es würde daher sich der Mühe verlohnen, Versuche darüber anzustellen, ob und wie diese Steinart zu Anfertigung unverbrennlicher Dächer zu gebrauchen seyn möchte. Der Herr Prof. Pott l) hat es sonderlich durch weitläufige Versuche zu ergründen gesucht, in welchen Fällen der Talk zum Flusse zu bringen sey. Ich bemerke nur folgendes. Unter den Salzen sind es das Alcali, das Arsenicum fixum, der Borax, der Salpeter, und das Sal fusibile microcosmicum, welche den Talk zum Flusse bringen. Mit Minium, Flußspath und Marienglas, floß der Talk ebenfalls. Mit Quarz, weissen Sand und mit Flußspath erfolgte eben diese Erscheinung, die mit Antimonio und Wißmuth nicht erfolgen wollte, denn höchstens entstund hier eine Masse, die aber nicht dünne fliessen wollte. Herr Pott folgert indessen aus seinen Versuchen, daß der Talk eine Art kieselhafter Erde sey, welche vielleicht mit etwas Gypserde verbunden ist.

Der verstorbene Apotheker zu Berlin, Herr Rose, m) hat in seiner chymischen Zergliederung des Talks dem Herrn Pott den Vorwurf gemacht, der nicht ganz ohne Grund ist, daß seine Versuche mehr die Verhältnisse des Talks gegen andre Körper, und die Naturgeschichte desselben, als seine Bestandtheile kennbar machten. Er zergliederte also den Talk chymisch, und fand darinnen zuförderst eine bittre Erde, von welcher ihn wiederholte Versuche überzeugten, daß sie ein wesentlicher Theil des Talks sey. Nach der Extraction der Vitriol= und Salpetersäure blieb ihm noch eine andre Erde zurück, welche körnig=sandig anzufühlen, und, mit einem Tropfen Wasser vermischt und unter dem Vergrößerungsglase betrachtet, wie durchsichtige Sandkörner von unbestimmter Figur gestaltet war. Es war eine kieselichte Erde, welches Herr Rose durch verschiedene Beweise hinlänglich unterstützt. Diese beyden Erden waren vermittelst eines zarten Brennbaren aufs genauste und festeste verbunden; ausserdem aber zeigten sich höchstwenig Kalk= und etwas häufigere Eisentheile darinnen. Die beyden ersten Erden machen nach seinem Urtheil wohl die wesentlichen Bestandtheile des Talkes aus; die beyden letztern

---

k) Beyträge zur Chymie Th. I. S. 368.
l) Erste Fortf. der Lithogeogn. S. 104. zweyte Fortf. S. 104.
m) In dem Stralsundischen Magazin, 2ter Band, S. 30. l.

tern aber hält er mehr für zufällig. Denn da er diese Versuche öfters, und zwar mit verschiedenen Sorten des besten weissen Talkes anstellte, so fand er, daß die Kalkerde und das Eisen; zuweilen mehr, zuweilen weniger darinnen anzutreffen waren. Indessen waren sie doch allemal darinnen anzutreffen, sollten sie also nicht ein Recht auf diese Steinart machen können, bis sich eine wahre Talkart findet, wo Kalk- und Eisentheile gänzlich fehlen?

Auch der berühmte Margraf n) hat den Talk chymisch untersucht. Da ich aber dessen Schriften nicht besitze, so kann ich blos aus dem neuen Schauplatze der Natur o) folgende Nachricht mittheilen: „Da der Talk von dem berühmten Margraf untersucht, und befunden worden, daß er eine alcalische Erde enthält, andre Versuche aber zugleich darthun, daß ausser dieser Erde auch eine Kieselerde, ingleichen etwas von einer metallischen Erde in ihm befindlich ist; so hat man Grund, den Talk unter die gemischten Steinarten zu setzen. Man kann aus diesen Auszügen, die ich aus verschiedenen Schriftstellern gegeben habe, indessen urtheilen, ob Herr Wallerius p) wenigstens für unsre Tage recht habe, wenn er behauptet: daß die Zusammensetzung des Talkes annoch ungewiß wäre, weil der Talk von keinen Menstruis aufgelößt werden kann, auch nicht vom ordentlichen starken Feuer gezwungen wird? Vielleicht, fährt Wallerius fort, könnte aus dem Rammelsbergischen an der freyen Luft zerfliessenden Talke (man findet nemlich am Rammelsberge bey Goslar eine Talkart, welche in der feuchten Luft zerfällt) mit der Zeit einige Kundschaft hievon zu gewinnen seyn.

Die verschiedenen Talkarten, und die Talke der berühmtesten Gegenden, werde ich nach diesem Artikel beschreiben, jetzo führe ich nur einige Meynungen über den Ursprung des Talkes an.

Verschiedene Gelehrte halten dafür, daß der Talk aus einer Thonerde erzeugt werde. Walch q) sagt: „Wenn das Wasser dermassen mit zarten fremden thonigten Erdtheilen geschwängert ist, daß solches nicht blos trübe, sondern dicke wird, und daher seine Durchsichtigkeit gänzlich verlieret, so ist der Thon entweder ein gemeiner Thon, oder er ist von einem mineralischen Bergfett stark durchdrungen. Ist das letztere, so entstehet daraus eine sich fett angreifende und aus dünnen Häuten und Schuppen bestehende Steinart, die wir Talk zu nennen pflegen. Das fette öhlichte Wesen vermindert die sonst dem Thon eigne Cohäsionskraft ungemein, und das sehen wir deutlich an dem Talk." Eine Anmerkung

---

n) Chymische Schriften Th. II. S. 17.
o) Im achten Bande S. 769.
p) Mineralogie S. 179.
q) Systemat. Steinreich Th. II. S. 67.

merkung des Herrn Baldassari r) giebt dieser Meynung ein grosses Gewicht. Die aus Thon gemachte Sohle eines Backofens gab nemlich kleine Talkblätter, die Herr Baldassari auch durch die Kunst nachmachte. Auch seine Feuerbeständigkeit scheinet für den Ursprung des Talks aus Thonerde zu zeugen.

Herr v. Büffon s) glaubt, daß die durchsichtigen Kiesel oder Quarze Talk erzeugen können. Er sagt: „Aus den vollkommen durchsichtigen Kieseln oder Quarzen entstehen durch die Auflösung ihrer Theile fette und weich anzufühlende Talke, die wie der venetianische und muscovitische, nicht minder teigicht und weich, und zur Verglasung eben so geneigt als der Thon sind. Wahrscheinlich will hier der Graf sagen, daß der Talk aus einer Kieselerde entstehe. Und eben so haben, wie ich vorher gezeigt habe, Pott und Rose den Talk entstehen lassen, doch so, daß der erste zugleich ein wenig Gypserde, der andre aber zugleich eine Bittererde annahm.

Wenn sich indeß die Gelehrten über den Ursprung des Talks nicht vereinigen können, so werden sie es eben so wenig über das Geschlecht, oder über die Classe thun können, wohin der Talk gehört. Ueberhaupt lese ich in dem neuen Schauplatz der Natur t) folgendes. „Einige rechnen den Talk unter die Erden; allein seiner Textur und ganzen Beschaffenheit nach kann man ihn wohl eher für einen Stein als für eine Erde halten. Bey den mehresten Schriftstellern stehet auch der Talk unter den Steinen, nur über das Geschlecht, wohin er gehöret, können sie sich nicht ganz vereinigen. Neumann u) möchte doch wohl nicht vielen Beyfall finden, wenn er den Talk, wenigstens den gefärbten, unter den Selenit rechnet, da die äussere Gestalt, und das Verhalten im Feuer, beyde hinlänglich trennt. Baumer, x) v. Bomare, y) und mit ihnen viele andre, denen auch ich in meiner vollständigen Einleitung gefolgt bin, setzen den Talk unter die thonigten Steine, und sein Verhalten im Feuer scheinet dieses zu rechtfertigen. Der Herr Prof. Pott z) wendet zwar dawider ein, daß ihm dieser Ort darum nicht gebühre, weil er durchs Brennen im Feuer nicht härter wird. Ob aber dieser Umstand allein hinlänglich sey? weiß ich doch nicht, da er sich doch darinnen wie andre thonartige Steine verhält, daß er im Feuer nicht fließt. Bromell, a)

Linné

---

r) Beckmann physical. œcon. Biblioth. Th. IV. S. 362.
s) Allgem. Geschichte der Nat. Th. II. S. 42. der Berliner Ausg.
t) Im achten Bande S. 769.
u) Mineralog. Belust. Th. II. S. 413.
x) Natura des Mineralr. Th. I. S. 211, Th. II. S. 136.
y) Mineralogie Th. I. S. 117.
z) Erste Fortis. der Lithogeogn. S. 53.
a) Mineral. et lithograh. succ. p. 24.

Linne b) in der ältern Ausgabe seines Natursystems, Wallerius c) und von Justi d) setzen den Talk unter die Apyra, oder unter die feuerfesten Steine. Pott wendet am angef. Orte ein, daß der Talk merklich schmelzbarer sey, als der Sand und der Kiesel; allein er ist es doch nur in der Zusammensetzung mit andern Körpern, und in diesem Betrachte haben wir eigentlich gar keinen feuerfesten Stein. Daß der Talk unter dem Brennspiegel schmelzt, das ist wahr; auf der einen Seite aber muß der Brennspiegel vorzüglich gut seyn, wenn er den Talk zum Flusse bringen soll; auf der andern Seite aber ist der Brennspiegel gar die Maschine nicht, nach welcher man das Verhalten eines Körpers gegen das Feuer zu beurtheilen hat, da ihm, wenn er gut ist, beynahe keine einzige Steinart widerstehet. Von Cronstedt, e) von Linne, f) Brünnich g) und Wallerius h) haben den Talk unter den Glimmer gesetzt, und dabey wahrscheinlich auf sein blättriches Gefüge, auf seinen schimmernden Glanz, und auf sein Verhalten im Feuer gesehen. So verschieden indeß diese Meynungen, dem ersten Anschein nach, zu seyn scheinen, so kommen doch die mehresten Schriftsteller darinnen überein, daß der Talk unter die feuerfesten Steine gehöre.

Der Talk erscheinet in mancherley Abänderungen, und das hat den Schriftstellern Gelegenheit gegeben, mancherley Classificationen zu machen. Nur muß ich dabey anmerken, daß nicht alle Gelehrte, die das Wort *Talcum* brauchen, darunter unsern Talk verstehen, von dem ich hier rede. Man kann die Gelehrten in drey Classen bringen. In die erste gehören diejenigen, welche unter diesem Worte ganz andre Körper verstehen, als unsern Talk; in die andre diejenigen, wo das Wort Talcum Geschlecht ist, unter welches unser Talk, als eine eigne Gattung, gehört; und in die dritte diejenigen, welche den eigentlichen Talk, von dem ich nemlich in dieser Abhandlung geredet habe, verstehen. Um der Vollständigkeit willen darf ich auch die erste Classe nicht übergehen, ob sie gleich eigentlich nicht hieher gehört.

In die erste Classe gehört der Ritter von Linne i) ganz allein. Unsern Talk muß man bey ihm unter Mica suchen; unter dem Worte Talcum hat er folgende Steinarten: 1) Talcum lithomarga, Steinmark. 2) Talcum viridans, Grünes Steinmark.

---

b) Syst. naturae 1748 p. 146. it.
c) Mineralogie S. 177.
d) Grundriß des Mineralr. S. 212.
e) Mineralogie, Werners Ausg. S. 214.
f) Syst. nat. 1768. P. 59.
g) Mineralogie S. 104.
h) Syst. mineral. Tom. I. p. 382. 383.
i) Syst. nat. XII. p. 51. Gmelin Linnéisches Natursyst. des Mineralr. Th. I. S. 441.

matk. 3) Talcum rubrica. Rö=
thel, Röthelkreide, Rothstein.
4) Talcum smectis. Seifenstein,
Speckstein. 5) Talcum ollaris.
Topfstein, loser Topfstein,
Lavetstein, Schneidestein,
Pfannenstein, Scherbelstein,
Mehlpas. 6) Talcum serpentinus. Serpentinstein, Serpentinmarmor, Jöplitzer Mar-
mor. 7) Talcum nephriticus.
Nierenstein, Griesstein,
Schröckstein. 8) Talcum lamellare. Hornschiefer. 9) Talcum corneus. Hornblende,
Hornfelsstein. 10) Talcum
carneus. Kalbfleischtalk. 11)
Talcum coriaceus. Ledertalk.
12) Talcum acerosum. Aeh-
renförmiger Glimmer, Aeh-
renstein.

Für die zweyte Classe kann
ich mehrere Schriftsteller setzen.
Zuförderst nenne ich den Hill.
k) Unter dem Worte Talcum
findet man bey ihm folgende
Steinarten: 1) Vitrum. 2)
Mica. Glimmer. 3) Molyb-
daenum. Wasserbley. 4) Smectis. Schmeerstein. 5) Ollaris. Topfstein. 6) Colubrinus.
Schlangenstein. 7) Serpentinus. Serpentinstein. Unser
Talk stehet unter seinem Smectis,
und da giebt er folgende Arten
an: 1) Cornish Soaprock. Talcum smectis opacum. 2) China
Soaprock, Talcum smectis steatites. 3) Swedish Soaprock, Talcum smectis lamellosum. 4)
German Soaprock, Talcum smectis subdiaphanum. 5) Grey
Plated Soaprock, Talcum lamellare. 6) Black plated Soaprock,
Talcum corneum. 7) Leather
Soaprock, Talcum coriaceum.
8) Rose Soaprock, Talcum car-
neum. 9) Green Soaprock,
Talcum viridans. 10) Red Soaprock, Talcum rubrica. 11)
White Soaprock, Talcum lithomarga. 12) French Soa-
prock, French Chalck, Le Talc
Verd de Briancon. 13) Spot-
ted Soaprock, Le Talc verd
marbré.

Der Herr von Linne l) hat
in der ältern Ausgabe seines
Natursystems folgende Arten:
1) Talcum particulis impalpabilibus diaphanis molliusculis convexis fissibilibus. Talk. 2) Talcum particulis impalpabilibus solidum nigrum, superficie atra
glabra. Hornfelsstein. 3) Talcum particulis impalpabilibus solidum, viridi-maculatum. Serpentinstein. 4) Talcum particulis impalpabilibus, lamellis parallelis. Hornschiefer. 5) Talcum particulis impalpabilibus,
membranis flexuosis. Rinden-
stein. 6) Talcum particulis
impalpabilibus, laminis oblongis
convexis opacis incarnatis. 7)
Talcum particulis acerosis sparsis, friabilibus opacis subvirescen-
tibus. Pfannenstein. 8) Talcum particulis acerosis sparsis
friabilibus subdiaphanis inquinantibus. 9) Talcum particulis
acerosis sparsis rigidis opacis.
Spreustein. 10) Talcum fibris
rigidis fasciculatis intortis. Fleisch-
maskelartiger Stein.

Wallerius

---

k) Fossil. p. 9. vergleich p. 23.
l) Syst. nat. 1. 48. p. 156. f.

Wallerius m) hat unter Talcum folgende Abtheilung: A) Lapides micacei. Mica. 1) Vitrum muscoviticum. Russisches Glas. Marienglas. 2) Mica. Katzensilber, Katzengold. 3) Mica squamosa. Glimmer. 4) Mica fissilis. Schiefericher Glimmer, wellenförmiger Glimmer. 5) Mica striata. Strahlglimmer. 6) Mica hemisphaerica. Halbrunde Glimmerkugeln. 7) Mica drusica. Drusiger Glimmer. B) Lapides talcosi, Talcum. Talk. 8) Talcum albicans, lamellis subpellucidis flexis. Talcum lunae. Weisser Talk. 9) Talcum luteum, lamellis flexuosis, opacis, friabilissimum, Talcum aureum. Goldtalk. 10) Talcum solidum, durius, semipellucidum pictorium. Creta brianconia. Brianconer Kreide. a) alba. b) viridis.

Auch Herr Werner n) gehört in diese Classe, der unter den Talk: 1) die Talkerde, 2) den gemeinen Talk, und 3) den verhärteten Talk oder den Topfstein rechnet.

Aus der dritten Classe führe ich zuförderst den Herrn Gerhard o) an. Er hat folgende Arten: 1) Talk, welcher in losen Blättern erscheint. Talkerde. Talcum lamellis separatis pulverulentis. Talcum terreum. 2) Talk, welcher aus zusammenhängenden Blättern bestehet. Apothekertalk. Talcum cohaerens lamellis flexibilibus. Talcum officinale. a) von biegsamen gewundenen Blättern. b) von spröden mehr platten Blättern. 3) Talk, der aus fest zusammenhängenden kleinen Blättern bestehet, und weiß schreibt. Brianzoner Kreide. Talcum firmiter cohaerens scriptura alba lamellis minimis. Creta Brianzona. 4) Talk, dessen Blätter länglich und fast fadenartig gewachsen sind. Asbestartiger Talk. Talcum lamellis filamentorum instar concretis. 5) Talk, so bleyfarben aussiehet und abfärbt. Wasserbley. Talcum coloris plumbei, inquinans. Molybdaena.

Wallerius p) hat folgende Arten: 1) weisser Talk. Talcum albicans lamellis subpellucidis. 2) Goldtalk. Talcum luteum, lamellis opacis friabilissimum. 3) Grüner Talk. Brianzoner Kreide. Talcum solidum semipellucidum pictorium. Creta brianzonica. Creta hispanica. Creta sardoria. Talc verd. a) weißliche. b) grüne. 4) Talkwürfel. Talcum cubicum octoedrum. Talcum cubicum. Talc cubique.

von Bomare q) hat folgende Abtheilung des Talks: I. Silbertalk, weisser Talk. Talc blanc, Talcum album aut argenteum. II Goldtalk. Talc jaune, Talcum aureum. III. Grüner venetianischer Talk, grünlicher

---

m) Syst. mineral. Tom. I. p. 382 f. Uebers. Th. I. S. 341. f.
n) In seiner Ausgabe des Cronstedt Th. I. S. 218.
o) Beyträge zur Chymie Th. I. S. 359.
p) Mineralogie S. 172.
q) Mineralogie Th. I. S. 118. Man sehe auch unten Talk, gemeiner.

licher Talk. Talc verd de Veniſe, ou Talc verdâtre, Talcum viride Venetiae. IV. Gemeiner Talk, Talkſtein. Talc commun, Pierre talquelz ou Talcite. 1) Glatter Talk in Stücken, oder Schminkſtein. Le Talc glacé en maſſe, ou Pierre à fard, Talcum pingue cosmeticum ſubdiaphanum officinarum. 2) Schmeerſteiniger Talk, weißliche Kreide von Brianſon. Le Talc ſteatite, ou craie de Briançon blanchatre. Talco ſteatites, Creta hiſpanica. 3) Grüner Talk von Brianſon. Talc verd de Brianſon. 4) Marmorirter grüner Talk. Le Talc marbré, Talcum viride opacum. 5) Schwärzlicher Talk von Brianſon. Talc noirâtre de Briançon.

Die Liebhaber der Verſteinerung haben ſich vom Talk wenig Vortheile zu verſprechen, denn noch nie hat man auch nur die geringſte Spur von Verſteinerungen im Talke gefunden; es iſt auch hier nicht leicht eine Verſteinerung zu erwarten. Das fette Weſen, das dem Talke eigen iſt, läßt kein mit Erde vermiſchtes Waſſer in einen calcinirten Körper eindringen, und alſo kann er auch nicht talkartig werden, ſo wie auch ein aus ſo zarten Lamellen gebauter Körper nicht leicht die Mutter einer Conchylie u. dgl. werden kann.

Minern kommen zuweilen im Talke vor, davon uns Lehmann 1) folgendes ſagt: „Talk führt ſelten andre Erze in ſich, als Eiſen, dergleichen die norwegiſchen Granaten ſind, welche im Talk brechen, deren Bruckmann in einigen ſeiner Schriften gedenkt. In des Hrn. Hofrath Ellers Kabinet iſt ein braunrother Eiſenſtein aus Cornubien in England befindlich, welcher mit artigen Talkroſen durchflochten iſt. Eben hieher kann ich auch eine hochgrüne Talkart rechnen, welche mit gewachſenem Kupfer, rothen Kupferglaserze und Rothgüldenerze pranget, aus dem Gebürge Predannach in Cornubien. Eben dergleichen erwehnet auch Swedenburg in Oper. min. de cupro S. 149. daß man in Ungarn in dem Heresgrunde Kupfererz in ſchwarzem Talke mit Quarz finde. Und von Eiſen führet beſagter Autor in oper. min. de ferro S. 2. folgendes an: Differunt etiam venae ferreae, Sueciae, ratione matricum, reperiuntur ut plurimum in lapide, qui corneus vocatur in venere quodam Talci. — Zinnſteine finden ſich im Talk und Glimmer viel häufiger, als alle andre Arten von Metallen und deren Erzen, aber Gold findet man hier nicht. — Bromell s) ſagt ausdrücklich, daß man in Schweden bey den meiſten Silber= Eiſen= und Kupfergruben den Talk finde. Und von der Terra hoppiana, die ehedem bey Gera gefunden wurde, und eine wahre Talkerde iſt, behauptet man, daß ſie ſilberhaltig ſey. Indeſſen kann man den Talk

---

1) Von den Metallmüttern S. 245. f.
2) Mineral. et lithogr. Suec. p. 25.

Talk in keiner Rücksicht unter die reichen Metallmütter setzen, oder ihm für die Mineralogie einen wahren entschiedenen Nutzen beylegen. t)

Selbst ökonomisch oder medicinisch betrachtet hat er keinen Nutzen. Man sagt zwar, daß man sich des Talks zur Schminke bediene, und daraus ein sogenanntes Schönheitsöhl verfertige, mit welchem solche Personen sich zu Hülfe kommen, denen entweder die Natur die Schönheit versagte, oder die mit ihren Naturgaben unzufrieden sind, oder wo die zunehmenden Jahre den Reiz der Jugend verscheucht haben. Indessen fehlet es nicht an Schriftstellern, u) welche es geradezu leugnen, daß aus dem Talk ein sogenanntes Schönheitsöhl bereitet werde, oder bereitet werden könnte. Wallerius sagt darüber folgendes: „Weil sich der Talk so ungemein fettig anfühlt, so haben sich viele die vergebliche Mühe gegeben, ein Oehl herauszupressen. Es ist aber dieses auf solche Art unmöglich." (Im Original stehet: Hoffmann in N. ad Poter. p. 489. et Koenig in Reg. Min. p. 308. diversos indicarunt modos hoc oleum talci praeparandi, qui eo tendunt, ut saepius calcinetur et in aqua frigida extinguatur lapis, tandem cum duplo nitri calcinetur, ut postea in aëre deliquescat. Liquorem quem tum obtinent alkalinum oleum talci vocant.)

Man hat eine andre Art, das Talköhl zu bereiten, vorgeschlagen, indem man entweder oft geglüeten und in kaltem Wasser zu wiederholtenmalen abgelöschten Talk mit doppelt so viel Salpeter röstet, und das Gemisch sodann an der Luft zerfliesen läßt, oder indem man erst aus zwey Theilen Borax und einem Theil Talk ein Glas bereitet, und dies sodann aufs neue mit Laugensalz schmelzt, damit es an der Luft zerfliese. Auf beyde Arten erhält man nichts, als ein mit wenigen Talktheilen vermischtes zerflossenes Weinsteinsalz. Ein eigentliches Oehl läßt sich aus dem Talk nicht bereiten. Indessen sagt man doch, daß sich ein gewisser Tackenius durch einen solchen Betrug eine grosse Summe erworben habe.

Eben so fruchtlos ist die Bemühung anderer, durch Hülfe des Talks Messing in Eisen zu verwandeln. Denn obgleich der Talk einen eisengrauen Strich erhält, wenn man Messing darauf streicht, so ist doch dieses nicht sowohl Verwandlung des Metalls, sondern blos eine Veränderung der Farbe, wie Wallerius sehr richtig erinnert.

Was endlich die Oerter anlangt, wo der Talk gefunden wird, so ist fast keine Erzgrube, in welcher er nicht vorkommen sollte; auch ist es gewöhnlich, daß man Talkstein in solchen Gegenden findet, welche Granit oder

---

t) Schröter Abhandlungen über verschiedene Gegenstände der Naturgeschichte Th. II. S. 30.
u) Vogel prakt. Mineralf. S. 62. Baumer Hist. lapid. pretios. p. 113. Wallerius Syst. miner. T. I. p. 389. Uebers. Th. I. S. 348.

oder schieferartige Steine enthalten. Wo sich aber der Talk findet, da kommt er hauptsächlich in Ganggebürgen vor, und bricht daselbst in Nestern oder Gängen, die letztern sind indeß selten. x) Aus Schriftstellern kenne ich folgende Gegenden, Länder und Oerter, wo sich Talk findet: Afrika, Amerika, Audale in Norwegen, Asia, Auvergne, Basel, Canton Bern, Berneck, Berier, Ber, Blankenburg, Bleystein, Bober bey Bunzlau, Böhmen, Brindas, Brocksberg, Bündlen, Bunzlau, Chemnitz, Cräin, Cypern, Dalekarlia, Dalia, Deutschland, Eger, England, Fahlum, Fichtenberg, Finnland, Freyberg, Freywalde, Garpenberg in Schweden, Giera, Givors, Claris, Goldberg, Goßlar, Graitz, Griesel im Canton Bern, Grönland, Harzwald, Hermsdorf, Jemtia, Jena, Italien, Kein in Böhmen, Langenbach, Leitendorf, Lerigneur, Leisland, Lontschen, Luggarus, Lyonnois, Manstein, Meissen, Moscau, Münchberg, Neapel, Neuburg, Neufchatel, Norberg, Norwegen, Ormond im Canton Bern, Ostindien, Persien, Pohlen, Pont-Gibaud, Rabitz bey Eger, Reichenstein, Rammelsberg, Riesengebürge, St. Romain, Rußland, Salzburg, Sargans, Schlesien, Schwarzenberg, Schweden, Schweiz, Seissen, Siberien, Silberberg in Schweden, Spanien, Steyermark, Stollberg, Thüringen, Tidström, Tyrol, Ungarn, Canton Unterwald, Vaugnerey in Lyonnois, Venedig, Wünschendorf bey Schmiedeberg, Zöplitz und Canton Zürch. s. auch hernach Talk, gemeiner, it. weisser.

Talk, Apothekertalk, heißt der gemeine weisse Talk, weil er gewöhnlich in den Officinen oder in den Apotheken geführet wird. s. hernach Talk, weisser.

Talk, asbestartiger, dessen gedenket der Herr Prof. Gmelin y) unter dem Glimmer des Herrn von Linne, wohin, wie wir vorhin hörten, nach Linne der Talk gehöret, der also eine Glimmerart ist. Man findet ihn zu Cosemütz in einzelnen Stücken, in der Thonerde, in welcher Chrysopras liegt. Er ist gelblicht, und kommt der Brianzoner Kreide sehr nahe. Er hat eben so kleine und dichte Blättchen, allein die Blättchen sind der Länge nach in breite Fäden zusammengewachsen, so daß man den Stein dem ersten Anblicke nach für einen Asbest halten sollte; will man aber die breiten Fäden weiter trennen, so lösen sie sich nicht in kleinere Fäden, sondern in Blättchen auf. Er brennt sich im Feuer ganz weiß, und brauset nach dem Brennen zuweilen mit sauren Salzen auf, welche fast die Hälfte davon auflösen. Dieser auflösliche Theil ist nichts, als Bittersalzerde. Er taugt sehr gut zum Porcellan. Mit ihm ist

---

x) Gerhardt Beyträge zur Chymie S. 368. Mineral. Beluß. Th. V. S. 410. Vogel prakt. Mineralf. S. 62.
y) Linnäisches Naturs. des Mineralr. Th. I. S. 424. f.

ist der Speerstein, oder der schwedische Wetzstein, nahe verwandt, nur daß dieser noch Sand in seiner Mischung hat, und daher zum Schleifen gebraucht werden kann.

Talk, englischer. Er wird zu Cornwallis in England gefunden. An den Beyspielen meiner Sammlung sehe ich keinen Unterschied dieses Talks von andern Talkarten. Er unterscheidet sich unter sich selbst bloß durch die Farbe: 1) die Farbe gelblichgrün, doch überaus matt. Seine Blätter sind fein, und der Silberglanz seines Bruchs ist matt, und gehet stärker in das Grüne über, als von aussen. 2) weiß, doch matt. Seine Blätter sind spröder, er ist daher fester als der vorhergehende und der folgende, und auch der Glanz seines Bruches ist eben nicht sonderlich. Er greifet sich weniger fett an, als der übrige Talk, und der übrige englische. 3) silberfarben, im Bruche vom schönsten Silberglanze. Er bestehet aus den feinsten Blättern, die gerade nicht in der strengsten Ordnung da liegen. Hin und wieder hat sich einiger Sand eingemischt.

Talk, französischer, dessen gedenket Guettard, z) der uns zuförderst, da er von den Talkarten in Auvergne redet, die Anmerkung macht, daß es gewöhnlich sey, daß man Talksteine in den Gegenden findet, welche Graniten oder schieferartige Steine enthalten. Herr Guettard hatte auch einen aus der Gegend von Pontgibaud, welcher von einem glänzenden und schielenden Braun war, und durch welchen ein Faden von weissem Quarz gieng. Ein anderer war gelblicht und braunfleckigt; ein dritter war von diesem nur darinnen verschieden, daß er ein wenig silberfarbigt und glänzend war; ein vierter war den Schiefern ähnlich, hart in seiner Consistenz, und abwechselnd grau und weiß; endlich hatte ein fünfter weisse Körner und Blättchen, von einem schwärzlichen Braun, das changeant war, oder ins Kupferrothe fiel.

Talk, gemeiner, Talkstein, Talc commun, Pierre talqueuse, ou Talcite, Talcum particulis acerosis, sparsis friabilibus, subdiaphanis, inquinantibus *Linn.* 8. Talcum solidum semipellucidum, pictorium *Wall.* Talcum durum compactum, colore vario *Wolt.* Talcum lamellis subdiaphanis, nonnihil tenacibus firmiter connexis *Cartb.* 4. Hispanica, eigentlich der gewöhnliche vorher ausführlich beschriebene Talk. Bomare a) nennet ihn den gemeinen, und giebt von ihm folgende Nachricht: „Dieser Talk ist hart, compact, von verschiedenen Farben, bald weißlich und strahlich, bald grünlich und schuppich, dem gefrornen Oele gleich, halbdurchsichtig, und macht einen Strich wie Kreide. Aus den Stücken dieses Talks wird durch Brennen eine

---

z) In den mineral. Belust. Th. V. S. 410.
a) Mineral. Th. I. S. 119.

eine Schminke gemacht, welche in einem weissen, fett anzufühlenden und perlhaften Pulver besteht. Er findet sich in Brüchen, welche nach der Teufe dünnlegig einschiessen; ist er undurchsichtig oder weniger schön, so heißt er Briansoner Kreide, und wenn er sehr hart und mit Adern durchzogen ist, so heißt er Talkstein, *Talcites* u. s. w. Man hat

1) Glatten Talk in Stücken, oder Schminkstein. Le Talc glacé en masse ou Pierre à fard. *Talcum pingue cosmeticum, subdiaphanum officinarum.* Dieses ist der Talk, den man in den Läden verkauft, und wovon man die Schminke macht.

2) Schmeersteiniger Talk, weißliche Kreide von Brianson. Le Talc stéatite, ou Craie de Briançon blanchatre. *Talco-Steatites. Creta Briansonia albescens Wall.* 134. Art. *Talcum subdiaphanum densum, albescens, lamellis minutissimis Carth. Creta Hispanica.* Dieser Talk hat viele Gleichheit mit dem seifenartigen Schmeersteine. Er ist compact und geblättert, sehr fett, kaum halbdurchsichtig. Man findet ihn bey den Materialisten, unter dem Namen der spanischen oder briansonischen Kreide. In einer Anmerkung sagt der Herr von Bomare, daß er den Namen der Kreide daher bekomme, weil ihn die Schneider statt der Kreide brauchen, weiße Striche damit zu machen, welche sich leichter auslöschen lassen, als die von gemeiner Kreide. Man schneidet ihn mit einer Säge zu langen viereckigen Stäbchen. Nach den Grundtheilen seiner Zusammensetzung gehört er nicht zur Kreide, weil er weder alkalische Erde, noch Kalk enthält. Man nennt ihn sehr uneigentlich spanische Kreide, weil wir ihn nicht daher bekommen. Den fremden Namen hat er, wie viele andre Dinge, bekommen, um ihm im Handel einen mehrern Werth beyzulegen.

3) Grünen Talk von Brianson. Le Talc verd de Briançon. *Creta Briansonia viridis Wall.* Dieses ist derjenige, welcher im Handel grüne Kreide von Brianson heißt.

4) Marmorirten grünen Talk. Le Talc marbré. *Talcum viride opacum. Steatites opacus, mollis variegatus, plerumque albicans, sartoria.* Er ist mit verschiedenen Farben auf einem grünlichen, bisweilen graulichen Grunde durchzogen.

5) Schwärzlicher Talk von Brianson. *Talc noirâtre de Briançon. Talcum nigrescens Briansonium.* Diese Art ist sehr selten und sehr schwer, ein wenig fett, und trennet sich schwerlich.

Talk, Goldtalk, lat. *Talcum aureum, Mica hungarica L. Mica lamellis flexuosis fragilibus auratis Linn. Mica particulis lamel-*

lamellatis, adangulum acutum striatis *Linn.* Talcum luteum, lamellis opacis, friabilissimum *W.* Talcum luteum, lamellis flexuosis, opacis, friabilissimum *Wall.* Talcum molliusculum friabile colore aureo *Woltersd.* Talcum lamellis opacis rigidis luteis *Cartb. fr.* Talc jaune, heißt eine goldgelbe Talkart, die aus krummen undurchsichtigen, sehr zerreiblichen Blättern bestehet. Man findet ihn, sagt der Herr Prof. Gmelin, b) in Ganggebürgen, nesterweise oder gangweise in Ungarn, bey Silberberg, Reichenstein und Querbach in Schlesien, und bey Merzberg in der Grafschaft Glatz. Er führet zuweilen Kobolt und Kupfererze. Er fühlt sich fetter als andre Glimmerarten, aber magerer als der eigentliche weiße Talk an, und schmelzt, wenn er nicht sehr stark eisenschüssig ist, im Feuer sehr schwer. Seine Blättchen sind dünn, hart, spröde, undurchsichtig, unbestimmt krumm, und oft nach einem spitzigen Winkel gestreift; sie lassen sich leicht voneinander spalten, und hängen gemeiniglich so locker unter sich zusammen, daß man ihn schaben und zwischen den Fingern zerdrücken und zerreiben kann. Im Feuer verändert er kaum seine Farbe, und erst nach starkem Rösten verliert er etwas von seiner Farbe und Schwere. Er ist ungefähr dreymal schwerer als Wasser, und enthält nicht Alaunerde, wie die Glimmerarten, sondern die Erde des Bittersalzes. Am häufigsten findet man ihn goldgelb, aber auch hellgelb, roth, hellgrün, dunkelgrün und grau; von der letzten Farbe trift man bey Silberberg und Reichenstein ihn in einzelnen Nestern, auch mit vielem Schörl vermischt, bey Merzberg an, wo er einen Kupfergang macht."

Wenn Neumann den Goldtalk für einen gefärbten Selenit hält, so macht Pott c) darüber folgende Anmerkung: „Wenn ich einem solchen Goldtalke alle sein Farbewesen durch Aqua Regis ausziehe, so verhält sich das rückständige weiße Pulver im Feuer und andern Mischungen nicht wie Gyps, sondern wie eine Talkerde." Wenn andre vorgeben, daß die Goldtalke im starken offenen Feuer ihr Farbewesen ganz verlieren, so sagt Herr Pott, daß der Reichensteinische Goldtalk im Feuer schwärzlich und goldfarbig verblieben, nur daß er etwas härter zusammengesintert sey.

Von dem Gold- oder dem gelben Talke des Rammelsbergs am Harze macht Lesser d) die Beobachtung bekannt, daß er, wenn er an einem sehr kalten und feuchten Orte stehet, sich in einen gold- oder safranfarbenen Saft verändert.

Einige sind gar darauf gefallen, dieser Talk müsse wegen seiner goldgelben Farbe einigen Goldgehalt, wenigstens ein unreifes

---

b) Linnäisches Naturs. des Mineralr. Th. I, S. 489.
c) Lithogeogn. erste Fortf. S. 53.
d) Lithotheol. S. 208. p. 334.

reifes Gold in sich halten; allein Lehmann e) hat dies Vorgeben hinlänglich widerlegt. Wenn freylich die Farbe hier entscheidend wäre, so würden die Glimmer, viele Kupfererze und Schwefelkiese gewiß einen sehr reichen Goldgehalt haben.

In der Uebersetzung von Wallerius Mineralsystem f) wird gemuthmaset, daß der Goldtalk ehe eine Glimmer= als eine Talkart sey; wenn es indessen wahr ist, was vorher Hr. Gmelin sagte, daß er nicht Alaunerde, wie die Glimmerarten, sondern die Erde des Bittersalzes in sich halte, so ist dieses Vorgeben allerdings nicht gegründet, sondern er gehört unter die Talkarten.

Talk, grüner, brianzoner, oder wie es andre schreiben, briansoner Kreide, Creta brianzonia, Creta hilpanica, Creta sa'toria, Talcum solidum, semipellucidum pictorium W. fr. Talc verd, Talc verd de Briançon *Bom.* s. Kreide, briansonische, im III. Bande, S. 280. Herr von Bomare nennet den venetianischen Talk: grünen venetianischen, oder grünlichen Talk. s. Talk, venetianischer.

Talk, grünlicher, s. vorher grüner.

Talk, italiänischer. Er hat eine meergrüne, fast durchgängig gleiche Farbe, und schon von aussen einen ungemeinen Silberglanz, der im frischen Bruche noch ungleich schöner wird. Es hat das Ansehen, als wenn der Talk übersilbert wäre. Gegen das Licht gehalten ist die Farbe dichter, und die scheinbare Versilberung bleibt. Meine Stufe ist einen halben Zoll dick. Die einzelnen Lamellen, die vorzüglich dünne, aber auch vorzüglich elastisch sind, sind weiß, auch gegen das Licht, wo sie so helle, aber auch so weiß wie reiner Selenit sind. Die ganze Stufe hat einige Elasticität, und bröckelt sich weniger, als sonst der Talk zu thun gewohnt ist; gleichwohl lehrt der Augenschein, daß diese Talkart vorzüglich rein ist. Die eigentliche Gegend, wo dieser Talk in Italien bricht kann ich nicht angeben.

Talk, Kalbfleischtalk, s Kalbfleischtalk, im III.B.S.130.

Talk, Ledertalk, s. Ledertalk, im III. Bande, S. 384.

Talk, marmorirter, marmorirter grüner Talk, Talcum viride opacum, Le Talc marbré, heißt eine Talkart, die auf grünlichem, zuweilen auch auf graulichem Grunde mit verschiedenen andern Farben bezeichnet ist. Verschiedene Gelehrte, z. B. Bomare in der Mineralogie Th. 1. S. 120. n. 4. gedenken desselben, sagen aber auch weiter nichts von ihm, als das angeführte. Vielleicht sind die anders gefärbten Theile doch auch wahrer Talk, und die Farbe rührt nur von verschiedenen zufälligen

---

e) Von den Metallmüttern S. 246. f.
f) Im ersten Theile S. 349.

fälligen Umständen her. Ich kenne ihn noch nicht.

Talk, muscowitischer, oder Talk, russischer. In Rußland sollen ganze weitläuftige Districte vorkommen, welche mit solcher talkigten Materie angefüllt sind, und in solchen soll sich das allerreinste Wasser finden. Dieser Talk ist bald mehr bald weniger grünlich. g) Herr Georgi h) sagt: „Weisser Talk findet sich an einigen Stellen des olonezkischen Gebürges, und an vielen im Ural, auch am Irtysch bey Semipalat; violetter am Irtysch bey Jamyschewa; röthlicher ebendaselbst und am Tschulym; grünlichweisser brianzoner Kreide ähnlich; im Ural am Uktusbach bey Kathrinenburg; grüner bey Tschebarkul im Ural, am Jenisei im Schriftfelsen, auch an der Lena; Goldtalk mit Granaten im Ural am Tagil; unvollkommener fadenhafter, schimmerichter Talk (Flores argillae) am Ufer der Oka."

Diejenige Stufe, die ich von einem Freunde aus St. Petersburg erhalten habe, ist aus den altaischen Gebürgen. Ihre Farbe fällt aus dem Weissen in das Grünliche, ist sich aber nicht durchgängig gleich, indem hin und wieder Stellen gefunden werden, die eine ziemlich dichte grüne Farbe haben. Der Silberglanz ist schön, doch immer, sogar auch im Bruche, nur mäßig zu nennen. Die Blätter liegen unregelmäßig übereinander her, und scheinen dichter und elastischer zu seyn, als sie würklich sind. Denn man kann sie mit dem Nagel zu einem Pulver kratzen, und abgebrochene Theile zwischen den Fingern zu einem Pulver zerreiben. Gleichwohl habe ich ein Stückchen von dieser Stufe abgeschnitten, einen Versuch auf Politur gemacht, und ich muß sagen, daß die Politur so ziemlich gut ausgefallen ist. Nur die Seitenflächen wollten sich aus ganz begreiflichen Ursachen nicht bearbeiten lassen, denn wenn ich auch mit ihnen noch so behutsam umgieng, so splitterten sich die Flächen, und alle Mühe und alle Behutsamkeit war umsonst. Die polirte Ober- und Unterfläche wechseln unter Grün und Weiß ab; einige Stellen sind vorzüglich grün, fast wie Aqua Marin, oder Chrysopras; und diese Stellen haben eine etwas bessere Politur angenommen, als die weissern Stellen, sie scheinen daher dichter als jene zu seyn. Doch hat der ganze Stein einen ganz feinen Glanz angenommen, der wahrscheinlich unter der Hand eines Künstlers, der mit den gehörigen Maschinen versehen ist, noch um ein grosses könnte vermehret werden.

Talk, schmeersteiniger, Talco Steatites, fr. Le Tolc stéatite, heißt beym Bomare i) die weisse brianzoner Kreide. s. Kreide, brianzoner.

Talk, schwärzlicher, schwärz=

---

g) Schröter vollst. Einl. Th. II. S. 260.
h) Brünnich Mineral. S. 104.
i) Mineralogie Th. I. S. 120.

schwärzlicher Talk von Briançon, Talcum nigrescens Briansonium, franz. Talc noirâtre de Briançon. Nicht nur seine schwärzliche Farbe unterscheidet ihn von andern Talkarten, sondern auch dieses, daß er sehr schwer, ein wenig fett ist, und sich schwerlich trennet. Bomare gedenket seiner am angeführten Orte S. 121. und sagt, daß er sehr selten sey. Sollte er aber auch nach der gegebenen Beschreibung eine wahre Talkart seyn? und nicht vielmehr ein Glimmer? wenigstens scheinet er viele unreine Theile zu haben, weil er schwerer als anderer Talk ist, und sich schwerer in einzelne Blätter trennen läßt.

Talk, schwarzer, s. Topfstein, schwarzer.

Talk, Silbertalk, s. weißer.

Talkwürfel, Talcum cubicum octoëdrum *Wall.* franz. Talc cubique. Es sind achteckige cubische Würfel, welche die Figur des Alauns haben. Sie werden in der fahlunischen Grube in Schweden und bey Striegau gefunden. Sie sind von je her ihrer Figur wegen sehr hoch geschätzt worden, aber sie sind eigentlich kein Talk. Die fahlunischen zeigen deutlich, wenn man sie zerschlägt, daß sie ein Eisenerz sind, welches bisweilen eingesprengten Kupferkies enthält, und nur mit einer dünnen Talkhaut überzogen ist. Die bey Striegau aber, die man dort Goldgranaten nennet, sind Schörlkörner, die mit Talkblättern überzogen sind. Wenn daher der Herr Prof. Gmelin sagt: vielleicht gehören die Talkwürfel, oder wie sie bey Striegau in Schlesien genannt werden, die Goldgranaten, auch hieher, nemlich zur Mica talcosa *Linn.*: sie sind nichts anders als Schörlkörner, die mit Talkblättchen überwachsen sind, und also keine wahre verschiedene Art; so siehet man leicht ein, daß er nicht den ganzen Körper, sondern blos den talkigten Ueberzug meyne. k)

Talk, weißer, Silbertalk, Apothekertalk, Talcum officinale, Mica talcosa *L.* Mica lamellis flexuosis friabilibus viridi-albidis diaphanis *Linn.* Es ist dies der eigentliche gemeine Talk, den ich oben ausführlich beschrieben habe. Er führet daher den Namen des weißen Talkes, im Linnäischen Verstande, um ihn von dem Goldtalk zu unterscheiden. Er kann aber auch an und für sich selbst weißer Talk heißen, weil, wenn er auch in das Grüne mehr oder weniger übergehen sollte, doch immer die weiße Farbe die herrschende ist. Ich habe, wie schon gesagt, diesen Talk ausführlich genug beschrieben, doch des Herrn Prof. Gmelins l) Beschreibung mit Vorsatz bis hieher verschoben. Er sagt: „Man findet ihn in Afrika, Persien und andern Gegenden Asiens, in Rußland, Schweden, (bey Norberg,) England,

---

k) Von diesen Talkwürfeln s Gerhards Beyträge zur Chemie Th. I. S. 368. Gmelins Linnäisches Naturs. des Mineralr. Th. I. S. 490. Schröter vollst. Einl. Th. II. S. 260.

l) Linnäisches Naturs. des Mineralr. Th. I. S. 489.

land, Spanien, Ungarn, Böhmen und in der Schweiz. Er kommt sehr viel mit dem Goldtalk überein, aber er fühlt sich viel fetter an, und hat fast immer eine grünlichtweisse oder eine Silberfarbe; selten ist er gelblicht, und niemalen goldgelb. Seine Blätter sind beugsam, und einigermasen durchsichtig. Er hat sehr viele fette Theile, welche machen, daß die Säuren keine auflösende Kraft äussern, ehe er mit Laugensalzen geröstet wird. Seine Auflösung im Wasser, die durch die Vermittlung der Laugensalze geschieht, ist braungelb, und fühlt sich zwischen den Fingern wie Seife an. Diese kann eher als ein Schminkmittel oder sogenanntes Talköhl gebraucht werden, als das Unding, das einige ohne Zusatz unter dem gleichen Namen daraus pressen oder gepreßt haben wollen. Durch starkes Rösten verliert er etwas an Farbe und Gewicht, durch die Destillation aber nur einen weissen Rauch, und dadurch bekommt er mehr Glanz. In dem Brennpunkte des Brennspiegels verwandelt er sich zuletzt in braunes Glas. Reibt man ihn in einem messingenen Gefässe, so wird er eisgrau. Seine Arzneykräfte sind ganz unbedeutend.

Talk, venetianischer, wird der Talk genennet, weil er von Venedig zu uns gebracht wird, wo man einen starken Handel damit treibt. Er bricht nicht selbst in dem Venetianischen, sondern in dem Neapolitanischen, wird von dort nach Venedig, und von daher zu uns gebracht. m) s. Talk.

TALKSTEENE, heißt im Holländischen der Talk. s. Talk.

Talkstein, s. Talk.

Talkwürfel, s. vorher Talk, Talkwürfel.

TAND VAN EEN HAY, sind nach holländischer Sprache die Zähne vom Carcharias, die man Glossopeters nennet. s. Glossopeters.

Tannen, versteinte, oder Tannenholz, versteintes. Die Namen, die es führt, und die Schriftsteller, die dessen gedenken, habe ich im II. Bande, S. 386. angeführt. Jetzt thue ich Walchs n) Beschreibung hinzu. „Es findet sich, sagt er, weil es harzigt ist, seltener als das Buchenholz. Denn die harzigten Theile desselben füllen die leeren Zwischenräume aus, und verhindern damit den Eintritt fremder irrdischer Theile. Gleichwohl haben sich Versteinerungen von ihnen gefunden, wenn zumal solches Holz eine vortheilhafte unterirrdische Lage gehabt, bey welcher die harzigten Theile vermittelst der unterirrdischen Wärme haben aufgelöset und fortgerieben, oder durch das Wasser nach und nach ausgewaschen werden können. (Henkel Flora Saturnizans S. 516. 517.) So bemerket Volckmann S. 91. daß dasjenige versteinte Tannenholz, so man in Schlesien gefunden, eine schwarze Cruste, wie

---

m) Wallerius syst. miner. T. I. p. 389. Uebers. Th. I. S. 348.
n) Naturgesch. der Versteiner. Th. III. S. 16.

wie Harz und Pech, gehabt, und daß diese von dem durch die unterirrdische Wärme herausgezogenen Tannen- oder Kieferharze entstanden. Schütte will auch in der Jenaischen Gegend dergleichen gefunden haben. Eines versteinten mit Vitriol und Schwefel durchzogenen Tannenholzes gedenket Volckmann *Silesia subterran.* S. 104.; verschiedener Stücke von achatartigem versteintem Tannenholze Davila *Catalogue* T. III. S. 242. und diese sollen seiner Angabe nach aus Deutschland seyn. Am Ufer der Tollense bey Nemerow hat man einen dicken kienbäumenen eingegrabenen Pfahl gefunden, der zum Theil faul, zum Theil kieshaltig, und zum Theil petrificirt war. Der versteinte Theil war auswärts, der verkieste weiter einwärts, oder vielmehr, der durch die Evaporation und das Wasser alle salinische und bituminöse Theilchen verlohren, nach dem Mittelpunkt zu."

Tannenzapfen, versteinte, oder Fichtenzapfen. Die Beyspiele, die von den Schriftstellern hieher gezogen werden, habe ich im II. Bande, S. 217. bey Fichtenzapfen, und S. 221. bey Tannenzapfen angeführt. Man kann, sagt Walch, o) an der Autenticität derselben nicht zweifeln, wenn gleich nicht alle das sind, wofür sie ausgegeben werden. Das merkwürdigste Beyspiel ist immer der kieshaltige Fichtenzapfen, den

man bey Wien ausgegraben hat. p) Man fand ihn nemlich nebst vielen gleichfalls auf die Art verwandelten Stücken Holz, zu Wien in Oesterreich, zwischen den Vorstädten der Leimgruben, und Neuwieden, in einer Leimenschicht, die unter einer mit Erde, klaren und groben Sande vermischten Schicht lag, in dem Bette des Flusses, die Wien genannt. Er ist ein wenig zusammengedrückt. Seine Höhe beträgt drey engländische Duodecimalzoll und fünf Decimallinien; seine gröste Breite zwey Zoll und eine Linie, seine Dicke, da, wo er zusammengedrückt ist, einen Zoll vier Linien; er wiegt genau neun Unzen. Hr. Guettard macht am angezogenen Orte darüber folgende Anmerkung: „Man hat Grund genug, zu glauben, daß dieser Fichtenapfel derjenige ist, welchen Herr Tournefort auf der 356. Tafel, Figur p. der Anleitung zur Botanik in Kupfer stechen lassen. Die Gestalt und die Abmessungen dieses Fossils sind eben dieselben. Der Druck, den es in der Erde erlitten, hat nur einen kleinen Unterschied verursacht, den die Einbildung leicht aufheben kann. — Wenn man überdies den Ort in Betracht zieht, wo dieses Fossil ist gefunden worden, so kann man sicher glauben, daß es kein andrer als ein Baum aus dem Lande gewesen seyn müsse, der daselbst verschüttet worden. Die Wien hat ohne Zweifel in en-

fern-

---

o) Am angef. Orte S. 103. n. 35. 36.
p) Mineral. Belust. III. B. S. 155. und Tab. III. fig. 3.

fernten Zeiten die Ufer ihres Bettes verwüstet, an welchen wahrscheinlicher Weise diese Arten von Bäumen standen, welche, da sie in ihr Wasser gefallen, mit fortgerissen, und darauf an einem Orte dieses Stromes liegen geblieben, wo sie durch das Ansetzen des Erdreichs vergraben worden." f. auch den folgenden Artikel.

Tannenzapfenstein, Graptolithus strobilides, Linn. Graptolithus strobilum abietis referens Linn. Er kommt, wie Herr Prof. Gmelin q) nach Linne sagt, in Schweden und bey Illmenau in Franken in den Schieferschrauben (oder den sogenannten Schwulen) vor. Der schwedische ist ein brauner dichter Thonschiefer, rund wie ein Ey; mitten durch diesen Schiefer läuft der Länge nach eine Linie, die aus weissen glänzenden Schüppchen besteht, und von dieser laufen zu beyden Seiten eine Menge Streifen aus, die sich nach dem andern Ende zu krümmen." Die schwedischen Schiefernieren kenne ich nicht, von den illmenauischen aber, die vielleicht nur durch die Farbe von den schwedischen unterschieden sind, habe ich im III. Bande, S. 223. das Nothwendigste gesagt. Dort habe ich zugleich eingestanden, daß einige Figuren allerdings den Fichtenzapfen gleichen, ob es gleich daraus noch gar nicht folgt, daß sie diesem vegetabilischen Körper ihr Daseyn zuzuschreiben ha-

ben. Andere haben indeß ganz andre Gestalten, und man ist daher genöthiget, ihr Original in mehr als einem Körper zu suchen. Folglich ist die Benennung des Linne nicht streng genug, und unter seine Graptolithen hätte er sie gar nicht setzen sollen; denn wenigstens gehören diese Körper doch unter die Spurensteine. f. Graptolithen.

Tarras, f. Tras.

Tarsus ist eine Art von weissen Marmor, von dem Runckel in der Arte vitraria S. 5. folgendes sagt: „Der Tarsus ist eine Art des harten und weissen Marmors, der in Thuscia oder Toscana unten am Berge Verrucola beym Städtlein, Pisa genannt, gelegen, wie auch zu Santa Maria di Carrara, und in dem Strom Arno, unten und oberhalb Florenz, ingleichen auch anderer Orten wächst und in grosser Menge gefunden wird.

Taschenmuschelsteine, f. Peridiolithen.

Technomorphi, heisen diejenigen Steinspiele, welche Figuren künstlicher Sachen, oder die zu den Werken der Kunst gehören, vorstellen. Es gehören dahin die Staurolithi, die Lapides musicales, garanthonii, geographici, ruderati, cylindrici und verticosi. f. diese Worte.

Technomorphus Achates, wird der Achat genennt, wenn er Werke der Kunst oder künstliche Sachen vorstellt. Diese Bilder erscheinen, wie leicht zu erachten, wenn der Achat ange-

---

q) Finndisches Naturs. des Mineralr. Th. IV. S. 172. und Tab. XXXV. fig 387. in einer unkenntlichen Zeichnung.

angeschliffen wird, und unter ihm ist der Vestungsachat der gewöhnlichste. s. Bildachat.

TECOLITHI oder auch Techolirhi, heißen die Judensteine, weil sie die Kraft haben sollen, den Stein zu vertreiben. Lesser r) sagt, a graeco verbo τίκτω, jusque aor. 2. particip. τίκων, quasi lapidem parientes, vel partu exclu entes. Auch beym Plinius kommt ein Tecolithos vor, der dem Olivenkern ähnlich, aber eigentlich kein Edelstein seyn soll. s) Es kann seyn, daß es eben der Judenstein war, der nicht selten in der Gestalt eines Olivenkerns erscheinet. s. Judensteine.

TECOLITHOS, s. Tecolithi.

TELICARDIOS, ein Edelstein beym Plinius, der die Farbe des Herzens haben, und von den Persern *Macula* genennet werden soll. Ein uns unbekannter Stein.

TELIRRHIZOS, auch ein Stein, dessen Plinius gedenkt, der aschgrau und braunroth seyn, und weisse Wurzeln haben soll. Auch diesen Stein kennen wir in unsern Tagen nicht. t)

TELLINITAE, lat. }
TELLINITE, franz. } s.
Telliniten.

Telliniten, versteinte Tellmuscheln, lat. Tellinitae, Tellina lapidea, Telliniti, Conchiti valvis oblongioribus in acumen desinentibus, Tellinarum W. Conchitae valvis aequalibus oblongioribus, in acumen desinentibus, forma rhomboidali, tellinarum *Wall*. Petrificatum Conche brevis, planae, latae, conniventis *Gesn*. Helminthólithus Tellinae *a Born*. fr. Tellinite, Tellinites, Coquilles rhomboides *W*. holl. versteende Telmuschaalen, heißen die runden mit regelmäßigen mehrentheils glatten Schalen versehene flachen Muscheln, die das Schloß nicht ganz im Mittelpunkte, sondern mehr nach der Seite zu haben. Freylich nimmt der Litholog das Wort Tellmuschel, oder *Tellina*, in einem andern Sinne, als der Conchyliolog, obgleich auch hier Zweydeutigkeit und Widerspruch genug zu finden ist. Ich will hier einen kurzen Auszug von dem geben, was der Herr Pastor Chemnitz u) darüber sagt. „Nach dem Berichte des Athenäus haben die Römer alle Tellinen *Myrilos* genennet; Aldrovand aber vermuthet, daß Athenäus beyde Geschlechter nicht wohl zu unterscheiden wisse. Wenigstens hat Argenville, welches man doch wohl nicht hätte erwarten sollen, aus Tellinen und Miesmuscheln einerley Geschlecht und Familie gemacht. Adanson verwirft zwar diesen Schritt, fällt aber in eben den Fehler, wenn er unter den Tellmuscheln und Chamen keinen merklichen Unterschied einräumen will. Rumph verstehet unter den Tellmuscheln alle dünnschalige und länglichte Muscheln,

---

r) Lithotheol. S. 791. §. 440.
s) Brückmann Edelsteine, neue Ausg. S. 377.
t) Brückmann am angef. Orte S. 376.
u) Neues systém. Conchylienk. Th. VI. S. 77. f.

sie mögen glatt oder gestreift seyn. Beym Lister sind es keilförmige Muscheln, deren Rand und Umfang entweder glatt oder gezähnelt ist. Andre nennen solche Muscheln Tellinen, deren Breite die Höhe weit übersteigt. Beym Davila sind das Tellinen, deren Schloß ausser der Mitte liegt, und die eine länglichte Form und Bildung haben, gebet aber so weit, daß er sogar die *Solenes*, oder Scheidermuscheln mit unter die Tellinen zählt. Linné suchte freylich allen diesen Verwirrungen dadurch auszuweichen, daß er den Muscheln, so viel möglich, bestimmte Kennzeichen gab. Bey ihm sind daher die Tellinen solche Muscheln, welche an der Vorderseite eine etwas gekrümmte, eckigte, umgebogene Schale haben. Das Schloß hat gemeiniglich drey Zähne. Der mittelste Zahn pfleget bey den meisten getheilt und gespalten zu seyn. Die Seitenzähne haben in der einen Schale keine Grübchen, dahinein sie greifen, und keine Gegenzähne, daran sie sich anschliesen könnten. Ob nun gleich diese Kennzeichen nicht auf alle einzelne Arten, die Linne zu diesem Geschlecht zählet, passen, so hat er doch den einzelnen Arten solche Gattungscharaktere beygelegt, daß er dadurch wenigstens den mehresten Verwirrungen glücklich ausgewichen ist.

Wenn nun aber die Conchyliologen sich so unbeständig über den Gebrauch des Worts *Tellina* ausgedrückt haben, so kann man es den Lithologen wahrhaftig nicht übel nehmen, wenn sie hier eben so schwankend sind, ja man muß sie sogar entschuldigen, da sie oft Körper ohne Schale, auf mancherley Weise verunstaltete Körper vor sich haben, und nur selten so glücklich sind, daß Schloß einer Muschel zu sehen. Da sind es beym Wallerius x) zweyschalige beynahe rhomboidalische Muscheln; an einer Seite rund, an der andern länger hervorragend; und er sagt noch, in Ansehung der länglichen Figur, welche die Tellniten und Pinniten mit den Musculiten gemein haben, sind sie von einigen Muschelbeschreibern als Abänderungen von den Musculiten angesehen, von andern zu einer besondern Art gemacht worden. Da sagt Gesner, y) sie wären kurze, platte, breite, genau zusammenschliesende Muscheln. Da sagt Baumer, z) sie sind eine flachere und schmälere Muschelart, als die Mytuliten, man findet sie auch mit mehrern Cirkelsegmenten in der Queere als andre Muschelarten getheilt. Da sagt Scheuchzer, a) sie sind dünn, lang, nicht sonderlich hohl, laufen gemeiniglich auf der einen Seite länger hinaus, als auf der andern, sind fast in der Figur eines verschrenkten Vierecks, und einige glatt, andre gestreift oder gestreimet.

Wenn

---

x) Mineral. S. 479, Syst. miner. T. l. p. 503.
y) de petrificatis p. 38.
z) Naturgesch. des Minerals. Th. I. S. 131.
a) Naturhist. des Schweizerl. Th. III. S. 304.

Wenn gleich der seel. Walch in seiner Naturgeschichte der Versteinerungen den Telliniten keine eigne Abhandlung gewidmet hat, so hat er uns doch gelehret, wie wir sie von verwandten Muschelarten unterscheiden sollen. b) Er lehret sie uns zuförderst von den Chamiten unterscheiden. Die Telliniten, sagt er, sind zwar auch gleichschalig, wie die Chamiten, aber nie so conver, wie die Chamiten, sondern meist fast platt, und dabey dünnschalig; die Telliniten haben nie auf der einen Seite ebendieselbe Peripherie, wie auf der andern, und was das vornehmste, so sind die Telliniten weder völlig rund, noch weniger oval, sondern mehr breit als lang, doch so, daß sie zwischen einem runden Chamiten und einer gemeinen Flußmuschel, in Ansehung des Verhältnisses ihrer Länge zu ihrer Breite, das Mittel halten. Und eben dies letztere unterscheidet die Telliniten von den Musculiten; ob er gleich eingestehet, daß viele Telliniten der Gestalt einiger Musculitenarten nahe kommen.

Nach meinem obigen Begriffe werden die Telliniten, wie ich glaube, von den verwandten Muschelarten, mit denen man sie oft verwechselt hat, leicht zu unterscheiden seyn. Ich nenne sie runde Muscheln, und unterscheide sie dadurch von den Musculiten, den Mytuliten, und den Pinniten. Ich gebe ihnen regelmäßige meist glatte Schalen, und unterscheide sie dadurch von den Pectiniten, den Jacobsmänteln und den Discisten. Ich nenne sie flache Muscheln, und unterscheide sie dadurch von den Herzmuscheln, und von den Buccarditen. Ich sage endlich, daß sie das Schloß nicht im Mittelpunkte, sondern nach der Seite zu haben, und unterscheide sie dadurch von den Chamiten, und von den Pofferdupletten, die nach Linné unter die Arken gehören. Freylich erscheinen sie in so mannichfaltigen Abänderungen, daß man nothwendig zu mancherley Unterabtheilungen seine Zuflucht nehmen muß. Ihre Figur nähert sich allemal der runden, aber mehr oder weniger. Telliniten, deren Streifen die Länge herablaufen, kommen im Steinreiche äusserst selten vor, häufiger findet man sie noch mit stärkern oder schwächern Querstreifen. Ihre Originale gehören nach Linné zuverläßig unter verschiedene Geschlechter, besonders unter Tellina, Donax und Venus, es ist aber schwer, sie selbst genau zu bestimmen, theils weil viele Tellinnschaln in blosen Steinkernen erscheinen, theils weil wir zu mehrern Telliniten, wenn sie noch ihre Schale haben, keine natürliche Muschel kennen, die auf sie passete, theils weil wir im Reiche der Versteinerungen das eigentliche Schloß der Telliniten fast nie zu sehen bekommen; daß es aber an der Seite liege, das zeigen die Schnäbel, die man von aussen leicht erkennt, und unter wel-

b) Naturgesch. der Versteiner. Th. II. Abschn. I. S. 69. 72. 73. u.

chen das Schloß allemal zu liegen pflegt. Ich habe die verschiedenen Zeichnungen derjenigen Schriftsteller, die ich besitze, zusammengelesen, und darauf folgende Verschiedenheiten, oder Geschlechtstafel der Telliniten, gegründet.

Die Telliniten sind
I. rund, den Chamiten ähnlich.
 1) glatt. Baier Oryct. nor. t. 4. f. 1. 2. Baier Monumenta rer. petrificat. t. 14. f. 1. bis 4. Lochner Muf. Beslr. t. 33 Concha laevis la . Scilla de corporib. mar. lapidesc. t. 13. fig. . Leibniz Protogaea tab. 3. fig. 14. et fig. ult. Bourguet Traité de petrif. t. 22. f. 133. Volckmann Siles. subterran. P. I. t. 32 f. 5. 6. Henkel Kiesshist. t. 8. concha pyritiola tauscens. Seba Thesaur. T. IV. t. 106. f. 61. bis 64.
 2) queergestreift.
  a) falten- oder rippenähnliche Streifen. Baier Oryctogr. nor. t. 4. f. 5. 6. Lister Hist. animal. . 8. f. 34. Gmelin Linnäisches Naturs. des Mineralr. Th. IV. t. 13. f. 158. Seba Thesaur. T. IV. t. 106. f. 59. 6 .
  b) zarte Queerstreifen.
   aa) weit auseinander. Baier Oryctogr. nor. t. 7. f. 24. Leibniz Protogaea tab. 3. fig. penult.
   bb) enger beysammen. Lister Hist. Conchyl. t. 504. f. 58. t. 505. f. 59. t. 514. f. 69. ? Volckmann Siles. subterran. P. I. t. 32. f. 4. Walch Steinreich tab. 20. Num. 2. fig. d.

II. mehr breit als rund, und queergestreift: Knorr Sammlung von den Merkw. der Nat. Th. I. t. XXXIV. a. f. 4. Baier Oryctogr. nor. t. 4. f. 14. Baier Monumenta rer. petrif. t. 14. f. 6. 7. 8.
III. breit.
 1) glatt. Bytemeister Catal. apparat. curiolo. t. 21. f. 258. t. 22. f. 259. Torrubia Naturgesch. von Spanien r. 7. f. 7. Bourguet Traité des petrific. t. 23. f. 142. Brückmann Epist. itinerar. Cent. 1. epist. 64 t. 5. f. 5.
 2) queergestreift. Lister Hist. Conchyl. t. 482. f. 39. Bourguet Traité des petrif. t. 25. f. 153. Gmelin Linnäisches Naturs. des Mineralr. Th. IV. t. 13. f. 150. Walch Steinr. tab. XX. n. 2. fig. a, b, e. Baumer Hist. nat. regni mineral. tab. 3. fig. 32.
IV. auf der einen Seite vorzüglich merklich abgeschnitten oder eingebogen.
 1) gestreift. Seba Thesaur. T. IV. t. 106. f 43. 44. 57. 58.
 2) queergestreift. Lister Hist. Conchyl. t. 515. f. 70. Walch Steinr. tab. XX. n. 2. fig. c.

Die mehresten Schriftsteller, die ich genannt habe, Scheuchzer, beyde Baier, Leibniz, Scilla, Walch u. d. thun weiter nichts, als daß sie einzelne Beyspiele gefundener Telliniten beschreiben, und fast alle übrige geben nur eine kurze Beschreibung von den Telliniten überhaupt, an Bestimmung wahrer Verschiedenheiten gedenken die wenigsten, wahrscheinlich darum, weil die Telliniten gerade

nicht

nicht unter die gemeinen Versteinerungen gehören, denn man kennet nur einzelne Gegenden, wo sich Telliniten finden, aber sehr wenige, wo sie häufig liegen. Der Herr Prof. Gmelin ist der einzige mir bekannte Schriftsteller, der mit einiger Ausführlichkeit von ihnen geredet hat; e) nur muß man merken, daß er das Wort Tellmuschel oder *Tellina* völlig im *Linnäischen* Sinne nehme. Er sagt: „Versteinerungen von der Tellmuschel, Telliniten, finden sich (gemeiniglich nur einzelne Schalen) in dem untersten Kalksteinlager der kalkigten Alpen in Oberitalien, in Ungarn, bey Prag in Böhmen, bey Dickholzen im Stift Hildesheim, auf dem Osterfelde bey Goßlar, (in Kalkschiefer) bey Solenhofen, bey Gundershofen, auch (in grauen Kalkstein) bey Neustrelitz in Mecklenburg, und am Randberge in der Schweiz; und Abdrücke davon (in Walkerthon) bey Prugg an der Leutha in Oesterreich:

1) von der Katzenzunge, (Tellina lingua felis *Linn.* Peltae helveticae) Einzelne Schalen in Kalkstein verwandelt, auf den schweizerischen und würtenbergischen Alpen.

2) vom Confectschinkchen, (Tellina rostrata *Linn.*) mehrere Musculiten, Musculites caudati, bey Boll und Nähren in Würtenberg einzeln und los in braunen Kalkstein verwandelt.

3) vom Stumpfende, (Tellina donacina *Linn.*) in schwärzlichem Kalkstein bey Würzburg.

Unter den Telliniten meiner Sammlung sind mir für andern schätzbar:

1) Eine eisenhaltige Telline außer der Matrix vom Ziegelberge bey Wohnsdel in der Oberlausitz, wo sie in Sandstein liegen.

2) Telliniten mit ihrer Schale in einem röthlichen eisenhaltigen Steine von Neustadt am Rübenberge.

3) Eine Duplette einer breiten Telline, mit dem größten Theil ihrer Schale, eisenhaltig, von Bergen im Anspachischen.

4) Eine dergleichen länglichrunde eisenhaltige Telline mit beyden Hälften, aber ohne Schale, auch von Bergen im Anspachischen.

5) Eisenhaltige Telliniten von *Baseuil* in Lothringen.

6) Eisenhaltige Telliniten von Moseberg bey Eisenach.

7) Telliniten mit ihrer natürlichen Schale in Stinkstein verwandelt, aus dem Münsterischen in Westphalen.

8) Eine queergestreifte Telline mit ihrer Schale, deren Original unter die sogenannten gerunzelten alten Weiber (Venus paphia und Venus dysera *Linn.*) gehört, von Bergen im Anspachischen.

9) Das eigentliche gerunzelte alte Weib mit völlig gut erhal-

---

e) Linnäisches Naturs. des Mineralr. Th. IV. S. 25.

erhaltener Schale, von Basel.

10) Eine Abänderung davon mit vielen engen scharfen Runzeln, von Piemont.

11) Verschiedene schöne Dupletten mit ihrer Schale, von Solenhofen.

Diese Telliniten von Solenhofen sind diejenige, die in Knorr Samml. von den Merkw. der Nat. Th. I. tab. XXXIV. a. fig. 4. und Baier Monumenta rer. venit. t. 14. f. 6. 7. 8. abgebildet werden. Sie liegen, wie alle dortige Versteinerungen, in einem Kalkschiefer, haben noch grösstentheils ihre Schale, werden mit beyden Hälften gefunden, die aber nicht geschlossen, sondern ausgebreitet sind. Daher kommt es, daß man bald ihre innre bald ihre äussere Seite zu sehen bekommt. Ihren Ort, wohin sie gehören, wird man in meiner obigen Classification N. II. finden. Ueber sie, und besonders über ihre eigne Lage, hat Walch d) folgende Gedanken: „Sie finden sich beym Lister unter dem Namen Tellina cuneiformis dense striata, unter seinen bivalvibus N. 382. e) Diese Tellinitenart hat die Eigenschaft, welche die gemeinen Flußmuscheln haben. Die leeren Schalen stehen weit offen, und werden nur noch hinten am Schloß durch den eingetrockneten Tendinem etwas zusammengehalten. Ein leichter Druck von obenher kann sie alsdann in die Lage bringen, die wir an der gegenwärtigen wahrnehmen.

Aus meiner vorhergehenden Abhandlung ist deutlich, daß die Telliniten in Kalkstein, Sandstein, Stinkstein und dergl. liegen, daß sie zuweilen noch Schale und beyde Hälften haben. Wenn ich vorher einiger eisenhaltigen Telliniten gedachte, so ist daher deutlich, daß man auch mineralisirte Telliniten habe; verschiedene Schriftsteller, die ich im IV. Bande, S. 215. angeführt habe, gedenken auch der kieshaltigen Telliniten.

Man hat allerdings Gegenden, wo Telliniten in grosser Anzahl gefunden werden. So sagt Baumer f) von der Mevisburg im Erfurthischen, und von Bischleben im Gothaischen, daß sie daselbst häufig vorkommen; und von der Harzburgischen Gegend bezeugt Meyer g) ein Gleiches. Eben das gilt von der Gegend um Thangelstedt, h) und vielleicht noch von einigen andern Gegenden. Indessen sind doch dies mehrentheils nur Steinkerne, und immer nur Muscheln einer Art. Seltener kommen sie noch mit ihrer Schale vor, welches ohne Zweifel daher kommt.

---

d) Naturg. der Versteiner. Th. I. S. 182.
e) Das wäre die Tellina rostrata des Linne, die das Original zu unsrer Versteinerung in keiner Rücksicht seyn kann. Man betrachte nur beyde etwas genauer.
f) Naturg. des Mineralr. Th. I. S. 331.
g) In den mineral. Belust. Th. I. S. 128.
h) Schröter lithogr. Beschreibung der Gegend um Thangelstedt S. 73.

kommt, daß die Schale der natürlichen Tellinen gerade nicht die stärkste ist. Auch die mineralisirten, sonderlich die kieshaltigen Telliniten sind nicht gemein. Unter den gegrabenen calcinirten Conchylien zu Courtagnon u. dgl. finden sich auch Beyspiele solcher Muscheln, die der Litholog unter die Telliniten zählt, doch Gattungen von der Tellina des Linne sind auch hier nicht gemein. Ich kann also meinen obigen Ausspruch allerdings rechtfertigen.

Die Zeichnungen der Telliniten kann man aus meiner obigen Geschlechtstafel nehmen. Wenn ich mit den Schriftstellern meinen Catalogus vergleiche, so kann ich folgende Länder, Gegenden und Oerter anführen, wo sich Telliniten finden: Alpen in Oberitalien, Altorf, America, Anspach, Basel, Basveuil in Lothringen, Berlichen, Belz im Canton Bern, Bergen im Anspachischen, Canton Bern, Böhmen, Boll, Bruttelen im Canton Bern, Busweiler, Cassel, Castelen im Canton Bern, Chaumont, Coburg, Courtagnon, Danzig, Deutschbüren im Canton Bern, Dickholzen, Eisenach, Eckernföhrde im Herzogthum Schleßwig, Erfurth, Faros, Fehrenberg im Canton Bern, St. Gallen, Geißberg im Canton Bern, Goßlar, Gotberg bey Berlichen, Gotha, Gundershofen, Harzburg, Hildesheim, Italien, Kiel, Lagerberg, Lauenstein, Lothringen, Maubach, Meklenburg, Moseberg bey Eisenach, Münden, Münster, Mähren, Neuenburg, Neustadt am Rübenberge, Neustrelitz, Oberlausitz, Oesterreich, Osterfeld bey Goßlar, Pappenheim, Piemont, Prag, Prugg an der Leutha, Querfurth, Randenberg, Schenkenberg, Schleßwig, Schweden, Schweiz, Solenhofen, Thangelstedt, Uddewallia, Ungarn, Weimar, Schloß Weisenstein bey Cassel, Westphalen, Winkelhaid, Wohndel in der Oberlausitz, Würtenberg und Würzburg.

TELLINITES, ist der lateinische und französische Name der Telliniten. s. Telliniten.

Tellmuscheln, versteinte, s. Telliniten.

TELUM *fulmineum*, oder TELUM *jovis*, wurden ehedem alle diejenigen Steine und Versteinerungen genennet, von denen man glaubte, daß sie bey einem Donnerwetter vom Blitz auf die Erde geschleudert würden. s. *Cerania*. Indessen, wenn ja dieser Name gelten soll, so verdienet ihn, um seiner pfeilförmigen Gestalt willen, bloß der Belemnit. s. Belemnit.

TEPHRITES, ist ein Stein, dessen Agricola und Gesner [i]) gedenken, der die Gestalt des neuen Mondes hat, und wahrscheinlich ein Fragment eines Ammonshorn ist. Denn nachdem Gesner aus Agricola eines kießhaltigen Ammoniten (videtur aurei coloris armatura obductus esse) gedacht hatte, so führt er fort: „Nam et in toto *Hildesheimio* tractu, invenitur lapis
novae

---

i) de figuris lapidum p. 47. b.

novae lunae speciem habens *curvatae in cornua*, aurei coloris armatura vestitus, modo magnus modo parvus: mediocriter autem durus et interdum striatus. (*Cardanus* in libro de gemmis *Selenitem* hunc quoque lapidem vocat, sine authore quod sciam) Sed eundem aliquando ferrei coloris armatura tegit: aut Adamanti similis &c. Ibidem effoditur lapis ejusdem figurae, sed omni vacuus armatura, et cinerei coloris: qui est *Tephrites* apud *Plinium*. Hactenus *Agricola*. Ego et tephriten, et similem illi lapidem alterum armatura intectum, Menoidem potius, quam Selenitem nominarim, discriminis gratia. Lunam enim corniculatam, sive triduanam et in cornua curvari incipientem, Graeci μηνοειδῆ nominant." Da diese Steine nach des Agricola Zeugniß in dem Hildesheimischen allenthalben sollen gefunden werden, so schlug ich den Lachmund k) nach, fand aber nichts bey ihm, als bloß eine Wiederholung der Worte des Agricola. Gleichwohl hat Lachmund einige Fragmente von Ammonshörnern abbilden lassen, und fast konnte Agricola sonst nichts verstehen, als dieses. Denn wäre es etwas anders, so hätte es Lachmund gewiß gefunden und angezeigt.

TEPHRYTIS. Darunter verstehet Plinius einen aschfarbigen Edelstein, der die Gestalt des in Hörner gekrümmten Neumonds haben soll; obs aber der kurz

vorher beschriebene *Tephrites* des Agricola und Gesners sey? das lasse ich an seinen Ort gestellt seyn.

TEREBINTHIZUSA, Jaspis terebinthizusa, ein gelber Jaspis. s. *Jaspis therebinthizusa* und *Onychina*, im III. B. S. 44.

TEREBRATULA, lat. }
TEREBRATULAE, lat. }
TEREBRATULEN, holl. } s.
TEREBRATULES, fr. }
Terebratuliten.

Terebratuliten, versteinte Terebrateln, oder Bohrmuscheln, Bohrmuschelsteine, durchbohrte Muschelsteine, Anomiten, Ostreopectiniten, (wenn sie gestreift sind,) lat. Anomiae, Conchae anomiae lapideae, Musculi anomii, Pectunculitae *Luid*. Terebratulae, Terebratulitae, Ostreopectinitae, Conchites laevis, trigonellae congener, a perforato ut plurimum rostro sic dictae *Luid*. Conchitae anomii, rostro prominulo et veluti pertuso donati *Wall*. Conchitae anomii rostro prominulo striati *Wall*. Conchitae inaequalibus valvis, rostro prominulo et ut plurimum veluti pertuso donati *Wall*. Helmintholithus anomiae deperditae *Linn.* cir. *Wall*. Helmintholithus anomiae laevis et striatae *v. Born*. Pectunculites testa globosa non aurita, margine sinuato *Gesn*. Terebratulae striatae *Gesn.* fr. Anomites, Terebratulites, Ostreopectinites, holl. versteende Terebratulen, werden die ungleichschaligen Muscheln genennt, welche mehrentheils einen

---

k) Oryctographia Hildesiens. p. 34.

nen durchbohrten Schnabel haben. Sie heißen ungleichschalige Muscheln, weil die eine, nemlich die obere Schale, kürzer ist, als die untere. Wenn die Schriftsteller das Wort Anomit bald als gleichbedeutend mit Terebratulit ansehen, bald die Anomiten von den Terebratuliten trennen; wenn andre Schriftsteller die Terebratuliten und die Ostreopectiniten trennen, andre verbinden; wenn bey einigen Schriftstellern die Anomiten solche ungleichschalige Muscheln sind, deren Schnabel undurchbohrt ist, die Terebratuliten hingegen einen durchbohrten Schnabel und eine glatte Schale, die Ostreopectiniten aber einen durchbohrten Schnabel und eine gestreifte Schale haben; wenn endlich manche Schriftsteller, z. B. Wallerius, alle diese genannten Arten unter dem Namen der Terebratuliten begreifen, sie mögen glatt oder gestreift seyn, einen durchbohrten oder undurchbohrten Wirbel haben: so kann man auf der einen Seite wohl begreifen, wie viele Verwirrung in dieser Lehre in den Schriftstellern herrsche; auf der andern Seite aber auch einsehen, daß der Lexikograph fast nicht anders verfahren kann, als alle diese Arten zusammenzunehmen.

Der Körper selbst, von dem hier die Rede ist, ist durch seinen Bau kenntlich genug, und kann nicht leicht mit irgend einer Muschelart verwechselt werden. Die eine Schale ist allemal kürzer, als die andre, und ausserdem hat die längere Schale einen übergebogenen Schnabel, der gleichwohl bald länger bald kürzer ist. Insofern ist unter den Anomiten und den Terebratuliten kein Unterschied. Wenn wir aber die Beschaffenheit des Schnabels selbst in Erwegung ziehen, so ist er bey einigen dieser Körper fest verschlossen, und dabey mehrentheils zugespitzt, die einzelnen Abänderungen aber sind bald glatt, bald gestreift; bey andern hingegen ist dieser Schnabel offen, abgerundet und öfters gar abgestutzt, und auch hier sind die Abänderungen bald glatt, bald gestreift; ich sage, wenn wir dieses in Erwegung ziehen, so müssen wir nothwendig zwey Classen fest setzen:
1) solche, die einen verschlossenen Schnabel haben, und das sind eigentlich Anomiten.
2) solche, die einen offenen durchbohrten Schnabel haben, und das sind Terebratuliten.

Folglich müssen die Ostreopectiniten um so viel mehr aufhören, eine eigne Gattung zu seyn, da sich gestreifte Varietäten mit verschlossenem und mit ofnem Schnabel finden, daher dieser Umstand weiter nichts als Abänderungen bilden, aber keine Gattungen bestimmen kann. Hingegen der Umstand mit dem ofnen und dem verschlossenen Schnabel will mehr sagen. Ich besitze einige Terebrateln mit dem Thier, und sehe durch den ofnen Schnabel einen Saugrüssel herausgehen, durch den sich das Thier an andre Körper ansaugen kann; dieser Saugrüssel

und

und dieses Vermögen, sich anzusaugen, muß nothwendig denen Thieren, deren Schalenschnabel verschlossen ist, fehlen, das Thier muß also eine ganz andre Bauart, und eine andre Oekonomie haben, beyde müssen folglich zwey verschiedene Arten bestimmen. Indessen haben die Schriftsteller hier alles so durcheinander hergeworfen, daß man sich fast nicht anders aus der Verwirrung herauswickeln kann, als daß man alle Muscheln mit übergebogenem Schnabel beysammen läßt.

Da ich von den Anomiten im ersten Bande eine eigne Abhandlung geliefert habe, so werde ich derselben hier nicht besonders gedenken, ausser daß ich um des Ganzen willen in meiner künftigen Geschlechtstafel ihre Abänderungen aus Zeichnungen mittheilen werde; ich rede hier vorzüglich von den Terebratuliten, oder von solchen ungleichschaligen Muscheln, die einen durchbohrten Schnabel haben.

Selbst hier haben sich die Schriftsteller nicht genau genug ausgedrückt, welches ich nur durch einige Beyspiele bestätige. Herr Baumer l) nennet sie kleine den Chamiten ähnliche Conchiten. Ein Begriff, der wohl auf die thüringischen Terebratuliten, aber ausserdem sonst auf keine weiter passen möchte. Auch erscheinen sie nicht allemal klein, und man hat ihrer nicht wenige, welche die Grösse einer welschen Nuß, die Herr Baumer für die grösten ausgiebt, weit übersteigen.

Auch Herr Gesner m) hat sich in seinem Begriffe, Pectunculites testa globosa non aurita margine sinuato, Terebratulae striatae, nicht genau genug ausgedrückt. Denn einmal verstehet er nur die gestreiften Terebratuliten, und übergehet die glatten gänzlich; hernach haben sie nicht allemal einen kugelförmigen Bau, und einen ausgeschweiften Rand.

Die vollständigste und gewissermasen bestimmteste Beschreibung der Terebratuliten haben wir dem Herrn Hofrath Walch n) zu danken. Hier ist sie unverändert: „Die Terebratuliten, oder Bohrmuscheln, sind meist runde, oder länglichrunde, gleichseitige, nicht allzugrosse Muscheln, deren eine Hälfte allzeit grösser ist, als die andre, masen selbige etwas über die andre hervorgeht, und eine etwas gekrümmte stumpfe Spitze oder Schnabel hat. In dieser stumpfen Spitze ist ein Loch, nicht anders als wenn dasselbe mit einem Bohrer wäre gemacht worden. (Von diesem durchbohrten Schnabel haben sie auch die Namen, die sie führen.) Es gehören daher diese Terebratuliten zu den Conchis anomiis, oder zu denjenigen, die zween ungleiche Hälften haben. Diese Ungleichheit bestehet entweder darinnen,

---

l) Naturg. des Mineralr. Th. I. S. 327.
m) de petrificatis p. 28. n. 5. b.
n) Naturg. der Versteiner. Th. II. Absch. I. S. 89.

innen, daß bey einer solchen Concha anomia die eine Hälfte rund und conver, die andre flach und platt, ohne Loch und Schnabel ist, und das sind die eigentlich sogenannten Conchae anomiae, von denen es wieder verschiedene Gattungen giebt, oder darin, daß zwar beyde Hälften bauchicht sind, allein die eine ist bauchichter als die andre, und eben die, so bauchichter ist, hat den jetzt beschriebenen durchbohrten Schnabel oben beym Schlosse, und das sind die Terebratuliten.

Diese Terebratuliten gehen wieder auf gar mancherley Art voneinander ab. Manche sind fast rund, andre länglichtrund, manche oben zunächst am Schnabel schmal, andre breit, und alle diese insgesammt sind nicht von gleicher Dicke. Einige sind glatt, dabey oft geschilfert, so daß eine Schale über der andern in gewisser Weite, wie bey manchen Ostracitenarten, liegt. Die glatten haben auf der kleinen Hälfte bisweilen ein Grübchen, der Länge herunter gleich oben beym Schnabel. Andre haben ausnehmend zarte Einschnitte, die erst oft ein gewafnetes Auge entdeckt, und noch andre haben erhöhete Streifen, wie die Pectiniten, und diese Streifen sind wieder bald dicker bald dünner, welcher Unterschied aber nicht von ihrer Grösse abhängt. Von diesen gestreiften haben einige cirkelförmige Queerstreifen.

So ist auch die Kante, die dem Schloß gegenüber ist, bey den glatten sowohl als gestreiften nicht einerley Art. Bey einigen ist sie rund und gleich, bey andern ist sie in zwey bis drey Falten gebogen, jedoch so, daß da, wo auf der einen Hälfte die Erhöhung ist, auf der andern Hälfte die Vertiefung anzutreffen. Die mittelste Falte ist gemeiniglich die kleinste. Bey manchen gehen diese Falten weit herauf, bey manchen nicht. Die Falten beyder Hälften schliesen insgesammt fest ineinander, und geben den gestreiften, die zumal an den Kanten kleinere Zwischenfalten haben, ein schönes Ansehen. Manche haben so tief und scharf ineinanderpassende Falten, wie die Hahnenkämme. Das Loch im Schnabel ist bey kleinern Terebrateln oft weiter, als bey den grössern. In Ansehung der Geschlechtsgrösse gehören alle Terebratuln an sich zu den kleinern Muscheln. Die grösste Gattung ist 2 1/2 Zoll lang, 1 3/4 Zoll breit. Die kleinsten haben eine Linsengrösse. Die das Mittel halten, sind die gemeinsten."

Die mehresten Schriftsteller haben weiter nichts gethan, als entweder nur eine allgemeine Beschreibung der Terebratuliten zu geben, oder höchstens einzelne Arten zu beschreiben. Scheuchzern o) gebühret das Lob, daß er nicht nur eine genaue allgemeine Beschreibung der Terebratuliten, sonderlich der gestreiften, gab, sondern daß er auch

---

o) Naturh. des Schweizerl. Th. III. S. 102. 310.

auch einzelne in der Schweiz gefundene Arten zwar kurz aber genau beschrieb, und das, was Lange vor ihm besonders geliefert hatte, hinzuthat. Die gestreiften Terebratuliten hat er unter den Pectunculiten, die glatten aber an die Musculiten angehängt.

Lesser d) theilet die Terebratuliten, die er durchbohrte Muschelsteine nennt, in glatte und gestreifte ein. Unter den glatten sind einige länglicht, und diese haben entweder einen schlechten oder einen grubichten Rand; andre sind plattrund, und noch andre dickbäuchicht-rund; und diese runden haben entweder einen schlechten oder einen gesäumten Rand. Die gestreiften sind entweder platt, oder erhöhet und dickbäuchicher, und diese sind entweder rund, oder länglicht, oder dreyeckigt. Nun setzt Lesser hinzu: Man hat dergleichen Muscheln noch nie im Meere gefunden, doch ihr beständiger Charakter, ihre wohl ineinanderschliesende Schalen, die Löcher in dem Schnabel, und die perlenmutterfarbige Schale, so noch an einigen sitzet, geben zu erkennen, daß sie von zweyschalichten Seemuscheln, die uns aber noch zur Zeit unbekannt sind, ihren Ursprung herleiten mögen. Dies letztere hat Lesser anderswo e) wiederrufen, denn er fand an einem Stückchen Corallenfelsen, worauf eine rothe Corallenzinke stund, eine dergleichen natürliche durchbohrte Muschel, die in allem dergleichen versteinerten gleich ist. Und hierinnen erwies Lesser der Wahrheit mehr Ehre, als Wallerius, der noch vor sechs oder sieben Jahren schreiben konnte: harum originalia nondum sunt reperta. f)

Wallerius, g) der unter den Versteinerungen eine sehr unschickliche Classe, der versteinten Muscheln ohne bekannte Originale, Conchylia lapidea bivalvia, adhuc ignoto originali, festgesetzt, und unter andern auch dahin die Terebratuliten gesetzt hat, hat sie und die Ostreopectiniten voneinander getrennt. Wir wollen beyde zusammennehmen, weil sie würklich zusammen gehören.

I. Anomiten, Terebratuliten, Conchiti anomii, rostro prominulo et veluti pertuso donati.
1) ovalrunde Anomiten, Anomiae ovales.
2) platte runde Anomiten, Anomiae planae orbiculares.
3) dicke, bäuchiche runde Anomiten, Anomiae ventricosae rotundae.
4) gefurchte Anomiten, Anomiae lacunosae.

II. Ostreopectiniten, Terebratuliten, Conchitae anomii, rostro prominulo striati.
1) platte Ostreopectiniten, Ostreopectiniti plani.
2) bäuchiche runde Ostreopectini

---

d) Lithothes. S. 750. §. 430.
e) In seinen kleinen Schriften S. 60. §. 17.
f) Syst. minor. T. II. p. 500.
g) Mineralogie S. 481.

tiniten, Ostreopectiniti ventricosi rotundi.
3) bauchiche lange Ostreopectiniten, Ostreopectiniti ventricosi longiores.
4) dreyblättriche Ostreopectiniten, Ostreopectiniti trilobi, Pectunculiti anomii trilobi.
5) gefurchte Ostreopectiniten, Ostreopectiniti lacunosi.

In seinem grössern Werke hat Wallerius h) die Ostreopectiniten nicht von den Terebratuliten getrennt, und zwar aus dem zureichenden Grunde: quum vix alia inter anomias recensitas laeves et Ostreopectinitas datur differentia, quam in striis. Er hat folgende Abänderungen angegeben:

1) Anomiae laeves orbiculares. Baier Oryctogr. Nor. t. 5. f. 25. 27. Bourguet Traité des petrif. t. 30. f. 191.
2) Anomiae laeves figura ovali. Baier Oryct. Nor. t. 5. f. 23. 24. Bourguet Traité des petrif. t. 30. f. 194. Scheuchzer Oryct. Helv. fig. 114.
3) Anomiae laeves planae aut compressae.
4) Anomiae laeves lacunosae. Baier Oryct. Nor. t. 5. f. 13. 28. 29. Helwing Lithogr. Angerb. t. 9. f. 12. Scheuchzer Oryct. Helv. fig. 103. 116. Bourguet Traité des petrif. t. 30. f. 188. 189. 190. 193. 195. 196.
5) Anomiae laeves plicatae. Baier Oryct. Nor. t. 5. f. 22.

6) Anomiae striatae pectiniformes. Baier Oryct. Nor. t. 5. f. 11. 12. Scheuchzer Oryct. Helv. f. 105. 106. Bourguet Traité des petrif. t. 30. f. 186. 187. 192.
7) Anomiae striatae ventricosae. Scheuchzer Oryct. Helv. f. 104. Bourguet Tr. des petrif. t. 29. f. 128.
8) Anomiae striatae lacunosae. Helwing Lithogr. Angerb. t. 9. f. 11. Bourguet Tr. des petrif. t. 30. f. 180. 181.
9) Anomiae striatae trilobae. Helwing Lithogr. Angerb. t. 9. f. 10. Scheuchzer Oryct. Helv. f. 102. Bourguet Tr. des petrif. t. 30. fig. 185.
10) Anomiae striatae angulares. Helwing Lithogr. Angerb. t. 9. f. 9. v. Linné Mus. Tessin. tab. 5. fig. 4. Scheuchzer Oryct. Helvet. fig. 107.
11) Anomiae striatae plicatae. Walch Steinr. t. XIII. n. 3.
12) Anomiae striatae imbricatae. Baier Oryct. Nor. t. 5. f. 5. 6. 7. 8. Scheuchzer Oryct. Helv. f. 104.
13) Anomiae striatae. Bourguet Tr. des petrif. t. 30. fig. 183.

In meiner Abhandlung von den versteinten Anomiten und Terebratuliten, besonders von den Terebratuliten im Bergischen und in der Eifel i) habe ich nicht nur von diesen Körpern überhaupt weitläuftig gehandelt, und seltene hieher gehörige

---
h) Syst. miner. T. II. p. 497.
i) Abhandlungen über verschiedene Gegenstände der Naturgeschichte, Halle 1777. S. 335. 355. 376. 397.

hörige Beyspiele beschrieben, sondern auch methodische Eintheilungen derselben mitgetheilt; da ich sie aber nachher sehr erweitert und genauer bestimmt habe, so will ich jene jetzt nicht wiederholen, sondern die neuern erweitertern Classificationen mittheilen. Ohnerachtet ich die Anomiten von den Terebratuliten, wie schon gesagt, trenne, so will ich doch hier die Classification, zur Ergänzung dessen, was ich im ersten Bande von den Anomiten gesagt habe, mittheilen.

A) Anomiten, d. i. die einen undurchbohrten Schnabel haben, sind:

I. glatt.
  1) rund gewölbt.
   A) ohne merklichen Zwischenraum zwischen beyden Hälften:
     aa) mit breiter Peripherie: Wilkens seltne Verstein. r. 6. f. 25. 26. 27. Berlin. Samml. Th. III. St. V. fig. 1. 2.
     bb) mit runder Peripherie und
       a) ganz ebener Schale. Berlin. Magaz. IV. B. I. Stück, fig. 1.
       b) punktirter Schale. Knorr Samml. Th. II. t. 6. IV. fig. 3.
   B) mit einem merklichen Zwischenraum zwischen beyden Hälften: Torrubia Naturgeschichte von Spanien r. 7. f. 6. Gmelin Linnäisches Naturs. des Mineralr. Th. IV. r. 15. f. 174.
  2) breit. Häpsch neue Entdeckungen 4. f. 16. 17. Schröter Abhandl. über verschiedene Gegenst. der Naturg. Th. II. t. 2. f. 5. Muf. Tessina. t. 5. f. 3. Lister Hist. anim. t. 8. f. 47. Gmelin Linnäisches Naturs. des Mineralr. Th. IV. t. 15. f. 180.
  3) dreyeckigt. Schröter Journal Th. IV. t. 1. f. 4.

II. gestreift.
  a) die Länge herunter gestreift.
   א) rund.
     α) mit Zacken auf den Streifen. Knorr Sammlung Th. II. tab. B. IV. fig. 4. Gmelin Linnäisches Naturs. des Mineralr. Th. IV. t. 15. f. 178.
     β) mit ebenen Streifen. Muf. Tessinian. t. 5. f. 6. Schröter Journal Th. II. t. 2. f. 1.
   ב) breit: Schröter Abhandlungen Th. II. t. 5. f. 2. Muf. Tessinian. t. 5. f. 7. 5. Lister Hist. Conchyl. t. 447. f. 1. t. 462. f. 23. t. 463. f. 24. t. 473. f. 31. Voldmann Silef. fubr. P. I. t. 32. f. 6. t. 33. f. 10. t. 34. f. 14. Lister Hist. animal. t. 9. f. 49. 50.
   ג) dreyeckigt. Torrubia Naturg. von Spanien f. 1. t. 1. 2. 3. t. 2. f. 1. Lister Hist. animal t. 9. f. 57.
   ד) viereckigt. Schröter Abhandlungen Th. II. t. 5. f. 4.
   ה) oval. Naturforscher XIV. Stück t. 1. f. 2. ?
  b) die Queere hindurch gestreift.
   aa) mit scharfen gezähnelten Rande. Torrubia Naturgeschichte

geschichte von Spanien t. 8.
fig. 3.
bb) mit glatten Rande.
Merkwürdigk. der Land-
schaft Basel t. 15. f. 7.
c) gegittert.
α) mit hervorragenden langen Schnabel. Beuth Jul.
et Mont. subt. Ser. 7. p. 146.
n. 158.
β) mit kürzern stumpfen etwas gekrümmten Schnabel.
Beuth Jul et Mont. subt.
Ser. 7. p. 134. n. 71.

III. gefaltet.
1) breit, und
A) verhältnißmäßig lang.
 a) mit einem dreyeckigten
 Zwischenraum zwischen
 beyden Schalen.
  aa) breit und ausgeschweift.
  Berl. Samml. Th. III.
  Stück V. f. 9. Schröter
  Abhandlungen Th. II. t. 2.
  f. 6. Gmelin Linnäisches
  Natursyst. Th. IV. t. 15.
  f. 177.
  bb) rund. Knorr Samml.
  Th. II. t. B. IV. f. 9.
  cc) dreylobigt. Rumph
  amboin. Raritätenk. t. 60.
  f. C.
  dd) rhomboidalisch. Knorr
  Samml. Th. II. t. B. IV.
  f. 10. Acta Helvet. Vol.
  IV. t. 14. f. 4. 5. 6. Mineralog. Belust. Th. V.
  t. 4. f. 4. 5. 6.
 b) mit einem breiten Zwischenraum. Schröter Ab-
  handlungen Th. II. t. 5. f. 3.
 c) ohne merklichen Zwischenraum. Knorr Samml.
  Th. II. t. B. IV. f. 7. 8.

B) verhältnißmäßig kurz.
 a) mit gefalteter Peripherie.
 Schröter Abhandl. Th. II.
 t. 5. f. 5. Schröter Journal Th. II. t. 2. f. 6. Mineral. Belust. Th. V. t. 4.
 f. 4. 5.
 b) mit ausgezackter Peripherie. Merkw. der
 der Landsch. Basel t. 15. f. 5.
2) mit einem spitzigen Halse.
 Baier Oryct. Nor. t. 5. f. 5.
 bis 10. Lister Hist. animal.
 t. 9. f. 58.
3) rund.
 a) am Rande gezähnelt.
 Schröter Journal Th. II.
 t. 2. f. 1.
 b) am Rande ausgeschweift.
 Schröter Journal Th. II.
 t. 2. f. 6.
4) lang.
 a) mit gerader Peripherie.
 Schröter Abhandl. Th. II.
 t. 5. f. 1. Mus. Tessinian.
 t. 5. f. 4. Bourguet Tr.
 des petrif. t. 29. f. 173.
 b) mit ausgezackter Peripherie. Bourguet Tr. des petr.
 t. 29. f. 175.
IV. gerunzelt.
 1) mit zwey Schnäbeln. Baier
 Oryct. Nor. t. 5. f. 20. 21.
V. hahnenkammförmig ausgezackt.
 1) oval. Merkwürdigk. der
 Landsch. Basel t. 15. f. 10.

B) glatte Terebratuliten,
 Terebratulitae laeves.
I. mit zwey übergebogenen
Schnäbeln, einem kürzern
und einem längern.
1) mit gebogener Peripherie.
Schröter Abhandl. Th. II.
t. 5. f. 6.

II.

II. mit einem einzigen durchbohrten Schnabel.
1) fast rund, und
a) ungleichkantig. Schröter Abhandl. Th. II. t. 4. f. 29. 30. Wilkens seltene Versteinerungen t. 7. f. 35. 36. Berlin. Samml. Th. III. V, St. f. 1. 2. Schröter Journal Th. III. t. 1. f. 1. Baier Oryct. Nor. t. 7. f. 36. Lister Hist. Conchyl. t. 459. f. 19. Bourguet Tr. des petr. t. 30. f. 188. Walch Steinr. t. XVII. n. 3. *, d, e.
b) gleichkantig. Baier Oryct. Nor. t. 4. f. 22. 27. t. 7. f. 36. Büttner rud. diluv. test. t. 27. f. 12. Melle lapid. figur. Lubec. t. 1. f. 10. 11. Mineral. Belust. Th. III. t. 1. f. 13. Schröter Journal Th. III. t. 1. f. 3. Scheuchzer Naturh. des Schweizerl. Th. III. f. 115. Lochner Mus. Besler. t. 33. Pectunculus lap. bifer. Bourguet Tr. des petrif. t. 30. f. 192. Ritter de alabastr. Hohnst. f. 2. 3. Volckmann Siles. subr. 1. 1. t. 32. f. 5. Brückmann Ep. itiner. Cent. II. f. 2. 3. Abildgaard Stevensklint t. 3. f. 9. Baumer Hist. nat. regn. mineral. t. 3. f. 28.
2) länglich rund, und
a) gleichkantig. Schröter Abhandl. Th. II. t. 4. f. 25. Baier Oryct. Nor. t. 4. f. 19. 25. Büttner rud. diluv. test. t. 27. f. 11. Abildgaard Stevensklint t. 3. f. 7. Lister Hist. animal. t. 8. f. 46. Scheuchzer Naturh. des Schweizerl. Th. III. f. 103. Merkw. der Landsch. Basel t. 15. f. 6. Andreä Briefe aus der Schweiz t. 2. f. a, b. Scilla de corp. lap. t. 19. f. 2. Melle de lap. figur. Lubec. t. 1. f. 10. 11. Walch Steinr. t. XVII. n. 3. fig. f. Lachmund Oryct. Hild. p. 43. f. 7. 8.
b) ungleichkantig. Diese haben

א) eine Falte, und sind
aa) ohne alle Erhöhungen. Knorr Samml. Th. II. tab. B. IV. fig. 2. Baier Oryct. Nor. t. 7. f. 37. Torrubia Naturgeschichte von Spanien t. 9. f. 1. bis 6. Naturforscher I. St. t. 3. f. 6. Andreä Briefe aus der Schweiz t. 2. fig. e. f. Scilla de corp. lap. t. 14. f. 5. Bourguet Tr. des petrif. t. 30. f. 193. 194.
bb) mit zarten Linien. Schröter Abhandl. Th. II. t. 1. f. 9. Wilkens seltene Verst. t. 6. f. 27. bis 31.
cc) schilfricht mit Runzeln. Torrubia Naturg. von Spanien t. 9. f. 7. Scilla de corp. mar. lap. t. 14. f. 6.

ב) mehrere Falten. Baier Oryct. Nor. tab. 5. fig. 29. Berl. Magaz. IV. B. 1. St. f. 1. Walch syst. Steinr. t. XVII. n. 3. Scheuchzer Naturhist. des Schweizerl. Th. III. f. 116. Merkw. der Landsch. Basel t. 22. f. dd. Bourguet Traité des petrif. t. 30. f. 189. 190. 195.

195. 196. Lachmund Oryct. Hild. p. 43. f. 6.
2) unten ausgehöhlt, folglich mit 2 Endspitzen. Naturforscher I. St. t. 3. f. 6.
3) lang und schmal.
α) mit einer runden Peripherie. Schröter Abhandl. Th. II. t. 1. f. 7. Knorr Samml. Th. II. tab. B. IV. f. 1. Baier Oryct. Nor. t. 5. f. 23. 24. Argenville Conchyl. t. 29. f. 18. C. Lister Hist. Conchyl. t. 453. f. 12. Lister Hist. animal. t. 8. f. 44. Gmelin Linnäisches Naturf. des Mineralr. Th. IV. t. 15. f. 173.
β) mit einer platten Peripherie. Schröter Abhandl. Th. II. t. 5. f. 10.
γ) mit einer unterbrochenen Peripherie. Baier Oryct. Nor. t. 5. f. 28. Klein Method. Ostracol. t. 11. f. 74. Scheuchzer Naturhist. des Schweizerl. Th. III. f. 114. Schröter Journal Th. III. t. 1. f. 1. 2.
4) breit.
a) ungleichkantig. Berl. M. Th. IV. St. 1. f. 2. Schröter Abhandl. Th. II. t. 4. f. 25. Lister Hist. Conchyl. t. 453. f. 11.
5) dreyeckigt. Baier Oryct. Nor. t. 8. f. 11. Schröter Abhandl. Th. II. tab. 4. f. 29. 30.

C) Gestreifte Terebratuliten, oder Ostreopectiniten, Terebratulitae striati, Ostreopectinitae.

I. die Länge herunter gestreift. Diese sind:
A) bauchicht; sie sind
a) mehr länglich als rund, und haben
aa) starke Streifen. Schröter Abhandl. Th. II. t. 2. f. 10. Ritter Oryct. Goslar. t. 1. f. 2. Scheuchzer Naturhistorie des Schweizerl. Th. III. f. 102. Bourguet Tr. des petrif. t. 30. f. 179. 182. Brückmann Epist. itin. Cent. I. epist. 32. t. 2. f. 2.
bb) schwache Streifen. Schröter Abhandl. Th. II. t. 2. f. 11. 12. Baier Oryct. Nor. t. 5. f. 11. 12. t. 8. f. 12. 14. Beuth Jul. et Mont. subt. Ser. VII. ad pag. 134. Walch Steinr. t. XVII. n. 3. Bourguet Tr. des petrif. t. 29. f. 178.
b) mehr rund als länglich. Diese haben
α) starke Streifen. Schröter Abhandl. Th. II. t. 2. f. 13. Beuth Jul. et Mont. subt. Ser. VII. ad pag. 146. Walch Steinr. t. XVII. n. 3. Rumph amboin. Raritätenk. t. 60. f. C. Lochner Mus. Besler. tab. 33. Conchula striata lap. et Pectunculus ferreolus duplicatus. Lister Hist. Conchyl. t. 449. f. 5. t. 450. f. 8. Leibniz Protogaea t. 3. f. 9.
β) schwache Streifen. Schröter Abhandl. Th. II. t. 2. f. 14. Schröter Journal Th. III. t. 1. f. 3.

γ)

γ) haarförmige Streifen, und sind
: aa) gleichkantig. Schröter Abhandl. Th. II. t. 4. f. 24.
: ββ) ungleichkantig. Schr. Abhandl. Th. II. t. 2. f. 15.
c) fast kugelrund.
: A) gleichkantig. Scheuchzer Naturh. des Schweizerl. Th. III. f. 104.
: B) ungleichkantig. Schröter Abhandl. Th. II. t. 4. f. 22. Lachmund Oryct. Hild. p. 43. f. 9.
d) brenckigt. Naturforscher I. St. t. 3. f. 4. 5. Ritter Oryct. Goslar. t. I. f. 2. b. Brückmann epist. itiner. Cent. I. epist. 32. t. 2. f. 2. b.
e) breit und kurz. Bourguet Tr. des petr. t. 30. f. 180.
B) nicht bauchicht.
: a) gleichkantig. Diese haben
:: ℵ) starke Streifen. Schröter Abhandl. Th. II. t. 3. f. 16. Walch Steinreich t. XVII. n. 3. Scheuchzer Naturh. des Schweizerl. Th. III. f. 107.
:: ב) schwache Streifen. Schr. ter Abhandl. Th. II. t. 3. f. 17. Scheuchzer Naturhistorie des Schweizerl. Th. III. f. 105. Lister Hist. Conchyl. t. 459. f. 20. Bourguet Tr. des petr. t. 30. f. 186. 187. Walch Steinr. t. XVII. n. 3. f. a. b. c. Schröter Journal Th. III. t. I. f. 5.
:: ג) ganz zarte Streifen. Schröter Abhandl. Th. II. t. 3. f. 18. t. 5. f. 7. 8. Liebknecht Hassia subter. t. I. f. 12. 13.

β) ungleichkantig. Wilkens seltne Verst. t. 6. f. 27. bis 31. Schröter Journal Th. III. t. I. f. 4. Berlin. Magaz. Th. IV. St. I. f. 3. Merkw. der Landsch. Basel t. 15. f. 8. 9. Bourguet Tr. des petr. t. 29. f. 174. 176. t. 30. f. 181. 184. 185. Ritter Oryct. Goslar. t. I. f. 1. 2. e. Brückmann Ep. itiner. Cent. I. epist. 32. t. 2. f. 1. 2. a. epist. 84. t. 1. f. 7. Walch Steinr. t. XVII. n. 3. fig. c. i. k.

II. die Queere hindurch gestreift. Diese sind:
1) gleichkantig. Büttner rud. diluvii test. t. 27. f. 13.
2) ungleichkantig. Baier Oryct. Nor. t. 8. f. 10.

III. beydes zugleich, d. i. gegittert. Diese sind
a) gefaltet. Berlin. Magaz. Th. IV. Stück I. f. 3.
b) nicht gefaltet.
: aa) mehr rund als länglich. Schröter Abhandl. Th. II. t. 4. f. 19. 20.
: bb) mehr länglich als rund, und zwar
:: ℵ) gleichkantig.
::: a) mit schwachen Streifen. Schröter Abhandl. Th. II. t. 4. f. 21.
::: β) mit faltenartigen oder starken Streifen. Schröter l. c. t. 4. f. 28.
:: ב) ungleichkantig.
::: a) dem Schloß gegenüber einmal gebogen. Schröter Abhandl. Th. II. t. 4. f. 27.
::: β) in der ganzen Peripherie ausgeschweift. Schröter l. c. t. 4. f. 26.
: cc)

cc) lang und schmal mit einer runden Peripherie. Schröter Journal Th. III. t. 1. f. 6.
dd) breit mit einer ganzen Peripherie. Schröter Abhandlungen Th. II. tab. 4. fig. 19. 20.

IV. stachlicht. Bourguet Tr. des petr. t. 30. f. 183.

Wie die Terebratuliten im Steinreiche erscheinen? darüber giebt uns Walch k) folgende Auskunft: „Was die im Reiche der Versteinerung uns aufbehaltene Terebratuln anlangt, so ist die Schale bei vielen verlohren gegangen, da wo sie geblieben, siehet man, daß sie meist sehr dünne ist. Die dicksten erreichen nicht leicht die Stärke eines Messerrückens; die Farbe an ihnen ist weißlich, weißgelb, braun, braungelblich, auch wohl schwarz. Einige haben, wie wohl sehr selten, dunkelröthliche, zarte Streifen. An manchen verräth die Schale noch etwas perlenmutterartiges; haben sie grünliche Flekken, so kommt dieses von beygemischten Kupfertheilchen her. Bisweilen haben sich von aussen sowohl als von innen kleine Krystallen angesezt; zumal an der innern verschlossenen Seite, wenn nicht sowohl Erdtheilchen als Wasser eingedrungen. Ist dieses mit einer zarten, sonderlich Thonerde geschwängert gewesen, so sind, wenn gedachtes Fluidum coagulirt, die Steine hornsteinartig und halb durchsichtig. Bei vielen versteinten hat der Schnabel etwas gelitten. Ist er noch völlig erhalten, so haben die Terebratuln wenigstens da herum, noch ihre natürliche Schale. Bisweilen siehet man auf den Schalen hellere, oder weiße runde Flecken, und wenn man sie genau, oder mit einem bewafneten Auge ansieht, so bestehen sie aus Windungen um einen Mittelpunkt, wie ganz kleine Ammonshörner. Es scheinen das nichts anders als Ueberbleibsel von gewissen Seewürmer-Arten zu seyn. Ihre beyden Hälften haben sie gemeiniglich noch beysammen, diese aber sind oft breitgedruckt, und werden daher Terebratulitae compressi genennt. Die Versteinerung ist gemeiniglich kalkartig, bisweilen, wie wir schon erinnert, hornsteinartig. In der Mutter liegen sie oft in grosser Menge beisammen. Man findet diese Terebratuliten in Deutschland fast überall."

Ich setze nur einige Anmerkungen hinzu. Wenn die Terebratuliten noch in ihrer Mutter liegen, so ist diese entweder, und zwar gemeiniglich Kalkstein, seltener Kreide, und noch seltener Hornstein. Oft erscheinen sie ohne Schale, aber auch eben so oft mit der Schale, sonderlich die aus den Kreidenbergen kommen. Man findet keine Muschelart so oft mit beyden Hälften als die Terebratuliten, einzelne Hälften von ihnen sind gewiß

---

k) Naturg. der Versteiner. Th. II. Absch. I. S. 90.

gewissermassen seltene Erscheinungen. Das macht ihr Schloß, vermöge welchen beyde Schalen nicht nur genau, sondern auch fest zusammenschliessen. Ihre Länge übersteigt zuweilen 2. Zoll, gewöhnlich sind sie kleiner, oft ganz klein. Unter die seltenen gehören die hornsteinartigen, noch seltener sind die kieselartigen, davon ich ein Beispiel mit kieselartiger Schale und Ausfüllung aus dem Würtenbergischen besitze, die in einen edlen Hornstein verwandelten sind die seltensten. In dem Herzoglichen Kabinet zu Jena liegt ein Beyspiel, das in eine schöne Carneol verwandelt ist. In Deutschland findet man sie überall, und da wo sie liegen gemeiniglich in grosser Menge. Wenigstens in Thüringen und hier bey Weimar findet man zuweilen ungeheure Steine, die ganz aus Terebratüliten bestehen, doch sind die in unserm Thüringen mehrentheils Steinkerne. Unter den gegrabenen calcinirten Conchylien hat man so viel ich weiß noch keine einzige Terebratul gefunden. Mineralisirt findet man sie selten kiesshaltig, häufiger eisenhaltig.

Vorher sprach Walch von den kleinen runden Flecken, die wie Ammonshörner gewunden sind, und ich ergreife diese Gelegenheit hier von diesen Körpern, die auch auf andern Versteinerungen nicht selten vorkommen, etwas zu sagen. Es sind eigentlich concentrische oder runde Cirkel, einer ausser dem andern, von denen vorzüglich Walch l) und Schröter m) geschrieben haben. Ueber den Ursprung dieser concentrischen Cirkel sind die Naturforscher nicht ganz einig. Verschiedene haben hier Spuren von Polypen zu finden geglaubt, die sich ehedem auf und zwischen die Conchylienschalen und andere Seekörper eingenistet. Andere sind in der Meynung gestanden, es wären diese Figuren aus einem ausgetretenen überflüssigen Saft der Muschel entstanden, der vielleicht durch einen ihm eignen Organismus so und nicht anders gebildet würde, noch andere haben diese Cirkel zu den Schalthieren gerechnet, und sie für eine gewisse Art von Serpulis gehalten. Noch vor wenigen Jahren hat Herr Schmiedel zu Anspach im zweyten Stück seiner Nachricht von seltenen Versteinerungen geträumt, sie kämen von der Terebella her, die sich an dergleichen Körper angesaugt hätte. Die drey ersten Meynungen hat Walch gut widerlegt, die vierte verdient deucht mir keiner Widerlegung. Walch selbst glaubt, daß der kalkartige Ueberrest gewisser in sich gekrümmter nackter Seewürmer dasjenige sey, was mir hier unter der Gestalt concentrischer Cirkel erblicken. Allein auch diese Meynung kann nicht

---

l) Naturforscher II. Stück, S. 126. 132. 137.
m) Naturforscher XVIII. Stück, S. 129.

nicht bestehen, seitdem ich auf einem corallinischen Fragmente aus der Herrschaft Heidenheim Würmer von der Art entdekt habe, die noch erhöht in ihrer wahren Wurmgestalt da liegen, von verschiedener Grösse sind, und die Stärke eines Bindfadens haben, und wo diese fehlen, solche concentrische Cirkel, zum Beweise, daß jene die Originale von diesem sind. Ich habe ein ander Beyspiel, wo diese Würmer nur halb abgerieben sind, und dieses Beyspiel beweiset ausserdem noch, daß diese Würmer sich auch ausdehnen können, daß sie aber in ihrem Lager durch die Gesellschaft mehrerer Würmer, die sich uneinander legen und winden, wenn diese abgerieben oder sonst zerstöhrt sind, gerne eine Cirkelfigur annehmen, daß sich hier ein Wurm um den andern legt, und daß auf diese Art concentrische Cirkel entstehen, wo einer ausser dem andern liegt. Folglich gehören diese Körper allerdings zu den Serpulis des Linne, ob ich gleich nicht glaube, daß die Serpul. planorbis des Linne ihr Original sey. n)

Ueberhaupt hat man von diesen Terebratuliten mancherley unwahres gesagt, dahin rechne ich die Anmerkung des Herrn von Bomare o) daß man noch nicht einig sey, ob die Anomiten und Terebratuliten zum Geschlecht der Musculiten oder der Ostraciten zu rechnen sind? Ferner die Anmerkungen des Wallerius p). daß die gefurchten Anomiten Anomiae lacunosae mit der Zeit zu den Musculiten zu rechnen seyn möchten, und daß die Ostropectiniten unter den Pectunculiten Platz finden möchten. Keine dieser Meynungen verdienet Beyfall. Die Muskuliten sind gleichschalige Muscheln, die auch einen ganz andern Bau als die Terebratuliten haben, denn sie sind kurz und breit; unter sie können also die Terebratuliten in keiner Rücksicht gehören. Denn wenn auch einige in Vergleichung mit andern breit zu nennen sind, so sind es doch einmal die allerwenigsten, und hernach ist das Verhältniß ihrer Länge zu ihrer Breite nie dasselbe, das bey den Musculiten statt findet. Die Ostraciten haben allemal eine unregelmäsig gebaute Schale, Schilfern und Runzeln, da die Schale der Terebratuliten regelmäsig genug, und eben so regelmäsig als an andern Muschelarten ist. Der Name der Pectunculiten ist so zwendeutig, daß man ihn aus der Lithologie gänzlich verbannen sollte. s. Pectunculiten. Und warum will man denn den Terebratuliten nicht das Recht einräumen, eine eigne Muschelart zu bestimmen, da sie wie meine obige Geschlechtstafel auswies, eine so zahlreiche Familie bestimmen, die noch dazu an den ungleichen Schalen und an dem durchbohrten Schnabel einen beständigen

Ge-

---

n) Schröter Einleitung in die Conchylienk. nach Linne Th. I. S. 536. 537.
o) Bomare Mineral. Th. II. S. 70.
p) Mineralogie S. 481. 482.

Geschlechtscharacter hat, der auſſer ihnen keiner einzigen Muſchelart zukommt?

Unter die irrigen Gedanken von den Terebratuliten gehört auch diejenige, daß man das Original der Terebratuliten noch nicht kenne. Das hat wie wir oben hörten Wallerius noch in der neuern Zeit behauptet, der in ſeiner Mineralogie die Terebratuliten unter die Muſcheln geſetzt hat, die noch kein bekanntes Original haben. Allein das Original derſelben, wir mögen die eigentlichen Terebratuliten oder die Oſtropectiniten nehmen, iſt bekannt genug. Ich habe nicht nur in meiner Sammlung vierzehn Beyſpiele von verſchiedener Gröſſe, ſondern es haben auch die Schriftſteller ſo viele Bohrmuſcheln abgebildet, daß ich ſogar zu einer andern Zeit q) eine Claſſifikation derſelben, die ich hier mit einigen Zuſätzen wiederhohle, habe entwerfen können.

I. glatt.
 1) rund.
  a) bauchig. Pallas Miscellan. zoolog. Tab. XIV. p. 182. Knorr Vergnüg. Th. IV tab. 13. fig. 4. Andrä Briefe aus der Schweitz Tab. I. fig. h.
  b) nicht bauchicht. Schröter Journal Th. III. tab. 2. fig. 2.
 2) länglich oder oval.
  a) mit einer ganzen Peripherie: Naturforſcher III. Stück Tab. III. fig. 5. Catalogus van een fraagen zindelyk Kabinet van zeer ongemeene ſchone Horns &c. Amſterd. 1767. in 8. fig. E. und N. Davila Catalogue Num. 694. 695. Murray Fundam. teſtaceol. tab. 2. fig. 13. Schröter Journal Th. III. tab. 2. fig. 3. Alle dieſe Beyſpiele können auf mancherley Weiſe von einander abweichen, welches man an Zeichnungen nicht ſo genau ſehen kann. Bey manchen ſind beyde Hälften bauchicht bey andern nur die eine Schale. So iſt Schröter Journal Th. III. tab. 2. fig. 3. würklich eine Mittelgattung unter der runden und länglichrunden Bohrmuſcheln.
  b) mit einer unterbrochenen Peripherie. Schröter Journal Th. III. tab. 2. fig. 1.
 3) Platt, Pallas Miscellan. zool. Tab. XIV. p. 187.

II. geſtreift.
 1) die Länge herunter geſtreift.
  a) ſtarke Streifen:
   aa) mit ganzer Peripherie Catalogus van een &c. F. D.
   bb) mit unterbrochener Peripherie.
    α) länglichrund. Davila Catalogue Num. 696. 697. 698. Tab. XX. fig. A. s. Berlin. Sammlung. III. B. V. Stück. fig. 10. 11.
    β) rund. Berliniſche Samml.

---

q) Abhandlungen über verſchiedene Gegenſtände der Naturgeſchichte Th. II. S. 376.

Samml. l. c. fig. 12. 13. Naturforscher III. Stück. tab. 3. fig. 1. 2.
b) zarte Streifen.
aa) länglichrund.
α) mit ganzer Peripherie: Davila Catalogue Num. 692. 693. Tab. XX. B. b. und F. Naturforscher II. Stück. tab. III. fig. 6. Gualtieri Index Testar. tab. 96. fig. B.
β) mit unterbrochener Peripherie. Naturforscher II. Stück. tab. 3. fig. 1. 2. Schröter Abhandlungen Th. II. tab. 5. fig. 8. Andreä Briefe aus der Schweitz tab. I. fig. c. von Born Mus. Caes. vind. Testac. tab. 6. fig. 13.
bb) rund. Davila Catalogue Tab. XX. fig. G. g.
cc) breit.
α) ganz zart gestreift. Schröter Journal Th. III. tab. 2. fig. 5. Andreä Briefe aus der Schweitz tab. I. fig. d. e. von Born Mus. Caes. Vind. Testac. tab. 6. fig. 14.
β) stärker gestreift. Schröter Joural Th. III. tab. 2. fig. 4.
2) die Queere hindurch gestreift.
a) oval mit ganzer Peripherie: Argenville Zoomorphose tab. 12. fig. k.
3) beydes zugleich d. i. gegittert.

a) breit mit einer ganzen Peripherie Gualtieri Index Testar. tab. 96. fig. A.
b) länglich und unten platt: Gualtieri l. c. fig. C.
III. stachlicht: Davila Catalogue Num. 699. tab. XX. fig D. E. e.

Die Terebratuliten gehören unter die Versteinerungen, die man zu mancherley Aberglauben gebrauchte. Da ich noch auf dem Lande wohnte, trug eine arme Frau dergleichen Terebratuliten zum Verkaufe herum, nannte sie Flußsteine, machte viel Wesens aus ihnen, und versicherte, daß man sie dem Vieh nicht ohne grossen Vortheil anhänge. Von einem hiesigen Juden habe ich eine in Silber eingefaßte Terebratul gekauft, die man ohne Zweifel zu keinen guten Absichten, vielleicht wie die Adlersteine, zur Erleichterung des Gebährens angewandt hatte. In unsern Tagen gilt dieß alles nicht mehr.

Da man die Zeichnungen von den Terebratuliten und von ihren Originalen aus meinen gegebenen Classificationen sehen kann, so ist nichts mehr übrig, als daß ich von den Ländern, Gegenden und Oertern Nachricht gebe, wo sich glatte sowohl, als gestreifte Terebratuliten finden. Aus verschiedenen Schriften und aus dem Catalogus über meine Versteinerungen kann ich folgende angeben: Aachen, Alb, Altenstein, Altdorf, Anspach, Arburg im Canton Bern, Arigeano im Piemontischen, Arnstadt, Baden, Balingen, Basel,

sel, Basoeuil in Lothringen, Bayreuth, Bebenhausen, Befort, Herzogth. Berg, Bergen im Anspachischen, Bensberg, Canton Bern, Berndorf in der Eifel, Biel, Birse, Blaubeuern, Bornthal bey Erfurth, Busweiler, Castelen im Canton Bern, Champagne, Chonblon im Cant. Bern, Coburg, Concise im Cant. Bern, Cornely Münster bey Aachen, Derbyshire in England, Deutschbüren im Cant. Bern, ganz Deuschland, Dölligsen, Dollendorf in der Eifel, Dornburg, Duslingen, Echterdingen, Eifel, Elsas, Engelthal, England, Entingen, Erfurth, Franken, Frankfurt an der Oder, From Castleton in England, Gallberg bey Hildesheim, Geißberg im Cant. Bern, Gelmeroda bey Weimar, Geroldstein in der Eifel, Giengen, Göttern bey Jena, Göttingen, Goßlar, Gothland, Gravesand in England, Halle in Schwaben, Hangberg in Schwaben, Haugburg, Heidenheim, Heistert in der Eifel, Hemmethal in der Schweitz, Heuberg bey Balingen, Hildesheim, Hollstein, Jena, Jmenhausen, Jülich, Kahlah, Kirchahorn, Königsfelden im Kant. Bern, Kranichfeld, Lägerberg in der Schweitz, Langenheim, Langensalze, Limburg, Lothringen, Lütgeren, Maudach, Mannsfeld, Mehlen, Minden in Westphalen, Muggendorf im Bayreuthischen, Münchenweiler im Cant. Bern, Muttenz, Nähren, Nauenburg, Nebelloch, Neckar im Vorderöstreichischen, Neufchatel, Niedau im Cant. Bern, Nordgau, Nortorf im Hollsteinischen, Nürnberg, Oberwiederstadt, Grafschaft Oettingen, Osterdingen, Pafroth im Bergischen, Petzingen, Piemont, Pirna, Pont a Mousson in Lothringen, Prag, Randenberg, Regensburg, Reutlingen, Rohrbad im Canton Bern, Rothenburg, Rudolstadt, Sachsen, Schafhausen in der Schweitz, Schenkenberg im Canton Bern, Schinznach im Canton Bern, Schwaben, Schweitz, Steinbruch im Bergischen, Stevensklint, Sußerna im Canton Bern, Synderstadt, Thangelstädt, Thorschetter in England, Thüringen, Tübingen, Tuttlingen, Twan im Canton Bern, Vallorbes im Canton Bern, Varing, Vanillou und Veltheim im Canton Bern, Verona, Viset im Herzogthum Limburg, Wäldenheim in Elfaß, Wallmoden im Hildesheimischen, Weimar, Weisenburg in Nordgau, Westpreussen, Westphalen, Wien, Wittebbuf im Canton Bern, Wittney und Würtemberg.

Terebratulites, ist der lateinische und französische Name der jetzt beschriebenen Terebratuliten.

Terebratuln. Dieser Name bezeichnet die Terebratuliten und ihre Originale, doch wird er vorzüglich von den Versteinerungen gebraucht, da die Originale gemeiniglich Bohrmuscheln heissen.

Terebratuln, eigentliche, so nennet der Herr Prof.

Prof. Gmelin r) diejenigen Versteinerungen die Linne' unter seiner *Anomia terebratula* versteht. Es sind glatte etwas eyförmige couvexe Schalen von welchen die eine Schale drey, die andre aber zwey Falten hat. Diejenigen Schriftsteller also, welche alle glatte Terebratuliten überhaupt, eigentliche Terebratuln nennen, um sie durch diesen Beysatz von den gestreiften Terebratuliten oder von den Ostreopectiniten zu unterscheiden, nehmen das Wort weitläuftiger als es Linne nahm. s. Terebratuliten.

TERRA, Terrae, Erden, gehören in das mineralogische Lexikon. Indessen unterscheiden verschiedene Schriftsteller Erden und Steine nicht, und daher sind in der Lithologie folgende Namen entstanden.

TERRA *calcarea argilla intime mixta*, nennet Cronstedt den Mergel, weil er immer Thon, mehr oder weniger in seiner Mischung hat. s. Mergel.

TERRA *calcarea croco seu calce veneris intime mixta indurata*, heißt beym Cronstedt der armenische Stein, weil er Kupfertheilchen in seiner Mischung hat. s. Armenischer Stein.

TERRA *calcarea, marte intime mixta indurata*, heißt beym Cronstedt der Eisenspath. Ein wahrer eigentlicher Spath, der aber so viele Eisentheile in sich hat, daß er auf Eisen bearbeitet werden kann, und würklich darauf bearbeitet wird. Aus dem Grunde ist er aus der Classe der eigentlichen Steine herausgenommen, und in die Mienern übersetzt worden. In dem mineralogischen Lexikon soll er beschrieben werden.

TERRA *calcarea phlogisto et acido vitrioli mixta*, nennet Cronstedt den Leberstein. s. Leberstein.

TERRA *calcarea phlogisto simplici mixta*, nennet Cronstedt den Stinkstein, um ihn von dem Lebersteine zu unterscheiden. s. Stinkstein.

TERRA *calcarea pura solida friabilis*, nennet Cronstedt die Kreide. s. Kreide.

TERRA *indurata*, nennet Cronstedt die Steine, weil sie aus Erde entstanden, und fest geworden sind. Cronstedt gehört unter diejenigen Mineralogen, welche Erden und Steine nicht trennen, daher beschreibt er bey jeder Classe erst die Erden, dann die Steine, welche aus eben dieser Erdart entstanden sind, und diese Steine nennt er eben Terras induratas. s. Steine.

TERRA *indurata aqua non humectanda*, nennet Linne' den Mergel. s. Mergel.

TERRA *gypsea indurata*, heißt der Gypsstein und die Gypsdrüsen. s. Gypsstein und Gypsdrüsen.

TERRA *gypsea indurata solida, particulis impalpabilibus*,

---

r) Linnäisches Naturs. des Mineralr. Th. IV. S. 47.

bilibus, heist beym Cronstedt der Alabaster. s. Alabaster.

Teras. s. Traß.

TERRIFICATA *vegetabilia*, heissen beym Wallerius s) die vererdeten Körper, nemlich das vererdete Holz (*Terrificatum vegetabile arboris*) welches aber sehr unschicklich in der Erde verwandeltes Holz genennet wird; und die vererdeten Wurzeln, (*Terrificatum vegetabile radicis*) welche eben so unschicklich in Erde verwandelte Wurzeln heissen. Linne t) nimmt das Wort des Wallerius *Terrificatum vegetabile radicis* etwas weitläuftiger und versteht darunter den röhrigen Topfstein, der nach seiner Meynung entweder von Holze oder von Würmern gebildet worden ist. Natus ex argilla, sagt er, perforata *radice* aliqua emortua, aut *lumbrico*, quo aqua martialis per foramen tranans cagulavit argillam proximam, sensimque remotiorem. s. Topfstein, röhrichter.

TERRIFICATUM, s. Terrificata.

TESSERAE *Badenses*, s. Baadner Würfel.

TESTA, heist eigentlich die Schale einer Conchylie, und streng geurtheilet diese ganz allein, da man von dem Gehäuse der Seeigel eigentlich das Wort *Crusta* gebraucht. Zwar haben verschiedene Naturforscher auch die Seeigel unter die Conchylien gezehlt, obgleich ihre Bedeckung von der Bedeckung der Conchylien sichtbar genug abweicht, allein man redet doch nicht streng genug, wenn man ihnen eine *Testam* beylegen wollte. Der Deutsche muß sich durch das Wort Schale ausdrücken, weil ihm zwey Worte fehlen, und das Wort Cruste viel zu zweydeutig ist, als daß er sie von den Seeigeln sollte gebrauchen können. Der Lateiner, der die Conchylien Animalia *testacea*, und die Seeigel Animalia *crustacea* nennet, kann sich freylich bestimmter ausdrücken. Indessen kennen wir doch die Körper von denen die Rede ist, über Worte wollen wir gern nicht hadern. s. Schalengehäusse, und *Crustacea animalia*.

TESTA *mortua*, heist beym Klein in seiner Beschreibung der Danziger Petersacten, eine Conchylie deren Schale wirklich versteint ist.

TESTA *viva*, heist bey ebendemselben eine Conchylie deren Schale blos calcinirt ist, oder er meint die Fossilien, welche noch ihre natürliche Schale haben.

TESTACEA, oder TESTATA, werden vermöge des vorhergehenden alle Schalthiere, d. i. die Muscheln und die Schnecken genennet; sie werden den Crustaceis, den Krebsen und den Seeigeln entgegengesetzt. s. *Crustacea*, vergleiche

---

s) Syst. miner. T. II. p. 412.
t) s. Gmelin am angef. Orte S. 253. und Linne Syst. nat. XII. p. 187.

gleiche aber damit *Testa* und Schalthiere.

TESTUDINIS *partes peerefactae*, unter diesen Namen kommen einzelne Schildkrötenstücke in des Boccom Muſ. di Fiſica p. 181. vor. ſ. Schildkröten.

TESTULARIA *rufeſcens*, hat Luid n. 1583. unter seinen Xyloſtea oder unter seine gegrabenen Knochen gestellt, und dabey auf dessen Bildung und auf die in der Erde angenommene Farbe gesehen. Indessen ist Luids Sprache so dunkel, daß man in den mehreſten Fällen nur muthmaſſen muß, was er unter seinen Benennungen wohl verſtehen möchte. Es wäre zu wünschen, da Luids Lithophylacium Britannicum in unsern Tagen so gar sehr selten worden ist, daß wir über Englands Fossilien eine neue Schrift erhalten möchten, die vielleicht auch Luids schwere Sprache erläutern könnte.

Tetrapodolithen, versteinte vierfüßige Thiere, Versteinerungen von ſäugenden Thieren, Gmel. *Zoolithus* Linn. Tetrapodolithi, Petrificata animalia quatrupedum franz. Zoolithes, Quodrupedes petrifiés, heiſſen diejenigen Versteinerungen, sie mögen nun in ganzen Skeleten oder in einzelnen Theilen vorkommen, deren Originale unter die vierfüßigen Thiere gehören. Der Hr. Prof. Gmelin n) nimmt das Wort etwas weitläufftiger, indem er die Säugethiere darunter begreiſſen, und daher auch den Menschen zu den Tetrapodolithen rechnen muſte. Dem Wortverstande nach aber von τετραπους und λιθος werden darunter diejenigen Thiere verſtanden, welche vier Füße haben, und daher werden hier ausgeschloſſen:

1) diejenigen Thiere, welche gar keine Füſſe haben z. B. die Fische.
2) diejenigen Thiere, welche nur zwey Füſſe haben z. B. die Menſchen und Vögel.
3) diejenigen Thiere, welche mehr als vier Füſſe haben z. B. mehrere Gewürme und Inſekten.

Diese vierfüſſigen Thiere nun von denen wir jetzo eigentlich reden, können freylich im Steinreiche nicht so erwartet werden, wie wir sie in der Natur kennen. Wer wollte es sich wohl einfallen laſſen zu glauben, daß ein kleineres oder gröſſeres Thier nicht nur sein völliges Beingerüſte, sondern auch sein Fleisch, seine Haut behalten, und so in das Steinreich übergehen könnte! Wir wissen aus täglichen Erfahrungen, daß das Fleisch eines Thiers gar leicht und gar bald in die Fäulniß übergehet, und zwar viel früher, als daß die Natur das langsame Geschäfte der Verſteinerung in demselben vollenden könnte. x) Man

---
n) Linnäiſches Naturſyſtem des Mineralr. Th. III. S. 148.
x) ſ. den Artikel: Verſteinerung.

Man kann nicht einmal den Fall häufig erwarten, daß ein vierfüssiges kleineres oder grösseres Thier sein völliges Beingerüste sollte im Steinreiche erhalten können. Man gedenke sich die Menge von Knochen, woraus ein Thier bestehet, wie leicht diese Knochen, wenn Haut und Fleisch fehlen, zusammenhängen, wie diejenigen weichern Theile, welche die Knochen befestigen, vertrocknen oder verfaulen, man gedenke sich dieses, und die äussere Gewalt, welcher ein Thier, ehe es in die Erde und zu einem ruhigen Lager kommen kann, unterworfen ist, und man wird glauben, daß ein Thier leicht in seine einzelnen Knochentheile zerfallen kann, daß diese durch hundert Zufälle hin und her zerstreut werden, daß sich hier nicht einmal alle Knochentheile eines Individui erhalten können, daß man also die vierfüssigen Thiere nicht leicht anders als in einzelnen Theilen erwarten kann. y) Indessen kommen doch einzelne Beyspiele, besonders von kleinern vierfüssigen Thieren, vor, die, wo nicht ihr ganzes Beingerüste, doch wenigstens den grösten Theil desselben erhalten haben; man kann es daher nicht so geradezu verwerfen, daß die mineralogischen Schriftsteller die vierfüssigen Thiere des Steinreichs in ganze oder vollständige Tetrapodolithen und in einzelne Theile oder Fragmente derselben eintheilen.

Freylich sind einzelne Knochentheile das gewöhnlichste, was man in dem Steinreiche von den Tetropodolithen antrift. Wir sind auch in unsern Tagen so weit gekommen, daß wir die versteinten Knochen sehr gut kennen, und uns täuscht der Traum der Naturspiele, der unsre Vorfahren täuschte, nicht mehr; aber darinnen sind wir noch gar nicht weit gekommen, und vielleicht werden auch unsre Nachfolger nicht so weit kommen, in allen einzelnen Fällen genau zu bestimmen, zu welchem Thiere dieser oder jener Knochen, den wir finden, unfehlbar gehöre? Ich muß hier eine Anmerkung des seel. Walch z) wiederholen. ,, Die Osteologie im Reiche der Versteinerung hat noch ihre grosse Mängel, und ist manchen Schwierigkeiten unterworfen. Denn von vielen Osteolithen läßt sich nicht mit Gewißheit bestimmen, ob ihre Originale Menschen- oder Thierknochen gewesen, und wenn auch dieses geschehen kann, so läßt sich doch nicht allezeit bestimmen, von was für einem Thier die gefundenen Knochen abstammen. Daher kommts, daß einerley Knochenarten bald von diesem, bald von jenem vierfüssigen Thier seyn sollen; daß die Schriftsteller, wenn sie sich nicht getrauen, in einer so zweifelhaften Sache etwas zu bestimmen, gar oft von Osteolithen unbekannter Thiere reden. Ja, es läßt sich oft nicht

---

y) Naturgesch. der Versteiner. Th. II. Absch. II. S. 150. und vergleiche damit den Artikel Osteolithen, im V. Bande S. 59. f.
z) Am angeführten Orte S. 151.

nicht einmal sagen, was es eigentlich für eine Knochenart ist, die wir im Gestein finden. Der Grund von diesen Mängeln ist theils in der grossen Gleichheit vieler menschlichen und vierfüssigen Thierknochen, theils in der noch nicht sattsam bearbeiteten Osteologie der vierfüssigen Land- und Seethiere, theils in allerhand Zufällen, denen die Knochen im Steinreiche unterworfen gewesen, zu suchen. Fänden wir ganze Skelete, zumal solche, an welchen die Theile des Kopfs, sonderlich die Kinnladen und Zähne noch unbeschädigt vorhanden, so liesse sich ehe hier etwas mit Gewißheit bestimmen. Allein wie will dies bey einzelnen Knochen angehen? Zu dem so sind uns von sehr viel vierfüssigen Thieren die Skelete, und die Gestalt und Proportion ihrer Theile unter sich, noch nicht so bekannt, daß, wenn diese einzeln in Steinen gefunden werden sollten, gesetzt auch, sie hätten, sonderlich in ihrer Verbindung, etwas Charakteristisches an sich, man sogleich mit Gewißheit sagen könne, von was für einem Thiere sich solche herschreiben. Es fehlt uns zwar wohl nicht gänzlich an solchen anatomischen Schriften, welche die Zergliederung der Thiere zum Gegenstand haben. Valentini Theatrum zootomicum, Hallens Naturgeschichte der Thiere, Joh. Dan. Meyers Vorstellung allerhand Thiere mit ihren Gerippen, und Wilhelm Cheseldens Osteographie, sind jedermann bekannt. Man weiß auch, daß die gelehrten Verfasser der histoire naturelle, Herr Büffon und d'Aubenton, die Osteologie derjenigen Thiere, deren Skelete in dem Königlichen Kabinet zu Paris aufbehalten werden, genau behandelt, und accurate Zeichnungen davon geliefert haben. Man weiß ferner, daß, in Ansehung der besondern einzelnen Thiere, Steno den Seehund und Carcharias, Gautier und Vesting das Crocodill, Moulens und Düvernoy den Elephanten, Bartholin, Bonet, Paulli, Ruini und andre das Pferd, Heide die Katze, Hartmann ein Schwein, Bartholin, Gautier und andre den Löwen, Schelhamer und Seger den Hasen, Hofmann das Schaaf, andre mancherley andere Thiere zergliedert, von welchen man die beste Nachricht in Gronovs Bibliotheca regni animalis et lapidei p. 289. findet; demohngeachtet sind diese sonst gute und nützliche Schriften noch nicht hinlänglich, alle die Dunkelheiten zu vertreiben, die sich über die Osteologie im Steinreiche verbreiten. Viele der angeführten Schriftsteller haben bey ihren Anatomien mehr auf die innern weichen Theile, als auf die Knochen ihr Augenmerk gerichtet. Diejenigen, die das letzte gethan, haben entweder gar keine, oder doch nicht allzu accurate Zeichnungen von den Knochen geliefert, und wenn auch dieses geschehen, so hat sich doch noch Niemand die Mühe genommen, die Skelete solcher Thiere genau mit denen gefundenen Osteolithen zu vergleichen. Die Lithologen haben sich bis dato noch zu wenig um die Osteologie

logie bekümmert, und wir haben noch zu wenig Zeichnungen von Osteolithen, als daß diese mit den natürlichen von Jemand in eine genaue Vergleichung könnten gebracht werden. Verschiedene Zufälle, welchen die in das Steinreich gerathenen Knochen unterworfen gewesen, tragen auch das Ihrige zur Vermehrung der Schwierigkeiten bey, die sich bey unsrer Osteologie findet. Die mehresten Knochen findet man im Steinreiche nur in einzelnen Stücken, aus welchen sich oftmals nicht errathen läßt, was es für Knochen gewesen. Oder sie stecken oft zu tief in ihrer Matrix verborgen, verbergen damit ihre Gestalt im Ganzen, und bleiben unkenntlich, zumal weil es schwer hält, einen versteinten Knochen, ohne ihn zu zerbrechen, von seinem Gestein abzulösen. Hiezu kommen noch andre Umstände, die die Sache schwer machen. Nur einige Knochenarten haben vorzüglich etwas Charakteristisches, woraus sich die Thier-Art zuweilen mit ganzer Zuverläßigkeit schliessen, oft aber auch nur wahrscheinlicher Weise vermuthen läßt. Dahin gehört die Gestalt des Kopfs, und besonders das Gebiß bey vierfüssigen Thieren, der Schnabel, nebst der Anzahl der Zähen bey den Vögeln, die Beschaffenheit des Kiemendeckels, (membrana branchiost-ga) die Lage der Floßfedern und die Anzahl ihrer radiorum bey den Fischen u. s. w. Allein, wo finden sich im Steinreiche von vierfüssigen Thieren und Vögeln viele ganz erhaltene Skelete, an welchen eben diese Theile des Beingerüstes so vollkommen wohl erhalten sind, daß sie einen hinlänglichen Unterscheidungsgrund abgeben können? Bey den andern Knochen hält es meistens schwer, etwas zu bestimmen, ja es läßt sich oft weit eher sagen, von welchem Thier die gefundenen Knochen nicht sind, als aus ihnen die Thierart positiv anzugeben. Der Grund von dem erstern ist vornemlich in der Geschlechtsgrösse zu suchen, insofern man aus dieser schliessen kann, daß die Knochen eines kleinen Thiers nicht von einem Elephanten seyn können; was aber das letztere anlangt, so liegt die Ursache davon hauptsächlich in der grossen Aehnlichkeit, welche die Rückgradsknochen, die Schulterblätter, die Hüfftbeine, die röhrichten Knochen der meisten Thiere untereinander gemein haben. Und wenn auch zwischen diesen Knochenarten mehrerer Thiere sich eine Abweichung findet, wie denn solche würklich vorhanden ist, so sind doch die mehresten bisher von den Thierskeleten bekannt gewordenen Zeichnungen nicht so deutlich, daß man z. E. an dem Wirbel und Rückgradsknochen den Unterschied der Erhöhungen, Vertiefungen, Krämmungen der bald mehr bald weniger hervorragenden Endspitzen mit völliger Deutlichkeit bemerken und lernen kann. Wir wollen die Zeichnungen der Skelete in dem oben angeführten Meyerischen Werke keinesweges tadeln, wenigstens sind sie weit besser, und der Natur viel getreuer,

treuer, als die oben darüberstehenden Thiere selbst, unter welchen die wenigsten mit derjenigen Genauigkeit gezeichnet, gestochen und illuminirt sind, die man bey Werken von dieser Art mit Recht fordert. Demohngeachtet wird der Litholog für seine Osteologie wenig Trost darinnen finden. Die meisten Skelete sind viel zu klein gezeichnet, als daß man die oft kleinen, dabey aber interessanten Abweichungen bemerken könnte, und es würde für den Liebhaber der Versteinerungen nützbarer gewesen seyn, wenn manche Knochen lieber einzeln, ausser ihrem Zusammenhang, und dabey eher vergröffert als verkleinert, wären vorgestellt worden. — Man kann auch von den Osteolithen gewissermaßen sagen, daß sie im Steinreiche nicht allzuhäufig zu finden, man kann aber auch in gewisser Rücksicht das Gegentheil behaupten. Betrachtet man die beynahe unendliche Menge von Vieh und Menschen, die nur jährlich, geschweige dann in einem Jahrhundert sterben, deren Knochen in und unter die Erde gerathen, so will das wenige, so man bisher davon versteint gefunden, gar nichts bedeuten. Auch die vollständigsten Finkinette, die alle Arten von petrificirten Conchylien vorzeigen können, werden in dem Fach der Osteolithen nicht leicht so vollkommen gefunden werden, daß sie eine vollständige Osteolithensuite, sowohl der Thierart als der Knochenart nach, in sich fassen sollten. Sondert man nun vollends diejenigen Knochen ab, die wenig Veränderung, höchstens eine Calcination, im Steinreiche erlitten haben, und die an sich keine wahren Petrefacten sind, so wird die Anzahl der gefundenen Osteolithen um ein ansehnliches geringer, und es läßt sich daraus mit grosser Wahrscheinlichkeit der Schluß ziehen, daß die allerwenigsten unterirrdischen Knochenlager geschickt und fähig sind, die Knochen in den Stand der Versteinerung zu bringen, und daß es bey den meisten bald an dem einen bald an dem andern, so zur Versteinerung nöthig, fehlen müsse."

Ich habe diese etwas weitläuftige Stelle meines verklärten Lehrers und Freundes aus dem Grunde ausgezeichnet, daß sie Beweiß meiner obigen Behauptung sey, daß wir in der Bestimmung der vierfüssigen Thiere für das Steinreich noch gar nicht weit gekommen sind, und daß vielleicht sogar auch unsern Nachkommen wenig Hofnung übrig bleibt, glücklichere Schritte zu machen, als wir haben machen können. Wir können und müssen es zwar unsern Vorfahren, sonderlich denen, welche einzelne Gegenden beschrieben, z. B. einem Büttner, Volckmann u. dgl. zum Ruhme nachsagen, daß sie die Knochen ihrer Gegend nicht übersahen, allein sie wagten es doch nicht, die Knochenarten genau zu bestimmen, noch viel weniger eine vollständige Anzeige derjenigen Thiere anzugeben, davon sie einzelne Theile gesammlet hatten. Luid

a) wagt

a) wagte es nicht einmal, den Knochen der vierfüßigen Thiere, deren er doch in England mehrere fand, eine eigne Classe zu bestimmen; noch viel weniger wagte er es, sie mit ihren eigentlichen Namen bekannt zu machen. Nur einige neuere Schriftsteller, Wallerius, b) Gmelin c) und Walch d) haben uns mit den vierfüßigen Thieren des Steinreichs bekannter zu machen, und dasjenige auszuführen gesucht, was sie theils in den Schriftstellern ihrer Vorgänger fanden, theils durch ihren eignen Fleiß ent=

---

a) Meine Leser werden es sich erinnern, daß ich es bey einer jeden Gelegenheit, wo sich ein andrer Schriftsteller auf den Luid bezieht, und den ich besaß, aufrichtig gestanden habe, daß es mir noch nicht gelungen sey, den Luid, dies so seltene Buch, zu erhaschen. Endlich bin ich so glücklich gewesen, dies so sehnlich gewünschte Buch in der Richterschen Auction in Leipzig für einen Thaler und sechszehn Groschen zu erhalten. Die große Seltenheit dieses kleinen Buchs rührt unter andern auch daher, daß davon nur 220 Exemplarien auf Kosten einiger Freunde des Luids sind gedruckt worden. Es konnte hier kein Unterschleif vorfallen, da es in London gedruckt, und in Leipzig verkauft worden ist. Ich werde im III. Bande meiner neuen Litteratur von diesem Buche, auf dessen Besitz ich stolz bin, eine ausführlichere Nachricht geben. Jetzt führe ich nur die Aufschrift desselben an, und ertheile von demselben eine kurze allgemeine Nachricht, theils die Liebhaber der lithologischen Litteratur mit einem der seltensten Bücher bekannt zu machen, theils meine obige Behauptung, daß es Luid nicht einmal gewagt habe, die Theile der vierfüßigen Thiere, die er in England fand, zu classificiren, zu bestätigen. Luids Buch hat folgende Aufschrift: *Eduardi Luidii, apud Oxonienses, Cimeliarchae Ashmoleani, Lithophylacii Britannici Ichnographia, sive lapidum aliorumque Fossilium Britannicorum singulari figura insignium, quotquot hactenus vel ipse invenit vel ab amicis accepit, Distributio classica, Scrinii sui lapidarii Repertorium cum locis singulorum natalibus exhibens. Additis variorum aliquot figuris aere incisis cum Epistolis ad Clarissimos Viros de quibusdam circa marina fossilia et stirpes minerales praesertim notandis. Nusquam magis erramus quam in falsis inductionibus: saepe enim ex aliquot exemplis Universale quiddam colligimus; idque perperam, cum ad ea, quae excipi possunt, animum non attendimus. Du Hamel. Londini. Ex Officina M. C. MDCXCIX. Lipsiae sumt. Joh. Ludw. Gleditsch et Weidmann.* 145 Seiten in Octav, nebst vielen Kupfertafeln. Auf der ersten Seite nach dem Titelblatt stehen folgende Worte: *Hujus Libri centum et viginti tantum Exemplaria impressa sunt, impensis infra scriptorum Illustriss. Virorum D. Baronis Sommers, Summi Angliae cancellarii. D. Comitis de Dorset, &c. D. C. Montague, Cancellarii Scaccarii. D. Isaaci Nevvton. D. M. Lister. D. T. Robinson. D. H. Sloan. D. Fr. Aston. D. Geoffroy, Parisiensis.* Blos zu den eilften Classe S. 77. *Xylostea*; sive ossa Fossilia lignosa, darunter Luid eigentlich Fischknochen versteht, kommen einzelne hieher gehörige Beyspiele vor.

b) Syst. mineral. T. II. p. 570.

c) Linnéisches Naturs. des Mineralr. Th. III. S. 448. f.

d) Naturgesch. der Versteiner. Th. II. Abschn. II. S. 161.

entdeckte. Ich halte es für Pflicht, dasjenige anzuzeigen, was sie geleistet haben.

Wallerius, ich führe ihn zuerst an, weil er das wenigste geleistet hat, und Liebhaber der Versteinerungen, die etwas Ganzes suchen, am wenigsten befriedigen wird, hat uns folgende Eintheilung der Tetrapodolithen gegeben: A) Zoolithi; versteinte vierfüßige Thiere. 1) Zoolithi qu... ... vei ...rum partium: versteinerte vierfüßige Thiere; nemlich mit Haut und Fleisch. 2) Zoolithi ossium quadrupedum: Xylostea quadrupedum: versteinerte Knochen von vierfüßigen Thieren. a) Xylostea quadrupedum integra. Zoolithus cervi. b) Xylostea quadrupedum ossium capitis. c) Xylostea quadrupedum vertebrarum. d) Xylostea quadrupedum ossium, Femorum, pedum vel aliarum partium. 3) Zoolithi dentium quadrupedum Ebur fossile, gegraben Elfenbein. a) Ebur fossile dentium acutorum elephantis. b) Ebur fossile dentium molarium elephantis. c) Ebur fossile dentium trichechi rosmari. d) Ebur fossile dentium rhinocerotis. e) Ebur fossile dentium quadrupedum minorum. Odontolithi quadrupedum. 4) Zoolithi cornuum quadrupedum. Xylostea cornuum quadrupedum. B) Zoolithi mineralisati: mineralisirte Theile von vierfüßigen Thieren. 5) Zoolithi mineralisati dentium quadrupedum, colore cyaneo, nitorem et polituram gemmeam admittens, cuprei. Turcosae. Türkis.

Die Eintheilung des Herrn Prof. Gmelin ist nach der Anleitung des Linne folgende: Versteinerungen von säugenden Thieren. Tetrapodolithen. Zoolithus *Linn.*

1) Versteinerungen von Menschen, Anthropolithus, Zoolithus hominis *Linn.* s. Anthropolithen.
2) versteinter Hirsch, Zoolithus cervi *Linn.*
3) Versteinerungen von einer Affenart, dergleichen bey Glücksbrunn unweit Altenstein im Sachsen-Meinungischen 1733., das ganze Gerippe an einem Kupferschiefer gefunden worden.
4) Von Elephanten. s. Elephanten im II. B. S. 65. f.
5) Vom Wallroß, Zähne und andre Knochen.
6) Von einer Wassermaus, von Ratzen und andern Mäussearten. Vom ersten ein ganz Gerippe, woran Wirbelknochen, Schwanzbeinchen und Ribben sehr deutlich zu erkennen sind, in einem Schiefer aus Böhmen. Von den andern einzelne Knochen bey Canstadt in Würtemberg.
7) Von dem Kameelparder. Einzelne Knochen bey Chaumont in Frankreich.
8) Von Ziegen und Böcken, Kopf, Hörner, oder auch Theile von ihren Füssen.
9) Von Ochsenarten ein ganz Gerippe, Köpfe und Hirnschädel, und andre einzelne Knochen. tab. V. fig. 69.
10) Von Pferden, ein Kopf und gegrabene Backenzähne.

11)

11) Vom Nilpferde, vornehmlich Zähne, in Frankreich, auch im Zeunickerberge bey Quedlinburg, und bey Lessa unweit Schlackenwerd in Böhmen.

12) Von Schweinen, davon Luid einen Wirbelknochen anführt.

13) Vom Nasehorn, Zähne, Hörner und andre Knochen. tab. V. fig. 70.

14) Von saugenden Thieren (des Meers) oder Wallfischen.

15) Türkisse, die nichts anders als Thierknochen sind, s. Türkis.

Der Herr Hofrath Walch theilet die versteinten vierfüßigen Thiere, so wie Herr Gmelin, in vierfüßige Landthiere und Meerthiere ein. Von den vierfüßigen Thieren der Erde führet er an:

1) Osteolithen von Elephanten. s. Elephanten. e)

2) Osteolithen von Nasehörnern oder Rhinoceroßen. Im Jahre 1751. hat man in dem Amte Herzberg unter einem Mergelhügel verschiedene calcinirte Knochen von ungeheurer Größe gefunden, die der Herr Prof. Hollmann zu Göttingen für Nasehörnerknochen erkannt, und sie im zweyten Theil der Commentar. soc. reg. scient. Goettingensis p. 215. beschrieben. Von eben diesem Thier hat Herr von Baillou ein Stück Kinnlade nebst einem darinnen noch sitzenden Zahn besessen, wovon Argenville Oryct. p. 332. nachzusehen. In Luids lithophyl. Britannico p. 78. wird n. 1515. bemerkt: Xylosteon fuscum Rhinocerotis cornu non nihil referens, und dieses Stück als eine höchstseltene Versteinerung ausgegeben. Auch in dem Davilaischen catalogue systematique im dritten Theil S. 229. wird gewisser Backzähne vom Rhinocerossen gedacht, die auf der Küste von Coromandel gefunden worden. Die Knochengestalt dieses Thiers lernt man aus James Parsons letter concerning the natural history of the Rhinoceros kennen, die in den philosophischen Transactionen im 42sten Bande, N. 470. S. 523. befindlich, und vom Hrn. D. Georg Leonh. Huth ins Deutsche übersetzt zu Nürnberg 1747. ans Licht gestellt worden ist. Von den Rhinozeroshörnern, so auch versteint gefunden werden, kann nachgesehen werden, was Schröck in den misc.

---

e) Ich werde aus Herrn Walch und Gmelin hier diejenigen vierfüßigen Thierarten nachholen, die ich in den vorhergehenden Bänden übergangen habe. Von einzelnen Theilen, z. B. Hörnern, habe ich im ersten Bande S. 267. nur unvollständig geschrieben, doch ersuche ich meine Leser, das dort gesagte hier nachzulesen.

nat. curios. v. J. 1686. p. 468. und Sloane in den philosophischen Transactionen im 43ſten Bande, N. 397. und in den memoires de l'acad. roy. de Paris vom Jahr 1727. p. 153. verglichen mit Boetii v. Boodt Hiſt. gemmar. lapid. Lib. II. Cap. 240. bemerket. Verſteinte Rhinozeroszähne kommen vor in dem Catal. raiſonné des Herrn Davila im dritten Theil, S. 229. In des Herrn Prof. Titii neuen geſellſchaftlichen Erzählungen ſtehet im dritten Theil derſelben S. 321. eine Abhandlung von einem unbekannten groſſen Thierknochen, der aus einem Sandberge am Weichſelſtrande ausgeſpühlet worden. Dieſer Knochen iſt vermuthlich von einem Nashorn oder andern ihm an Gröſſe ähnlichen Thiere.

3) Oſteolithen von Rindern. Nach dem Zeugniß des Herrn Gmelins in ſeiner Reiſe durch Sibirien, im dritten Theil, S. 152. werden daſelbſt oft Köpfe und Knochen von einem Thiere, ſo, wie zu vermuthen, zum Ochſengeſchlecht gehöret, ausgegraben. In dem Tophſtein um Kindelbrück im Thüringiſchen findet man, wie Büttner rud. dilav. S. 217. meldet, ganze Köpfe von Rindern ſammt den Zähnen, und zwiſchen Querfurth und Gatterſtedt iſt gegen das Ende des vorigen Jahrhunderts ein ganzes hart verſteintes Beingerüſte von einem Rind, nach eben dieſes Mannes Zeugniß, ausgegraben worden. Ebendeſſelben gedenkt auch Volckmann in ſeiner Sileſia ſubterranea S. 142. Ein Stück vom Hirnſchädel, nebſt zween Hörnern eines wilden Ochſen, befindet ſich in dem Kabinet des Herrn von Baillou, wie Herr d'Argenville in ſeiner Oryſt. bemerket. Von einem antern aus der Erde bey Danzig gegrabenen Hirnſchädel mit ſeinen Hörnern giebt der gelehrte Klein Nachricht in einer Abhandlung, die den philoſophiſchen Transactionen, und zwar dem 37ſten Bande derſelben, S. 427. einverleibet worden. Eines andern dergleichen Horns geſchiehet in dem Muſeo Richteriano S. 259. Erwehnung, und in dem Hofmanniſchen Kabinet, S. 73. auch beym Fab. Columna in obſ. aquat. et terreſtr. p. 47. eines halben Unterkinnbackens mit einigen Zähnen, darauf man den glänzenden tartarum noch ſehen kann. Leibnitz in ſeiner protogaea S. 80. gedenkt gewiſſer im Thüringiſchen gefundener Hörner von Auerochſen. Sogar des verſteinten Ochſengehirns gedenken Schenke in den Miſcell. nat. curioſ. v. J. 1670. p. 80. und Vallineri in ſeiner conſiderazio-

ni in torno al cervello di bue impetrito zu Padua 1710. in 4. (das aber wohl nicht wahr seyn mag.)

4) **Osteolithen von Hirschen.** Eines bey Verona gefundenen versteinten Skelets von einem Hirsche geschiehet Erwehnung in Spadens Catal. lapid. Veron. p. 45. und eines andern in Scheuchzers Oryct. Helv. S. 333. In Irrland soll man auch nicht selten Köpfe, Knochen und Hörner von einer Art Hirsche beysammen finden, wovon Swedenborgs regnum subterraneum de cupro, T. II. p. 168. nachzusehen. Eben dieses bezeugt auch Woodward in seiner physikalischen Erdbeschreibung S. 655. und aus dem Molineux Herr Gesner de petrificatis S. 69. Man hält dafür, daß diese irrländischen Osteolithen Knochen von einer Art Elendthiere seyn sollen. In Lancashire hat man den Kopf eines Hirschens mit dessen Geweyh versteint gefunden, wovon Leighs Naturgeschichte dieser Provinz nachgesehen, und damit Mylius in seinen memorabilibus Saxon. subterran. p. 55. verglichen werden kann, woselbst auch eine Zeichnung von diesem seltenen Petrefact befindlich ist. Schon einzelne Stücke von Hirschgeweyhen sind etwas selten, zumal wenn sie nicht bloß calcinirt, sondern hart versteint sind. Hieher gehört Luids elaphoceration in seinem lithophylac. Britannico p. 79. und dasjenige, was Davila in seinem Catalogue raisonné T. II. S. 230. N. 311. und Bäumer in der Naturgeschichte des Mineralreichs im ersten Theil, S. 357. von denen bey Erxleben im Erfurthischen gefundenen Stücken von Hirschgeweyhen anmerkt. Ein Stück von einem versteinten Hirschgeweyh findet sich in Pondoppidans Naturgeschichte von Dännemark tab. VII. N. 4. abgebildet, und eines andern gedenkt der Ritter Linne im 3ten Theil seines Natursystems, S. 156. der neusten Ausgabe. f)

5)

---

f) Diese Versteinerung heißt beym Linne *Zoolithus Cervi*. Der Herr Professor Gmelin bemerkt, daß der Herr v. Born eines Hirschgeweyhes von Baruth im sächsischen Churkraise, das mit Eisenocher durchdrungen war, gedenke; und daß sich Stücke davon bey Canstadt in Würtenberg finden. Im ersten Theil dieses Lexikons a. a. O. habe ich auch eines Hirschgeweyhes gedacht. Vor ohngefähr fünf Jahren stieß man in einem hiesigen Gypsteinbruche wahrscheinlich auf ein ganzes Skelet eines Hirschens, das aber durch Unvorsichtigkeit der Arbeiter zertrümmert wurde. Ein vollständiges Geweyh, verschiedene Röhren und andre Knochen, die in dem Herzoglichen Kabinet zu Jena liegen, wurden indessen gerettet.

5) **Osteolithen von Elend-thieren.** Auch diese sind sehr rar. Im Jahr 1729. ist zu Massel in Schlesien ein Skelet von einem solchen Elendthier gefunden worden, wovon Herr Dav. Leonh. Hermann eine besondere Abhandlung unter dem lateinischen Titel: relatio de sceleto seu de ossibus alcis Maslae detectis, in deutscher Sprache, zu Hirschberg in eben diesem Jahre an das Licht gestellt. Zu Oedingen in Westphalen ist 1731. ein Horn von einem Elendthier hart versteint gefunden worden, wenigstens wird es dafür ausgegeben, und beschrieben in dem Commercio litterario Nunningii et Cohausenti S. 20. woselbst eine weitläuftige Abhandlung de cornu bisontis petrefacto befindlich ist, die aber mehr das Thier als das Petrefact von ihm angeht. Anderer in England gefundenen hieher gehörigen Versteinerungen gedenken die englische Transactionen N. 227. S. 489. und Lowthorp im Auszug derselben, im ersten Band S. 432.

6) **Osteolithen von Pferden.** Man hat noch kein völliges Beingerüste eines Pferdes weder versteint noch calcinirt gefunden. In R. Brookes natural history, die zu London 1764. ans Licht getreten, und zwar im 6ten Theil derselben, geschieht eines versteinten Pferdekopfs Erwehnung. Unter den so mancherley ausgegrabenen Odontolithen kommt eine Gattung vor, die den Backzähnen der Pferde sehr ähnlich, und daher auch von den meisten Schriftstellern dafür erkannt wird, wie aus des Aldrovandi Museo metallico L. IV. tab. 8. p. 830. aus Kundmanns rar. nat. et ortis S. 43. aus Frischens Museo Holmanniano S. 73. und aus des Davila Catalogue raisonné T. II. S. 230. erhellet. (Ich besitze dergleichen Zähne in meiner Sammlung, habe auch mehrere dergleichen gesehen, und mit den Zähnen der Pferde verglichen, ich bin gewiß überzeugt, daß dergleichen Zähne von Pferden herstammen. Die mehresten von denen, die ich gesehen habe, haben in der Erde eine so geringe Veränderung erlitten, daß sie den natürlichen Zähnen fast ganz gleich waren.)

7) **Osteolithen von Schweinen.** Nur Luid, und aus diesem Argenville in seiner Oryctologie S. 333. gedenken eines versteinten Wirbelbeins von einem Schweine. (Ich besitze einen der längsten Hundszähne eines wilden Schweines, die in der Jägerey den Namen der Waffen oder der Gewehre führen, die, wie bekannt, aus dem Munde herauswachsen, und oft

oft eine Länge von 9 bis 10 Zoll erhalten. Er ist über 6 Zoll lang, 1 1/2 Zoll dick, und gleichwohl unten abgebrochen. Man hat ihn hier in Weimar in einem Garten ausgegraben, er hat aber in der Erde eben keine starke Veränderung erlitten, ausser daß er eine schwarzgraue Farbe angenommen hatte. Er war in zwey Stücke, die aber genau zusammenpassen, zerbrochen.)

8) Osteolithen von Böcken und Ziegen. Versteinte Theile von ihren Füssen kommen auch beym Argenville vor, S. 332. Herr Gesner besitzt ein versteintes Kopfskelet. s. seinen Tractat de petrific. p. 72. und versteinter Bockshörner gedenkt Fab. Columna in seinen Observ. aquatil. et terrestr. p. 47. (Neben dem vorher angeführten Schweinszahn lagen auch andre Knochenfragmente, wahrscheinlich von Hirschen, und unter diesen auch ein vollständiges Horn, wahrscheinlich von einem Schaaf= oder Ziegenbock. Es hat in der Erde fast gar keine Veränderung erlitten.)

9) Osteolithen von Affen. Zu Glücksbrunn ohnweit Altenstein, einem Sachsen=Meinungischen Amte hat man einen Schiefer gefunden, auf welchem das Beingerüste eines vierfüssigen Thieres mit einem Schwanze gewesen, welches eine grosse Aehnlichkeit von dem Skelete entweder eines Affen oder einer Meerkatze gehabt. Dieß seltene Stück ist an den Herrn Hofrath Trier nach Dresden gekommen. Henkel gedenket desselben in seinen kleinen mineralogischen Schriften S. 328. eine nähere Beschreibung aber davon nebst einer genauen Zeichnung findet man in Swedenborgs regno subterraneo P. III. S. 168. Das ist eben das Stück, dessen auch Argenville in der Oryctologie p. 331. und Lesser in der Lithologie S. 593. gedenken. Was von Kundmanns Affenpfote an der sogar das Fleisch, die Haut und die Nägel versteint war, wie man vorgiebt, zu halten sey, davon schlage man den fünften Band dieses Lexikons S. 62. nach. Mit der Affenpfote des Merkatus Metallotheca Vaticana p. 77. ist's auch noch nicht so gewiß als manche vielleicht glauben, zumal da Mercatus mehrere unächte Versteinerungen für Wahrheiten ausgab,

10) Osteolithen von Ratten. Frisch gedenket derselben in Museo Hofmanniano S. 84. Auch sagt der Herr Prof. Gmelin, daß von Katzen und andern Mäusearten bey Canstadt im Würtenbergischen

schen einzelne Knochen gefunden würden, und daß man auf einem böhmischen Schiefer von einer Wassermaus ein ganzes Gerippe, woran Wirbelknochen, Schwanzbeinchen und Rippen sehr deutlich zu erkennen waren, gefunden habe. Walch gedenket dieses Petrefacts S. 170. und Num. XIV. ebenfalls, das er unter die Wasserthiere gesetzt. Er beruft sich auf des *Mylii* Memorab. Saxon. subtr. P.II.p.88. und auf das Museum Richterianum S. 256. und Tab. XIII. fig. 1. wo eine Zeichnung von diesem seltenen Petrefact zu finden ist.

Von den vierfüssigen Wasserthieren führen Walch und Gmelin folgende an:

11) Osteolithen von dem Meerpferdt oder Flußochsen, *Hippotamus*. Gewisse stark in die Krümme gebogene Zähne sind es, die man zuweilen meist noch in ihrem natürlichen Zustande oder calcinirt findet, und von welchen man glaubt, daß es Zähne von diesem Hippotamus sind. s. Herrn Büffons und d'Aubentons Hist. naturelle im XX. Theil S. 74. Lange in seiner Hist naturali lapidum figurator. Helver. tab. XI. fig. 1. 2. eignet auch gewisse Backzähne, die er daselbst in Kupfer vorstellt, diesem Seethier bey, die denjenigen sehr ähnlich sind, die wir beym Kundmann rar. nat. et ar. tab. II. fig. 4. und 5. finden, und von welchen Kundmann nicht weiß, was es für Zähne sind. Eben dergleichen hat Herr Walch von Quedlinburg erhalten, und diese sind an eben dem Orte des Zeuniker Bergs gefunden und ausgegraben worden, wo das von Leibnitzen in seiner protogaea erwehnte Thier, so ein Horn vor der Stirn gehabt haben soll, gelegen. Es ist also Langens Vermuthung noch nicht ganz ausser allen Zweiffel gesetzt. Sonst reden *Davila* Catalogue systematique Tom. III. S. 221. und Herr von Jussieu in den memoires de l'acad. royale des sciences v. Jahr 1724. S. 309. noch von Knochen des *Hippotami*.

12) Osteolithen von dem Wallroß, *Rosmarus, Phoca dentibus caninis exsertis* des Ritters Linne. Das Skelet von dem Kopf eines solchen Seethiers ist zu Bononien versteint gefunden worden. Herr Monti hat dasselbe in einem besondern Tractat beschrieben, so den Titel führet: Monimentum diluvii nuper in agro Bononiensi detectum, Bononien 1719. in 4. Argenville gedenket desselben auch in seiner Oryctologie S. 334. unter dem Namen Veau marin, so aber eigentlich nicht der phoca dentibus caninis exsertis,

sertis, sondern phoca dentibus caninis tectis ist. In dem Hofmannischen Kabinet wird S. 72. eines untern Kinnbackens gedacht, so von einem Wallrosse seyn soll, der bey Eisleben gefunden worden. Das Isländische ebenum fossile, und das Siberische Momotovakost sollen nach verschiedener Neuern Meynung calcinirte Zähne von diesem Wallroß seyn, wovon Thorkill Aregrimus Sendschreiben de Hos mari dente et Ebenofossili Islandico in den Actis Hafniensibus Vol. V. S. 182. nachzulesen.

13) **Osteolithen von einer Meerkatze.** Das Num. 9. angeführte Affenskelet hält Swedenborg am angeführten Orte für eine Art einer Seekatze.

Ich habe oben bemerkt, daß der Herr Prof. Gmelin unter dem Namen der Tetrapodolithen alle Säugthiere begreift, ich halte es daher für Pflicht, um der Vollständigkeit meiner Arbeit willen dasjenige hier anzuziehen, was dieser berühmte Schriftsteller g)

14) **Von den Osteolithen der Wallfische,** Balaenostea Luid. angeführt hat.

a) Von solchen deren Urbild noch nicht genau bestimmt ist, findet man ganze Massen von Knochen, Kinladen, zuweilen mit den Zähnen, Wirbelknochen (Ichthyospondyli majorum piscium, oder auch balaenae) seltener Rippen oder auch Stücke davon, in Norwegen, in England, in der Normandie, vornehmlich bey Dires, auch in andern Gegenden Frankreichs, in der Schweiz und bey Canstadt in Würtenberg, theils blos verkalkt, theils wirklich versteinert.

Vermuthlich gehören, wo nicht alle, doch die meisten versteinten Knochen aus den Köpfen unbekannter grosser Fische, die Rückgradsknochen grosser Fische, die in England häufiger als in Deutschland sind, die versteinten Rippen, Gräten, Floßfedern, Schwänze, Kiemendekkel, Gaumen, Kinnladen und Zähne grosser Fische, deren verschiedene Schriftsteller Meldung thun, hierher, in so ferne sie Versteinerungen (oder wenigstens Fossilien) sind.

β) **Vom Einhornfisch oder Narrwall;** das so genannte Horn, oder der Zahn, wahres gegrabenes Einhorn, Unicornu fossile im engsten Verstande, Ceratites bey einigen. Er ist meistens verkalkt, und vormals vor-

---

g) Linnäisches Naturs. des Mineralr. Th. III. S. 456. f.

vornehmlich in Calabrien ausgegraben worden.

γ) Vom Blutkopfe, (Delphinus Orca Linn.) Tab. V. fig. 73. Tab. VI. fig. 77. 78. in der Beschreibung des Richterischen Museum wird der Kinnlade dieser Wallfischart Meldung gethan.

δ) Vom Tumader. Eine Kinnlade davon mit den Zähnen soll in den Querfurthischen Steinbrüchen gefunden haben. Endlich ist auch hier der Ort einer neuen Entdeckung.

15) Vom Seebär Meldung zu thun, die weder Herr Gmelin noch Herr Walch wissen konnten, weil erst nach ihrer Zeit diese Entdeckung gemacht worden ist. Die einzelnen Knochen davon, Fragmente von Kopfskeleten, und fast alle übrige Knochen des Körpers hat man in den Kabineter längst besessen, aber Niemand hat es gewust, daß sie einzelne Theile vom Seebär sind. Ich meyne einen Theil der Knochen, Zähne u. d. g. die man in den Bayreuthischen Höhlen findet, und davon der Herr Prof. Esper eine ausführliche Nachricht im Verlag der Knorrischen Erben zu Nürnberg 1774. in groß Folio mit illuminirten Kupfertafeln herausgegeben hat. Dieser Gelehrte hat die Knochen und Zähne genau beschrieben, und eben so genau verglichen, aber das Thier zu entdecken und zu benennen war ihm unmöglich, da sich damals noch kein vollständiger Kopf gefunden hatte. Nach der Zeit haben sich einige Köpfe gefunden, davon ich selbst ein schönes vollständiges Exemplar, doch ohne den Unterkiefer besitze, und nun kann man wenigstens mit der größten Wahrscheinlichkeit schliessen, daß diese Knochen und Zähne von ehemaligen Seebären abstammen.

Die lithologischen Schriftsteller führen ausserdem was ich jetzt angeführt habe, noch eine Menge Knochen an, von denen sie keine Thierart angeben können, und die sie daher nur schlechthin Knochen von unbekannten Thieren nennen. Ich will die Walchischen Nachrichten von denen die ich anderwärts noch nicht beschrieben habe, oder noch zu beschreiben gedenke, wiederhohlen. Es gehören hieher h)

1) Hirnschädel. *Crania petrefacta.* In der Scharzfelsischen und Baumannshöhle, auch in den Meißnischen Gegenden, nach Albini Bericht in der Meißnischen Chronik. S. 172. hat man verschiedene dergleichen ehedem gefunden. Bey Meere am Weich-

---

h) Walch Naturgesch. der Versteiner. Th. II. Absch. II. S. 171. fo.

Weichselstrom wurde aus einem Sandberge ein sehr grosses Kopfskelet ausgegraben, man konnte aber das Thier dem es zugehörte nicht zuverläßig angeben. s. die neuen Gesellschaftlichen Erzehlungen. Th. III. S. 321. Die Hirnschädel selbst sind auf eine vielfache Art im Thierreich unterschieden, wenn sie gleich in Ansehung der Hauptgestalt alle mit einander übereinkommen. Einige sind rund, andre länglich, einige stark, andre wenig gewölbt, manche dick, andre dünne. Selten findet sich noch an ihnen das Nasenbein nebst der obern Kinnlade. Ist dieses, so läßt sich mit mehrerer Gewißheit die Thier-Art vermuthen, wenigstens das Geschlecht, wenn gleich nicht allemal die Geschlechtsgattung. Die Augenhöhlungen sind bald groß bald klein, nach dem Unterschied der Thiere.

2) **Obere und untere Kinnbacken.** *Mandibula petrefacta.* Sie finden sich auch in den vorher genannten Höhlen, und wie leicht zu glauben, oft mit da, wo man versteinte Knochen ausgräbt. In manchen sind noch die Zähne befindlich, die so deren beraubt sind, werden von Luid *Locularine* auch *Argi* genennet in seinem Lithophylacio britannico p. 78 Diese Kinnbacken der vierfüsigen Thiere sind wie die Hirnschädel auf mancherley Art unterschieden, und würden mit ein gutes Kennzeichen an der Thierart im Steinreiche abgeben, wenn sie nur allezeit bey den übrigen Knochenarten anzutreffen wären. Einen versteinten Kinnbacken *eines* unbekannten Thiers beschreibt Joseph Baldaßar; im III. Theil der Atti dell'academia delle scienze di Siena, und von einem andern giebt Hr. D. Schreber im zehnten Theil seiner Cameralschriften N. 5. Nachricht. (In den oben genannten Knochenhöhlen in dem Bayreuthischen finden sich nicht selten Kinnbacken mit und ohne den Zähnen.) Die Gegeneinanderhaltung mehrerer Beyspiele zeigt aber leicht, daß sie nicht alle dem Seebär zugehören. Also von einem unbekannten Thiere, dahin auch mehrere Knochen und Zähne gehören.

3) **Schulterblätter.** s. Schulterblätter, im VI. Bande S. 288.

4) **Wirbelknochen.** s. Glückwirbel, in eben diesem sechsten Bande S. 72.

5) **Schaufelbeine.** s. Schaufelbeine, ebendaselbst S. 182.

6) **Rippen.** s. Rippen, ebendaselbst S. 15.

7) **Röhrigte Knochen,** *Ossa fistulosa petrefacta.* Sie haben eine hohle Röhre, und werden

werden daher die versteinten vom Luid lithophyl. Britannico p. 76. Ossa caniculata genennt. Einige gehören zu den Vorderfüssen, als das os humeri und antibrachii nebst dem radio oder der Spindel; andre zu den Hinterfüssen als das os femoris und das os cruris sive tibiae nebst der fibula. Sie sind in Ansehung ihrer Dicke und Grösse nach dem Unterschied der Thiere, die bald lange, bald dünne, bald kurze und dicke Füsse haben, sehr von einander unterschieden, reichen aber nicht hin, die Thierart von welchem sie sind, ohne Zuziehung anderer Knochen eben desselben Thiers, positiv und genau zu bestimmen, ja es läßt sich gemeiniglich aus ihnen ehe urtheilen, von was für einem Thiere sie nicht sind, als zu sagen, von welchem sie eigentlich abstammen. Ein os humeri sive brachii und ein os femoris von einem Thier von ungewöhnlicher Grösse hat Volkmann Silesia subteranea S. 146. verglichen mit tab. XXV. beschrieben und in Kupfer stechen lassen. Das Os fibulae, dessen Rundmann Promptuar. p. 253. N. 16. gedenkt, ist wohl von keinem Thier, sondern von einem Menschen, weil es in einer Urne gefunden worden, es wäre denn, daß wir annehmen wollten, daß die Knochen, der mit

dem Körper bisweilen verbranten Thiere, auch mit in die Urnen gekommen. Verschiedene hieher gehörige Osteolithenarten von Schenkelbeinen vierfüssiger Thiere aus der Baumannshöhle und von Eichstedt finden sich in dem Musco Richteriano S. 259. Man will auch sogar das Mark solcher Röhrknochen in demselben versteint gefunden haben. Allein man hat sich wohl vorzusehen, daß man weder eine blose Verhärtung und Austrocknung, noch auch eine blose erdigte Ausfüllung, die eine Steinhärte durch die Länge der Zeit erlangt, und einen nucleum gebildet hat, zu einer Versteinerung mache. (Auch von dieser Knochenart geben die bayreuthischen Höhlen einen guten Vorrath von verschiedener Grösse und Gestalt, die also ebenfalls nicht sämmtlich, vielleicht die wenigsten vom Seebär herkommen. Denn einige sind vorzüglich lang und dünne, wie etwa die Röhren eines Hirsches. Auch in den Topfsteinbrüchen, z. B. bey Weimar, gräbt man zuweilen stärkere und schwächere Röhren aus.)

8) Knöchel von den Füssen der vierfüssigen Thiere. Es gehören dahin alle diejenigen Knochen, die den carpum, metacarpum, den tarsum, den metatarsum und die digitos der Vorder-

und Hinterfüsse bey vierfüssigen Thieren ausmachen. Es wird derselben gedacht in Museo Hofmanniano S. 81. 83. Manche sind, nach Beschaffenheit der Fußgestalt solcher Thiere, oft lang, bald dicker und dünner, und es läßt sich wohl schwerlich mit Gewißheit auf die Thierart schliessen. Ehedem hat man sie irrig für Fingerglieder von Riesen angesehen, diejenigen zumal, die eine Länge von drey bis vier Zoll haben. Versteinte Hufe sind, so viel wir wissen, aus dem Fab. Columna aquatilium et terrestr. obs. p. 47. seiner ecphras. stirp. rar. Rom. 1616. noch von Niemand bemerket worden. (Auch in den Bayreuther Höhlen kommen verschiedene Knöchel vor. Diejenigen, die ich besitze, scheinen mir für den Seebär viel zu klein zu seyn. In einer Kieselbreccia meiner Sammlung liegt ein kleiner Knöchel, der selbst eine kieselartige oder wenigstens eine thonartige Natur an sich genommen hat.)

9) **Hörner.** s. Ceratolithen im ersten Bande S. 267.

10) **Thierschwänze** und **Schwanzknochen.** s. hernach Thierschwänze.

11) **Zähne.** s. Zähne im folgenden Bande.

Nun noch eine einzige Anmerkung des Herrn Walch. i)

Wie den Lithologen oft von sonst bekannten Thieren die Knochen nicht allemal so bekannt sind, daß sie die Thierart zuverlässig angeben können, so finden sich im Gegentheil bekannte Knochenarten von ganz unbekannten Thieren, ja bisweilen unbekannte Knochen von gleichfalls unbekannten Thieren, von welchen nicht einmal sich sagen läßt, ob es Land= oder Wasserthiere sind, und von denen man nur aus der gemeinschaftlichen Lage mit andern Knochen vierfüssiger Thiere vermuthet, daß sie zu solchen gehört haben dürften. Was die bekannten Osteolithen der unbekannten vierfüssigen Thiere anlangt, so ist mehr als zu wohl bekannt, was für Fabeln die Alten von einem vierfüssigen Thier erzählen, welches vorn an der Stirn ein langes Horn haben soll, und das daher den Namen *Monoceros*, Einhorn, erhalten. Man weiß, daß diejenigen Hörner, die man ehedem für das Einhorn eines vierfüssigen Thiers ausgegeben, von einem grossen Seefisch, Narrhall, abstammen, der dieses geradausgehende Horn nicht als Horn auf dem Hirnschädel, sondern an der obern Kinnlade statt eines Zahns führet. Man weiß ferner, daß wenn solche lange Hörner und deren Stücke ehedem als versteint oder calcinirt in der Erde gefunden worden, man solche durchgehends für dergleichen Hörner des vorgeblichen Monocerotis, nachher aber neuerer Zeit insgesammt für Narrhallshörner

---

i) Am angef. Orte S. 168. 169.

ner gehalten. Und dennoch hat sich 1663. in dem Zeunicker Berge bey Quedlinburg ein sonderbares und ganz ungewöhnliches Knochengerüste eines vierfüssigen Thiers gefunden, welches auf der Stirn eben ein solches Horn gehabt, wie man ehedem dem Einhorn beygelegt. Das Skelet ist von ansehnlicher Grösse, und das Horn desselben fünf Ellen lang gewesen. Wir würden dieser Erzählung kaum trauen, (und ich traue ihr, trotz der angeführten Zeugen, darunter der grosse Leibnitz, nicht als Naturkenner, denn das war er nicht, sondern als Philosoph, sich befindet, der Data annahm, und darauf Folgen baute: ich traue ihr noch nicht, da andre Hörner, z. B. bey Hirschen, Kühen u. dgl. nicht ein Ganzes mit dem Kopfe ausmachen, sondern ihre eigne Basin haben, und also im Tode des Thiers leicht abfallen. Man fand neben diesem Thier ein Horn, setzte es in seinen Gedanken an die Stirn, und mahlte es so, weil man glaubte, es wäre ehedem also gewesen) wenn nicht Zeugen vorhanden, deren Glaubwürdigkeit unbezweifelt schiene. Der berühmte Gericke erzählt die ganze Geschichte in seinen experim. mathemat. Lib. V. C. 3. §. 155. und Leibnitz hat in solche so wenig Mißtrauen, daß er sie in seiner Protogaea p. 64. tab. XII. wiederholt, und selbst das ganze Skelet dieses Thiers in einer Zeichnung beyfügt. Die meisten Stücke desselben sind nach Quedlinburg an die damalige Aebtissin geliefert worden. Ausserdem erzählen die Lithologen noch vieles von andern Skeleten, Köpfen, Rückgraden, Hüftbeinen u. s. w. ganz unbekannter Thiere, die bald diese bald jene Gestalt haben sollen, und wovon man verschiedenes in Volckmanns Silesia subterranea, Lessers Lithotheologie, in Büttners ruderibus diluvii testibus und andern findet. Wir halten aber für überflüssig, ihre Erzählungen hier zu wiederholen, theils weil sich aus blosen Beschreibungen, die noch dazu meist unvollkommen sind, kein sichres Urtheil fällen läßt, theils weil wir versichert sind, daß, wenn zu der Zeit, da man dergleichen Skelete ausgegraben, der Sache Kundige dabey gewesen, manches vorgebliche unbekannte Thier würde erkannt worden seyn, so aber jetzt, da die Knochen zerstreut und vereinzelt worden, nicht mehr leicht möglich ist. Ausserdem finden sich auch in Steinreiche Knochen, deren ganze Gestalt mit keinen von den bereits bekannten übereinkommt, und von denen man doch zu zuverlässig weiß, daß sie Knochen sind, weil sie alle wesentliche Eigenschaften derselben haben. Büttner hat sie in seinen ruderibus diluvii testibus, sonderlich auf der vier und zwanzigsten Tafel, verschiedene derselben in Kupfer stechen lassen, und unter diesen ist besonders eine Art merkwürdig, die daselbst litt. B. 4. und auf der 25sten N. 3. vorkommt. Sie siehet aus wie zwey gerade und spitzig ausgehende Ribben, die ohne Rückwirbel miteinander ver-

verbunden sind. Bisweilen sind auf der einen Seite zwey dergleichen Ribben. Wir würden geglaubt haben, daß zwey einzelne Knochenstücke so von ohngefähr die Lage auf einem Steine erhalten, wenn sich nicht mehrere dergleichen sich völlig gleiche Exemplarien gefunden hätten. Diese besondere Osteolithenart ist in den Querfurthischen Steinbrüchen anzutreffen.

Ich könnte bey dieser Gelegenheit noch manche Frage aufwerfen: Wie und durch was für Gelegenheiten sind die Knochen der vierfüßigen Thiere in das Steinreich gerathen? Warum findet man in der Gegeneinanderhaltung der gegrabenen Knochen weniger versteinte als calcinirte? Warum liegen, besonders in verschiedenen unterirdischen Höhlen, z. B. in der Scharzfelsischen, in der Baumannshöhle, in den bayreuthischen Höhlen, bey Canstadt u. d. eine so erstaunende Menge calcinirter Knochen beysammen, und wie sind sie in solche Tiefen gerathen? Allein ich übergehe hier diese Fragen, theils darum, weil sich über verschiedene derselben doch weiter nichts als blose Muthmasungen sagen lassen, theils weil sich bey der allgemeinen Abhandlung über die Versteinerungen eine bequemere und allgemeinere Gelegenheit zeigen wird, davon zu reden. s. Versteinerungen.

Die vorzüglichsten Oerter, wo man Knochen, und unter diesen auch die Knochen der vierfüßigen Thiere findet, habe ich bey einer andern Gelegenheit angeführt. s. Osteolithen.

TETRAPODOLITHES, im Französischen, und

TETRAPODOLITHI, im Lateinischen, s. vorher Tetrapodolithen.

TETRAPODOLITHI HOMINIS, heißen die Knochentheile, es mögen nun ganze Skelete, oder einzelne Knochen seyn, von Menschen. In so fern, wie ich bey dem vorhergehenden Artikel angezeigt habe, verschiedene Schriftsteller unter den Tetrapodolithen alle Säugthiere, und also auch den Menschen verstehen, in so fern läßt sich dieser Name entschuldigen. Der Wortbedeutung nach aber ist er falsch, da der Mensch kein vierfüßiges Thier ist. s. Menschenkörper.

TEUCOLITHI, heißen die Judensteine. s. Judensteine.

Teufelsfinger, und

Teufelskegel, werden die Belemniten genennet. Man wußte freylich in den vorigen Zeiten nicht, was man aus diesen sonderbaren Körpern, die man nicht für Versteinerungen hielt, und doch häufig fand, machen sollte. Sie mußten also bey einigen unter den Donnersteinen stehen, und andre, wahrscheinlich der Pöbel, sahen sie gar für ein Werk des Teufels an, und die Aehnlichkeit mit einem Finger oder Kegel gab die Veranlassung zu den obigen Namen.

Teufelsnägel, werden die Glossopeters oder die zungenförmigen Fischzähne genennet. Meine vorhergehende Vermuthung

thung wird durch diese Benennung bestätigt. Das Volk in Crain glaubt, wie ich, wo ich nicht irre, in Keyßlers Reisen gelesen habe, daß sich der Teufel in den Höhlen seine Nägel abschneide, und das wären eben die Körper, die wir Glossopeters nennen. Wir kennen sie besser, und wissen, daß sie Fischzähne sind, und von dem Carcharias herkommen. s. Glossopeters.

THALASSITES, heißt der Saphir. s. Saphir.

THALASSIUS, auch THALASSIUS MARINUS, heißt der Beryll. Den letzten Namen hat er von seiner meergrünen Farbe. s. Beryll.

Thebaischer Marmor, s. *Marmor Thebaicum*, im IV. Bande, S. 137.

Thecolithen, werden die eigentlichen Judensteine, oder diejenigen Stacheln von den Seeigeln genennt, welche eine keulenförmige Gestalt haben. s. Judensteine.

THEPHRYTIS, gehöret unter die Edelsteine der Alten, derer besonders Plinius gedenkt. Er soll aschfarbig seyn, und die Gestalt des in Hörner gekrümmten Neumondes haben. Brückmann von den Edelsteinen S. 376. Er gehöret unter mehrere Edelsteine der Alten, die wir nicht kennen, und die, wenigstens zum Theil, nicht einmal wahre Edelsteine waren.

Thiere, versteinte. So nennet man im allgemeinen Verstande alle Versteinerungen des gesammten Thierreichs, es mögen nun eigentliche wahre Versteinerungen, oder gegrabene calcinirte Körper, entweder ganze Körper und Skelete, oder einzelne Theile und Knochen seyn. Im engern Verstande verstehet man darunter die vierfüssigen Thiere, die wir vorher unter dem Namen Tetrapodolithen beschrieben haben. Ueberhaupt ist die Anzahl der hieher gehörigen Körper sehr gros, weil die Anzahl der hieher gehörigen natürlichen Körper sehr zahlreich ist, und sie sind in der ganzen Welt hin und her zerstreut, wie wir bey dem Artikel Versteinerungen sehen werden. Da der Lexikograph unmöglich systematisch verfahren kann, weil er sich an Namen halten, und Körper, die diesen oder jenen Namen führen, einzeln beschreiben muß, so wird man freylich auch in meinem Lexikon die vielen verschiedenen Thiergeschlechter, und von vielen auch die Thierarten, öfters wohl gar auch Abänderungen und Spielarten, einzeln zusammenlesen müssen, aber, wenn man nur die Namen weiß, leicht finden können, da, so viel es in meinem Vermögen stund, nicht leicht ein bekannter und merkwürdiger Körper von mir ist übergangen worden. Hier ist eine allgemeine Uebersicht des Ganzen nach dem System des Herrn Ritters von Linné.

I. Mammalia. Menschen, (s. Menschenkörper.) und vorzüglich vierfüssige Thiere und Wallfischarten. (s. Tetrapodolithen.)

II. Aves. (s. Vögel, Vogeleyer, Vogelnester u. d.)

III.

III. **Amphibia.** (ſ. Amphibiolithen.)

IV. **Pisces.** (ſ. Fiſche, Fiſchgräten, Gloſſopeters, Bufoniten.)

V. **Insecta.** (ſ. Entomolithen.)

VI. **Vermes.** Von vielen aus dieſer Claſſe, zumal von den allzuweichen, kann man im Steinreiche weder Verſteinerungen noch Abdrücke erwarten, wenigſtens ſind ſie immer zweifelhaft. Z. B. ſ. Regenwürmer. Von den *Molluſcis* ſind nur einige in das Steinreich übergegangen, nemlich *Aſterias*, ſ. Seeſterne, doch ſind verſchiedene auch unter einzelnen Namen beſchrieben; *Echinus*, ſ. Echiniten, Echinitenknochen, Echinitenzähne, Judennadeln und Judenſteine; *Teſtacea*, hier iſt die Anzahl der Verſteinerungen ſehr gros; die allgemeinen Nachrichten davon ſ. unter Conchylien, Muſcheln, Schnecken, die einzelnen Gattungen müſſen unter ihren eigentlichen Namen, vorzüglich unter denen, die ihnen der Lithologe gegeben hat, aufgeſucht werden, die ich ihrer groſſen Menge wegen hier nicht wiederholen kann; *Lithophyta*, ſ. Coralliolithen, beſonders Tubiporiten, Milleporiten, Madreporiten, Aſtroiten, Hippuriten, Fungiten; *Zoophyta*, ſ. Iſis, Reteporiten, Ceratophyten, Corallinen, Alcyonien u. dgl. Wir haben aber im Steinreiche noch eine beſondere Art von Thierpflanzen, das ſind die Encriniten und die Pentacriniten mit ihren Theilen, wohin die Trochiten, die Entrochiten, die Aſterien, die Sternſäulenſteine, der Gelenkſtein der Encriniten u. dgl. gehören, die unter den angeführten Namen beſchrieben worden ſind.

Thierpflanzen, pflanzenartige Seegeſchöpfe, lat. *Zoophyta*, franz. *Zoophytes*, heiſſen der Wortbedeutung nach diejenigen Körper, die ein pflanzenartiges Anſehen, und doch ein animaliſches Leben haben. Es ſind alſo wahre Thiere, und ſcheinen doch Pflanzen zu ſeyn. Wenn freylich die Meynung derer gegründet wäre, daß alle Körper des Pflanzenreichs wo nicht ein wahres animaliſches Leben, doch ſo etwas, das dem Thierreiche oder dem Leben eines Thiers nahe kommt, haben, ſo wäre freylich die Anzahl der Thierpflanzen ſehr gros. Allein das iſt die eigentliche Bedeutung dieſes Worts gar nicht, ſondern es ſind, wenigſtens der Wortbedeutung nach, wahre Thiere, die aber einen pflanzenartigen Bau haben. Doch auch in dieſer Beſtimmung dieſes Worts ſind die Naturforſcher nicht ganz einig.

Linné k) macht einen Unterſchied unter den *Lithophytis* und unter den *Zoophytis*. *Lithophyta* ſind

---

k) Syſt. nat. ed. XII. p. 1287.

sind bey ihm solche Körper, die aus einer kalkartigen, steinharten Masse bestehen, welche von Thieren erbauet sind und bewohnet werden: Corallium calcareum quod in aedificarunt animalia affixa, und er rechnet hieher: 1) Tubipora. 2) Madrepora. 3) Millepora. 4) Cellepora. Da, wenigstens die mehresten von ihnen, einige Aehnlichkeit mit den Pflanzen haben, denn sie gleichen mehr oder weniger einem Baum mit seinen Aesten, so dächte ich, diese Thiere sollte man im eigentlichen Verstande Zoophyten nennen. Allein, das ist Linne Meynung nicht. Er trennet diese von seinen Zoophyten, unter denen er solche Körper verstehet, die würklich wie Pflanzen wachsen, und in diesem Betrachte keine Thiere sind, aber Thiere haben sie gleichsam übersponnen. Stirps, sagt er, vegetans, metamorphosi transiens in flores Animalium. Dahin zählet er: 1) Isis. 2) Gorgonia. 3) Alcyonium. 4) Spongia. 5) Flustra. 6) Tubularia. 7) Corallina. 8) Sertularia. 9) Vorticella. 10) Hydra. 11) Pennatula. 12) Taenia. (Wie der Bandwurm nach Linne Begriff eine Thierpflanze ist, kann ich doch nicht begreifen.) 13) Volvox. 14) Furia. 15) Chaos.

Pallas 1) nennet alle diese Körper, die Linne *Lithophyta* und *Zoophyta* nennet, Zoophyten, und verstehet darunter gewisse Zwischengeschöpfe unter dem Pflanzen- und unter dem Thierreiche; man würde aber diesem grossen Naturforscher Unrecht thun, wenn man darunter Geschöpfe verstehen wollte, die keine Pflanzen, aber auch keine Thiere sind, denn das wären eigentlich Mitteldinge. Indessen hat er sich in der Vorrede S. 19. darüber bestimmt genug erklärt, wenn er denen seinen Beyfall giebt, welche sagen: Zoophyta esse animalia vere vegetantia, in plantae formam excrescentia; plantarum que aliis quoque proprietates affectantia; esse plantas quasi animatas, fabricasque nutritionis, incrementi, generationis, habitus mira analogia inter Plebem vegetabilem et Animalium ultimas classes intermedia et ambigua. Sonst ist Hr. Pallas vom Linne darinnen abgegangen, daß er von den Zoophytis des Linne, und zwar von der *Hydra* den Anfang macht, und auf die *Lithophyta* übergehet. Er hat indessen diese Abtheilung des Linne nicht beybehalten, sondern er begreift alle seine Geschlechte, und wie uns dünkt, mit Recht, unter dem allgemeinen Namen Zoophyta, Thierpflanzen. Von diesen hat er die drey Geschlechte, *Taenia*, *Volvox* und *Corallina*, ausgeschlossen, die er Genera ambigua nennt: quia *Taeniae*, sagt er S. 400. certe quaedam earum species, magnam cum Vermibus ex ordine intestinorum Id. Linnaei affinitatem habere videntur; *Volvox* vero simplicissimis et minutissimis Zoophytis, Brachionis adjiciendus forte erit, quo ex ge-

---

1) Elenchus Zoophytorum. Hagae Comit. 1766.

nere universa animalculorum infusoriorum et microscopicorum vulgo dictorum ratio derivanda fere videtur. Von den Corallinen endlich behauptet Herr Pallas S. 418., daß sie gar keine Thiere sind, sondern gänzlich zu dem Pflanzenreiche gehören: nec enim, sagt er, structura, nec chymicis principiis ad Zoophytorum ullum genus accedunt, et pleraeque species etiam habitum prorsus peculiarem habent, aliquae ad Fucos potius accedentes, plurimae conservis comparabiles, quamvis lapidescenti substantia ab iisdem er omnibus vegetabilibus distinctissimae.

Von diesen Lithophyten und Zoophyten des Linné kommen viele in dem Steinreiche vor, und werden hier unter dem allgemeinen Namen der Coralliolithen, (s. Coralliolithen) oder der versteinten Corallen, begriffen. Sie hingegen, die Lithologen, belegen mit dem Namen der Thierpflanzen einige andre Körper, die bey ihnen Encriniten und Pentacriniten heisen, (s. Encriniten und Pentacriniten) und die, wie mich dünkt, den Namen der Thierpflanzen vorzüglich und im eigentlichen Verstande verdienen. Denn da bey den Corallen, wenigstens bey den mehresten, oft tausend und mehr Polypen sich ein gemeinschaftliches, mehrentheils ein steinernes Gehäusse erbaut haben; so sind der Encrinit und der Pentacrinit ein einziges Thier, das Thier selbst, und sie haben nicht nur einen pflanzenähnlichen Bau, einen wahren Stiel, und eine Crone, die einer Blume gleicht, sondern ihr Wesen ist nicht, wie bey den Lithophyten, steinartig, auch nicht, wie bey den Zoophyten, hornartig, sondern ihr Wesen gleicht mehr einem Knorpel, oder dem Marke festerer Vegetabilien.

Diese Bedeutung haben verschiedene neuere Naturforscher für einige natürliche Körper angenommen. Ich will jetzt nichts von dem Original der Pentacriniten sagen, welches Herr Guettard beschrieb, und Palmier Marin, die Meerpalme, nannte, davon ich im fünften Bande, S. 163. das Nöthigste gesagt habe; sondern von zwey andern Thieren, welche die Schriftsteller, die sie beschrieben, ausdrücklich Thierpflanzen nannten, will ich eine kurze Anzeige thun.

1) Die Thierpflanze des Herrn Mylius, die sich achtzig Meilen von der Küste von Grönland gefunden hat. Er beschrieb sie in einem besondern Sendschreiben an den Herrn v. Haller, 1753., und eben diese Abhandlung wurde in den physikalischen Belustigungen, und im ersten Theile des Knorrischen Petrefactenwerks, nemlich in dem Texte, den Herr Knorr selbst ausgearbeitet hat, wiederholt, und tab. XXXV. abgebildet. Eben diese Thierpflanze, nemlich ein zweytes Exemplar, das sich mit dem Myliusischen an einem Orte fand, hat Herr Ellis in seiner Naturgeschichte der Corallen, S. 103.

103. beschrieben, und tab. XX. lit. abgebildet. Diese Thierpflanze ist darum merkwürdig, weil sie verschiedene Naturforscher für das Original der Encriniten ausgegeben haben. s. **Encriniten**.

2) **Die Thierpflanze des Herrn D. Bolten.** Der Herr D. Bolten hat sie ausführlich in folgender Abhandlung beschrieben: Jochim Friedrich Bolten Nachricht von einer neuen Thierpflanze. Hamburg 1770. in gr. Quart, nebst einem ausgemahlten Kupfer auf einem halben Bogen.

Mehrere Thierpflanzen kennen wir noch nicht, auch zu den Encriniten das Original noch nicht; wir wollen darum noch nicht behaupten, daß sie auch in der See selten wohnen. Es kann seyn, daß sie nur in den tiefsten Abgründen zu wohnen pflegen, die man nicht durchsuchen kann, oder in solchen entlegenen Meeren, die von Erfahrnen nicht besucht werden. Nehmen wir die schöne Anzahl von Encriniten, die sich in dem Steinreiche bereits gefunden haben, und noch finden; nehmen wir dazu die erstaunende Menge einzelner Encrinitentheile, nemlich der Trochiten und der Entrochiten, die sich fast in allen Weltgegenden finden: so darf man, deucht mir, sicher annehmen, daß diese Thiere in der See häufig genug wohnen müssen, und vielleicht glückt es unsrer Nachkommenschaft, ihren eigentlichen Wohnort zu entdecken.

Thierschwänze, Schwanzknochen, Caudae animalium verretastae. Eigentlich sind sie, sagt Herr Walch, m) mit einer Art der thierischen Wirbelknochen. Merret in dem Pinax rerum natural. Britann. p. 216. gedenket derselben, und da er meldet, daß die Einwohner der Gegend sie St. Cutbeards heads (Paternoster) nennen, so giebt er damit zu erkennen, daß die Versteinerung, die er für Schwanzbeine hält, nicht ungewöhnlich seyn müsse. Scheuchzer in den Itin. Alpin. p. 176. will auf den Alpengebürgen auch versteinte Schwanzbeine von Thieren gefunden haben, alle von einerley Gestalt, kurz und dick. Sie haben ringförmige Erhöhungen, die queerüber dicht nebeneinander liegen, und die sich auf der Seite in eine sägeförmige Nath zusammenschliesen. Ebendaselbst liefert er auch eine Zeichnung von ihnen, und glaubt, daß das in seinem Specimen lithographiae Helver. fig. 88. mitgetheilte Petrefact auch ein Fragment von einem solchen Thierschwanz seyn dürfte. Allein dieses sowohl, als jenes, hat mit dem Schwanzknochen der Thiere nicht die allergeringste Aehnlichkeit. Schon das ist verdächtig, daß diese Versteinerung öfters daselbst angetroffen werden soll. Warum soll man an solchen Orten nur Schwanzknochen, und keine andre finden? Merret mag

---

m) Naturgesch. der Versteiner. Th. II. Absch. II. Num. XXIII.

mag wohl einen gegliederten Coralliolithen für dergleichen angesehen haben, und vielleicht gehören die Scheuchzerischen eher
zu den Conchylien, als zu den
Osteolithen, vielleicht zum O-
stracitengeschlecht, insbesondere
zu den sogenannten Hahnekäm-
men, welches dadurch wahrscheinlich wird, wenn man ein
ähnliches Petrefact beym Argenville in seiner Oryctologie
t. XIX. N. 4. mit dem Scheuchzerischen vergleicht. Auf solche
Art sind die wenigen Nachrichten, die wir in den ältern Schriften von Thierschwänzen antreffen, allerdings zweifelhaft, und
in den neuern Schriftstellern finden wir wenig Nachricht davon,
können sie auch nicht leicht erwarten, da zusammenhängende
Schwanzknochen, die also dadurch kenntlich würden, nicht
leicht zu erwarten sind, einzelne
Knochen aber mit andern Wirbelknochen eine viel zu grosse
Aehnlichkeit haben, als daß man
sie genau sollte unterscheiden können. Die einzige Nachricht, die
ich gefunden habe, ist die Nachricht des Herrn Prof. Esper,
der, da er von den Knochen
in den Bayreuther Höhlen, die
er daselbst gefunden hatte, redet, unter andern sagt: "Man
trift in diesen Grüfften nicht weniger Vertebras caudae an. Sie
sind bisweilen zwey Zoll in der
Länge, wenn ihre Dicke gegen
neun Linien hat. Man ist aber
unvermögend, etwas Instruk-
tives aus ihnen zusammenzusez-
zen. Sie dienen blos zum Beweiß, welch ein Gemenge von
Geschöpfen hier in der ordent-
lichsten Confusion beysammen
vergraben liegt.

Thon, verhärteter, s.
Steinthon.

Thonartige Steine,
lat. Lapides argillacei, franz.
Pierres argillenses heissen diejenigen Steine bey denen die Thonerde zum Grunde liegt; an denen man daher auch die Erscheinungen gewahr wird, die der
Thon zeigt. Man behauptet,
daß sich der Thon von andern
Erdarten dadurch unterscheide,
daß man an ihm eine Zähigkeit
und zarte Schlüpfrigkeit bemerkt, da er ganz weich und
fettig zwischen den Fingern anzufühlen ist, an der Zunge gern
klebt, im Wasser bald und auf
das zarteste aus einander geht,
und sich eben dadurch von andern groben eingemischten Erden leicht scheiden läßt, denen
innern Eigenschaften nach zeigt
sich der Thon darinnen, daß er
mit den Säuren nicht auf-
braust, und sich darinne nicht
auflösen läßt, auch weiß man
daß der Thon durch das Feuer immer härter wird, und wenn er rein
ist ohne Zusatz nie zu Glase
schmelzt. Sonst nimmt man
von dem Ton folgende Eigenschaften an: 1) daß er im
Ganzen kein merkliches Aufwal-
len mit den Säuren macht; 2)
Wenn der Thon mit Wasser angefeuchtet wird, so zieht er dasselbe in sich und verdünnet sich;
3) wenn er nur mit einer solchen Menge Wassers verdünnet
ist, welche nöthig ist ihn zu einem Teig von mittler Consistenz zu bringen, so wird er geschmeidig, daß er auf der Scheibe

be kann bearbeitet werden; 4) der Thon ist dichte und derb, wenn man seine Oberfläche mit einem polirten Körper reibt, so polirt er sich selbst; 5) wenn er feuchte ist, und man ihn einer gelinden Wärme aussetzt, so troknet er nach und nach, er hält die Feuchtigkeiten an sich, und läßt die letzten Portionen schwehrlich fahren; 6) wenn man dem Thon ehe er völlig getrocknet ist stark und jähling erhitzt, so platzt er und springt mit einem grossen Knall umher; 7) wenn man ausgetrockneten Thon einem sehr heftigen Feuer aussetzt, dergleichen das Feuer eines Glasofens ist, so fliesset der Thon, den man hier aber rein annimmt nicht, sondern er erlangt die Härte eines Kiesels, welcher sogar mit dem Stahl Feuer geben kann; 8) wenn er so durch das Feuer gehärtet ist, so durchdringt ihn das Wasser nicht mehr, wird er in solchem Zustande ganz klar gerieben, so wird er mit Wasser angefeuchtet, gleichwohl nicht wieder geschmeidig; 9) der Thon ist in den Säuren auflößlich, besonders in den Vitriolsäuren, mit welchem er ein vitriolisches Salz macht, das einen erdigten Grundtheil hat und ein wahrer Alaun ist; 10) wenn endlich der Thon der für sich nie zu Glase schmelzt, mit gleichen Theilen einer kalkartigen oder gypsartigen Erde und zwey und einen halben oder drey Theilen Sand oder eines glasartigen Steines vermischt wird, so fliesst er, und bringet die beyden andern Erden der Vermischung mit sich in den Fluß. n)

Daß nun nicht gerade jedes dieser Kennzeichen der Thonerden auf die thonartigen Steine passe, bedarf wohl keiner Anzeige, indessen ist das zu ihrer Kenntniß hinreichend, daß sie sich schaben lassen, und eine schlüpfrige Cur geben, da sie aus einem kiebrichten weichen Wesen entstanden sind; sie erhärten im Feuer, und werden darinne trokner. o) Das sind die Steine die man sonst feuerfeste Steine nennet, man lese also den Artickel feuerfeste Steine im II. Bande S. 155. nach.

Von dem Verhältniß der thonartigen Steine gegen die Minern rede ich jetzt nicht besonders, weil ich bey jeder einzelnen Steinart die man nur hieher zehlen kann, und die ich bey dem angeführten Artickel feuerfeste Steine angeführt habe, darauf meine Rücksicht genommen habe. So viel ist gewiß, daß wenn wir die thon- und mergelartigen Schiefer ausnehmen, die mehresten andern Steinarten arme Metallmütter sind. Von ihrem Verhältniß aber gegen die Versteinerungen wiederhohle p) ich folgendes: Es ist nicht leicht zu erwarten, daß Conchylien in eine thonartige Materie übergehen

---

n) s. Pott Lithogeognesie S. 28. 30. 32. Schröter vollst. Einl. Th. II. S. 217. 218.
o) Gmelin Lundisches Natursyst. des Mineralr. Th. I. S. 321.
p) Aus meiner vollständigen Einleitung Th. II. S. 219. 220.

hen könnten, und da ist der Grund in der fertigen Materie zu suchen, woraus der Thon besteht. Diese verhindert den freyen Durchgang des Wassers, und in diesem Falle calciniren die Conchylien blos. Wenn hingegen der Thon mit Sand, und zwar mit etwas gröberm Sande vermischt ist, so ist der Durchzug des Wassers durch eine calcinirte Conchylienschale leichter, und in dem Falle kann der Körper zu einer guten Versteinerung gelangen, wie die Versteinerungen von Turin, von England und dergleichen darthun. Alle diese Versteinerungen, ob sie gleich in einer thonartigen Mutter liegen, sind gleichwohl nicht thonartig, und das beweiset, daß sich blos der zarte Sandstaub in die Conchylie gezogen habe. Auf diese Art ist der Thon für manche Gegenden eine sehr gewöhnliche Mutter der Versteinerungen, und wenn sich mit dem Thone kein Sand vereinigte, so wird man finden, daß sich in dem Falle die Conchylien mehrentheils sehr gut, oft so schön erhalten haben, daß man an ihnen sogar noch den Perlmutterglanz sieht, wie die Gegend um Danzig deutlich genug erweiset. An den Versteinerungen des Pflanzenreichs hat der Thon einen eben so grossen Antheil als an den Versteinerungen des Thierreichs. Man findet thonartiges Holz, und den Kräutern die in thon= oder mergelartigen Schiefern liegen, hat diese Mutter die bequemste Gelegenheit zu Abdrücken oder zur Ausfüllung eines abgedruckten Krautes gegeben, daher man die Kräuter nicht nur häufig, sondern auch wohl erhalten antrift. Es hat mit den Fischen und mit andern Körpern die in einem dergleichen Schiefer oder in einer so genannten Schwüle liegen eine gleiche Beschaffenheit, wie man hier denn gewöhnlich auch nur Abdrücke und Ausfüllungen, selten aber wahre Versteinerungen findet. Mit den Medusenhäuptern scheinet es zwar eine andre Bewandniß zu haben, davon aber der Grund wohl in dem Körper selbst liegen mag, weil man dergleichen Körper die doch selten genug vorkommen, allemal in einer **wahren Versteinerung** antrift.

Thonschiefer, s. Schiefer, Thonschiefer im VIten Bande Seite 213.

Thon, verhärteter, s. Steinthon.

THRACIA, ist ein Edelstein der Alten, von dem uns aber die Alten nichts hinterlassen haben, als die Nachricht, daß man von ihm dreyerley Arten gehabt habe, den grünen, den blassen und den mit blutrothen Flecken. Brückmann von den Edelsteinen S. 376.

Thurm, babylonischer, s. hernach *Thooren, babylonse*.

TIGES petrifides, werden im Französischen die versteinten Stengel genennt.

Tipfstein, heißt bey einigen der Topfstein oder Lavetstein, Lapis ollaris, s. Lavetstein.

TIRE=

Tire-Cendre, wird im Französischen der Tourmalin vorzüglich darum genennet, weil man sich bey den electrischen Versuchen mit demselben vorzüglich der Asche bedienet hat. s. Aschenzieher.

Tischschiefer, s. Tafelschiefer.

Tobakspfeiffe, s. Tabakspfeife.

Toetsteen, heißt im Holländischen der Probierstein. s. Probierstein.

Todtenköpfchen, Todtenkopfsmuschel, *Anomia craniolaris*, die unter dem Namen des brattenburgischen Pfennings bekannte Versteinerung. s. brattenburgischer Pfennig.

Todtenkopf, *Echinus lacunosus Linn*. Spatangus, Cor anguinum Chaumontianum s. Melitenſe *Klein*. Spatangus lacunosus *Leske*. ein Seeigel, der sich sowohl in der Natur als auch unter den Versteinerungen findet. Unter den natürlichen Seeigeln kommt er gerade nicht häufig vor. Folgende Schriftsteller haben ihn abgebildet: Klein Natural. dispos. Echinod. tab. XXIII. *. fig. A. B., tab. XXIV. fig. a. b. tab. XXVII. A. Rumph Amboin. Raritaitk. tab. XIV. fig. 2. Bonanni Recreat. et Muſ. Kircher. Claſſ. I. fig. 16. Gualtieri Ind. Teſtar. tab. 109. fig. C. Knorr Deliciae nat. selectae tab. D. III. fig. 3. Müller Linnäiſch. Naturſ. Th. VI. tab. 8. fig. 6. Müller q) sagt von ihm, er habe eben die Gestalt wie Echinus ſpatagus *Linn*. die er auch haben muß, weil er mit jenem nach Linne zu einer Claſſe gehöret, und sey nur darinne unterſchieden, daß die eingedrückten fünf Gänge gerade und sehr tief gehen, davon der vorderste, der ſich nach der Mündung streckt, sehr weit hervorgehe. Alle Gänge stellen fährt Herr Müller fort, wenn sie von den Bürsten entblößt sind ein durchbrochenes Gitterwerk vor, und er wohnt in dem mittelländiſchen und in den beyden indianiſchen Meeren. Ob Herr Müller den Linne getreu genug überſetzt habe? wird sich dann zeigen, wenn wir die Linnäiſche Beſchreibung aus dem Muſ. Reg. Vlr. r) wiederhohlen. Teſta ovata convexa, supra adſperſa lineis exoletis, reticulatis, gibba. Centrum ex punctis duobus (wahrſcheinlich hat Linne die zwey kleinern Puncte die dieſer Seeigel hat überſehen, wie der Herr Prof. Leske s) sehr wohl bemerkt hat) perforatis. Radii quatuor obtuſi, depreſſi punctis quatuor ordinum, horum radii duo anteriores longiores. Foſſa concava inter centrum et apicem, profunde lateribus punctata ſtriata, Subtus teſta, uti a pagina superiore.

Dieser Seeigel, der unter den natürlichen Seeigeln eben nicht gemein iſt, wird an seiner ovalen Form und an der tiefen breiten Furche erkannt, die vom Wirbel

---

q) Linnäiſches Naturſ. Th. VI. S. 153.
r) p. 713.
s) in seiner Ausgabe des Klein Natural. Diſpoſ. Echinodermat. p. 227.

Wirbel bis zum äussern Rande hinläuft.

Unter den Versteinerungen mag dieser Seeigel wohl etwas häufiger als in der Natur gefunden werden, ob er gleich gar nicht zu den gemeinen Versteinerungen gehört. Leske nennet ihn wie schon gesagt *Sparangus lacunosus*, Aldrovand Rhodites und Pentaphylites, im Französischen heißt er beym Boccone Herisson Brissus ou Spatagus petrifié, beym Klein in der Uebersetzung: Oursin de Chaumont, beym Davila Echinospatagites de l'espece Tête de mort; im Holländischen nennt ihn von Rhelsum Holblad groot et klein, und im Deutschen Müller und Gmelin den Todtenkopf, ohnerachtet eine ausserordentliche Anstrengung der Einbildungskraft dazu gehört, wenn man unter diesem Seeigel und einem Todtenkopfe auch nur einige Aehnlichkeit finden will. Ausser den angeführten Abbildungen aus dem Klein, welche sämmtliche Versteinerungen sind, gehören noch folgende Zeichnungen hieher: Aldrovand Museum metallic. p. 490. fig. 2. 3. Scilla de corporib. lapid. tab. 7. fig. 1. tab. 10 fig. 4. tab. 25. fig. 2. Rundmann rar. nat. et art. tab. 5. fig. 7. Gmelin Linnäisch. Natursyst. des Mineralr. Th. IV. tab. 11. fig. 123.

Ich besitze zwey versteinte Exemplar mit ihrer vollständigen Schale beyde von Neuschatel in der Schweitz wo sie in Mergel liegen. Das größte ist ein und einen halben Zoll lang, und oben über dem Wirbel ungleich schmäler als unten, und vollkommen eyformig gebaut, der gantze Echinit ist ziemlich flach, doch oben am Wirbel ungleich stärker gewölbt als unten, der Wirbel ist klein, vertieft und rund. Jeder der vier Strahlen besteht aus vier Punctreyhen oder vielmehr aus vier Reyhen feiner Kerben, wo allemal zwey Reyhen dicht beysammen stehen, zwischen sich aber einen breiten nur mit einzelnen Wärzchen besetzten Zwischenraum haben, die obern zwey Strahlen sind ungleich kürtzer als die untern, zwischen diesen zwey längern Strahlen befindet sich die tiefe breite Furche, die zugleich den Rand mit durchschneidet, und sich fast bis an die Abführungsöfnung erstrecket. Oben am Rande der gewölbtern Seite sitzt die Mundöfnung, diese gewölbte Seite endiget sich aber nach der untern Seite zu in einen etwas abgeschärften Rand. Fast dieser gantze obere Theil ist mit gröffern und kleinern Wärzchen besetzt, die indessen nicht allzu dicht bey einander stehen. Die tiefe Furche ist innwendig ganz glatt ohne alle Wärzchen, doch läuft auf jeder Seite eine einzelne Reyhe Puncte oder feine Kerben herunter, und bildet gleichsam ein fünftes Blatt der Blume. Das scheinet der Herr Prof. Gmelin t) zu meynen, welches auch seine gegebene Abbildung

---

t) Linnäisches Natursyst. des Mineralr. Th. IV. S. 13.

bildung bestätiget, wenn er sagt, daß ihre Blume nicht nur vier sondern fünf Blätter habe. Die untere Seite dieses Seeigels ist flach fast platt, der After ist wie bey den mehresten Spatagis vertieft, und gleicht einer halb überdeckten Höhle. Auf beyden Seiten stehen die Wärzchen ziemlich einzeln, im Mittelpuncte siehet man von beyden Seiten des Afters ein leeres schräglauffendes Fleck ohne Wärzchen, zwischen demselben aber bis zum Rande häufiger Wärzchen, die am After am größten sind, und nach dem Rande zu immer kleiner, zuletzt nur wie Nadelspitzen werden. Dieser Echinit ist hart, versteint, kalkartig, und hat eine graue Farbe angenommen.

Fast eben so ist mein kleinerer Todtenkopf, von der Länge eines Zolls, er ist nur etwas mehr gewölbt und etwas weniger oval gebaut. Auch ist er hart versteint, nur hat er eine hellere graue Farbe in der Versteinerung angenommen. Da die Schale an einigen Stellen verletzt ist, so sehe ich, daß die Schale dieses Seeigels nicht viel stärcker als feines Papier ist. Da ich diesen Aufsatz geendiget hatte erhielt ich von meinem Chemnitz in Kopenhagen einige Seeigel von Saltholm, die wie bekannt innwendig mit Kalkkrystallen regelmäßig, d. i. nach der Lage und dem Lauffe der Suturen besetzt sind, und unter diesen waren auch zwey hieher gehörige Beyspiele. Das eine ein Steinkern der noch viele Schale hat, und von Aussen hin und wieder mit Kalkkrystallen besetzt war. Das andre war ein gespaltener Seeigel dieser Art, in einer mit vielen kleinen Korallen gefüllten Kalksteinmasse, wo alle Suturen auf das Regelmäßigste mit Krystallen besetzt sind. Beyde Beyspiele zeigen eine ziemlich starke Schale.

Der Herr Prof. Leske u) macht über diesen versteinten Seeigel aus der Gegeneinanderhaltung mehrerer Exemplare, die er bey der Ausarbeitung dieses Buchs in den Händen hatte, noch folgende gedoppelte Anmerkung:

1) Man finde, in Rücksicht auf die Peripherie dieses Seeigels, einige Verschiedenheit, denn einige wären länglich, andre fast herzförmig, und noch andre einigermasen abgerundet. Wenn die Schale einen äußern Druck erlitten habe, so sehe man, daß die Schale aus einzelnen Täfelchen zusammengesetzt sey. Die Versteinerung sey allemal Kalkspathartig, und die innere Ausfüllung sey mehrentheils eine gelbliche Kalkerde. An meinen beyden Beyspielen ist indessen die innere Ausfüllung grau.

2) In dem Kabinet des Fürsten von Rudolstadt habe er ein Beyspiel dieser Art in Feuerstein gefunden. An Größe sey es demjenigen Beyspiele gleich, welches Klein

---

u) In seiner Ausgabe des Klein S. 229.

Klein tab. 24. fig. e. abgebildet habe. Auf dem Wirbel sehe man vier Punkte, und der Umriß sey fast kugelförmig. Dies Beyspiel thue dar, daß man auch größere Beyspiele dieser Art in Feuerstein verwandelt finde, welches verschiedene Lithologen leugnen.

Todtenkopfsmuschel, f. Brattenburgischer Pfenning.

Todtenstein, f. Assischer Stein.

Tönchen, Caditae, eine Art von Trochiten, die im Mittelpunkte am stärksten sind, und daher die Gestalt eines Tönnchens haben. Ich habe sie im ersten Bande unter dem Namen Caditae, S. 204., beschrieben, und jetzt hier nur noch einige Anmerkungen hinzu. Auch Herr Hofer hat sie abgebildet in den Actis Helveticis Vol. IV. tab. 6. fig. 26. vielleicht auch fig. 8. Er giebt von fig. 26. S. 192. 193. folgende Namen und Synonymien an: Trochita tenuis, longus, ventricosus, basibus vix striatis. Capitulum radioli Echini petrifacti. Lang. Hist. Tab. XX. N. 2. Doliosi figura lapillus, Scheuchzer Oryct. Helv. Tab. III. N. 156. Volvolata doliata seu caditeum referens elegantior. Luidii Lithoph. Brit. N 1163. Tab. XIII. Wenn gleich diese Tönnchens eine ganz eigne Gestalt haben, so zeigt doch die Zeichnung ihrer Ober= und Unterfläche, daß sie zu den Trochiten und mit ihnen zu einem Körper, nemlich zu den Encriniten gehören. Man würde sich aber übereilen, wenn man von ihrer besondern Bildung einen Schluß auf eine besondere Encrinitenart machen wollte. Man weiß, daß die Stiele der Encriniten und die Entrochiten oft aus Trochiten von verschiedener Art bestehen, und ich entsinne mich, dergleichen gesehen zu haben, wo man auch zuweilen ein Tönnchen erblickte.

Tonnenmuscheln, deutsch, Tonnitae, lateinisch, Tonnites, französisch, heißen die Globositen. f. Globositen.

Tooren-Babylonse, oder Toorentje-Babylonse, der babylonische Thurm, fr. Tour de Babel, Murex babylonius Linn. Murex testa turrita, cingulis acutis maculatis recto caudata, labio fisso Linn. Lister Hist. Conchyl. t. 917. f. 11. Rumph amb. Raritätenk. t. 29. fig. L. Valentyn Abhandl. t. 1. f. 8. Gualtieri Ind. Test. t. 52. fig. N. Argenville Conchyl. t. 9. fig. M. Knorr Deliciae nat. sel. tab. B. IV. fig. 6. Knorr Vergnügen Th. IV. t. 13. f. 2. Regenfuß Th. I. tab. I. fig. 9. Martini Conchyl. Th. IV. tab. 143. fig. 1131. 1132. Schröter innrer Bau der Conchyl. t. 2. f. 8., eine Schnecke, welche bey den Lithologen unter den Spindeln steht, die aber Linné unter das Geschlecht gebracht hat, das er Murex nennet. Nach Linné hat der babylonische Thurm einen thurmförmigen Bau, scharfe Gürtel oder Rippen, welche gefleckt sind, einen geraden Schwanz, und einen Einschnitt in der Mündungslefze. Der Bau ist rund, schmal, und

und lang geſtreckt, und gehet daher in eine gerade Spitze aus. Auf jeder Windung ſiehet man einen groſſen ſcharfen Leiſten, der von der zweyten Windung an von zwey kleinern eingefaßt wird, und die alle queer über die Schale laufen. Die erſte Windung hat derer mehrere, die auch auf der langen Naſe, wo ſie aber ſchräg laufen, gefunden werden. Alle dieſe Gürtel ſind auf weiſſem Grunde mit braunen oder ſchwarzen Flecken, die eine viereckigte Form haben, häufiger oder ſparſamer bezeichnet; und eine ſeltene Abänderung hat am Fuß einer jeden Windung einen heller gefleckten ſchmalen Gürtel. Die ſcharfe ungeſäumte Mundöfnung hat oben, in der Nähe der zweyten Windung, einen ſchmalen tiefen Einſchnitt. Die Naſe iſt nicht allzulang, und beträgt ohngefähr den vierten Theil von der Länge der ganzen Conchylie. Der babyloniſche Thurm gehört gar nicht unter die gemeinen Conchylien. zumal bey einer Länge von beynahe vier Zoll. Aus der Gegeneinanderhaltung mehrerer Beyſpiele gleicher Gröſſe ſiehet man, daß einige von Natur breiter und bauchicher ſind, als andre. Nach Linne kommt dieſe Conchylie aus Aſien, ſie wird aber auch auf Amboina gefunden. x) Ich habe dieſe kurze Nachricht darum vorausſetzen müſſen, weil in dem Muſeo Chaiſiano p 94. auch des verſteinten babyloniſchen Thurms von Turin gedacht wird. Wahrſcheinlich war es ein bloß calcinirtes Exemplar, da bey Turin gegrabene calcinirte Conchylien gar keine Seltenheit ſind. Ob es aber auch der eigentliche babyloniſche Thurm ſey, oder eine Abänderung deſſelben? das kann ich ſo geradezu nicht entſcheiden. Denn indem man gewohnt iſt, alle diejenigen Spindeln, die einen den babyloniſchen Thürmen ähnlichen Bau, und beſonders den tiefen Einſchnitt in der Mündungslefze haben, mit dem Namen der babyloniſchen Thürme zu belegen pflegt, ſo hat man freylich davon mancherley Abänderungen. Zwey derſelben haben ſich auch unter den Foſſilien gefunden, von denen ich jetzo einige Nachricht geben will.

1) **Der unächte babyloniſche Thurm.** Bonanni Recreat. et Muſ. Kircher. Claſſ. III. fig. 46. Muſeum Gottwaldtian. tab. 34. fig. 221. Knorr Vergnügen Th. VI. t. 27. f. 3. Martini Conchyl. Th. IV. t. 143. f 1334. 1335. Auſſer dem allgemeinen Bau, und dem tiefen Einſchnitt in der Mündungslefze, hat dieſer unächte babyloniſche Thurm mit dem ächten faſt gar nichts gemein. Alle neun Windungen ſind faſt oben am Ende mit Knoten oder Buckeln beſetzt; auſſerdem ſind die Windungen mit ſtärkern, die immer mit ſchwächern Queerſtreifen abwech-

---

x) Schröter Einl. in die Conchylienk. Th. I. S. 512. f.

Schröters Lex. VII. Theil.   A a

abwechseln, umlegt. Der Einschnitt der Mündungslefze macht in der Mündung selbst einen stumpfen Winkel. Die Farbe ist aschgrau, fällt aber auch zuweilen in das Braunröthliche; die grösten Beyspiele erreichen kaum drey Zoll in ihrer Länge, und sie werden auf Tranquebar häufig gefunden. y) Von dieser Conchylie sind mir unter den Fossilien zwey Beyspiele bekannt. Das eine hat Scilla de corp. marin. lapidesc. tab. 16. abgebildet. Ich meyne den Körper, der über den Cassiditen steht. Zur Erklärung dieses seltenen und gut erhaltenen Petrefacts hat Scilla nichts gesagt, sondern nur das Einzige, daß es in den Bergen zu Calabrien sey gefunden worden. z) Das andre Beyspiel besitze ich selbst. Es ist aus Courtagnon; die Spindel, oder die Nase, oder, nach Linne, der Schwanz, ist abgebrochen. Es laufen die feinsten Streifen in halbmondförmiger Richtung über die Windungen herunter, die an der untern Windung am sichtbarsten sind, und da sie über die stärkern Queerstreifen hinweglaufen, machen, daß auch dieselben knotigt, oder wie kleine Perlenschnuren erscheinen. Diesen Umstaub findet man an den Originalen zu diesem Fossil nicht, und es möchte daher wohl eine eigne Abänderung bestimmen.

2) **Der rothgefleckte babylonische Thurm, oder die gefleckte Bandspindel.** Martini Conchyl. Th. IV. t. 145 . 1345. 1346. Er hat den tiefen Einschnitt aller babylonischen Thürme, und einen wahren spindelförmigen Bau. Die dreyzehen oder vierzehen Windungen haben überall in der Rundung eine Menge regelmäßiger, bald feiner, bald stärkerer Reife. Der Rükken an jeder Windung hat noch besonders einen hochhervorstehenden runden Stab. Der Schnabel, oder der Schwanz, ist lang. Die Grundfarbe ist gelb, die hohen Kanten der Windungen sind weiß, mit rothbraunen Flecken dicht belegt, und die Conchylie kommt aus Tranquebar. a) Ich besitze davon ein gegrabenes calcinirtes Beyspiel aus Piemont, welches mit der gegebenen Beschreibung in allen Stücken ganz überein kommt, ausser daß der an jeder Windung hoch hervorstehende Stab hier scharf knotigt, oder vielmehr gekerbt erscheint. Ich habe überhaupt bey der ansehnlichen Zahl gegrabener Conchylien,

---

y) Schröter am angef. Orte S. 619. Num. 213.
z) Schröter vollst. Einl. Th. IV. S. 470. 476.
a) Schröter Einl. in die Conchylienk. Th. I. S. 622. N. 220.

chylien, die ich aus Courtagnon, aus Piemont, aus Turin und von andern Orten her besitze, angemerkt, daß sie von den natürlichen Conchylien dieser Art fast immer abweichen, und daher besondere Abänderungen bestimmen. Es wäre daher wohl werth, daß man diese Fossilien ausführlich beschrieb, und damit die Conchyliologie und die Lehre von den Fossilien bereicherte. Diejenigen, die ich in meiner Sammlung aufhebe, werde ich im zweyten Bande meiner neuen Litteratur beschreiben, und einige der vorzüglichsten abbilden lassen.

TOOTEN, *versteende*, holl. s. Tuten.

TOPAAS, heißt im Holländischen der gleichfolgende Topas.

TOPAAS-QUARZEN, heißen im Holländischen die topasähnlichen Krystalle. s. Topas, Topaskrystall.

Topas, Topazier, latein. Topasius, Topacius, Topazius, Topasius gemma *Cronst*. Chrysophis *Plin*. Chrysolithus, s. Chrysolitus *Auctor*. Gemma nobilis flava *Linn*. Borax lapidosus prismaticus pellucidus, pyramidibus truncatis, flavus *Linn*. Gemma pellucidissima duritie quarta in igne permanente *Wall*. Gemma pellucidissima, duritie quarta, colore aureo in igne fugaci *Wall*. Gemma lutea s. fuscа *Wolt*. Gemma vera colore aureo *Carth*. fr. la Topase *Bom*. la Topaze d'Orient *Dehsle*, holl. Topaas, ist unter den Edelsteinen derjenige, dem man der Härte nach die vierte Stelle anweiset, der eine gelbe Farbe hat, die bald in das Hellgelbe, bald in das Goldgelbe, bisweilen in das Bräunliche fällt. Brückmann b) sagt aus dem Plinius, c) daß der Topas seinen Namen von der Insel Topazos oder Topasis in Arabien am rothen Meere habe. Denn diese neblichte Insel soll nach Brückmann nicht nur voll von den schönsten Topasen seyn, sondern man soll auch daselbst die ersten entdeckt haben; denn als die Schiffer diese neblichte Insel öfters suchten, sagt Brückmann, nannten sie daher diesen Stein, als sie ihn darauf entdeckten, Topazion, von Topazin, welches Wort, in troglodytischer Sprache, suchen bedeutet. Wenn es aber gewiß ist, wie es sich nachher entwickeln wird, daß die Alten unter ihrem Topas einen ganz andern Stein als unsern Topas verstunden, so wird dadurch diese Ableitung allerdings unzuverlässig und schwankend. Nun will zwar der Hr. v. Born, wie er in seiner Ausgabe des Kerns Abhandlung von dem Schneckensteine sagt, eine bessere Ableitung des Worts Topas in einer andern seiner Schriften bekannt gemacht haben, da ich aber diese Schrift nicht besitze,

---

b) Magnalia Dei in locis subterran. P. I. p. 284.
c) Hist. Nat. Lib. 37. Cap. 2. und 8. nach der Müllerischen Ausgabe Cap. 9, 32, S. 268, 278.

und unmöglich alles besitzen kan, so kann ich auch meinen Lesern davon keine Nachricht geben, und sie werden auch hoffentlich darunter nichts verlieren, wenn sie nur den Stein selbst kennen.

Nach Herrn Werner d) hat er nachfolgende äussere Kennzeichen. Man findet ihn von schwärzlich= und gelblichgrauer, gelblich= und grünlichweisser, am gewöhnlichsten aber von einer aus dem Dunklen bis ins ganz Blasse abwechselnden weingelben Farbe, (Topas im engern Verstande;) man hat ihn auch von einer hohen Mittelfarbe zwischen Oliven= und Zeisiggrün, (Chrysolith, wenn solcher anders hieher gehört) und blaßberggrün, (Aquamarin.) Er kommt derb, eingesprengt, in stumpfeckigen Stücken, in rundlichen Körnern, am häufigsten aber in achtseitige Säulen krystallisirt, bey denen immer 2 und 2 Seitenflächen unter einen sehr stumpfen Winkel zusammenschliessen; die Endkanten, welche immer 2 und 2 dergleichen Seitenflächen mit der Endfläche machen, zugeschärft, die Ecken, welche sich an den zwey gegenüberstehenden scharfen Seitenkanten befinden, stark abgestumpft, und die drey Ecken, welche sich um eine jede der grossen Abstumpfungsflächen herum befinden, wiederum abgestumpft sind, vor. Die Krystallen sind die Länge gestreift. Der äussere Glanz dieses Steins ist zufällig. Inwendig ist er gemeiniglich stark glänzend, bisweilen auch nur glänzend, überhaupt aber von gemeinem Glanz. Er ist gerabbiätricht, und zeigt, wenn er derb gefunden wird, klein= und grobkörnige abgesonderte Stücke. Seine Bruchstücke sind unbestimmteckig. Er wird durchsichtig, halbdurchsichtig und durchscheinend gefunden, ist hart, und übertrifft hierinnen den Bergkrystall fühlt sich sehr kalt an, und ist nicht sonderlich schwer, doch ebenfalls schwerer als der Quarz oder Bergkrystall."

Herr Leibarzt Vogel e) giebt von dem Topas den Begriff: Wenn ein Diamant gelb ist, so heißt er ein Topas. Wenn man die Edelsteine nach der Härte beurtheilt, so ist dieser Begriff falsch, da dem Topas eigentlich die vierte Stelle unter den Edelsteinen gehört. Man hat indessen Diamanten, die mehr oder weniger in die gelbe Farbe spielen, und es trägt sich zuweilen zu, daß solche Topasen für Diamanten ausgegeben werden, man pflegt daher auch wohl den Topasen durch das Feuer ihre Farbe zu nehmen, um sie dadurch den Diamanten ähnlich zu machen, und es ist nicht schwer, Ungeübte zu hintergehen, da die Topasen, wenn sie gut und rein sind, ein schönes Feuer zu haben pflegen.

Volckmann nennet den Topas einen schönen gelben durchsichtigen Stein, der im Dunk=

---

d) In seiner Ausgabe des Cronstedt Th. I. S. 97.
e) Prakt. Mineral. S. 141.
f) Silesia subterranea p. 27.

Dunklen einen schönen Glanz von sich gebe; der orientalische, sagt er, funkle wie das reinste Gold, der occidentalische aber sey mit der Goldfarbe etwas schwärzlich, auch zuweilen ganz weiß, und weicher als ein Krystall. Das letztere ist indessen neuern Erfahrungen gänzlich zuwider.

Domare g) sagt von dem Topas überhaupt, er sey ein vieleckigter, durchsichtiger, leuchtender, glänzender Edelstein, von sehr lebhafter, lichter, oder dunkler Goldfarbe, welche dunkle, grünliche und ein wenig bräunliche Strahlen von sich werfe. Von dem orientalischen Topas sagt er, daß man diejenigen vorzüglich wähle, welche mehr atlas- als sammtartig, hoch an Farbe, jedoch nicht allzugelb oder zu blaß, nicht grünlich oder wasserfarbig wären, der endlich gleichsam mit Goldblättchen angefüllt zu seyn schiene, ohne doch dergleichen zu haben; der rechte Topas habe eine lebhafte, helle, gleich ausgetheilte Goldfarbe, welche in das Jonquille oder Citronengelbe falle, sey durchsichtig, und nehme eine schöne Politur an.

Die ausführlichste Nachricht vom Topas giebt uns der Herr Prof. Gmelin. h) Roh, sagt er, hat er immer eine gelbe, bald blässere, bald höhere, bald reinere, bald unreinere Farbe; im Feuer brennt er sich gemeiniglich weiß, zuweilen, wie einige brasilianische, roth. Er ist nicht sonderlich schwer, und zeigt sich gemeiniglich in Krystallen von mittlerer Grösse, welche oft der Länge nach gestreift sind, und gemeiniglich aus einer achtseitigen, zuweilen an zwey gegenüberstehenden Seitenkanten zugeschärften Ecksäule, und aus einer sechsseitigen flach abgestumpften Pyramide bestehen. Durch diese Gestalt, ob man gleich in Brasilien und den Morgenländern zuweilen abgerundete Stücke, auch Krystallen mit vierseitiger Ecksäule und vierseitiger Pyramide, oder mit sechsseitiger Ecksäule, und dreyseitiger Pyramide, sehr selten mit zwey Pyramiden findet, und Delisle unter den morgenländischen solche gesehen hat, welche aus zwey vierseitigen, abgestumpften und mit ihrer Grundfläche zusammenstossenden Pyramiden bestehen, noch mehr durch seine grössere Härte, schönern Glanz und stärkeres Feuer unterscheidet er sich von einigen gleichgefärbten Arten des Krystalls, die diesen Namen führen. Er ist nach dem Saphir der härteste Edelstein, läßt sich aber von diesem sowohl, als noch mehr vom Rubin und Diamant ritzen; überhaupt verhält sich seine Härte zur Härte des Diamants wie $1 = 7$. Sein inneres Gewebe ist zartblättricht. Seine Grösse ist verschieden, aber bey den europäischen gemeiniglich desto geringer, wie reiner der Stein ist. Ob er gleich für sich nicht schmelzt, so schmelzt

Aa 3 er

---

g) Mineralogie Th. I. S. 240. f.
h) Linnäisches Naturs. des Mineralr. Th. II. S. 106. f.

er doch, wenn man ihn fein zerrieben mit Borax vermengt, zu einem ungefärbten Glase, und glättet man ihn zwischen einem feinen und trocknen Sande, so behält er Feuer und Klarheit. Seine eigenthümliche Schwere verhält sich zur Schwere des Wassers wenigstens wie 3460, höchstens wie 4560 : 1000. Linné leitet seine Farbe von Eisen und Bley, andre von Kupfer her. Man kann ihn wenigstens mit Menning, oder einem andern Bleykalke, wenn man zwey oder drey Theile davon mit einem Theile weißer geschlemmter Kiesel zusammenschmelzt, oder wenn man vier Loth Speiß, zwölf Gran gebrannten Braunstein, ein halbes Quentchen Weinstein, und 6 Gran Ruß, oder Kohlenstaub, untereinander schmelzt, sehr gut nachahmen. Er gehört unter die guten Steine, und wird, wenn er schön weiß gebrannt, und gut geschliffen ist, oft für Diamant, oder wenn er schön roth gebrannt ist, für Rubin verkauft, ob er gleich, besonders nach dieser Veränderung, durch das Feuer noch lange nicht die Härte dieser Steine erlangt.

Derjenige Stein, den Plinius am angef. Orte seiner Naturgeschichte Topazion nennet, ist zuverlässig nicht unser Topas; er zählet ihn nicht nur unter die grünen Steine, sondern führet auch zwey Arten desselben an, den Prasoidem und Chrysopteron, von welchem letztern er sagt, er sey dem Chrysopras ähnlich.

Wahrscheinlich ist der Topas des Plinius unser Chrysolith. Hingegen macht uns Plinius einen andern Edelstein bekannt, den er Chrysopis nennet, welches vielleicht unser Topas seyn könnte. Denn wenn er von diesem Steine sagt: Aurum videtur esse, so scheinet er dadurch verstehen zu wollen, daß sein Chrysopis eine wahre Goldfarbe habe, eine Erscheinung, die an manchem, zumal orientalischen Topas, gar nicht ungewöhnlich ist. Der Herr von Born, sagt Brückmann, i) hat sich in den Abhandlungen einer Privatgesellschaft in Böhmen, S. 1. bemühet, aus dem Agatharoides, Diodorus, Strabo und Orpheus zu beweisen, daß der Topas der Griechen ein goldgelber Stein, wie derjenige, den wir in unsern Zeiten Topas nennen, gewesen sey. Er hält den Topas des Plinius für undurchsichtig, oder doch wenigstens nur für halbdurchsichtig, und folglich für eine Achat= oder Jaspisart. Es ist zwar andem, daß Plinius seinen Topas im achten Kapitel zugleich mit undurchsichtigen Steinen beschreibt, allein er beschreibt auch in dem folgenden Kapitel, worinnen er von den Jaspisarten handelt, seinen Amethyst, Hyacinth u. s. w. und in dem siebenden Kapitel die Karfunkel und Sarder. Jedoch dürfen wir nach diesen Ueberschriften die Steine nicht beurtheilen, weil er fast in allen Kapiteln durchsichtige, halbdurchsichtige und undurchsichtige Steine

---

i) Erste Fortf. der Abhandl. von den Edelst. S. 67.

Steine untereinander gemischt, und den Titel des Kapitels nicht befolgt hat.

Von dem Topas der Alten und sonderlich des Plinius giebt uns Herr Leibarzt Brückmann k) selbst folgende Nachricht: „Der Topas der Alten wird vom Plinius als ein grüner Stein beschrieben, und soll auf der arabischen Insel Chitis zuerst ausgegraben seyn. Er soll von einer Insel Topazon des rothen Meers seinen Namen erhalten, und sich auch nachher in der Gegend der Stadt Alabastrum in Thebais gefunden haben. Er wird unter den Edelsteinen als der gröste, und so weich, daß ihn die Feile angreift, beschrieben. Plinius nennet zwey Arten desselben, den Prasios und den Chrysopteros, welcher dem Chrysopras, wegen der Farbe des Lauchsafts, gleichet. Er wurde nicht, wie die übrigen Edelsteine, mit dem nexischen Wetzstein geschliffen. Obgleich die mehresten neuern Naturforscher den Topas der Alten für unsern Chrysolith halten, so kann doch auf solchen nicht gedeutet werden, wenn Plinius meldet, daß aus ihm vier Ellen hohe Bildsäulen wären verfertiget worden, denn Niemand wird jemals behaupten wollen, daß man Chrysolithe von solcher Größe gefunden habe, aus welchen dergleichen große Arbeiten hätten können verfertiget werden. Ferner schreibt er vom Chrysopras, daß dessen Farbe vom Topase sich zur Goldfarbe neige, und kurz nachher vergleicht er andre Steine mit den rauch- und honigfarbigen Topasen. Es ist also sowohl wahrscheinlich, daß die Alten unter ihrem Topase unsern Chrysolith, als es wahrscheinlich, daß sie, wenn sie von den grossen Stücken reden, darunter eine grüne Jaspisart verstanden haben. Aus des Plinius Beschreibung des Chrysoliths werden wir deutlich ersehen, daß die Alten unsern Topas mit diesem Namen belegt haben. Er sagt nemlich: Der Chrysolith ist glänzend goldfarbig, und kommt aus Aethiopien. Den Vorzug behalten die indianischen, und wenn sie rein sind, die bactrianischen. Die arabischen sind schlecht, weil sie unrein zu seyn pflegen. Man hält diejenigen für die besten, welche, wenn man sie gegen das Gold hält, solches dagegen weißlich und silberfarben scheinend machen. (Unser Schriftsteller scheinet hiemit sagen zu wollen, daß die glänzende Goldfarbe dieses Steins die Farbe und den Glanz des Goldes übertreffe.) Ferner schreibt Plinius: Die schön durchsichtigen werden in ofne Kasten (a jour) verfasset, und andern wird eine Folie von Messing untergelegt. Die Chryselectri fallen in die Farbe des Bernsteins, und sehen des Morgens am angenehmsten aus; die pontischen sind leicht, bald hart und röthlich, bald weich und unrein. Bochus gedenket eines spanischen Chrysoliths,

---

k) Abhandl. von den Edelsteinen S. 115. f.

welcher 12 Pfund am Gewichte hatte, welcher vielleicht ein gelblicher Krystall mag gewesen seyn. Leucochrysi sind diejenigen, welche eine Krystallader haben, und Capniae, welche räuchrich aussehen. Es giebt glasartige, welche in die Safranfarbe fallen. Einige sehen dem Glase in allem gleich, jedoch unterscheiden sie sich durch das Gefühl, und sind wärmer anzufassen. Meyerusi sind von derselben Art, kommen aus Indien, sind zerbrechlich, und haben die Farbe eines klaren goldgelben Honigs. Diese des Plinius Beschreibung des Chrysoliths lässet uns keinen Zweifel, daß nicht unter demselben unser Topas, und unter dem *Capnias* sehr wahrscheinlich unser Rauchtopas oder brauner Krystall verstanden werde.

Ueber die Farbe der Topase will ich jetzo nicht besonders reden; sowohl meine ganze Abhandlung, als auch besonders die Folge, wo ich die besondern Topasarten einzeln anzeigen und beschreiben werde, wird darüber hinlängliche Auskunft geben. Jetzo bemerke ich nur, daß Henkel l) von dem sächsischen Topas sagt, daß er nach dem Grade der gelben Farbe der Mergelerde, darinnen er gefunden werde, bald hoch, bald blaßgelb sey. Walch m) schliesset daraus, daß die gefärbten Steine, welche mit der Erde, darinnen sie gefunden werden, einerley Farbe haben, auf folgende Art entstanden sind, daß die gefärbte Erde im Wasser sich von ihren bey sich habenden metallischen Theilchen, wo nicht gänzlich, doch zum Theil losmache, und damit das Wasser färbe, sich selbst niederlasse, und dadurch die gefärbte Masse ihre Durchsichtigkeit erhalte. Wallerius n) behauptete zwar ehedem, daß der Topas seine Farbe im Feuer erhalte, allein er lies diese Meynung nachher fahren. Denn es ist entschieden, was auch Cronstedt o) behauptet, daß die Farbe des Topas im Feuer verschwindet. Er widerstehet zwar eine ziemlich lange Zeit einem starken Feuer, aber endlich verliert er seine Farbe, ob es gleich gewisse brasilianische Topasen giebt, die ihre Farbe im Feuer in eine rothe verwandeln, und dadurch, wo nicht dem Rubin, doch wenigstens dem Balaßrubin ähnlich werden. Hr. Brückmann p) macht uns die Versuche bekannt, die Hr. Quist in Absicht auf die Würkung des Feuers auf alle Topasarten gemacht hat. Er sagt: „Der lichtgrüne ceylonische Topas verlohr durch die Calcination die Farbe, wurde schwerer, war für sich unschmelzbar, wiewohl er mit Borax und Kalch zu einem klaren reinen Glase schmolz. Der feuergelbe sogenannte Oliventopas aus Ceylon verlohr durch die Calcination seine Farbe,

---

l) In den kleinen mineralogischen Schriften S. 348.
m) Systemat. Steinreich Th. II. S. 54. f.
n) Mineralreich S. 156.
o) Cronstedt Mineralogie, Brünnichs Ausg. S. 53.
p) Abhandl. von den Edelsteinen S. 121.

be, wurde weiß, und mit Borax zu einem reinen ungefärbten Glase. Der lichtgelbe klare orientalische Topas wurde in der Calcination schwerer und dunkel, in reinem Sande aber calcinirt, wurde er weiß, blieb klar, behielt sein Gewicht, und mit Borax verhielt er sich, wie der vorhergehende. Der klare und gefärbte Jagaon litte in der Calcination keine Aenderung, als die Klarheit, und schmolz mit Borax zum Glase. Der grünliche brasilianische Topas zerfiel in der Calcination in scheibigte Stücken, wie Spath, verlohr die Farbe, wurde dunkel und schwerer, schmolz für sich nicht, mit Borax aber zu Glase. Der lichtgelbe grünliche brasilianische Topas, oder Perodoll, wurde durch die Calcination weniger klar, behielt die Farbe, wurde schwerer, und mit Borax zum Glase. Der weisse klare brasilianische wurde in der Calcination heßlich, undurchsichtig, und bekam eine dunkle Rinde. Im Sande calcinirt blieb er klar, schmolz für sich nicht, und mit Borax verhielt er sich wie die erstern. Der feuergelbe ganz klare brasilianische Topas verlohr in der Calcination seine Farbe, wurde undurchsichtig, bekam eine dunkle Rinde, und sein Gewicht blieb unverändlich. Im trocknem Sande über gelindem Feuer gebrannt, wurde er blaßroth, welches in stärkerm Feuer sich wieder verlohr,

er wurde weiß, und blieb klar. Man sagt, diese rohen Topase nehmen diese Röthe nicht eher an, biß die äussere Rinde weggenommen ist, und soll bey der Calcination der rohen Topase diese rothe Farbe gleich verschwinden. Mit Borax schmolz er, wie die andern, zu Glase. Die beste und sicherste Art, diesen Topasen die Farbe der Balaßrubine zu geben, ist folgende: Sie werden in einen Schmelztiegel, welcher mit Asche angefüllt ist, gethan, und auf ein Kohlfeuer gesetzt. Dieses wird stufenweise verstärkt, bis der Tiegel roth und glüend wird. Wenn er erkaltet ist, werden die Topase herausgenommen, und haben sie alsdann die Farbe der Balaßrubine erhalten. Wenn man sie noch heis aus dem Tiegel nimmt, so bekommen solche an der Luft Risse und Federn. Der lichtgelbe matte schneckenstieger Topas schmolz für sich nicht, gab mit Borax in starker Hitze ein weisses klares Glas. In zweystündiger Calcination zersprang er in dünne parallele Stücke, ward undurchsichtig, bekam eine heßliche Oberfläche, behielt jedoch sein Gewicht.

Da ich, um des Verhaltens der Farbe des Topas im Feuer willen einmal auf die chymischen Versuche mit demselben gekommen bin, so will ich sogleich die übrigen Nachrichten aus Herrn Brückmann q) und Pott r) mit-

---

q) Zweyte Fortsetzung der Abhandlung über die Edelsteine S. 68. f.
r) Chymische Erfahrungen über den sächsischen Topas, in der Li-

mittheilen, die hieher gehören.

Es ist merkwürdig, sagt Herr Werner, so fängt Brückmann an, daß die Topasen immer mit Steinmark und Speckstein brechen, ja an einigen Stufen hat mir ein würklicher Uebergang aus dem verhärteten Speckstein in Topas statt zu haben geschienen. Dies veranlaßt in mir die Vermuthung, ob wohl der Topas gar zu dem Geschlecht der Talkarten gehöre, oder doch wenigstens die Talk- und Bittersalzerde mit enthalten könne. Herr Brückmann sagt: Vorgedachte Muthmasung des Hrn. Werners scheinet die chemischen Versuche des Hrn. Marggrafs (Nouveaux memoires de l'Acad. roy. des Scienc. Année 1766. a Berlin. S. 73.) zu widerlegen. Diesem zufolge enthält der sächsische im nassen Wege eine kalk- und thonartige Erde, die Herr Marggraf zu Zusatz verschiedener Körper im Schmelzfeuer untersucht hat. Auch die Versuche des Hrn. Ritter Torb. Bergmanns (Sammlungen zur Physik und Naturgeschichte, II. Band, III. Stück, S. 281.) sind der Muthmasung des Hrn. Werners nicht günstig, denn sie ergeben, daß der goldgelbe sächsische Topas 8/100 Kalkerde, 6/100 Eisen, 46/100 Alaunerde, und 39/100 Kieselerde enthalte. Nach Hrn. Brugmanns (Magnetismus seu de affinit. magnet.) Versuchen wurde der Topas vom Magnet nicht angezogen, weil er mit unter die Steine gehört, die im Feuer ihre Farbe verlieren, die wahrscheinlich statt etwas Eisenhaltem ein bloses Brennbares enthalten. Vermuthlich nahm Hr. Bruckmanns den sächsischen Topas, der sich im Feuer weiß brennt, zu diesen Versuchen. Der brasilianische Topas, vorzüglich der dunkelgelbe, welcher sich bekanntermasen im Feuer roth brennt, und zuverlässig Eisen enthält, wurde nach Herrn Brückmanns Versuchen vom Magnet schwach angezogen. Einige dieser brasilianischen Topase brennen sich zwar sehr schön roth, doch behalten sie auch noch gelbrothe Stellen, welche doch nur, unter einem gewissen Winkel gegen das Licht gehalten, zum Vorschein kommen. Ein solcher Stein hat daher, wenn er geschliffen ist, etwas Opalisirendes, dann und wann viel Feuer, und ein angenehmes Aüssehen. Hr. Darcet in seinen Abhandlungen über die Würkung eines gleich starken und mehrere Tage lang anhaltenden Feuers auf eine grosse Menge Erdarten und metallische Kalke, gröstentheils so, wie sie aus der Erde kommen, erwähnt auch das Verhalten einiger Topasarten. Von einem Topas, dessen Vaterland er nicht nennt, Herr Brückmann vermuthet, daß er orientalisch war, sagt Herr Darcet, daß er im

im Feuer Gestalt, Farbe und Glanz behalten habe; doch ist es noch zweifelhaft, ob dieser Stein ein Topas war? Von dem bra=
silianischen Topas behauptet er, daß er im Feuer weiß, und mit einem dünnen Häutchen, wie mit einem spröden Glasblätt=
chen, sey bekleidet worden. Ver=
muthlich war dieser kein brasi=
lianischer, sondern ein sächsi=
scher Topas, oder bloser gelber Kryſtall; denn es iſt bekannt ge=
nug, daß ſich der braſilianiſche Topas roth brennt. Von dem braſilianiſchen Topas lehren Herrn Gerhardts Verſuche (in der Geſchichte des Mineralreichs II. Th. S. 32.) daß ein Stein von 3 Karath 7 1/2 Gran (ei=
gentlich 4 Kar. 3 1/2 Gr.) im Thontiegel nicht ſchmolz, aber ſeine Durchſichtigkeit und 9 1/4 Gr. ſeines Gewichts verlohr, und weiß wurde; im Kreiden=
tiegel, ein Stein von 3 Karath 6 1/4 Gr. (4 Kar. 2 1/4 Gr.) ſchmolz nicht, verlohr aber ſei=
ne Durchſichtigkeit und 9 1/4 Gr. ſeines Gewichts, und hatte eine graue Farbe; im Kohlen=
tiegel, ein Stein von 3 Karath 8 1/4 Gran (eigentlich 5 Kar. 1/4 Gr.) ſchmolz nicht, und blieb durchſichtig, auch Farbe und Gewicht blieb unverändert. Es iſt merkwürdig, ſagt Herr Brückmann, daß keiner dieſer Verſuche dem braſilianiſchen Topas die rothe Farbe, die doch bekanntermaſen, beſonders bey den hochgelben, ſo leicht und ſo ſchön erfolgt, gegeben hat, muthmaßlich haben die hohen Grade des Feuers dergleichen Wirkung verhindert.

Die Verſuche die Pott vor=
genommen hat, betraffen den Sächſiſchen, oder ſogenannten Schneckentopas, und giengen eigentlich dahin, ob und wie man denſelben zum Fluß brin=
gen könnte? Nach denen Tabel=
len der zweyten Fortſetzung ſind folgende Reſultate entſtanden.
1) Topas allein verlohr im bloſſen heftigen und anhal=
tenden Feuer ſeinen Glanz und Durchſichtigkeit, wur=
de trübe und milchfarbig, mürbe und blättricht.
2) Topas mit einem Alcali, gleichſchwer, kamen nicht zum Fluß, die Farbe wur=
de weißgelblich, und die Maſſe war nur etwas zu=
ſammen gebacken.
3) Ein Theil Topas und 3 Theile Alcali cauſticum, kamen nicht zum Fluß, die Farbe wurde grünlich.
4) Ein Theil Topas, und 8 Theile alcali fiengen an ein wenig zu flieſſen, die Farbe wurde weiß, und Vereinigung und Härte war wie ein Alabaſter.
5) Ein Theil Topas, und 10 Theile Alcali, kommen noch zu keinem rechten Fluß, das Alcali war meiſt aus dem Tiegel geſchwizt, ohne den Topas anzu=
greiffen.
6) Topas, Alcali, und cal=
cinirter Borax, von jedem gleiche Theile, kommen gänzlich in Fluß, die Durchſichtigkeit wird klar und brillant, die Farbe wird weißlich, und die Här=
te wie ein Achat.

7)

7) Zwey Theile Topas, ein Theil Alcali, und ein Theil calcinirter Borax gehen in einen schönen gelblichen Fluß.

8) Zwey Theile Topas, 1 Theil Alcali, 2 Theil calcinirter Borax und etwas destillirter Grünspan, wurde ein Masse wie ein weißlicher Achat, und reducirte sich ein Gran Kupfer.

9) 4 Theile Topas, 2 Theile Alcali, 1 Theil Borax und ein wenig Zaffera gehen in einen schönen Fluß, der bald bräunlich bald schwärzlich ist.

B. mit dem Salpeter.

10) 2 Loth Topas, 1 Loth Salpeter, und 6 Quentchen calcinirter Borax wollen nicht recht zusammen in Fluß gehen.

11) 4 Loth Topas, 2 Loth Salpeter, 1 Loth Borax, 45 Gran destillirter Grünspan, und 20 Gran präparirter Blutstein, sind zu einer undurchsichtigen röthlichen Masse zusammengeflossen.

12) 4 Loth Topas, 2 Loth Salpeter, 1 Loth Borax, und ein wenig Goldpurpur wurde eine nur etwas undurchsichtige hin und wieder ziemlich röthliche Masse, oben auf liegen Körner vom allerschwersten Golde reducirt.

13) 8 Theile Topas, 8 Theile Salpeter, 4 Theile Borax, ein Theil destillirter Grünspan fliessen zu einer Masse, die schön roth, wie ein Sigellack ist.

C. mit Borax.

14) 2 Theile Topas, 1 Theil Borax, fangen schon an zu fliessen, und schäumen zusammen, sind von Farbe wie weiß Porcellain, doch ist die Masse löchricht.

15) 6 Quentchen Topas, 3 Quentchen calcinirter Borax, und 2 Quentchen Berggrün wird eine grüne Masse, die gerne überläuft.

16) Topas und Borax in gleichen Theilen genommen, fliessen ziemlich schön, die Masse wird klar, und schielet in das gelbliche.

17) Ein Theil Topas, 3 Theile Sal mirabile und etwas Borax, wird eine feste Masse, welche wie weiß Porcellain an Farbe siehet.

D. mit *Sale fusibili microcosmico.*

18) 2 Theile Topas, 1 Theil Sal fus. microc. und ein wenig Zaffera gehen in einen guten Fluß zusammen, der wie ein Türkis aussiehet.

19) 3 Loth Topas, 6 Quentchens Sal fus. microc. und 3 Quentchens Berggrün machen eine milchfarbene und gelbe Masse.

20) Topas und Sal fusibile microc. in gleichen Theilen genommen fliessen noch merklich dünner, und läßt sich mit Zaffera auch der blauen Stärke blau anfärben.

21) Ein Theil Topas, 1 Theil Sal fus. microc. und ein wenig Goldpurpur fliessen

sen in eine gelbweißliche Masse, das Gold fand sich zum Korn reducirt.

22) Ein Theil Topas, 2 Theile Sal fus. microc. fliessen recht zart zusammen, werden aber nicht recht durchsichtig, und haben die Farbe wie ein weisser Achat.

E. mit den **Metall-Kalken**.

23) 1 Theil Topas, ein auch 2 Theile Vitrum antimonii machen eine blasigte, undurchsichtige gelbliche Masse, die gut Feuer schlägt.

24) 2 Theile Topas, ein Theil Mennig, fliessen zusammen, haben die Farbe wie weiß Porcellain, und schlagen gut Feuer.

25) 1 Theil Topas, ein auch 2 Theile Mennig fliessen noch schöner, werden durchsichtig, gelb, und schlagen noch gut Feuer.

26) Ein Theil Topas, 2 Theile Mennig und ein wenig Kupferkalk, kommen recht gut zu einem Flusse, der undurchsichtig und röthlich ist, oben stehen reducirte Bleykörner.

27) Topas und Kupferasche, beydes in gleichen Theilen genommen, kommen in völligen Fluß, und sehen roth wie Kupferschlacken.

28) 2 Loth Topas, 1 Loth Alcali, und 3 Quentchen Berggrün fliessen gut zusammen, sind weißlich mit gelben Flecken, doch noch etwas blasigt.

29) Ein Theil Topas, und 1/2 Theil Luna cornua, wird eine gelbbraune Masse, die nicht zum Fluß kömmt.

F. mit **spanischer Kreide**.

30) Ein Theil Topas, und 2 Theile geschlemmte Kreide, kommen nicht zum Fluß, sind undurchsichtig und scharf zusammengebacken.

31) Ein Theil Topas, und 3 Theile geschlemmte Kreide gehen ganz unmerklich in einen undurchsichtigen, weissen auch gelblichen etwas löcherigen Fluß.

32) Ein Theil Topas, 3 Theile geschlemmte Kreide und ein wenig Luna cornua, fliessen zusammen, sehen grünlich, und die Masse schlägt gut Feuer.

33) Ein Theil Topas, 3 Theile geschlemmte Kreide und ein wenig Berggrün und Borax kommen auch in Fluß, der nicht recht durchsichtig, und theils schön grün, theils gelb ist.

34) Ein Theil Topas, und 4 Theile Kreide oder Marmor, bleiben unveränderlich.

35) Ein Theil Topas, und 3 Theile Marienglas kommen nicht zum Fluß, die Farbe ist weiß, und die Masse ist nur mäsig zusammen gebacken.

36) 4 Theile Topas, 4 Theile spanische Kreide, und 6 Theile Alcali kommen gar nicht zum Fluß.

37) 3 Theile Topas, 1 Theil spanische Kreide, und 3 Theile

Theile Alcali, gehen schon in einen etwas schäumnigen Fluß.

38) 2 Theile Topas, 2 Theile spanische Kreide, 2 Theile Alcali, 1 Theil Borax, fliessen auch zusammen, sehen wie ein weißgrauer Achat, und sind noch etwas löcherieht.

39) Sechs Theile Topas, 1 Theil spanische Kreide, 6 Theile Alcali und 2 Theile Borax gehen in einen vollkommenen, schönen Fluß, der vortreflich weiß, und hart wie ein Achat ist.

G. mit Flußspath.

40) 1 Theil Topas, und 2 Theile Flußspath gehen in einen zarten, grauweißlichen Flusse.

41) Topas und Flußspath, von jedem gleich schwer, fliessen noch zarter, und die Masse wird wie ein rechter compacter Achat.

42) Zwey Theile Topas, und 1 Theil Flußspath fliessen schöner als alle die vorigen, und es wird eine ziemlich schöne klare gelbliche Masse.

43) 2 Theile Topas, und 1 Theil Flußspath fliessen schöner als alle die vorigen, in eine ziemlich schöne klare gelbliche Masse.

44) 2 Theile Topas, 1 Theil Flußspath und ein wenig Goldpurpur fliessen in eine weißliche Masse, und sind an Vereinigung und Härte wie ein Achat.

45) 1 Theil Topas, 3 Theile Flußspath, 4 Theile geschlemmte Kreide, von dieser Mixtur zwey Theile, gehen recht gut in einen milchfarbenen Fluß, und werden wie ein Opal.

46) Ein Theil Topas, 3 Theile Flußspath, 4 Theile geschlemmte Kreide, von dieser Mixtur 1 Theil gehen auch in einen zarten Fluß, der oben klargelb, unten milchfarb, und wie ein Opal ist.

47) Zwey Theile Topas, 3 Theile Flußspath, 4 Theile geschlemmte Kreide, von dieser Mixtur 1 Theil, fließt unter diesen drey letzten am schönsten, wird meist klar, unten gelblich, noch wenig milchfarb und feste.

Noch sagt Herr Pott s) über das Verfahren, wie man den Topas zum chymischen Versuche pulverisiren könne, daß er seiner Härte wegen schwer zu pulverisiren sey, daß daher im Stossen von den metallenen Mörsern sehr viel abgerieben werde. Man müsse solches mit Scheidewasser, Aqua regis, oder Spiritu vitrioli, wieder besonders extrahiren, und mit Wasser edulcoriren, wenn man ein rein Pulver davon haben will; oder noch besser, man darf ihn nur sehr oft stark glühen, und im kalten Wasser ablöschen, so spaltet er sich nach und nach in kleine Lamellen,

---

s) Erste Fortf. der Lithogeognosie S. 114.

mellen, wird mürbe und blättricht, und dann kann man ihn in einen ganz reinen glatten eisernen Mörsel vollends klein stossen, oder in einer gläsernen Schale zerreiben.

Hieraus ist nun von selbst leicht zu schliessen, fährt der berühmte Pott fort, daß ihm das heftigste Feuer nichts anhaben wird, um ihn für sich in einen Fluß zu bringen; indessen ändert es ihn merklich, denn durch blosses heftiges und lang anhaltendes Feuer verliert er ganz und gar seinen brillirenden Glanz, seine Durchsichtigkeit vergeht, er wird trübe, milchfarben und mürbe, er hänget nicht mehr zusammen, er spaltet sich blättricht, so daß man daher fast etwas gypsartiges, oder spathartiges darinne vermuthen sollte; allein der Demant und Saphir arten sich darinne eben so. Ein mäsiges Feuer hingegen thut ihm nichts, so daß er vielmehr mit Beybehaltung seiner Durchsichtigkeit, sowohl, als mit Vermehrung seines brillirenden Wesens, dadurch heller wird und sich nicht brennet, und das um soviel schneller und schöner, wenn man verschiedene künstliche Zusätze damit vermischt, und sie zusammen unter behutsamer Regierung des Feuers mäsig durchglüet, (daß sich hier indeß manche brasilianische Topase in Balasrubinen verwandeln, ist schon oben erinnert.) Herr Pott brauchte zu seinen Versuchen, wie schon gesagt, den sächsischen Topas, und allemal ein sehr heftig anhaltendes und gewaltsames Feuer.

Daß in Rücksicht auf die Farbe des Topas verschiedene Naturforscher behaupten, daß sie nicht von Eisen herkommen könne, sondern daß sie etwas Brennbares seyn müsse, weil sie im Feuer verschwindet, haben wir schon oben gehört. Andre Naturforscher glauben, sie kommen von Bley her; Hill r) aber hält dafür, daß sich einige mit einer Säure aufgelößte Kupfertheilchen mit den Bleytheilchen vereiniget, und sich in die Steinmasse bey seiner Bildung gemischt hätten. Dieses sucht er daher zu beweisen, weil der Topas allezeit eine Vermischung von Grün und Gelb an sich habe; eine Behauptung, die sich nicht auf alle Beyspiele anwenden läßt. Voldmann leitet die Farbe des Topasen von einem martialischen oder bleyhaltigen Schwefel her, und behauptet folglich, daß Eisen, Bley und Schwefel die Farbe des Topas erzeuget hätten.

Ueber die Härte des Topas erklären sich die Gelehrten nicht übereinstimmend, ob sie gleich demselben durchgängig eine grose Härte beylegen, und das ist schon daher deutlich, daß sie am Stahle helle Funken geben, der Feile zwar nicht gänzlich, aber doch stark widerstehen, und Glas schneiden. Aber über den eigentlichen Grad der Härte erklärt man sich nicht auf einerley Art. Voldmann räumet ihm nach dem

---

r) Anmerkungen zum Theophrast, Baumgärtners Ausg. S. 96. 97.

dem Diamant die gröſte Härte ein, und faſt eben dieſes behauptet Vogel, u) denn er ſagt, daß die Topaſe dem Diamant und dem Saphir in der Härte am nächſten kommen. Lact x) erklärt ſich widerſprechend. An dem einen Orte ſagt er von ſeinen Chryſolithen, darunter er aber die Topaſe verſtehet, daß die ächten unter ihnen alle andre Steine an der Härte übertråfen, und ſogar den Diamanten am näheſten kämen; an dem andern Orte aber ſetzet er ſie nach den Rubinen und Saphiren, und geſtehet ihnen alſo die vierte Härte der Edelſteine ein, welches auch Hr. Wallerius thut, wie aus ſeinen obigen Begriffen deutlich iſt. Doch das hat ſchon vor ihm Pott, y) doch mit einiger Ungewißheit, geſagt. „Von ſeiner Härte, ſagt er, iſt bekannt, daß er die Feile aushält, ja er wird wohl nach dem Diamant, Saphir und Rubin für den härteſten angegeben, deswegen iſt er auch höchſtſchwerflüſſig zum Verglaſen zu bringen, läßt ſich bey weitem nicht ſo zu Glas ſchmelzen, wie ein Bergkryſtall, ſondern er inclinirt vielmehr zu einer Kalkwerdung. Durch dieſe Härte verräth er ſich auch bald, wenn ein brauner Kryſtall (Rauchtopas) im Feuer, durch digeriren oder extrahiren, ſeiner Farbe beraubt und einem Topas ähnlich gemacht worden iſt."

Aber auch die Figur unterſcheidet beyde, wenn man nemlich beyde Steine, den Topas und den Rauchtopas in ihrem natürlichen Zuſtande betrachten kann.

Doch über die Figur der Topaſe erklären ſich die Naturforſcher ebenfalls nicht übereinſtimmend. Indeſſen glaube ich doch nicht, daß unter ihnen ein wahrer Widerſpruch herrſche, da die Topaſen nach den verſchiedenen Gegenden, wo ſie gefunden werden, auch eine verſchiedene Figur anzunehmen pflegen. Darinnen verſahen es daher verſchiedene Schriftſteller, daß ſie zu unbeſtimmt redeten, und nicht des Vaterlandes gedachten, wo dieſer oder jener Topas gefunden wurde, oder ob es wahrer Topas, oder ein bloſer gelb gefärbter Kryſtall war. Ich werde die merkwürdigſten Topaſen in der Folge beſchreiben, und dann auf ihre eigenthümliche Figur Rückſicht nehmen. Jetzo ſollen es nur einige vorläufige Anmerkungen und Bemerkungen über dieſe Sache ſeyn, die ich mittheile.

Der Herr Leibarzt Vogel legt dem Topas eine ſechseckigte Figur bey, z) und Herr v. Juſti ſagt, a) ſie würden wie ein Kieſel gefunden. Ich habe einen überausgroſſen Topas in der Form eines Kieſels geſehen, der ſich in dem herzoglichen Kabinet zu Jena befindet, es kann aber doch möglich ſeyn, daß dieſer,

---

u) Praktiſches Mineralſyſtem S. 142.
x) de gemmis et lapidibus S. 47. 49.
y) Erſte Fortſ. der Lithogeogn. S. 114.
z) Praktiſches Mineralſyſtem S. 141.
a) Grundriß des geſ. Mineralſ. S. 204.

ſer, und alle Topaſe, die in Kieſelform erſcheinen, vielleicht abgerieben ſind, und dadurch ihre ehemalige kryſtalliniſche Figur verlohren haben. Indeſſen iſt es mir wieder gewiſſermaſen unerklärlich, wie ein ſo feſter harter Stein, wie der Topas iſt, abgeſchliffen werden, und doch eine auſſere Rinde behalten kan, die durchaus hinweggenommen werden muß, wenn er in ſeiner Durchſichtigkeit, in ſeinem Glanze und in ſeinem Feuer erſcheinen ſoll. Von der Art iſt der groſe Topas, von dem ich ſo eben redete.

Der Herr Prof. Gmelin b) verſichert, daß ſich in der Göttingiſchen öffentlichen Sammlung wahre durchſichtige und undurchſichtige Topaſe mit einfacher und gedoppelter, ſtumpfer und ſpitziger, vierſeitiger und ſechsſeitiger Pyramide befinden. Den orientaliſchen Topas nennet Herr Deliſle c) einen abgeſtutzten achtſeitigen Kryſtall, oder ein abgeſchnittenes Octaedron. Herr Brückmann d) ſagt: Eigentlich iſt er zehnſeitig, und bildet ſich durch zwey viereckigte mit ihren Grundflächen aufeinander geſetzte Pyramiden, deren Spitzen abgeſchnitten ſind. Dieſe Kryſtallfigur gleichet inſofern den Diamant- und Rubinkryſtallen, wenn man die abgeſchnittene Spitzen ausnimmt. Eben dieſer Hr. Brück-

mann redet a. a. O. vom braſilianiſchen baſaltförmigen Topas, der eine vierſeitige rhomboidaliſche gereifte Säule hat, welche ſich an beyden Enden an eine vierſeitige Pyramide ſchlieſet, deren Flächen glatte Dreyecke ſind. Die Pyramide hat Hr. Brückmann an vielen dieſer Kryſtalle ſehr ungleich geſehen, auch drey- vier- und fünfſeitige. In des Herrn Davila Verzeichniſſe wird auch der braſilianiſchen Topaſe gedacht, die zwar ſäulenförmig, jedoch rundlich oder walzenartig beſchrieben werden, ſo daß man die Anzahl der Flächen nicht genau beſtimmen koynte. Bisweilen fallen dieſe Säulen in eine mehr oder weniger platte Figur. Herr Brückmann e) beſitzt auch den ſibiriſchen Topas, der vollkommen ſäulen- und ſchörlförmig, gereift, von unbeſtimmten Seiten und abgebrochenen Endſpitzen iſt; und ſagt, daß man, wiewohl ſelten, braſilianiſche Topasſäulen mit fünfſeitigen Pyramiden finde. Derjenige Topas, f) der aus Orient kommt, und Pink genennt wird, iſt priematiſch oder ſäulenförmig, vier- fünf- und ſechsſeitig, und ſchlieſet ſich in eine ſtumpfe vier- und mehrſeitige Spitze. Der braſilianiſche feuergelbe und citronfarbige Topas iſt ſäulenförmig, vier- und fünfſeitig, ſchiefwinklicht, oder rhomboida-

---

b) Linnäiſches Naturſyſtem des Mineralr. Th. II. in der Vorrede.
c) Cryſtallographie, deutſch S. 239.
d) Erſte Fortſ. von den Edelſteinen S. 69.
e) Zwente Fortſ. von den Edelſteinen S. 69.
f) ſ. Brückmann von den Edelſteinen S. 118.

boidalisch, und schliesset sich in eine vier = und fünfseitige stumpfe Spitze. Der rothe sogenannte Pink ist säulenförmig, sechsseitig, mit einer dreyseitigen Spitze. Desselben Grundfläche ist ein Dreyeck, dessen drey Winkel abgeschnitten sind. Herr Brückmann führet ferner einen gelbrothen, säulenförmigen, vierseitigen mit einer vierseitigen Spitze an; ferner einen gelblichgrünen, der schiefwinklicht und cubisch, und *Perodell* oder *Perodoll* genennt wird; den Schneckenstein oder Schneckentopas, (s. Schneckentopas) der säulenförmig ist, und dessen Pyramide sechs, sieben, acht, neunstreifige ungleiche Seiten hat, welche sich nach oben an vier, fünf und sechs kleine ablaufende Seiten schliessen, und diese wiederum an eine horizontale Fläche. Der mannsfeldische hellgelbe Topas ist an beyden Enden zugespitzt, und hat sechs Seiten, welche sich in der Mitte an andre sechs Seiten schliessen.

Herr Delisle g) hat nur von drey Topasarten die Krystallisation angegeben. Von dem morgenländischen Topas sagt er, daß er ein abgestutzter achtseitiger Krystall sey, und daß es ihm scheine, daß er ein aus zwey, mit ihren Grundflächen zusammenhängenden, abgestutzten vierecktigten Endspitzen bestehender zehnseitiger Krystall zu seyn schiene. Von dem brasilianischen Topas behauptet er, daß er eine Basaltgestalt habe, und daß er eine vierseitige schrägwürfliche Säule von gestreiften Flächen, mit zwey gleichfalls vierseitigen Endspitzen von dreyeckigten und glatten Flächen sey. Endlich giebt er dem sächsischen Topas eine säulenförmige Gestalt mit Endspitzen, oder eine länglichte mehrentheils achtseitige Säule, von ungleichen Flächen, mit zwey abgestutzten sechsseitigen Endspitzen.

So sehr also die Schriftsteller in der Bestimmung der Krystallfigur der Topase abweichen, so deutlich ist es aus dem Angeführten, daß sie nicht von einerley Topasart reden, und daß also der Topas, so wie der Farbe, also auch der Figur nach, in verschiedenen Abänderungen vorkomme.

Die Grösse der Topasen ist so sehr verschieden, als ihre Figur. In den mehresten Fällen werden sie zwar, so wie alle andre Edelsteine, entweder ganz klein, oder doch wenigstens nur von einer mittleren Grösse gefunden; indeß hat man doch auch Beyspiele, die hierinnen eine merkwürdige Ausnahme machen. Kundmann h) erzählet uns folgendes, für dessen Richtigkeit ich indeß nicht Bürge bin: "In alten Zeiten hat man davon so grosse Stücke gehabt, daß man ganze Statuen, wie der *Arsinoue* des *Ptolomaci Philadelphi* Gemahlin, davon, von vier Ellen, verfertigen können. Eben so haben der Hr. Kammerpräsident Graf von Schafgotsch

---

g) Crystallographie S. 239. f.
h) Rariora naturae et art. p. 197.

gotsch) aus grossen Stücken Topas, so auf der Herrschaft Kühnau bey Hirschberg gebrochen worden, sonderbare Trinkgeschirre verfertigen lassen. Der schönste rohe Topas, so ich besitze, ist eines kleinen Kindeskopfes gros, und ein ordentlicher runder Handstein darinnen, weil auf einer Seite etwas heruntergeschlagen, er zwar gänzlich durchsichtig ohne Brüche, doch inwärts eine Landschaft wie Silber zeigt, welcher aber nichts anders als heller Krystall ist, so Bäume und schöne Prospecte vorstellet. Mir wurde ein Topas zum Kauf offeriret, welcher oval und rautenmäßig unterwärts zugeschliffen, oberwärts aber mit dem Bildniß *Poppaeae* geschnitten war. Dieser Stein war fast drey Zoll lang, und eben so breit, und soll in Leipzig auf tausend Thaler geschätzt worden seyn." Hr. Vosmaer aus dem Haag hat dem Herrn Leibarzt Brückmann i) in einem Schreiben gemeldet, daß in der Naturaliensammlung des Durchl. Herrn Erbstadthalters ein orientalischer Topas, welcher 12 medicinische Pfunde wiegt, befindlich sey. Dieser Stein sey durch den ehemaligen Gouverneur, Herrn Cojet, von Amboina mitgebracht: ob er aber daselbst gefunden sey, wisse Herr Vosmaer nicht. Er sey ausserordentlich schön, noch unförmlich, und nur auf seiner Oberfläche polirt. Der grosse Topas zu St. Denis in Frankreich sey weder so gros noch so schön. Herr Brückmann hält dafür, daß diese beyden grossen Steine sehr schöne topasfarbige Bergkrystalle sind, und daß es nicht wahrscheinlich sey, daß sich je wahre Topase von dergleichen Grösse gefunden haben, noch sich finden werden. Als wahre Topase wären bis jetzt nur die brasilianischen und schneckensteiner bekannt.

Eines sehr grossen Topases in der Herzoglichen Naturaliensammlung zu Jena habe ich oben gedacht; er kann leicht die Grösse zweyer Mannsfäuste haben, und er soll orientalisch seyn. In dem ehemaligen Kaltschmidtischen Naturalienkabinette, welches jetzo in den Händen des Durchlauchtigsten Fürsten von Rudolstadt ist, habe ich selbst einen fünf Pfund schweren Topas gesehen, der aber die Form eines Kiesels hatte. k) In eben diesem Kaltschmidtischen Kabinette befand sich noch ein in Form eines Kegels geschnittener Topas, von ansehnlicher Grösse, Klarheit und Schönheit, der einen prächtigen Glanz angenommen hatte.

Ganz zufälliger Weise, und nur in einzelnen Beyspielen, trift man Topase an, welche Erzmütter sind. Kundmann l) gedenket eines Topases mit gewachsenem Silber, der aber wohl ein bloser topasfarbiger Berg-

---

i) Abhandl. von den Edelst. 2te Fortf. S. 66. f.
k) Schröter vollst. Einleitung Th. I. S. 113.
l) Promt. rerum nat. et artificial. p. 66.

Bergkrystall, oder wohl gar ein Flußspath war.

Schon oben, da ich von der verschiedenen Figur der Topase sprach, ergab es sich, daß dieser Stein in verschiedenen Abänderungen erscheine, und daß man daher mehrere Arten desselben annehmen könne; das haben auch die Gelehrten, doch auf verschiedene Art, gethan.

Herr Delisle m) setzt drey Arten fest: 1) den morgenländischen Topas. Topaze d'Orient. 2) den brasilianischen Topas. Topaze du Bresil. 3) den sächsischen Topas. Topaze de Saxe.

Beym Cronstedt n) finden wir eine gedoppelte Eintheilung. Nach der ersten nennet er uns 1) den Topas; 2) den gelblichgrünen Topas, nemlich den Chrysolith; 3) den gelblichgrünen und wolkigen Topas, nemlich den Chrysopras, und 4) den bläulichgrünen Topas, oder den Berill. In der andern Eintheilung verstehet er den eigentlichen Topas, von welchem er folgende vier Arten nennet: 1) den blaßgelben Topas, der beynahe ungefärbt ist, und auf dem Schneckensteine bricht; 2) den gelbern Topas, der ebendaselbst bricht; 3) den hochgelben oder goldfarbigen Topas, den orientalischen Topas; 4) den brandgelben Topas.

Der Herr von Bomare o) hat nur zwey Arten, den orientalischen und den occidentalischen.

Herr Wallerius p) hat ihrer mehrere, die er also angiebt: 1) Topazius flavus. Topazius orientalis. 2) Topazius pallide flavus. Germanicus. 3) Topazius subcitrinus, vulgo Olivetopas. 4) Topazius dilute flavus, ad viredinem parum inclinans. Perodoll. e) Topazius viridescens. f) Topazius clarus, hyalinus. Jagnon. g) Topazius rubens. h) Topazius fuscus. i) Topazius flave rubens. Hyacinthus.

Herr Brückmann q) hat nur drey Arten: Die erste, sagt er, ist der Farbe nach weißgelblich; die zweyte, als die beste, ist schön helle goldgelblich, und die dritte Art ist bräunlich, oder rauchfarbig, weshalb auch diese Steine Rauchtopase genennet werden.

Weit ausführlicher hat Herr Brückmann in der neuern Ausgabe seiner schönen Abhandlung von den Edelsteinen r) die verschiedenen Arten und Abänderungen des Topases angegeben. Es sind folgende: 1) orientalischer hochgelber, gelbgrünlicher, bräunlicher, mattrother Topas, welcher in Italien Pink genennet wird. 2) brasilianischer feuergelber und citronenfarbiger Topas. 3) rother sogenannter Pink. 4) gelbrother Topas. 5) gelblichgrüner Topas,

---

m) Crystallographie S. 239. f.
n) Mineral. Werners Ausg. S. 97. f.
o) Mineralogie Th. I. S. 240.
p) Syst. miner. T. I. p. 251. f.
q) Von den Edelsteinen, erste Ausg. S. 38.
r) S. 118. 119.

paſ, welcher Perodell oder Perodoll heißt. 6) lichtgelber
zum Theil weißlicher vom Schne-
ckenſtiege im Voigtlande. 7)
Jagoon, geſplitterter Topas.
8) mannsfeldiſch hellgelber ziemlich feuriger Topas.

Am ausführlichſten hat\der
Herr Prof. Gmelin s) die Arten und Abänderungen des To-
paſes auseinandergeſetzt, der
uns folgende angiebt: 1) wei-
ſer klarer morgenländiſcher. 2)
Jagoon. 3) matt lichtgelb. 4)
Oliventopas. 5) Hyacinthe veritable. 6) gelbroth. 7) Pink.
8) dunkelbraun aus Zeylon. 9)
Perodoll. 10) mattgrünlicht.
11) grünlicht. 12) lichtgrau
aus Zeylon.

Noch gebe ich aus meinen
Quellen von zwey Topasarten
Nachricht.

1) von den ruſſiſchen To-
paſen. Herr Pallas t)
ſagt, daß in den bereſof-
ſtiſchen Goldgruben in
Siberien ſich in den Gold-
gängen ſowohl einzelne als
in Druſen zuſammenge-
wachſene Topaſe, welche
wie die ſächſiſchen und braſilianiſchen abgeſtumpfte
Pyramiden haben. (Die
braſilianiſchen haben in-
deſſen, wie der Herr Prof.
Brückmann anmerkt, der-
gleichen Pyramiden nicht.)
Sie ſind von verſchiedener
Farbe, Güte, und zwiſchen
durch von beträchtlicher
Gröſſe. Auch pflegen ſich
daſelbſt die Gänge, wo Topaſe ſind, zu veredlen. Es
werden auch im Nertſchin-
ſkiſchen Hüttenbezirk gelbliche Topaſen auf den Bergen beym Dorfe Igdot-
ſchinſkaja, ingleichen am
Onon gefunden, ohne daß
der rechte Geburtsort be-
kannt wäre. x)

2) die vulkaniſchen Topa-
ſe, wenn ich ſo reden darf.
In dem Catalogo delle Ma-
terie appartenenti al Vesuvio
wird verſichert, ſagt Herr
Leibarzt Brückmann, y)
daß auch die Topaſe zu den
Auswürfen dieſes Berges
gehören. Der ungenannte
Verfaſſer dieſer Schrift be-
ſchreibt dieſe Topaſe klein,
ohngefähr wie Hanfkörner,
und von unbeſtimmter Fi-
gur. Er glaubt, an ihnen
zwey entgegengeſetzte Py-
ramiden zu ſehen. Sie ſollen ſich in Marmor und
Talke finden, und übrigens,
wie die mehreſten vulkaniſchen Edelſteine, mürbe und
bröcklich ſeyn, auch im Feuer
ſchwarz werden. Einige
ſollen ſich doch gut verar-
beiten laſſen, und den böh-
miſchen an Güte und
Schönheit gleich kommen.
Herr Brückmann ſetzt die
gegründete Anmerkung hin-
zu: Vermuthlich ſind ſie
eine bloſſe Schörlart.

---

s) Linnäiſches Naturſ. des Mineralr. Th. II. S. 108.
t) Reiſen Th. II. S. 109.
u) Erſte Fortſ. der Abh. von den Edelſt. S. 77.
x) Neue nordiſche Beytrage IV. Band S. 240.
y) Am angeführten Orte.

Was die Bearbeitung z) des Topases anlangt, so bedienen sich die Edelsteinschneider, wenn sie einen Topas schleifen, nach der Beschaffenheit der Härte, einer bleyernen, oder zinnernen, oder kupfernen Scheibe. Der kupfernen Scheibe bedienet man sich sonderlich darum, damit man dem Steine die rechte Politur gebe, und den wahren Glanz, dessen der Stein fähig ist; ausserdem nimmt man zu dieser Arbeit mehrentheils eine Scheibe von Bley. Sind die Topasen nicht allzuhart, so bedienet man sich des Smirgels oder eines feinen Trippels, wozu man sonderlich den venetianischen erwählt. Bey harten Topasen wird das Diamantpulver, und bey den allerhärtesten das Diamantbrod, und der Stein erhält, wenn er sonst rein ist, ein gar schönes Feuer. Man giebt ihm, sagt Herr Gmelin, gemeiniglich eine Goldfolie, oder man vergoldet den Kasten, worein man ihn faßt, inwendig; die morgenländischen und amerikanischen Steine schleift man mit Smirgel oder Diamantpulver, und polirt sie mit Trippel auf kupfernen Scheiben; hingegen die europäischen schleift man mit Smirgel, oder dem Steine, darinnen sie wachsen, auf bleyernen Scheiben, und polirt sie mit Trippel auf zinnernen Scheiben, oder man schleift sie gemeiniglich wie Brillanten. Die ceylonischen Topase, wenn sie schön und geschliffen sind, werden nicht selten für gelbe Diamanten verkauft, und die weißgebrannten Topase, ob sie gleich einen Theil ihrer Härte verlieren, gerathen oft so schön, daß sie, wenn sie gut geschliffen sind, den Diamanten sehr nahe kommen.

Ueber den **Werth** a) der Topase erklären sich die Schriftsteller verschieden; so viel ist aber gewiß, daß ihr Werth nicht allzugros sey, der Stein müste denn von einer vorzüglichen Schönheit seyn. Ehedem gab man vor, daß ein Topas von zwey Scrupel 50 Rthlr. koste. Zu Lessers Zeiten müssen sie in weit grösserm Werthe gewesen seyn, denn er legt ihnen den halben Werth der Diamanten bey, er redet aber, wie er ausdrücklich sagt, von den besten Topasen. Der Herr v. Justi sagt, daß er gemeiniglich nur halb so viel koste, als ein Amethyst von eben der Grösse. Die sächsischen Topase vom Schneckenstein, ob sie gleich oft sehr schön ausfallen, sind in unsern Tagen überaus weit heruntergefallen. Hätte freylich der Topas diejenigen Heilskräfte, die man ihm ehedem beylegte, so würde dieses seinen Werth sehr erhöhen. Man gab, wie Herr Baumer sagt, vor, daß er wider

---

z) Brückmann von den Edelst. erste Ausg. S. 39. zwente Ausg. S. 124. Vogel praktisches Mineral. S. 142. Gmelin Linnäisches Naturs. Th. II. S. 108.

a) Schröter vollst. Einl. Th. I. S. 113. Lesser Lithotheol. S. 404. v. Justi Grundriß des ges. Mineralr. S. 203. Baumer Hist. lapid. pretios. p. 96. s.

der die Hämorrogie und Epilepsie die vortheilhaftesten Wirkungen äussere, daß er das Herz und den Verstand stärke, daß er die Melancholie und schreckliche Träume verhindre, und was dergleichen abgeschmackte Dinge mehr sind.

Man giebt in den Schriftstellern folgende Oerter und Gegenden an, wo sich Topase in den Morgenländern und Abendländern finden: Abyßinien, Aethiopien, Arabien, Aracan, Bengalen, Böhmen, Brasilien, Campoje, Capelan, Ceylon, China, Grafschaft Glatz, Indien, Ißland, Lappland, Mannsfeld, Nordhausen, Orams, Ostindien, Parraguay, Pegu, Persien, Peru, Sachsen, Sähefelder in der Grafschaft Glatz, Schlesien, Schneckenstein, oder Schneckenstieg im Voigtlande, Schreibehahn, Schweiz, Sibirien, Siebenbürgen, Spanien, Strigau, Insel Topasis, Ungarn, Grafschaft Veldenz, Voigtland.

Topas, böhmischer, ist eigentlich ein gelbgefärbter Krystall. Herr Quist b) hat ihn chymisch untersucht. Vom Stahl wurde er geritzt, verlor die Farbe im Feuer, wurde rissig, schmolz für sich nicht, und mit Borax zu einem weissen klaren Glase.

Topas, brasilianischer, c) lat. Topazius brasiliensis, franz. Topaz du Bresil. Er macht eine vierseitige schrägwürfliche Säule von gestreiften Flächen, mit zwey gleichfalls vierseitigen Endspitzen, von dreyeckigen glatten Flächen. Dies ist die Gestalt, sagt Herr Delisle, welche diese Art haben muß, wenn man ihre Krystallen als vollständig, und mit beyden Endspitzen versehen, annimmt; aber man findet sie so sehr selten. Wie man sie gemeiniglich antrifft, scheinen sie mit dem einen Ende der Säule an einer Mutter angesessen zu haben, wie denn auch die Säule an der Stelle allemal abgebrochen ist. Der im Verzeichnisse des Herrn Davila beschriebene brasilianische Topas war einer von diesen unvollständigen Topasen. Folgendes wird davon in II. Bande dieses Verzeichnisses S. 270. Art. 694. gesagt: „Ein reiner brasilianischer Topas, von einem schönen Wasser. Sein Krystall besteht aus einer vierseitigen schrägwürflichten Säule, die sich mit dem einen Ende in eine kurze Spitze, von eben so vielen dreyeckigen Flächen, endiget. An der Säule, deren Grundflächen eine flache länglichtrautenartige Oberfläche zeigt, ist noch das zu bemerken, daß ihre vier Flächen leicht gefurcht sind, wie beym brasilianischen Smaragd. Herr Sage setzt zu dem vorhergehenden noch dieses hinzu, daß diese Säulen mehr oder weniger zusammengedrückt, ihre Furchen der Länge nach gehen, und bey einigen deutlicher als bey

---

b) Brückmann von den Edelsteinen S. 123

c) s. Delisle Crystallographie S. 239. Brückmann Abh. von den Edelst. S. 118. 121. 122. dessen erste Forts. S. 69. f. Gmelin Linnäisches Natursyst. des Mineralr. Th. II. S. 111.

bey andern sind, daß zuweilen die beyden Endspitzen fehlen, und der Ort, wo sie abgebrochen sind, zwar glänzend und eben genug, aber doch blättricht, oder aus sehr dünnen und wagerechten Platten, wie die Glimmer, zusammengesetzt ist. Die abgeriebenen Säulen zeigen kaum noch einige Spuren ihrer ursprünglichen Furchen. Die Farbe dieser Topase wird im Feuer verändert und roth. — Die brasilianischen weissen Topase und Chrysolithe haben vollkommen die eben beschriebene Gestalt, und unterscheiden sich von den Topasen nur durch ihre Farbe.

Herr Delisle blieb blos bey der eigentlichen Krystallfigur des brasilianischen Topases, die mancherley Abänderungen lehren uns Herr Gmelin und vorzüglich Herr Brückmann. Hr. Brückmann macht uns mit folgenden bekannt:

1) Den brasilianischen feuergelben und citronenfarbigen, der säulenförmig, vier- und fünfseitig, schiefwinklicht oder rhomboidalisch ist, und schliesset sich in eine vier- und fünfseitige stumpfe Spitze.

2) Der grünliche brasilianische Topas zerfiel, da ihn Herr Quist chymisch untersuchte, in der Calcination in scheibigte Stückchen, wie Spath, verlohr die Farbe, wurde dunkel und schwerer, schmolz für sich nicht, mit Borax aber zum Glase. Das ist wahrscheinlich eben der Topas, den Herr Gmelin den mattgrünlichten nennet, und von dem er folgendes sagt: „Er kommt aus Brasilien, und wird vom Rubin und Saphir leichter geritzt, als die übrigen Unterarten, zerspringt im Feuer, wenn er nicht nach und nach erhitzt wird, in kleine Scheibchen, gewinnt aber dabey am Gewichte, schmelzt mit Borax leichter als die übrigen, und wenn ihm auch noch schwerer Spath zugesetzt wird, ziemlich leicht zu einem hellen Glase. Seine eigene Schwere verhält sich zur Schwere des Wassers wie 3570 : 1000.

3) Der lichtgelbe grünliche brasilianische Topas, oder Perodoll, wurde durch die Calcination weniger klar, behielt die Farbe, wurde schwerer, und mit Borax zum Glase.

4) Der weisse klare brasilianische wurde in der Calcination heßlich, undurchsichtig, und bekam eine dunkle Rinde. Im Sande calcinirt, blieb er klar, schmolz für sich nicht, und mit Borax verhielt er sich wie die erstern.

5) Der feuergelbe ganz klare brasilianische Topas verlohr in der Calcination seine Farbe, wurde undurchsichtig, bekam eine dunkle Rinde, und sein Gewicht blieb unveränderlich. Im trocknem Sande über gelindem Feuer gebrannt, wurde er blaßroth, welches im

im stärkern Feuer sich wieder verlohr; er wurde weiß, und blieb klar. s. vorher Topas.

6) Der brasilianische basaltförmige Topas, dessen Krystallfigur ich schon oben angegeben habe. Ich setze hinzu, was Herr Brückmann sonst noch von ihm sagt. „Für allen andern Edelsteinen siehet man an diesen Topasen eine blättrichte Fügung, fürnehmlich an den grossen Stücken. Es ist etwas seltenes, daß man einen ganz vollkommenen vollständigen, an beyden Enden zugespitzten oder mit Pyramiden versehenen Topaskrystall erhalte. Ja unter einigen Tausenden findet man kaum einen, dessen Pyramide nicht schadhaft sey. — Bey einigen sind die Flächen der Pyramide nicht glatt, sondern haben besondere schräge gekerbte oder schuppichte Furchen, an der Zahl zwey, drey, auch vier übereinander. Auf einigen Säulen der Brückmannischen Sammlung siehet man auf denen etwas scharfen Kanten, durch die Brechung der Lichtstrahlen, eine blaue und violette Farbe. Die ganz reinen und zugleich grossen Topaskrystallen sind ausnehmend selten. Sie haben häufige Federn und andre Unreinigkeiten, die nach ihrer Oberfläche häufiger als nach inwendig sind. Auf ihrer Oberfläche sind sie oft, wie der Bergkrystall, mit einem grünlichen, grauen und schwärzlichen Glimmer überzogen. Sie finden sich von beträchtlicher Grösse. Eine anderthalb Zoll lange Säule in der Brückmannischen Sammlung, welcher die Pyramiden fehlen, wiegt dennoch eine Unze. Die Farbe dieser Topase steigt von der weiß= und citrongelben bis zu der dunkelrothgelben hinauf. Die Erfahrung hat gelehrt, daß die dunkelgelben, trüben und unreinen durch das Brennen eine höhere und schönere Balaßrubinfarbe annehmen, als die lichtgelben. —

7) Eine zweyte Art dieser brasilianischen Topase hat eine gleiche Krystallform, sie fallen aber bald mehr bald weniger in das Gelbgrüne, und wenn sie rein sind, übertreffen sie an Feuer und Schönheit, so wie auch merklich an Härte, den schönsten Chrysolith, so daß jene von diesen durch das blose Ansehen leicht können unterschieden werden. Sowohl die gelben als grünlichen werden auch als Kiesel in Brasilien gefunden.

8) Rother ziemlich dunkler fast purpurfarbiger brasilianischer Topas ist der seltenste unter den westindischen, und hat vieles und ein angenehmes Feuer. Hr. Brückmann verstehet hierunter nicht den zur Rubinfarbe

farbe des Ballaß gebrannten Topas, denn jener hat seine Farbe von Natur. Vielleicht sind dieses die schörlartigen oder basaltförmigen Rubine, welche Delisle und das Davilaische Verzeichniß beschreiben.

Topas, ceylonischer. d) Von diesen nennet uns Herr Brückmann blos den lichtgrünen, der nach Herrn Quists Beobachtungen durch die Calcination seine Farbe verlohr, schwerer wurde, für sich unschmelzbar war, wiewohl er mit Borar und Kalch zu einem reinen ungefärbten Glase schmolz; und den Oliventopas. Der Herr Prof. Gmelin macht uns mit mehreren ceylonischen Topasarten bekannt, denn er nennet folgende:

1) Mattlichtgelb. So ist der sächsische, der sonst auch Zapfentopas heißt. Man findet auch einen ähnlichen auf dem Eylande Ceylon und in St. Georg. Die beyden letztern sind härter, und nimmt man die Härte des Diamants = h an, so ist ihre Härte gleich 1. Der erstere hat in Vergleichung mit der eigenen Schwere des Wassers, eine Schwere wie 3570, der zweyte wie 4360, und der dritte wie 4060 : 1000. Wird er mässig geglüet, so leuchtet er sehr schön im Dunklen; calcinirt man ihn zwey Stunden lang, so zerspringt er in dünne Blättchen. Mit gemeinem Salze oder Bleyglase kommt er schwer in Fluß; mit Bleyasche schmelzt er zu einer porzellanartigen Masse, mit Salpeter und Borar zu einem Glase, welches theils durchsichtig, theils milchig ist; mit einem Theil Borar und einem Theil Arsenik, welche mit Laugensalz versetzt ist, zu einem schönen durchsichtigen topasgelben Glase.

2) Oliventopas. s. Topas, Oliventopas.

3) Pink. s. Topas, Pink.

4) Dunkelbraun. Er bestehet aus einer vierseitigen Ecksäule mit einer vierseitigen Pyramide an dem einen Ende, und dem Abdruck an dem andern. Seine Schwere verhält sich zur Schwere des Wassers, wie 4460 : 1000.

5) Grünlichter. Er bestehet aus einer vierseitigen geradewinklichten Ecksäule, mit einer vierseitigen Pyramide. Seine eigene Schwere verhält sich zur Schwere des Wassers, wie 4000 : 1000.

6) Lichtgrau. Er brennt sich im Feuer weißdunkel, und gewinnt dabey am Gewichte. Reibt man ihn roh zu einem feinen Staube, so wird er weiß, und schmelzt man ihn mit Borar oder ungelöschtem Kalk, so giebt er ein ganz helles, reines und

---

d) Brückmann Abhandl. S. 121. Gmelin Linnäisches Naturs. des Mineralr. Th. II. S. 109. f.

und ungefärbtes Glas. Seine eigene Schwere verhält sich zur Schwere des Wassers, wie 4560 : 1000, und ist also grösser als bey allen übrigen Topasen.

Topasfluß. So heißt eigentlich der Flußspath, wenn er eine topasgelbe Farbe hat, man verstehet aber darunter den unächten Topas, den Krystall, der wie der Topas gefärbt ist, und daher auch Topaskrystall heißt. s. Topaskrystall.

Topas, gesplitteter, s. Jagaon.

Topas, Hyacinthe veritable. Er ist rothgelb, und bestehet aus einer vierseitigen Ecksäule mit einer vierseitigen Pyramide, oft an beyden Enden. In einem gelinden Feuer zwischen trocknem Sande geglüet, nimmt er eine mattrothe Farbe an. Seine eigene Schwere verhält sich zur Schwere des Wassers, wie 4360 : 1000. Er zeichnet sich durch seine grössere Schwere, Strengflüssigkeit und Härte von den Hyacinthen aus. e)

Topas, Jagaon. f) Er unterscheidet sich von den übrigen Topasen blos dadurch, daß er gesplittert ist, und hat mit ihnen die gleiche Härte. Seine eigne Schwere verhält sich zur Schwere des Wassers, wie 4160 : 1000. Er ist klar, gelb oder grünlicht. Diese Steine erhalten dieses Ansehen entweder durch ein künstliches oder unterirdisches Feuer, und durch eine plötzliche Erkältung. Hr. Quist setzt die Jagaoner zu den eigentlich sogenannten orientalischen Topasen; und nach seinen Versuchen litte der klare ungefärbte Jagaon in der Calcination keine Aenderung, als die Klarheit, und schmolz mit Borar zum Glase.

Topaskrystall, Topasfluß, gelber Krystall, gelber Quarz, unächter Topas, schlesischer Topas, böhmischer Topas, Bastarttopas, latein. Pseudotopasius, Iris subcitrina, Iris citrina, Pseudopazius citrinus *Wall*. Crystallus hexagona flavescens *Wall*. Crystallus citrina id. Citrium id. Crystallus lutea *Bom*. Crystallus colore flavo *Carth*. Nitrum fluor flavum *Linn*. Nitrum lapidosum quarzosum flavum *Linn*. Crystallus citrina topasii fere orientalis aemula *Velsch*. Crystallus colore quasi electrino *Luid*. Iris subcitrina Italis et Gallis citrina vocata *Boodr*. Citrium gemmariorum, Topasium Bohemicum aut Silesiacum, Topasius spuria, Bohemica dicta *Henkel*. fr. La Topase de Bohême, ou Crystall citrin *Delisle*. Crystall jaune ou fausse Topase jaunatre *Bom*. holl. Topaas Quarzen. Man findet ihn, sagt der Herr Prof. Gmelin, g) vornehmlich in Böhmen und Schlesien, besonders im Fürstenthum Jauer und Schweidniz, sehr oft lose in gelber leimichter und sandiger Erde, aber auch fest auf Quarz, oder

---

e) Gmelin Linndisches Naturf. Tb. II. S. 110.
f) Gmelin l. c. S. 109. Brückmann Abhandl. von den Edelsteinen S. 119. 121.
g) Am angef. Orte S. 40. f.

oder schwerem Spathe. Er hat oft, besonders der schlesische, alles, bis auf die Gestalt, die bey dem ächten Topas eine achtseitige Säule mit einer stumpfen Pyramide ist, selbst Feuer, Härte und Schwere, mit jenem gemein; doch ist diese bey dem böhmischen geringer, und verhält sich zur Schwere des Wassers nur wie 2810 : 1000, auch wird dieser vom Stahle geritzt. Er brennt sich im Feuer weiß, zuweilen auch braun, und bekommt Risse; schmelzt aber für sich niemalen im Feuer; aber, wenn er fein zerrieben und mit Borax vermischt wird, zu einem klaren ungefärbten Glase. Seine Farbe ist eben so verschieden, als bey dem ächten Topase, und zuweilen nur von aussen, und in der Kummelgrube in Schlesien hat man einen solchen Krystall gefunden, der allein sechs Pfunde schwer war. Seine Durchsichtigkeit ist auch nicht immer durch den ganzen Stein gleich; zuweilen hat er seiner ganzen Länge nach milchigtscheinende Adern oder fremde Körper eingeschlossen, oder inwendig Klüfte und Spalten. Er wird, wie der ächte Topas, geschliffen und gefaßt, und oft dafür verkauft. Seine Gestalt ist verschieden, aber immer sechsseitig.

1) Schlesischer Topas, mit einer Ecksäule und zwey Pyramiden. Findet sich auch in Schemnitz.
2) Schlesischer Topas, mit einer Ecksäule und einer Pyramide. Ist der gewöhnlichste.
3) Gelber Krystall, mit zwey Pyramiden ohne Ecksäule. Findet sich in dem Pacherstollen und Brennerstollen bey Schemnitz in Ungarn.
4) Gelber Krystall, mit einer dreyeckigen Pyramide, ohne Ecksäule. Findet sich ebendaselbst.
5) Thurmförmiger gelber Krystall. Findet sich im Pacherstollen bey Schemnitz.

Volckmann h) thut in Rücksicht auf die schlesischen Topase weiter nichts, als daß er die Oerter anführt, wo sich in Schlesien Topase finden. Sie werden auf dem Riesengebürge beym grossen Teiche, und auf dem Kommer- oder Gomberge gefunden. Im Jaurischen und bey Schildau wird er oftmals in sehr grossen Stücken gegraben; ihn führet auch der Jser und der Zacken. Zuweilen bricht er bey dem grossen Teiche auf dem Riesengebürge, zu Schreibers Hau und auf dem Kynast bald hinter dem Schlosse, insonderheit zu Hermsdorf unter dem Kynast ganz weiß, wie ein weisser Saphir, oder heller Krystallfluß. Auf dem Zeißgen-Hübel bey Schmiedeberg hat sich ein Stück wie ein Kalbskopf gros gefunden.

Zuweilen schielt der Krystall blos, doch bald weniger bald mehr, in die gelbe Farbe, und bey Drusen von der Art ist oft ein

---

h) Silesia subterranea P. 1. p. 27.

ein Zacken reicher, ein andrer ärmer, und ein dritter gar nicht gefärbt. Von der Art besitze ich eine ansehnliche Stufe aus Norwegen.

Der sächsische Topas aus dem Voigtlande, oder der sogenannte Schneckentopas, gehört nicht unter die Topaskrystalle, ich wiederrufe daher einen deswegen ehedem begangenen Irrthum. i)

Topas, mannsfeldischer, ist hellgelb und ziemlich feurig; er ist an beyden Enden zugespitzt, hat sechs Seiten, welche sich in der Mitte an andre sechs Seiten schliessen. Er findet sich in einem Dorfe, gros Orner genannt, woselbst ein Bauer, in einem Steinbruche in seinem Keller, solchen in den Ritzen zwischen einer gelben Erde findet. Wegen seiner Krystallfigur muß er zu den gelben Bergkrystallen, oder zu den vorhergehenden Topaskrystallen gerechnet werden.

Topas, Oliventopas. k) Er ist feuergelb, und man findet ihn auf Ceylon, und einen ähnlichen in Brasilien. Der letztere bestehet öfters aus einer vierseitigen Ecksäule mit einer vierseitigen Pyramide, und bald geraden bald schiefen Winkeln. Im Feuer geglüht bekommt er undurchsichtige weisse Wolken, oder eine dunkle Rinde, und auch mit Borar schmelzt er schwerer, als andre Unterarten des Topases; brennt man ihn mit einem gelinden Feuer zwischen trocknem Sande, so nimmt er eine blaßrothe Farbe wie ein blasser Rubin an. s. Topas. Die Schwere des letztern zur Schwere des Wassers ist wie 3460, die Schwere des erstern hingegen wie 4260 : 1000. Er gehöret unter die wenigen Topase, die das meiste Feuer und die gröbste Härte haben, und auch am mehresten geachtet und am theuersten bezahlt werden.

Topas, orientalischer. s. Topas. Des weissen klaren morgenländischen gedenket Gmelin, l) und sagt, daß er lockrer als die übrigen sey, und im Calciniren ein herrlisches Ansehen und eine dunkle Farbe bekomme; seine eigne Schwere verhalte sich zur Schwere des Wassers, wie 3570 : 1000. Man muß ihn aber nicht mit den sogenannten Topasen verwechseln, die man in der Grafschaft Veldenz findet, und zu Manheim unter diesem Namen verkauft werden. Diese sind blos Bergkrystalle. Man muß sie aber auch nicht mit den Topasen verwechseln, die erst im Feuer weiß gebrannt werden; diese sind viel lockerer in ihrem Gewebe, als die natürlichen. Er wird oft unter dem Namen ceylonischer Diamant verkauft.

Topas, Perodoll. Er spielt aus der lichtgelben in die grüne Farbe, und hat in seinen Krystallen die Gestalt eines schiefwinklichten Würfels. Im Feuer verliert er zwar etwas von seiner

---

i) Meine vollst. Einl. Th. I. S. 212. 213.
k) Gmelin l. c. S. 109. 110. Brückmans von den Edelst. S. 181.
l) l. c. S. 108. 109.

seiner Klarheit, aber nichts von seiner Farbe, und nimmt am Gewichte zu. Seine eigne Schwere ist in Vergleichung mit der Schwere des Wassers wie 3760 : 1000. m) Er ist in Brasilien zu Hause, schmelzt mit Borar zu Glase, und wird von manchen Schriftstellern auch Perodell genennet. n)

Topas, Pink. o) Man findet ihn vornehmlich in Ceylon. Er ist mattroth, und bestehet aus einer sechsseitigen Säule mit einer dreyseitigen Pyramide. Seine eigne Schwere verhält sich zur Schwere des Wassers wie 3460 oder 3560 : 1000. Man muß ihn nicht mit dem brasilianischen verwechseln, der sich im Feuer roth brennet, aber nach dieser gewaltsamen Veränderung lockerer ist, als jeder rohe. Der Name Pink ist vorzüglich in Indien gewöhnlich, und erscheinet seiner Farbe nach nicht blos mattroth, wie Herr Gmelin will, sondern nach Herrn Brückmann ist er auch hochgelb, gelbgrünlich und bräunlich; eben so ist seine Säule vier= fünf= und sechsseitig, und schließet sich in eine stumpfe vier= und mehrseitige Spitze. Derjenige gelbe Pink, der von Ceylon kommt, wird nicht selten für gelben Diamant verkauft.

Topas des Plinius, s. Topas.

Topas, Rauchtopas, s. Rauchtopas.

Topas, russischer, s. Topas am Ende, und hernach siberischer.

Topas, sächsischer, s. Schneckentopas.

Topas, schlesischer, s. vorher Topaskrystall.

Topas, Schneckenstein, Topas, Schneckentopas, s. Schneckentopas.

Topas, siberischer. Von den russischen Topasen habe ich am Ende der Abhandlung, Topas, etwas gesagt. Jetzo setze ich aus Herrn Brückmann p) noch folgendes hinzu. Er besitzt den siberischen Topas. Er ist nicht schön gelb, sondern zieht etwas in das Grüne. Er ist vollkommen säulen= und schörlförmig, gereift, von unbestimmten Seiten und abgebrochenen Endspitzen. Er ist nicht electrisch, doch ziemlich durchsichtig. Man verkauft in Petersburg seit einigen Jahren eine ganz schwarze Steinart unter dem Namen schwarzer siberischer Topase. Sie sind aber blosse schwarze Quarzkrystalle, die sich auch dann und wann (zuweilen) sehr schön und schwarz in den pfälzischen Achatnieren zu finden pflegen. Ich besitze eine ganze Druse, die aus kleinen kohlschwarzen Krystallen bestehet, weiß aber den Ort nicht anzugeben, wo sie ist gefunden worden. Warum man dergleichen Krystalle Topase nennet? weiß ich nicht.

Topas, unächter, s. Topas=

---

m) Gmelin am angef. Orte S. 111.
n) Brückmann von den Edelst. S. 118. 132.
o) Gmelin l. c. S. 110. 111. Brückmann l. c. S. 118.
p) Erste Fortf. d. Abh. von den Edelst. S. 76. zweyte Fortf. S. 69.

pasfluß, vorzüglich Topaskry=
stall.

Topas, vulkanischer, s.
Topas am Ende.

Topas, Zapfentopas, s.
Schneckentopas.

Topas, zeylonischer, s.
ceylonischer.

TOPASE, heißt im Französi=
schen der Topas. s. Topas.

TOPASE *cristallisée en
prismes quadrilateres rhom-
boidaux, terminés par une
pyramide quadrangulaire*,
heißt beym Sage der brasi=
lianische Topas. Es ist eigent=
lich eine Beschreibung seiner
Krystallfigur, so wie sie auch
der Hr. Delisle angegeben hat.
s. Topas, brasilianischer.

TOPASE *enfumée*, heißt
im Französischen der Rauch=
topas. s. Rauchtopas.

TOPASE *de Boheme*, heißt
im Französischen der böhmi=
sche Topas. s. Topaskrystall.

TOPASIUM, heißt im La=
teinischen bey manchen Schrift=
stellern der Topas. s. Topas.

TOPASIUM *Bohemicum*,
heißt der böhmische Topas. s.
Topaskrystall.

TOPASIUM *Silesiacum*,
heißt der schlesische Topas. s.
Topaskrystall.

TOPASIUS, auch

TOPASIUS *gemma*, heißt
im Lateinischen der Topas.
s. Topas.

TOPASIUS *spuria*, unäch=
ter Topas, heißt der Topas=
fluß, der eigentlich ein Fluß=
spath ist, vorzüglich aber der
Topaskrystall, der eigentlich
ein bloser Krystall ist, ob er
gleich die gelbe Farbe des To=
pases hat, und die Härte aus=
genommen, oft dem schönsten
Topas nichts nachgiebt. s. To=
paskrystall.

TOPASIUS *spuria Bohe-
mica dicta*, heißt der böhmi=
sche Topas. s. Topaskrystall.

TOPAZE, heißt im Französi=
sischen der Topas. s. Topas.

TOPAZE *de Bresil*, heißt
im Französischen der brasilia=
nische Topas. s. Topas, bra=
silianischer.

Topazier, heißt auch der
Topas. s. Topas.

TOPAZIUS, eben dieses im
Lateinischen. s. Topas.

TOPAZIUS *antiquorum*,
heißt der Chrysolith, weil der=
jenige Stein, den die Alten,
und besonders Plinius, Topas
nannten, in der That kein an=
derer Stein als der Chrysolith
war, wie ich die Beweise davon
aus Herrn Brückmann vorher
beym Wort Topas angeführt
habe.

TOPAZIUS *Beryllus*, heißt
beym Cronstedt der Beryll,
den er als eine Gattung des
Topases ansieht, und daher
den bläulichgrünen Topas
nennet. q) s. Beryll.

Topazius

---

q) Mineralogie, Werners Ausg. S. 97. f.

Topazius *clarus hyalinus*, heißt beym Wallerius r) diejenige Topasart, die unter dem Namen Jagoon, oder wie es Wallerius schreibt: Jagaon, bekannt ist. Wallerius giebt den Begriff: Est Topazius hyalus omni carens colore, qui inter da nantes conumerari solet. s. vorher Topas: Jagaon.

Topazius *dilute flavus, ad viredinem parum inclinans*, heißt beym Wallerius der Perodoll. s. vorher Topas, Perodoll.

Topazius *flavo rubens*, heißt beym Wallerius der Hyacinth. s. Hyacinth. Wallerius macht dabey die Anmerkung: Haec gemma non contundenda cum Hyacintho granatico, nec cum quarzo hyacinthino, seu crystallo hyacinthina; in arena vel cineribus calcinata mitiori igne, debile rubrum induit colorem, quem fortiori igne perdit salva fere pelluciditate; figura et reliquis proprietatibus cum Topaziis convenit, gravior vero omni Topazio brasiliensi.

Topazius *flavus*, wird beym Wallerius der orientalische Topas genennet. s. Topas.

Topazius *fuscus*, heißt beym Wallerius der Topas, wenn seine Farbe in das Braune fällt. Es ist nicht etwa der Rauchtopas, der nicht unter die Topasen, sondern unter die Krystalle gehört. Wallerius redet hier vom Topazius gemma, also von dem eigentlichen Topas, der ein Edelstein ist.

Topazius *gemma*, heißt der eigentliche Topas, der als Edelstein sowohl von den gelben Flüssen, als auch von dem gelben Krystall unterschieden ist. s. Topas.

Topazius *gemma chrysolithus*, heißt beym Cronstedt am angeführten Orte des Chrysolith, weil er ihn zur Gattung des Topases macht, und ihn den gelblichgrünen Topas nennet. s. Chrysolith.

Topazius *nonnullorum*, heißt beym Wallerius in der Mineralogie S. 57. der Chrysolith. s. Chrysolith.

Topazius *orientalis*, heißt der morgenländische Topas. s. Topas.

Topazius *pallide flavus*, heißt der Topas, wenn er eine blasse Farbe hat. Zuweilen ist die Farbe ganz weiß, und dergleichen Topase werden, wenn sie in der Politur gut ausfallen, nicht selten für Diamante verkauft. s. Topas.

Topazius *rubens*, heißt der Topas, wenn seine Farbe in das Röthliche spielt. Von solchen Topasen, die durch das Feuer eine röthliche oder rothe Farbe bekommen, dergleichen einige

---

r) Syst. mineral. Tom. I. p. 251. f. wo über diesen und die folgenden Namen, die ich aus Wallerius anführe, die Auskunft zu finden ist.

einige brasilianische thun, ist hier die Rede nicht; sondern von solchen Topasen, deren Farbe von Natur in das Röthliche übergeht. s. Topas, und besonders brasilianischer.

TOPAZIUS *subcitrinus*, heißt der Oliventopas. s. Topas, Oliventopas.

TOPAZIUS *viridescens*, heißt der Topas, der in das Grünliche übergehet. Wallerius macht dabey die Anmerkung: Colore eminentiori vel magis diluto. Topazius virides‑ cens brasiliensis, qui topaziis orientalibus duritie aequalis, in igne, spathi instar in fragmenta lamellosa diffilit, colorem perdit, et obscurus redditur, cum incremento ponderis ad 4 vel 5 pro centenario.

www.ingramcontent.com/pod-product-compliance
Lightning Source LLC
Chambersburg PA
CBHW020106010526
44115CB00008B/705